빅 픽처

양자와 시공간, 생명의 기원까지 모든 것의 우주적 의미에 관하여

션 캐럴 / 최가영 옮김

글루온은 사일런스북 임프린트 브랜드로 과학서를 전문으로 출간합니다.

빅 픽쳐
—양자와 시공간, 생명의 기원까지 모든 것의 우주적 의미에 관하여

지 은 이 | 션 캐럴(Sean Carroll)
옮 긴 이 | 최가영
펴 낸 이 | 박동성
엮 은 이 | 박지선
표지디자인 | 곽유미

펴낸 곳 | **사일런스북** | 경기도 수원시 장안구 송정로 76번길 36
전 화 | 070-4823-8399
팩 스 | 031-248-8399
홈페이지 | www.silencebook.co.kr
출판등록 | 제2016-000084호 (2016.12.16)

2019년 11월 11일 초판 1쇄 발행
ISBN | 979-11-89437-15-2 03440
가격 | 19,800원

「이 도서의 국립중앙도서관 출판예정도서목록(CIP)은 서지정보유통지원시스템 홈페이지(http://seoji.nl.go.kr)와 국가자료공동목록시스템(http://www.nl.go.kr/kolisnet)에서 이용하실 수 있습니다.
(CIP제어번호: CIP2019038154)」

빅 픽처

양자와 시공간, 생명의 기원까지 모든 것의 우주적 의미에 관하여

션 캐럴 / 최가영 옮김

글루온

에버하르트 부인, 에드윈 켈리, 에드워드 귀넌, 잭 두디, 콜린 시핸,
피터 냅, 조지 필드, 시드니 콜먼, 닉 워너, 에디 파리, 앨런 구스 등등.
날 도발해준 많은 스승에게 감사드립니다.

추천의 글

"션 캐럴의 《빅 픽쳐》는 단순한 대중 과학서가 아니다. 생각하고 싶어 하는 일반인들을 위한 과학철학, 정신철학 및 윤리학의 입문서로도 손색이 없다. 여러 분야 첨단과학의 내용을 재미있고 쉽게 설명할 뿐 아니라 저자의 폭넓은 역사적, 철학적 식견을 바탕으로 수많은 깊은 질문들을 던져주는 아주 풍성한 책이다. 캐럴이 주장하는 "시적 자연주의"는 과학적 세계관 속에서 인생의 의미를 찾아보려는 노력이다. 과학은 인간이 여러 가지 방식으로 자연을 이해하려는 엄격하면서도 창의적인 노력이며, 잘 검증된 과학이론도 절대적 진리가 아니라는 점을 강조하고 있다. 현대과학 지식에 대한 자신감과 인간적 겸허함을 겸비한 수준 높은 지혜를 보여준다. 정말 보기 드문 걸작이다."

장하석

케임브리지 대학교 석좌교수

이 책에 쏟아진 찬사

션 캐럴이 천문학, 물리학, 화학, 생물학 그리고 철학을 씨줄과 날줄 삼아 풍성한 이야기로 양탄자를 자아냈다. 우주에 관한 그의 탁월하고 깊이 있는 해석에 우리는 전율한다. 무엇보다도 그가 말하는 모든 것에 관해 마음속으로부터 호기심이 용솟음친다.

—닐 디그래스 타이슨, 《날마다 천체 물리》 저자

심오한 지식에서 우러나오는, 명쾌하지만 꾸밈없는 언어로 현대과학이 제시하는 세계관을 아름답게 전하고 있다. 자유의지, 시간의 방향성, 도덕의 근원 같은 첨예한 문제들을 세련된 통찰로 파헤친다. 《빅 픽쳐》는 과학적 세계관이 우주와 나에 대한 이해를 얼마나 풍성하게 가꿔줄 수 있는지를 보여주는 책이다. 우주에 관한 믿을 만한 해석이자 삶의 의미를 향한 차분한 명상이기도 하다. 모든 이가 읽어야 할 책으로 추천한다.

—카를로 로벨리, 《보이는 세상은 실재가 아니다》 저자

생생하고 감명 깊고 웅대한 지식을 품은 책이다.

—《뉴욕타임스 북 리뷰》

《브레인 피킹스》 선정 "2016 가장 위대한 책"

《NPR 사이언스 프라이데이》 선정 "2016 최고의 책"

션 캐럴은 다른 의견에 대해 항상 관대하며 거만하지 않은 겸손한 태도를 견지한다. 그러면서도 매혹적인 우주의 그림과 그 궁극적인 법칙을 선명하게 보여준다. 션 캐럴은 광범위한 학문 영역을 넘나들며 우리에게 지적 여행의 기쁨을 선사하고 있다. 비록 그의 말에 100% 동의하지 않는 독자들이라 할지라도 그의 폭넓은 식견과 세련된 화법에 매료될 것이 분명하다.

—《월 스트리트 저널》

《빅 픽쳐》는 무한하고 낯선 우주에 관해 우리 인간이 밝혀낸 모든 것을 스냅 사진처럼 알기 쉽게 보여주는 걸작 중의 걸작이다. 션 캐럴은 난해한 현대과학의 이슈들을 비전문가들도 이해할 수 있는 쉬운 언어와 매혹적인 스토리텔링으로 담아냈다.

—《살롱》

션 캐럴은 독자들이 자신과 우주 그리고 의미 있는 삶의 그림을 그려낼 수 있도록 지적 도구를 선사하고 있다.

—《퍼블리셔스 위클리》

과학과 인류에 관한 션 캐럴의 총체적 통찰력이 고스란히 담긴 걸작이다. 이 책을 통해 독자들은 과학과 종교, 윤리 사이의 복잡하게 얽힌 문제들에 관한 자체의 식견을 얻게 될 것이다.

—《더 타임즈》

《빅 픽쳐》는 실로 감동적인 책이다. 션 캐럴은 생동감 넘치는 동시에 독자와 소통할 줄 아는 저자다. 자신의 고유 영역인 물리학 못지않게 생물학 그리고 철학의 문제들을 자유자재로 넘나든다.

—《파이낸셜 타임스》

책 제목에 걸맞게 웅대한 책이다. '큰 질문'을 즐기는 독자라면 누구나 얻을 것이 많은 책이다.

—《북 리스트》

수 세기 동안 과학이 발견해 낸 것들로 우리를 안내하며 자연에 관한 우리의 이해가 어떻게 형성되어 왔는지를 보여준다. 또한 자연법칙이 삶과 죽음 그리고 우주 속 인간이 처한 위치와 같은 가장 근본적인 물음과 어떻게 연관되어 있는지를 밝혀준다. 통찰로 가득한 책이다.

—《사이언티픽 아메리칸》

《빅 픽쳐》는 삶의 의미에 관한 물리학적 통찰로 가득하다. 이 책은 시집詩集이다.

—《피직스 투데이》

캐럴은 생각과 선택, 의식과 가치 따위의 철학적 현상이 지난 100여 년 동안 발전해 온 과학적 지식체계로 어떻게 설명될 수 있는지를 보여주고자 한다. 철학과 과학의 전문 용어를 끌어들이지 않고도 철학과 과학 두 분야에 걸친 장대한 담론을 성공적으로 이끌었다.

—《사이언스》

션 캐럴은 불가사의로 가득한 '우주 발견 여행'의 완벽한 안내자다. 비전문가들도 쉽게 알아들을 수 있는 언어로 과학과 철학의 심오한 문제들을 명쾌하게 설명해준다.

—《커커스 리뷰》

언어철학, 양자물리학, 일반상대성이론…. 모든 것이 《빅 픽쳐》 안에 있다. 션 캐럴은 놀라우리만치 해박하고 재미있는 작가다.

—엘리자베스 콜버트 《여섯 번째 대멸종》 작가

빅뱅부터 인간 존재의 의미에 이르기까지…. 근엄하지만 매우 흥미진진한 대작이다. 《빅 픽쳐》는 과학과 철학을 아우르는 정말 중대한 저술이다. 그 무게만큼이나 또한 독자를 사로잡는 흥미로운 책이다. 《빅 픽쳐》를 읽은 독자는 세계를 보는 식견에 변화를 느낄 것이다.

—닐 슈빈 《내 안의 물고기》 저자

목차

3부 존재의 정수

4부 복잡도

5부 생각하다

6부 마음 쓰다

프롤로그

살면서 딱 한 번, 죽을 뻔한 적이 있었다.

잠깐 판단력이 흐려졌던 게 분명하다. 밖은 어둑어둑했고 차가 많이 밀렸다. 로스앤젤레스 405번 고속도로를 달리던 중 내 바로 앞에서 한 부주의한 운전자가 출로 차선에서 비키려고 갑자기 방향을 홱 틀었다. 그 바람에 나도 핸들을 급히 꺾었다. 그런데 옆 차선에서 뒤따르던 트레일러트럭이 그리 멀리 있지 않았던 것 같다. 내 차의 뒤 범퍼가 트럭의 앞 모서리에 아슬아슬하게 닿을 뻔했으니까. 하지만 그걸로 충분했다. 차는 나의 통제를 벗어나 반시계방향으로 우아한 곡선을 그리며 돌았다. 어쨌든 내 기억으로는 그런 움직임이었다. 마치 내가 호박 표본에 갇혀서 차의 자유 회전을 무력하게 바라보는 느낌이었다. 차는 결국 속도는 줄었지만, 아직 달리고 있는 트럭의 그릴에 안착했다. 작렬하는 전조등 불빛에 눈이 멀 것 같았다.

나는 많이 놀랐을 뿐 다행히 몸은 멀쩡했다. 차는 꽤 쭈그러져서 한동안 정비소 신세를 져야 했지만, 경찰 서류를 다 작성하고 나서 직접 운전해서 집에 올 정도는 되었다. 몇 센티만 더 가까웠더라면, 속도가 조금만 달랐더라면, 트럭 운전사가 침착하지 못했더라면 상황은 완전히 달라졌을 터였다.

사람들은 종종 수명을 다하기 한참 전에 죽음과 대면한다. 인간 생명의 유한성에 맞닥뜨리는 것이다.

물리학자로서 나는 우주를 총체적으로 연구한다. 우주는 하나의 거대한 세계다. 우리는 우리 은하에 존재하는 수천억 개의 별 중 하나를 맴도는 작은 행성에 의탁해 빅뱅 이후 140억 년쯤의 시점을 살고 있다. 이런 은하는 우주 공간을 인간의 눈으로 직접 관측할 수 있는 범위로 한정하더라도 수천 개나 더 있다. 그에 비하면 인간은 몹시 작은 존재다. 고속도로에서 일어난 작은 소동이 어떻게 끝을 맺었든 간에 내 연대기는 두 자리 숫자를 넘기지 않을 것이다. 우주의 수십억 년 역사에 비할 바가 전혀 못 된다.

우주에 비하면 인간은 덧없는 티끌과도 같다. 원자 한 개를 지구와 비교하는 것과 같다. 그럴진대 어느 한 사람의 목숨이 정말로 중요하다고 말할 수 있을까?

어떤 의미에서는 그럴 수 있다. 그런 면에서 나는 행복한 사람이다. 나에게는 내 죽음을 진심으로 슬퍼할 가족과 친구들이 있다. 만약 죽을 때를 미리 알게 된다면 나 역시 내 운명에 섭섭한 마음이 들 것이다. 그런데 광활하고 무심한 우주가 보기에도 과연 그럴까?

나는 우리의 목숨이 소중하다고 생각하고 싶다. 인간 따위 존재하건 말건 우주는 잘만 돌아가더라도 말이다. 인간은 왜 귀히 여김을 받고 싶어 할까? 그리고 그런 본능은 세상의 이치와 어떻게 부합할까? 우리는 이 점들을 궁금해하고 근본적으로 이해하기 위해 노력해야 한다.

신경과학자이자 생물학자인 내 친구 하나는 세포를 다시 어려지게 만드는 재주를 지녔다. 과학기술의 발전 덕택이다. 성인의 몸에서 채취한 성숙한 줄기세포를 가시고 신생아의 줄기세포 상태로 만든다. 마치 시간을 되돌리듯.

세포가 완전한 유기체로 발달하기까지는 많은 노력과 시간이 필요하다. 나는 친구에게 반은 농담으로 언젠가 사람도 노화 시계를 거꾸로 돌려 영원히 젊게 사는 날이 올지 물었다.

친구의 대답은 이러했다. "너와 나는 언젠가 반드시 죽을 거야. 하지만 우리 손자 손녀 세대라면 또 모르지."

이것은 생물학자의 사고방식이다. 물리학자의 시각에서는 수백만 년 혹은 수십억 년을 사는 생명체가 있다고 해도 그것이 자연의 법칙을 거스르는 것은 아니다. 그래서 나는 친구 생물학자의 상상에 반대하지 않는다. 하지만 별도 핵연료를 소진하면 차디찬 껍데기만 남아 결국 블랙홀에 먹힌다. 죽은 별을 잡아먹은 블랙홀은 서서히 증발하면서 칠흑 같고 텅 빈 우주에 원소 입자들을 흩뿌린다. 우리 중 누구도 실제로 영생할 수는 없다. 똑똑한 생물학자들이 아무리 애써도 말이다.

사람은 누구나 죽는다. 생명은 물이나 돌멩이 같은 물질이 아니다. 생명은 활활 타오르는 불이나 넘실대는 파도와 같은 과정이다. 생명의 과정은 시작이 있고 한동안 지속하다가 언젠가 반드시 끝난다. 장수하든 단명하든, 우리의 시간은 무한한 영겁에 비하면 찰나에 불과하다.

✺

이 책의 목표는 두 가지다. 첫째는 우주의 얘기를 들려주고 현재 우리가 배우는 우주학 개론이 진실이라는 근거를 설명하는 것이다. 이것은 흥미진진한 이야기가 될 것이다. 우리 인간은 자연계의 무심한 섭리를 통해 빚어졌지만, 사유하고 번영하며 무서울 정도로 복잡한 세상과 어울려 살아갈 줄 아는 멋진 진흙 덩어리들이다. 이런 우리 자신을 이해하기 위해서는 우리를 구성하는 재료들을 제대로 알아야 한다. 그 말은 입자와 힘과 양자역학의 영역을 좀 더 깊이 파고들어야 한다는 뜻이다. 특수 현미경을 들이대야만 보이는 초미세 조각들이 한데 모여 감정과 생각을 지닌 유기체가 되는 마법 같은 과정을 짚어보는 것은 기본이고 말이다.

둘째는 실존적 치유법을 마련하는 것이다. 인간은 초인간적인 자연법칙에 따라 구동되는 우주의 일개 구성요소이지만 그럼에도 우리는 중요한 존재라고 나는 감히 주장한다. 이것은 실험으로 데이터를 수집해서 증명하거나 기각할 수 있는 성격의 과학적 명제가 아니다. 그보다는 철학적 문제라고 하는 게 옳을 것이다. 이제는 옛날 사고방식을 과감하게 버릴 때가 되었다. 수천 년 동안 인간의 삶과 그 의미를 해석하는 바탕이 되었던 옛날 사고방식대로라면 인간은 단순히 원자들이 물리학 법칙에 따라 집결한 덩어리에 불과하다. 그런 인간은 감히 중요해질 수 없다. 인간이 그런 덩어리가 아니라는 소리가 아니다. 하지만 우리의 존재에는 그 이상의 의미가 들어 있다. 우리는 무형의 영혼이나 정신력과는 독립적으로 작동하는 원자들의 집합인 동시에 생각하고 느끼는 사람이다. 개개인이 살아가는 방식을 통해 의미를 체현하는 존재인 것이다.

인간은 작고, 우주는 크다. 게다가 우주 생활 지침서 같은 것은 세상에 존재하지 않는다. 그럼에도 인간은 세상 돌아가는 이치를 기대 이상으로 밝혀냈다. 하지만 세상을 있는 그대로 인정하고, 현실을 밝은 미소로 마주하고, 우리의 생을 가치 있게 만드는 것은 또 다른 문제다.

✺

1부 '코스모스'에서는 장대한 우주에서 인간은 지극히 작은 존재라는 인식이 중요한 이유를 살펴볼 것이다. 세상을 논하는 방식에는 여러 가지가 있으며, 이런 다각적 논의 과정에서 우리의 사유는 **시적 자연주의**라는 기착지에 이르게 된다. 자연주의란 세상은 자연계 단 하나뿐이라고 보는 시각을 말한다. 앞으로 살펴보겠지만 세상에는 자연주의를 지지하는 근거가 적지 않다. 우주가 어떻게 움직이고 진화하는지도 여기에 포함된다. '시적'이라는 형용사가 붙은 것은 하나의 주제를 여러 가지 방식으로 논한다는 뜻에서다. 우리는 일이 일어나는 '원인'과 '이유'를 자연스럽게 입에 올린다. 그러나 본디 자연의 섭리에는 이 어휘들이 낄 자리가 없다. 자연계의 입장에서 '원인'은 곳곳에서 일어나는 또 다른 현상일 뿐이다. 그럼에도 일상적 현상에서 우리가 어떻게든 의미를 찾으려 하는 것은 시간의 화살 때문이다. 이 화살의 궤적을 되짚어가며 과거와 미래가 어떻게 다른지를 따져 들어가면 결국 우리 우주에서 빅뱅이 막 시작된 특별한 순간으로 거슬러 올라가게 된다.

2부 '이해하다'에서는 세상을 이해하기 위해 어떻게 힘써야 하는지를 생각해보고자 한다. 완벽한 이해까지는 힘들더라도 진실에 조금 더 다가설 수는 있을 것이다. 그러기 위해 우리는 인간 지식의 불확실성과 불완전성을 인정해야 한다. 그리고 새로운 증거가 나오면 믿음을 업데이트할 마음의 준비를 늘 하고 있어야 한다. 우주의 이야기는 단순하지 않다. 우주는 서로 연결되어 있지만 저마다 다른 층위에서 작동하는 여러 가지 모형의 공조를 통해 복잡하게 설명된다. 각 모형은 각자의 유한한 영역 안에서 유효하며 그런 모형을 바탕으로 나온 아이디어들은 모두 정당하게 '진실'이다. 우리가 할 일은 기본이 되는 아이디어를 추리고 그것을 토대로 갖가지 해설들을 논리 정연하게 정리해 안정적인 믿음의 행성을 구축하는 것이다.

그렇게 중심을 잡고 나면 다음에 살펴볼 것은 '존재의 정수'다. 세상의 실체, 즉 자연의 기본 법칙을 생각하는 것이다. 그런 맥락에서 3부에서는 현대 물리학의 기본 언어인 양자장론이 화두로 등장한다. 우리가 살면서 보고 만지고 맛보는 모든 것은 입자와 힘으로 이루어져 있다. 당신도 나도 해와 달과 별도 예외는 아니다. 코어 이론은 이 입자와 힘을 해설하는 이론으로서 전례 없이 성공적으로 입지를 다졌다. 우주의 섭리에 관해 우리가 아직 알지 못하는 것이 많지만, 여러모로 코어 이론은 그 적용 영역 안에서 세상을 해설하는 최고의 답일 것이다. 코어 이론의 적용 영역은 엄청나게 넓어서 염력과 점성술부터 영혼불멸설까지 희귀 현상에 관한 다양한 설들을 묻어버리기에 충분하다.

물리 법칙이라는 지원군을 얻었지만 세상의 가려진 여백을 메우기 위해 우리가 할 일은 여전히 많다. 4부 '복잡도'에서는 자연의 기본 법칙이 어떻게 표출되어 우리의 일상을 풍요롭게 만드는지를 살펴볼 것이다. 복잡한 구조의 출현은 언뜻 전체적으로 우주의 무질서도가 높아지는 경향과 정면으로 충돌하는 것처럼 보이지만 사실 별난 현상이 아니다. 오히려 우주의 무질서도 증가 경향의 자연적 결과라 볼 수 있다. 물질은 조건이 맞을 때 스스로 조직화해 정교한 구조체가 된다. 그래서 주변 환경으로부터 정보를 수집하고 그 정보를 이용한다. 이 기능의 정점에 서 있는 것이 바로 생물이다. 생명의 기본 원리를 알면 알수록 그것이 우주 전체를 지배하는 기본 물리 법칙과 얼마나 아름답게 조화를 이루는지 감탄하게 된다. 생명은 사물이 아니라 과정이며 그런 까닭에 일시적일 수밖에 없다. 우리는 우주 존재의 이유가 아니다. 하지만 자아를 인식하고 반성할 줄 아는 인간의 능력은 우주 안에서 인간을 특별한 존재로 만든다.

이런 인간의 의식은 자연주의가 가장 골치 아파하는 주제 중 하나다. 5부 '생각하다'에서는 이 주제를 자연주의를 넘어 물리론까지 다양한 입장에서 고찰하려 한다. 신경과학의 발전에 힘입어 우리는 사고 과정에서 인간 뇌가 하는 작용에 관해 많은 것을 알게 되었다. 또한 개인의 경험과 물리적 반응이 밀접하게 관련되어 있다는 점도 더할 나위 없이 명백해졌다. 더불어 인간의 사고력은 목표한 결과를 얻기 위해 필요한 능력을 발달시켜가면서 꾸준히 진화해온 것으로 보인다. 그렇다면 궁금해진다. 내면의 경험, 즉 각자의 머릿속에서 벌어지는 우리 삶의 독특하고 지극히 개인적인 개체 중심성을 고작 이리저리 움직이는 물질의 운동으로 환원하는 게 어떻게 가능할까? 이 철학적 물음에 시적 자연주의는 다음과 같은 해결책을 제시한다. 우리는 내면의 경험을 뇌에서 일어나는 일을 설명하는 하나의 화법으로 여겨야 한다. 이 화법은 해당 적용 영역 안에서 분명한 진실이다. 이성을 가진 존재로서 인간이 자유의지로 하는 선택을 논할 때도 말이다.

마지막으로 6부 '마음 쓰다'에서 생각해볼 것은 이 책에서 다룰 가장 심오한 주제다. 바로, 초월적 목적이 없다면 어떻게 우주에서 의미와 가치를 찾을 것인가 하는 것이다. 자연주의 반대론자들은 흔히 그런 것 자체가 불가능하다고 주장한다. 물리적 세상 너머에서 우리에게 길을 인도하는 존재 없이는 어떤 식으로든 살아갈 이유가 하나도 없다는 것이다. 이 지적에 어떤 자연주의자는 대체로 동조하면서 평화를 유지하고 또 어떤 자연주의자는 격렬하게 반대한다. 강경파의 입장은 가치란 우주의 나이만큼이나 과학만으로도 충분히 결정될 수 있다는 것이다. 이에 대해 시적 자연주의의 입장은 중도적이다. 시적 자연주의는 가치가 인간이 만든 개념이라고 말하면서도 그렇기 때문에 신기루에 불과하거나 의미 없는 것은 아니라고 덧붙인다. 우리 모두에게는 애정과 소망이 있다. 그것이 진화나 교육을 통해 길러진 것인지 아니면 환경에 의해 부여받은 것인지는 중요하지 않다. 우리의 당면과제는 나의 애정과 소망을 타인의 그것과 조화시키는 것이다. 우리가 찾은 삶의 의미는 초월적이지도 숭고하지도 않다. 그러나 그럼에도 여전히 묵직하고 중요하다.

1부

코스모스

1
현실의 기본 성질

오래된 애니메이션 〈로드 러너〉에서 주인공 와일 코요테는 타조를 맹렬히 추격하다 속도를 주체하지 못하고 절벽을 넘어가 버린다. 하지만 그는 바로 곤두박질치지 않는다. 적어도 절벽 끝을 벗어나자마자는 아니다. 그는 잠깐 공중에 붕 뜬 채로 멈춘다. 그렇게 잠시 어리둥절해하다가 아래에 발을 디딜 땅이 이젠 없다는 사실을 깨닫는 순간 갑자기 추락한다.

우리는 모두 와일 코요테와 같다. 사유라는 것을 시작한 이래로 인류는 우리가 우주에서 어느 위치에 있는지, 우리가 왜 여기 있는지를 줄기차게 고민해왔다. 여러 가지 답안 후보가 나왔고 그중에는 상충하는 의견도 있었다. 하지만 저 너머 어딘가에 아직 발견되지 않은 숨겨진 뜻이 있을 거라는 기대만큼은 오래전부터 공유되어왔다. 그렇기에 모든 일에는 다 이유가 있고 벌어질 만해서 벌어지는 것이었다. 이 확신은 인류를 지탱하는 대지가 되고 인간이 기대어 살아가는 모든 원칙의 근간이 되었다.

그런데 이런 믿음이 서서히 무너지기 시작했다. 세상을 더 잘 이해하게 될수록 초월적인 궁극의 목적이 있다는 생각은 점점 힘을 잃게 되었다. 구식 세계관은 새로운 그림에 밀려나고 있다. 신식 세계관은 여러 가지 면에서 놀랍고 흥분되지만, 한편으로 혼란스럽고 심히 우려스럽기도 하다. 인류는 우리 존재의 목적과 의미를 꾸준히 탐문하지만 새로운 세계관은 여기에 솔직하게 답하는 것을 고집스럽게 거부한다.

문제는 우리가 이런 변화를 인정하지도, 그 심오한 암시를 받아들이지도 않고 있다는 것이다. 하지만 이 변화는 분명한 현재진행형이다. 지난 2세기 동안 다윈은 우리의 인생관을 뒤바꿨고 니체는 미치광이 취급을 받아가며 신의 죽음을 애도했다. 실존주의자들은 부조리의 목전에서 진실을 찾았고 현대의 무신론자들은 사회의 어엿한 구성원으로서 한 자리를 당당하게 요구했다. 그럼에도 많은 이가 마치 아무것도 달라진 게 없다는 듯 태연하게 살아간다. 반대로 새로운 질서를 즐기는 이도 있지만, 대부분은 관점의 변화란 낡은 교리를 새것으로 대체하는 것에 불과하다고 안일하게 생각한다.

하지만 우리 발밑의 땅은 사라졌다. 그리고 우리는 이제 막 아래를 내려다볼 용기를 내기 시작했다. 다행인 점은 모든 것이 당장 수직 낙하하지는 않는다는 것이다. 와일 코요테는 제트로켓을 메고 있는 한 무사할 것이다. 로켓의 힘을 빌려 자유롭게 날아다닐 수 있으니까 말이다. 이제는 우리도 사상의 제트로켓을 만들 때다.

현실의 기본 성질은 무엇일까? 철학자들은 이것이 존재론적 문제라고 말한다. **존재론**이란 세상의 기본 구조를 연구하고 우주를 이루는 기본 요소들과 그것들의 상관관계를 분석하는 학문이다. 그런 면에서 존재론은 인류가 세상에 관한 지식을 얻는 방법인 인식론과 대척점에 서 있다. 존재론은 현실의 기본 성질을 탐구하는 철학의 한 분과다. 그래서 자연의 본질을 해석하는 여러 가지 아이디어 중 하나라는 뜻에서 '이' 존재론 혹은 '저' 존재론이라 콕 집어 발하기도 한다.

오늘날 논의되는 존재론에 접근하는 방법은 엄청나게 많다. 하지만 모두 궁극적으로 궁금해하는 것은 딱 하나, 바로 현실이란 게 과연 존재하는가다. 이 질문에 **현실주의자**는 당연히 그렇다고 대답할 것이다. 반면 **이상주의자**는 실제로 존재하는 것은 정신이고 소위 현실 세계란 정신이 일련의 사유들을 통해 구축한 허상이라고 말할 것이다. 현실주의자들 안에서도 갈래가 갈리는데, **일원론자**는 세상이 단일체라고 믿지만 **이원론자**는 세상이 두 개의 독립적인 영역(물질과 영혼)으로 나뉜다고 생각한다. 일원론에 동조하는 사람 중에서도 세상의 기본 성질이 무엇이냐(예를 들어 정신적인 것인지, 육체적인 것인지)를 두고는 의견이 또 갈린다. 게다가 세상이 순수하게 물리적인 단일체라고 주장하는 사람들에게 세상의 어떤 측면이 현실이고 어떤 측면이 환상이냐고 묻는다면 시끄러운 논쟁이 다시 시작될 것이다. (색깔은 현실일까? 의식은? 도덕은?)

신을 믿는지 아닌지, 즉 **유신론자**인지 **무신론자**인지 여부는 개개인이 지지하는 존재론과 닿아 있지만 그게 전부가 아니다. 종교와 존재론은 완전히 다른 얘기다. 종교의 보편적 범위 안에서 신은 극과 극으로 다르게 정의될 수 있다. 하지만 종교란 보통은 신에 대한 믿음을 포함하는 특정 신앙을 본질로 한다. 또한 종교는 문화적 힘일 수도 있고 사회제도, 삶의 방식, 역사적 유산, 종합적 관습일 수도 있다. 종교는 단순히 교리의 집합으로 단정하기에는 너무나 복잡하고 광범위하다. 종교에 상대되는 개념으로는 **인본주의**를 들 수 있겠는데, 인본주의의 신념과 관행 역시 종교처럼 다양하고 가변적이다.

보통 무신론과 연결되는 넓은 의미의 존재론을 우리는 **자연주의**라고 한다. 자연주의에 따르면 세상은 유일무이한 자연계 하나뿐이다. 이 자연계는 우리가 자연법칙이라고 부르는 규칙에 따라 일정한 패턴을 보이며 과학과 실증적 연구를 통해 발견된다. 자연주의의 시각에서는 세상에 초자연적이거나 영적이거나 신적인 별도의 영역 따위는 없으며, 우주 혹은 인간 삶의 본질에 초월적 목적 같은 게 내재하지도 않는다. 자연주의 안에서 생명과 의식은 물질과 동떨어진 정수가 아니다. 생명과 의식은 엄청나게 복잡한 시스템들의 상호작용을 통해 일어나는 현상들을 이해하는 수단이다. 삶의 목적과 의미는 근본적으로 인간의 창조 행위를 통해 생겨나는 것이지, 외부의 무언가가 부여하는 게 아니다. 이렇듯 자연주의는 통일과 규칙성의 철학으로 모든 현실을 이음매 하나 없이 매끈한 망으로 인식한다.

자연주의는 오래전부터 독보적인 행보를 이어왔다. 불교와 고대 그리스·로마의 원자론, 유교에서도 자연주의의 흔적을 찾을 수 있다. 공자 사후 수백 년이 흐른 뒤에 등장한 중국의 사상가 왕충王充은 열렬한 자연주의자였는데, 그는 당대에 유행하던 영혼 숭배를 목청 높여 반대했다. 하지만 자연주의를 뒷받침하는 증거가 본격적으로 쏟아져 나온 것은 최근 수백 년 사이의 일이다.

✺

'론'이니 '주의'니 하는 것들이 뭐 이리 많은지 짜증이 날지도 모른다. 다행히도 이 가능성의 목록을 다 기억하거나 이해할 필요는 없다. 다만 존재론에 관해서는 진지하게 숙고해야 한다. 존재론은 와일 코요테 문제의 핵심이기 때문이다.

지난 500여 년의 세월 동안 거듭된 지식의 발달은 인류의 세계관을 뿌리째 뒤흔들어놓았다. 일반적으로 우리는 일상에서 흔히 접하는 모든 사물을 서로 완전히 다른 종류의 개체로 인식한다. 사람, 거미, 돌멩이, 바다, 탁자, 불, 공기, 별…. 이 모두는 언뜻 보아도 현실의 기본 구성요소 목록에서 각각 한 칸씩을 차지해야 마땅한 완전히 별개의 사물들이다. 민간에서 통용되는 존재론은 명백하게 다원주의적이어서, 서로 연관성이 전혀 없는 수많은 분류 범주들로 가득하다. 게다가 많은 경우 가산이 불가능한 추상적 개념이다. 그러면서도 숫자나 목표와 소망 혹은 옳고 그름의 원칙에 이르기까지 온갖 추상적 범주들을 대등하게 현실로 인정한다.

지식창고가 쌓여갈수록 인류는 오히려 더 단순하고 더 합일된 존재론을 향해 발작적으로 나아갔다. 이것은 어제오늘의 얘기가 아니라 고대부터 이어진 본능이다. 기원전 6세기에 그리스의 철학자 탈레스는 물이 만물의 근원이라고 주장했고 지구 반대편에서 힌두교 사상가들은 브라만이 현실의 절대 기준점이라고 믿었다. 그리고 과학의 발전은 이런 성향을 가속하고 체계화했다.

갈릴레이는 목성에 달이 있다는 것을 발견하고는 목성이 지구와 똑같은 중력체라고 선언했다. 아이작 뉴턴은 중력이 행성의 운동과 사과의 낙하 모두를 관장하는 우주의 기본 힘임을 증명했다. 존 돌턴은 수많은 화학물질을 모두 원자라는 기본 구성요소의 조합으로 정의할 수 있음을 입증해 보였고 찰스 다윈은 공통의 조상을 내세워 모든 생명을 단합시켰다. 제임스 맥스웰과 물리학자들은 번개, 복사, 자석과 같은 별개의 현상들을 모두 전자기학이라는 큰 바구니 안에 담았다. 세실리아 페인-개

포쉬킨은 별빛을 정밀 분석함으로써 항성이 우리 지구와 같은 원자들로 이루어진 거대한 수소와 헬륨 덩어리라는 사실을 밝혀냈다. 한편, 알베르트 아인슈타인은 시공간을 통일하고 물질과 에너지도 같은 개념 안에서 엮어냈다. 입자물리학은 원소 주기율표의 모든 원자가 조합비만 다를 뿐 세 가지 기본 입자, 즉 양성자, 중성자, 전자로 이루어져 있다고 우리에게 가르친다. 우리가 살아가면서 보고 만지고 맛보는 모든 사물이 이 세 기본 입자로 구성되어 있다.

인류의 현실관은 처음과 극명하게 달라졌다. 이제는 기본적으로 생물과 무생물, 지구상의 것과 하늘 위의 것, 물질과 영혼이 서로 별개가 아니다. 현실의 기본 구성요소가 우리 앞에 다양한 형태로 모습을 드러낸 것일 뿐이다.

이 통일과 단순화가 어디까지 진행될지 장담할 수 있는 사람은 아무도 없다. 하지만 지금까지의 경험으로 짐작되는 바는 있다. 이런 추세는 갈 데까지 갈 것이다. 결국 인류는 세상이 외부 요인에 의해 발원하지도 유지되지도 좌지우지되지도 않는 하나의 통합된 현실임을 이해하게 될 것이다. 이것은 엄청난 발견이다.

✺

자연주의는 엄청나게 거창한 철학이다. 그러므로 사람들이 회의적인 반응을 보이는 것도 당연하다. 상대방의 눈동자를 응시할 때 우리는 수많은 원자의 집합 혹은 어마어마하게 복잡한 화학반응 따위를 보고 있는 거라 생각하진 않는다. 종종 우리는 그저 육체적인 것을 뛰어넘는 특별한 방식으로 우주와 연결되어 있다는 느낌을 받는다. 그런 초월적 감각은 바다나 하늘의 광경이 주는 경외감일 수도, 명상이나 기도 중에 찾아오는 무아지경의 경지일 수도, 진심으로 아끼는 사람들에게 느끼는 사랑의 감정일 수도 있다. 생물과 무생물의 차이점은 분자 배열의 차이보다는 훨씬 심오한 듯하다. 우리가 보고 느끼는 모든 것이 물질과 에너지의 운동을 지배하는 어떤 비인격적 법칙에 의해 좌우된다는 생각은 정말이지 터무니없어 보인다.

생명이 무생물에서 생겨날 수 있고 물리학 법칙을 따르는 원자들만 가지고도 의식이 형성된다는 것은 상식적으로 이치에 맞지 않아 보인다. 그래서 인류는 오래전부터 가져온 의문들의 답을 찾고자 초월적 목적이나 초자연적 존재에 기대왔다. 왜 이 우주일까? 나는 왜 여기에 있을까? 만물의 존재 이유는? 하지만 자연주의는 그건 올바른 질문이 아니라고 무심하게 말한다. 자연주의를 무조건적으로 받아들여서는 안 된다. 입을 벌려 덥석 받아먹기 전에 꼭꼭 씹어 삼켜야 할 덩어리가 아직 많다.

자연주의는 세상을 설명하는 명료하고 절대적인 방식이 아니다. 세상 만물의 이치를 근본적으로 이해하고자 하는 인류의 끈질긴 노력 덕분에 자연주의를 옹호하는 사례들이 오랜 세월에 걸쳐 축적되었지만 검증할 것이 아직도 많다. 우리는 우주가 정확히 어떻게 탄생했는지, 이 우주 말고 다른 우주도 있는지 확신하지 못한다. 우리가 아는 물리학 법칙은 어마어마하게 큰 전체의 일부분에 불과하다. 우리는 생명이 어떻게 시작되었는지, 의식이 어떻게 생겨났는지 정확히 모른다. 좋은 인간으로서 이 세상을 사는 최고의 방법이 무엇인가 하는 주제를 두고도 우리들 사이에서는 이견이 분분하다.

이 질문 중 어느 것에도 확실한 답은 아직 나오지 않았다. 그럼에도 자연주의자들은 우리가 찾는 답이 있을 확률이 가장 높은 세계관이 그래도 아직까지는 자연주의임을 인류에게 이해시켜야 한다. 이것이 지금 우리가 할 일이다.

✺

삶의 의미 찾기라는 인류 최대의 숙제는 우주를 대하는 우리의 태도에 따라 완전히 다른 결론을 맞게 될 것이다. 흔히 사람들은 깊은 통찰의 노력 없이 그냥 사회 분위기에 편승해버린다. 하지만 세대가 바뀔 때마다 새로운 삶의 규칙이 하루아침에 뚝딱 만들어지는 것은 아니다. 우리는 억겁의 세월 동안 선조들이 갈고 닦아온 사상과 가치를 물려받는다. 현재는 인간이 움직이는 물질 덩어리 이상으로 우주에서 특별하고 중요한 존재라는 세계관이 주류를 차지하고 있다. 더 큰 지지를 얻기 위해서는 우리 삶의 의미를 얘기하는 방식과 현재까지 밝혀진 우리 우주의 과학적 증거들을 더 조리 있게 끼워 맞출 필요가 있다.

현실의 과학적 단서들을 인지하고 있는 사람들은 보통 자유, 도덕, 목적과 같은 철학적 개념들이 궁극적으로는 아주 간단한 원리로 이해 가능할 것이라고 은연중에 확신한다. 우리는 모두 원자들의 집합이다. 그러니까 서로에게 친절해야 한다. 그런데 그러는 게 쉽지만은 않다.

친절한 태도는 좋은 출발점이 되지만 그것만으로는 한계가 있다. 사람마다 친절의 개념이 다르면 어쩔 것인가? 평화를 도모하자는 것은 멋진 생각이지만 현실 세계에서 사람들은 저마다 서로 다른 이해를 가지고 있으므로 이해관계의 상충은 불가피하다. 옳고 그름을 가려주는 초자연적 권력자가 존재하지 않는다고 해서 우리에게 시시비비를 충실하게 논할 능력이 없다는 뜻은 아니다. 하지만 우리가 옳고 그름을 정확하게 판별한다고 말할 수도 없다.

삶의 의미를 단순한 표어 한 줄로 압축하는 것은 불가능하다. 몇 년 뒤면 나는 죽을 것이다. 내 시대의 기억 조각들은 지구에서 살아남겠지만 죽은 사람인 나는 그런 감상을 누릴 수 없을 것이다. 그렇다면 어떤 삶이 가치가 있는 걸까? 우리는 가정과 일, 재산, 희락, 행동과 사색 사이에서 어떻게 균형을 맞춰야 할까? 우주는 장대하고, 그 안의 나는 삼라만상과 똑같은 입자들과 힘으로 뭉쳐진 티끌만한 조각에 불과하다. 이 사실만으로는 숙제를 푸는 데 조금도 도움이 되지 않는다. 이 갈증을 해소하려면 우리는 더 현명하고 용감해져야 한다.

2
시적 자연주의

원격 전송장치의 작동 원리는 〈스타트렉〉이 절대로 공개하지 않는 비밀 중 하나다. 원자를 하나하나 분리해서 압축했다가 다시 재조합하는 걸까? 아니면 원자 배열에 담긴 설계도면 정보만 보내고 목적지에서 그곳의 재료로 똑같이 조립하는 걸까? 승무원들이 하는 얘기를 들어보면 진짜 원자가 우주 공간을 여행하는 것 같기도 하다. 그렇다면 '내부의 적' 에피소드에 나온 사고는 어떻게 설명할 것인가? 이 에피소드에서는 전송장치 고장으로 둘로 분열된 커크 선장이 엔터프라이즈호에 전송된다. 한 명 분량의 원자로 온전한 복제인간 둘을 만들다니, 도무지 이해가 가지 않는 대목이다.

시청자에게는 다행히도 두 명의 커크 선장이 완전히 똑같지는 않았다. 한 명은 원래의(선한) 커크 선장이었고 다른 한 명에게는 악한 본성만 있었기 때문이다. 게다가 나쁜 놈은 곧바로 랜드 하사에게 맞아 얼굴에 상처가 난다. 그러니 둘을 구분하는 것은 그리 어렵지 않다.

그런데 만약 둘이 완전히 똑같았다면? 이 경우 우리는 철학자 데릭 파핏이 지적한 개인의 정체성에 관한 논제에 직면하게 된다. 전송장치가 한 개인을 분해해 다른 원자들로 완전히 똑같은 복제인간 여럿을 만들 수 있다고 상상해보자. 그렇다면 그중 어느 것이 '진짜'일까? 복제인간이 하나뿐이라면 그것이 원본과 똑같다고 받아들이는 건 어렵지 않다(사용된 원자가 다르다는 사실은 중요하지 않다. 원래 인체 내에서는 원자가 소실되고 그 자리를 새 원자가 채우는 일이 늘 일어난다). 그런데 만약 원본이 온전히 있는 상태에서 새 원자들로 새로운 복제인간 하나를 만들었는데 바로 다음 순간 원본이 돌연 죽어버린다면? 이럴 때 복제인간을 원본과 똑같은 사람이라고 말할 수 있을까?

이 얘기는 개연성이 거의 없는 상황을 두고 철학자들이 만든 심심풀이 말장난일지도 모른다. 적어도 현재 과학기술을 생각하면 그런 지적을 부정할 수 없다. 그렇다면 이건 어떤가. 복제인간 문제와 똑같은 주제를 담고 있는 '테세우스의 배'라는 오래된 사고실험이 있다. 아테네의 영웅 테세우스에게는 수많은 전투에서 생사고락을 함께한 배가 한 척 있었다. 그에 대한 존경심을 표하기 위해 아테네 시민들은 이 배를 항구에 영구 정박시키기로 결정했다. 외관을 보존하기 위해서는 때때로 보수작업이 필요했을 것이다. 그러다 보면 부식이 너무 심해 널빤지나 돛대를 완전히 새것으로 갈아야 하는 날도 올 것이다. 바로 이때 정체성 문제가 부상한다. 널빤지 한두 장을 새로 댄 배는 예전의 배와 같은 것일까? 만약 그렇다면, 선체의 널빤지를 전부 교체한 후에는 어떻게 되는가? 또, 토머스 홉스가 물었던 것처럼 이 배에서 뜯어낸 널빤지들로 배를 새로 한 척 건조하면 새 배를 테세우스의 배라고 부를 수 있을까?

엄밀히 따지면 이 질문들 모두 요지는 정체성에 있다. 어떤 것을 다른 어떤 것과 완전히 똑같다고 말할 수 있는 시점은 언제인가를 묻기 때문이다. 그러나 넓은 안목으로 보면 이 모두는 실존 여부에 주목하는 존재론의 의문들이다. 애초에 그런 것이 존재하긴 했는가?

우리가 '진짜' 커크 선장이나 '진짜' 테세우스의 배의 정체에 의문을 가질 때 우리는 한 무더기의 암묵적 가정을 전제한다. 우리는 '사람'이라는 것과 '배'라는 것이 존재하며 이것들은 어느 정도든 지속성을 가진다는 가정을 바탕에 깔고 시작한다. 그렇게 모든 게 순조롭게 흘러간다. 그러다 어느 지점에서 복제인간 문제와 같은 수수께끼에 봉착한다. 그러면 이 사물들을 어떻게 정의해야 하는가가 새로운 숙제로 떠오르는 것이다.

복제 커크 선장의 문제는 절대 가볍지 않다. 인류가 원격 전송장치를 진짜로 발명할 날이 머지않아서가 아니다. 우리가 세상의 큰 그림을 이해하고자 할 때 서로 중복되는 여러 가지 화법이 총동원될 수밖에 없기 때문이다. 원자가 모이면 세포가 되고 세포가 모여 한 인간이 된다. '특정 인간 한 명'이라는 개념이 우리가 세상을 이해하는 데 중요할까? '사람'과 '배'가 존재론의 기본 카테고리이기는 한 걸까? 개개인의 삶이 중요한지 아닌지를 결정할 수 있으려면 우리는 인간이란 무엇인지부터 알아야 한다.

✹

인류의 지식과 과학이 수백 년에 걸쳐 발전을 거듭하는 동안 존재론은 오히려 풍성한 쪽에서 단출한 쪽으로 진화했다. 옛날에는 모두가 세상 만물이 각각 독자적인 범주를 이루는 기본 요소라는 생각을 당연하게 받아들였다. 하지만 현대인은 적은 것으로 더 많은 것을 해결한다.

오늘날 우리는 테세우스의 배가 원자의 집합이며 모든 원자는 양성자, 중성자, 전자로 이루어져 있다고 말한다. 그런 면에서 테세우스의 배는 다른 어느 배와도, 심지어 독자 여러분이나 필자와도 다를 바가 없다. 테세우스의 배를 특별한 사례로 만들어주는 배 특유의 원시적 본질 따위는 존재하시 않는나. 그저 원자들의 배열이 있을 뿐이며 그 배열은 시간이 지남에 따라 서서히 변한다.

배가 원자의 집합임을 안다고 해서 더는 배를 배라고 부를 수 없는 것은 아니다. 누군가 어떤 현상에 대해 질문을 하는데 그저 끝도 없는 원자의 목록과 배열 방식만 가지고 답해야 한다면 그보다 불편한 일은 없을 것이다(일 초에 원자 한 개씩 열거한다고 치면 테세우스의 배 한 척을 설명하는 데 현재 우주 나이의 1조 배나 되는 시간이 걸린다. 전혀 실용적이지 않은 방법이다).

배라는 개념은 존재론의 기본 범주가 아니라 그 안에서 파생한 하나의 범주다. 파생 범주는 우주에 널리 존재하는 특정 사물군을 언급할 때 매우 효율적인 수단이다. 우리는 원론적으로 옳기 때문이 아니라 편리하기 때문에 배라는 개념을 만들었다. 외장을 다 교체한 후에도 같은 배냐고? 나도 잘 모르겠다. 판단은 개인의 몫이다. '배'는 우리가 편의를 위해 창조한 하나의 개념이니까.

현실의 근저는 매우 중요하다. 하지만 이 근저를 논하는 모든 화법 역시 중요하다.

☼

아래는 풍성한 존재론과 단출한 존재론 사이의 차이를 그림으로 간략하게 설명한 것이다. 풍성한 존재론에는 기본 범주가 많다. 여기서 기본이란 현실이라는 큰 그림을 원론적 수준에서 정밀하게 그릴 때 중추적인 역할을 하는 요소를 뜻한다.

반면에 단출한 존재론은 기본 범주의 수가 적다(딱 하나일 수도 있다).

하지만 사용되는 화법이 많다. 이 '화법'이라는 개념은 장식에 머물지 않고 우리가 현실을 이해하는 데 절대적으로 큰 몫을 한다.

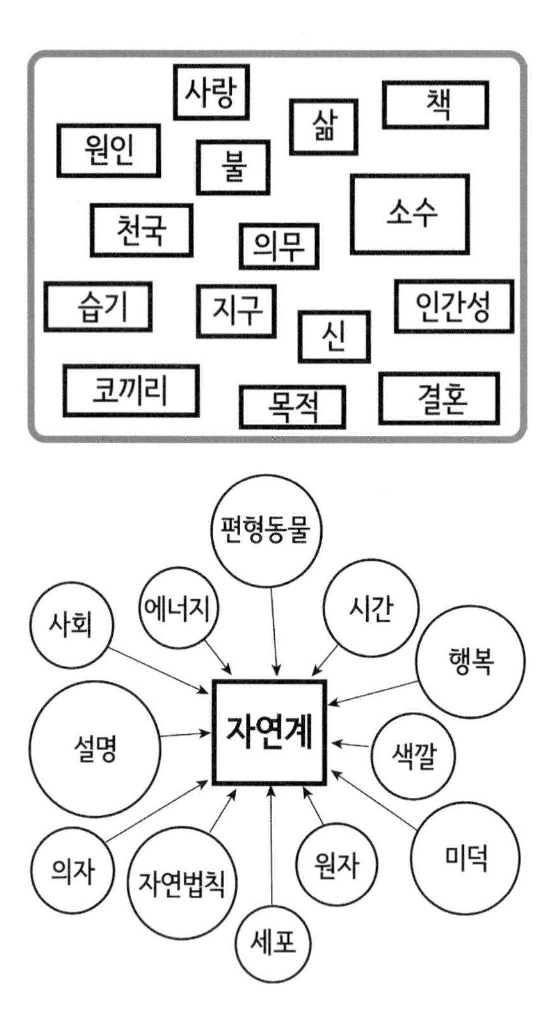

풍성한 존재론과 단출한 존재론. 네모는 기본 개념을, 동그라미는 파생 개념이나 신생 개념, 즉 세상을 논하는 수단을 의미한다.

풍성한 존재론의 장점 중 하나는 '진짜'를 가리기가 쉽다는 것이다. 제시된 모든 범주가 진짜인 무언가를 설명하는 것이니까 말이다. 반면에 단출한 존재론은 그리 명료하지 않다. 단출한 존재론을 따를 때 오직 기본 개념만을 진짜로 간주해야 할까? 이렇게 세상의 구성요소들을 나누고 그것에 관해 얘기하는 것은 죄다 환상일 뿐이라는 입장은 우리가 현실에 대해 취할 수 있는 가장 강경한 태도다. 혹자는 이것을 **제거주의**eliminativism라고 부른다. 제거주의자들은 현실 개념 목록에서 이것저것을 지우는 데에 여념이 없다. 제거주의자에게 "어느 커크 선장이 진짜입니까?"라고 물으면 "알 게 뭡니까? 인간이란 건 환상인걸요. 다 하나뿐인 진짜 현실을 설명하기 위해 지어낸 이야기일 뿐이라고요"라는 대답이 돌아올 것이다.

하지만 나는 조금 다른 주장을 하려 한다. 우리가 세상을 가장 깊은 수준에서 논하는 최적의 방법인 기본 인식론은 엄청나게 소박하다. 그러나 기본에 끼지 못했지만 더 상위에서 거시적 현실을 설명하기에 유용한 많은 개념들도 '진짜'라 불릴 자격은 충분하다.

여기서 키워드는 '유용성'이다. 분명, 유용하지 않은 화법도 존재한다. 과학의 시각에서는 이렇게 유용하지 않은 화법을 '틀렸다' 혹은 '거짓이다'라고 말한다. 화법은 단순한 개념의 목록이 아니다. 화법은 일련의 규칙에 따라 사용되고 긴밀하게 협응한다. 과학 이론은 각각이 세상을 논하는 하나의 화법이다. 이런 이론들이 있기에 우리는 "'행성'이라는 것과 '태양'이라는 것이 있는데, 둘 다 '우주 공간'이라는 것 안에서 움직이고 행성은 태양을 중심으로 '공전'이라는 것을 한다. 행성의 공전은 우주 공간에 '타원'이라는 특별한 모양을 그린다"라고 말할 수 있는 것이다. 이것이 요하네스 케플러의 행성 운동의 법칙이다. 이전에는 태양이 태양계의 중심이라는 코페르니쿠스의 지동설이 있었고 케플러 이후에는 아이작 뉴턴이 만유인력의 법칙을 제시했다. 오늘날 우리는 케플러의 이론이 어떤 환경에서는 쓸 만하지만 뉴턴의 이론만큼 유용하지는 않으며 그보다도 더 다재다능한 것이 아인슈타인의 일반 상대성 이론이라고 말한다.

☀

여기서 나는 **시적 자연주의**를 제안한다. 시인 뮤리엘 러카이저Muriel Rukeyser는 "우주는 원자가 아니라 이야기들로 만들어졌다"고 썼다. 세상은 거기에 그냥 그렇게 존재하며 방관한다. 그리고 우리는 그런 세상을 다양한 방식으로 이야기함으로써 수많은 통찰을 얻는다.

자연주의는 아래의 세 문장으로 요약할 수 있다.

1. 세상은 자연계 하나다.
2. 세상은 절대불변의 자연법칙에 따라 움직인다.
3. 세상을 제대로 배우는 유일한 방법은 관찰하는 것이다.

자연주의의 핵심은 과학적 탐구를 통해 우리 눈앞에 드러나는 세상이 유일무이한 진짜 세상이라는 것이다. 그 세상에 대해 우리가 담론을 시작하면 그때 비로소 시적 성질이 표면화된다. 그런 시적 자연주의의 세 가지 요점은 다음과 같다.

1. 세상을 논하는 화법은 여러 가지가 있다.

2. 좋은 화법은 모두 서로 일맥상통하며 세상의 모습과 부합한다.
3. 현재 우리의 목적은 가장 바람직한 화법을 찾는 것이다.

커크 선장과 테세우스의 배를 일정 시공간을 차지하는 원자들의 특정 집합으로 본다는 점에서는 시적 자연주의가 제거주의와 흡사하다. 그러나 제거주의자는 "그러니까 둘 다 환상에 불과하다니까"라고 일축하는 반면, 시적 자연주의자는 "그럼에도 그것이 현실이 아니라고 말할 수는 없다"라고 말한다.

현시적 이미지manifest image와 **과학적 이미지**scientific image라는 철학 용어가 있다. 전자의 경우 일상적 경험들에 의해 구축된 민간의 존재론을, 그리고 후자의 경우 과학에 의해 새롭게 형성된 합일적 세계상을 일컫기 위해 철학자 윌프리드 셀러스Wilfrid Sellars가 만든 말이다. 현시적 이미지와 과학적 이미지는 서로 다른 개념과 어휘를 사용하지만, 궁극적으로는 세상을 논하는 화법으로서 서로 궁합이 잘 맞는다. 시적 자연주의는 각 화법이 적절한 상황에서 유용하게 쓰이는 것을 반기고 어떻게 하면 화법들이 서로 더욱더 조화롭게 활용될 수 있을지를 궁리한다.

시적 자연주의 안에는 크게 세 가지 종류의 이야기가 존재한다. 첫째는 우주 전체를 밑바탕부터 미시적 수준으로 최대한 자세하게 설명하는 것이다. 이것을 가능케 하기에 현대 과학은 아직 역부족이지만 적어도 그런 기저의 현실이 **분명히 존재**한다고는 믿고 있다. 다음은 제한적 영역 안에서만 유효한 현재의 이야기를 하는 것이다. 거시적으로 더 상위 범주에 속하는 개체로서 배와 사람을 논하는 것이 여기에 속한다. 마지막은 옳고 그름, 목적과 의무, 아름다움과 추함과 같은 가치평가다. 가치는 과학적 상위 범주와 달리 데이터 조각을 맞춰보는 과학적 방식으로 판가름 나지 않는다. 우리에게는 다른 목표가 있다. 우리는 좋은 사람이 되기를 원한다. 서로 사이좋게 지내면서 삶의 의미를 찾고 싶어 한다. 세상을 얘기하는 가장 바람직한 방법을 찾는 것은 이 목표를 향한 여정의 중요한 일부분이다.

시적 자연주의는 자유와 책임의 철학이다. 자연계는 우리에게 생명의 원료들을 선물했고 우리는 그것들을 이해하고 결과물을 받아들이기 위해 노력해야 한다. 과거를 수용하는 데서 그치지 않고 미래를 제안하고, 일어난 일을 언급하는 것에서 나아가 일어나야 할 일을 판단하는 것은 인간의 기본적인 창조 행위다. 세상은 어떤 가치판단의 굴레도 지지 않으므로 자연의 법칙에 따라 전개해나가면 그만이다. 어찌 되었든 세상은 존재한다. 거기에 우리가 아름다움과 선함을 불어넣는 것이다.

⁂

누군가에게는 시적 자연주의가 매력적인 아이디어로 느껴질 것이다. 혹은 말도 안 되는 허풍 덩어리라는 생각이 들 수도 있다. 그러나 이 철학이 우리에게 많은 물음표를 던지는 것만은 분명하다. 만물의 기저에 있는 통일된 자연계는 어떤 세상일까? 우리는 원자며 입자 같은 단어들을 수시로 들먹인다. 하지만 양자역학에서 알게 된 바에 따르면 진실은 이보다 더 모호해서 쉽사리 손아귀에 넣기가 어렵다. 궁극의 만물 이론 Theory of Everything은 아직 꿈에 불과하다는 걸 인정할 때, 우리가 실제로 알고 있는 것은 얼마나 될까? 그럼에도 자연주의가 충분히 타당하다고 믿는 근거는 무엇일까?

기저의 물리적 세상을 우리 일상의 현실과 연결하는 데 따르는 의문들 역시 더 많으면 많았지 결코 적지 않다. 우선 "왜?"냐는 의문들이 있다. 왜 이 특정 자연법칙을 따르는 이 특성 우주일까? 왜 애초에 우주가 존재하는 걸까? 또한 확답을 요구하는 질문들도 있다. 통합된 물리적 현실에서 우리가 배운 그대로 생명이 발원하는 게 정말로 가능한가? 현시적 세계에서 아마도 가장 난해한 측면일 의식의 문제를 물리적 실재로써 충분히 설명할 수 있다고 확실하게 말할 수 있는가? 또, "어떻게?"를 묻는 의문들도 있다. 어떤 화법이 최선임을 어떻게 결정할 것인가? 옳고 그름의 판단에 어떻게 동의할 것인가? 세상에서 순수하게 자연적인 의미와 목적을 어떻게 찾을 수 있는가? 무엇보다도, 이런 것들을 어떻게 아는가?

우리의 과제는 우리 경험의 모든 측면을 조각조각 맞추어 모나거나 빈 데 없이 풍성하고 유려한 하나의 큰 그림으로 완성하는 것이다. 그러려면 우선 우리 자신이 올바른 사고를 위한 마음의 준비가 되어 있어야 한다. 그런 의미에서 이어지는 단원들에서는 인류를 자연주의의 순리로 인도한 몇몇 아이디어들을 살펴볼 것이다.

3
스스로 돌아가는 세상

1971년, 아폴로 15호의 우주비행사 데이비드 스콧이 재미있는 실험을 선보이는 장면이 미국 전역에 TV로 생중계되었다. 스콧은 우주선에서 내려 망치 하나와 깃털 하나를 들고 달 표면을 한참 걸어갔다. 그러고는 멈춰선 곳에서 망치와 깃털을 동시에 손에서 놨다. 중력이 약한 달에서 두 물체는 정확히 똑같은 순간에 착지했다.

지구였다면 실험 결과는 완전히 달랐을 것이다. 우주복을 입고 미국항공우주국NASA의 거대한 진공실에 들어가서 실험을 한 게 아니라면 말이다. 보통 상황에서는 공기 저항을 크게 받는 깃털은 그렇지 않은 망치보다 훨씬 천천히 떨어진다. 그러나 거의 진공에 가까운 달 표면에서는 두 물체의 궤적이 완전히 똑같았다.

과거 16세기에 갈릴레오 갈릴레이는 중력의 영향 아래에서 모든 물체는 똑같이 낙하하며 무거운 물체가 더 빨리 떨어지는 것처럼 보이는 것은 오로지 마찰 때문이라고 주장했다. 스콧의 실험은 이 주장이 사실임을 만천하에 입증해 보이는 것이었다. 게다가 덤도 있었다. 지상지원팀 조 앨런의 표현대로, 이 실험 결과는 "탄탄한 이론을 바탕으로 이미 예측된 것이지만 그럼에도 남아 있던 의구심을 말끔하게 씻어주었다. 수많은 시청자가 실험을 목격했다는 점, 이 실험이 검증한 바로 그 이론에 정확히 기초하여 실험자들이 지구로 귀환했나는 사실이 그 증거"였다.

전해지는 얘기로는 갈릴레이도 직접 피사의 사탑 꼭대기에서 무게가 다른 (하지만 공기 저항은 비슷하게 받는) 공 두 개를 떨어뜨리는 실험을 했다고 한다. 본인이 그렇게 말했다는 건 아니고 훗날 그의 제자 빈센초 비비아니가 쓴 갈릴레이의 전기에 그렇게 적혀 있다.

실제로 갈릴레이가 한 실험은 더 단순한 것이었다. 그는 경사면에서 질량이 다른 공 두 개를 굴렸다. 이 실험을 통해 그는 두 공이 똑같이 가

피사의 사탑
(W. Lloyd MacKenzie 제공)

속하며 가속도는 공의 질량이 아니라 경사의 각도에 따라 달라짐을 확인할 수 있었다. 이에 그는 경사면 각도를 바닥과 완전히 수직이 될 때까지 늘리면 애초에 경사면 없이 물체를 바로 떨어뜨리는 것과 똑같을 것이라고 유추했다. 그렇게 해서 공기 저항을 무시할 수 있다면 모든 질량은 중력에 의해 똑같이 자유 낙하한다는 결론이 나온 것이다.

이 실험은 결과보다 더 중요한 메시지를 담고 있다. 우리는 마찰이나 공기 저항과 같은 부차적 영향을 배제함으로써 물체의 기본 자유 운동을 추측할 수 있다. 그렇다면 역으로 그런 영향을 상황에 집어넣으면 움직임을 현실적으로 되돌릴 수도 있을 것이다.

이것은 사소한 발견이 아니다. 오히려 물리학 역사상 가장 위대한 깨달음이라고 할 수 있다.

물리학은 모든 분과를 통틀어 가장 단순한 형태의 과학이다. 전혀 그렇게 느껴지지 않는 것은 우리가 물리학에 대해 아는 게 너무 많고 개론부터 난이도가 상당하기 때문이다. 하지만 그래서 좋은 점이 있다. 모든 부차적 영향을 과감히 무시함으로써 어처구니없이 단순한 모형을 손쉽게 만들 수 있다는 것이다. 마찰이 전혀 없는 계면이나 완전 구체가 좋은 예다. 희한하게도 그런 모형들은 말도 안 되게 그럴듯한 결과를 내놓는다. 그런데 다른 과학분과들의 경우는 얘기가 다르다. 생물학, 지리학, 심리학 등에서는 다른 변수들이 존재하지 않는 가장 단순한 시스템을 구상하면 다 엉망진창이 되고 만다(그렇다고 해서 사람들이 아직 포기한 것은 아니다).

마찰과 손실을 무시할 수 있는 이상적인 환경에서 물리학이 단순해진다는 이 충격적인 아이디어는 세상을 발칵 뒤집어 놓은 **운동량 보존**이라는 굵직한 개념을 탄생시키는 데 큰 공을 세웠다. 언뜻 이 두 단어는 그나지 중요하게 들리지 않는다. 하지만 운동량은 우리가 세상을 바라보는 방식 자체를 탈바꿈시켰다. 원인과 목적에 의해 돌아가는 원시적 우주에서 패턴과 법칙의 지배를 받는 현대적 우주로 진화한 것이다.

✺

갈릴레이와 같은 과학자들이 16세기와 17세기에 참신한 운동 법칙으로 세상을 뒤흔들기 전에는 아리스토텔레스가 오랫동안 이 분야의 패권을 쥐고 있었다. 아리스토텔레스의 물리학은 완전히 목적론적이었다. 그는 자연 상태에 있는 물체와 어떤 목적을 가진 과정을 나눠 생각했다. 그러면서 모든 현상에는 네 가지 원인이 관여한다는 유명한 원인론을 제시했다. 여기서 '원인'의 의미는 사실 '설명'에 더 가깝다고 봐야 한다. 이 원인론에 따르면, 물체가 어떤 재료로 이루어져 있는가를 가리키는 **질료인**material cause, 물체가 그런 형상을 띠게 하는 본질적 성격이 무언인가에 주목하는 **형상인**formal cause, 무엇이 과정을 시작하게 하는가를 말하는 **동력인**efficient cause, 물체의 존재 목적이 무엇인가를 묻는 **목적인**final cause 이렇게 네 가지 원인이 있다. 현재 통용되는 의미의 '원인'에 가장 가까운 것은 세 번째 동력인이다. 아리스토텔레스는 물체가 그런 운동과 동태를 보이는 이유를 이 네 가지 원인을 통해 이해하고자 했다.

기본적으로 아리스토텔레스는 물체의 성질이 그 운동을 결정한다고 믿었다. 네 가지 기본원소 중에서 흙과 물은 낙하하거나 하강하는 성질이 있다. 반면에 공기와 불은 상승한다. 어떤 물체의 자연적 상태는 정지한 것과 움직이는 것 둘 중 하나인데, 어느 쪽이든 물체는 그 상태를 유지하려고 한다. 그래서 어떤 과격한 움직임이 변화를 일으키더라도 결국은 기존 상태로 복귀하게 된다.

탁자 위에 물컵이 놓여 있다고 치자. 이 컵은 이렇게 가만히 있는 게 자연스러운 상태다(탁자를 홱 끌어당기면 컵이 떨어지겠지만 그러지는 않기로 한다). 이제 컵을 밀어 과격한 움직임을 발생시키자. 우리가 컵을 밀면 미는 대로 컵은 움직인다. 그러나 미는 것을 멈추면 컵은 다시 정지 상태로 복귀한다. 컵이 계속 움직이게 하려면 미는 행동을 멈추지 말아야 한다. 아리스토텔레스의 말마따나 "움직이는 모든 것에는 그렇게 만드는 원인이 있는 것"이다.

이것은 현실 세계에서 표출되는 컵의 동태에 관한 얘기다. 갈릴레이와 아리스토텔레스가 한 사람은 진실을 말하고 다른 한 사람은 거짓을 말한 게 아니다. 단지 갈릴레이는 사고의 바탕이 된 사례들을 넘어 현상을 더 심층적이고 완전하게 이해하는 데 무엇이 유용한가에 주목했지만, 아리스토텔레스는 그러지 않았다. 두 사람의 차이는 바로 여기에 있다.

6세기 이집트의 철학자이자 신학자였던 존 필로포누스는 아리스토텔레스의 이론을 오늘날 우리가 아는 동체動體 물리학으로 발전시킨 기틀을 마련한 인물이다. 그는 기동력을 고려해야 한다고 지적했다. 물체가 운동을 유지하는 것은 미는 행위를 시작한 주체로부터 받은 힘이 남아 있기 때문이고 이 기동력이 전부 소모되면 물체의 움직임이 멈춘다는 것이다. 이것은 작지만 큰 한 걸음이었다. 원인만 살피는 게 아니라 물질 자체의 양과 성질에 집중하는 새로운 운동관에 눈을 뜨게 했기 때문이다.

1000년경에는 이슬람의 황금기를 이끈 페르시아의 이븐 시나(로마식 이름은 아비센나)에 의해 한 번 더 도약한다. 그는 필로포누스의 기동력

이론을 가다듬어 '성향'이라 부르며 성향은 저절로 소모되지 않는다고 제안했다. 성향은 공기 저항이나 기타 외력에 의해서만 감소한다. 그래서 그런 저항이 전혀 없는 진공 상태에서는 물체가 영원히 등속으로 움직인다는 것이 그의 생각이었다. 이 이론은 오늘날의 **관성** 개념과 놀랄 만큼 닮았다. 관성이란 외력이 없는 한 물체는 항상 그 상태를 유지한다는 개념이다.

14세기에는 아마도 이븐 시나의 영향을 받았을 프랑스의 사제 장 뷔리당이 물체의 운동을 설명하는 수학 공식을 만들었다. 물체의 무게에 속도를 곱한 값으로 기동력을 정량화한 것인데, 당시에는 질량과 무게의 구분이 모호했다는 문제가 있었다. 이 뷔리당에게 영감을 받은 갈릴레이는 외부의 어떤 힘도 작용하지 않는 물체는 일정한 상태를 유지한다면서 '운동량'이라는 용어를 창안했다. 하지만 갈릴레이도 운동량과 속도를 명확하게 구분하지는 않았다. 한편 르네 데카르트는 운동량은 질량 곱하기 속도라는 공식을 세웠다. 하지만 해석기하학의 아버지라는 칭호가 무색하게, 그는 운동량에는 방향과 크기가 있다는 점을 간과했다. 이

페르시아의 철학자 이븐 시나Ibn Sinā(?~1037년)

점을 놓치지 않은 것은 17세기 네덜란드의 과학자 크리스티안 하위헌스 Christian Huygens였다. 그리고 드디어 아이작 뉴턴이 등장한다. 뉴턴은 이 개념을 영리하게 수용하여 물리학을 체계적으로 재정립했다. 그리하여 뉴턴의 이론은 오늘날까지도 고등학교와 대학교에서 그대로 전수되고 있다.

☼

운동량 보존이 중요한 이유는 뭘까? 우리의 목표는 뉴턴역학을 배우는 게 아니다. 보람찬 경험은 되겠지만 말이다. 여기서 도르래 실험이나 경사면 실험 따위를 하지는 않을 것이다. 우리가 할 일은 현실의 기본 성질이 무엇인지 고민하는 것이다.

아리스토텔레스에게 물리학은 성질과 원인의 드라마였다. 어떤 형태든 움직임이 있으면 움직임을 일으킨 주체가 있어야 했다. 그것이 동력인이었다. 그는 '운동'의 정의를 오늘날 우리가 생각하는 것보다 더 넓게 파악했다. 그래서 엄밀히 말하면 '변환'에 더 가까웠다. 물체의 색깔이 변하거나 가능성이 현실로 구현되는 것이 그런 예다. 원리는 같았지만, 아리스토텔레스는 모든 변환에는 원인이 있다고 굳게 믿었다는 점은 달랐다. 사실 그의 이론은 흠잡을 데가 없다. 우리도 세상에 그냥 일어나는 일은 없으며 모든 일에는 다 이유가 있다고 여기지 않는가. 오늘날처럼 비옥한 연구 환경의 혜택을 받지 못한 아리스토텔레스는 자신이 이해한 세상의 이치를 체계적 틀로 정리하고자 최선을 다했다.

아리스토텔레스의 방식은 세상에서 일어나는 수많은 변환을 관찰하고 변환마다 각각의 원인을 추론하는 것이다. A는 B 때문에 움직이며 B의 운동은 C 때문이라는 식이다. 그렇다면 자연스레 궁금해진다. 애초에 이 모든 걸 시작한 것은 무엇일까? 꼬리에 꼬리를 무는 인과관계들을 거슬러 올라가면 마지막에는 무엇에 닿을까? 물체가 스스로 운동한다거나 인과관계의 사슬이 끝없이 이어질 수는 없었다. 분명 어딘가 출발점이 있고 그것에 의해 물체의 운동이 시작되었다. 물체가 스스로 움직일 수는 없었다. 물체를 건드린 부동의 운동자가 반드시 있어야 했다.

아리스토텔레스의 이런 물체 운동 이론은 그의 저서 《물리학Physics》에 논리정연하게 기술되었다. 하지만 부동의 운동자는 《물리학》의 후속작인 《형이상학Metaphysics》에서 더 자세히 다뤄졌다. 이교도적이라는 비판도 있었지만, 아리스토텔레스는 부동의 운동자가 신이라고 제시했다. 추상적 개념이 아니라 널리 이롭게 하는 불멸의 존재로서 신을 들고나온 것이다. 신의 존재를 끌어들인 것 자체가 나쁜 주장은 아니었다. 다만 바탕에 깔고 있는 가정들을 부정함으로써 그의 논증에 여러 허점을 남긴 것만은 사실이다. 어떤 운동들은 스스로 동인으로 작용할 수 있고 무한회귀도 충분히 가능한 일일지 모르니까. 그럼에도 이 우주론적 논증은 영향력이 엄청나서, 토마스 아퀴나스를 비롯한 많은 후학에 계승되어 발전했다.

여기서 우리가 꼭 기억해야 할 것이 있다. 아리스토텔레스가 제시한 이론은 기본적으로 모든 운동에는 원인이 있다는 전제에서 출발한다는 점이다. 그러나 운동량 보존을 생각하면 아리스토텔레스의 이론은 힘을 잃는다. 세부사항에 대한 논쟁은 잠시 제쳐두자. 나는 마찰이 없는 계면에서 물체가 등속으로 움직인다는 기발한 추론을 아리스토텔레스도 충분히 해낼 수 있었다고 확신한다. 핵심은 갈릴레이와 친구들의 신新물리학이 완전히 새로운 존재론을 바탕으로 한다는 점이다. 이 존재론은 현실의 성질을 이해하는 방식을 뿌리부터 갈아엎는 것이었다. 이 존재론에 따르면 원인은 과거의 명성만큼 중추적인 역할을 하지 않는다. 우주에 밀어주는 힘 따위는 필요하지 않다. 그런 것 없이도 우주는 알아서 돌아간다.

이런 인식 변화의 중대성은 아무리 강조해도 지나치지 않다. 물론 오늘날에도 사람들은 원인과 결과를 매일 따진다. 하지만 아리스토텔레스 《물리학》의 현대적 버전, 가령 양자장론 교재를 펼치면 원인이나 결과 같은 단어는 어디서도 찾아볼 수 없다. 가끔 우리는 원인을 얘기하지만, 원인은 더는 존재론의 필수 구성요소가 아니다.

지금 우리는 현실을 향한 우리의 다층위적 시선이 표출되는 광경을 보고 있다. 현재 인류의 지식수준에서 가장 기저 층위에 있는 기본 개념은 시공간, 양자장, 운동 방정식, 상호작용 같은 것들이다. 이 단계에서 아리스토텔레스가 제안한 네 가지 원인 중 어느 것도 낄 자리는 없다. 그러나 그 위에도 층위가 여럿 있고 사용되는 어휘는 층위마다 달라진다. 따라서 소실과 마찰력이 중심이 되는 뉴턴역학만으로는 탁자 위의 물컵이 결국 멈추는 이유를 설명하는 데 한계가 있을 때 아리스토텔레스의 물리학이 일부분이나마 부활할 여지가 충분히 있다. 일상생활에서도 마찬가지다. 인과를 설명하는 과학 공식 같은 게 딱히 없으면 원인과 결과를 따지는 것이 더 편리할 수 있다. 이 세상에서 어우러져 살아가면서 현실을 얘기하는 방법은 한둘이 아니다.

4
무엇이 미래를 결정하는가

시대를 초월해 명성을 떨쳐온 과학자 아이작 뉴턴은 독실한 사람이었다. 그러나 영국 성공회는 그의 사상을 명백한 이단으로 취급했다. 그럴만도 했다. 그는 삼위일체를 부정했고 성서에 나오는 예언을 해석한 글을 많이 썼다. 그런 글에는 '다니엘의 꿈에 나타난 네 번째 짐승의 열한 번째 뿔이 새 시대와 새 법을 세우는 힘에 관하여' 따위의 제목을 붙였다. 그는 아리스토텔레스의 부동의 운동자 개념과 맞물린 신의 존재에 의지하지 않았다. 뉴턴이 묘사하는 우주는 자력으로 완벽하게 구동하는 우주였다. 하지만 그런 그도 나중에 역작 《프린키피아Principia》에 부록으로 추가된 〈일반주해General Scholium〉에서 최초의 설계자가 필요하다는 점을 인정한다.

> 태양과 행성과 혜성으로 멋들어지게 꾸며진 이 항성계가 전지전능한 지배자 아닌 다른 존재의 손에서 나왔다는 것은 있을 수 없는 일이다.

또 다른 저술에서는 행성 간 상호작용이 쌓이고 쌓여 태양계 전체가 질서를 잃을 때 신이 개입해 모든 것을 제자리로 되돌린다는 식으로 얘기하기도 했다.

뉴턴보다 100년 늦게 태어난 프랑스의 수학자 피에르시몽 라플라스는 생각이 달랐다. 지금도 학계에서는 그의 진짜 신앙이 이신론과 무신론 중 무엇이냐를 두고 설전이 벌어진다. 이신론은 신이 세상을 창조하기만 하고 더는 관여하지 않는다는 입장이다. 그가 쓴 천체역학 서적에 신이 등장하지 않는 이유를 나폴레옹 황제가 물었을 때 라플라스가 "그런 가설은 필요하지 않아서"라고 대답했다는 일화는 유명하다. 종교적 정체성이 무엇이었든지 간에 라플라스가 세상의 운동에 깊이 관여하는 창조주라는 개념을 완강하게 부인한 것은 분명하다.

라플라스는 고전적 뉴턴역학을 뼛속 깊이 이해한 최초의 사상가 중 한 사람이었다. 어쩌면 창시자인 뉴턴보다도 더 잘 알았을지 모른다. 어느 시대나 청출어람은 존재한다. 과학은 계속 발전하고 우리는 점점 더 많은 지식을 습득한다. 상대성을 아인슈타인보다 더 잘 이해하는 요즘 물리학자가 한둘이 아니고 양자역학에 슈뢰딩거나 하이젠베르크보다 더 빠삭한 물리학도가 드물지 않은 세상이다. 라플라스는 필요하면 새로운 수학 공식을 뚝딱 만들어가면서 태양계의 안정성부터 확률 이론에 이르기까지 광범위한 주제를 탐구했다. 그는 뉴턴역학이 말하는 중력을 장이론field theory으로 설명할 수 있을 거라고 여겼다. 그래서 멀리 떨어져 있는 두 물체가 어떤 원리로 서로에게 작용하는가라는 뉴턴의 수수께끼를 라플라스는 모든 공간을 채우고 있는 '중력 포텐셜 장gravitational potential field'을 내세워 풀어냈다.

라플라스가 양자역학의 발전에 기여한 바를 따져본다면 기술이나 수

피에르시몽 마르키스 드 라플라스, 1749~1827년.

학보다도 철학적인 의미가 더 크다. 그는 "무엇이 미래를 결정하는가?"라는 질문의 답이 의외로 단순하다는 진실을 간파했다. 그 답은 다름 아닌 "현재의 상태"다.

이 답이 인간의 의지나 선택권을 부정하는 것을 우려하는 시선도 있다. 뒤에서 더 자세히 살펴보겠지만 이것은 물리학의 문제가 아니다. 인간을 설명하는 최선의 방법이 무엇이냐의 문제다. 행성들이 태양 주위를 돈다는 뉴턴의 우주론을 얘기할 때 그 안에는 결정론이 있다. 하지만 인간같이 엄청나게 복잡한 존재를 논할 때는 충분한 정보를 토대로 명약관화한 예측을 하는 것이 불가능하다. 입자나 기본 힘을 언급하지 않고 우리 나름의 말재주로 인간을 아무리 잘 설명해도 선택지의 목록은 줄지 않는다.

✻

고전 물리학*은 세상을 목적론적으로 보지 않는다. 다음에 일어날 일이 어떤 목표나 목적인에 의해 좌우되지 않는다는 말이다. 그렇다고 세상을 역사적으로 보지도 않는다. 과거의 일을 전혀 몰라도 지금 이 순간의 정확한 지식만 있으면 미래를 알 수 있다는 점에서다. 말하자면 과거도 미래도 모두 현재에 의해 결정되는 셈이다. 그러고 보면 우주는 지극히 현재 지향적이다. 만고불변의 물리 법칙에 따라 매 순간 한 발씩 내디디면서 차근차근 전진할 뿐, 과거의 영광이나 미래의 희망에는 조금도 신경 쓰지 않는다. 후일 생물학자 에른스트 헤켈Ernst Haeckel은 이 시각을 무無목적론이라 명명했다. 하지만 내포된 모든 의미를 이 한 단어에 담기에는 턱없이 부족하다.

라플라스는 우주가 일종의 컴퓨터와 같다고 지적했다. 데이터(현재 우주의 상태)를 입력하면 컴퓨터가 계산(물리 법칙)하고 결괏값(다음 순간 우주의 상태)을 내놓는 것이다. 고트프리트 라이프니츠와 로저 보스코비치Roger Boscovich가 앞서 제시한 것과 비슷한 아이디어다. 인도의 이단 종파인 아지비카교 역시 무려 2000년 전에 같은 발상을 한 바 있다. 다만 아직 컴퓨터가 발명되기 전이었기 때문에 라플라스는 어떤 범우주적 지성을 구상했다. 이 지성은 우주에 존재하는 모든 입자의 위치와 속도를 알고 있고 이 입자들에 작용하는 모든 힘을 이해하며 뉴턴의 운동 법칙에 따른 모든 산술 계산을 해낼 수 있는 존재다. 라플라스가 설명했듯, "그런 지성에 불확실한 것은 아무것도 없으며 미래는 과거와 똑같이 바로 코앞에 펼쳐져" 있다. 라플라스 시대 사람들은 범우주적 지성이라는

* 양자역학이 등장하기 전인 20세기 초까지의 물리학

말이 재미없다면서 라플라스의 악마라고 부르기 시작했다.

우리는 편리하다는 이유로 '잠깐 뒤'라는 표현을 자주 사용한다. 하지만 뉴턴과 라플라스는 물론이고 현존하는 가장 진보한 이론물리학의 기준에서 보자면 시간의 흐름은 뚝뚝 끊기는 게 아니라 연속적인 것이다. 겁먹을 건 없다. 어려운 셈은 뉴턴과 라이프니츠가 발명한 미적분학이 해결해줄 테니까 말이다. 우리는 우주 혹은 우주 일부의 상태라 하면 그 안에 들어 있는 모든 입자의 위치와 속도를 생각한다. 속도는 시간의 흐름에 따라 위치가 변화하는 비율(미분값)이다. 여기서 물리 법칙은 가속도를 추가로 따진다. 가속도는 단위 시간에 대한 속도의 변화율을 뜻한다. 어느 한 시점의 우주의 상태를 알면 우리는 여기에 물리 법칙들을 총동원하여 미래나 과거의 어느 다른 시점에 우주가 어떤 상태에 있는지를 유추해낼 수 있다.

우리는 입자라든지 힘과 같은 고전역학의 언어를 가볍게 사용한다. 하지만 사실 그 안에 들어 있는 아이디어는 어마어마한 것이다. 라플라스는 물리학의 중심이 되는 개념으로 장field을 도입했다. 이 장이론은 19세기에 마이클 패러데이와 제임스 맥스웰이 선봉에 서서 전자기학을 급성장시켰다. 입자는 공간에서 정해진 자기 자리가 있다. 반면에 장은 공간 전체에 포진한다. 그래서 '장'이라고 부른다. 그런데 장 값은 위치처럼 취급할 수 있다. 이때 장의 변화율은 속도와 동등한 의미를 갖는다. 그러면 라플라스식 사고실험은 빈틈없는 기승전결을 갖추게 된다. 아인슈타인의 일반 상대성 이론이나 슈뢰딩거의 양자역학 방정식, 나아가 초끈 이론과 같은 최신 아이디어도 마찬가지다. 라플라스 이후, 우주의 동태를 근원적으로 이해하려는 모든 굵직한 시도는 이렇듯 과거와 미래가 계의 현재 상태에 의해 결정된다는 전제하에서 이루어졌다(예외가 있다면 양자역학의 파동함수가 붕괴할 때인데, 이에 관해서는 나중에 더 자세히 다루기로 한다).

이 사조를 세 단어로 압축한 것이 바로 **정보 보존의 법칙**이다. 이 법칙은 모든 순간이 바로 앞뒤 순간의 일을 결정하기에 딱 알맞은 양의 정보를 담고 있다고 전제한다. 운동량 보존의 법칙이 장막 뒤에 숨은 부동의 운동자 없이도 우주가 알아서 잘 돌아간다고 여기는 것과 마찬가지다.

그런데 여기서 '정보'라는 단어를 사용할 때는 주의가 필요하다. 과학에서는 이 단어가 문맥에 따라 여러 가지 의미로 쓰이기 때문이다. 어떤 상황에서는 정보가 실제로 보유하고 있는 지식을 가리킨다. 하지만 때로는 (그 사람이 계를 관찰하고 정보를 획득하는지 여부와 무관하게) 누구나 쉽게 인식할 수 있는 계의 겉모습만을 뜻한다. 아니면 간혹 정보가 계의 상태에 관해 온갖 수단을 총동원해 알아낼 수 있는 모든 세부사항으로 정의되기도 한다. 우리가 정보가 보존된다고 말할 때는 말 그대로 모든 정보를 가리키는 것이다.

운동량 보존과 정보 보존이라는 두 법칙은 인류가 가진 기본 존재론이 상전벽해와 같은 변화를 겪어왔음을 보여준다. 그 옛날 아리스토텔레스식 존재론은 누구에게나 친숙하고 어떤 면에서 개인적이었다. 물체가 움직였다면 물체를 건드린 주체가 있어야 했다. 일이 일어났다면 반드시 원인이 있었다. 반면에 현대 과학의 바탕을 이루는 라플라스식 존재론은 성질과 목적이 아니라 패턴에 의해 결정된다. 어떤 일이 일어나면 우리는 물리 법칙으로 설명되는 일정 순서에 따라 뒤이어 무슨 일이 일어날지 대충 안다. 왜냐하면, 모든 것은 패턴을 따르기 때문이다.

✳

라플라스의 악마는 사고실험이다. 따라서 실험실에서 재현해 보일 필요는 없다. 현실적으로, 현재 상태로 미루어 우주의 미래를 정확하게 예측할 정도로 수준 높고 박식한 지성은 존재하지도 않고 그럴 수도 없다. 설령 그런 컴퓨터가 존재하더라도 우주 자체만큼 크고 뛰어난 것이어야만 한다. 전 우주를 높은 정확도로 시뮬레이션하려면 기본적으로 우주 **그 자체가 되어야** 하는 것이다. 따라서 우리는 공학적 측면은 살펴보지 않을 것이다. 그럴 필요가 없으니까 말이다.

우리의 관심사는 우주의 현재 상태가 미래를 결정한다는 원칙 자체에 있다. 그 사실을 이용해 우리에게 유리하게 미래를 예측하는 게 우리의 관심사는 아니다. 그런데 **결정론**적 태도는 자칫 우리를 그른 길로 오도하기 쉽다. 따라서 우리는 원칙의 한계와 가능성 모두를 신중하게 살펴야 한다.

뉴턴과 라플라스가 구축한 고전역학은 완벽하게 결정론적이지는 않다. 그래서 계의 현재 상태로부터 특정 결과를 예측할 수 없는 사례들이 있다. 걱정할 필요는 없다. 이런 사례는 극히 드무니까. 그런 사례의 실현 가능성은 단언컨대 계에서 일어날 수 있는 모든 일을 통틀어 가장 낮을 것이다. 그런 사례는 인위적이어서 한 번쯤 상상해봄 직은 하지만 이 어지러운 진짜 현실에 별 의미는 없다.

결정론의 완승을 가로막는 가장 큰 장해물은 **카오스**라는 현상이다. 무시무시한 이름과 달리 카오스의 성질은 단순하기 그지없다. 계의 최초 상태에 관한 지식에 부정확한 부분이 티끌만큼이라도 있으면 최종 결과가 극과 극으로 달라질 수 있다는 게 전부다. 그러나 결정론적 관점은 카오스의 존재를 매몰차게 무시한다. 라플라스는 항상 완벽한 정보가 완벽한 예측을 이끈다고 말했다. 한편 카오스 이론은 아주 살짝 불완전한 정보가 엄청나게 불완전한 예측을 일으킨다고 말한다. 다 맞는 말이다. 하지만 그렇더라도 전체 그림은 조금도 달라지지 않는다. 제정신인 사람이라면 우리가 라플라스의 추론을 이용해 유용한 예측-결정 도구를 만들 수 있다고 생각하지는 않을 것이다. 사고실험은 어디까지나 이론에 머물 뿐, 실전이 아닌 까닭이다.

고전역학의 진짜 한계점은 세상이 어떻게 구동되느냐를 실질적으로 설명하지 못한다는 데 있다. 현재 인류는 과거 어느 때보다도 많은 지식을 가지고 있다. 20세기 초에 등장한 양자역학은 고전역학과는 완전히 다른 존재론이다. 양자역학에서 '위치'나 '속도'는 없다. '양자 상태' 혹은 '파동함수'만 있을 뿐이다. 우리는 계를 관측하는 실험을 하고 양자 상태를 토대로 실험 결과를 계산한다.

우주를 근본적으로 논하는 최선의 화법으로서 양자역학은 고전역학의 자리를 훌륭하게 대체했다. 그러나 많은 물리학자가 안타까워하듯 불행히도 우리는 양자역학이 정확히 어떤 이론인지 여전히 이해하지 못하고 있다. 외력이 전혀 개입하지 않는 어떤 계의 양자 상태는 드물지만, 골치 아픈 고전역학의 비결정론적 사건 하나 없이 완벽하게 결정론적 방식으로 진화한다는 것까지는 우리도 안다. 그러나 가만히 살펴보면 계는 결정론적이 아니라 무작위적으로 행동하는 것처럼 보인다. 이 대목에서 파동함수는 무너진다. 우리는 서로 다른 여러 가지 결과가 관측될 상대 확률을 높은 정확도로 추정할 수는 있지만, 그중에서 어떤 가능성이 최종적으로 실현될지는 장담하지 못한다.

양자역학의 측정 문제를 가장 잘 이해하는 전략은 여러 가지가 있다. 우열을 가릴 수 없는 이 해석 중에서 몇몇은 무작위성을 허용하지만 (내가 가장 좋아하는 에버렛의 다중세계 해석을 비롯한) 나머지는 완전 결정론을 고수한다. 이 주제는 21장에서 더 자세히 설명할 것이다. 그런데 이들 양자역학 버전 모두 완벽한 예측은 포기하더라도 라플라스의 기본 철학을 유지한다는 공통점이 있다. 다음 일을 예측하는 데 있어서 중요한 것은 우주의 현재 상태다. 미래의 목표도, 과거의 추억도 아니다. 현재 우리가 가장 신뢰하는 양자역학에 따르면, 시간의 궤적 위에 있는 모든 순간은 명료하고 비인격적이며 정량적인 규칙들을 따라 바로 전 순간을 잇는다.

☼

앞날은 이미 결정되어 있다는 세간의 표현과 라플라스의 결정론 사이에는 약간의 괴리가 있다. 전자는 **운명** 혹은 **숙명** 따위를 연상케 한다. 그러면서 누군가 또는 무언가가 최종적으로 일어날 일을 미리 정해놓았다는 인상을 풍긴다.

물리학적 결정론 개념은 미묘하지만, 핵심적인 면에서 운명이나 숙명과 다르다. 라플라스의 악마는 실존하지 않는다. 따라서 미래는 현재에 의해 결정되겠지만 그것이 구체적으로 어떤 미래일지는 아무도 모른다. 운명이라고 하면 우리는 그리스 운명의 세 여신이나 셰익스피어의 《맥베스》에 나오는 세 마녀와 같은 존재를 떠올린다. 혹은 수수께끼 같은 말로 미래를 알려주는 척하면서 너희가 아무리 발버둥 쳐도 벗어날 수 없다고 비웃는 신탁을 생각하기도 한다. 그러나 현실의 우주는 전혀 이렇지 않다. 그보다는 짜증 나는 꼬마에 더 가깝다. 꼬마는 사람들에게 다가가 “저는 당신에게 곧 벌어질 일을 알아요!”라고 말한다. 그게 뭐냐고 물으면 꼬마는 이렇게 대답한다. “그건 말할 수 없어요.” 그러고는 그 일이 일어나고 나서 지껄인다. “봤죠? 내가 그럴 거라고 했잖아요!” 이것이 우주다.

물리학적 우주를 바라보는 현시現時적 시각이나 라플라스식 사고는 우리가 일상에서 마주하는 선택들과 큰 관련이 없다. 시적 자연주의의 관점에서 상황은 명징하다. 우선, 기본 입자나 양자 상태로 우주를 설명하는 방법이 하나 있다. 이 경우는 라플라스의 논리가 지배하며 미래는 오로지 계의 현재 상태에 의해서만 결정된다. 또 다른 방법은 한 발 뒤로 물러서서 ‘인간’이나 ‘선택’과 같은 카테고리를 설정하는 것이다. 행성이나 진자의 운동을 설명하는 이론과 달리 인간의 동태에 관한 해설은 결정론과 부합하지 않는다. 우리는 어떤 사람의 현재 상태를 관측해도 그가 다음 순간에 어떤 행동을 할지 예측하지 못한다. 인간의 행동이 결정론을 따른다고 믿을지 말지는 우리가 그에 대해 얼마나 아느냐에 달려 있다.

5
왜

2003년 11월, 네덜란드 소아과 간호사 루시아 드 베르크에게 가석방 없는 종신형 선고가 내려졌다. 죄목은 유아 4명의 살인과 3명의 살인미수였다. 이 사건에 대한 판결은 평범하지 않은 이유에서 언론의 집중포화를 받았다. 통계적 추론에 지나치게 의존한 판결이었던 것이다.

그녀를 죄인으로 지목하는 직접적 증거도 나오긴 했지만, 설득력은 별로 없었다. 예를 들어, 희생자(아기 앰버)가 디곡신이라는 약물에 중독되었다는 주장이 제기되었는데 의사들은 중독 증세와 비슷한 화학 신호가 자연적으로도 발생할 수 있다고 진술했다. 어느 희생자에게도 살인의 확정적 증거는 없었다. 그러나 유독 그녀가 담당한 아기들만 줄줄이 사망하는 일이 확률적으로 거의 불가능하다는 사실이 올가미가 되었다. 한 전문가는 그런 우연의 일치가 일어날 확률이 3억 4200만 분의 1보다도 작다고 분석했다. 검찰은 이 통계적 비현실성으로 미루어 각 사망을 개별적 사고로 조사하기보다는 하나의 집단 사망 사건으로 묶어 증거를 적용해야 한다고 주장하며 법정을 설득하는 데 성공했다.

문제는 이 계산이 완전히 틀렸다는 것이었다. 사건이 어떤 맥락을 가지고 높은 빈도로 발생한 것처럼 보이는 착시현상의 가능성을 원천배제할 수는 없는데, 그런 확률들을 곱하는 기초적인 실수를 저지른 것이다. 유죄가 확정된 후 다른 전문가들이 새롭게 내놓은 계산 결과는 집단 사망이 우연의 일치일 확률이 질문의 방식에 따라 100만 분의 1에서 25분의 1 사이로 높아진다는 것이었다. 게다가 추가 조사 결과, 드 베르크가 근무하기 전에는 이 병원의 영아 사망률이 더 높았던 것으로 밝혀졌다. 잇단 영아 사망이 연쇄살인범의 소행이 아닐 수도 있다는 뜻이다. 통계 분석과 직접 증거에 관한 논란이 이어지면서 결국 재심 재판이 열렸다. 그리고 2010년 드 베르크는 모든 죄목에 대해 무혐의 판정을 받았다.

드 베르크가 누명을 쓰게 된 것이 오로지 수학적 실수만의 탓이라고는 볼 수 없다. 영아 사망이라는 비극이 아무 이유 없이 일어날 리가 없다, 그러니 누군가가 비난을 받아야 한다는 집단심리에도 책임이 있었다. 모든 사람이 상황이 일어나게 된 이유가 반드시 있어야 한다고 무의식적으로 전제한 것이다. 그런 끔찍한 일은 우연이 아니며 누군가의 소행이라고 설명될 때 사람들은 더 쉽게 납득했다.

원인과 이유를 찾는 것은 인간의 뿌리 깊은 본능이다. 인간이라는 생물은 어디서나 패턴을 찾는다. 우리는 화성의 크레이터에서 웃는 얼굴을 알아보고 하늘에 보이는 금성의 위치로 애정운을 점친다. 그런데 질서와 인과 말고도 인간이 추구하는 것이 하나 더 있다. 바로 공정성이다. 1960년대에 심리학자 멜빈 러너Melvin Lerner는 불운한 사건이 일어났을 때 사람들이 피해자 탓을 하는 경향성을 발견하고 '공평한 세상의 오류'* 라는 개념에 착안했다. 가설을 검증하기 위해 그는 동료 연구자 캐럴린 시먼스와 함께 참가자들에게 사람들이 감전되는 모습을 보여주는 실험

---

* 피해자가 잘못하지 않았다면 그런 일을 당하지 않았을 것이라고 여기는 것

을 했다. 그러자 실험 참가자들은 상대방에 대해 아무것도 모르면서도 그들의 인성을 나쁘게 평가했다. 전기충격의 세기가 클수록 평가는 더 가혹했다.

✺

일이 벌어진 이유를 찾는 것은 절대로 허튼짓이 아니다. 많은 경우에 일은 이유가 있기에 일어난다. 거실에 앉아 있는데 갑자기 야구공 하나가 유리창을 뚫고 날아든다면 우리는 자연스레 밖을 내다보면서 놀고 있는 아이들을 찾는다. 거대한 고래가 수 킬로미터 상공에서 하늘을 날고 있다면 그것을 아무렇지 않게 생각하는 사람은 한 명도 없을 것이다. 매사에 원인과 결과를 따지는 것은 인류가 진화에 진화를 거듭하며 세상의 이치를 더 잘 이해하고자 궁리하면서 굳어진 습성이다.

하지만 그러한 예측을 절대적 원칙으로 확대해석할 때 과오가 발생한다. 우리는 현상을 관찰하고 이유를 추리한다. 그러한 추리 본능은 소소한 일상이나 개인의 운명뿐만 아니라 존재론의 기저까지 모든 면면에 발동된다. 세상이 특정 사물들로 이루어져 있고 특정 방식으로 움직인다면 그럴 만한 이유가 반드시 있을 거라고 우리는 생각한다.

이것이 **충족이유의 원리**다. 이 용어를 처음 고안한 사람은 고트프리트 라이프니츠지만, 핵심 아이디어는 이전 시대부터 내려오던 것이었다. 대표적인 사상가가 17세기의 바뤼흐 스피노자다. 이 원리를 간단히 정의하면 아래와 같다.

> **충족이유의 원리** Principle of Sufficient Reason:
> 어떤 참인 사실에 대하여 그러하게 된 이유가 있고, 이 이유를

대신할 만한 다른 이유는 존재하지 않는다.

언젠가 라이프니츠는 이 원리를 "이유 없이 일어나는 일은 없다"는 평범한 한 문장으로 표현했다. 모든 것에는 이유가 있다는 유명한 격언과도 흡사해서 티셔츠나 자동차 범퍼스티커에 새기면 어울릴 법한 말이다. 혹은 암을 극복한 디자이너 에밀리 맥다월이 그랬던 것처럼 살짝 비틀어 "당신한테 모든 것에는 이유가 있다고 말하는 사람에게 한 방 먹여드릴게요"라고 적힌 공감 카드를 제작해 팔아도 괜찮을 것 같다. 라이프니츠는 어떤 이유는 신만이 아신다고도 말했는데, 그런 상황을 가리키는 것이리라.

사람들은 왜 모든 일에는 그런 일이 일어날 수밖에 없는 까닭이 있고 우주에 관한 모든 사실에는 저마다의 이유가 있다고 믿으려 할까? 이렇게 다르게 생각할 수도 있지 않을까? 어떤 사실은 그 뒤에 이유가 있지만, 그냥 그렇게 주어진 사실도 존재한다고 말이다. 그런 사실은 그 자체로 진실이어서 더는 설명이 불가능하다. 그렇다면 우리는 그런 주어진 사실이 존재론의 기본인지 아닌지 어떻게 판단해야 할까?

✳

어떤 것을 믿을지 말지 결정할 때 우리는 **귀추법**abduction이라는 추론 기술을 활용할 수 있다. 귀추법은 한마디로 최선의 설명을 추론해내는 것을 말하는데, 대비되는 개념으로는 연역법과 귀납법이 있다. 연역법deduction은 의문의 여지가 없는 자명한 이치를 바탕으로 확실한 결론을 도출하는 것이다. 한편 귀납법induction은 여러 사례에서 출발해 범위를 넓혀가며 일반화한다. 대부분의 경우는 그런 일반화가 언제나 옳다고 믿을 만한 근거가 있지만 100% 장담할 수 있는 것은 아니다. 그런데 귀추법에 따르면 우리는 우리가 지닌 세상에 관한 모든 배경지식을 고려해 이 모두를 포괄하는 가장 나은 설명을 취한다. 이때 설명은 단순할수록 좋다(오컴의 면도날). 이 내용은 뒤에 나오는 9장과 10장에서 **베이즈 추론**Bayesian reasoning이라는 제목으로 더 자세히 살펴볼 것이다.

귀추법을 충족이유의 원리에 적용하기 전에, 이해를 돕기 위해 판정할 주장을 딱 둘로 나누자. 모든 사실에는 그것을 설명하는 이유가 있다는 것(즉, 충족이유의 원리가 참이라는 것) 하나와 그렇지 않다는 것(즉, 충족이유의 원리가 거짓이라는 것) 하나다. 각 주장에 사전 신뢰도 값을 할당한다. 그런 다음 세상을 관찰해 증거를 모으고 그에 따라 신뢰도 수준을 조정한다.

그런데 충족이유의 원리를 옹호하는 측은 증거를 모으지 않는다. 대신 그것이 이미 형이상학의 근본 원리라고 선포한다. 그들에게 그것이 진실이 아니라는 것은 상상조차 할 수 없는 일이다. 그래서 그들은 모든 사실에는 이유가 있다는 쪽에 100점 만점에 100점의 사전 신뢰도 값을 부여하고 그냥 주어진 사실도 있다는 쪽에는 빵점을 준다. 이런 상황에서는 어떤 증거도 사후 신뢰도를 변화시키지 못한다. 모든 사실에는 이유가 있다는 믿음을 한결같이 고수하는 것이다.

사실, 형이상학의 원리를 검증하면서 상식 수준의 관찰을 독려할 때는 기준이 아주 높아야 한다. 하지만 스코틀랜드의 철학자 데이비드 흄이 지적했듯, 충족이유의 원리는 이 기준에 미달한다. 로마의 루크레티우스가 시적 자연주의의 할아버지라면 흄은 아버지라 불릴 만한 인물이다. 그런 그는 이유 없는 결과가 드물기는 해도 본질적으로 모순이거나 논리적으로 불가능하지는 않다고 말했다.

그럼에도 우리는 왜 충족이유의 원리 없이는 살아가지 못할까? 이 물음에 찬동자들은 흔히 두 가지 각도에서 대응한다. 하나는 형이상학의 다른 근본 원리를 앞세우는 것이다. 가령 라이프니츠는 최선의 원리Principle of the Best라는 것을 들고나왔다. 이것은 신은 항상 최선의 방식으로 섭리하며 천지창조도 그렇게 이루어졌다는 사고방식이다. 하지만 이 전략은 우리가 새로운 원리를 완전한 진실로 받아들일 때만 먹힌다. 그런 까닭에 처음부터 충족이유의 원리에 회의적이었던 사람에게는 통하지 않는다.

또 다른 전략은 충족이유의 원리가 논리적 사고 행위 자체의 본질이므로 무조건 타당하다고 주장하는 것이다. 샤워하려고 욕실에 들어갔는데 욕조에 아코디언이 들어 있는 것을 발견한다고 상상해보자. 아코디언이 거기에 있는 이유가 반드시 있다고 여길 수밖에 없는 상황이다. 아코디언이 제 발로 굴러들어왔을 리는 없을 것이다. 우주에 관해 우리가 아는 모든 사실에도 바로 이런 식으로 사고가 흐른다. 눈에 띄면 곧장 이것의 이유는 뭘까 생각한다.

충족이유의 원리가 반박의 여지 없이 논리적으로 완전무결하다는 뜻은 아니다. 다만 우리는 종종 그런 것이 진실인 것처럼 행동한다. 솔직히 말하면 이 주장은 선험적인 게 아니라 경험과 실증에 기반한다. 누구도 아무 이유 없이 욕조에서 아코디언을 발견하게 되지는 않는다는 것은 경험적 사실이다. 하지만 그런 일이 자연스러운 세상을 상상할 수는 있다.

형이상학적 원리는 구미가 당기지만 믿을 만하지는 않은 지름길과 같다. 어떤 일이 이유가 있어서 일어난다고 여기는 게 허튼 생각만은 아니다. 하지만 그것이 흔들림 없이 단단한 기반을 가진 원리는 아닌 이유도 존재한다.

☼

우리는 절대불변의 물리 법칙에 따라 한 순간이 다음 순간을 결정하는 라플라스식 우주에 살고 있지만 어떤 이유로도 설명할 수 없는 사실 역시 존재한다고 인정할 수는 없을까? 이를테면 "그건 물리 법칙일 뿐이야" 혹은 "우주의 직전 배열 상태가 그랬기 때문이야"라고 말해선 안 되는 걸까?

그 답은 우리가 이유라는 것을 어떻게 정의하느냐에 달려 있다. 하지만 대답하기에 앞서 우리가 설명하고자 하는 사실에는 두 가지 종류가 있다는 점을 알아야 한다. 하나는 **일어난 일**, 즉 어느 한 시점에 우주(혹은 우주의 한 부분)의 상태다. 또 다른 하나는 물리 법칙과 같은 **우주의 특질**이다. 설명으로서 충분한 자격 조건을 갖춘 이유에는 저마다 다른 특징이 있다.

두 종류의 사실 중 전자의 경우, '이유'는 우리가 흔히 말하는 '원인'과 같은 의미가 있다. 이때 우리는 '물리 법칙과 우주의 직전 상태'가 사건의 이유라고 말할 수 있다. 심지어 (원자핵 붕괴처럼) 이유 없이 일어나는 일들을 거론할 때 가끔씩 잘못 언급되는 양자역학에서도 이 설명이 통한다. 그런 게 찾고 있던 이유라면 물리 법칙이 적절한 답이 될 수 있다. 이것은 형이상학의 원칙보다는 우주에서 관찰되는 패턴에 더 가깝다.

하지만 사람들이 이유를 찾는다고 말할 때 이유의 의미는 이것이 아니다. "왜 그런 충격 사건이 벌어졌을까?" 혹은 "지구 대기의 평균 온도가 왜 이렇게 가파르게 상승할까?"라는 질문에 "물리 법칙과 우주의 직전 상태 때문"이라는 대답은 성에 차지 않는다. 사람들이 진짜로 추구하는 답은 손에 잡힐 듯 명확한 우주의 배열상태이다. 만약 그렇지 않았더라면 문제의 사건도 일어나지 않았을 확실한 이유 말이다.

앞에서 얘기했듯 이유나 원인을 들먹이지 않아도 물리 법칙이 성립하는 데는 아무 문제도 없다. 물리 법칙은 여러 장소와 시간에 벌어지는 일들을 연결하는 패턴일 뿐이다. 그럼에도 우리의 일상생활에서는 '왜'라는 의문사가 상당히 쓸모 있다. 예리한 시적 자연주의자라면 누구라도 '왜'를 따지는 것이 우주의 특정 부분을 정확하게 논하는 데 유용하다는 점을 인정할 것이다. 기억하는지 모르지만, 이 단원의 첫 문단에서 우리도 이 화법을 써먹었다.

사람들이 진짜로 하고 싶은 질문은 아마도 이것일 것이다. "이유를 따지는 것이 타당한 이유는 무엇일까?" 여기에 적절한 답이 하나 있다. 바로, **시간의 화살** 때문이라는 것이다.

우리를 에워싼 관측 가능한 우주는 물리 법칙을 얌전히 따르는 사물들이 마구잡이로 모인 곳이 아니다. 우주 만물은 특정 배열의 성격을 띤 특이점에서 출발했고 그다음부터 줄곧 물리 법칙을 따라왔다. 여기서 출발이란 약 140억 년 전으로 거슬러 올라가는 빅뱅 직후의 상태를 말한다. 정말로 빅뱅이 시간의 출발점이었는지 여부는 확인할 길이 없다. 하지만 그보다 이전의 우주는 짐작조차 할 수 없는 까닭에 일단은 빅뱅을 관측 가능한 우리 우주의 시작이라고 본다. 빅뱅의 순간 특정 배열상태의 우주는 엔트로피가 매우 작았다. **엔트로피**entropy는 한 계의 무질서도를 측정하는 지표다. 처음에 매우 작았던 우주의 엔트로피는 빅뱅 이후 계속 증가하고 있다. 우리의 관측 가능한 우주는 처음에는 정돈이 아주 잘

되어 있었지만 140억 년에 걸쳐 점점 어질러지고 있는 셈이다.

이렇게 증가하려는 엔트로피의 성질 덕분에 시간의 화살이 존재할 수 있다. 달걀은 깨지기는 쉽지만 다시 뭉쳐지기는 어렵고, 우유와 커피는 잘 섞이지만 분리되지는 않는다. 우리는 어리게 태어나서 점점 늙어가고, 어제 일은 기억하지만 앞으로 일어날 일을 기억하지는 못한다. 무엇보다도, 사건을 일으킨 원인은 사건보다 앞에 오지, 뒤따르지는 않는다.

한편 물리학의 기본 법칙은 '원인'을 따지지 않기 때문에 시간의 화살도 존재하지 않는다. 물리학 법칙의 관점에서 과거와 미래는 동일 선상에 놓인다. 반면에 우리가 일상적으로 입에 올리는 설명과 원인은 시간의 화살에 단단하게 매여 있다. 그런 연관성이 없다면 설명이니 원인이니 하는 말들은 우주를 얘기하는 데 쓸모가 하나도 없을 것이다.

우리는 모든 일에는 이유가 있고 원인 뒤에 결과가 따른다고 확신한다. 하지만 이것은 세상의 기본 원칙이 아니다. 우리 눈에 보이는 국소 우주가 조건부적으로 진화하는 듯한 특징에 미루어 그렇게 믿게 된 것일 뿐이다. **우주학**과 **지식**은 밀접하게 연결되어 있다. 따라서 우주를 더 잘 이해하면 우리가 왜 그렇게 믿을 수밖에 없었는지를 이해할 수 있다.

일의 '이유'와 '원인'은 기본 개념이라기보다는 현상적 개념이다. 이 개념들이 출현하게 된 계기는 우주의 진짜 역사가 들려줄 것이다.

❊

과학에서 우주의 다양한 면면이 왜 지금의 모습을 띠게 되었는가만큼 흥미진진한 질문거리는 또 없다. 빅뱅 직후의 엔트로피는 왜 작았을까? 공간은 왜 삼차원일까? 왜 양성자는 전자보다 2000배나 무거울까? 애초에 우주는 왜 존재하는 걸까?

이 질문들은 "욕조에 왜 아코디언이 있지?"라는 물음과는 차원이 다르다. 우리가 궁금해하는 것은 일이 어떻게 일어났느냐가 아니다. 따라서 "물리 법칙과 우주의 직전 상태 때문"이라는 말은 옳은 답이 아니다. 우리가 정말 알고 싶은 것은 우리의 현실은 다른 식일 수도 있었을 텐데 왜 하필 이런 모습이 되었을까다.

여기서 핵심은 그런 질문들에 답이 있을 수도, 없을 수도 있다는 것이다. 따라서 궁금한 걸 물어보는 것은 얼마든지 괜찮지만 언제나 만족스러운 답을 기대해서는 안 된다. 우리는 그것이 그냥 주어진 사실일 가능성도 늘 염두에 두어야 한다. 특별한 이유 없이 원래 그런 것일 수도 있다.

진공과 같은 텅 빈 상태에서는 이런 유의 "왜?"냐는 질문들이 존재하지 않는다. 이런 문답은 어떤 맥락 속에서만 의미가 있다. 욕조에 왜 아코디언이 있느냐는 물음에 누군가 "공간은 삼차원이기 때문"이라고 답한다면 그는 질문자의 따가운 눈총을 피할 수 없을 것이다. 논리적으로 틀린 답이어서가 아니다. 공간이 이차원이라면 아코디언은 욕조에 있을 수 없다. 질문자가 이렇게 물은 것은 일의 전후좌우를 특정 맥락에서 파악하고자 하기 때문이다. 이 세상에서 아코디언이라는 사물은 보통 이러저러한 곳에서 자주 볼 수 있으며, 욕조 속에서 이러저러한 것들은 흔히 발견되지만 또 이러저러한 것들은 그렇지 않다. 여기에 몇 가지 설정이 더해지면 비로소 맥락 있는 이야기가 완성된다. 당신에게는 룸메이트가 있는데, 어젯밤에 친구들을 초대해 술을 퍼마시며 놀았다. 그중에 한 명이 우연히 아코디언을 가지고 왔고 술에 취해 아코디언을 손에서 놓지 않고 계속 시끄럽게 굴자 결국 다른 친구들이 아코디언을 빼앗아서 욕실에 숨겨버렸다. 이런 식의 맥락 있는 답이어야만 질문자가 이해할 수 있는 것이다.

하지만 현재까지 확인된 바로 우주와 물리 법칙을 관통하는 어떤 장대한 맥락은 존재하지 않는 것 같다. 그것이 전적으로 불가능하다는 건 아니다. 하지만 우리는 물리적 우주 밖 세계에도 항상 가능성을 열어두어야 한다. 그것이 비-물리적 현실이든 다중우주를 이루는 우주들의 조화와 같은 보다 평범한 것이든 말이다. 그런 맥락에서야 비로소 우리는 어떤 우주가 더 자연스럽고 있음 직한지 묻기 시작할 수 있다. 운이 좋으면 마침 궁금했던 특정 현상의 설명을 찾아낼 수 있을지도 모른다. 아니면, (양성자와 전자의 질량처럼) 임의적이라고 여겨지는 무언가가 실제로는 더 근원적 원칙에서 비롯되는 것이 물리 법칙의 어떤 면 때문인지 깨닫게 될 수도 있다. 그때 우리는 설명다운 설명을 찾아낸 우리 자신을 칭찬해도 좋을 것이다.

궁금해 미칠 것만 같은 인간의 가려운 등을 우주가 시원하게 긁어줄 거라고 기대해서는 안 된다. 호기심은 미덕이며 궁금증의 답을 찾으려는 것은 권장할 만한 태도다. 질문하는 습관은 세상에 대한 이해를 높인다. 하지만 우리는 “원래 그런 것” 이상의 설명을 허락하지 않는 물음에 성을 내서는 안 된다. 물론 인간은 답이 없는 문제에 익숙하지 않다. 모든 사물에는 어떤 식으로든 설명 가능한 이유가 있다고 단정하는 것은 인간의 습성이다. 우리가 왜 그런 선입견을 품게 되었는지를 이해하려면 우리 우주가 진화해온 역사를 자세히 되짚어봐야 한다.

6
우리 우주

우주를 고찰할 때만큼 인간 존재를 진지하게 고민하게 되는 때도 없다. 내 집 거실에서 와인 한 잔과 좋아하는 책 한 권을 놓고 기대 누워 쉴 때 나와 바로 옆집의 안위가 우주의 진화 과정에 의해 극적으로 좌지우지된다는 것을 체감하기는 어렵다. 시간의 흐름, 원인과 결과, 과거의 기억, 미래를 선택할 자유 등등 지구인의 삶을 결정하는 굵직굵직한 요소들은 궁극적으로 빅뱅의 결과다. 따라서 큰 그림 전체를 파악하기 위해서는 우리 자신을 우주학적 맥락에 놓고 생각할 필요가 있다.

밤하늘을 올려다보면서 감상에 빠지지 않기란 쉽지 않다. 문명의 인공적 불빛이 한 점도 없는 곳에서는 칠흑처럼 까만 밤하늘에 수천 개의 별과 여러 행성이 생생하게 살아난다. 지평선 한쪽 끝에서 반대쪽 끝까지 은하수 은하가 쓸고 지나간 위대한 흔적이 수많은 빛의 점들로 고스란히 박힌다. 우리의 협소한 시야에 들어오는 하늘이 이렇게 넓은데 우주 전체는 얼마나 광활할까 상상조차 어렵다. 이런 공간에 한참 있으면 거리감을 잃는다. 저 천체가 얼마나 큰지, 저 별빛은 한 점인지 아니면 여러 광원이 겹친 것인지 판별할 기준지표도 하나 없다. 별들은 태양과는 비슷한 구석이 하나도 없는 반면 행성과는 몹시 닮아 보인다. 사실 별은

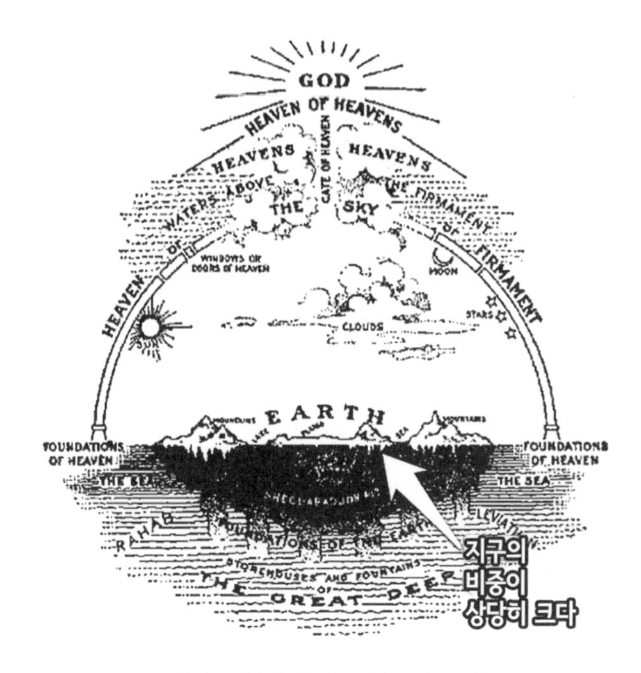

고대 히브리인이 상상한 우주. 작화: 조지 L. 로빈슨

오히려 태양과 동족이고 행성은 완전히 다른 천체인데도 말이다.

어찌 보면 당연하게도 고대의 우주학자들은 그들이 가장 잘 아는 것, 바로 인간을 기준점 삼아 우주에 관한 가설을 구상했다. 역사 속에서 등장한 문명마다 저마다의 우주를 상상했지만, 모두 우리 고향 지구를 특별취급했다는 공통점이 있었다. 지구가 우주의 중심일 때도 있었고 지평일 때도 있었다. 어느 쪽이든 지구는 어떤 힘이나 신이 특별히 공들여 창조한 세계로 묘사되었다. 우리는 천지 만물의 섭리에서 아주 중요한 존재였다.

16세기 이탈리아의 철학자이자 신비주의자 조르다노 브루노 이전 시

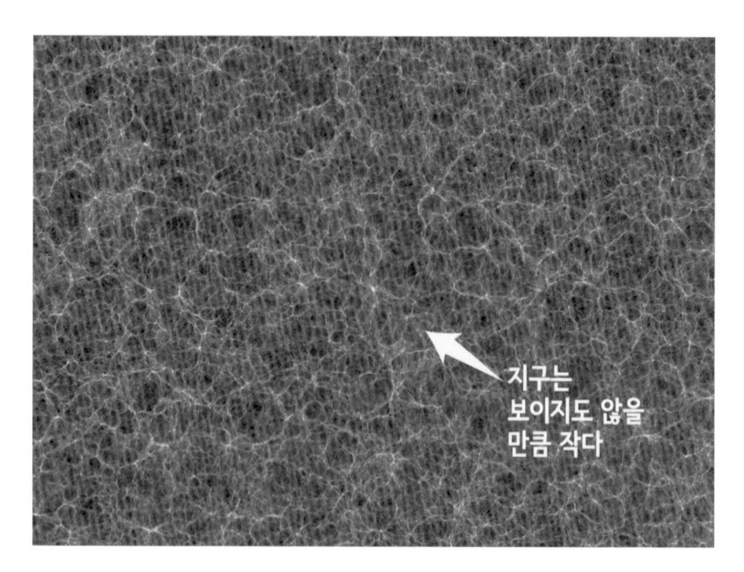

현대인이 파악한 우주. 우주는 수십억 개의 은하로 구성되어 있고, 각 은하에는 수십억 개의 항성이 존재하며 항성마다 우리 태양계와 흡사한 항성계를 이룬다고 상상할 때 우주의 모습.
사진 제공: 밀레니엄 시뮬레이션 프로젝트

대의 우주관은 모두 이런 식이었다. 그러나 브루노는 태양은 여러 항성 중 하나이고 지구는 별 주위를 공전하는 수많은 행성 중 하나일 뿐이라고 주장했다. 이단으로 몰린 그는 1600년 로마에서 혀에는 못이 박히고 턱은 쇠줄로 고정된 채로 화형을 당한다. 사실 그의 우주관이 당시 교회가 노발대발했던 것만큼 그렇게 이단적이라고 볼 수는 없다. 그런 항변이 브루노의 목숨을 구하지는 못했지만.

그때에 비하면 현대인은 우주의 규모를 꽤 잘 알고 있는 편이다. 결국은 브루노가 옳았다. 우주학적 관점에서 우리가 중요한 존재라는 단서는 하나도 없다.

요즘 우리가 사용하는 우주 지도는 많은 천문학자가 선현들의 지혜를 부정해가면서 고통스럽게 모든 조각을 이어 붙여 완성한 것이다. 알베르트 아인슈타인은 한 세기 전인 1915년에 일반 상대성 이론을 완성했다. 시공간은 동력학적 성질을 가지고 있어서 시공간의 굴곡이 중력이라는 힘을 발생시킨다는 이론이다. 이 이론이 나오기 전까지만 해도 우리는 우주 전체의 모습에 대해 사실상 아무것도 모르고 있었다. 사람들은 뉴턴역학에 따라 시공간이 절대적이고 영원하다고 믿었고, 천문학계는 은하수가 우주에 존재하는 유일한 은하라는 쪽과 수많은 은하 중 하나일 뿐이라는 쪽으로 갈라져 있었다.

하지만 지금은 우주학의 기틀이 튼튼하게 세워졌다. 이 기틀에 따르면 우리의 밤하늘을 수놓는 은하수는 하나의 은하다. 그 안에서는 수많은 항성이 중력으로 서로를 잡아당기면서 원운동을 한다. 은하수에 존재하는 항성이 몇이나 되는지 정확히는 알 수 없지만 적어도 1000억 개 이상일 것으로 추정된다. 게다가 은하수 은하는 외톨이가 아니다. 인간의 능력으로 관측 가능한 우주 범위에만도 은하가 1000억 개 이상 존재한다. 크기는 대부분의 다른 은하도 은하수 은하와 엇비슷한 것으로 보인다(우연의 일치겠지만 사람 뇌에 존재하는 뉴런의 수도 대략 1000억 개라는 점이 재미있다). 비교적 가까이 있는 항성들을 조사한 최근 연구에 의하면 대부분이 일종의 행성을 거느리고 있으며 항성 6개 중 하나꼴로 공전 궤도에 '지구와 비슷한 행성'이 존재할 거라고 한다.

은하들의 분포를 분석하다가 가장 눈에 띄는 우주의 특징은 거리가 멀어질수록 균일해진다는 것이다. 최대한 물러나 우주 전체를 굽어보면 우주는 말도 안 되게 단조롭고 평평하다. 우주에는 중심도, 위나 아래도,

끝도 없으며 좋은 자리와 나쁜 자리의 구분도 없다.

우주 공간 전체에는 온갖 물질이 흩어져 있다. 일반 상대성 이론은 그런 물질들이 제자리에 가만히 있는 게 아니라고 말한다. 은하들은 서로를 잡아당긴다. 따라서 우주는 고밀도 상태에서 확장하거나 저밀도 상태에서 수축해야만 한다. 1920년대에 에드윈 허블이 우주가 팽창하고 있다는 증거를 발견했는데 이를 토대로 우리는 시간을 되돌려 과거를 역추정한다. 만약 우주가 탄생한 이래로 계속 팽창해왔다면 일반 상대성의 맥락에서 우주의 과거는 밀도와 팽창 속도가 무한대에 가까운 하나의 특이점에 이를 것이다.

벨기에 사제 조르주 르메트르Georges Lemaître가 처음에 '원시 원자'라 명명했다가 '빅뱅 모델'로 더 유명해진 이 시나리오는 원시우주가 농밀했을 뿐만 아니라 매우 뜨거웠을 거라고 짐작한다. 뜨겁고 농밀한 원시우주는 별의 속살처럼 벌겋게 달아올랐을 터이다. 이렇게 후끈후끈한 우주로부터 퍼져나간 복사에너지는 오늘날 온 우주 공간을 채우고 있어서 망원경으로 측정이 가능할 정도다. 1964년 봄, 벨 연구소의 두 천문학자 아노 펜지어스와 로버트 윌슨은 우주배경복사를 실제로 포착해냈다. 팽창하면서 급격히 식어가던 원시우주가 남긴 빛의 메아리였다. 현재 이 배경복사의 온도는 절대온도 0도(약 -273℃)보다 고작 3도가량 높을 뿐이다. 오늘날의 우주는 혹한의 세상인 것이다.

⁂

빅뱅 모델을 얘기할 때 주의할 점이 하나 있다. '빅뱅 모델'과 '빅뱅' 자체는 엄연히 다르다. 전자는 관측 가능한 우주의 역사를 명쾌하게 설명하면서 전무후무한 지지를 얻은 한 이론을 말한다. 반면 후자는 알려진 정보가 사실상 전혀 없는 가상의 순간이다.

빅뱅 모델의 내용은 간단하다. 약 140억 년 전에는 모든 우주 물질이 초고온·초고밀도 상태였다. 그러다 우주가 급속히 팽창하면서 물질들도 우주 공간에 균일하게 퍼져나갔다. 우주 공간이 커질수록 물질들은 희석되고 차가워졌다. 그러다 무자비한 중력에 의해 플라스마의 바다가 응축되어 별들과 은하들이 생겨났다. 당시 플라스마는 몹시 뜨겁고 진했기 때문에 원시우주는 틀림없이 불투명했을 것이다. 우주배경복사를 분석하면 우주가 처음으로 투명해졌을 때의 모습을 짐작할 수 있지만, 그 전의 우주는 아직 인간의 맨눈으로 보는 것이 불가능했다.

일반 상대성 이론이 상상하는 빅뱅은 공간의 한 지점보다는 시간의 한 순간에 가깝다. 미리 준비된 텅 빈 무대에서 물질들이 똘똘 뭉쳐진 폭탄이 터진 게 아니다. 우주의 탄생과 물질의 초고속 확산은 한순간에 일어났다. 이 순간 이전에는 공간도, 시간도, 어떤 운동량도 존재하지 않았다.

우주의 탄생이 정확히 빅뱅과 똑같지는 않았을 것이다. 일반 상대성 이론은 빅뱅 시나리오를 강력하게 밀고 있지만, 밀도가 무한대에 가깝게 어마어마한 이런 특이점 상태에서는 오히려 일반 상대성의 원칙이 무너진다. 그럴 때는 양자역학이 훨씬 더 중요해지고 일반 상대성은 불완전한 옛날 이론이 되어버린다.

따라서 빅뱅을 우주의 시작이라고 볼 수는 없다. 다만 빅뱅은 우리의 이론적 이해가 끝나는 곳이다. 우리는 관측된 자료를 가지고 빅뱅 직후 어떤 일들이 일어났는지 꽤 괜찮은 추리를 해냈다. 우주배경복사는 빅뱅이 있은 지 수십억 년 뒤에 우주가 어땠을지를 실제와 거의 비슷하게 알려준다. 또, 우주 공간에 가벼운 원소들이 풍부한 걸 보면 빅뱅으로부터 불과 수분 뒤 우주 자체가 핵융합로였을 때 무슨 일이 있었는지 짐작할 수 있다. 그러나 빅뱅 자체는 여전히 미스터리다. 우리는 빅뱅을 '시간이 시작되는 특이점'으로 단정해서는 안 된다. 그보다는 '몹시 뜨겁고 농밀했던 초창기 우주의 상태'라고 보는 게 옳다. 이것보다 더 정확한 설명 방법은 아직 나오지 않았다.

⁂

우주의 팽창이 사실로 확인된 이래로 모든 우주학자의 심중을 괴롭히는 의문이 하나 있다. 바로, 앞으로 우주는 어떻게 될 것인가다. 우주는 영원히 팽창할까 아니면 어느 순간 후진하기 시작해 쪼그라들어 결국 빅크런치Big Crunch라는 종말을 맞이하게 될까.

그 답을 알려주는 단서는 20세기가 끝나가는 무렵에야 나왔다. 멀리 떨어진 한 은하를 골라서 속도를 측정한 다음에 수백만 년 혹은 수십억 년 뒤에 같은 은하의 속도를 측정해 두 수치를 비교하면 은하의 이동 속도가 빨라졌는지 아닌지를 알 수 있다. 이 원리를 이용해 1998년에 두 천문연구팀이 우주는 팽창하고 있을 뿐 아니라 점점 가속하고 있다는 분석 결과를 공식 발표했다(물론 천문학자들이 이 방법을 그대로 사용한 것은 아니다. 그들은 거리가 서로 다른 은하들의 속도를 측정해 비교했다). 만약 이 움직임이 영원히 지속한다면—사실 그럴 가망이 상당히 높아 보이는데—우주는 끝없이 팽창하면서 계속 희석될 것이다.

그런데 두 은하가 중력으로 서로를 끌어당기면 우주의 팽창이 느려지지 않을까? 그럼에도 가속하는 것처럼 보이는 것은 물질 말고 다른 무언가가 있기 때문이고 말이다. 유력한 용의자는 바로 **진공 에너지**다. 주창자인 아인슈타인은 이것을 **우주 상수**라고 불렀는데, 진공 에너지는 우주가 팽창할 때도 일정한 밀도(1세제곱센티미터당 에너지의 양)를 갖는 우주 공간 본연의 성질이다. 일반 상대성 원리에 따른 에너지와 시공간의 상호작용 덕분에 진공 에너지는 고갈되지도 약해지지도 않고 계속 우주를 밀어낸다.

하지만 진공 에너지의 활약이 영원할지는 확신할 수 없다. 논리적 이해를 바탕으로 앞날을 미루어 짐작할 뿐이다. 그렇긴 해도 우주 팽창이 계속 가속하면서 끝없이 지속되는 일이 전혀 불가능하지는 않다. 게다가 어쩌면 매우 단순한 원리로 그것이 가능할 수도 있다.

이 시나리오가 사실이라면 우주의 미래는 매우 외로울 것이다. 우리는 밤하늘을 수놓은 빛나는 별들과 은하를 감상한다. 하지만 이런 장관은 영원하지 않다. 연료가 바닥난 별들은 결국 암흑에 묻힐 것이다. 학계는 지금으로부터 대략 1000조(10^{15}) 년 뒤면 흐릿한 마지막 별이 점멸을 멈출 거라고 내다본다. 그때쯤이면 다른 은하들은 저 멀리 달아나 보이지 않게 된 지 오래고 우리 국부은하단은 행성들과 죽은 별들과 블랙홀들로 가득하게 될 것이다. 그나마 이런 행성과 별들도 결국 블랙홀에 먹히면 하나의 거대 블랙홀이 만들어진다. 그러다 결국, 스티븐 호킹이 예견했던 대로, 블랙홀조차도 증발해 사라지고 말 것이다. 그렇게 1구골(10^{100}) 년 후에는 우리의 관측 가능한 우주에 있던 모든 블랙홀이 증발해 얇은 입자 안개로 변하고 여전히 팽창하고 있는 우주에서 점점 더 흐릿해질 것이다. 그렇게 해서 최종적으로는 차갑고 텅 빈 공간 말고는 아무것도 없는 암흑이 문자 그대로 영원히 지속될 것이다. 이것이 현재 가장 유력한 우리 우주의 미래 시나리오다.

✺

우리는 작디작고, 우주는 엄청나게 크다. 우주의 규모를 생각하면 인간이 여기 지구에 존재한다는 사실이 어떤 운명이나 사명을 띠고 있다고 보기는 어렵다.

어쨌든 지금까지 봐온 바로는 그렇다. 종합해보면 우주는 무한할 수도, 우리 눈에 보이는 것보다 아주 조금 더 큰 것일 수도 있다. 지금껏 우리 눈으로 직접 관측한 우주 공간을 규정짓는 균일성이라는 특징은 우주 전체에 해당할 수도, 이 구역에만 국한되는 것일 수도 있다. 따라서 우리 시선 너머의 우주에 관해 어떤 말을 입 밖에 낼 때 우리는 겸손해야 한다.

현재 공간의 균일성과 화려한 과거사가 극명하게 대비된다는 점에서 우주는 신비롭기 그지없다. 우리는 우주가 주어진 시간을 얼마 쓰지 않은 시점을 살고 있다. 빅뱅으로부터 약 140억 년이 지났지만, 우주의 현재와 마지막 사이에는 영원에 가까운 시간이 더 남아 있다. 현재 우리 우주는 유아기를 막 벗어났다고 봐도 무방하다. 우주의 역사 대부분은 춥고 어두운 빈 공간의 상태로 그려지겠지만 아직 우주는 생생한 젊음의 시절을 만끽하는 중이다.

어째서냐고? 아마도 더 심오한 사정이 있거나 그냥 원래 그런 것이리라. 현시점에 우주학자들이 할 수 있는 최선은 하나다. 늘 하던 대로 실제 관측된 우주의 특징들을 단서 삼아 세상에서 가장 큰 퍼즐 맞추기를 계속하는 것이다. 그러는 동안에도 질문하기를 멈추지 말아야 한다. 수십억 년 동안 우주 물질들이 왜 하필 인류의 탄생을 이끄는 방향으로 진화했는가를 말이다.

7
시간의 화살

모든 인간은 아기의 몸으로 태어나 허리가 꼬부라질 때까지 늙어간다. 우주도 마찬가지다. 뜨겁고 묵직한 빅뱅에서 태어난 우주는 점점 나이를 먹고 늙어 더 차가워지고 비어간다. 이 두 가지 사실은 시간의 화살이 존재한다는 대표적인 증거다. 과거와 미래 사이에는 둘을 구분 짓는 시간의 방향성이 있다. 그런데 이 두 과정이 서로 긴밀하게 연결되어 있다는 점을 모르는 사람이 많다. 우리는 왜 어리게 태어나서 죽을 때까지 늙어갈까. 다음에 할 일은 맘대로 선택할 수 있는데 이미 한 일은 왜 선택하지 못할까. 우리는 왜 과거를 기억하고 미래는 기억하지 못할까. 이 모든 의문의 꼬리를 따라가면 궁극적으로 우주의 진화에 닿는다. 모든 건 140억 년 전 빅뱅의 순간에서 시작되었다.

그런데 그동안 사람들은 정반대로 생각해왔다. 대부분 사람이 상상하는 세상은 어떤 목적을 향해 달려가는 **목적론적** 세상이었다. 하지만 사실 세상은 **시작론적**ekinological이다. 에키놀로지란 말은 '에키니시εκκίνηση'라는 그리스어에서 유래했다. '시작' 혹은 '출발'이라는 뜻이다. 현재 우리 우주가 슬쩍슬쩍 보여주는 모든 신비와 미스터리의 열쇠는 우주의 시작에 있다. 그 시절 그때의 결과로 지금 우리가 이런 삶을 살고 있는 것이다.

우주의 큰 그림을 이해하기 위해서는 이 사실을 절대로 잊지 말아야 한다. 우리는 세상을 관찰하고 원인과 결과, 그러한 현상이 나타난 이유, 목적과 목표 따위를 따져가며 설명하고자 애쓴다. 하지만 이런 개념들은 현실의 근본 구성요소가 아니다. 미시적 시각을 포기하고 일상의 수준으로 멀찌감치 물러나야만 비로소 보이기 시작하는 개념이다. 심연의 본질은 라플라스식의 비인격적 패턴을 따르는데도 우리가 사는 세상이 원인과 목적에 의해 지배되는 것처럼 보이는 이유는 뭘까? 그 답을 찾기 위해서는 우선 시간의 화살이 정확히 어떤 것인지부터 알아야 한다.

☼

시간을 이해하고자 할 때는 공간에서 출발하는 게 편리하다. 지구의 껍데기 위에 서 있는 우리는 위와 아래가 정해져 있는 것이 자연의 근원적 성질이라는 착각 속에 살고 있다. 하지만 실제로는 물리 법칙의 맥락에서 공간의 모든 방향이 다 똑같다. 만약 우주비행사인 당신이 임무를 수행하려고 우주복을 입고 선체 밖으로 나왔다면 어느 쪽으로든 방향의 차이를 조금도 느끼지 못할 것이다. 우리가 위아래를 구분하는 것은 상하좌우가 공간의 본질이기 때문이 아니다. 그것은 우리가 막강한 지배력을 행사하는 행성 지구에 딱 달라붙어 있기 때문이다.

시간도 마찬가지다. 일상적 세계에서 시간의 화살은 또렷한 방향성을 띠고 우리는 과거와 미래가 본질적으로 다르다는 착각에 빠져 산다. 하지만 실제로는 시간의 모든 방향이 다 똑같다. 우리가 과거와 미래를 구분하는 것은 시간의 본질 때문이 아니다. 그것은 우리가 막강한 지배력을 행사한 빅뱅이라는 사건의 여파 속에 살고 있기 때문이다.

갈릴레이와 운동량 보존의 법칙을 기억하는가? 마찰력을 비롯해 기타 성가신 변수들을 무시하고 계들이 다 외떨어져 있는 닫힌계를 가정하면 물리학은 엄청나게 단순해진다. 여기 앞뒤로 왕복하는 진자가 있다. 편의상 이 진자가 완벽하게 밀봉되어 공기 저항이 0인 진공 상자 안에 들어 있다고 상상하자. 누군가 진자의 운동을 녹화해서 영상을 당신에게 보여준다. 하지만 당신은 시큰둥하다. 전에도 본 적 있는 광경이다. 그런데 여기에는 깜짝 놀랄 비밀이 숨겨져 있다. 1배속으로 거꾸로 돌린 영상인 것이다. 당신은 그 사실을 전혀 눈치채지 못했을 것이다. 되감기를 하든 보통으로 재생하든 진자가 운동하는 모양새에는 차이가 전혀 없기 때문이다.

이것은 일반적인 원칙을 설명하기 위해 아주 단순한 예를 든 것이다. 어떤 계가 물리 법칙에 따라 시간을 순행해 진화할 수 있다면 똑같이 그만큼 시간을 역행하는 계의 진화도 가능하다. 어떤 기저의 물리 법칙도 시간이 언제나 한 방향으로만 흐른다고 못 박지 않는다. 우리가 아는 한, 모든 물리 운동은 **가역적**이다. 과거와 미래에 주어지는 기회는 똑같다.

이 설명은 진자, 태양 주위를 도는 행성, 마찰 없는 빙판 위를 미끄러지는 하키 퍽처럼 단순한 계에는 잘 맞는다. 그런데 복잡한 거시적 계에서는 사정이 조금 다르다. 경험상 우리는 시간이 과거에서 미래로 흐르면서 일들이 일어나지 그 반대는 성립하지 않는다고 느낀다. 달걀은 깨져서 스크램블이 되는 것이지 노른자와 흰자가 제자리를 찾아 달걀껍데기 안으로 다시 들어가지는 않는다. 향수는 공간에 퍼지지 향수병에 다시 담기지 않는다. 우유는 항상 커피에 섞이지 우유가 저절로 커피와 분리되지 않는다. 말마따나 과거와 미래 사이에 대칭성이 존재한다면, 모든 일상 사건이 시간을 순행할 뿐 역행하지는 않는 이유는 무엇일까?

주목할 점은, 시간의 방향이 반대인 과정 역시 물리 법칙을 완벽하게 따른다는 것이다. 달걀은 합체하고, 향수 입자는 병으로 돌아가며, 우유와 커피는 분리된다. 계를 (그리고 이 계를 들락날락하는 단골손님들을) 구성하는 입자 하나하나의 궤적을 거꾸로 돌리기만 하면 된다. 달걀도, 향수도, 커피도 역방향 과정이 물리 법칙을 전혀 위반하지 않는다. 실현 가능성이 극도로 낮을 뿐 충분히 상상할 수 있는 일이다. 이 대목에서 당연히 궁금해지는 것은 시간을 순행할 때 왜 달걀이 합체하지 않느냐가 아니라 시간을 역행하면 왜 달걀이 다시 합체하느냐다.

✵

이 논제에 관한 논의는 19세기에 일단의 과학자들에 의해 **통계역학**이라는 새로운 학문으로 정립되었다. 그 지도층에 오스트리아의 물리학자 루트비히 볼츠만이 있다. 볼츠만은 열역학과 비가역성을 설명할 열쇠로 엔트로피라는 개념을 도입했는데, 이 논리는 원자들로 이루어진 미시적 세계에도 훌륭하게 들어맞는다.

엔트로피와 확률의 대가 루트비히 볼츠만 (1844~1906년).
사진 제공: 프랑크푸르트 괴테 대학교

볼츠만이 명확한 정의를 내리기 전에 엔트로피는 당시 세간의 화제였던 증기기관 같은 장치의 비효율성의 정도를 설명하기 위해 사용되고 있었다. 기관차를 굴리기 위해 연료를 태우면 열의 형태로 쓰레기가 발생한다. 이때 비효율성을 측정하는 지표로 엔트로피를 사용했던 것이다. 열이 더 많이 방출될수록 엔트로피가 더 크다는 식이다. 그런데 어떤 경우든 총 엔트로피는 언제나 양의 값을 가진다. 가령, 냉장고는 식품을 시원하게 보관하기 위한 발명품이지만 냉각장치 뒤쪽으로 더 많은 열이 방출되는 대가를 치른다. 이 논리는 **열역학 제2법칙**으로 잘 정의되어 있다. 폐쇄계에서 총 엔트로피는 절대로 감소하지 않으며 시간이 지날수록 불변하거나 증가한다는 법칙이다.

볼츠만과 동료 과학자들은 엔트로피가 서로 다른 계 안에서 원자들이 어떻게 배열하는지를 말해주는 특징이라고 주장했다. 열과 엔트로피가 나름의 자연법칙을 따르는 별개의 것이 아니라, 원자들로 이루어진 모든 계가 가지는 속성이며 모두 우주 만물에 통하는 뉴턴역학에 순응한다고 여겼다. 열과 엔트로피는 원자를 편리하게 얘기하기 위한 화법인 셈이다.

우리가 달걀과 우유 섞은 커피를 바라볼 때 우리 눈에 원자와 분자가 하나하나 다 보이는 것은 아니다. 볼츠만은 이 점을 직시하고 있었다. 우리는 맨눈으로 인식되는 거시적 형상을 본다. 어느 한 거시적 형상은 다양한 원자 배열로 재현될 수 있다. 따라서 보이는 특징으로는 계의 정확한 상태를 어림짐작만 할 수 있을 뿐이다.

그런 맥락에서 볼츠만은 계의 엔트로피가 육안으로는 똑같아 보이는 상태들의 수에 비례한다고 제안했다(엄밀히 따지면 식별 불가능한 계의 수에 로그를 취해야 하지만 자세한 수학은 생략하기로 한다). 엔트로피가 낮은 배치를 갖는 상태의 수는 상대적으로 적다. 반면 엔트로피가 큰 배치를 갖는 상태의 가짓수는 많다. 가령, 잘 섞인 크림커피의 분자 배열에는 다양한 경우의 수가 있지만, 커피 층 위에 크림 층이 또렷이 구분되는 상태에서 가능한 분자 배열은 몇 되지 않는다.

이 정의대로라면 엔트로피는 시간이 흐를수록 점점 증가한다는 게 완벽하게 이치에 맞는다. 이유는 간단하다. 엔트로피가 낮은 상태보다는 엔트로피가 높은 상태의 가짓수가 훨씬 더 많기 때문이다. 엔트로피가 낮은 배치에서 출발해 아무 방향으로나 전개한다면 엔트로피는 십중팔구 증가하게 된다. 계의 엔트로피가 높아질 대로 높아졌을 때 우리는 계가 **평형**에 도달했다고 말한다. 평형 상태에서 시간의 화살은 사라진다.

✵

볼츠만은 우주의 엔트로피가 오늘보다 내일 더 높은 이유를 시원하게 설명했다. 문제는 뉴턴역학의 기본 원칙들은 과거와 미래를 구분하지 않는다는 것인데, 그 결과로 엔트로피가 **어제도** 오늘보다 더 높았다는 잘못된 계산이 나오게 된다. 하지만 과거에 엔트로피가 더 높을 수는 없다. 따라서 우리가 그리고자 하는 큰 그림에 약간의 보정이 필요하다.

해결책은 관측 가능한 우리 우주는 처음에 엔트로피가 매우 낮았다고 가정하는 것이다. 철학자 데이비드 앨버트David Albert가 명명한 **과거 가설**Past Hypothesis이다. 이 가설을 기본으로 우주의 최초 상태가 엔트로피가 점점 감소하는 쪽으로 미세설정되지 않았다는 보조 가정까지 추가하면 비로소 아귀가 딱딱 맞아떨어진다. 엔트로피가 오늘보다 어제 더 낮았던 이유는 간단하다. 어제의 어제는 더 낮았기 때문이다. 어제의 그제, 또 그 전날도 마찬가지다. 이런 식으로 하루하루를 거슬러 올라가면 140억 년 전 빅뱅의 순간에 가 닿는다. 빅뱅은 시간과 공간의 시작점일 수도 있고 아닐 수도 있다. 하지만 우리 눈에 보이는 우주가 빅뱅에서 출발했다는 것만은 틀림없는 사실이다. 따라서 시간의 화살은 그 기원이 시작론적임이 분명하다. 아득한 과거의 어느 한 특별한 상태에서 시작해 지금에 이른 것이다.

원시우주의 엔트로피가 왜 그렇게 낮았는지 정확히 아는 사람은 아무도 없다. 거기에는 근원적인 설명이 있을 수도 있고 그냥 받아들여야 하는 사실일 수도 있다.

우리가 확실히 아는 것은 이렇게 엔트로피가 낮은 최초의 상태가 '열역학적' 시간의 화살을 쐈다는 것이다. 열역학적 시간의 화살은 엔트로피가 과거로 갈수록 작아지고 미래로 갈수록 높아진다고 말한다. 이런 엔트로피의 성질이 우리가 아는 과거와 미래의 모든 차이를 벌린다니 놀라울 따름이다. 기억, 노화, 원인과 결과 등등 모든 것이 엔트로피가 극도로 낮았던 과거의 상태와 열역학 제2법칙에서 비롯되었다.

8
기억과 원인

모든 사람은 시간의 노예다. 우리는 갓난아기 상태로 태어나 점점 늙어가다가 죽는다. 살면서 우리는 놀라움과 환희의 순간을 경험하고 깊은 슬픔의 시기를 겪는다. 우리의 기억은 풍요로운 과거의 기록이며 우리의 염원은 미래의 나침반이 된다. 그런데 하루하루 평범하게 살아가는 우리가 물리 법칙이 지배하는 자연계의 구성요소로서는 어떤 의미를 갖는지 궁금하다. 그 답을 얻으려면 먼저 시간의 흐름이 개개인의 삶과 어떻게 연결되는지부터 이해해야 한다.

엔트로피의 증가처럼 뭔가 직설적이고 기계적인 것이 우유가 커피에 섞이는 것처럼 또 직설적이고 기계적인 현상을 일으킨다는 설명은 비교적 이해하기가 쉽다. 하지만 시간의 흐름이 선사하는 모든 경험이 엔트로피 탓만이라고 보기는 어렵다. 무엇보다도 과거와 미래는 방향만 다른 게 아니라 아예 서로 별개의 종류인 것처럼 보인다. 과거는 이미 일어나 고정된 것이라고, 우리의 직감은 말한다. 반면에 미래는 아직 형태를 갖추지 않고 무엇이든 될 수 있다. 또, 현재는 지금 이 순간 실존하는 것이다.

하지만 라플라스는 다른 얘기를 들려준다. 라플라스의 설명에 따르면 어느 시점이든 우주의 정확한 상태에 관한 정보는 항상 보존되며 과거와 미래 사이에 근본적 차이는 없다. 어느 물리 법칙도 매 순간을 이떤 건 '이미 일어난 일', 또 어떤 건 '아직 일어나지 않은 일'이라는 꼬리표를 붙여가며 차별하지 않는다. 물리 법칙은 모든 순간에 동등하게 적용되고 모든 순간을 독특한 질서에 따라 하나로 묶는다.

아래는 과거와 미래를 가장 극단적으로 대비되어 보이게 만드는 세 가지 특징을 나열한 것이다.

- 우리는 과거는 기억하지만 미래는 기억하지 못한다.
- 원인이 결과에 앞선다.
- 우리는 앞으로의 일은 선택할 수 있지만 과거의 일은 그럴 수 없다.

이 세 가지 시간의 특징은 과거의 엔트로피가 미래보다 낮았다는 부가적 사실이 더해져야만 우주가 시간 대칭적 규칙에 따라 돌아간다는 기본 사실과 궁극적으로 합치할 수 있다. 설명하다 보면 선택과 의지라는 세 번째 특징까지 자연스럽게 얘기하게 될 테니 (아마도 그럴 것이다) 일단은 앞의 두 특징부터 살펴보기로 하자.

✺

시간의 화살은 기억이라는 현상 말고도 중요한 흔적 몇 가지를 더 남긴다. 과거의 사건들은 우리의 마음속에 인상을 새긴다. 내용이 늘 정확하지는 않지만 대체로 좋은 느낌을 주는 인상이다. 미래에도 인상이 있지만 그 성격은 과거의 것과 조금 다르다. 미래는 예측하는 것이지 기억하는 게 아닌 까닭이다. 이 불균형은 과거는 이미 일어난 일이고 미래는 그렇지 않으니 과거와 미래의 존재론적 지위가 사뭇 다르다는 우리의 본능적 느낌과 잘 맞아떨어진다.

모든 순간에 정보가 존재하고 그 정보는 시간이 지나도 보존된다는 라플라스식 관점에서 보면 기억은 과거에 직속되지 않는다. 기억은 과거 사건에 관한 것이지만 현재 상태의 특징이다. 현재 상태란 현재 우리가 가지고 있는 모든 것을 뜻하기 때문이다. 그런데 과거와 미래 사이에는 지식의 비대칭성이 존재한다. 이 비대칭은 엔트로피가 낮은 원시우주의 결과물이다.

거리를 걸어가다가 길가에 달걀이 깨져 있는 걸 발견했다고 치자. 바로 전에 달걀에 무슨 일이 있었으며, 앞으로는 달걀이 어떻게 될까. 미래부터 살펴보면 달걀은 소나기에 씻겨 내려갈 수도 있고 지나가던 개가 물어갈 수도 있고 며칠 동안 방치되다가 그대로 곪아버릴 수도 있다. 미래에는 많은 가능성이 열려 있다. 반면에 과거는 훨씬 뻔하다. 십중팔구 달걀은 원래 온전한 상태였다가 어떤 경위로 이곳에 떨어지거나 던져졌을 것이다.

사실, 달걀의 과거가 정확히 어땠을지는 달걀의 미래만큼이나 알 길이 없다. 하지만 우리는 앞날보다 지난날을 더 잘 안다고 생각하는 경향이 있다. 결국 무의식적으로 우리는 엔트로피는 과거에 더 작았다는 사실에서 자신감을 얻는다. 온전한 달걀이 깨지는 것에 익숙하므로 그것이 자연스러운 일이라고 여긴다. 원칙적으로는 미래에 달걀에 닥칠 수 있는 시나리오는 달걀이 현재 상태에 이르게 한 과거 시나리오보다 적지도 많지도 않고 딱 그만큼이다. 정보 보존의 법칙 때문이다. 하지만 우리는

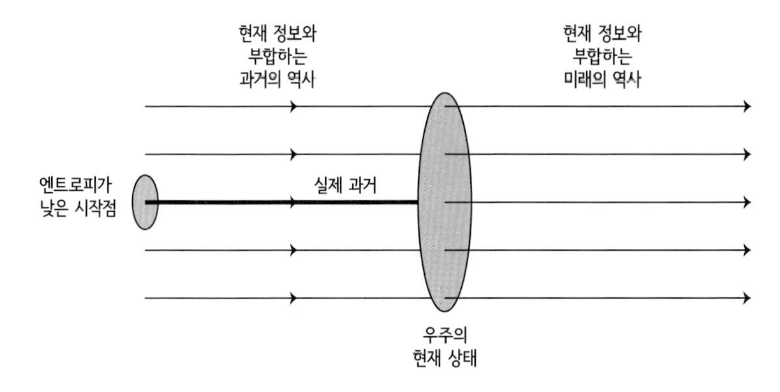

시작점의 엔트로피가 낮다고 설정하는 과거 가설은 과거(좌측)와 미래(우측) 사이의 대칭을 깨뜨린다.

과거 가설을 사용해 확률이 낮은 과거 시나리오들을 대부분 소거한다.

이 달걀 이야기와 같은 패러다임이 우리의 모든 기억에 적용된다. 뇌에 새겨진 사전적 의미의 기억만 말하는 게 아니다. 사진이나 역사책처럼 우리가 보유한 과거 사건의 모든 기록까지 말하는 것이다. 이 기록들은, 우리가 기억이라 말하는 뇌 속 뉴런들의 특정 연결 상태를 포함해서, 모두 현재 우주 상태의 특징이다. 현재 상태 자체는 과거와 미래를 똑같이 구속한다. 하지만 과거에는 엔트로피가 낮았다는 가설을 현재 상태에 보태면 우리는 우주의 실제 역사에 훨씬 더 가까워진다. 과거 가설이 지렛대 작용을 해 우리의 기억이 믿을 만한 것이라고 안심시켜주는 것이다.

지난 4장에서 우리는 라플라스의 정보 보존의 법칙이 인과를 강조한 아리스토텔레스를 얼마나 무안하게 만들었는지를 확인했다. 원인이라는 개념은 뉴턴역학에서도 현대의 어느 자연법칙에서도 설 자리가 없다.

그럼에도 우리는 어떤 사건이 다른 사건에 의해 일어난다는 생각을 완전히 지우지 못한다. 우리가 몸소 경험하는 세상은 그런 이치가 잘 통하는 듯 보이기 때문이다. 이런 틈새는 왜 생길까. 그 답을 찾아 거슬러 올라가면 엔트로피와 시간의 화살이 있다.

세상이 절대불변의 물리 법칙에 따라 돌아간다면서 싹 돌아서서 인과의 역할을 완전히 무시하는 것은 썩 내키지 않는 일이다. 물리 법칙에 따라 현재 상태로 미루어 다음 순간을 예측할 수 있다면 그것도 인과에 들어가지 않을까? 모든 결과에 원인이 있다고 여기지 않는 것은 사실상 모든 일이 가능하다고 말하면서 세상을 대혼돈에 빠뜨리는 짓이 아닐까?

물리 법칙이 말하는 과거와 미래의 관계가 우리가 흔히 생각하는 인과관계와 완전히 다른 종류임을 이해하면 이런 찜찜한 기분은 눈 녹듯이 사라진다. 물리 법칙은 딱딱한 패턴이다. 그래서 공이 특정 위치에서 특정 시각에 특정 속도로 움직일 때 물리 법칙은 바로 전과 바로 다음 순간 공의 위치와 속도를 알려준다.

반면에 인과는 온전히 어떤 한 사건 혹은 사건들이 나중 사건을 일어나게 했다고 말한다. 이것은 물리 법칙의 작동 방식이 아니다. 물리 법칙에 따르면 사건들이 특별한 순서에 따라 배열할 뿐, 책임이 전적으로 어느 하나에 있지 않다. 어느 한 순간 혹은 그 순간의 특정 측면만 집어서 그것을 원인이라고 선고할 수는 없다는 소리다. 우주의 역사는 순간들이 어떤 패턴을 그리면서 꼬리에 꼬리를 물며 형성되었다. 한 순간이 다음 순간을 일으켜서가 아니라 말이다.

✲

자연의 이런 특징을 간파한 일부 철학자들은 사유에서 원인과 결과를 완전히 배제해야 한다고 주장했다. 버트런드 러셀은 이렇게까지 말했다.

> 내 생각에, 많은 철학자가 합격 판정을 내린 인과의 법칙은 군주제와 마찬가지로 오직 해롭지 않다는 편견 하나로 끈질기게 살아남은 구시대의 유물이다.

러셀의 분노는 이해할 만도 하지만 약간 과하다 싶기도 하다. 솔직히, 원인을 따지지 않고는 하루도 버티기 힘들지 않은가. 우리는 인간의 행동에 공이든 비난이든 돌리는 습관이 있다. 인과 자체를 부정한다면 불가능한 일이다. 인과는 우리의 일상을 설명하는 매우 유용한 화법인 것이다.

일상의 인과관계는 기억과 마찬가지로 기저에 깔린 딱딱한 물리 법칙의 패턴 위로 솟아올라 표출되면서 궁극적으로는 시간의 화살과 닿는다. 달걀이 깨지는 것과 비슷하지만 조금 다른 사례로 와인잔이 카펫에 떨어지는 것을 상상해보자. 와인과 와인잔을 구성하는 원자들은 현재 상태와 부합하는 다수의 미래 역사와 과거 역사를 갖고 있을 것이다. 이제 여기에 과거 가설을 덧입히자. 그러면 와인잔의 5분 전 과거는 움직이지 않고 탁자에 가만히 놓여 있는 모습이 된다.

이렇듯 과거 가설은 과거와 미래 사이의 대칭성을 깨뜨리고 지난 5분 동안 와인잔이 겪었을 수 있는 역사의 선택지를 좁힌다. 여기서 핵심은 와인잔에 벌어진 일은 아무 방해 없이 가만히 방치될 때 일어났을 일이 아니라는 것이다. 만약 그랬다면 틀림없이 와인잔은 5분 뒤인 지금도 그 자리에 그대로 있을 터이다. 와인잔이 제 발로 뛰어내릴 리는 없으니 말이다.

따라서 무언가 잔을 건드렸음이 틀림없다. 팔꿈치에 맞았을 수도 있고 누군가가 안 그래도 복잡한 테이블에 치즈 접시를 욱여넣으려 했을 수도 있다. 현재 우리가 가진 정보로는 어떤 시나리오가 진짜인지 정확하게 짚을 수 없다. 하지만 아무 일 없었다면 멀쩡했을 와인잔이 바닥에 떨어지게 만든 어떤 사건이 중간에 개입했음은 확실하다. 그 어떤 사건을 우리는 와인잔 낙상 사건의 원인이라 부를 수 있을 것이다.

☼

이게 다 무슨 뜬구름 잡는 소린가 싶을지도 모른다. 하지만 굳이 이 얘기를 하는 이유가 있다. 와인잔의 현재 상태는 말하자면 우주의 직전 상태와 물리 법칙의 합작품이다. 세상에서 벌어지는 모든 일이 이런 식으로 설명될 수 있다. 상황을 파악하는 데는 다른 화법이 더 유용하다. 그런 화법은 맥락의 비중이 크다. 와인잔과 그 주변 환경에 관하여 그리고 딱 집어 와인잔이 떨어진 이 특별한 상황에 관하여 우리가 무엇을 알고 있느냐가 중요하다는 뜻이다. 일반적으로 외력이 전혀 없다면 와인잔은 언제까지고 테이블 위에서 평화롭게 침묵하는 게 보통이다. 물론 와인잔이 무중력 상태의 우주정거장에서 둥둥 떠다니고 있었다면 얘기는 달라지지만.

우리는 우리 현실에서 **실제로 일어난** 일과 실제와 다른 가상의 세상에서 **일어날 수 있었던** 일을 비교하고 그 분석 결과를 토대로 인과관계를 선언한다. 따라서 이야기의 맥락을 이해하는 것이 중요하다. 실제로 일어나는 일뿐만 아니라 다른 상황이었다면 일어났을 수 있는 일들까지 생각하는 이 사유 방식을 철학에서는 **양상 추론**modal reasoning이라 부른다.

그렇게 유명하지는 않지만 20세기에 가장 영향력 있던 철학자 가운데 하나인 데이비드 루이스는 이런 양상 추론의 대가였다. 루이스는 "A가 B를 일으킨다"는 결론을 내릴 수 있으려면 다른 가능 세계들을 비교 검토해야 한다고 제안했다. 특히 사건 A가 실제로 일어났다는 사실을 제외하면 다른 점이 거의 없는 세계들을 고려해야 한다고 말했다. 만약 A가 일어난 모든 세상에서 B가 일어나지만 A가 일어나지 않은 세상에서는 B가 일어나지 않는다면 A가 B의 원인이라고 안심하고 말할 수 있다는 것이다. 즉, 와인잔이 샐리가 흔드는 팔꿈치에 맞으면 떨어져 깨지지만 샐리가 팔꿈치를 흔들지 않는 세상에서는 그렇지 않다면, 샐리의 팔꿈치 때문에 와인잔이 떨어졌다고 말할 수 있는 것이다.

그런데 이상한 점이 있다. 우리는 왜 B가 A 때문이라고만 하고 그 반대로는 말하지 않을까? 샐리가 팔꿈치를 흔든 것이 와인잔이 떨어질 거였기 때문이라고 생각할 수는 없을까?

이 물음의 답은 여러 사건이 서로에게 미치는 지렛대 작용과 관련 있다. 기억과 기록을 생각해보자. 이 경우, 나중의 사건(가령, 졸업 파티에서 찍은 사진)이 선행되는 사건(졸업 파티에 참석한 것)을 절대적으로 반영하지만 그 역은 성립하지 않는다. 파티에 가되 카메라는 피해 다니는 사람도 있을 테니 말이다. 그런데 원인은 정반대다. 바닥에 굴러다니는 와인잔에는 누군가의 팔꿈치 말고도 다양한 선행 사건이 있었을 수 있다. 하지만 처음에 와인잔이 있었던 위치를 고려하면 무언가가 건드려서 와인잔이 떨어졌다고밖에 설명되지 않는다. 앞의 경우처럼 나중 사건이 선행 사건을 견인할 때 우리는 후자를 전자의 '기록'이라 부른다. 반대로 나중 사건이 선행 사건에 의해 견인될 때는 후자가 전자의 '원인'이 된다.

'기억'과 '원인'은 우리 세상을 설명하는 존재론적 기본 개념이 아니다. 그보다는 거시적 세상을 보다 편리하게 해설하기 위해 인간이 고안한 개념이다. 시간의 화살은 이 개념들을 세상의 바탕에 깔린 시간 대칭적 물리 법칙과 연결해 그럴듯한 맥락을 지어낸다. 활시위는 우리가 가진 배경지식과 과거의 특별한 성질(즉, 낮은 엔트로피)이 당긴다. 하지만 미래에 화살이 어디로 어떻게 날아가 꽂히는지는 알 수 없다. 우리가 시간의 흐름에 발맞추어 전진하는 것은 뒤에서 밀어주는 힘 때문이지 앞에서 당기는 힘에 의한 것이 아닌 까닭이다.

2부

이해하다

9
있음 직한 세상, 믿음직한 세상

18세기의 수학자 토머스 베이즈Thomas Bayes에 관해서는 알려진 게 별로 없다. 그는 주로 교구에 머물며 교역자의 의무에 충실한 삶을 살았고 평생 두 권의 책을 썼다. 하나는 뉴턴의 미적분학을 옹호하는 것이었고 다른 하나는 신이 궁극적으로 뜻하는 바가 피조물의 행복임을 설교하는 에세이였다.

말년에 베이즈는 확률 이론에 관심을 두게 된다. 그런데 사후死後에 발표된 이 연구가 세상을 완전히 뒤집어 놓았다. 지금도 인터넷에 '베이지언Bayesian'이라고 치면 1100만 개가 넘는 검색 결과가 뜰 정도다. 베이즈의 연구에서 누구보다도 큰 영감을 얻은 사람은 피에르시몽 라플라스였다. 그는 베이즈의 이론을 더 완벽한 통계 규칙으로 완성했다. 베이즈는 영국의 장로교 목사였고 라플라스는 프랑스 출신 수학자로 무신론자였다. 학문의 매력은 모든 경계를 초월하는 것임을 잘 보여주는 대목이다.

우리는 우리가 안다고 생각하는 것을 얼마나 잘 알고 있을까? 베이즈와 후학들이 고민한 이 논제는 단순한 한 문장이지만 그 함의는 으스스할 정도로 방대하다. 그러므로 현실의 본질과 현실에서 인간의 위치라는 큰 그림 앞에 서서 이 논제와 씨름하고자 할 때 이해의 신뢰도를 높여가는 최상의 방법을 안다면 노고를 조금이라도 아낄 수 있을 것이다.

실은, 이런 질문을 한다는 것 자체가 우리의 지식이 완벽하게 믿음직하지는 않다는 방증이다. 이 점을 인정하는 것은 지혜를 향해 떠나는 여정의 첫걸음과 같다. 하지만 그렇다고 해서 우리의 믿음이 다 똑같이 실없는 것도 아니다. 어떤 믿음은 다른 믿음보다 더 그럴싸하다. 이 점을 이해하는 것은 두 번째 걸음이다. 그래서 우리는 믿음의 정도를 추적 관찰하면서 시시때때로 최신 정보를 반영해 꾸준히 업데이트한다. 그런 식으로 모든 현대인은 저도 모르게 베이즈를 추종한다.

소수정예의 확률 이론 마니아들 사이에서는 확률이란 무엇인가를 두고 열띤 논쟁이 벌어진다. 대립의 한쪽에는 **빈도 확률론**Frequentism이 있다. 빈도 확률론자들은 확률을 '무한히 시도했을 때 어떤 결과가 나오는 빈도'라고 정의한다. 동전을 던질 때 앞면이 나올 확률이 50%라고 하자. 이때 빈도 확률론자들은 이 말의 뜻을 동전 뒤집기를 무한히 시도하면 앞면과 뒷면이 실제로 동수로 나온다는 것이라고 설명한다.

한편 이에 맞서는 쪽에서는 확률이란 단지 모르거나 불확실한 대상에 대한 믿음의 상태를 표출하는 방식일 뿐이라고 본다. 이것이 바로 **베이즈 확률론**Bayesianism 진영의 논리다. 동전의 앞면이 나올 확률 50%라고 말하는 것은 베이즈 확률론자에게는 이런 의미로 들린다. "한 결과를 다른 한 결과보다 더 기대할 이유가 전혀 없다." 동전 던지기 게임에 당신이 참가하게 된다면 당신은 아마도 무심코 앞면이나 뒷면을 선택할 것이다. 베이즈 확률론자는 그러한 당신의 선택에 대해 이렇게 설명해줄 것이다. "그것 봐요. 확률이 50%라는 말의 의미를 따라 당신이 할 수 있는 유일한 일은 그냥 무심코 한 가지를 선택하는 거죠." 일리 있는 지적이다. 우리는 실제로 동전을 무한히 던져보지도 않을 것이며 더구나 때로는 보통 선거나 스포츠 경기처럼 단 한 번만 일어날 사건들에 대해서도 확률을 논하기도 한다. 베이즈 확률론자의 이런 설명에 빈도 확률론자들은 역정을 낼 것이다. 세상의 동태에 관한 논의는 오로지 객관성에 기반을 둬야 하거늘 베이즈 확률론이 주관성과 개인의 무지라는 불필요한 요소를 끌어들이고 있다면서 말이다.

❋

그러나 여기서 우리가 할 일은 통계학을 깊이 파고드는 게 아니다. 우리의 관심사는 사람들이 무언가를 진짜라고 혹은 진짜일 거라고 생각하는 '믿음'이다. 믿음이라는 단어는 때때로 '충분한 증거가 없어도 무언가를 진짜라고 생각하는 것'과 동의어로 사용된다. 그래서 무신론자들은 흔히 이 말을 못마땅해하면서 이 단어 자체를 꺼린다. 하지만 여기서는 그럴만한 적절한 이유가 있든 없든 무언가를 진짜라고 생각하는 것이라는 의미로 믿음이라는 단어를 사용하고자 한다. 그러니까 "나는 2 더하기 2는 4라고 믿는다"고 말해도 아무 문제가 없다.

종종—더 조심스러운 사람이라면 늘—우리는 우리의 믿음이 100% 확실하다고 말하지 않는다. 나는 내일 해가 동쪽에서 떠오를 거라고 믿지만 절대적으로 확신하는 것은 아니다. 내일이 오기 전에 지구가 가속하는 블랙홀과 충돌해 완파될지도 모르는 일 아닌가. 엄밀히 말하면 우리 마음속에 있는 것은 믿음이 아니라 **믿음의 정도**다. 통계학 용어로는 **신뢰도**credence라고 한다. 만약 당신이 내일 비가 올 가능성이 4분의 1이라고 생각한다면 내일 내릴 비에 대한 당신의 신뢰도는 25%가 된다. 그렇게 모든 믿음에는 일일이 언급하지 않아도 각각의 신뢰도가 딸려 있다. 신뢰도는 때때로 확률과 똑같은 의미를 지닌다. 동전의 앞면이 나올 신뢰도가 50%라고 말할 때가 그렇다. 그 밖의 경우는 신뢰도가 그저 우리가 가진 정보가 부족할 수밖에 없다는 사실을 반영한다. 친구가 내 생일에 전화하려고 했지만 신호가 먹통인 곳에 꼼짝없이 갇혀 있었다고 말한다면 여기에 확률이 개입할 틈은 없다. 이것은 참이거나 거짓이거나 양자택일의 문제다. 하지만 어느 쪽이 맞는지 우리는 모른다. 그래서 최선의 대안으로 각 가능성에 대해 어느 정도의 신뢰도를 부여하는 것이다.

오늘날 베이즈 정리라 불리는 베이즈의 연구는 이렇게 신뢰도를 고려하기에 좋은 방법이다. 여러 믿음에 각각의 신뢰도를 부여했다고 치자. 그런 다음 정보를 수집하고 새로운 지식을 쌓는다. 그러면 이 새 정보가 이미 할당된 신뢰도를 어떻게 변화시킬까? 세상에 대해 더 많은 것을 알아갈수록 우리가 반복해서 자문하는 질문이다. 베이즈의 연구는 우리가 이 궁금증을 해소하는 데 큰 도움을 준다.

❋

당신은 친구 한 명과 함께 포커를 치고 있다. 다섯 패로 겨루는 드로 포커*이므로, 먼저 다섯 장을 뽑고 버릴 카드를 결정한 다음, 버린 만큼 새 카드를 뽑는 식으로 진행한다. 남의 카드는 볼 수 없으니 처음에는 상대방이 어떤 패를 쥐고 있는지 알 길이 없다. 내게 있는 걸 상대방은 가지고 있지 않다는 것만 확실할 뿐이다. 그래도 완전히 막막한 상황은 아니다. 저 녀석에게 어떤 패가 있거나 없는지 짐작할 희미한 힌트가 있다.

---

* draw poker, 카드 교체를 허용하는 게임 방식

처음 패에는 원페어나 노페어가 있을 확률이 비교적 높다. 한 방에 플러시(무늬가 같은 패 5장)가 나오는 경우는 상당히 드물다. 숫자로 따지면, 무작위로 뽑았을 때 꽝일 확률이 50% 정도 된다. 원페어가 만들어질 확률은 약 42%, 플러시가 나올 확률은 0.2%에 못 미친다. 더 좋은 패들은 말할 것도 없겠다. 이 시작점의 확률을 통계학에서는 **사전**prior 신뢰도라고 한다. 추가 정보를 습득하기 전에 출발점에서 부여한 신뢰도를 말한다.

하지만 게임이 진행될수록 상황은 바뀐다. 친구가 몇 장의 카드를 버리고 다시 같은 수의 새 카드를 가져간다. 이 새 정보를 토대로 당신은 신뢰도를 업데이트한다. 상대방이 한 장만 바꿨다고 치자. 이것은 무엇을 의미할까?

우선 상대에게 원페어가 있었을 가능성이 희박하다는 것을 알 수 있다. 만약 원페어가 있었다면 녀석은 쓸모없는 나머지 세 장을 바꾸려 했을 것이다. 같은 종류의 패 세 장 혹은 네 장을 만들기 위해서다. 하지만 처음에 한 장만 바꿨다는 것은 같은 종류의 카드가 넷 혹은 둘씩 두 쌍 있다는 추측을 가능케 한다. 그래서 중요한 네 장은 손에 꽉 쥐고 놓지 않은 것이다. 아니면 (플러시를 만들 수 있는) 무늬가 같은 패 네 장이나 (스트레이트를 완성할 수 있는) 연속된 숫자 네 개가 있을 수도 있다. 이렇듯 어떤 사건이 일어남 직한 정도를 **우도**尤度, likelihood라 한다. 우리는 이 우도를 사전 신뢰도와 조합해 상대방이 가진 패에 대한 신뢰도를 업데이트한다(카드를 뽑을 때마다 상대방의 패를 헤아리는 것은 상당한 정신노동이 필요하지만 훌륭한 포커 플레이어라면 충분히 감당할 수 있을 것이다). 이렇게 업데이트된 신뢰도를 통계학에서는 **사후**posterior 신뢰도라 부른다.

베이즈의 정리는 앞서 우리가 귀추법이라 불렀던 추론 기법에서 정량적 측면이 강화된 것이라고 볼 수 있다(귀추법은 데이터를 일일이 맞추는 것보다는 '최선의 설명'에 치중하지만 기본 원리에는 차이가 없다). 베이즈의 정리는 모든 과학과 기타 모든 형태의 실증적 추론의 바탕이 된다. 우리는 이 이론을 뼈대 삼아 여기에 살을 붙이고 믿음의 정도를 결정한다. 사전 신뢰도를 가지고 출발해 새로운 정보가 모이면 그 정보가 최초 후보 시나리오에 부합할 우도에 근거해 신뢰도를 업데이트하는 것이다.

☼

베이즈 추론의 재미있는 점은 사전 신뢰도를 강조한다는 것이다. 포커 게임의 경우는 이것이 어렵지 않다. 서로 다른 조합의 카드가 뽑힐 가능성으로부터 사전 신뢰도를 직접 도출할 수 있기 때문이다. 하지만 사전 신뢰도 개념이 적용되는 상황은 더 광범위하다.

어느 날 오후 두 친구가 함께 커피를 마시는데 한 명이 아래의 세 문장 중 하나를 말한다.

- "오늘 아침에 자전거 타고 우리 집 앞을 지나가는 남자를 봤어."
- "오늘 아침에 말을 타고 우리 집 앞을 지나가는 남자를 봤어."
- "오늘 아침에 말을 타고 우리 집 앞을 지나가는 목이 잘린 남자를 봤어."

마치 뉴스를 보도하듯 무미건조한 어조로 비슷한 단서를 제공한다는 점은 세 문장이 다를 바 없다. 하지만 얘기를 들은 친구의 믿음의 정도,

즉 신뢰도는 세 경우가 현저하게 다르다. 장소가 도시나 도시 근교라면 친구는 말보다는 자전거를 타고 가는 남자 이야기에 손을 들어줄 것이다. 경찰관이 말을 타고 순찰을 하는 동네이거나 마을에 마상 공연단이 와 있는 게 아니라면 말이다. 반면 말이 흔하고 포장도로는 드문 시골이라면 자전거보다는 말을 탄 사람과 마주치기가 더 쉬울 터이다. 그러나 어느 쪽이든 머리 없는 사람이 이동수단을 타고 다니는 것보다는 훨씬 있음 직한 얘기다.

확실한 건 친구에게는 사전 신뢰도가 있다는 것이다. 사는 곳이 어디냐에 따라 그는 자전거 시나리오와 말 시나리오에 서로 다른 사전 신뢰도를 할당한다. 그리고 당연히, 머리 달린 사람이 부여받은 사전 신뢰도가 머리 없는 사람보다 훨씬 클 것이다. 이 격차는 지극히 정상이다. 베이즈 추론은 다른 방도가 없음을 과감하게 인정한다. 서로 다른 주장이 얼마나 진실에 가까울지 사유할 때마다 우리는 각 주장에 할당한 사전 신뢰도에 더해 새로운 정보 조각들이 그 주장이 진실일 경우와 합치하는 우도를 모두 고려해 답을 고른다.

과학자는 종종 너무 극적이어서 믿기 어려운 소식의 진위를 가려야 하는 처지에 놓인다. 2012년에 강입자충돌기Large Hadron Collider로 연구하던 한 물리학자 그룹이 기자회견을 했을 때도 그랬다. 그들은 새로 발견된 입자가 바로 오랫동안 찾아 헤매던 힉스 보손인 것 같다고 발표했다. 이 주장은 학계에서 거의 바로 공인되었다. 유례없이 신속한 조치는 무엇보다도 정확히 그 장소에서 힉스 보손이 발견될 거라고 예측하는 타당한 이론적 근거가 이미 많았기 때문이었다. 다시 말해, 사전 신뢰도가 매우 높았던 것이다. 반면 2011년에 또 다른 연구팀이 빛보다 빨리 움직이는 중성미자의 소식을 전했을 때는 분위기가 사뭇 달랐다. 이번 반응은 하나같이 회의적이었는데, 연구자들의 실력이 미덥지 않아서가 아니었다. 그저 전문가들이 빛보다 빠른 입자에 할당한 사전 신뢰도가 극히 작았을 뿐이다. 학계의 판단력을 증명하듯, 몇 개월 뒤 연구팀은 측정에 오류가 있었다는 사실을 시인했다.

과학자들 사이에는 "실험 결과가 이론에 의해 확증되었다"는 오래된 농담이 있다. 이론이 실험을 거쳐 인정되거나 기각된다는 전통적인 관점과 배치되는 농담이다. 바로 이 농담 속에 베이즈가 추구한 진리의 핵심이 담겨 있다. 베이즈 추론에 따르면, 유력한 이론적 설명이 손안에 쥐어져 있는 경우 그에 부합하는 번뜩이는 주장이 나왔을 때 '믿어질' 가능성이 크다. 이론적 설명이 이미 존재할 경우 우리는 그러한 새로운 주장에 사전 신뢰도를 처음부터 높이 부여하게 된다.

10
믿음 업데이트하기

그렇다. 보통 우리는 풍성한 사전 신뢰도 세트를 가지고 시작한다. 이런 상황에서는 새 정보가 들어올 때 신뢰도를 업데이트하는 중간 단계가 매우 중요해진다. 이것을 제대로 해내려면 베이즈의 정리를 보다 구체적으로 살펴볼 필요가 있다.

다시 포커 게임으로 돌아와 볼까. 우리는 내 카드는 볼 수 있지만 상대방의 패는 알지 못한다. 이 사실로 인해 우리는 명제(즉, 어떤 것이 진실이라는 주장)가 하나가 아닌 상황에 놓인다. 우리는 저마다 가능성을 가진 명제들의 긴 목록을 추려가야 한다. 포커 게임의 경우는 상대방이 가진 패의 가능한 조합들이 그런 명제가 된다. 상대방의 패는 꽝일 수도, 원페어일 수도, 그보다 더 좋은 것일 수도 있다. 그 밖에도 복수의 명제가 존재하는 상황은 무궁무진하다. 친구의 허무맹랑한 주장을 어떻게 해석하느냐를 두고 고민에 빠질 수도 있고(친구가 옳을 수도, 진심이지만 잘못 알고 있을 수도, 거짓말을 하는 것일 수도 있다), 여러 가지 존재론 사이에서 저울질해야 할 수도 있다(자연주의, 초자연주의, 기타 기상천외한 철학).

우리는 염두에 둔 각 명제에 사전 신뢰도를 부여한다. 이해를 돕기 위해 이것을 항아리에 모래알을 나누어 담는 행위에 비유해보자. 여기서 항아리는 각 명제를 뜻하고 항아리에 담긴 모래알의 수는 할당된 신뢰도에 비례한다. 명제 X에 대한 신뢰도는 항아리 X에 들어 있는 모래알의 수를 모든 항아리에 들어 있는 모래알의 총수와 비교한 비율이다.

$$X\text{의 신뢰도} = \frac{\text{항아리 } X\text{에 들어 있는 모래알의 수}}{\text{모든 항아리에 들어 있는 모래알의 수}}$$

이것을 모래알 공식이라 하자.

베이즈의 정리는 새로운 정보로 신뢰도를 업데이트하는 방법을 알려준다. 상대방이 뽑는 카드의 수처럼 새로운 데이터의 형태로 정보를 얻는다고 하자. 그러면 우리는 주어진 명제가 옳을 때 그런 데이터가 나오지 않았을 우도에 비례하는 수의 모래알을 그 명제의 항아리에서 덜어낸다. 상대방이 원페어가 있는데도 열 번 중 한 번은 새 카드를 한 장만 뽑을 거라고 생각된다면 상대가 실제로 한 장만 바꿨을 때 '원페어'라 표기된 항아리에서 모래알 십 분의 구를 덜어내는 식이다. 다른 항아리들에서도 같은 원리로 모래알을 덜어낸다. 그렇게 모든 항아리를 정리하고 나면 모래알 공식이 등장할 차례다. 항아리 X에 들어 있는 모래알의 수를 모든 항아리에 들어 있는 모래알의 수로 나누어 명제 X의 업데이트된 신뢰도를 계산한다.

이렇게 우도에 따라 사전 신뢰도의 무게를 조정함으로써 사후 신뢰도를 얻는다. 시작할 때는 항아리마다 들어 있는 모래알의 수, 즉 사전 신뢰도가 거의 같았을지 모른다. 그러다 어떤 명제에는 더 잘 부합하고 또 어떤 명제와는 어그러지는 새로운 정보가 입수된다. 그에 따라 전자 쪽

항아리에서는 약간의 모래알만 덜어내고 후자 쪽 항아리에서는 많은 양의 모래알을 덜어낸다. 그러면 더 유력한 항이리, 즉 사후 신뢰도가 더 높은 명제에 상대적으로 더 많은 모래알이 남아 있게 된다. 물론 애초에 사전 신뢰도가 한쪽에 크게 치우쳐 있었다면 모래알을 엄청나게 많이 덜어내야만(즉, 해당 명제에서 거의 기대되지 않던 데이터가 실제로 수집되어야만) 신뢰도 격차를 줄일 수 있을 것이다. 사전 신뢰도가 매우 크거나 매우 작을 때 신뢰도의 우열이 바뀌려면 수집되는 데이터가 깜짝 놀랄 만한 것이어야 한다.

✻

다른 예를 하나 더 들어볼까. 고등학생인 당신은 같은 학교에 다니는 어떤 학생에게 홀딱 반해서 졸업 무도회에 같이 가자고 말할까 고민 중이다. 문제는 상대가 승낙할까 아니면 거절할까다. 여기서 두 가지 명제가 발생한다. 하나는 상대의 대답이 “좋아”라는 것(당신과 함께 무도회에 간다)이고 다른 하나는 “싫어”라는 것(당신과 무도회에 가지 않는다)이다. 두 명제에는 각각 사전 신뢰도를 할당한다. 좀 긍정적으로 보아 승낙 시나리오에 0.6, 거절 시나리오에 0.4라는 사전 신뢰도를 할당하자(당연히 두 신뢰도의 합은 1이어야 한다). 이제 항아리 두 개를 준비한다. ‘좋아’ 이름표를 붙인 항아리에는 모래알 60개를 담고 ‘싫어’ 이름표를 붙인 항아리에는 40개를 담는다. 모래알의 총수는 중요하지 않다. 비율만 신경 쓰면 된다.

다음에 할 일은 새로운 정보를 수집하고 우도를 따져 사전 신뢰도를 업데이트하는 것이다. 당신은 사물함 앞에 서 있다. 그런데 복도 저 끝에서 상대 학생이 걸어오고 있다. 상대가 당신을 보고 멈춰서 안녕이라고 말할까 아니면 그냥 지나쳐 가버릴까? 그것은 상대가 당신을 어떻게 생각하느냐에 달려 있을 것이다. 당신을 파티 동행으로 맘에 들어 한다면 멈춰서 인사를 건넬 가능성이 크고 그렇지 않다면 가던 길을 계속 갈 터이다. 그동안의 사교 경험으로 미루어 예상할 때 승낙 명제하에서 상대가 인사를 건넬 가능성은 네 번의 기회 중 세 번꼴이고 그러지 않을 가능성은 넷 중 하나라고 치자(다른 데 정신이 팔려 당신을 못 볼 수도 있으니까). 반면에 거절 명제하에서는 기대치가 그리 높지 않다. 열 번 중 세 번만 인사를 받을 것이고 일곱 번은 눈도 못 마주칠 것이다. 이렇게 각 명제 상황에서 수집될 수 있는 다양한 정보의 우도가 결정되었다. 자, 이제 실제 데이터를 수집해 신뢰도를 업데이트하기만 하면 된다!

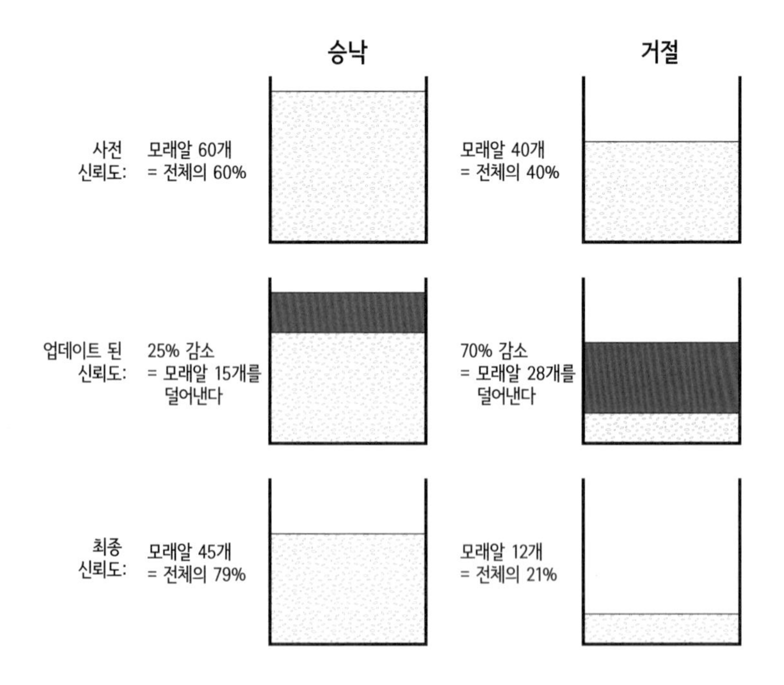

기쁘게도, 상대 학생이 당신에게 "안녕"이라고 말했다고 치자. 이 정보는 초대 승낙을 받을 확률을 어떻게 변화시킬까? 이제 베이즈 추론에 따라 '좋아' 항아리에서는 모래알의 25%를 덜어내고 '싫어' 항아리에서는 70%를 덜어낸다(각각은 주어진 기회 시간 안에서 해당 정보 사건이 일어나지 않을 비율에 해당한다). 이때 남은 모래알 수는 '좋아' 항아리의 경우 60 × 0.75 = 45개 그리고 '싫어' 항아리의 경우 40 × 0.30 = 12개가 된다. 여기에 모래알 공식을 적용해 승낙 명제의 신뢰도를 업데이트한다. '좋아' 항아리의 모래알 수(45개)를 두 항아리 전체의 모래알 수(45 + 12 = 57개)로 나누는 것이다. 그렇게 계산된 사후 신뢰도는 0.79다.

나쁘지 않은 성과다! 무도회에 같이 가자고 제안했을 때 상대가 승낙할 신뢰도가 60%에서 보정 후 79%로 훌쩍 뛰어올랐다. 상대방이 건넨 안녕이라는 말 한마디 덕분이다. 이제는 맘 놓고 정장을 사러 쇼핑을 가도 좋을 것 같다.

숫자를 맞춰보느라 중심 메시지를 놓치지는 말길 바란다. 베이즈 추론에서는 진실일 수도 있고 진실이 아닐 수도 있는 모든 명제에 사전 신뢰도를 부여한다. 각 명제에는 또 다수의 우도가 따라온다. 그 명제가 참일 경우 기타 관련 정보들이 진실일 가능성이다. 새로운 정보를 입수할 때마다 우리는 각 명제하에서 이 정보가 옳을 우도를 처음 신뢰도에 곱해 믿음의 정도를 업데이트한다. 이것을 기호로 나타내면 다음과 같다.

$$\left(\begin{array}{c}\text{정보 }D\text{가 관찰되었을 때}\\\text{명제 }X\text{의 신뢰도}\end{array}\right) \propto \left(\begin{array}{c}\text{명제 }X\text{ 내에서}\\\text{관찰되는 정보 }D\text{의 우도}\end{array}\right) \times \left(\begin{array}{c}\text{명제 }X\text{의}\\\text{사전 신뢰도}\end{array}\right)$$

이것이 바로 베이즈 추론의 핵심이다. 여기서 ∝ 기호는 비례관계를 뜻한다. 한 번 더 당부하지만, 신뢰도의 총합은 언제나 1이어야 함을 잊지 말자.

✺

포커 게임이나 동전 던지기처럼 모든 가능성을 단순히 셈할 수 있을 때는 신뢰도를 숫자로 할당하는 것이 자연스럽다. 그게 아니라도 "소행성이 지구에 충돌해 대멸종을 일으킬 확률은 1%도 안 된다"는 등 습관적으로 온갖 앞일에 확률을 곁들여 말하는 것이 우리 인간이다.

그러나 베이즈 추론은 매우 보편적인 이론이다. 우리는 이 세상에서 진실일 수도 진실이 아닐 수도 있는 모든 사실 명제에 사전 신뢰도를 정하고 적절히 업데이트해 나간다. 신은 존재하는가? 우리 내면 의식의 경험을 순수하게 육체적 관점으로만 설명할 수 있을까? 옳고 그름의 객관적 표준이라는 게 있나? 이 모든 의문의 답안 후보 모두가 명제가 된다. 우리는 이 명제들에 (그 명제를 인정하든 그렇지 않든) 사전 신뢰도를 할당하고 새 정보를 반영해 (제대로 하든 잘못하든) 업데이트한다.

베이즈 추론은 믿음의 정도를 정량화해줄 뿐만 아니라 믿음이 어떻게 작동하는지 자체를 우리에게 쉴 새 없이 상기시킨다. 베이즈의 방식으로 신뢰도를 생각하는 것은 우리에게 여러 가지 교훈을 준다.

그중 첫 번째는 **사전 신뢰도가 중요하다**는 것이다. 무엇이 세상의 진실인지 헤아리고자 할 때 우리는 어떤 명제가 더 이치에 맞고 어떤 명제가 덜 그런지 자신만의 촉을 가지고 게임에 참가한다. 이것은 고쳐야 하는 잘못된 습성이 아니다. 오히려 불완전한 정보를 바탕으로 사유해야 할 때 절대적으로 필요한 과정이다. 게다가 현실의 기본 구조에 대해 처음부터 완전한 정보를 가지고 시작하는 사람은 아무도 없다.

사선 신뢰도는 분석을 진행할 출발점이며 어떤 사전 신뢰도도 옳다거나 그르다고 말하기 어렵다. 물론 우리에게는 유용한 경험 법칙이 있긴 하다. 그중에 가장 유명한 것은 단순한 이론의 사전 신뢰도가 복잡한 이론보다 크다는 것이다. 이것은 단순한 이론이 언제나 옳다는 의미가 아니다. 단순한 이론이 틀리다면 앞으로 정보를 수집해가면서 차차 알게 된다. 아인슈타인이 말했듯, "모든 이론의 궁극적 목적은 어떤 경험적 정보도 포기하지 않으면서 더 축소 불가한 기본 요소들을 최대한 단순화하고 최소화하여 설명해내는 것이다."

단순함은 계측하기 쉬울 때도 있고 그렇지 않을 때도 있다. 경쟁 관계의 이론 셋이 있다고 치자. 한 이론은 태양계의 모든 행성과 위성이 뉴턴의 중력과 운동 법칙을 꽤 충실하게 따라 운동한다고 주장한다. 또 다른 이론은 뉴턴의 물리학은 쓸모가 조금도 없고 모든 천체에는 수호천사가 있어서 길잡이 역할을 하는데 운동의 궤적이 우연히 뉴턴의 예측과 맞아떨어졌을 뿐이라고 말한다.

이 둘만 놓고 보면 누구라도 첫 번째 이론이 더 단순하다고 생각할 것이다. 예측되는 결과는 같은데 천사라는 밑도 끝도 없는 존재를 소환할 필요가 없으니 말이다. 그렇다면 세 번째 이론은 어떨까. 이 이론은 태양계의 모든 천체가 뉴턴의 법칙을 따르되 지구의 달만은 예외로 수호천사가 전담하는데 천사가 인도하는 길이 우연히 뉴턴의 예측과 일치한다고 설명한다. 처음 두 이론에 대한 의견이 어땠든, 세 번째 이론이 앞의 어느 이론보다도 덜 단순하다는 데에는 이견이 없을 것이다. 세 번째 이론에는 실증적으로 예측되는 결과의 차이는 없이 두 이론이 절묘하게 혼합되어 있다. 따라서 이 이론에 가장 낮은 신뢰도를 주는 게 마땅하다(이 예시가 다소 과장되어 보일 수 있지만, 생물의 진화나 의식의 성질에 관한 담론에서는 이런 태도가 드물지 않다).

혹자는 너무 주관적이라는 이유로 사전 신뢰도를 강조하는 베이즈 추론을 좋아하지 않는다. 맞다. 사전 신뢰도는 주관적이다. 그래도 어쩔 수 없는 일이다. 어디서든 출발은 해야 할 것 아닌가. 하지만 특정 정보가 관찰될 우도는 객관적인 판정이 가능하다. 처음에 가진 이론이 구체적이고 명확하게 정의된 것이라면 우리는 그 이론이 옳다는 가정하에 어떤 데이터가 관찰될 가능성은 얼마라고 자신 있게 말할 수 있을 것이다. 물론 현실에서는 애초에 정의가 튼튼하게 세워지지 않은 이론이 종종 우리를 고군분투하게 만든다(예를 들어, "정신이 육체를 초월한다"는 명제는 타당해 보이지만 정량적 예측을 하기에는 충분히 구체적이지 않다). 그럼에도 우리는 여러 가지 정보의 우도를 객관적으로 결정하는 것이 가능할 정도까지 명제를 최대한 잘 정의하기 위해 노력해야 한다.

모든 사람은 각자 적절하다고 여기는 사전 신뢰도를 할당할 권리가 있다. 하지만 우도는 혼자 결정하는 게 아니다. **증거가 우리를 단결하게 만든다**는 것이다. 누군가는 주관적인 사전 신뢰도 때문에 의견일치를 보기 힘들지 않을까 걱정이 들 수 있다. "신이 우주를 창조했다"는 명제에 나는 사전 신뢰도를 0.000001로 매겼는데 당신은 0.999999를 할당했다고 치자. 이 경우 둘 중 한 사람이 생각을 바꾸기까지는 엄청난 양의 정보 관찰과 업데이트가 필요할 것이다.

사실 이것은 굉장한 골칫거리다. 지독한 고집쟁이는 생각을 절대로 바꾸지 않는다. 베이즈 추론의 언어로는 사전 신뢰도가 0 혹은 1인 사람들이다. 단단히 꼬인 이 매듭을 풀기 위해서는 특별 대책이 필요하다.

하지만 원칙적으로는 우리 모두 열린 마음으로 새 정보를 공정하게 판정한다면 결국 증거가 승리하게 되어 있다. 어떤 명제에 높은 사전 신뢰도를 부여했는데 이 명제하에서 일어날 가능성이 1%밖에 안 되는 특정 정보 사건이 계속 일어난다면, 성실한 업데이트의 결과로 결국 사후 신뢰도를 매우 낮게 고치게 될 것이다. "커피를 마시면 앞일을 정확하게 예언할 수 있다"는 명제에 높은 사전 신뢰도를 매겼다고 해보자. 그런 다음 실제로 커피를 마시고 예언을 했는데 그 일이 실현되지 않았다. 그러면 그것에 맞게 신뢰도를 업데이트한다. 이 과정을 충분히 반복하면 신뢰도가 수집된 데이터에 의해 상당히 깎여나갈 것이다. 명제 옹호자가 '마음을 바꾸는' 것이다. 이런 식의 전향은 좋은 것이다. 게다가 원래 우도는 객관적인 성질을 갖기 때문에 더 많은 정보는 여론을 같은 쪽으로 끌어당긴다.

어쨌든 원칙적으로는 그렇다. 이 믿음 업데이트 작업을 성실하게 실행할지 말지는 각자의 몫이다.

우리가 얻을 수 있는 또 다른 교훈은 **한쪽에 가까운 증거는 다른 쪽에서는 멀어진다**는 것이다. 명제 X와 명제 Y 둘을 놓고 비교하는데, 어떤 정보 사건이 일어날 가능성이 명제 X하에서는 90%이고 명제 Y하에서는 99%라고 치자. 그리고 그 사건이 실제로 일어났다. 이때 베이즈 추론에 따르면 정보 수집 후 명제 X의 신뢰도는 전보다 **떨어지게** 된다.

이해가 되지 않는다. X가 참일 경우 그 사건이 일어날 가능성이 90%나 되고 사건이 진짜 일어났는데, 어떻게 증거가 명제를 배신할 수 있단 말인가? 비밀은 대립 명제 상황에서 우도가 더 높았다는 데에 있다. 그

기가 미묘할지라도 신뢰도 변화는 언제나 있다. 따라서 어떤 사건이 명제 안에서 맥락을 거스르지 않고 설명된다는 사실이 그 사건이 해당 명제의 신뢰도를 절대 낮추지 않음을 의미하지는 않는다. 반대도 마찬가지다. 한 명제에 부합하는 사건과 정반대되는 일이 일어났다고 해서 그 결과로 해당 명제의 신뢰도가 반드시 줄어드는 것은 아니다.

유신론(신은 있다)과 무신론(신은 없다)의 두 이론을 생각해보자. 그리고 저자들이 서로 짰을 리도 없건만 동서고금을 막론하고 세상의 모든 종교 경전이 등장인물만 다를 뿐 똑같은 이야기와 교리를 전한다고 치자.

이런 상황에서는 누구라도 이것이 유신론을 지지하는 증거라 여길 것이다. 물론 무신론이 옳다고 생각하는 쪽은 경전의 보편성을 설명하기 위해 나름의 해석을 내놓을 터이다. 어떤 범우주적인 힘이 역사를 한 방향으로 이끌고 인류의 정신에 같은 이야기를 심었다는 식이다. 흠, 좀 난해하다. 반면 유신론을 지지하는 쪽은 신이 방방곡곡에 말씀을 내렸다고 설명한다. 딱 봐도 유신론의 설명이 더 간단하다는 점을 부인할 수 없다.

그렇다면 우리는 경전의 일관성 부재는 유신론을 반대하는 증거라는 논리를 피할 수 없게 된다. D라는 데이터가 이론 X의 신뢰도를 높인다면 D가 아닌 데이터는 신뢰도를 떨어뜨릴 수밖에 없다. 그런데 만약 유신론이 참이라도 일관성의 부재를 설명하는 게 어렵지 않을 수도 있다. 신이 편애하거나 어떤 사람들은 신의 말씀을 새겨듣지 않는 걸지도 모르니까. 이것은 우도를 결정할 때 고려할 점들이지만 이 때문에 이론 검증의 질적 결과가 바뀌지는 않는다. 추론의 원칙을 성실하게 따른다면, 한 이론에 할당된 신뢰도는 그에 대립하는 이론에 힘을 실어주는 정보가 관찰될 때마다 점점 낮아지기 마련이다. 미묘할지라도 신뢰도 변화는 언제나 있다.

마지막 교훈은 **모든 증거가 중요하다**는 것이다. 그러나 증거 일부만 보고 줄거리를 왜곡하면서 겉으로는 베이즈의 충실한 후예인 척하는 사람들이 종종 있다.

한 친구가 자신은 네스호의 괴물을 믿는다는 얘기를 한다. 사진이 있다고, 그게 증거라고 말이다. 물론, 사진이 찍힐 우도는 괴물은 없다는 이론보다는 호수에 괴물이 산다는 이론 아래서 더 커진다.

하지만 그게 전부는 아니다. 우선, 보통 사람은 스코틀랜드의 한 호수에 사는 괴물에 매우 작은 사전 신뢰도를 할당할 것이다. 증거가 충분히 확실하다면 마음을 바꿔야 하겠지만 사진 몇 쪼가리로는 가당치도 않다. 괴물을 찾기 위해 호수에서 실시되었지만 허사로 돌아간 모든 수색작전도 고려해야 한다. 처음에 화제가 되었던 그 유명한 네스호의 괴물 사진이 결국 조작으로 밝혀졌다는 정보는 말할 것도 없다. 원하는 증거만 골라서 보는 것은 바람직한 태도가 아니다. 관련된 모든 정보가 고려 대상이 되어야 한다.

베이즈 추론은 우리 삶의 방향을 바꿀 수도 있는 통찰 중 하나다. 우리는 모두 온갖 명제를 다양한 수준의 믿음으로 찬성하거나 반대하면서 살아간다. 이 과정에서 베이즈는 우리에게 세 가지를 당부한다. 첫째는 어떤 믿음도 100% 확신하지 말라는 것이다. 둘째는 새 증거가 나오면 신뢰도를 업데이트할 수 있도록 늘 준비하고 있으라는 것이다. 마지막으로 베이즈는 우리가 결정한 신뢰도를 증거가 어떻게 변화시키는지를 보여준다. 베이즈 추론은 우리를 천천히 진실로 인도하는 지도와 같다.

11
모든 것을 의심하기

20세기 최고의 철학자 중 한 사람인 루트비히 비트겐슈타인은 당대의 석학 버트런드 러셀 밑에서 박사과정을 시작했다. 러셀은 경험적인 어떤 것도 진정으로 안다고 말할 수 없다고 고집하는 젊은 제자 비트겐슈타인에 관한 이야기를 자주 했다. 여기서 경험적 주장이란 논증 가능한 진술과는 성격이 다른 실제 세계에 관한 주장을 말한다. 케임브리지 대학교의 연구실에서 지도교수는 제자에게 이 방에 코뿔소가 없다는 것을 인정하라고 도발했다. 하지만 비트겐슈타인은 거절했다. 러셀은 한 편지에 "내 독일인 제자는 멍청이 같아"라고 적기도 했다. 나중에는 생각을 바꿨지만 말이다(비트겐슈타인은 오스트리아 사람이지 독일인이 아니었고 멍청이는 더더욱 아니었다).

누가 봐도 자명해 보이는 진실을 의심하는 것은 철학자들 사이에서 오래된 놀이다. 모든 것을 의심하는 회의론은 특히 고대 그리스에서 유행했다. 그중에서도 으뜸은 피론Pyrrho을 추종하는 피론주의였는데, 피론주의자들은 우리가 무엇도 확신할 수 없다는 사실조차도 확실하지 않다고 주장했다.

더 최근에는 17세기의 사상가 르네 데카르트가 이 놀이에 도전했다.

그는 철학자인 동시에 수학자이자 과학자이기도 했으며 해석기하학의 기초를 다시고 기계학과 광학의 정립에도 기여한 인물이다. 오늘날 데카르트 좌표라 불리는 작은 기술도 그의 발명품이다. 즉, 그래프용지에 x축과 y축을 한 번이라도 그려본 적이 있다면 당신의 인생은 데카르트의 영향을 받은 것이다. 데카르트는 철학 연구에 수학적 요소를 많이 반영했다. 특히 그는 수학에서는 전제를 받아들이기만 하면 어떤 주장을 의심의 여지 없이 증명할 수 있다는 점에 깊이 매료되어 있었다.

데카르트는 1641년에 《제1철학에 관한 성찰》을 발표했다. 오늘날에도 대학교 철학 강의에서 학생들에게 첫 과제로 자주 내려지는 책이다.

철학자이자 수학자이며 자신의 존재 외에는 모든 것을 의심한 르네 데카르트. 1596~1650년. 그림: 프란스 할스

《성찰》에서 데카르트는 우리가 가진 세상에 관한 지식에 최대한 회의적인 태도를 보인다. 가령, 당신은 지금 의자에 앉아 있다고 생각하면서 의자의 존재가 논란의 여지 없이 분명한 진실이라고 여길지 모른다. 하지만 과연 그럴까? 우리 모두에게는 지난날 여과 없이 받아들였던 이런저런 믿음이 결국 거짓으로 판명 난 경험이 있다. 꿈을 꾸거나 환각에 빠져 있을 때 우리는 실제로 일어나지 않는 일을 '경험'한다. 데카르트가 경고했듯, 지금도 우리는 꿈을 꾸는 것일지 모른다. 아니면 (무슨 속셈인지) 실존하지 않는 의자에 앉아 있다고 믿게 하려는 악마의 장난에 놀아나고 있거나.

하지만 희망을 버리기엔 이르다. 데카르트는 회의론이 통하지 않는 믿음이 딱 하나 있다는 결론을 내렸다. 바로 그 자신의 존재다. 우리는 하늘과 땅의 존재에 의심을 품을 수 있다. 인간의 감각은 현혹되기 쉬우니까. 하지만 나 자신의 존재에는 회의적으로 될 수 없다. 내가 존재하지 않는다면 그런 회의적인 생각을 하는 이 사람은 누구란 말인가. 데카르트는 이 논리를 '나는 생각한다, 고로 존재한다*cogito ergo sum*'라는 한마디 명언으로 요약했다(처음에 그는 《철학의 원리》에서 이 말을 라틴어로 썼지만 더 나중에 출간한 《방법서설》에서는 일반 독자를 배려해 프랑스어 '*je pense, donc je suis*'로 고쳤다).

그러나 자기 자신의 존재만 확신하고 타인의 존재는 그러지 못한다면 인간은 얼마나 허술하고 자기중심적인 존재일 것인가. 그래서 데카르트는 한 사람이 아니라 세상 전체에 관한 타당한 믿음의 토대를 세우고 싶었다. 하지만 그는 눈에 보이거나 몸소 경험하는 어떤 것도 함부로 신뢰할 수 없었다. 설사 그의 존재가 진실이라도, 보고 느끼는 그대로 증거라고 여기게끔 악마가 그의 감각을 속이는 것일 수도 있기 때문이었다.

그렇게 성찰을 지속하던 데카르트는 안락의자에서 엉덩이를 떼지 않고도 세상의 진실을 구원할 방법을 깨닫는다. 그는 자신에게 말했다. 나는 단지 생각할 뿐만 아니라 명료하고 허점 없는 완벽한 생각을 품을 수 있다. 이 생각과 나의 존재에는 어떤 원인이 있는 게 틀림없고 유일무이하게 가능한 원인은 신뿐이다. 신은 그 자체로 완전하다. 그런데 '존재하고 있음'이라는 특성은 완벽함을 이루는 필수적인 측면이다. 즉 존재하지 않을 때보다는 존재할 때 더 완벽해지는 것이다. 따라서 신은 존재한다.

여기서 모든 게 출발한다. 우리 자신과 신의 존재를 확신한다면 우리는 다른 많은 것도 확신할 수 있게 된다. 어쨌든 신은 완벽하고 완벽한 존재는 인간의 눈과 귀가 가려지게 두지 않을 테니 말이다. 신은 우리를 현혹하는 요망한 악마를 진압한다. 그러므로 우리는 감각으로 수집한 증거들과 세상의 객관적 현실을 대체로 신뢰할 수 있다. 비로소 우리는 지식을 바탕으로 우주의 진실을 밝혀나가는 과학을 시작할 수 있게 된 것이다.

가톨릭 신자인 데카르트는 자신이 끊이지 않는 회의론적 의심들에 맞서 신앙을 보호하기 위해 싸우고 있다고 생각했다. 하지만 모두가 그를 응원한 것은 아니었다. 사람들은 신이 존재한다는 증거로 그가 제시한 논리를 신앙의 뜨거운 영적 경험과는 거리가 먼 냉정한 철학으로 받아들였다. 데카르트는 신을 믿지 않는다는 죄목으로 고발을 당했다. 이 시절에 무신론은 '마땅히 그래야 하는 방식으로 신을 믿지 않는 것'이라는 의미였다(오랜 역사에서 무신론은 엄연한 범죄였다. 소크라테스는 늘 신에 관해 얘기했음에도 무신론을 이유로 사형 선고를 받았다. 무신론자인데다가 반신반인까지 믿는다면서 라이벌 멜레투스가 그를 고발했다고 한다). 결국 교황 알렉산데르 7세는 1663년에 데카르트의 모든 연구를 금서로 지정했다. 그리하여 그의 저서들은 코페르니쿠스, 케플러, 브루노, 갈릴레이 등의 역작과 나란히 잠들게 되었다.

☼

대학 시절, 한 교수님이 이런 말씀을 하신 적이 있다. 어느 누구도 데카르트에 대한 반론을 쓰지 않고는 철학박사 학위를 따지 못한다고. 솔직히 나는 데카르트 철학의 어느 부분을 반박해야 했는지 지금도 잘 모르겠다. 그의 회의론과 모든 것을 의심하는 태도에 반대했어야 할까? 아니면 그 자신과 신의 존재를 확신함으로써 믿음의 기초를 닦고자 했던 게 문제였을까?

신의 존재, 특히 데카르트가 내세운 증거에 대한 의견은 학자마다 제각각이다. 하지만 대부분 사람은 이 논제가 본격적으로 나오기도 전에 거의 본능적으로 데카르트식 의심에 날을 세운다. 내가 지금 앉아 있는 의자의 존재조차 확신할 수 없다면 황당하고 짜증 날 테니 그럴 만도 하다.

하지만 방법론에 관한 한 데카르트가 전적으로 옳았다. 흔히 우리는 우리 주변의 세상이 진짜라고 자신한다. 하지만 타당한 의심을 무시하면서까지 절대적으로 확신해서는 안 된다. 꿈이거나 악마의 장난에 놀아나고 있을지 모른다는 데카르트의 경고 말고도 우리가 가짜에 속을 상황은 한둘이 아니다. 가령, 우리는 사실 사람이 아니라 실험실 용기 속의 뇌일 수도 있다. 그래서 진짜 바깥세상을 체험하는 게 아니라 누군가 연결해 놓은 전기선이 전달하는 거짓된 신호를 뉴런을 통해 받는 걸지도 모른다. 아니면 영화 〈매트릭스〉처럼 컴퓨터 시뮬레이션 속에서 살면서 가짜 현실을 진짜라고 믿는 것일 수도 있다. 혹은 비평가들이 지적했듯, 걱정해야 할 건 꿈을 꾸는 상황만이 아닐지도 모른다. 우리 자신이 그 꿈 속의 존재일 수도 있는 것이다(힌두교 베단타 철학*에 따르면 모든 세상이 브라만의 꿈이다).

1857년에 박물학자 필립 헨리 고스는 저서 《배꼽Omphalos》에서 지질학적 증거에 따른 지구의 나이(아주 오래됨)와 성경이 말하는 지구의 나이(아주 젊음)를 하나의 가설에 조화롭게 융합시키고자 시도했다. 그의 아이디어는 간단했다. '신이 천지를 창조한 것은 수천 년 전이다, 다만 훨씬 오래된 것처럼 보이도록 일부러 흔적을 남긴 것이다. 형성되려면 수백만 년이 걸리는 지형이나 딱 봐도 엄청나게 오래된 화석처럼 존재하는 흔적들 역시 수천 년 전 신의 작품이다.'라는 것이다. 이 책의 제목이 배꼽을 뜻하는 그리스어인 까닭은 고스가 최초의 인간 아담에게서 영감을 얻었기 때문이다. 아담은 완벽한 인간이었다. 그래서 어머니 뱃속에서 나지 않았음에도 배꼽을 가지고 있었던 것이다. 오늘날 고스의 해석은 여러 가지 버전으로 응용되어 기독교와 유대교의 일부 창조론자들에 의해 계승되고 있다. 그들은 수십억 년 전에 먼 은하를 떠나온 빛이라는 우주학적 증거를 이 아이디어를 바탕으로 해석한다.

흥미롭게도 배꼽 가설은 또 다른 회의론적 시나리오 하나를 낳았다. '지난 목요일론'이라는 재치 있는 이름이 붙은 이 시나리오의 요지는 천지창조는 지난 목요일에 완료되었는데, 모든 기록과 증거들이 그 이전 과거의 존재를 가리킨다는 것이다. 언젠가 버트런드 러셀은 세상이 불과

* 절대신 브라만을 인식하는 것을 목표로 삼는 인도의 전통 철학

5분 전에 짠 하고 나타나지 않았다고 100% 확신할 수는 없다고 지적했다. 아마도 당신은 말도 안 된다고 생각할 것이다. 지난 수요일의 기억이 생생한데 무슨 헛소리냐고 할 것이다. 하지만 기억은 사진이나 일기와 마찬가지로 현재의 것으로서 존재한다. 우리는 과거를 알려주는 지침으로서 기억과 기록을 (최소한 어느 만큼은) 신뢰한다. 지금까지는 그게 잘 통했으니까. 그러나 다른 가능성도 논리상으로 가능하다. 소위 기억이라는 것들과 더불어 그런 기억이 믿음직하다는 인상마저도 다른 모든 것들과 함께 한꺼번에 창조되었을 수도 있다는 가능성 말이다.

✻

처음부터 그럴 의도는 없었겠지만, 어쩌다가 배꼽 가설과 흡사한 우주학 모형을 만들어낸 물리학자들이 있다. 19세기에 루트비히 볼츠만은 전체적으로 늘 무질서한 영원한 우주를 상상했다. 이런 우주에서는 모든 원자가 영구적 운동을 하면서 무작위로 뒤섞이다 서로 부딪친다. 그런데 충분히 오랜 시간이 지나면 순전히 우연의 결과로 원자들의 운동이 질서정연한 패턴을 띠게 된다. 그래서 19세기 천문학자들이 우주 전부라고 생각했던 은하수 은하 같은 것이 만들어진다(고대 로마의 시인 루크레티우스도 이와 매우 유사한 그림을 제시한 바 있다. 볼츠만처럼 그 역시 원자론자이기도 했으며 원자론적 관점에서 우주 질서의 기원을 설명하고자 했다). 이렇게 배열된 우주는 다시금 정상적인 진화 과정을 겪게 된다. 즉 우주가 종국적으로 열적 죽음*에 이르면 이 배열은 흩어져 카오스 상태로 소멸해간다. 적어도 다음번 요동이 일어날 때까지는 말이다.

그런데 이 모형에는 심각한 허점이 하나 있다. 실제로는 무질서에서

* 우주가 열역학적 평형 상태에 도달해 동력이 없어지는 상태

질서로의 요동은 드물고 격렬한 요동은 소소한 요동보다 훨씬 희귀하게 일어난다는 점에서다. 만약 볼츠만의 생각이 옳나면 별을 수천억 개나 품은 은하수처럼 복잡하고 장대한 것이 우연한 기회로 생겨날 때까지 그렇게 오래 기다릴 필요가 없을 것이다. 더구나 항성과 행성처럼 더 작은 것들이 카오스로부터 출현하는 것은 훨씬 더 수월할 터이다. 또한 이런 식의 우주 속에서는 의식을 가지고 사고하는 피조물들의 거의 대부분은 요동의 와중에서 불현듯 나타나게 된 개체들일 것이다. 그 생명체들은 “흠, 아무래도 이 우주에서 나는 외톨이인 것 같군”이라는 생각에 도달할 만큼의 시간만 존재하다가 죽는다. 사실, 몸뚱이 전부도 꼭 필요하지도 않다. 성가실 뿐이니까. 이 외로운 영혼들은 사고하는 주체로서 간주될 수 있는, 최소한의 물질만으로 이루어진 어떤 것일 수도 있다. 육체와 분리되어 우주를 떠도는 뇌 같은 것 말이다.

이것이 ‘볼츠만의 뇌’ 가 빚어낸 시나리오다. 분명 우주가 실제로 이런 식일 거라고 믿는 사람은 없다. 다만, 우주가 무한히 오래되었고 중구난방으로 요동치는 세계라면 이런 식이어야 앞뒤가 맞는다는 것이 문제다. 이런 경우 볼츠만의 뇌의 출현은 필연적이다. 그렇다면 관찰자 절대다수가 육체를 이탈한 뇌인 그러한 우주에서 나도 그중 하나가 아닐 이유가 없지 않을까?

볼츠만의 뇌의 모순을 해결할 방법이 하나 있긴 하다. 간단하지만 옳지는 않은 해결책이다. 바로, “우주의 관찰자 대부분이 무작위 요동의 산물이지만 나는 아니다. 그러니 나는 상관없다”라고 말하는 것이다. 하지만 나만은 무작위 요동의 산물이 아님을 어떻게 아는가? 지금까지 살아온 멋진 인생의 기억이 있어서라고? 이것은 정답이 아니다. 그런 기억

자체가 우주 요동이 만들어낸 작품일 수도 있기 때문이다. 혹은 주위를 가리키며 여기 방이 있고, 창문이 있고, 창문 밖으로 정교한 세상이 보인다고 말하면서 반론을 펼칠지도 모른다. 이 모두가 정신 나간 우주 요동 시나리오의 예측 범위를 뛰어넘는 것들이라면서 말이다.

그 말도 일리는 있다. 이 정신 나간 우주 요동 시나리오에서라면 대부분 사람이 두 눈 뜨고 분명히 보고 있는 방과 이웃과 이 모든 주변 환경이 가짜여야 할 테니까. 그러나 이것이 아주 불가능한 건 아니다. 우주가 정말로 불멸한다면 그런 환경이 무한대로 생겨날 것이다. 그리고 그중 절대다수는 무작위적 요동의 결과로 카오스에서 바로 출현하게 된다. 예를 들어볼까. 당신은 지금 자신이 아마도 현존 인물일 (혹은 읽는 시점에 따라, 실존했던 인물이었을) 션 캐럴이라는 사람이 쓴 책을 읽고 있다고 생각할 것이다. 하지만 우주의 무한성을 생각하면 션 캐럴과 (그리고!) 책이 요동의 결과로 출현하는 것보다 션 캐럴의 이름과 사진이 박힌 이 책이 요동의 결과로 저절로 생겨나는 것이 훨씬 더 쉽다. 각자의 한 뼘 세상에서 우리가 경험하는 것들을 현실이라고 인정한다고 치자. 그렇더라도, 볼츠만의 우주론에 따르면 우리가 기억한다고 생각하는 과거의 일들도, 지금 이 순간 보고 느끼는 것을 제외한 그 무엇도 실존한다고 믿을 만한 근거는 전혀 없다. 볼츠만의 우주에서는 우리의 모든 기억과 인상이 거의 100%에 가까운 확률로 우연히 저절로 생겨난 것이다. 이것이 극단적 회의론이다.

☀

당신은 볼츠만의 뇌가 아닌 게 확실한가? 당신의 세상이 최근에 요동의 결과로 어쩌다 생긴 게 절대로 아니라는 건 어떤가? 당신은 자신이 실험실 용기 속의 뇌나 잘 만든 비디오 게임 속 캐릭터가 아님을 어떻게 아는가?

당신은 모른다. 알 수가 없다. 안다는 것이 '틀릴 가능성이 조금도 없이 절대적인 형이상학적 확신을 가지고 안다'는 뜻이라면, 우리는 방금 질문한 어떤 시나리오도 옳은지 아닌지 절대로 알 수 없다.

비트겐슈타인은 이 난제를 해결하는 데 골몰하며 노년을 보냈다. 그런 성찰의 결과로 《확실성에 관하여》에서 그는 '그렇게 **보인다**고 해서 반드시 **진짜로 그렇다**는 결론이 나오는 것은 아니다'라고 적고 있다. 하지만 바로 이어서 '다만 그것을 의심하는 것이 일리가 있는지make sense 생각해볼 수 있다'고 덧붙였다. 이 말을 뒤집으면, 이미 진실인 걸로 보이는 무언가에 굳이 또 높은 신뢰도를 부여하는 것은 아무 의미도 없다는 뜻이 된다.

몹시 극단적인 회의론적 시나리오를 생각해볼까. 악마의 농간이니 우리가 가진 세상에 관한 어떤 지식도 믿을 수 없다던 데카르트의 걱정처럼 말이다. 우리는 이 시나리오가 틀렸음을 증명하려고 한다. 아니면 최소한 반대되는 굵직한 증거라도 확보하고 싶다. 하지만 우리는 그럴 수 없다. 수완 좋고 영특한 악마가 우리의 모든 논리와 증거를 비틀고 오도할 것이기 때문이다. '나는 생각한다, 고로 존재한다'나 '존재라는 성질은 완벽의 필수 요소다, 따라서 신은 존재한다'와 같은 사유는 (적어도 데카르트에게는) 꽤 논리적으로 들린다. 하지만 악마가 우리를 그렇게 생각하게끔 만들었을 뿐이다! 악마가 우리를 논리적 오류에 빠뜨린 게 아니라고 어떻게 확신할 수 있는가?

바깥세상의 존재에 관한 다양한 회의론적 시나리오도, 우리가 가진 세상의 지식도 충분히 진실일 수 있다. 하지만 그렇다고 해서 반드시 거기에 신뢰도를 높게 매겨야 하는 것은 아니다. 높은 신뢰도는 시나리오나 지식을 믿게 하는 데 하등 도움이 안 된다. 이것이 비트겐슈타인이 말한 '의심하는 것이 일리가 있다'의 진짜 의미다.

두 가지 가능성을 비교해보자. 하나는 현실에 대한 우리의 인상이 기본적으로 옳다는 것이다. 다른 하나는 우리가 악마의 꼬임에 넘어갔고 우리가 아는 현실은 존재하지 않는다는 것이다. 이때 우리는 가능한 많은 정보를 모아서 각 시나리오 아래서 정보의 우도를 계산하고 그것에 맞게 신뢰도를 업데이트하고자 할 것이다. 그런데 이때 사실은 두 번째 시나리오가 옳은데 우리가 첫 번째 시나리오 아래서 기대하는 것과 똑같은 정보를 악마가 우리에게 주입하는 것일 수도 있다. 그러면 새 정보를 수집한들 두 시나리오의 구분은 없어진다.

그렇다면 마지막 희망은 사전 신뢰도를 어떻게 정하느냐다. 우리는 원하는 어떤 값도 매길 수 있지만 모든 가능성을 열어두어야 하므로 아무리 말도 안 되게 회의적인 시나리오라도 신뢰도 0은 할당할 수 없다. 하지만 회의론적 시나리오에 사전 신뢰도를 매우 낮게 설정하고 더 현실적인 가능성에 신뢰도를 몰아주는 것은 괜찮다.

극단적 회의론은 별로 쓸모가 없어 보이고 삶의 의욕까지 떨어뜨린다. 극단적 회의론 아래서는 우리의 모든 지식과 목표와 열망이 조작된 가짜일 공산이 크다. 그러면 어떻게 해야 하나? 그런 믿음을 바탕으로 행동할 수는 없다. 우리가 타당하다고 생각하는 모든 행동이 못된 악마의 유도작전일 테니 말이다. 하지만 세상을 액면 그대로 받아들인다면 타개책이 있다. 우리에게는 하고 싶은 일과 답을 찾고 싶은 의문들과 이 모두를 실현할 전략이 있다. 그러니 무력함으로 우리를 짓눌러 마비시키는 세계관보다는 생산적이고 건실한 세계관에 더 높은 신뢰도를 부여하는 것이 당연하다.

✻

모든 회의론적 시나리오가 데카르트의 악마처럼 황당무계한 것은 아니다. 개중에는 진짜일까 두려워지는 것도 있다. 볼츠만의 뇌가 그런 경우다. 볼츠만의 뇌가 지배하는 세상은 우주가 영원하고 끊임없이 요동치는 세상일 경우 충분히 예상되는 모습이다. 〈매트릭스〉는 특수효과의 승리라 치고 넘어가더라도, 철학자 닉 보스트롬은 우리가 사는 세상이 진짜가 아니라 시뮬레이션일 가능성이 생각보다 크다고 진지하게 경고한다(그의 주장을 간략하게 정리하면 기술이 고도로 발전한 문명은 가상의 인간을 포함해 감쪽같은 컴퓨터 시뮬레이션을 돌릴 터이므로 그런 우주에 존재하는 사람들 대다수가 시뮬레이션의 일부일 것이라는 내용이다).

입자들이 넘실대는 혼돈의 바다에서 모든 게 그냥 우연히 생겨나는 게 가능할까? 나와 내 주변 세상은 물론이고 과거와 세상에 대해 내가 안다고 생각하는 모든 지식까지? 당연히 가능하다. 하지만 이 시나리오에 높은 신뢰도를 줄 수는 없다. 데이비드 앨버트의 표현대로, 이 시나리오는 **인식적 측면에서 불안정**하기 때문이다. 어렵게 얻은 지식을 그러모아 세계의 그림을 완성해간다. 그런데 그림을 보다가 내 존재가 그냥 우연의 결과일 가능성이 압도적으로 높다는 점을 불현듯 깨닫는다. 그런데 또 이 시나리오대로라면 소중한 지식 역시 어쩌다 우연히 생겨난 것이다. 따라서 그 지식이 현실을 정확하게 반영한다고 여길 이유는 전혀 없는 셈이다. 이런 시나리오가 진실일 리 만무하니 이 시나리오를 믿을 이유도 전혀 없다. 이때 최선의 조치는 시나리오에 아주 낮은 신뢰도를 매긴 다음 초연하게 일상을 이어가는 것이다.

반면 시뮬레이션 시나리오는 얘기가 좀 다르다. 나의 존재와 내 모든 경험이 인간보다 월등한 지적 존재가 관리하는 시뮬레이션의 일부일 수 있을까? 물론 그럴 수 있다. 솔직히 말하면 이 가설은 회의론적이지도 않다. 이 가설 안에서는 자연법칙을 따르는 현실이 여전히 존재한다. 다만 우리가 그곳으로 건너갈 수 없을 뿐이다. 내가 사는 세상의 규칙을 알고 싶은데 이 세상이 시뮬레이션일까 봐 맘에 걸리는가? 괜한 걱정이다. 설사 이 세상이 진짜 현실이 아니라 고등한 존재가 만든 모형인들 어쩌겠는가. 우리가 접근 권한을 가진 세상이 이것뿐인 것을. 게다가 우리가 사는 세상도 나쁘지 않은 탐구 주제가 아닌가.

비트겐슈타인이라면 이렇게 말할 것이다. 우리 눈에 진짜처럼 보이고 상당히 효율적으로 작동하는 세상에 신뢰도를 몰아주는 것이 일리가 있다고. 우리는 새로운 증거가 나타나면 그에 따라 믿음을 업데이트할 준비가 늘 되어 있다. 맑은 밤하늘을 올려다보는데 돌연 별들이 재배열해 "저는 당신의 프로그래머입니다. 지금까지 시뮬레이션이 마음에 드셨습니까?"라고 물으면 그때 가서 신뢰도를 조정하면 될 일이다.

12
현실의 창발

우리에게는 베이즈 추론이 있다. 이 지식 생성 도구만 있으면 언제든지 시적 자연주의의 배경에 있는 아이디어들에 살을 붙여 구체화하는 것이 가능하다. 특히 중요한 것은 세상을 얘기하는 방법에는 여러 가지가 있다는, 단순해 보이지만 심오한 의미가 있는 아이디어다. 각각의 방법은 전체 그림의 서로 다른 측면을 포착해내는 까닭이다.

지식의 발전은 인류의 지적 활동에 날개를 달아주었다. 그렇게 나온 통찰들은 진짜 세상은 우리가 일상의 경험을 조각조각 이어 붙여 완성해가는 그림과 크게 다르다고 말한다. 진짜 세상은 운동량 보존의 법칙이 지배한다. 우주를 돌아가게 하는 부동의 운동자 따위는 없으며 영구적 운동이 당연하고 마땅히 기대된다. 우주가 누군가에 의해 창조되거나 유지될 필요가 없다니 참 솔깃한 얘기다(여기서 잠깐. 어떤 가설이든 끝까지 검증되지 않으면 언제든 마음을 바꿔야 하니 확신은 금물이다). 우주는 그냥 있을 수 있다. 이제 여기에 정보 보존의 법칙을 추가로 고려한다. 그러면 우주는 현재 상태만을 디딤돌 삼아 다음 순간으로 한 발씩 전진한다. 우주는 먼 미래의 목표를 추구하지도, 과거에 의지하지도 않는다.

보면 볼수록 세상은 외부의 도움 없이 스스로 잘 돌아가는 것 같다. 이런 식으로 우리는 자연주의를 지지하는 신뢰도를 꾸준히 높여왔다. 자연주의는 세상이 물리 법칙을 성실히 따르는 자연계 하나뿐이라 말한다. 하지만 마음에 걸리는 게 있다. 우리가 일상적으로 경험하는 세상은 물리학이 설명하는 세상과 왜 이렇게 달라 보이는 걸까? 현실의 바탕 기제가 왜 한눈에 선명하게 드러나지 않는 걸까? 원인, 목적, 이유와 같이 우리가 일상적 세상을 기술하는 데 사용하는 어휘가 영구 운동이나 라플라스식 패턴과 같은 미시적 세상의 어휘와 완전히 다른 것은 왜일까?

바로 이 대목에서 자연주의에 시적 요소가 추가된다. 세상은 하나지만 세상을 논하는 방법은 여럿이다. 이 화법들을 우리는 모형, 이론, 어휘, 이야기 등등 다양하게 지칭하지만 뭐라 부르는지는 중요하지 않다. 아리스토텔레스와 당대 사상가들은 얘기를 막 지어내지 않았다. 그들은 실제 관찰된 자료를 토대로 나름대로 합리적인 해설을 내놓은 것이다. 그 뒤로도 인류는 정확도와 응용력 측면에서 더 나은 새로운 얘기들을 과학의 힘을 빌려 계속 발굴해냈다. 하지만 이런 얘기들이 홀로 인정을 받는 것으로는 충분하지 않다. 여러 얘기가 퍼즐 조각처럼 서로 잘 들어맞아야 한다.

✲

이것을 가능케 하는 열쇠를 딱 하나 꼽으라면 한 단어로 정리된다. 바로 창발성創發性*이다. 창발성은 엄청난 위력을 가졌지만 오용될 소지가 큰 단어다. 어떤 성질이 계의 근본적 요소는 아니지만 계를 크게 파악할 때 유용하거나 필요하다면 우리는 그 성질이 창발적이라고 말한다. 그래

* 하위의 기본 요소로부터 발생하지만 하위 계층으로 환원되지 않는 상위의 성질

서 자연주의는 인간의 행동이 인간 개체를 구성하는 원자들과 힘들의 복잡한 상호작용으로부터 창발된다고 설명한다.

창발은 도처에서 일어난다. 고흐의 〈별이 빛나는 밤〉을 생각해보자. 캔버스와 물감은 물리적 요소다. 따라서 어떤 면에서 이 그림은 단순히 특정 원자들이 특정 위치에 배치되어 생긴 결과물에 불과하다. 그림에 원자 말고 다른 것은 없다. 고흐는 영적 에너지 같은 것을 그림에 담지 않았다. 그가 한 일이라곤 캔버스 위에 물감을 바른 것뿐이다. 물감을 이루는 원자들이 다른 위치에 놓였다면 그것은 전혀 다른 그림이 되었을 것이다.

〈별이 빛나는 밤〉. 그림: 빈센트 반 고흐

하지만 분명한 사실은 원자의 배열이라 단정하는 것이 그림이라는 물리적 대상을 논하는 유일한 화법도, 최선의 방법도 아니라는 것이다. 〈별이 빛나는 밤〉을 논할 때 우리는 색의 조화와 그림이 불러일으키는 심상과 달과 별들의 어우러짐을 얘기한다. 가끔은 정신병원까지 갔던 고흐의 박복한 인생을 떠올리기도 한다. 이 모든 상위 개념은 물감을 구성하는 원자들의 정확하지만 무미건조한 목록 이상을 함의한다. 이것이 창발적 성질이다.

창발의 또 다른 예로 공기를 들 수 있다. 앞으로도 창발의 개념이 헷갈릴 때마다 이 예를 상기하면 좋을 것이다. 공기는 기체다. 보통 우리는 온도, 밀도, 습도, 속도 등 다양한 성질을 가지고 공기를 설명한다. 우리는 공기가 연속된 유동체이며 따라서 방 안의 어느 지점에서든 이 모든 성질을 어떤 수치로 측정할 수 있다고 인식한다. 확실한 또 다른 유동체인 액체처럼 말이다. 하지만 우리는 공기가 '진짜' 유동체가 아님을 알고 있다. 현미경을 가지고 미시적 수준으로 아주 가까이 들여다보면 공기는 원자와 분자로 구성되어 있다. 질소와 산소가 가장 많고 기타 원소와 화합물들이 소량씩 섞여 있다. 우리는 10^{28}개쯤 되는 이 분자들을 긴 목록

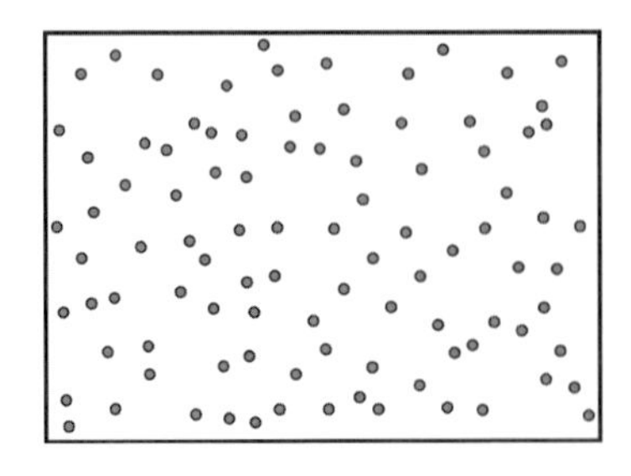
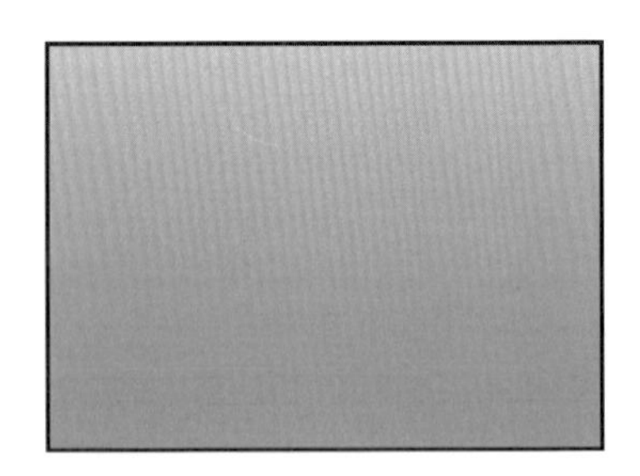

공기를 생각하는 두 가지 방식. 공기를 별개 분자들이 모인 집합으로 볼 수도 있고 연속된 유동체로 볼 수도 있다.

으로 정리해 하나씩 위치와 속도와 방향 등을 언급하면서 공기를 설명할 수 있을 것이다. **기체 운동 이론**이라고 하는 이 화법은 공기를 논하기에 매우 타당한 방법임이 분명하다. 각 순간 분자 하나하나의 상태를 설명하면 계를 객관적이고 일관성 있게 기술할 수 있을 테니 말이다. 하지만 우리가 라플라스의 악마만큼 똑똑한 게 아니라면 이런 식의 설명으로 각 시점에 계의 상태를 파악하기는 쉽지 않다. 솔직히 이것은 엄청나게 번거로운 일이어서 어느 누구도 실제로 그런 식으로 말하지 않는다.

공기를 거시적 관점에서 유동체로 보고 온도나 밀도와 같은 성질에 집중해 해석하는 방법도 있다. 이것 역시 공기를 논하는 매우 타당한 화법이다. 각각의 분자들이 어떻게 충돌하고 이동하는지를 설명하는 공식이 있듯이, 시간이 흐름에 따라 유동체가 어떻게 변해가는지를 알려주는 공식도 존재한다. 좋은 소식은 우리가 이 공식을 풀기 위해 라플라스의 악마만큼 똑똑할 필요는 없다는 것이다. 귀찮은 작업은 컴퓨터에 맡기면 된다. 실제로 대기학자나 항공공학자들에게는 이 공식을 컴퓨터로 푸는 게 매일의 일과다.

공기를 유동체로 보는 인식과 분자들의 집합으로 보는 인식은 공기에 관해 얘기하는 두 가지 화법이다. 그리고 둘 다 공기가 어떻게 행동하는지 매우 정확하고 실용적인 해설을 각자 나름의 방식으로 우리에게 들려준다. 이 예시에서 우리는 창발성을 논할 때 두드러지는 다음과 같은 특징들을 확인할 수 있다.

- 화법이 다르면 어휘도 다르다. 똑같은 기저의 사실을 다루기는 하지만 각 화법은 서로 다른 존재론이다. 한 화법 안에서는 유

동체의 밀도와 압력과 점도를 말하지만 다른 화법 안에서는 개별 분자의 위치와 속도를 따진다. 각 화법에는 목적, 성질, 과정, 관계 등 그 화법에 딱 들어맞는 재료가 있다. 이 재료들은 모두가 "참"이지만 화법마다 현저하게 다를 수 있다.

- 화법마다 **응용 가능한 영역**이 있다. 공간 안에 분자의 수가 너무 적으면 공기를 유동체로 설명하는 화법은 적합하지 않을 것이다. 이 경우 공기를 구성하는 분자들의 집합보다는 개별 분자 각각에 대한 설명이 적합할 것이다. 일반적으로는 분자 화법이 효율적일 때가 많기는 하지만 그렇지 않을 때도 있다. 분자들을 아주 작은 공간에 욱여넣는다고 상상해보자. 그러면 공간이 쪼그라들어 블랙홀로 변할 것이다. 이런 상황에서는 분자 화법의 어휘가 더는 통하지 않는다.

- 자신의 응용 영역 안에서 각 화법은 **자율적**이어서, 그 자체로 완전하고 독립적이다. 유동체 화법을 쓸 때 우리는 밀도와 기압 등을 활용하여 공기를 설명한다. 이 이론 안에서는 질문이 무엇이었든 이 거시적 특징들만을 명확히 설명해내면 그만이다. 특히나 각 분자나 그것의 특징 따위를 들먹일 필요가 없다. 역사적으로 인류는 공기가 분자로 되어 있다는 사실을 깨닫기 훨씬 전부터 압력과 속도만 가지고도 공기를 충분히 이해해왔다. 상황은 분자 화법을 쓸 때도 마찬가지다. 이 경우는 압력이니 점도니 하는 어휘를 입 밖에 낼 일이 없다. 이 화법

아래서 그런 어휘는 해당 사항이 없다.

여기서 요점은 같은 대상을 두고도 화법에 따라 완전히 다른, 그렇지만 동시에 타당한 설명이 가능하다는 것이다. 이것은 매우 중요하다. 생물을 구성하는 원자들은 살아 있는 게 아니지만 생물은 살아 숨 쉴 수 있다. 동물을 구성하는 세포에는 의식이 없지만 동물은 의식을 가지고 있다. 우리는 조각내어 선택될 수 없는 대상을 두고도, 즉 '선택'이라는 개념 자체를 적용할 수 없는 대상을 두고도 선택을 할 수 있다.

✲

똑같은 기저의 사실을 정확히 설명하는 두 가지 화법이 있다면 두 화법 사이에는 통하는 맥락이 반드시 존재한다. 그 맥락은 단순하고 명료할 때도 있지만 너무 흐릿해서 그냥 그런 게 있다고 믿는 수밖에 없는 경우도 있다.

유체역학 화법과 분자 화법은 둘 사이의 관계가 아주 명료한 경우다. 일명 **굵게 뭉치기**coarse-graining라는 과정을 통해 한 이론에서 나머지 한 이론을 바로 끄집어낼 수 있다는 점에서다. 한 이론(분자)을 다른 이론(유동체)으로 연결하는 눈에 확 들어오는 지도가 있다고 보면 된다. 분자론에서의 특정 상태, 즉 모든 분자의 목록과 위치, 그리고 속도를 유체역학 화법에서는 유체의 밀도, 압력, 속도로 각각 설명한다.

따라서 두 지도를 포개면 분자 이론에 따른 각 상태가 유동체 이론 안에서는 어느 상태인지를 바로 알 수 있다. 이때 우리는 전자 이론을 '미시적이다', '입자가 곱다', '기본적이다'라고 말하고 후자 이론을 '거시적이다', '입자가 굵다', '창발적이다', '유효하다'라고 말한다. 그런데 이 표현들이 절대적인 건 아니다. 세포와 조직을 창발적 이론으로 보는 생물학자에게 원자에 관한 이론은 미시적 해설일 것이다. 반면, 양자 중력 이론을 토대로 끈 이론을 연구하는 과학자에게는 초끈 이론이 미시적이고 원자는 창발적인 해설일 것이다. 누군가에게는 미시적인 어떤 것이 다른 누군가에게는 거시적일 수 있다는 소리다.

우리는 이론들이 일맥상통하면서 실질적인 예측을 내놓기를 기대한다. 미시적 이론 안에서 x라는 상태가 y라는 상태로 진화한다고 상상해 보자. 미시적인 분자 이론 지도에서 이 x와 y 지점은 창발 후의 유동체 이론 지도에서 X와 Y 지점에 대응한다. 그러면 창발적 이론 안에서도 X가 Y로 진화하게 될 것이라고 보거나 적어도 그럴 가능성이 크다고 봐야 할 것이다. 미시 이론에서 출발하여 '시간의 흐름에 따른 x에서 y로의 진화가 창발 이론 안에서는 어디에 상응하는가를 살피는' 과정은, '창발

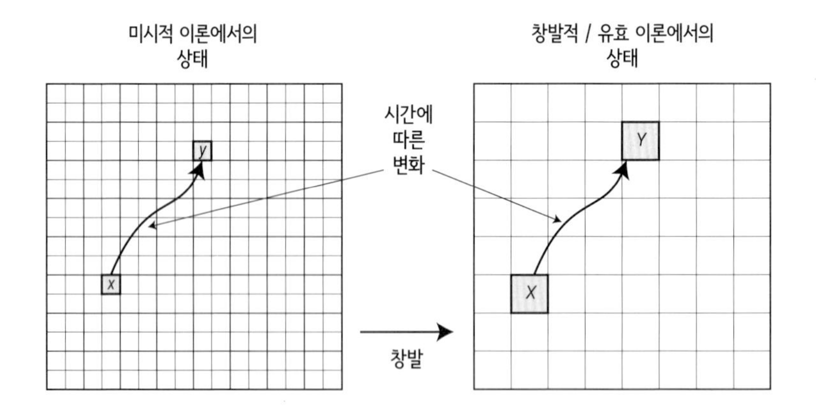

한 이론에서 다른 이론이 창발하는 과정. 네모 칸은 각 이론 아래서 전체 계가 처할 수 있는 다양한 상태를 의미한다. 시간의 흐름과 창발은 양립할 수 있다. 따라서 미시적 이론에서의 출발점과 도착점은 창발적 이론에서의 각 지점과 일치하게 된다. 단, 한 거시적 상태에 대응하는 미시적 상태는 하나 이상이다.

이론에서 x 상태가 어디에 상응하는지 그리고 시간의 흐름에 따라 어디로 진화하는가를 살피는' 과정과 같은 답을 도출해야 할 것이다.

이와 같은 굵게 뭉치기 과정은 늘 일방향이다. 미시적 이론에서 거시적 이론으로 향할 뿐, 그 반대 방향은 성립하지 않는다. 그래서 거시적 이론으로부터 미시적 이론의 성질들을 발견하는 것은 불가능하다. 게다가 거시적 이론은 하나 이상의 가능성으로부터 창발될 수 있다. 즉, 양립 불가한 여러 미시적 이론들이 하나의 거시적 화법에서 양립 가능할 수 있다. 예컨대 공기가 어떤 분자들로 이루어져 있는지, 아니 아예 입자 개념이라는 게 있는지 전혀 몰라도 여전히 공기를 유동체로 이해할 수 있다.

창발성은 매우 유용한 기전이다. 이론은 본질적으로 서로 대등하지 않기 때문이다. 응용 영역 안에서 거시적인 유동체 이론은 미시적인 분자 이론보다 계산이 훨씬 편하다. 분자 하나하나의 상태를 열거할 필요 없이 유동체의 성질 몇 가지만 언급하면 된다. 언제나 그런 것은 아니지만 보통은 이론의 응용 영역이 넓을수록 계산이 더 복잡해진다. 이론의 포괄성과 실용성은 반비례하는 경향이 있다.

공기라는 공통된 주제를 유동체 이론과 분자 이론이라는 두 가지 화법으로 논하는 것은 창발성을 유독 또렷하게 보여주는 예다. 나아가 이것은 하나의 기저 실재를 두고 여러 가지 얘기를 들려주는 시적 자연주의의 방식이기도 하다. 그러나, 예상했겠지만, 탐구할 가치가 있는 보다 덜 또렷한 요소들도 존재한다.

⁂

공기 이야기의 특징 중 하나는 거시적 유동체 이론이 미시적 분자 이론에서 쏙 도출된다는 것이다. 일단은 분자에서 시작한다. 그런 다음 공간의 모든 지점에 분자의 밀도가 충분히 높다고 가정하고 머릿속에서 공간을 '고르게 편다'. 이제 평평해진 분자의 동태를 기반으로 압력이나 온도와 같은 유동체의 성질을 설명하는 공식을 세운다. 이것이 바로 앞에서 말한 '굵게 뭉치기'다.

그런데 사실 우리는 약삭빠르게도 기체 운동 이론의 매우 특별한 성질 하나를 이용했다. 바로 공기 분자들이 몹시 단순하다는 점이다. 공기 분자들은 단순해서 멋대로 천방지축 다니다가 저희끼리 부딪치곤 한다. 그래서 모든 분자를 평균 내는 것만으로 유동체의 성질을 도출하는 게 가능하다. 분자 수의 평균은 유동체의 밀도가 되고, 에너지의 평균은 온도가 되고, 운동량의 평균은 압력이 되는 식이다. 공기 말고 다른 주제였다면 이런 약은 수는 통하지 않았을 것이다.

따라서 우리는 이런 수월함을 당연하게 여겨서는 안 된다. 가령, 양자역학에는 **양자 얽힘**이라는 현상이 있다. 이 현상 탓에 각 하위계들의 상태를 하나하나 열거하는 것으로 어떤 계의 상태를 설명하는 것은 충분하지 않다. 그보다는 계를 하나의 전체로 살펴봐야 한다. 계의 부분들이 서로 얽혀 있을 수도 있기 때문이다. 조금 더 깊게 들어가서 양자역학에 중력까지 고려해보자. 이 경우에는 흔히 공간이 기본 요소가 아니라 창발적 속성을 띤다(현재 우리는 양자중력에 대해 사실상 아무것도 모르기 때문에 아직 확실하게 단언할 수는 없지만 말이다). 그러면 당연히 '공간 안의 한 위치'도 기본 개념이 될 수 없다.

미시적 이론이 거시적 이론으로 창발하기에 직관적인 '고르게 펴기' 과정만으로는 부족한 경우의 예시는 심오한 양자역학이 아니더라도 얼마든지 있다. 뉴런들의 동태로부터 사람의 뇌에 관한 이론을 창발하는 것은 어떤가. 아니면 뉴런을 구성하는 분자들의 상호작용으로부터 한 뉴런에 관한 이론을 창발하는 것은? 여기서 문제는 뉴런도, 각 뉴런 안의 유기분자도 그 자체로 이미 몹시 복잡한 존재라는 것이다. 뉴런과 유기분자의 동태는 주변 환경으로부터 다양한 신호를 받으면서 미묘하게 달라진다. 따라서 특정 구역 안에서 뉴런들 혹은 유기분자들을 단순히 평균 내는 것만으로는 이런 미묘함을 전부 잡아낼 수 없다. 뉴런 혹은 분자에 관한 다수의 미시적 이론에서 뇌 혹은 뉴런에 관한 유용한 하나의 거시적 이론을 창발하는 것이 불가능하다는 소리는 아니다. 다만 창발을 완성하기 위해 공기 이론보다는 더 많은 중간 단계를 거쳐야 한다는 뜻이다.

공기를 해설하는 분자 이론과 유동체 이론은 창발성의 더할 나위 없이 명료한 예다. 공기 이론에는 어느 누구도 이견을 품지 않는다. 하지만 이 단순명료함이 오해를 불러올 수가 있다. 분자에서 유체역학을 도출하기가 얼마나 쉬운지 체험하고 나면 한 이론에서 다른 이론을 바로 끌어내는 게 창발성의 전부일 거라고 오해하기 쉽다. 하지만 창발성은 그런 게 아니다. 하나의 기저 현상을 두고 각자의 응용 영역 안에서 다른 언어로 다른 이론을 말하지만 양립 가능한 설명을 제공하는 것, 그것이 창발성이다. 간혹, 거시적 이론의 응용 영역이 어떤 미시적 이론의 응용 영역 안에 완전히 들어가면서 두 이론이 일맥상통하는 경우가 있다. 이때 우리는 미시적 이론이 거시적 이론을 수반한다고 표현한다. 이런 경우는 대개 조목조목 따져 명쾌하게 증명하기보다 그냥 그대로를 인정한다. 우리가 한 이론에서 다른 이론을 끌어내는 데 성공한다면 개인적으로 멋진 경험이 될 것은 분명하다. 하지만 그게 창발성의 유일한 핵심은 아니다.

✲

계는 시간이 흐름에 따라 환경 변화에 반응해가면서 점점 진화한다. 그런데 그 과정에서 계를 설명하는 창발적 이론의 적용 영역이 완전히 다른 종류의 것으로 변모할 수 있다. 이것을 **상전이**phase transition라고 한다. 물을 예로 들어볼까. 물은 온도와 압력에 따라 때로는 고체인 얼음으로, 때로는 액체로, 또 때로는 기체인 수증기로 존재한다. 하지만 물의 미시적 형상은 늘 H_2O라는 분자다. 거시적 성질에만 상전이가 일어나는 것이다. 이렇게 물의 상태가 달라지면 물을 얘기하는 화법도 달라야 한다. 기존에는 밀도, 경도, 매질을 통과하는 음속 등으로 적절한 설명이 가능했겠지만 상이 변하면 이런 용어가 더는 통하지 않는다. 우리가 얼음을 붓는다거나 물을 깬다고 말하지 않는 것도 같은 이치다.

상전이가 일어나는 기전은 과학자들에게 매력적인 연굿거리다. 어떤 전이는 빠르고 어떤 전이는 느리다. 어떤 전이는 물질의 겉모습을 완전

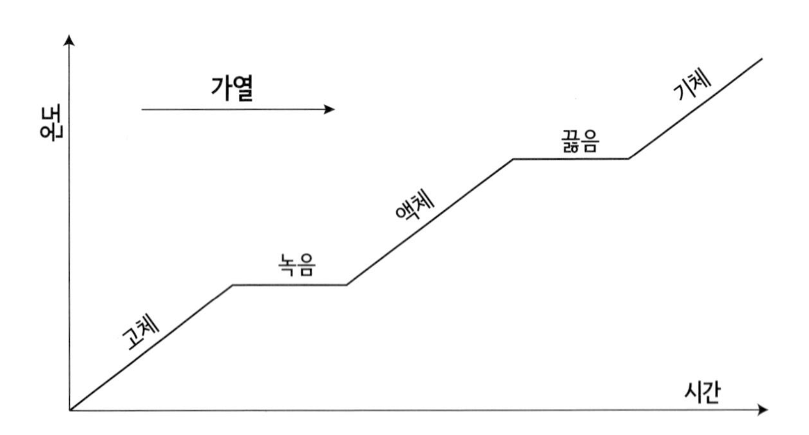

가열할 때 온도가 올라가면서 물이 고체에서 액체를 거쳐 기체로 변하는 과정. 그래프에서 녹는점과 끓는점 구간은 x축과 평행선을 그린다. 온도 변화 없이 물 분자의 내부 구조가 변하는 구간이다.

히 바꿔버리고 다른 전이는 더 점진적인 변화를 일으킨다. 앞의 도표를 보면 상전이의 흥미로운 특징 하나를 알 수 있다. 바로, 변화 과정이 언제나 가시적이지는 않다는 것이다. 고체 상태의 물을 가열하면 온도가 조금씩 올라가면서 얼음이 녹아 액체로 변했다가 다시 수증기가 된다. 그런데 정확히 상전이가 일어나는 지점에서는 온도가 올라가지 않으면서 물 분자의 내부 구조만 재배열한다. 이런 과정을 거쳐 상이 달라진 계는 강도나 투명도, 전기전도도 같은 측면에서 완전히 새로운 물리적 성질을 갖게 될 수 있다. 생명 혹은 의식이 생겨날지도 모른다.

단순한 분자계를 논할 때는 어떤 어휘가 사용하기에 적절하고 어디서 상전이가 일어나는지 족집게처럼 짚어내는 게 가능하다. 반면에 주제가 생물이나 인간 집단일 경우는 경계가 훨씬 더 모호하다. 하지만 기본 원리는 똑같다. 이미 인류는 무언가의 옳고 그름을 따질 때 혹은 역사적인 위인이나 악인이 등장할 때 우리 사회의 상전이를 여러 차례 목격했다. 아래는 우주의 역사로 시야를 넓혀서 지금까지 일어난 중요한 상전이 몇 가지를 꼽은 것이다.

- 원시우주에서 쿼크와 글루온으로부터 양성자와 중성자가 만들어짐
- 빅뱅이 있은 지 수십억 년 뒤에 전자가 원자핵과 합체해 원자가 만들어짐
- 최초의 항성이 생겨나 우주가 빛으로 충만해짐
- 복잡한 화학반응을 스스로 일으키는 생명이 탄생함
- 여러 하등생물이 합쳐져 하나의 다세포생물이 됨

- 생명체가 자아를 인지하는 인식을 갖게 되고 우주를 정신적으로 탐구하게 됨
- 언어가 생겨나 인류가 추상적 사고를 하고 공유하게 됨
- 기계와 기술이 발명됨

사회의 상전이는 때로는 사상의 영역에서, 때로는 물질의 영역에서 일어난다. 특히, 새로운 이론이 완전히 다른 세계관을 유도하는 것을 과학철학자 토머스 쿤은 "패러다임 교체"라 명명했다. 하지만 한 개인이 마음을 바꾸는 것 역시 상전이다. 그러면 그 사람을 설명하는 가장 적절한 화법이 달라진다. 또한, 물과 마찬가지로 인간사회에도 사상의 정체기가 올 수 있다. 겉으로는 생각의 변화가 없는 듯 보이지만 내면은 서서히 변모해가는 것이다.

☀

이론 혹은 화법에 저마다 정해진 적용 영역이 있다는 사실은 매우 중요하다. 다시 한번 강조하지만 공기는 유별나게 단순한 사례다. 이 단순명료함에 안주하고 싶을 정도로 말이다.

그럼에도 분자 이론이 공기를 적절하게 설명하는 적용 영역 밖에 있는 특수상황은 분명 존재한다. 밀도가 너무 높아서 공간이 블랙홀로 쪼그라드는 것이 그런 경우다(걱정할 필요는 없다. 지구상에서 그런 일은 현실적으로 불가능하니까). 그런데 유동체 이론도 통하지 않는다. 당연하다. 창발적인 유동체 이론의 적용 영역은 미시적인 분자 이론의 적용 영역 안에 쏙 들어가 있으니까.

이런 상황, 즉 두 가지 화법이 있고 그중 하나의 적용 영역이 다른 하

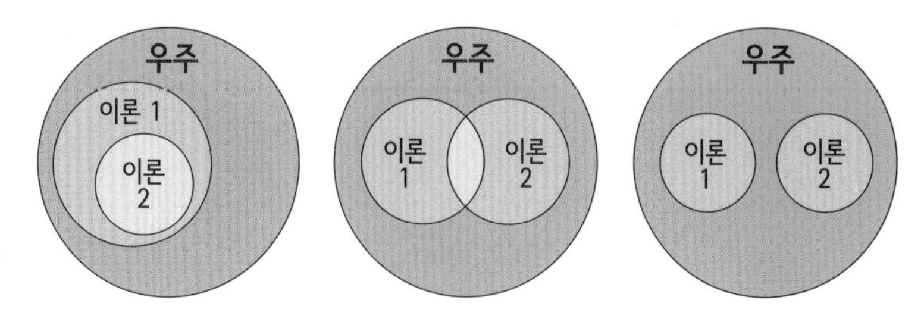

여러 이론의 적용 영역들이 맺는 관계

나의 부분집합인 관계가 항상 성립하는 것은 아니다. 도표에서 보듯, 두 적용 영역은 여러 가지 관계를 맺을 수 있다. 첫째는 하나가 다른 하나에 쏙 들어가는 경우이고 둘째는 일부만 중복되는 경우다. 마지막 경우는 두 적용 영역이 완전히 달라서 겹치는 부분이 전혀 없다. 예를 들어, 현재 가장 촉망받는 양자중력 이론인 끈 이론은 두 번째에 해당한다. 이때 두 화법의 적용 영역이 중복되는 중간지대는 이중성을 띠게 된다.

또, 다소 논란의 여지는 있지만 인간 의식은 세 번째 경우의 예가 될 수 있다. 사람은 입자들로 이루어져 있다. 그리고 우리에게는 각 입자의 동태를 설명하는 코어 이론core theory이라는 멋진 해설이 있다. 코어 이론에 관해서는 나중에 22장에서 더 자세히 얘기할 것이다. 그렇다면 이제 모든 입자의 상태를 완벽하게 안다면 한 사람을 충분히 자세하게 설명할 수 있을 거라는 생각이 든다. 사람을 구성하는 입자들은 어느 모로 보나 입자물리학의 적용 영역 안에 들어가는 게 거의 확실하기 때문이다. 그런데, 희박하기는 하지만, 입자물리학의 연구 주제인 입자 수가 적을 때 입자들이 따르는 규칙과 모여서 사람 한 명이 될 정도로 입자들이 많을 때 적용되는 규칙이 서로 다를 가능성도 존재한다. 다음 장에서 살펴보겠지만 이것을 강한 창발이라고 한다. 사람이 강한 창발의 결과물이라는 직접적인 증거는 없다. 하지만 그 가능성을 인정하면 인간의 모든 행동이 입자물리학의 규칙으로 해석될 때 마주하게 되는 언짢은 결과를 피할 수 있다.

이렇게 적용 영역이 비계층적인 경우는 별로 흔하지 않다. 그보다는 앞 도표의 왼쪽 그림처럼 한 이론의 적용 영역이 다른 이론의 적용 영역 안에 쏙 들어가는 상황이 훨씬 더 많다. 때로는 부분집합 안에 또 다른 부분집합이 들어 있기도 한다. 이것은 '과학의 계층성'이라는 개념과 매우 흡사하다. 19세기 프랑스의 철학자 오귀스트 콩트가 도입한 이 시각에서는 물리학이 가장 미시적이고 포괄적인 층위에 깔린다. 거기서 출발해서 화학이 창발하고 다시 생물학과 심리학이 차례대로 창발하여 마지막에 사회학으로 완성되는 것이다.

이 계층적 구조에서는 창발의 '층위'를 얘기한다. 낮은 층위의 이론은 미시적이고 입자가 곱다. 반대로 높은 층위의 이론은 한층 더 거시적이고 입자가 굵다. 계층이 있으면 얘기가 수월해질 수 있다. 하지만 계층의 존재가 핵심은 아니다. 그보다 중요한 것은 하나의 세상을 논하는 화법이 여러 가지이고 적용 영역이 겹치는 화법들은 양립 가능하다는 사실이다.

13
무엇이 실재이고 무엇이 환상일까

오귀스트 콩트는 사회학을 정립시키고 학문의 피라미드 꼭대기에 올려놓는 데 일조했다. 그는 사회학이 학문의 꽃 중의 꽃이라고 생각했다. 그러나 미시적 세상을 속 시원하게 설명해주는 물리학이 부상하면서 사람들의 생각이 바뀌기 시작했다. 그런 사람들은 실재를 바탕에서 더 근원적 방식으로 바라보는 것을 선호한다. 가령, 원자의 구조를 발견한 뉴질랜드 태생의 실험물리학자 어니스트 러더퍼드는 언젠가 "물리학 이외의 과학은 모두 우표수집에 불과하다"고 말했다. 당연히, 물리학자가 아닌 과학자들, 즉 학계 구성원의 대다수는 생각이 달랐겠지만.

창발성을 생각하면 궁금한 게 몇 가지 있다. 창발된 현상은 어떻게 새롭고 다른가? 창발적 이론은 미시적 이론을 재포장한 것에 불과한가 아니면 완전히 새로운 이야기인가? 같은 맥락으로, 창발적 이론의 동태를 미시적 이론으로부터 유추해 알아낼 수 있는가 아니면 기본 기전 자체가 서로 완전히 다른가? 더 밀어붙여 묻자면, 창발된 현상은 실재인가 아니면 환상인가?

상상할 수 있듯, 이 질문들은 의식이나 자유의지의 창발과 같은 어려운 주제를 논할 때 특히 부각된다. 사람들은 마지막 피자 조각을 먹을지 아니면 유혹을 꾹 참을지 스스로 고민하고 선택한다고 생각한다. 그런데 만약 세상의 근본이 되는 자연법칙이 결정론적이라면 피자를 어찌하겠다는 그들의 자유의지는 단순한 환상이 아닐까?

그러나 창발된 현상이 완전히 독립적인 실재인지 여부는 우리가 물리학을 고수하더라도 여전히 중요한 논제로 남는다. 필립 앤더슨은 물질의 전자적 성질에 관한 연구로 1977년에 노벨 물리학상을 받았다. 그의 전공 분야는 응집물질학인데, 맨눈으로 보이는 지구상의 모든 물질 형태를 연구한다는 점에서 천체물리학, 원자물리학, 입자물리학과 구분된다. 1990년대에 미국 의회가 초전도초대형입자가속기SSC 계획의 진행 여부를 두고 고민할 때 입자물리학에 직접적인 이해관계가 없지만 자문을 해줄 수 있는 전문가로서 앤더슨이 불려갔다. 그는 그 자리에서 새 기계가 제 몫을 톡톡히 하겠지만 본인의 연구와는 아무 관련도 없을 거라고 진술했다. 정직하고 정확한 답변이었다. 하지만 모든 물리학 분과가 하나 된 통일전선을 구축하기를 소망했던 입자물리학자들은 다소 짜증이 났을 것이다(결국 의회는 1993년에 SSC 건설 계획을 철회한다. 그러는 동안 유럽은 대형강입자충돌기Large Hadron Collider를 세웠고 그 덕분에 2012년에 힉스 보손이 발견되었다).

앤더슨이 그렇게 진술할 수 있었던 것은 창발적 이론이 같은 계를 논하는 더 포괄적이고 미시적인 이론에서 완전히 독립적일 수 있기 때문이다. 창발적 이론은 자율적이며(다른 이론이 거들지 않아도 스스로 성립한다) 여러 미시적 상태에서 창발될 수 있다(다수의 미시적 이론이 하나의 거시적 이론으로 표출된다).

앤더슨이라면 특정 도자기 물질에 어떻게 전류가 흐르는지와 같은 것이 궁금했을 것이다. 우리는 물질이 원자로 되어 있음을 알고 있고 전기와 자기가 원자들과 어떻게 상호작용하는지도 안다. 이 두 가지만 있으면 앤더슨의 질문에 충분히 답할 수 있다. 이때는 원자와 전자 그리고 둘의 상호작용에 관한 이론이 창발적 이론이 된다. 그리고 그보다 더 세세한 이론은 미시적 이론이 된다. 창발적 이론은 미시적 이론들을 조금도 신경 쓰지 않고 자체의 규칙을 따른다. 더불어 창발적 이론은 여러 미시적 상태에서 창발될 수 있다. 그러므로 앤더슨은 원자핵 안에 압축된 쿼크나 힉스 보손을 걱정할 필요가 없었다. 초끈 이론이나 그 밖에 물질을 더 심층적으로 해설하는 어떤 미시적 개념도 마찬가지다(앤더슨의 관심사는 원자보다도 더 입자가 거친 층위의 것이었기 때문에 대부분의 경우 심지어 원자에 대해 잘 몰라도 연구할 수 있었다).

이런 배경에서 응집물질 물리학계는 창발적 이론을 미시적 이론이 남긴 자국이 아니라 완전히 새로운 이론으로 봐야 한다고 오래전부터 주장해왔다. 그리하여 앤더슨은 1972년에 '더 많은 것은 다른 것이다More Is Different'라는 제목의 논문을 발표해 주목을 받는다. 가장 근원적인 이론에 매달릴 필요가 없고 자연계를 논하는 서로 중복되는 얘기들 하나하나가 모두 연구 대상이라는 것이 논문의 요지였다. 일리 있는 지적이다. 그도 그럴 것이, 응집물질 학계에는 유명한 숙제가 하나 있다. 전류가 저항 없이 흐르는 물질인 고온 초전도체의 실례를 찾는 것이다. 이 주제를 연구하는 물리학자들은 모두 그런 물질이 평범한 미시적 물리 규칙을 따르는 평범한 원자들로 이루어져 있을 거라고 예측한다. 그러면서도 애초에 고온 초전도성이 생기는 이유를 알아내는 데에는 미시적 물리 규칙이 아무 도움도 되지 않는다는 사실을 그들 모두 알고 있다.

☼

아래의 질문들을 차근차근 살펴보자. 논리적으로 별개지만 서로 연관이 있는 질문들이다.

1. 입자가 가장 고운 (즉, 미시적이고 포괄적인) 이론이 가장 흥미롭거나 가장 중요한 이론인가?
2. 미시적 현상을 먼저 이해하고 거기서 창발적 현상을 끌어내는 것이 거시적 이론을 이해하는 최선의 연구 방법인가?
3. 우리가 라플라스의 악마만큼 똑똑하다고 쳐도 미시적 수준에서는 이해할 수 없지만 거시적 수준에서는 이해할 수 있는 주제가 있는가?
4. 계의 미시적 동태와 거시적 동태가 서로 양립 불가능한데 미시적 동태의 규칙만 알고 있다면 거시적 동태를 어떻게 예측하는가?

1번 질문은 확실히 주관적인 문제다. 한 사람은 입자물리학에 관심이 있고 다른 한 사람은 생물학에 관심이 있다면 어느 쪽도 절대적인 정답이 될 수 없다. 그냥 둘이 다를 뿐이다. 2번 질문은 약간 더 현실적인데, 정답은 당연히 '아니오'다. 미시적 층위를 연구함으로써 거시적 층위에 대해 알아낼 수 있는 주제는 거의 없다. 거시적 층위를 제대로 (그리고 더 빨리) 알려면 처음부터 거시적 층위를 파야 한다.

3번 질문부터는 고민이 더 필요하다. 혹자는 만약 우리가 어떤 미시적 이론에 숙달한다면 그 적용 영역 안에 쏙 들어가는 창발적 이론을 이해하기 위해 알아야 할 것은 다 아는 것이라고 말할지 모른다. 그렇다면, 원칙적으로는, 어떤 질문이든 미시적 언어로 번역될 수 있고 또 그 수준에서 답을 구할 수 있다면서 말이다.

하지만 '원칙적'이라는 말에 맹점이 있다. 이 사고방식은 "내일 비가 올지 알고 싶어? 대기에 있는 모든 분자의 위치와 속도만 말해봐. 그럼 바로 계산해줄게"라고 말하는 것과 같다. 이것은 몹시 비현실적일 뿐만 아니라 창발적 이론이 미시적 관점에서는 보이지 않는 계의 진짜 성질을 기술한다는 점을 무시하는 태도다. 당신이 사물의 동태를 설명하는 독립적이고 총괄적인 이론을 가지고 있다고 치자. 하지만 그렇더라도 당신이 모든 것을 다 아는 것은 아니다. 특히, 계를 논하는 유용한 화법들 가운데 당신이 모르는 게 아직 많다. 기체가 들어 있는 상자 안의 모든 원자가 어떻게 행동할지는 알더라도 계를 유동체로도 해석할 수 있다는 중요한 사실은 모르고 있을 수 있다는 소리다. 우리는 창발적 이론 각각을 연구함으로써 많은 것을 새로 배울 수 있다. 모든 이론이 양립 가능한 경우를 포함해서 말이다.

다음은 드디어 4번 질문 차례다. 당부하건대 정신을 똑바로 차리길 바란다. 머릿속이 뒤죽박죽되기 쉬우니.

✲

드디어 우리는 **강한 창발**의 세계에 들어왔다. 즉, 지금까지 얘기한 것은 모두 약한 창발이었다. 창발적 이론은 우리에게 새로운 이해를 제공하며 특히 계산의 측면에서는 훨씬 쉬워서 미시적 이론을 컴퓨터에 입력해 시뮬레이션을 돌리는 방법으로도 계의 동태를 정확하게 예측하는 게 가능할지도 모른다. 그런데 강한 창발은 그렇지가 않다. 강한 창발의 관점에서는 부분들이 모여 전체를 이룰 때 우리는 계를 더 잘 설명하는 방법으로서의 새로운 지식에 대해 통찰해야 할 뿐만 아니라 새로운 작용방식도 심사숙고해야 한다. 강한 창발에 있어서 여러 부분이 모여 이루어진 계의 작용은 각 부분 작용의 합으로 환원되지 않는다.

딱 봐도 강한 창발의 개념은 이해하기가 쉽지 않다. 우선은 하나의 거시적 대상이 작은 부분들로 이루어져 있다는 사실부터 인정해야 한다. 사람이 원자들로 구성된다고 보는 것처럼 말이다(여기서 주의할 점 하나. 양자역학에서는 이런 나눗셈이 언제나 가능한 것은 아니다. 하지만 강한 창발론은 그런 부분까지 세심하게 신경 쓰지 않는다). 그런 다음에는 특정 환경에서 원자가 어떻게 행동하는지를 설명하는 미시적 이론이 존재함을 인정해야 한다. 그러고 나면 강한 창발론은 원자가 속한 거시적 계가 미시적 원자에 영향을 미친다고 주장한다. 여기서 유의할 점은 이 영향이 다른 모든 원자 각각이 야기하는 영향의 총합 정도로 생각해서는 안 된다는 점이다. 이해하기 어렵다면 전체가 각각의 부분에 끼치는 영향 정도로 이해하면 되겠다.

손가락 끝 피부를 이루는 원자 중 특정한 하나를 생각해보자. 보통은 입자물리학의 관점에서 이웃 분자들, 전기장과 자기장, 중력 등 원자 주변의 구체적 환경 조건과 자연의 물리 법칙만 알면 이 원자의 행동을 정확하게 예측할 수 있을 것 같다. 이때 강한 창발론자가 나서며 말한다. 아니, 그건 불가능해. 그 원자는 너, 그러니까 사람의 일부야. 그러니 사람이라는 거시적 계를 이해하지 못하면서 원자의 행동을 예측할 수는 없어. 원자와 그 주변 환경에 관한 정보만으로는 충분하지 않아.

세상은 당연히 이런 식일 수 있다. 만약 이것이 진짜로 세상이 굴러가는 방식이라면 우리가 학교에서 배우는 미시적 원자 이론은 틀린 것이다. 사물의 행동을 예측하기 위해 어떤 정보가 필요한지, 그렇게 예측된 행동은 무엇인지가 매우 명확하다는 것은 물리학의 장점으로 꼽힌다. 현존하는 최고의 물리학 이론은 그 원자가 어떻게 행동할지 일말의 망설임도 없이 술술 풀어낸다. 하지만 만약 손가락 끝의 원자처럼 특정 상황에서 원자의 행동이 이 예측과 다르다면 그때는 우리의 이론이 틀린 것이고 더 나은 이론을 새로 찾아야 한다.

이것은 충분히 있을 수 있는 상황이다. 세상에는 온갖 일이 가능하니까. 뒤에 나오는 22장부터 24장까지 우리는 현재 인류가 가장 신뢰하는 물리학 이론들이 어떻게 작동하고 있는지 더 깊게 파볼 것이다. 그런 이론 중 하나인 양자장론 아래서는 손가락에 붙은 원자의 행동을 결정적으로 좌우하는 새로운 힘이나 새로운 변수 따위는 없다. 더 정확히 표현하면, 실험 결과 그런 모든 시나리오는 실현 가능성이 없는 것으로 확인되어 배제되었다. 양자장론이 틀렸다는 증거는 아직 없다. 게다가 매우 넓은 적용 영역에서 양자장론이 옳다고 여길 만한 충분한 실험적 증거와 이론적 근거가 존재한다. 하지만 양자장론 자체가 틀렸을 가능성이 전혀 없다고 말할 수는 없다. 따라서 우리는 물리학의 기본적 패러다임 자체의 전환을 꿈꿔볼 수 있다. 사람의 행동같이 엄청나게 복잡하고 난해한 현상을 해석하겠다고 세계에 대한 가장 훌륭한 이론을 경솔하게 뜯어고치지 않도록 조심한다면 말이다.

⁂

인간을 이루는 원자와 인간이 경험하는 의식 사이에는 어떤 관계가 있을까? 이것을 알아내기 위해 우리는 강한 창발론과 씨름해야 할지도 모른다. 혹은 그렇지 않을 수도 있다. 어쨌든 원자와 의식 모두 실재 세계에 존재한다고 할 때 그 둘이 어떻게 연결되어 있는지 알아내는 것은 우리의 의무다.

그런데 잠깐, 원자와 의식은 정말로 실존할까?

'강한 창발'(모든 화법은 자율적이며 양립 불가능한 경우도 있다)과 '강한 환원'(모든 화법이 하나의 기본 화법으로 회귀한다)을 양 끝으로 하는 연속선을 생각해보면 두 화법 사이에는 실재 세계를 설명하는 서로 다른 여러 가지 화법들이 존재한다. 여기서 강한 환원론이란 세계의 거시적 특질들을 그들이 기본으로 여기는 이론적 화법으로 환원하여 설명하고자 할 뿐만 아니라 더 나아가 창발적 존재론에서 주장하는 구성 요소들은 **존재조차** 하지 않는다고 창발론을 부정하기까지 하는 사고방식을 말한다. 여기서 강한 환원론에서 말하는 '존재한다'는 의미는 창발론자들이 사용하는 의미와는 다르다는 점만큼은 유의해야 한다. 의식이라는 주제만 놓고 보더라도 강한 환원론자들은 '그런 것은 존재하지 않아'라며 의식의 존재 자체를 부정한다. 이 사고방식대로라면 의식은 실재하지 않는 환영에 불과하다. 심리철학에서는 이와 같은 완강한 환원주의를 **제거주의**라고 부른다. 정신 상태에 관한 논의 자체를 통째로 제거한다는 점에서다(제거주의에도 여러 가지 유형이 있다. 각 유형은 제거할 것과 남길 것의 기준이 서로 다르다).

어떤 것은 실재하고 어떤 것은 그렇지 않은가? 언뜻 보기에는 전혀 어려운 질문 같지 않다. 앞에 놓인 탁자는 실재하고 유니콘은 그렇지 않다. 그런데 탁자가 원자들로 이루어져 있다면? 원자는 실재하는데 탁자는 그렇지 않다고 말하는 게 타당할까?

이 물음에 원자는 실재고 탁자는 허상이라고 답한다면 그것은 '실재'라는 용어의 적용 범위를 실재의 가장 밑바탕 층위로만 한정하는 것이다. 하지만 이 정의는 불편하다. 무엇보다도, 아직 우리가 가장 밑바탕에서 실재를 근원적으로 설명하는 이론체계를 확립하지 못했기 때문이다. 만약 이것이 참된 실재의 기준이라면 인간이 이제까지 사유해온 어떤 것도 진짜가 아니라고 봐야 마땅할 것이다. 이 정의는 불교 선종*과 흡사하게 순수하다는 인상은 주지만 "실재한다"는 개념을 다른 현상들과 구분해 사용해야 할 때는 별 쓸모가 없어진다. 비트겐슈타인이었다면 이런 방식의 화법은 일리가 없다고 말했을 것이다.

이에 대해 시적 자연주의는 돌파구를 제공할지 모른다. 시적 자연주의는 적용 영역 안에서 특정 화법의 어떤 요소가 세상을 정확하게 기술하는 데 긴요한 역할을 한다면 그 요소는 실재한다고 본다. 따라서 시적 자연주의에 의하면 원자도 진짜고, 탁자도 진짜이며, 의식 역시 의심할 여지 없이 진짜가 된다. 참고로, 스티븐 호킹과 레오나르도 믈로디노프도 비슷한 관점을 제시하고 '모형 의존적 실재론model-dependent realism'이라 이름 붙였다.

그런데 이 관대한 기준에 따라서도 실재하지 않는 것이 존재한다. 한때 물리학자들은 발광 에테르라는 것이 있다고 믿었다. 그들은 우리 눈에 보이지 않지만 발광 에테르가 공간을 가득 채우면서 전자기파의 매질 역할을 한다고 생각했다. 그런데 아인슈타인이 최초로 용기를 내어 에테르에는 실증적 효용이 없다고 반박하고 나섰다. 실제로, 에테르가 존재하지 않는다고 쳐도 전자기학 이론의 모든 예측은 털끝 하나 다치

* 참선 수행을 강조하는 불교의 종파

지 않는다. 우리가 세상을 논할 때 즐겨 사용하는 어떤 화법도 이 발광 에테르를 수용하지 않는다. 따라서 발광 에테르는 실재가 아니다.

☼

어느 거시적 층위에서도 설명에 도움이 되지 않는 개념은 단순한 착오이고 환상이다. 마실 물은 떨어지고 정신은 혼미한 상태로 사막을 걷고 있다고 상상해보자. 그런데 저 멀리 연못 주위로 야자수가 우거진 오아시스가 얼핏 보인다. 실상 거기에는 오아시스가 없다. 그렇다면 그것은 환상이다. 그런데 운 좋게도 오아시스가 진짜 있을 수도 있다. 깨끗한 물을 두 손에 한가득 떠서 목을 축인다. 그러면서 물이 실재함을 온몸으로 인정한다. 더 근원적 화법으로는 물이 산소와 수소로 된 분자임을 알면서도 말이다.

의식은 환상이 아니다. 다만 '의식'은 하나하나가 물리 법칙을 따르는 원자들을 창발적으로 설명하는 화법에서의 용어일 따름이긴 하다. 허리

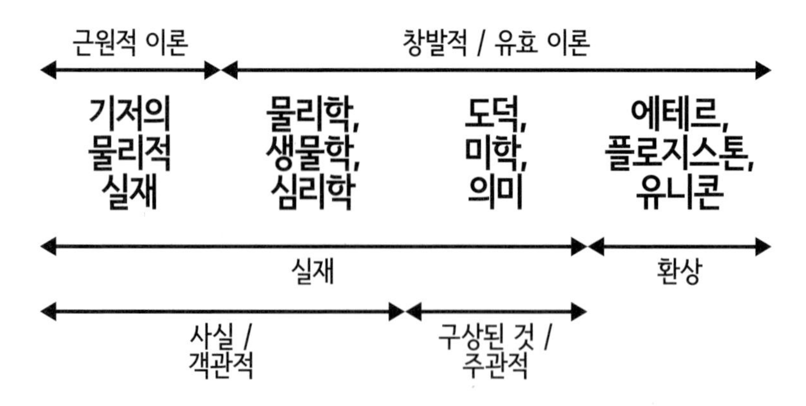

시적 자연주의가 근본적인 것과 창발적인 / 유효한 것, 실재와 환상, 객관적인 것과 주관적인 것을 구분하는 방식

케인은 엄밀히 따지면 움직이는 원자들이 모인 덩어리지만 허리케인이 실재한다고 생각하는 것은 '일리가 있다.' 의식이라고 다를 이유는 하나도 없다. 의식이 실재한다고 말할 때 그것은 의식이 물리적 세상을 초월한 무언가라는 뜻이 아니다. 의식은 창발된 것이고 창발된 세상에서 실재한다. 우리가 일상에서 마주치는 거의 모든 것들과 똑같이 말이다.

우리의 자연주의에 '시적'이라는 형용사를 붙여 구분하는 것은 유용하다. 자연주의에도 여러 종류가 있기 때문이다. 우선, 눈에 띄는 모든 것을 제거하려고 하는 단출한 자연주의가 있다. 단출한 자연주의는 가장 밑바탕의 근원적인 화법만이 진짜라고 주장한다. 이 관점의 대척점에 있는 것은 풍성한 자연주의다. 풍성한 자연주의는 세상의 근원에는 물리적 실재 말고도 다른 것이 더 있다고 본다. 물리적 요소와 구분되는 정신적 요소 역시 실재한다는 믿음과 도덕 원칙이 물리적 실재만큼이나 객관적이고 기본적이라는 믿음이 모두 여기에 속한다.

그리고 이 양극단 사이에 시적 자연주의가 자리한다. 시적 자연주의는 물리적 세상이 유일무이한 실재지만 그 세상을 논하는 유용한 화법이 여럿이며 화법마다 실재의 일면을 정확하게 기술한다는 관점이다. 시적 자연주의는 자체적 기준을 지닌 일관성 있는 관점이다. 시적 자연주의는 우리 세상을 가장 효과적으로 설명하는 화법을 제시하고자 노력한다.

✺

우리가 여러 가지 화법을 사용할 때 저지르기 쉬운 실수는 서로 다른 화법에 적합한 어휘를 한데 뒤섞는 것이다. 혹자는 말한다. "너는 무엇도 진짜로 **원할** 수 없어. 너는 원자의 집합에 불과하니까. 원자에게는 욕구가 없어"라고. 원자에 욕구가 없는 것은 진실이다. 욕구라는 용어는 원자 이론에 속하지 않는다. 따라서 "당신을 구성하는 원자 중 무언가를 원하는 원자는 없다"라고 말해도 틀린 이야기는 아니다.

하지만 주체가 사람이 되면 얘기가 달라진다. '너'라는 단어는 원자 이론의 영역에 속하지 않는다. '너'는 창발된 현상이다. 세상을 원자보다 거시적 층위에서 논하는 상위 존재론의 구성요소인 것이다. '너'를 언급하는 것이 적절한 층위에서는 "네가 원하고 느끼고 소망한다"고 말하는 것이 지극히 정상이다. 너의 욕구, 너의 느낌, 너의 소망 모두가 인간을 가장 잘 이해하는 데 보탬이 되는 진짜 현상인 것이다. 우리는 나 자신을 한 인간으로 볼 수도 있고 원자들의 집합으로 볼 수도 있다. 다만 동시에 두 가지 속성을 뒤섞어서는 안 될 뿐이다. 적어도 인간 요소와 원자 요소가 어떻게 상호작용하는지를 살펴볼 때는 말이다.

어쨌든 이상적으로는 그렇다는 얘기다. 갈릴레이는 복잡함을 피하고 단순함을 추구했다. 그를 따라 물리학계에서는 화법의 구분은 정확하고 칼 같아야 한다는 형식주의가 대세로 자리 잡았다. 각종 장이론이 대표적인 예다. 그런데 물리학을 벗어나 생물학이나 심리학과 같은 더 미묘하고 복잡한 영역으로 넘어가면 이론들 사이의 경계가 점점 흐릿해진다. 병을 퍼뜨릴 위험이 있는 아픈 사람이 있다고 치자. "병"은 미시적 토대가 무엇이든 그 자체로 실재이면서 사람을 설명하는 편리한 용어다. 하지만 병이란 바이러스 감염처럼 더 근원적 층위의 요소가 체현된 것임을 우리는 안다. 그럼에도 우리는 어쩔 수 없이 층위가 다른 용어들을 뒤죽박죽 섞어가며 사람과 질병과 바이러스를 얘기하곤 한다.

물리학 이론들이 겹치는 중간지대의 이중성을 탐구하려면 모든 물리학 분과가 힘을 합해야 하는 것처럼, 서로 다르지만 연관되어 있거나 때때로 아예 뒤엉켜 있는 어휘들을 조사하기 위해서는 모든 철학자가 머리를 맞대야 할 것이나. 이 문제의 해결은 존재론 전문가들에게 맡겨두고 우리는 우리 갈 길을 가도록 하자. 다음 질문이다. 우리는 세상을 얘기하는 화법들을 어떻게 구성해가는 것일까?

14
믿음의 행성

보통 사람들은 눈앞의 세상이 진짜인지 아니면 악마의 농간인지 걱정돼서 밤잠을 설치거나 하지 않는다. 우리는 우리가 보고 듣는 것들이 100%는 아니더라도 거의 확실하게 실재를 반영한다고 여기며 살아간다. 그렇다면 궁금하지 않을 수가 없다. 우리는 세상이 돌아가는 이치에 대해 믿을 만하면서도 우리의 경험과도 들어맞는 큰 그림을 어떻게 그려나가는 걸까?

탄탄한 토대 위에 믿음들이 차곡차곡 쌓여 지식이 된다.

그 답을 데카르트는 타당한 믿음의 '토대foundation'에서 찾으려 했다. 토대는 구조가 튼튼한 지반에 뿌리내려 굳건히 서게 한다. 그런 의미에서 지식이라는 구조물이 바로 설 튼튼한 지반을 연구하는 철학을 **토대주의**Foundationalism라고 한다.

이 비유를 조금 진중하게 생각해보자. 한 사람이 발을 디디고 있는 땅은 의심할 나위 없이 탄탄하고 믿음직하다. 하지만 조금 뒤로 물러나 멀리서 보면 저 사람이 밟고 있는 땅은 그냥 우리가 사는 행성 일부분에 불과하다. 그런데 지구라는 이 행성은 무엇에도 기반을 두고 있지 않다. 우주 공간에 둥둥 떠서 태양 주변을 맴돌 뿐이다. 그렇게 따지면 지구를 구성하는 물질들은 고정된 구조물에 심겨 있는 게 아니다. 서로를 인력으로 잡아당겨 서로를 붙들고 있는 형국이다. 태양계의 모든 행성이 그런 식으로 점진적으로 형성되었다. 돌멩이와 먼지들이 덩어리를 이루면서, 그리고 각각의 덩어리들이 커지면서 점점 영향력을 키우고 더 많은 물질 부스러기들을 끌어모으면서 만들어진 것이다.

세상에 관한 우리의 믿음이 쌓여가는 방식도 정확히 이와 같다. 행성들은 견고한 토대 위에 쌓여 만들어지지 않는다. 자기 자신을 더 단단히 껴안으며 스스로 강해진다. 마찬가지로, 믿음 역시 어떤 절대적인 원칙을 발판으로 삼지 않는다. 그 대신 잘 맞는 믿음끼리 모여 인식론적 인력을 발휘해 더 많은 믿음들을 끌어들이면서 덩치를 키워간다.

다음 그림에서 한 **믿음의 행성**은 하나의 존재론 이상으로 훨씬 풍성하고 복잡하다. 존재론은 실재하는 것들에 관한 하나의 관점이다. 반면, 믿음의 행성에는 세상을 이해하는 방법들, 선험적 진실, 거기서 도출된 범주들, 성향, 미학적 판단과 윤리적 판단 등 우리가 확신하는 모든 것이

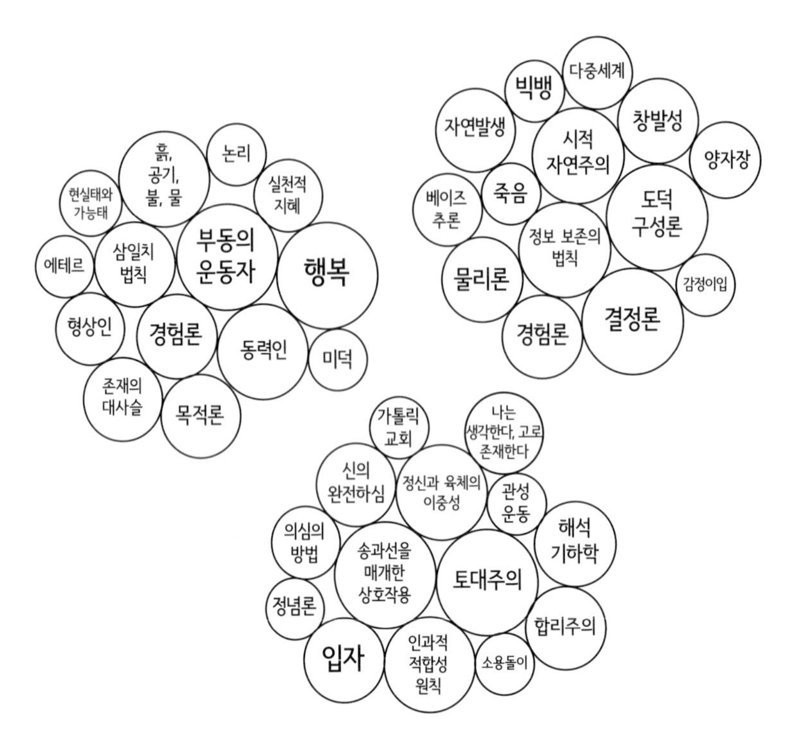

일관성이라는 인력으로 믿음들이 단결해 지식을 이룬다. 각각은 아리스토텔레스 철학, 데카르트 철학, 시적 자연주의의 믿음의 행성이다.

모여 있다. 누군가 2 더하기 2가 4이고 초콜릿 아이스크림이 바닐라 맛보다 객관적으로 낫다고 믿는다면 그것은 존재론 일부가 아니라 믿음의 행성 일부다.

✵

어떠한 비유도 완벽할 수는 없다. 하지만 믿음의 행성 비유는 정합주의 coherentism*라는 철학적 관점을 이해하는 좋은 방법이다. 믿음의 행성 그

* 데카르트의 토대주의와 대립되는 개념

림에서 어느 한 타당한 믿음은 서로 일관된 명제들의 집합에 속한다. 이 일관성은 인력을 발휘해 먼지와 돌멩이를 끌어모아 행성을 만드는 역할을 한다. 안정화한 믿음의 행성에서는 모든 각각의 믿음이 서로 일맥상통하고 서로를 강화해준다.

물론, 모든 행성이 안정한 상태인 건 아니다. 사람들은 평생 수많은 믿음을 품고 살아간다. 그러니 본인은 의식하지 못하더라도 그중에 일부가 상충하는 경우가 충분히 있을 수 있다. 사실, 믿음의 행성은 다양한 믿음들이 서로 접하면서 느리지만 꾸준하게 소용돌이치고 있다. 진짜 행성의 지표면 바로 아래에서 맨틀 대류와 지각판 이동이 끊이지 않는 것처럼 말이다. 이때 양립 불가능한 두 믿음이 정면충돌하면 고반응성 화학물질이 섞일 때처럼 폭발이 일어날 수 있다. 그런 폭발은 때때로 행성 전체를 날려버린다. 그러면 흩어진 파편들은 이제 전과 다른 조합으로 또다시 뭉쳐져 새로운 행성을 탄생시킨다.

우리에게는 모순이나 구조적 결함은 없는지 믿음의 행성들을 자주 시험하고 검증하는 자세가 필요하다. 믿음의 행성은 영원하고 견고한 토대 위에 세워진 것이 아니라 허공에 둥둥 떠다니고 있기 때문이다. 우리는 행성의 구성과 구조를 보수하고 개량하는 데 망설임이 없어야 한다. 그것이 오래된 믿음을 싹 버리고 새것으로 교체하는 전면적 재건축이 될지라도 말이다. 우리가 세상을 관찰하면서 새롭게 얻는 정보는 지구에 떨어지는 유성우나 혜성과 같다. 그렇게 떨어진 운석 조각들은 우리 세계관의 일부로 통합된다. 간혹 행성 전체가 파괴될 정도로 소행성 충돌의 충격이 몹시 클 수도 있다. 내부의 모순이나 외부의 충격으로 인해 생기는 이러한 불안정성은 흔히 아직 덜 여문 어린 행성에서 더 크다. 그렇다고 해서 웬만큼 자리를 잡은 행성이라도 마음을 완전히 놓을 수는 없다.

진짜 문제는 우리가 안정적인 행성을 하나 이상 상상할 수 있다는 사실이다. 이때 각각의 믿음 집합 자체는 일관적이지만 그런 집합이 여러 개이며, 집합과 집합 사이는 일관적이지 않다. 예컨대 어떤 사람의 행성은 과학적인 방법론을 비롯해 우주의 나이가 100억 년 이상이라는 믿음을 포함하지만, 다른 사람의 행성은 성서 문자주의를 비롯해 세계가 수천 년 전에 창조되었다는 믿음을 포함할 수 있다. 만약 두 행성을 구성하는 믿음들이 각자 일관적이라면 우리는 어떤 행성이 옳다는 사실을 어떻게 알 수 있을까?

이것은 정말 걱정되는 상황이다. 나름 일관적이라고 자부하는 믿음들이 격렬히 충돌하기 때문이다. 다행인 것은 이것이 절대로 극복 못 할 문제는 아니라는 점이다. 이유는 다음과 같다.

인류에게는 거의 모든 구성원이 인정하는 굵직한 믿음 몇 가지가 있다는 걸 경험적으로 알 수 있다. 우선, 대부분 사람은 이성과 논리가 진실을 찾는 열쇠라고 믿는다. 열쇠가 이것뿐이라는 데 동의하지 않는 사람은 있어도 이것이 열쇠 중 하나임을 완강하게 부인하는 사람은 없다. 또한 우리는 과정은 다를지언정 큰 목표 하나를 공유한다. 바로 우리가 관찰한 것들을 정확하게 대변하는 세상의 모형을 세운다는 것이다. 지구의 나이가 6천 년이라고 생각하는 창조론자들에게 지구와 우주가 훨씬 더 오래전에 생겼음을 시사하는 과학적 증거를 대며 맞선다고 치자. 이때 창조론자들은 "흥, 나는 그 증거와 논리를 믿지 않아"라며 무조건 철벽을 치지는 않는다. 그보다는 자신들의 믿음 체계 안에서 과학적인 증거들을 설명하고자 애쓰는데, 예컨대 신이 과학적인 증거를 갖도록 우주를 창조했다고 주장하는 식이다.

어쨌든 이것이 믿음의 작동 방식이다. 그런데 정합만으로는 어떤 이론을 받쳐주기에 부족하다고 느껴질지도 모르겠다. 믿음의 행성 토대를 보전하는 임무를 포기한다면 그것은 단단한 땅바닥을 버리고 파도가 일렁이는 바다 한가운데 떠 있는 배나 빠른 속도로 뱅글뱅글 돌아가는 놀이기구로 옮겨 타는 것 같을 것이다. 의지할 버팀목 하나 없이 허공에서 빙빙 돌기만 하면 멀미로 고생하게 될 게 틀림없다.

완전한 자의성으로부터 우리의 믿음을 구해주는 것은 보통의 행성에 존재하는 몇 가지 믿음이다. 그중 하나가 '참인 진술은 실재 세계를 구성하는 실제 요소에 해당한다'라는 것이다. 만약 우리가 이 믿음을 가졌고, 신뢰할 만한 몇 가지 데이터를 갖췄으며 스스로 매우 정직하다면 우리는 타인의 믿음뿐만 아니라 외부 실재에 정합적이고 일치하는 믿음 체계를 구축할 수 있다는 희망을 품을 수 있다. 최소한 그것을 목표로 삼을 수는 있다.

다시 말해, 안정한 행성과 거주 가능한 행성은 엄연히 다르다. 모든 조각이 일관되고 정합적으로 서로를 끌어당긴다면 그런 행성은 안정하다고 말한다. 반면에 후자는 우리가 실제로 들어가 살 수 있는 행성이다. 거주 가능한 행성에는 증거와 논리에 관해 사람들 간에 합치된 확신이 있어야 하고 실제로 수집된 세상에 관한 구체적 정보도 있어야 한다. 건강한 신념을 가진 사람들은 현실을 정확하게 이해하기 위해 저마다 최선을 다해 노력한다. 그러다 보면 언젠가는 어느 정도든 서로 양립할 수 있는 믿음의 행성을 완성하게 될 것이다.

*

단, 인간의 이성과 새로운 증거를 객관적으로 보려는 의지를 과대평가해서는 안 된다. 좋든 싫든 행성들은 자리를 잡으면 매우 정교한 방어기제를 발동하게 되어 있다. 한 사람이 상충하는 두 믿음을 가지고 있을 때 심리학에서는 이를 **인지 부조화**cognitive dissonance라고 부른다. 이것은 믿음의 행성에 무언가 구조적으로 온전하지 않은 부분이 존재한다는 신호다. 하지만 불행히도 인간은 극한의 환경에서도 각자 행성의 기본 골격을 유지하는 능력이 지나치게 뛰어나다.

인지 부조화 이론을 처음으로 제안한 사람은 미국의 사회심리학자 레온 페스팅거다. 그는 한때 동료 학자들과 함께 도러시 마틴이라는 여성이 이끈 종말론파 사건을 연구했다. 심리학을 공부하는 학생들에게는 마리안 키치라는 가명으로 더 잘 알려진 마틴과 그 추종자들은 지구가 1954년 12월 21일에 멸망하지만 신실한 신자들은 전날 밤에 구원을 받을 거라고 굳게 믿었다. 그들은 모두 진심이었다. 그래서 직장을 그만두거나 가족을 버리면서까지 삼삼오오 모여 때를 준비했다. 페스팅거는 운명의 날 아무 일도 일어나지 않으면 그들이 어떻게 반응할지 궁금했다. 믿어 의심치 않았던 지도자의 예언이 틀렸다는 사실에 낙담해 변절할까?

드디어 그날이 왔고 하루가 평화롭게 지나갔다. 그런데 이게 웬일인가. 신자들은 오히려 마틴의 예지력을 더욱 신뢰하게 되었다. 12월 21일 아침에 마틴이 새로 설파한 계시 때문이었다. 그녀는 그들의 깊은 신앙이 세계 종말을 막았다고 설교했다. 기쁨에 겨운 신자들은 그날 이후 지도자에게 배로 충성하며 전도에 더욱 힘썼다.

이렇듯 인간은 우리가 생각하는 것처럼 그렇게 멋지게 이성적이지 않다. 웬만큼 지낼 만한 믿음의 행성을 지으면 우리는 더 이상의 변화를 꺼리기 시작한다. 이때 **인지 편향**cognitive bias이 생겨나 세상을 똑바로 보지 못하게 만든다. 우리는 베이즈 추론을 완벽하게 숙달해 공정한 사유를 통해 최상의 설명을 찾아내길 소망한다. 하지만 실상은 새로 얻은 데이터를 선입견에 끼워 맞추는 일이 다반사다.

믿음의 행성을 짓기 전에 미리 알아두고 주의하면 좋을 두 가지 인지 편향이 있다. 하나는 우리는 진실이기를 바라는 명제에 더 높은 신뢰도 값을 할당하는 경향이 있다는 것이다. 이것은 흔히 개인적 수준에서 **자기 위주 편향**self-serving bias의 형태로 나타난다. 우리는 좋은 일이 있으면 내가 잘해서, 내가 그럴 자격이 있어서 그 일이 일어난 것이라고 여긴다. 반면 나쁜 일은 모두 불운이나 통제할 수 없는 외부 환경 탓으로 돌린다. 나를 칭찬하거나 중요한 인물처럼 느끼게 하거나 내게 위안을 주는 이론들에 마음이 기우는 것이다.

기억해둘 두 번째 편향은 우리는 믿음의 행성을 고쳐가기보다 있는 그대로 보존하려고 한다는 것이다. 이것은 여러 가지 양상으로 표면화될 수 있다. 그중에 하나가 **확증 편향**confirmation bias인데, 이 경우 반증은 무시하면서 이미 가진 믿음을 더욱 확증하는 정보에 치중한다. 이 성향이 강한 사람에게 그의 믿음에 모순되는 증거를 보여주면 오히려 기존 믿음을 더욱 고수하면서 뒤돌아 멀어져 버린다. 역효과가 일어나는 것이다. 사람들은 자신의 믿음을 몹시 소중히 여기고 외부의 위협으로부터 보호하기 위해 안간힘을 다하기 때문이다.

믿음을 정당화하고자 하는 우리의 욕구는 자칫하면 믿음의 본질을 왜

곡할 수 있다. 사회심리학자 캐럴 태브리스와 엘리엇 에런슨이 제안한 '선택의 피라미드'라는 개념이 있다. 거의 똑같은 믿음을 가진 두 사람이 선택의 갈림길에 서 있다고 치자. 그들은 별반 차이가 없지만 서로 다른 길을 선택한다. 그러고서는 돌이켜 자신이 옳은 선택을 했다고 자신한다. 두 사람은 각자 지나온 모든 선택이 옳았다고 자신을 정당화해가고 결국은 처음부터 선택의 여지가 없었다고 믿기 시작한다. 그렇게 종착점에 이르면 처음에 같은 지점에서 출발했던 두 사람이 넓은 선택지 범위의 양극단에 서 있는 것을 발견하게 된다. 각자 자신의 입장을 열렬히 옹호하면서 말이다. 태브리스와 에런슨의 표현처럼 "유리집 안에서 살기로 거의 결심을 굳힌 사람이 가장 먼저 돌을 던진" 격이다.*

☼

우리는 문제에 직면해 있다. 우리가 채택하기로 한 믿음이 순수하게 외부 현실과의 소통으로만 빚어진 것이 아니라 기존에 가지고 있던 믿음에서 파생한 것이라는 문제다.

이 비이성적인 자기 강화의 유혹을 우리는 어떻게 뿌리쳐야 할까? 완벽한 해결책은 없지만 전략이 하나 있긴 하다. 인지 편향이 존재한다는 것을 명심하고 있다가 베이즈 추론을 시작할 때 그 사실을 반영하는 것이다. 이런 식이다. 진실이기를 바라는 명제가 있는가? 그렇다면 그 명제에 할당할 신뢰도를 그만큼 깎는다. 믿을 만한 새로운 증거가 현재 나의 세계관과 상충하는가? 그렇다면 그 증거를 제쳐둘 게 아니라 더 진중하게 고민해본다.

---

* 유리집에 사는 사람은 돌은 던지면 안 된다는 서양 속담이 있다. 약점이 있는 사람은 다른 사람을 비난해서는 안 된다는 의미다.

완벽하지 않은 인간이 완벽한 이성의 세계를 만들 수는 없을 것이다. 하지만 그런 세상을 꿈꿀 수는 있다. 2005년에 노벨 경제학상을 받은 수학자 로버트 아우만은 아주 멋진 수학적 정리 하나를 만들었다. 매우 이성적인 두 사람이 베이즈 추론을 시작한다. 두 사람은 믿음에 똑같은 사전 신뢰도를 할당하고, 정보도 똑같이 입수한다. 한 사람은 알고 다른 사람은 모르는 정보 따위는 없다. 그렇다면 업데이트된 신뢰도는 두 사람 사이에 다를 수가 없을 것이다. 그런데 똑같은 사전 신뢰도에서 출발해도 관찰된 데이터의 우도 측면에서 둘의 의견이 불일치할 수 있지 않을까? 이때 아우만의 정리는 한 사람이 아는 것은 다른 사람도 알고 둘이 가진 지식이 같음을 둘 다 인지함으로써 두 사람이 '공통의 지식'을 공유한다면 불일치는 일어날 수 없다고 말한다.

아우만의 이 정리는 그대로 받아들이기에는 지나치게 깔끔하다. 무엇보다도, 실제로는 사람들이 이렇게 행동하지 않는다는 점에서다. 현실에서는 인간이 그다지 이성적이지 않다. 인간은 공통의 지식을 공유하지 못하고 서로를 오해하며 똑같은 사전 신뢰도에서 출발하지도 않는다. 아우만의 정리는 모두가 충분히 열심히 노력한다면 인간이 매우 복잡한 논제를 두고 합치된 확신에 도달할 수 있다는 희망을 준다는 데 의미가 있다. 절대로 좁힐 수 없을 것 같은 사전 신뢰도의 격차도 충분한 증거를 모아 끊임없이 업데이트해가면 결국 줄어들 것이다. 우리가 서로에게 그리고 자기 자신에게 정직하려고 노력하면, 우리 믿음의 행성들이 더 근거리에서 사이좋게 공존하는 이상향이 실현될지도 모른다.

15
불확실성을 인정하기

여기 젠체하는 과학자가 있다. 그의 허를 찔러 당황하게 만들고 싶은가? 그렇다면 좋은 방법이 하나 있다. 그가 과학자의 견해로 진실이라고 여기는 것을 말할 때 "증명할 수 있어요?"라고 묻는 것이다. 만약 그가 좋은 과학자지만 대중을 상대하는 데 능하지 않다면 명쾌한 답을 찾지 못해 말을 더듬거릴 공산이 크다. 사실, 과학은 그 무엇도 증명하지 못한다.

이때 관건은 '증거'를 어떻게 정의하느냐에 있다. 과학자들은 수학이나 논리로 접근할 수 있는 것을 증거로 여긴다. 그들은 어떤 명제가 진실임을 증명하는 일을 확실한 공리에서부터 출발한다. 이것은 우리가 일상적 대화에서 사용하는 '증거'의 의미와는 사뭇 다르다. 일상 용어로서 증거의 의미는 '무언가를 진실이라고 믿게 하기에 충분한 자료'에 더 가깝다.

법의 세계는 어떨까. 법은 정확성을 목표로 하지만 형이상학적 확신에는 결코 도달하지 못한다. 그래서 법정에서는 사건의 성격에 따라 잣대가 달라져 증거의 성질이 다소 유동적이다. 가령 민사재판에서는 승소하려면 내 쪽에 유리한 증거가 '우세'해야 한다. 반면 일부 행정재판에서는

'명확하고 설득력 있는' 증거가 요구된다. 이에 비해 형사피고인은 죄가 '합리적 의심의 여지 없이 증명'되지 않는 한 유죄 판결을 받지 않는다.

하지만 이 법정의 사례가 수학자들에게는 전혀 적용되지 않는다. 수학자는 본능적으로 비합리적인 의심부터 생각한다. 수련 과정에서 수학 강의를 기본으로 몇 학기는 들어야 하는 과학자들 역시 증명이란 무엇인가라는 질문에 대해 수학자와 비슷한 생각을 한다. 물론 그들은 그것이 자기의 생계가 달린 일이 아니라는 사실도 잘 알고 있다. 그러니 어느 과학자가 "인간의 활동이 지구 온난화를 초래한다"거나 "우주는 수십억 년 전에 태어났다"거나 "강입자충돌기는 지구를 집어삼킬 블랙홀을 만들지 못한다"고 말한다면, 당신은 그저 순진한 얼굴로 그걸 증명할 수 있냐고 묻기만 하면 된다. 이때 과학자가 망설인다면 당신은 과학자를 말로 이긴 셈이다(더 좋은 세상 만들기 운동에 보탬은 되지 않겠지만, 과학자에게 도전하는 것은 당신의 자유다).

✻

그렇다면 수학과 과학은 어떻게 다를까? 여기 가장 큰 소수는 존재하지 않는다는 수학 정리가 하나 있다(소수란 0보다 크면서 1과 자기 자신 외에는 어떤 수로도 나눠지지 않는 수를 말한다). 그 증거는 다음과 같다.

> 2, 3, 5, 7, 11, 13… 등 모든 소수를 나열하자. 가장 큰 소수가 있다고 치고 그 수를 p라 칭하자. 그러면 소수의 수가 유한하다고 볼 수 있다. 이제 목록에 있는 모든 소수를 딱 한 번씩만 곱한 뒤에 거기에 1을 더한 수를 X라 치자. 그렇다면 X는 목록의 어느 소수보다도 큰 수임이 분명하다. 그런데 X는 목록의 어느 소수로

도 딱 떨어지게 나눠지 않는다. 항상 나머지 1이 남을 테니 말이다. 이 경우, X는 그 자체로 소수이든지 아니면 목록에 있는 것보다 더 큰 다른 소수로 나눠어야 한다. 어느 경우든 p보다 큰 소수가 생기게 된다. 이것은 모순이다. 따라서 가장 큰 소수는 존재하지 않는다.

이번에는 과학 차례다. 과학계에는 아인슈타인의 일반 상대성 이론이 적어도 태양계 안에서는 완전하지는 않아도 매우 높은 정확도로 중력을 정확하게 설명한다는 믿음이 있다. 이 믿음을 옹호하는 주장은 다음과 같다.

일반 상대성 이론은 상대성 원리(위치와 속도는 다른 물체를 기준 삼아 상대적으로만 파악할 수 있다)와 등가 원리(우주의 작은 영역 안에서는 인력과 관성력을 구별할 수 없다)를 포괄한다. 상대성 원리와 등가 원리는 각자 정확도가 매우 높다고 검증된 것이다. 아인슈타인의 일반 상대성 방정식은 시공간의 굴곡을 설명하는 가장 단순한 형태의 기본 동력학 공식이다. 일반 상대성 이론은 수성의 세차운동과 같은 특이 현상을 설명해낸다. 그뿐만 아니라 태양에 의한 빛의 굴절과 중력에 의한 적색이동 등 일반 상대성 이론이 예측한 다양한 특이 현상이 실제로 그대로 계측되었다. 인공위성이 실시한 더 높은 정확도의 실험들은 일반 상대성 이론의 오차 범위를 계속 좁혀가고 있다. 위성항법 시스템GPS은 일반 상대성 이론을 고려하지 않으면 아무짝에도 쓸모가 없지만 일반 상대성 이론의 지원을 받으면 마법을 부린다. 지금까지 제안된 대체 이론들은 모두 일반 상대성 이론보다 복잡하거나, 실험으로 정교하게 조율해야 하는 새로운 매개변수를 더 도입해야 한다. 게다가 질량이 없으면서 각종 에너지원과 상호작용하는 중력자의 존재를 가정하고 거기서부터 가설을 가다듬어가면 결국은 일반 상대성 이론과 아인슈타인의 방정식으로 완성된다. 일반 상대성 이론이 양자역학의 이론적 틀을 잘 통합해내지는 못하지만, 오늘날 흔히 수행되는 과학실험에서 양자 효과는 체감할 수 없을 정도로 작다. 그런 까닭에, 양자 효과를 반영해도 아인슈타인의 방정식은 거의 수정되지 않을 것이다.

여기서 세부적인 내용은 중요하지 않다. 중요한 것은 바탕에 깔린 방법론이 다르다는 것이다. 수학은 온전히 논리 규칙만 따르면 되기 때문에 수학적 증거에는 빈틈이 없다. 가정이 있으면 결론이 반드시 뒤따른다.

반면 일반 상대성 이론과 같은 과학적 논제는 성격이 다르다. 과학적 논제에는 증거를 모아 가설을 검증해가는 귀추법이 필요하다. 우리는 중력이 아인슈타인의 방정식을 따르는 시공간의 굴곡이라는 가설을 세운다. 그런 다음 이 가설을 인정하거나 기각하려고 애쓴다. 다른 한편으로는 대립가설들의 가능성을 타진한다. 만약 검증 과정에서 처음 가설에 점점 더 힘이 실리고 대립가설은 경쟁상대가 되지 못하는 것 같으면 처음 가설이 "옳다"고 말하는 사람이 하나둘 늘어날 것이다. 과학에서는 어떤 아이디어가 단순한 이론이었다가 갑자기 검증된 진실로 돌변하는 또렷한 경계선 따위는 없다. 아인슈타인이 예측한 대로 개기일식 동안 별빛의 굴절이 관측되었지만, 아인슈타인의 예측이 하루아침에 진실로 공인되지는 않았다. 그에게 유리한 증거가 하나 더 늘었을 뿐이었다.

이렇듯 결론이 짠 하고 등장하지 않는 것은 귀추법의 근본 성질이다. 우리는 아인슈타인의 것보다 더 복잡한 이론이 실증적으로 더 옳은 이론이거나 심지어 뉴턴의 중력 이론이 더 잘 들어맞는 세상을 충분히 상상할 수 있다. 대안적 가설들 사이에서 선택의 문제는 입증이나 반증의 문제가 아니다. 베이즈의 성실한 후예라면 응당 그러듯이, 우리는 의심하는 것이 더는 타당해지지 않는 지점을 지날 때까지 증거를 모으고 신뢰도를 업데이트해가야 한다. 이처럼 수학과 논리와 순수한 이성이 우리에게 제공하는 지식은 우리가 과학에서 얻는 지식과 근본적으로 다르다. 수학과 논리의 진실은 그 어떤 상상 가능한 세계에서도 늘 진실이다. 반면 우리 우주에서 통하는 과학은 다른 우주에서는 진실이 아닐 수 있다. 또한 세상에 관해 우리가 알 수 있게 된 대부분의 흥미로운 것들은 우리가 "증명"하고자 원했던 것들이 아니다.

우리는 어떤 과학 이론을 합리적 의심의 여지가 없다고 믿게 된 후라도 그것이 여전히 추정임을 안다. 추정은 어느 순간엔 무너질 공산이 있다. 어쩌면 반드시 무너지기 마련인지도 모른다. 다시 말해, 중력이 아인슈타인이 예측한 것과 미묘하게 다르게 작용하는 또 다른 장이 우주 어딘가에 숨겨져 있을지도 모를 일이다. 실제로 양자 수준에서 그런 수상한 움직임이 포착되고 있다. 일반 상대성 이론이 완성된 중력 이론이라고 믿는 사람은 한 명도 없다. 하지만 그렇더라도 특정 환경에서는 이 이론이 옳다는 핵심적 진실만큼은 달라지지 않는다. 미래에 이 분야의 연구가 진척되어 우리가 더 많은 것을 알게 되더라도 오늘날의 과학 이론은 큰 그림의 한 조각으로 여전히 받아들여질 것이다.

✻

일종의 지식 수집 활동이라는 과학의 이런 특징은 적용 범위가 넓다. 살아 있는 모든 것이 그렇듯 지식은 완벽하지 않다. 논리정연하고 명료한 기하학에서 영감을 받은 데카르트는 세계관의 절대적인 토대를 세우려고 했다. 하지만 세상의 지식은 그런 식으로 작동하지 않는다.

베이즈의 정리를 생각해보자. 우리는 새로운 정보를 입수하면 아이디어에 신뢰도를 새로 부여한다. 업데이트된 신뢰도는 이 아이디어 아래에서 그 정보가 옳을 우도와 기존의 사전 신뢰도를 곱한 값이다. 그런데 언뜻 보면 어느 한쪽으로 100% 신뢰도에 이르는 것이 어렵지 않을 것 같다. 어떤 시나리오 아래에서 어떤 정보의 우도가 0인데 그 정보 사건이 일어난다면 이 시나리오에 대한 우리의 신뢰도는 0이 될 터이다.

하지만 보다 신중하려면 어떤 경우든 특정 정보 사건의 우도를 0으로 못 박아서는 안 된다. 혹자는 "특수 상대성 이론에 따르면 입자는 빛보다 빠를 수 없으므로 나는 특수 상대성 이론이 옳을 때 빛보다 빠른 입자가 관찰된다는 아이디어에 신뢰도 0을 주겠다"고 말할지 모른다. 문제는 모든 관찰에는 착오의 가능성이 있다는 것이다. 빛보다 빠른 입자를 봤다고 생각하지만 사실은 측정 장비가 오작동한 것일 수도 있다. 아무리 주의해도 그런 실수는 늘 일어난다. 따라서 우리는 어떤 이론 아래에서 어떤 사건이 관측될 우도가 항상 0이 아니라고 간주해야 한다.

그에 따라 우리가 할당하는 신뢰도는 언제나 0이 아닌 값을 가지며 100%를 꽉 채우지도 않는다. 언제나 다른 가능성이 공존하는 것이다. 신뢰도가 100%에 도달하지 않는 것은 좋은 일이다. 만약 신뢰도가

100%라면 어떤 새로운 증거가 나타나도 우리 마음을 바꾸지 못할 것이다. 이것은 세상을 살아가는 바람직한 태도가 아니다.

☼

물론 여기에 대해 모두가 동의하지는 않는다. 여러분은 '신앙'과 '이성'의 관계에 대해 기나긴 논쟁이 있었다는 사실을 들어봤을 것이다. 어떤 사람들은 두 가지가 완벽한 조화를 이룰 수 있다고 주장한다. 실제로도 무척 독실하며 직업적으로도 성공을 거둔 과학자와 사상가들이 역사적으로 많았다. 하지만 어떤 사람들은 신앙이라는 개념 자체가 이성적인 실천과는 상극이라고 주장한다.

신앙이란 무엇일까? 신앙의 개념이 여럿인 데다 서로 양립하지 않는다는 사실은 이 토론을 복잡하게 만든다. 사전을 펼치면 신앙이 믿음에 대한 신뢰 혹은 확신이라고 정의되어 있을 것이다. 그런데 설명을 따라 더 밑으로 내려가면 '논리적 검증 없이 믿고 받드는 일'이라고 되어 있다. 한편 신약 히브리서 11장 1절은 '믿음은 바라는 것들의 실상이요 보이지 않는 것들의 증거'라고 말한다. 하지만 대중에게 신앙은 단순히 종교적 믿음에 대한 확고한 신뢰이다.

분명 신앙은 중요한 단어지만 지금은 어느 정의가 옳은가를 두고 논쟁할 때가 아니다. 일단 여기서는 무언가를 절대적으로 확신하는 것이라는 의미로 신앙을 생각하자. 가톨릭교회의 교리문답에는 다음과 같은 구절이 있다.

- 신실한 신자는 목회자가 다양한 형태로 전하는 가르침과 지도를 온순하게 따른다.

- 신앙에 순종한다(영어단어 obey는 '듣는다/경청한다'는 뜻의 라딘어 *ob-audire*에서 비롯됐다)는 것은 말씀에 온전히 복종하는 것을 말한다. 그 자체로 참이신 하느님이 진실임을 보증하는 말씀이기 때문이다. 성서에 나오는 아브라함이 그런 순종의 대표적인 예다. 성모 마리아는 그런 순종이 실천된 가장 완벽한 전형이다.
- 신앙은 확실하다. 신앙의 확실성은 인간의 모든 지식 위에 있다. 거짓일 수 없는 하느님의 말씀에 기초했기 때문이다.

솔직히 나는 위와 같은 태도에 반대한다. 확실한 지식이니까 고분고분 받아들이고 무조건 따라야 한다니. 이 세상에 그런 지식은 없다. 우리는 언제든지 착각할 수 있다. 그런 까닭에 세상을 제대로 이해하기 위해서는 추정을 반복해서 검증하고 오류의 가능성을 인정하면서 더 나아지기 위해 노력해야 하는 것이다. 우리는 우리 세계관의 모든 구성요소가 조화롭게 어우러진 안정적인 믿음의 행성에 살고 싶어 한다. 하지만 우리 중 누구도 믿음의 블랙홀로 빨려 들어가는 것은 원치 않는다. 블랙홀은 우리의 확신이 너무 강해서 어떤 새로운 통찰이나 정보도 우리를 구출하지 못하는 곳이다.

간혹 과학 역시 일종의 신앙을 기반으로 한다고 주장하는 사람도 있다. 실험 데이터가 믿을 만하다거나 절대불변할 물리 법칙이 있다고 말할 때가 그런 경우라는 것이다. 하지만 그렇지 않다. 과학을 실천하는 과정에서 우리가 추정을 하는 것은 사실이다. 우리는 감각을 총동원해 수집한 데이터가 우리에게 대충 믿을 만한 정보를 준다고, 복잡한 설명보다 간단한 설명이 더 낫다고, 우리는 통 속의 뇌가 아니라고 추정한다. 하지만 우리는 이런 추정들에 신앙심을 갖지는 않는다. 이 추정들은 믿음의 행성 구성요소지만 언제든지 수정·보완되고 필요하다면 정당하게 내쳐질 수도 있는 것들이다. 천성적으로 과학의 눈과 귀는 세상의 실황에 활짝 열려 있어야 한다. 이것은 어떤 아이디어가 한때 얼마나 찬란했고 막강한 영향력을 발휘했든 지금 이 순간 더는 유용하지 않다면 우리는 그 아이디어를 기꺼이 버릴 준비가 되어 있어야 함을 뜻한다.

✲

실현 가능성이 희박하고 심지어 미친 생각처럼 보이는 아이디어라도 신뢰도가 0일 수는 없다. 따라서 '아는 것'과 '논리적으로 절대적인 확신을 가지고 아는 것'을 구분하는 게 좋다. 즉, 만약 어떤 명제에 대한 우리의 신뢰도가 0.0000000001이라면, 그것이 틀렸다고 절대적으로 확신할 수는 없더라도 진짜로 틀렸음을 아는 것처럼 간주해도 무방하다.

2008년 제네바에서 강입자충돌기가 가동을 시작했을 때 사람들은 이 괴물 같은 기계가 블랙홀을 만들어 지구를 파괴하고 모든 생명을 끝장낼 거라며 야단법석이었다. 물론 과학자들은 그런 일이 일어날 가능성은 지극히 낮다며 사람들을 안심시키려고 애썼다. 하지만 과학자인 그들은 그런 일이 절대로 일어나지 않음을 **증명**할 수는 없었다. 만에 하나 그런 일이 일어나버리면 어떻게 하나? 실현 가능성이 아무리 낮아도 결과가 끔찍할 텐데 그런 위험을 감수할 가치가 있을까?

나는 이 질문을 하는 사람들에게 이렇게 묻고 싶다. 오늘 저녁에 집에 들어가서 저녁으로 파스타를 만든다고 치자. 그런데 소스 병뚜껑을 열기 전에 자문해보라. 병 안에서 괴상한 돌연변이가 일어나 치명적인 병원균

이 만들어졌다면? 당신이 뚜껑을 열면 병원균이 세상에 퍼져서 살아 있는 모든 것을 말살할 거라면? 상상만 해도 끔찍하다. 하지만 또 그만큼 그런 참사가 일어날 가능성은 매우 희박해 보인다. 그렇지만 그런 일이 절대로 일어나지 않는다고 **증명**할 수는 없다. 매우 작을 뿐 가능성은 존재한다.

현실적인 해결책은 그런 추정을 심각하게 여길 가치가 없을 정도로 이 시나리오에 대한 신뢰도가 매우 낮음을 인정하는 것이다. 그러면 우리는 그런 추정이 틀렸음을 확실히 아는 것처럼 행동할 수 있다.

한마디로 우리가 "나는 x를 믿는다"고 말할 때 그것은 "나는 x가 진실임을 증명할 수 있다"는 뜻이 아니다. 그것은 "나는 x를 의심하는 데 시간과 노력을 소비하는 것이 비생산적인 일이라고 느낀다"는 의미에 가깝다. 어떤 이론에 대해 회의적인 태도를 견지하며 때로는 신중하게 주의를 기울이는가 하면 때로는 터무니없다는 판단에 이르기도 하면서 그 이론에 유리한 증거를 축적해간다. 그러면서도 새로운 증거가 나타났을 때 언제라도 믿음을 수정할 마음의 준비가 되어 있어야 한다. 이때 우리의 마음을 돌리는 증거는 믿음을 계속 붙잡고 있는 것을 부질없는 짓으로 만들 정도로 압도적으로 강력해야 한다.

완전한 증거란 존재하지 않는다. 어떤 것은 신뢰도가 높고 또 어떤 것은 불확실성이 더 클 뿐이다. 이것은 우리가 소망할 수 있는 최선이면서 세상이 우리에게 허락해 준 방식이기도 하다. 인생은 짧고, 그 짧은 인생 동안 확실한 건 아무것도 없다.

16

관찰하지 않고도 세상을 알 수 있을까

우리가 세상과 가장 직접적이고 확실하게 연결되는 방법은 바로 세상을 오감으로 느끼는 것이다. 우리는 보고 듣고 만지고 느낌으로써 세상을 이해한다. 그런데 가끔 감각을 통하지 않고 현실을 체험하는 때가 있다. 세상이라는 큰 그림을 이해하고자 할 때 우리는 그런 경험을 어떻게 받아들여야 할까?

런던에 처음 갔을 때였다. 어느 날 저녁 나는 아무 계획 없이 발길 가는 대로 산책에 나섰다. 그러다 트래펄가 광장 근처의 세인트마틴인더필즈 교회에서 음악회가 열린다는 소식지를 발견했다. 이 교회는 관광명소이면서 특히 서양 고전음악계에서 성지 같은 곳이다. 하지만 당시의 나에게는 일단 위치가 가깝다는 점과 청년들이 해외여행을 하면서 흔히 꿈꾸는 이국 문화의 경험을 이 이벤트가 제공해줄 거라는 느낌이 무엇보다도 맘에 들었다.

콘서트는 기대 이상이었다. 전깃불을 모두 끈 채 신도석마다 켜놓은 수백 개의 촛불이 어둑어둑하지만 아늑한 분위기를 조성했다. 무대에서 연주가 시작되자 바흐와 하이든의 음악이 울려 퍼지면서 널찍한 실내 구석구석을 꽉 채웠다. 현지인, 관광객 할 것 없이 외투 차림의 관객 모두가 현재 이 순간을 즐기면서도 동시에 음악, 건축, 신성한 공기가 어우러진 역사의 숨결에 빠져들었다. 아치형 천장은 밤하늘을 연상시켰고 음악의 선율은 마치 사람의 숨소리와 심장박동 소리 같았다. 아마도 이런 공연을 자주 다니는 클래식 애호가들에게는 그저 즐거운 많은 저녁 중 하루였겠지만 나에게는 완전히 초월적인 시간이었다.

초월적transcendent이라는 형용사는 '올라 넘다, 능가하다'는 뜻의 라틴어 *transcendere*에서 파생한 단어다. 우리는 이 수식어를 각자 일상의 물리적 범위를 뛰어넘는 경험을 묘사할 때 사용한다. '초월'이라는 딱지를 붙일 수 있는 상황은 매우 다양하다. 영혼이 신을 영접했을 때도 그중 하나다. 기독교도라면 성령을 목격하는 것이 그런 순간이겠고, 힌두교도나 불교도에게는 물질계를 떠나 영적 해탈의 경지에 이르는 것이 초월일 것이다. 인간은 기도, 명상, 고독, 혹은 환각성 약초나 LSD와 같은 향정신성 약물을 통해 초월을 경험할 수 있다. 또는 단순히 음악의 선율이나 가족애에 도취하여 자아를 완전히 놓는 것 역시 초월에 속한다.

'진정한' 초월적 경험이 무엇인가를 두고는 의견이 분분하지만, 많은 사람이 그런 경험을 해왔다. 초월적 경험은 나를 나이게 하고 평화와 기쁨을 선사하며 중요한 결정을 내려야 할 때 이정표가 되어준다. 그렇다면 초월적 경험은 우리의 당면 관심사인 세상의 구조와 관련하여서는 어떤 의미가 있을까? 인간의 물리적 뇌를 구성하는 원자와 뉴런이 만든 환영일까? 아니면 정말로 육체 너머의 어떤 신적 영역에 발을 들이는 순간으로 보아야 할 것일까? 초월은 인식론적 측면에서 우리에게 무엇을 가르쳐줄까?

이 물음들 뒤에는 훨씬 큰 논제 하나가 숨어 있다. 과학은 관찰과 실험을 통해 발전한다. 우리는 세상의 이치에 관한 가설을 세우고 베이즈의 가르침에 따라 정보를 수집해 가설을 검증하면서 끊임없이 업데이트해 간다. 그런데 이것이 세상을 배우는 유일한 방법일까? 가설을 검증하고 데이터를 수집하는 과학의 방식 말고 다른 방법으로도 현실의 지식을 얻을 수 있다고 적어도 상상해봄 직은 하지 않을까? 역사적으로도 계시나 영적 수행 같은 비실증적 방법을 통해 깨달음을 얻었다고 생각한 사람들도 있지 않은가. 그러니 이 가능성도 진지하게 고려해봐야 마땅할 것이다.

⁂

과학의 범위를 아무리 넓게 잡더라도 과학이 새로운 지식을 습득하는 유일한 방법은 아니다. 수학과 논리 같은 다른 방법도 있다.

현대의 교육체계는 흔히 수학을 과학과 같은 부류로 취급한다. 수학과 과학이 만나면 시너지 효과를 내는 것도 사실이다. 하지만 엄밀히 수학은 완전히 다른 분야다. 수학은 증명하는 학문이며 수학이 증명하는 것들은 진짜 세상의 진짜 사실이 아니라 다양한 추정의 해석들이다. 수학적 증명 안에서는 일단의 가정들이 주어지면 특정한 진술들이 반드시 뒤따른다. 유클리드 기하학의 공리에서 삼각형의 세 내각을 합하면 180도가 된다는 진술이 나오고 정수론의 공리에서 세상에 가장 큰 소수는 없다는 진술이 나오는 것처럼 말이다. 그런 면에서 논리와 수학은 공통된 전략을 바탕으로 하는 두 개의 다른 학문이다. 논리도 수학과 똑같아서, 확실한 공리에서 출발해 거기서부터 필연적인 결론이 끌려 나온다. 흔히 우리는 사고의 결과물만을 놓고 논리라 칭하지만 사실 논리는 공리에서 결론을 도출하는 과정 자체다. 더불어 기하학이나 정수론에서 출발점이 되는 공리들이 하나가 아니듯, 논리의 경우도 여러 공리에서 결론이 도출될 수 있다.

확실한 공리를 토대로 증명할 수 있는 진술을 우리는 **정리**라 칭한다. 하지만 정리가 '부동의 진실'을 뜻하지는 않는다. 다만 정리에는 '제시된 공리에 반드시 뒤따르는 진술'이라는 의미가 담겨 있다. 어떤 정리의 결론이 진실이라면 당연히 공리부터가 진실이어야 한다. 그런데 그렇지 않은 경우도 있다. 가령, 유클리드 기하학은 수학계의 위대한 업적이며 다양한 현실 상황에 활용도가 매우 높은 게 사실이다. 그러나 아인슈타인이 보여준 것처럼 진짜 세상의 기하학은 19세기에 베른하르트 리만이 창안한 훨씬 보편적인 공리 묶음과 더 잘 부합한다.

수학과 과학의 차이는 적용 가능한 세계들이 각기 다르다는 점을 생각하면 이해하기가 쉽다. 수학은 어느 대체우주에서도 성립하는 '참'인 사실을 다룬다. 참인 수학적 공리가 주어지면 어떤 우주에서도 참인 수학 정리가 뒤따른다. 반면 과학의 관심사는 우리가 사는 이 세상의 모든 것이다. 과학자들도 때때로 마찰이 없는 세상이나 차원 수가 다른 공간과 같은 우리 것이 아닌 대체우주를 상상하긴 한다. 하지만 그것은 직관력을 높이려고 부리는 요령에 불과하다. 과학의 시각에서 상상할 수 있는 모든 우주 중에서 우리가 궁극적으로 돌봐야 하는 것은 우리의 진짜 우주 하나뿐이다. 상상하건대 어떤 우주에서는 공간이 편평하고 유클리드 기하학의 공리가 참이지만, 또 어떤 우주에서는 공간이 휘어 있어서 유클리드 기하학의 공리가 거짓일 수도 있다. 그러나 어떤 가능 세계에서든지 유클리드 기하학의 공리가 함의하는 바는 삼각형의 세 내각을 합하면 180도가 된다는 것임에는 변함이 없다.

과학이 무한 수의 가능 세계에서 우리의 세계로 관점의 범위를 좁혀 가는 방법은 의외로 간단하다. 바로 관찰하는 것이다. 관찰과 실험을 하고 데이터를 모으고 그 데이터를 활용해 더욱 적절하고 유용한 설명에 신뢰도를 높여간다.

✺

한쪽에서는 비자연적인 현상이 끼어들 틈을 처음부터 주지 않으면서 자연계에 기초한 설명만 채택하는 방식으로 과학에 접근한다. 이것을 우리는 **방법론적 자연주의**를 고수하는 과학이라고 말한다. 과학을 지지하는 이들도 정치적 또는 전략적 이유로 과학의 방법론적 특징을 활용한다. 미국에는 중·고등학교에서 모든 생물종은 신의 피조물이라는 창조론과 다윈의 자연선택론 중 어느 것을 가르쳐야 하느냐는 오랜 논쟁이 있었다. 그 과정에서 창조론을 종교가 아니라 하나의 과학 이론으로 가르칠 수 있다며 대안으로 제시된 것이 바로 지적설계론이다. 그런데 창조론을 반대하는 측은 때때로 방법론적 자연주의 원칙에 호소해 반론을 펼친다. 그들은 초자연적 창조주를 지적 설계자로 칭하는 것 자체가 비과학적이라고 여긴다. 미국 국립과학아카데미NAS와 같은 단체들의 선언문에서 그들의 완강한 의지를 엿볼 수 있다.

> 과학은 자연계를 자연적 과정을 통해서만 설명하는 학문이므로 초자연적 인과관계가 설명에 개입해서는 안 된다. 이와 비슷하게, 초자연적 힘에 대한 진술에서 과학은 원천적으로 배제되어야 한다. 초자연적 힘은 과학의 출발점과는 거리가 멀기 때문이다.

글쎄, 과연 그럴까. 과학의 사명은 진실을 규명하는 데 매진하는 것이다. 그 진실이 자연적이든, 초자연적이든, 그도 아니라면 다른 어떤 것이든 말이다. 비록 의도는 좋았더라도 방법론적 자연주의는 답 일부를 미리 정해놓는 우를 범하고 있다. 진실을 찾는 여정에서 이런 태도는 최악의 걸림돌이 될 뿐이다.

하지만 다행히도 방법론적 자연주의는 진짜 과학이 무엇인지에 대한 부정확한 정의에 불과하다. 사실 과학은 방법론적 자연주의가 아니라 방법론적 **경험주의**로 특징지을 수 있다. 경험주의는 단지 이성적 사고에 의해서가 아니라 세계에 대한 우리의 경험에서 지식을 도출한다는 태도다. 과학은 결론의 모음이 아니라 하나의 과정상의 기술이다. 세계의 작동 방식을(이론, 모형, 화법들) 가능한 한 다양한 측면에서 상상하고, 가능한 한 세심하게 세계를 관찰하는 것이 과학이다.

이러한 포괄적인 정의에 따르면 과학은 지질학이나 화학처럼 확실히 과학이라 인식되는 분야뿐 아니라 심리학이나 경제학 같은 사회과학 분야들, 심지어는 역사 같은 주제까지도 아우른다. 많은 분야의 사람들이 세계를 탐구하고 이해하기 위해 동원하는 나름의 방식들을 과학에 포함해 부르는 것은 나쁠 건 없다. 비록 약간은 덜 체계적인 방식들에 의존하고 있지만 말이다. 그러나 과학은 사유와 이성만 가지고 풀어나갈 수 있는 주제가 아니다. 과학은 수학이나 논리를 포함하지 않으며 미학이나 도덕 같은 가치판단의 문제를 감당하지 못한다. 과학의 목표는 단순하다. 세상을 있는 그대로 이해하는 것이다. 존재 가능한 다른 모습들도 아닌, 기대되는 특정 모습도 아닌 지금 이 모습 그대로 말이다.

과학을 실천하면서 처음부터 초자연성을 배제하는 것은 바람직하지 않다. 과학은 관찰되는 현상에 대한 최선의 설명을 찾기 위해 노력한다. 만약 그 설명이 비자연주의적인 것이더라도 어쨌든 과학이 그리로 이끈 것이다. 최선의 설명이 자연계의 범위를 벗어나는 것을 상상하기는 어렵지 않다. 예수가 재림해 죽은 자들이 부활하고 심판이 내려진다고 치자. 이때 이런 상황을 본인의 눈과 귀로 직접 보고 듣고도 적지 않은 수의 과학자 무리는 여전히 자연주의의 테두리 안에서만 설명을 찾으려고 고집을 부릴 것이다.

그러나 과학과 자연주의의 관계가 이 예시처럼 과학이 자연주의를 당연하게 기본으로 깔고 가는 식이어서는 안 된다. 과학은 세상을 가장 잘 그려내는 방법일 때만 자연주의를 조건부로 인정해야 한다. 우리는 모든 존재론 선택지를 앞에 펼쳐놓고 각각에 사전 신뢰도를 할당한다. 그런 다음 충분한 정보를 모아 신뢰도를 업데이트한다. 이 과정을 마칠 때쯤 자연주의가 우리가 가진 증거에 가장 잘 부합하는 것으로 보이면 그때 자연주의에 가장 높은 신뢰도 점수를 준다. 이런 수고의 결과로 일단 지금은 자연주의가 다른 대안들에 비해 현저한 우위에 있는 것으로 보인다. 나중에 새로운 증거 자료가 생기면 신뢰도가 또 수정되겠지만 말이다.

✻

과학은 세상을 직접 관측해 알아가는 경험주의의 전략을 활용한다. 이와 대비되는 개념은 합리주의다. 합리주의란 감각적 경험을 통하지 않고도 세상의 진리를 깨우칠 수 있다는 사상이다.

합리주의라는 말은 멋지게 들린다. 어느 누가 합리적인 사람이 되고 싶지 않겠는가? 하지만 여기서 말하는 합리주의는 관찰 없이 오직 이성에만 의지해 세상을 알아가는 것을 말한다. 합리주의는 다양한 방식으로 실행될 수 있다. 우리는 처음부터 온전한 지식을 타고날 수도, 반박의 여지가 없는 형이상학의 원칙을 바탕으로 사유할 수도, 영혼이나 기타 비물리적 경로로 통찰을 얻을 수도 있다. 하지만 이 중 어느 것도 세상의 진실을 밝히기에 믿을 만한 방법이 아니다.

누구도 백지상태에서 출발하는 사람은 없다. 인간은 직관력과 본능과 환경 적응력을 장착하고 태어난다. 이런 능력은 살아가면서 평생 발전한다. 아니면 누군가의 주장대로 창조주가 심어준 것일 수도 있다. 하지만 어느 쪽이든 이 능력 자체를 '지식'으로 여기는 것은 단단한 착각이다. 직관으로 형성된 아이디어 중에는 옳은 것도 있겠지만 그것을 어떻게 아는가? 세상을 감지하는 인간의 본능은 틀린 것으로 판명되기 일쑤다. 직관적 아이디어를 그대로 신뢰할 수 있는 것은 경험에 미루어 검증을 거쳤을 때뿐이다.

합리주의의 바탕에는 논리적으로 완벽하고 합리적인 기본 질서가 있다는 믿음이 깔려 있다. 이 질서에 따르면 데이터를 수집하고 검증하는 번거로운 과정 없이도 진실일 수밖에 없는 선험적 원칙을 구분할 수 있다는 것이 합리주의의 입장이다. '모든 결과에는 원인이 있다'거나 '무無에서 유有가 나오지는 않는다'는 말이 그런 예가 될 수 있다. 합리주의의 기가 좀처럼 꺾이지 않는 이유 중 하나는 여러 개별적 대상들에서 하나의 보편적 규칙성을 추출하는 인간의 능력 때문이다. 만약 수학자나 논리학자가 그러듯 우리가 연역법으로 과학을 사유한다면 구체적 사실 증거가 아무리 많아도 보편적 원칙 하나를 확정하지는 못할 것이다. 바로 다음 순간에 이 원칙과 모순되는 증거가 나올 수도 있기 때문이다. 그럼에도 우리는 연역적 사유를 자주 한다. 그런 까닭에 독일의 철학자이자 수학자인 고트프리트 라이프니츠 같은 사람들이 세상의 이치를 파악하려면 어느 정도는 직관에 슬그머니 기댈 수밖에 없다고 말한 것이다.

어쩌면 그 말이 옳을지도 모른다. 물론, 진짜로 그런지 아닌지를 알아보는 가장 좋은 방법은 믿음을 데이터와 비교해 검증하고 신뢰도를 적절하게 고쳐가는 것일 터이다.

⁂

16세기에 종교개혁에 앞장섰던 신학자 장 칼뱅은 인간에게는 신을 직접 느낄 수 있는 능력이 있다고 주장했다. 이 관점을 계승한 현대의 신학자 앨빈 플란팅가는 이 감각이 전 인류의 공통적 특질이지만 무신론자에게만은 고장 났거나 억눌려 있다고 말한다.

신이 존재하고 그런 신이 인간의 오감을 넘어선 방식으로 인간과 소통하는 게 가능할까? 물론이다. 플란팅가가 지적한 대로, 만약 유신론이 진실이라면 신이 그의 존재에 관한 지식을 인간의 머릿속에 심었다고 생각하는 것이 완벽하게 이치에 닿는다. 따라서 신이 실재하고 인간을 보우하신다고 우리가 이미 확신한다면 기도나 사색 같은 비감각적 경로를 통해 신을 알 수 있다고 믿을 만한 이유가 존재하는 셈이다. 이런 가정 아래서는 합리주의적 사유와 유신론이 조화롭게 똘똘 뭉친 믿음의 행성 하나를 이룬다.

그러나 이런 사고로는 유신론이 진실인지 아닌지를 가릴 수가 없다. 우리에게는 신의 존재를 두고 서로 경쟁하는 두 명제가 있다. 하나는 신은 분명 존재하며 초월적 경험을 통해 우리는 신성에 (혹은 그 비슷한 것에) 접근한다는 것이다. 다른 하나는 자연주의로서, 그런 경험을 감각정보와 뇌의 복합작용이 낳은 꿈, 환각, 기타 인상 등으로 설명하는 것이다. 둘 중 하나만 콕 집어 골라야 한다면 우리는 어느 명제가 우리가 믿는 세상의 다른 진실들과 너 잘 부합하는지를 살펴봐야 한다.

사람들은 위대한 존재와 조우하고, 육신에서 해방되고, 자아의 경계가 허물어지고, 실체가 없는 영혼과 소통하고, 우주적 환희를 맛본다고 말한다. 만약 이런 개인의 영적 경험이 평범한 물질적 원인에서 비롯되지 않았고 그럴 수도 없다고 증명된다면 그런 경험을 자연주의를 기각하는 진짜 증거로 인정할 수 있을 것이다. 의식과 지각에 관한 다른 많은 논제가 그렇듯 이것도 아직은 정답이 없는 열린 질문이다. 영적 경험과 뇌의 생화학 사이에 직접적인 관련성이 있음을 보여주는 연구 자료가 계속 쌓여가고 있긴 하지만 말이다.

소설가 올더스 헉슬리는 《지각의 문》에서 향정신성 약물인 메스칼린을 직접 복용한 경험담을 자세히 기술했다. 메스칼린과 비슷한 페이요티와 아야화스카는 오래전부터 미국 원주민이 종교적 목적으로 사용해온 것으로 유명하다. 모두 LSD나 실로시빈(마법의 버섯)과 유사한 효과를 낸다고 알려진 환각 물질들이다. 이때의 경험을 헉슬리는 그의 의식을 가리던 필터가 걷히고 의식이 또렷해져 더 큰 깨달음에 가까워졌다고 묘사하고 있다. 그 뒤로도 그는 환각제를 상습적으로 복용했다. 생의 마지막 순간 역시 환각제와 함께였다. 후두암으로 인한 통증이 극심해 아내 로라에게 부탁해 LSD를 주사한 것이다. 전해지는 얘기로는 주치의의 경험상 보통은 격렬한 발작을 일으키기 마련인 후두암 환자치고 임종이 그렇게 평화로운 경우는 처음이었다고 한다.

최신 신경과학 연구에 의하면 필터를 걷는 메스칼린의 효과에 관해 헉슬리의 짐작이 옳았던 것 같다. 사람들은 흔히 환각제가 시각과 감각을 증폭시킨다고 생각한다. 그러나 기능적 자기공명영상fMRI을 동원한 로빈 칼하르트-해리스와 데이비드 너트의 연구 결과를 보면 환각제들이 필터 역할을 하는 뇌의 신경 활동을 억제한다는 것이 더 정확한 설명이다. 밝혀진 바로, 뇌의 어떤 부분은 영상과 감각 정보를 받아들이느라 쉴 틈이 없는 동안 또 어떤 부분은 의식적 자아를 보호하기 위해 그런 감각 신호들을 반대로 억제한다고 한다. 정확한 기전은 아직 모르지만 일부 환각제가 기분을 조절하는 신경전달물질인 세로토닌의 특정 수용체를 활성화하는 것으로 보인다. 이때 환각제는 새로운 환각을 지어내지 않는다. 그보다는 이미 뇌 안에서 돌아다니고 있던 환각을 더 예민하게 감지하게 한다.

하지만 영적 현실을 체험할(그것이 가능하다 치고) 때 우리가 무언가를 보고 느끼는지에 관해 신경과학 연구는 아무것도 증명해주지 않는다. 어쩌면 몇몇 환각제의 효과가 우연히 초월적 경험과 매우 흡사한 것일 수도 있다. 아니면 약물이나 어떤 물리적인 뇌 자극이 우리를 그런 경험으로 인도하고 더 넓은 현실을 체험하게 하는 것일지도 모른다. 또 어쩌면 어떤 식으로도 비자연계에 기대지 않고 초월적 경험을 정의하는 깔끔하면서도 우아한 설명이 존재하는데 우리가 아직 못 찾은 걸 수도 있다.

기도와 명상과 사색은 심오하고 지극히 개인적인 활동이다. 이 점을 고려할 때 초월적 경험을 환각제나 뉴런의 활동 또는 냉정한 과학실험 따위와 엮는 것은 영적 세계를 깎아내리는 경박한 짓으로 보일 수 있다. 하지만 우리가 정직한 지성인으로서 세상을 누구보다도 잘 이해하고자 한다면 늘 우리의 믿음에 의문을 품고 대안을 존중하며 우리가 모은 최선의 증거들과 대조 검토하는 자세가 필요하다. 초월적 경험은 더 높은 층위의 현실에 직통으로 연결되어 나타나는 현상일 수도 있고 아닐 수도 있다. 그 진위를 확인하는 방법은 이 아이디어를 우리가 세상을 관찰해 얻은 지식과 대조해보는 것뿐이다.

17
나는 누구인가

이론이 창발하고 어휘와 적용 영역이 겹치고 어쩌고저쩌고…. 이 모든 논의가 재미없는 철학으로만 들릴 수도 있다. 하지만 그것은 오산이다. 그 중심에 나는 누구인가라는 정수가 있기 때문이다.

성별과 성적 취향을 생각해보자. 이 두 가지는 자아관의 핵심을 이루는 논제다. 내가 이 단어를 적어 내려가는 순간에도 세계 곳곳에서는 이 주제에 관한 사회 관념이 어지러울 정도로 급변하고 있다. 그런 사회 변화를 잘 보여주는 지표 중 하나가 동성결혼이다. 미국의 경우, 1996년에 연방정부에서 결혼보호법이 압도적 지지로 통과되었다. 결혼보호법은 한 남성과 한 여성의 결합만을 결혼으로 인정하는 법안이다. 당시 하원 사법위원회는 이 법안의 취지가 "동성애의 도덕성을 명시적으로 불인정하는 것"임을 천명했다. 그러나 2013년에 미국 대법원은 결혼보호법이 규정한 결혼의 정의가 위헌이라는 결정을 내린다. 이에 따라 그동안 각 주에서 제재받아온 동성 간의 결혼을 연방정부 차원에서는 인정할 수 있게 되었다. 나아가 2년 뒤 대법원이 주 정부가 동성결혼을 금지하는 것이 위헌이라는 결정을 추가로 내리면서, 국가적 차원의 동성결혼 합법화가 급물살을 타게 되었다. 그렇게 미국은 캐나다, 브라질, 유럽 등 이미 몇 년을 앞선 다른 나라들을 뒤따라 동성결혼을 인정하는 세계적 추세에 합류했다. 물론, 모두가 그런 것은 아니어서 아직도 적지 않은 국가에서는 여전히 동성애가 구속감이고 심하면 사형까지 선고된다.

결혼이 가시방석이라면 성 정체성은 지뢰밭이다. 세상은 많이도 변해서, 요즘 사람들은 자신의 사회적 성이 생물학적 성과 일치하지 않음을 인지했을 때 옛날처럼 그것을 숨기거나 외면하는 게 아니라 있는 그대로 받아들인다. 트랜스젠더 중에는 생식기 성형수술을 받는 사람도 있고 그러지 않기로 선택하는 사람도 있다. 어느 쪽이든 그들 각자가 갖는 자신의 사회적 성에 대한 자부심은 시스젠더(사회적 성과 생물학적 성이 일치하는 사람)의 그것과 다르지 않다. 수년 동안 여자로 알았던 한 친구가 어느 날 갑자기 자신을 "그녀"가 아니라 "그"라고 불러달라고 요구할지 모른다. 만약 그런 날이 오면 당신은 그 순간을 평생 잊지 못할 것이다.

스탠퍼드 대학교의 신경생물학 교수 벤 배러스가 한 학회에서 성황리에 강연을 마쳤을 때 청중석의 한 과학자가 말했다. "벤 배러스 교수의 연구는 그의 누이의 것보다 훨씬 나아." 하지만 배러스에게는 과학을 연구하는 누이가 없었다. 이 과학자는 성전환수술을 받기 전 바버라라는 이름의 여성이었던 예전의 배러스 교수를 가리킨 것이었다. 같은 연구인데 연구자가 남성이라는 이유 하나만으로 더 깊은 인상을 남긴 것이다. 이렇듯 한 사람에 대한 우리의 의견은 우리가 인지하는 상대방의 성별에 따라 크게 달라진다.

이쪽으로 깨인 사람에게도 이런 인식 전환에 익숙해지기란 쉽지 않은 일이다. 일말의 의심도 없이 남자로 알고 지내던 사람이 하루아침에 자신이 여자라고 선언한다면 어떨까? 이는 어떤 사람이 어느 날 돌연 자신의 키가 2m 40㎝라고 정해버리는 것과 같은 느낌일 것이다. 세상에는 그렇게 맘대로 정할 수 없는 게 있다. 그런 것들은 그냥 원래부터 그런 것이다. 그렇지 않은가?

☼

사람들이 자신과 다른 사람에게 대응하는 방법은 각자의 사회적 성향과 정신 구조에 어느 정도 좌우된다. 누군가는 모두 다 제멋에 사는 거라고 말한다. 그런 자유주의자들은 자신이 누구인지를 결정할 권리가 개개인에게 있다고 여긴다. 반면에 또 누군가는 타고 나길 더 조심스럽고 고지식해서 사회관습에 어긋나는 행동을 보면 눈살부터 찌푸린다.

하지만 여기에는 개인의 태도보다 더 중요한 문제가 있다. 바로 존재론에 관한 것이다. 말 그대로 '실존'하면서 세상을 이루는 뼈대가 되는 것. 그런 것이 무엇이라고 당신은 생각하는가?

남성과 여성의 개념은 많은 사람에게 세상의 뿌리 깊은 기본 구성요소다. 자연계에는 만물의 질서가 있고 남성과 여성의 개념은 이 질서의 삭제 불가능한 일부분이다. 제거주의가 최대한 많은 것을 환상으로 걸러내는 쪽이라면 그에 대립하는 **본질주의**essentialism는 특정 범주를 현실의 토대를 이루는 부동의 특징으로 선언한다. 성별에 관한 한 현재는 본질주의의 편이 우세한 실정이다. 하지만 세상이 달라지고 있다.

본질주의의 원천은 뭐니 뭐니 해도 종교 교리라 할 수 있다. 그 본보기로 미국 가톨릭 생명윤리위원회가 해석하는 성 정체성 장애의 정의를 살펴보자.

모든 사람은 남성 아니면 여성이다. 그 무엇도 이 사실을 바꿀 수 없다. …성전환수술을 받으려는 사람은 진짜 자기 자신을 불편하게 여기는 사람이다…

사람은 생식기를 고칠 수는 있어도 성별을 바꾸지는 못한다. 반대 성의 호르몬을 투여하고 생식기를 제거하는 것만으로는 성별을 바꾸기에 충분하지 않다. 성 정체성은 각자 타고난 고유의 천성에 뿌리를 둔 객관적 사실이므로 호르몬 수치나 생식기의 수준으로 환원될 수 없다…

한 사람의 성 정체성은 개개인의 주관적 믿음이나 소망, 감정 등에 의해 결정되지 않는다. 성 정체성은 언제나 개인의 천성을 따른다. 기하학적 증거가 기하학적 기정사실에서 비롯되는 것처럼, 성 정체성은 존재론적 기정사실에서 나온다.

사회적 성별이 한 인간의 천성이고 본연의 모습이라니. 이보다 더 노골적인 본질주의적 선언은 찾아보기 힘들 것이다.

본질주의적 태도를 독려하는 사회는 종교계 말고도 또 있다. 미국 정신의학회APA는 1980년에《진단 및 통계 편람》을 발간했다. 성 정체성과 생물학적 성이 일치하지 않는 사람에게 내려지는 병명인 '성 정체성 장애'가 바로 이 교본에 처음으로 등장한다. 하지만 그보다 한참 전부터 의료계에서는 어린이가 마땅히 기대되는 행동 양상을 보이지 않을 때 외과시술과 호르몬제로 치료하는 것이 관행이었다. APA가 외적 성별과 내적 성별의 불일치를 강조하는 기존 용어 대신 자신의 현재 모습에 불만족하는 심리에 초점을 맞춘 '성별 위화감'으로 진단명을 공식 수정한 것은 2013년에 들어서다.

*

시적 자연주의는 사물과 현상을 본질주의와 다른 시각으로 바라본다. 시적 자연주의에 따르면 남성과 여성은 인간이 만든 분류다. 그렇게 말하는 것이 세상을 이해하는 데 유용한 까닭이다. 양자 파동함수나 입자와 기본 힘처럼 세상의 기본 구성요소인 것들도 있지만 그 밖의 모든 것은 인류가 일정한 의도를 가지고 창조해 기본 요소들 위에 덧씌운 어휘다. 그러니, XX 염색체를 가진 사람이 자신을 남성이라 주장한들 그게 뭐 대수란 말인가?*

단순히 사회적 성별이 없어져야 한다는 소리가 아니다. 생물학적으로는 남성이지만 자신을 여자로 여기는 사람은 "남성과 여성은 임의적 분류일 뿐이야. 나는 원하는 무엇이든 될 수 있어"라는 생각에서 그러는 것이 아니다. 그들은 그냥 자신이 여자라고 생각한다. 다시 말해, 인간이 창조했다는 이유만으로 어떤 개념이 반드시 환상인 것은 아니다. 내가 여자임을 그냥 알아서 그렇게 말하는 것은 분명 유용하고 의미 있는 행동이다.

언뜻 이것은 '현실은 사회적으로 구축된다'라는 포스트모더니즘 시대의 오랜 슬로건을 떠올리게 한다. 그럴 만도 하다. 세상을 얘기하는 화법은 사회적으로 구축되는 것이고, 특정 화법에 세상을 정확하게 기술하는 데 유용한 개념이 들어 있다면 그런 개념을 '진짜'로 여기는 것이 타당하기 때문이다. 하지만 자연주의는 모든 것의 바탕에 존재하는 세상이 단 하나뿐이라고 전제한다는 점을 잊어서는 안 된다. 기저의 세상은 사회적

* 생물학적 남성은 XY 성염색체 쌍을 가진다.

으로 구축될 수가 없다. 그냥 원래부터 그런 것이다. 우리는 그런 세상을 발견하고 그것을 기술할 어휘를 창조하는 과업을 맡았을 뿐이다.

성전환이 자연의 질서를 거스르는 짓이라고 여기는 사람들은 종종 초점을 교묘하게 흐리는 반론을 펼친다. 사회적 성과 성적 정체성이 입맛대로 고를 수 있는 것이라면 인간으로서의 정체성은 어떻게 되냐고 말이다. 그렇다면 묻겠다. 사람이라는 생물종은 사회적으로 구축된 개념일까?

실제로 '종족 위화감'이라는 병명이 있긴 하다. 성별 위화감과 비슷하지만 이 경우는 환자가 자신이 다른 생물종이라고 믿는다. 사람의 형상을 하고 있으면서도 자신이 고양이나 말이라고 생각하는 식이다. 심지어는 자신이 용이나 엘프처럼 실존하지 않는 생물종이라고 믿는 예도 있다.

아무리 관대해지려고 해도, 솔직히 종족 위화감 환자를 마주하면 왠지 심술이 발동한다. 그래서 "시적 자연주의가 자신이 유니콘이라 믿는 정신 나간 십 대 조카에게 장단을 맞춰줘도 된다는 뜻이라면, 고맙지만 나는 종족 정체성에 관한 한 본질주의 편에 서겠다"고 선언하고 싶어진다.

하지만 여기서 요점은 그게 아니다. 중요한 것은 그런 화법이 유용한가 아닌가다. 모든 것은 목적이 있어야만 유용해질 수도 있다. 세상에서 일어나는 일들을 더 잘 설명하고 이해한다는 목표를 가진 과학자에게 '유용함'이란 '현실의 측면들을 정확하게 기술하는 모형을 세운다'는 뜻이다. 타인의 건강을 위하는 사람에게는 '유용함'이 '그들을 더 건강하게 만드는 데 도움이 된다'는 의미로 해석된다. 또, 윤리와 도덕성을 논할 때는 '옳고 그름을 판별할 일관성 있는 체계를 제공하는' 모든 것이 '유용'하다.

즉, 시적 자연주의는 자신이 용이라고 믿거나 생김새와 반대인 성을 주장하는 사람을 바로 인정(혹은 비난)하지 않는다. 그보다는 그런 상황에서 어떤 질문을 해야 할지 우리에게 방향을 제시한다. 우리는 이렇게 물어야 한다. 저 사람의 생각과 감정을 이해하려면 어떤 어휘를 쓰는 게 가장 좋을까? 어떻게 해야 저들이 행복하고 건강해지는 방법을 찾을까? 이 상황을 설명하는 가장 효과적인 개념은 뭘까? 우리는 선의를 가지고 이 물음들을 심사숙고하고 신중하게 결정한 뒤에야 말할 수 있다. "미안하다, 케빈. 하지만 넌 유니콘이 아니야"라고.

사회의 기대에 부응하지 않는 자아관을 가진 사람은 삶이 고되다. 설상가상으로 그들이 겪는 시련은 매우 개인적인 성격을 띤다. 학계가 아무리 많은 이론을 쏟아내도 그들의 고민을 시원하게 해결해주지는 못한다. 그런데도 이런 상황을 철 지난 존재론에만 의지해 논하려고 든다면 그들을 돕기는커녕 더 많은 상처를 입히고 말 것이다.

18
신을 귀추하다

모두가 알고 있듯 프리드리히 니체는 신이 죽었다고 선포했다. 티셔츠나 차 범퍼스티커에 새겨도 좋을 만한 철학적 명언이다. 까칠하게 받아치기를 좋아하는 스타일이라면 "니체는 죽었다—신"이라고 적어도 좋고 말이다.

많은 이가 이 말을 니체가 신의 죽음을 반겼다는 뜻으로 해석한다. 하지만 그것은 오해다. 니체는 신의 죽음을 부인하지는 않으면서도 그 파장을 걱정했다. 그가 쓴 짧은 우화 〈광인The Madman〉에서는 주인공이 불신자로 가득한 시장통을 돌아다니며 이렇게 소리친다.

> 광인이 뛰어들어 군중을 쏘아보며 외쳤다. "신은 어디에 있는가?" 그는 절규하며 말했다. "내가 그대들에게 말해주겠다. 우리가 신을 죽였다. 당신과 내가 말이다!"
>
> "이 공기의 공허함이 느껴지지 않는가? 전보다 스산해지지 않았나? 밤이 점점 길어져서 아침에도 등을 밝혀야 하지 않은가? 신을 묻은 인부들의 흐느낌 외에는 아무 소리도 안 들리지 않는가? 신성이 해체되는 이 악취를 모르겠는가? 신의 시신도 부패한

다. 신은 죽었다. 신은 죽어 있다. 우리가 그를 죽였다."

니체도 그의 소설 속 미치광이도 신의 죽음을 기뻐하지 않았다. 그들은 오로지 그 죽음의 진의를 대중에게 일깨우려 했을 뿐이다.

19세기는 옛 질서의 확고부동함에 안주하는 것을 조금씩 불편하게 느끼는 사람이 늘어나기 시작한 시대다. 과학은 외부의 도움 없이도 스스로 존재하고 발전하는 통일된 자연관을 수립했다. 그에 따라 사람들은 인간 지식의 승리를 자축했다. 하지만 새 시대의 어두운 면을 엿본 사람들도 있었다.

과학은 인간의 수명을 늘리고 달나라 여행을 가능케 했다. 하지만 과학이 우리가 어떻게 살아가야 할지를 알려주거나 천국을 꿈꿀 때 우리가 느끼는 압도적인 경외감을 설명해줄 수 있을까? 이런 것들까지 신을 배제하고 오로지 과학으로만 설명하는 게 가능하다면 신의 목적과 의미는 무엇이 될 것인가?

신을 헤아리는 것은 만만한 일이 아니다. 신은 세상에 좀처럼 모습을 드러내지 않는다. 곳곳에서 기적이 목격되지만 매우 드문 데다가 그것을 믿을 수 있는가를 두고 이견이 분분하다. 간혹 내면으로 신을 영접했다고 신앙 고백을 하는 사람도 있지만, 그것은 당사자 외의 사람들까지 설득할 만한 증거가 되지 못한다.

그뿐만 아니다. 신을 믿는 사람들 사이에서도 저마다 마음속에 그리는 신이 다르다. 신은 엄청나게 모호한 개념이다. 누군가에게 신은 한 인물에 가깝다. 이런 신은 세상을 창조한 뒤 한 사람 한 사람과 전 인류의 생사고락을 깊이 살피는, 전지전능하고 한없이 자비로운 존재다. 반면 또 누군가는 신을 더 추상적인 개념으로 인식한다. 세상만사를 관통하는 어떤 중심적 개념 같은 것으로 말이다.

그런 와중에 모든 유신론자가 동의하는 것이 한 가지 있다. 바로, 신은 절대지존이라는 점이다. 어떤 존재론의 성격을 결정하는 가장 중요한 특징 중 하나는 그 안에 신이 포함되어 있는가 아닌가다. 이것은 세상이라는 거대한 퍼즐의 가장 큰 조각이다. 따라서 신의 개념이 얼마나 모호한가를 떠나서 신을 어떻게 생각해야 할지 결정하는 것은 우리의 필수 과제다.

⁂

기억하겠지만, 베이즈 추론에는 중요한 두 단계가 있다. 추론을 시작하기 전에 이론에 사전 신뢰도를 할당하는 것이 하나, 주어진 이론이 옳을 때 어떤 정보가 관찰될 우도를 결정하는 것이 또 다른 하나다. 그런데 신이라는 논제에 관해서는 이 두 단계 모두 보통 난해한 게 아니다. 그래도 별도리가 없다. 원리대로 추론을 시작하는 수밖에.

최대한 단순하게 생각해서, 신에 관한 각종 화법을 유신론과 무신론이라는 딱 두 범주로 나누자. 이 분류는 있을 수 있는 온갖 믿음을 구분하기에는 너무 두루뭉술하지만 여기서는 일반적 원칙만 보여주려는 것이니 그냥 넘어가도록 한다. 또한, 이해가 더 쉽도록, 신이 인간들의 인생사를 세심하게 살피는 초강력한 인물이라고 치고 추론을 진행하자.

우선, 유신론과 무신론에 사전 신뢰도를 얼마나 할당해야 할까? 혹자는 무신론이 더 단순하다고 여길 것이다. 유신론에 비하면 개념의 범주가 하나 줄어들기 때문이다. 설명할 데이터의 양이 같을 때는 더 단순한 이론이 좋은 것이라고 하니, 그렇다면 무신론에 더 큰 사전 신뢰도를 매기는 게 마땅할 터이다(그러다가 무신론이 세상을 잘 설명하지 못하면 우도가 매우 작을 테니 높았던 신뢰도가 종국에는 있는 듯 없는 듯 작아질 것이다). 그런데 한편으론 유신론 아래에서 물리적 세상이라는 범주에 신이라는 범주 하나가 더해진다고 하더라도 세상이 유신론으로 잘 설명될 수도 있을 것이다. 설명을 잘하는 것은 바람직한 재능이다. 따라서 어쩌면 유신론에 사전 신뢰도를 더 높이 주는 게 나을지도 모른다.

이런, 무승부가 되어버렸다. 그렇다면 지금은 편의상 유신론과 무신론에 할당한 사전 신뢰도가 같다고 치자. 물론 원래는 사전 신뢰도를 어떻게 매기느냐가 개개인의 판단이지만 말이다. 이제 모든 결정권은 우도가 쥐게 되었다. 고로, 지금부터는 두 가설이 우리 눈 앞에 펼쳐진 세상을 얼마나 잘 설명하는지를 살펴볼 차례다.

☼

얘기는 이제부터 흥미진진해진다. 두 가설 각각 진실이라면 세상이 어떤 모습이어야 할지를 최대한 공정하게 추측하고 그것을 실제 세상의 모습과 비교해보자. 이것은 엄청나게 힘든 일이다. 유신론도 무신론도 그다지 예측력이 높거나 체계적인 아이디어가 아니기 때문이다. 두 가설 각각에 부합하는 우주는 수없이 많이 존재할 수 있다. 게다가 우리의 추측은 이미 우리가 세상에 대해 꽤 잘 알고 있다는 점 때문에 오히려 오염된다. 이 선입견은 극복하기가 만만치 않다.

이런 유의사항들을 주지하고, 악의 문제를 생각해보자. 전능한 신은 인간의 악행을 손가락 한 번만 튕기면 막을 수 있을 텐데 왜 악인들을 방관하는 걸까? 여러 가지 답이 나올 수 있겠지만 가장 자주 언급되는 것은 인간의 자유의지다. 이 설명에 의하면 아마도 신에게는 인간 모두에게 착하게 굴도록 강요하기보다는 자유의지에 따라 선택할 권리를 주는 것이 더 중요하다. 그 결과로 악행이 벌어지더라도 말이다.

이때 우리가 할 일은 데이터(악의 존재)를 이론(유신론)에 억지로 끼워 맞추는 게 아니다. 우리는 경쟁하는 두 이론(유신론과 무신론) 각각의 신뢰도를 데이터가 어떻게 변화시키는지를 살펴봐야 한다.

그런 맥락에서 악이 존재하지 않는다는 점만 빼면 우리의 세상과 매우 흡사한 어떤 세상을 상상해보자. 그 세상의 사람들은 우리와 비슷하고 스스로 결정을 내릴 줄 안다. 다만 그들은 언제나 악이 아니라 선을 선택할 것이다. 그런 세상에서는 생성되는 데이터들이 한결같이 악의 부재를 가리키기 마련이다. 이것을 유신론과 연관 지어 어떻게 해석해야 할까?

악의 부재가 신의 존재를 뒷받침하는 확고부동한 증거로 받아들여지는 것은 어찌 보면 당연하다. 만약 신의 인도나 개입이 전혀 없이 인류가 단순히 자연선택에 따라서만 진화했다면 인간은 자연의 다양한 본성을 그대로 물려받았을 것이다. 그중에는 좋은 본성도 있겠지만 나쁜 본성도 있을 게 틀림없다. 따라서 세상에 악이 없다는 정보는 무신론 아래서는 설명하기가 어렵고 오히려 유신론이 옳다고 가정할 때 이해하기가 더욱 수월해진다. 그런 까닭에 악의 부재는 유신론의 증거로 받아들여진다.

그런데 그런 논리라면 반대로 사람이 악을 행한다는 사실은 신의 존재를 **부정하는** 더할 나위 없는 증거가 된다. 조금 전에 살펴본 것처럼 악의 부재에 대한 우도가 유신론 아래에서 더 크다면, 악의 존재에 대한 우도는 무신론 아래에서 더 클 것이다. 따라서 악의 존재는 무신론이 옳다는 우리의 신뢰도를 높인다.

이 모두를 종합하면 우리 우주의 다양한 특징이 유신론보다는 무신론을 더 옹호하는 증거라는 데에 생각이 미친다. 우리 우주와 달리 기적이 밥 먹듯 일어나는 세상을 상상해보자. 각기 개별적으로 발전한 모든 종교가 똑같은 교리와 신화를 들려주는 세상을, 태양과 달과 지구만 존재하고 다른 별이나 은하 따위는 없는 작은 우주를 떠올려보자. 종교 경전이 구체적이고 실증적인 과학 정보를 설파하는 다른 세상을 생각해보자. 어떤 세상에서는 인류가 나머지 생물들의 역사와 완전히 다른 경로로 발생하고 진화했다고 상상해보자. 사후에도 영혼은 살아남아 산 자들을 수시로 방문하며 천국 생활의 매혹적인 일화를 들려주는 세상을 머릿속에 그려보라. 이유 없는 고난은 없는 세상을, 개개인의 행복이 각자가 쌓은 덕에 정비례하는 더없이 공정한 세상을 상상해보라.

이런 세상에서라면 진실한 존재론을 좇는 성실한 수행자는 그런 현실의 특징들을 신의 존재를 지지하는 증거로 마땅히 받아들일 것이다. 그렇다면, **밤이 낮을 따르듯***, 그런 특징들이 없다는 사실은 무신론의 증거가 아닐 수 없다.

하지만 증거가 얼마나 탄탄한가는 완전히 다른 문제다. 전체적인 효과를 수량화하려는 시도가 없는 건 아니지만 번번이 실패하게 만드는 결정적인 장해물 하나가 있다. 바로 유신론이 매우 모호한 개념이라는 점이다. 그런 까닭으로 "신은 상상할 수 있는 가장 완벽한 존재"라거나 "신은 가능성의 보편 조건인 모든 존재의 근간"이라는 등 신을 명쾌하게 정의하려는 진술들이 만들어졌다. 언뜻 이 진술들은 모호함이 없어 보인다. 하지만 이 진술들을 바탕으로 "신이 존재할 경우 신이 은총을 받을

---

* 《햄릿》 중 플로니어스가 길을 떠나는 아들에게 조언하는 장면에서 나오는 대사

수 있는 구체적인 지침을 전 인류에게 내릴 확률" 따위의 우도값을 정확하게 매기기는 어렵다. 혹자의 주장대로 신의 정의가 이 정도면 충분히 명료하다고 치더라도 신의 개념과 우리가 사는 현실 사이의 연결고리는 여전히 베일에 싸여 있다.

유신론이 진실인 세상은 어떤 모습이어야 하는지를 유신론은 전혀 알려주지 않는다고 선언함으로써 얘기가 복잡해질 소지를 처음부터 없애는 방법도 있다. 신의 정수는 한낱 인간에게는 도저히 불가해한 미스터리라고 아예 못 박는 것이다. 그렇게 해도 문제가 깨끗하게 없어지지는 않지만—무신론의 예측 능력은 유신론보다 나으므로 무신론 아래서는 어떤 식으로든 증거가 모인다—숨통은 틀 수 있다. 단, 상당한 위험을 무릅써야 한다. 이 존재론이 사실상 아무것도 예측하지 못한다면 결국 아무것도 설명하지 못할 것이고 그렇다면 그것을 믿을 이유는 전혀 없게 될 테니 말이다.

✻

세상에는 무신론의 증거로 삼을 만한 특징이 존재하는 만큼 유신론을 지지하는 증거로 볼 만한 특징도 있다. 아무도 신을 생각하지 않는 세상을 상상해보라. 그냥 어느 누구의 머릿속에도 신의 개념이 떠오르지 않는 것이다. 유신론의 정의에 비추어볼 때 신이 존재한다면 이런 세상이 있을 가능성은 희박하다. 그 수고를 해서 우주며 인간을 기껏 만들었는데 아무도 신의 존재를 꿈꾸지 않는다면 그보다 더한 배은망덕이 어디 있겠는가. 그러므로 신을 생각하는 사람이 있다는 것 자체가 신이 실재한다는 증거라고 말할 이유가 충분할 것이다.

이 예시가 너무 장난스럽다고 느껴진다면, 조금 더 진지한 것도 있다.

물질은 있지만 생명체는 없는 세상을 상상해보자. 생명체는 있지만 의식은 없는 세상도 좋다. 혹은 의식을 가진 존재는 있는데 그들이 자신의 존재에서 기쁨이나 의미를 발견하지 못한다면 어떨까. 언뜻 보기에 그런 현실이 실재할 우도는 유신론보다는 무신론 아래서 더 높을 것이다. 그런 특징들이 자연주의적 세계관에 얼마나 잘 부합하는지는 이 책의 뒷부분에서 지겹도록 다룰 예정이다.

그러니 지금 여기서 무신론을 지지하거나 반대하는 모든 주장을 하나하나 언급하는 것은 에너지 낭비다. 더 중요한 것은 따로 있다. 우리는 이런 유의 논제를 추론해가는 과정의 원리부터 숙달해야 한다. 우리는 사전 신뢰도를 할당하고, 각 세계관 후보마다 여러 가지 사건이 일어날 우도를 결정하고, 실제로 관찰되는 정보를 토대로 신뢰도를 업데이트한다. 추론의 주제가 신이든, 대륙 이동이든, 암흑물질이든 이 기본 원리는 조금도 다르지 않다.

설명만 들으면 그게 뭐 어렵나 싶을 것이다. 하지만 인간은 고작 100년을 살면서 편견과 실수를 수도 없이 저지르는 존재다. 누군가는 수천억 개의 은하가 존재하는 우주가 태초에 신이 창조한 세상 그 모습 그대로라고 주장한다. 그러면 또 누군가는 눈을 똥그랗게 뜨고 반문한다. 과학기술의 발전에 힘입어 인류가 망원경으로 그 은하들을 발견하기 전에도 당신들은 그렇게 말했었냐고.

따라서 우리가 할 수 있는 최선은 우리 믿음의 행성을 조사하고 우리의 선입견을 잡아내고 최선을 다해 바로잡으려고 노력하는 것이다. 무신론자는 종종 유신론자들이 희망적 사고의 노예라고 지적한다. 무신론자가 보는 유신론자들은 물리적 세상을 넘어선 초월적 힘과 숭고한 존재

이유를 믿으며 사후세계에서의 보상을 기대한다. 단순히 그런 세상이 진실이기를 바라기 때문이다. 하지만 유신론자들의 이런 편향은 충분히 수긍 가는 것이다. 따라서 그들을 비난만 하기보다는 그런 점을 인정하고 앞으로 추론을 진행할 때 충분히 고려하는 것이 현명한 처사일 것이다.

사실, 편향은 두 방향 모두에서 일어난다. 대부분 사람은 인간을 가호하는 전지전능한 존재가 시시비비를 대신 가려준다는 아이디어에 더 호감을 느낀다. 개인적으로 나는 그 반대다. 솔직히 나는 그건 말도 안 된다고 생각한다. 나라면 나의 가치와 내 인생을 신이, 그것도 짜증 날 정도로 두루뭉술하게 점지하는 게 아니라 온전히 내가 만들어가면서 책임지는 세상에서 살고 싶다. 아마도 이런 진심이 나도 모르는 사이에 나를 유신론에서 멀어지게 했으리라. 그런데 한편으로 내 인생이 우주적 관점에서 볼 때 한순간에 끝나버리는 건 또 맘에 들지 않는다. 나는 좀 더 오래 살고 싶다. 그런 면은 내가 다시 유신론으로 기울게 만든다. 따라서 우리는 각자 어느 쪽으로든 어느 만큼은 자신이 기울어져 있음을 잊지 않으면서 늘 증거를 객관적으로 바라보려고 애쓰면 된다. 이것이 광막한 우주에서 코딱지만한 행성을 보금자리 삼아 연명하는 우리가 바랄 수 있는 최선일 것이다.

3부

존재의 정수

19
우리는 얼마나 아는가

열두 살 때 나는 초능력에 푹 빠져 있었다. 왜 안 그랬겠는가. 한창 그럴 나이였는데. 손만 뻗으면 물건이 움직이고 다른 사람의 생각이 들리고 미래를 볼 수 있다는 게 얼마나 멋지던지.

나는 초능력, 염력, 투시력, 예지력 등 평범하지 않은 정신 능력에 관한 글이라면 닥치는 대로 읽었다. 주인공이 초능력 히어로인 만화책을 엄청나게 좋아했고 공상과학 소설과 판타지 소설도 열심히 탐독했다. 인간의 비범한 능력을 증명하는 과학적 증거라고 '항간에 전해지는' 글들은 말할 것도 없다. 나는 미스터리를 파헤쳐 초능력이 어떻게 작동하는지 알아내고 싶었다. 그중에서도 특히 내 마음을 사로잡은 초능력은 정신력으로 사물을 움직이는 것이었다.

하지만 나는 타고난 과학자이기도 했다. 그래서 그 어린 나이에 과학자로서 결단을 내렸다. 직접 실험해보기로 한 것이다.

그때 우리 가족은 지하실이 딸린 집에 살고 있었다. 나는 혼자 지하실로 내려가 문을 닫았다(내가 특별히 용감한 꼬마 과학자였다고 자랑하려는 게 아니다). 나는 작은 물건부터 시작할 심산으로 주사위와 동전 따위를 평평한 탁자에 올려놓았다. 그러고는 그 물건들을 생.각.했다. 집중력을 최대한 발휘해서 탁자 위의 물건들을 오로지 정신력으로만 밀어내려고 안간힘을 썼다. 하지만 물건들은 미동조차 없었다. 나는 목표물을 더 쉬운 것으로 바꿨다. 그다지 많은 힘이 필요하지 않은 종잇조각을 놓고 다시 정신을 집중했다. 하지만 결국 인정해야 했다. 생각만으로 물체를 움직일 수 있는 사람도 있겠지만 나는 그들 중 하나가 아니라고.

지금 돌이켜 생각하면 이렇게 어설픈 실험이 또 있을까 싶다. 하지만 그때의 나에게는 그걸로 충분했다. 나는 내게도 염력이 있다는 기대를 과감하게 포기했다. 그렇다고 초능력에 대한 환상이나 미스터리 연구에 대한 흥미를 완전히 잃은 것은 아니었다. 그런 힘이 있다고 주장하는 사람들이 미심쩍어 보이기 시작하긴 했지만. 지금도 나는 진짜로 내게 초능력이 있으면 좋겠다고 생각한다. 그런 재주가 있으면 과학적 가치를 떠나서 평소에 유용하게 써먹을 수 있을 테니 말이다.

✺

어설펐던 꼬마 시절의 나와는 비교가 안 될 정도로 초능력이나 초자연적 현상을 제대로 연구하는 전문가들이 있다. 듀크 대학교 교수 J. B. 라인도 그중 한 명이다. 그는 세상의 높은 관심 속에서 수많은 실험 끝에 초능력은 진짜라는 결론을 내렸다. 그러나 그의 연구는 논란이 많다. 똑같은 실험인데도 할 때마다 결과가 들쑥날쑥한 데다가 계획이 허술해 연구 참가자들이 부정행위를 하기 쉽다는 지적이 잦았기 때문이다. 오늘날 초심리학은 학계에서 주류에 끼지 못하고 있다. 마술사이자 회의론자인 제임스 랜디가 다른 변수들이 철저히 통제된 조건에서 초능력을 증명해 보이는 사람에게 백만 달러를 주겠다는 내기까지 걸었지만 수많은 도전자 가운데 성공한 사람은 지금까지 한 명도 없었다.

그리고 백만 달러의 주인공은 앞으로도 나오지 않을 전망이다. 초능력, 즉 평범한 물리적 수단을 쓰지 않고 정신으로 세상을 관측하거나 조작하는 인간의 능력이란 존재하지 않기 때문이다. 우리는 초능력은 없다고 자신 있게 말할 수 있다. 이런저런 초능력 연구의 허와 실을 일일이 따질 필요도 없다.

이유는 간단하다. 현재 우리가 아는 물리 법칙만으로도 초능력이 진짜일 가능성을 완전히 배제하기에 충분하다.

너무 자신하는 것 아니냐고? 맞다. 과한 확신은 위험하다. 역사적으로도 자신이 실제보다 많은 것을 안다고 주장하거나 조만간 모든 진실이 밝혀질 거라고 속단한 과학자들이 차고 넘쳤다.

> "천문학에 관해 우리가 알아낼 수 있는 지식은 거의 한계에 다다랐다."
>
> —사이먼 뉴컴, 1888년

> "물리 과학의 중요한 기본 법칙과 사실은 모두 밝혀졌다."
>
> —앨버트 마이컬슨, 1894년

> "우리가 아는 물리학은 여섯 달 안에 완성될 것이다."
>
> —막스 보른, 1928년

> "20세기 말에 우리가 완전하게 통일된 만물의 이론을 완성하게 될 확률이 50%다."

—스티븐 호킹, 1980년

하지만 내 주장은 다르다(물론 다들 그렇게 말했다는 건 나도 잘 안다. 하지만 이번엔 진짜다). 나는 우리가 모든 것을 다 안다거나 그 단계에 가까이 왔다고 주장하려는 게 아니다. 나는 그저 우리가 무언가를 잘 알고 있고 그것과 대립하는 다른 어떤 것, 가령 정신력으로 숟가락을 구부리는 것 따위를 배제하기에는 우리가 잘 아는 그것만으로도 충분하다는 말을 하려는 것이다. 우리가 이 말을 자신 있게 할 수 있는 이유는 물리 법칙의 특별한 성질에 있다. 현대의 물리학은 어떤 것이 진실임을 말해주는 것 외에도 그 지식의 한계, 즉 우리 이론을 어디까지 신뢰할 수 있는지에 대해서도 경계를 짓는 기능을 기본으로 탑재하고 있다. 어떤 이론이 더는 믿음직하지 않아지는 순간 그곳에 경계선을 긋는 것이다. 이에 관한 자세한 얘기는 잠시 뒤에 다시 하기로 하자.

☼

어릴 적의 내가 유별나게 낙관적이었다고는 볼 수 없을 것이다. 평범한 열두 살짜리 사내아이에게 정신력이 뻗어 나와 바깥세상을 지켜보고 움직인다는 것은 충분히 있음 직한 일이었다. 우리는 한곳에서 일어나는 일이 멀리 떨어진 곳에 영향을 미치는 현상을 매일같이 목격한다. 리모컨 버튼을 눌러서 TV를 켜고 채널을 돌린다. 전화를 걸어 수천 킬로미터 떨어진 사람과 얘기를 나눈다. 분명, 보이지 않는 힘들이 기술력이 달아준 날개로 온 세상을 자유롭게 날아다니고 있다. 그럴진대 정신력은 안 될 이유가 뭐란 말인가.

인간의 정신은 신기하다. 어떤 부분은 알 것도 같은데 대부분은 아직 모르는 게 더 많다. 수천 년 전부터 현자들은 인간의 정신 작용을 두고 깊이 사색해왔다. 그러다 현대에 들어 심리학과 신경과학이 든든한 지원군으로 등장했다. 그럼에도 이 주제에 관한 한 사실로 정립된 것보다는 앞으로 알아내야 할 미스터리가 훨씬 더 많다. 의식이란 무엇일까? 꿈은 어떻게 꾸는 걸까? 우리는 어떻게 결정을 내릴까? 기억은 어떻게 기록될까? 감정과 기분이 이성적 사고에 어떤 영향을 줄까? 경외감과 황홀경은 어디서 나오는 걸까?

그렇다면 초능력도 그 연장선상에서 생각할 수 있지 않을까? 회의주의라는 방패를 단단하게 쥔 채 초능력을 지지하는 주장 하나하나를 철저하게 분석해보면 될 것이다. 희망적 사고는 굉장히 유혹적이므로 나도 모르게 마음이 기울지 않으려면 그래야 한다. 하지만 그보다 중요한 것은 우리가 무엇을 알면 안다고, 모르면 모른다고 솔직하게 인정하는 태도다. 솔직히, 독심술과 염력이 전화보다 특별히 더 신기한 구석은 전혀 없다. 어쩌면 오히려 현대 과학기술이 탄생시킨 수많은 발명품보다 훨씬 더 자연스러운 것이 초능력일지도 모른다.

다만, 정신 작용에 대해 전부 알지는 못함을 인정하는 것과 정신 작용이 자연의 법칙에 부합해야 함을 명심하는 것은 엄연히 다르다. 감기를 예로 들어보자. 우리는 감기를 일으키는 바이러스에 대해 모든 것을 알지는 못한다. 하지만 감기 바이러스가 입자물리학의 규칙을 따르는 원자들의 배열 그 이상이라고 여길 만한 근거는 전혀 없다. 이 배경지식은 바이러스의 능력이 어디까지일 수 있는지 경계를 그어준다. 바이러스는 한 사람의 몸에서 다른 사람의 몸으로 순간이동을 할 수 없고, 스스로 반물질로 변해 폭발을 일으키지도 못한다. 물리 법칙은 바이러스에 관해 우리가 알고 싶어 하는 모든 것을 가르쳐주지는 않지만 무언가를 확실히 알려주기는 한다.

그런데 이 물리 법칙은 우리가 저 벽 너머를 내다보거나 의지만으로 공중부양을 할 수 없다고도 말한다. 사물이든 동식물이든 사람이든 우리가 살면서 보고 듣고 경험하는 모든 것은 몇 종류 안 되는 힘을 통해 상호작용하는 몇 종류 안 되는 입자들로 이루어져 있다. 이 입자와 힘은 열두 살짜리 소년을 매혹했던 초자연적 현상을 일으키지 못한다. 무엇보다도, 초자연적 현상을 뒷받침할 만한 새로운 입자나 힘은 없다는 사실을 우리는 안다. 우리가 아직 찾아내지 못해서가 아니다. 그런 게 존재한다면 진즉에 발견되었어야 마땅하기 때문이다. 우리는 우리 능력의 한계가 어디까지인지 단언할 수 있을 만큼은 충분히 알고 있다.

☼

물론, 실증적 세상의 그 무엇도 100% 확신할 수는 없다. 지당한 말이다. 우리는 새 정보가 나올 때 이론을 기꺼이 수정할 마음의 준비가 늘 되어 있어야 한다.

하지만 말년의 비트겐슈타인 가르침을 따르더라도* 우리는 적어도 몇몇 사안은 안정적으로 정립되었다고 충분히 자신할 수 있다. 내일 정오에 중력이 뒤집혀서 지구상의 모든 생명체가 우주로 날아가 버리는 상황을 상상해보자. 그런 일이 일어나는 것이 불가능하지는 않다. 우리는 이런 일이 절대로 생기지 않음을 증명하지 못한다. 만약 그쪽으로 무게를 실어주는 최신 데이터나 새로운 이론이 나와서 그런 가능성을 진지하게 고려해야 할 정도가 되면, 그때는 그렇게 해야 한다. 하지만 진짜로 그런

* 비트겐슈타인은 노년에 확실성의 문제에 골몰했다.

데이터가 나오지 않는 한 중력 역전을 염려하는 것은 기우에 불과하다.

초능력도 마찬가지다. 독심술이나 염력을 증명하겠다고 진지하게 실험을 하는 것이 흉볼 일은 아니지만 실속 없는 일이긴 하다. 중력이 내일 당장 뒤집히지 않을 것을 아는 것처럼 우리는 초능력은 진짜가 아니라는 것도 알기 때문이다.

데이비드 흄은《인간 지성에 관한 탐구》를 집필하면서 자연법칙에 어긋나는 경이적 현상에 관한 주장들을 어떻게 취급해야 할지 많은 고민을 했다. 그 결과로 그가 내놓은 답은 기본적으로 베이즈 추론의 원칙과 다르지 않다. 흄은 믿기보다 믿지 않기가 확실히 더 어려울 때만 그 주장을 인정해야 한다고 말했다. 즉, 그런 현상이 정말로 자연법칙을 거스름을 시사하는 증거가 워낙 압도적이어서 이 주장을 부인하는 것보다는 인정하는 것이 훨씬 수월해야 한다. 초능력 현상도 이와 같다. 물리 법칙을 지지하는 증거의 우위가 유지되는 한, 초능력의 존재에 대한 우리의 신뢰도는 절대로 바닥을 벗어나지 못한다.

과학이 완성되었다거나 우리가 알아야 할 것은 다 알아냈다는 말을 하려는 게 아니다. 모든 과학 이론은 세상을 논하는 수많은 화법 중 하나일 뿐이고, 이론마다 활약하는 적용 영역이 정해져 있다. 가령 야구나 우주로켓에는 뉴턴역학이 잘 맞는다. 물론 원자가 쪼개진 뒤에는 양자역학을 소환해야 하지만 우리는 잘 통하는 영역에서는 여전히 뉴턴역학을 쏠쏠하게 써먹는다. 우리는 학생들에게 뉴턴역학을 가르치고 뉴턴역학에 의지해 우주선을 달로 보낸다. 뉴턴역학은 전공 분야 안에서만큼은 확실히 "옳다". 그리고 앞으로도 이 영역 안에서 뉴턴역학이 틀렸다고 말하는 증거가 나타나 판도를 하루아침에 뒤바꾸지는 못할 것이다.

현재 우리에게는 입자와 힘을 설명하는 특별한 이론이 있다. 이름하여 코어 이론이다. 이 이론은 매우 넓은 적용 영역 안에서 놀라운 정확도를 자랑한다. 코어 이론은 당신과 나 그리고 지금 이 순간 우리를 둘러싼 만물 안에서 벌어지는 모든 일을 정확하게 설명해준다. 앞으로도 계속 그럴 전망이고 말이다. 지금으로부터 천 년 아니, 백만 년이 지나도, 과학이 얼마나 발전하든 우리 후손들이 "헐, 중성자나 전자기 따위를 믿다니 이 한심한 21세기 과학자들 같으니"라고 말할 일은 없다. 물론 그때는 더 정확하고 정교한 개념이 지금보다 많아지길 기대하지만, 오늘날 우리가 사용하는 개념들도 해당 적용 영역 안에서는 여전히 쓸모가 있을 것이다.

그런 개념들이, 코어 이론의 중추를 이루고 양자장론의 틀을 잡아주는 이 개념들이 우리에게 자신 있게 하는 말이 바로 초능력은 없다는 것이다.

초능력 현상을 믿는 사람은 지금도 있긴 있다. 하지만 그들은 토론의 주 무대에서 밀려난 지 오래다. 그동안 우리가 초물리적 의미를 갖다 붙이며 의지하던 많은 속설도 사정은 매한가지다. 태어난 날 하늘에 보이는 금성의 위치는 그 사람의 연애운을 알려주지 않는다. 의식은 입자와 힘의 복합작용 결과로 형성되는 것이지 세상 본연의 특질이 아니다. 육신은 스러져도 살아남는 실체 없는 영혼 따위는 없다. 사람이 죽으면 그걸로 끝이다.

우리는 이 세상의 일부다. 세상의 이치와 세상을 구속하는 것들은 우리가 어떤 존재인지도 결정한다. 따라서 우리가 세상이라는 큰 그림에서 어디쯤 위치하는지 이해하려면 그런 요소들부터 알고 넘어가야 한다.

20

양자의 세계

과학의 역사는 허풍을 조금 보태서 종종 혁명에 비유된다. 코페르니쿠스는 천문학에 혁명을 일으켰고 다윈은 생물학의 혁명에 앞장섰다는 식이다. 물리학은 과학의 근간을 뒤엎은 두 차례의 혁명을 목격했다. 첫 번째는 뉴턴역학의 등장이었고 두 번째는 양자역학의 탄생이었다.

1972년에 프랑스 혁명을 간단히 평해달라는 요청에 중국의 정치가 저우언라이周恩來가 "아직 말하기 이르다"고 답했다는 일화가 있다. 믿기 힘들 정도로 깔끔한 현답이다. 훗날 통역사가 고백하기로, 당시 저우언라이가 1789년에 일어난 프랑스 대혁명이 아니라 1968년의 5월 혁명을 생각하는 바람에 그랬다고는 하지만 말이다.

그런데 그게 만약 1920년대 양자 혁명의 얘기였다면 저우언라이는 매우 적절하게 대답한 셈이다. 1965년에 물리학자 리처드 파인만은 "나는 아무도 양자역학을 진정으로 이해하지 못한다고 자신 있게 말할 수 있다"고 밝혔다. 그리고 그의 발언은 오늘날까지도 유효한 것 같다. 양자역학은 고난도 실험의 결과를 매우 정확하게 예측하고 해설하는 데 유례없는 성공을 거뒀다. 그럼에도 당황스러운 진실은 물리학자들도 양자역학이 어떤 이론인지 완벽하게는 파악하지 못하고 있다는 것이다. 설사 극소수는 양자역학을 제대로 알고 있다고 치더라도 학계 전반이 인정하는 공감대가 없다는 것은 분명한 사실이다.

그렇긴 해도 양자역학의 불가사의함을 미화하지는 말자. 우리는 양자역학에 관해 그래도 많은 것을 알고 있으니까. 아니라면 다양한 실험 결과들을 그렇게 높은 정확도로 예측해내지 못했을 것이다. 구체적인 환경조건을 알려주고 양자역학에 따라 어떤 결과가 예측되는지 잘 훈련된 물리학자에게 질문하면 그들은 십중팔구 더 옳을 수 없는 정답을 내놓는다. 다만, 양자역학과 양자역학의 확립된 공식들과 그 궁극적 존재론의 정수가 무엇인지를 두고는 여전히 이견이 분분하다.

이것은 경계할 상황이다. 언쟁은 악용으로 이어지기 쉽기 때문이다. 과학사를 통틀어 양자역학만큼 사기꾼들에게 휘둘리고 오용된 이론은 또 없을 것이다. 게다가 이론의 난도가 너무 높은 탓에 선의를 가진 사람들조차도 잘못 이해하는 경우가 다반사였다. 따라서 우리는 정신을 똑바로 차리고 양자역학이 말해주는 것과 말해주지 않는 것을 구분해내야 한다. 우리가 사는 오늘날 이 세상의 밑그림을 올바르게 그릴 수 있을지가 여기에 달려 있다. 양자역학은 결정론, 인과, 자유의지, 우주의 기원 등 인류가 세상에서 맞닥뜨리는 다양한 논제들과 직결되어 있다는 점에서 매우 중요한 이론이다.

✻

그렇다면 모두가 무엇보다 궁금해하는 주제부터 살펴볼까. 바로, 계를 관찰할 때 무엇이 보이는가 하는 것이다.

수소 원자 하나를 생각해보자. 수소는 세상에서 가장 단순한 원자다. 양성자 하나만 들어 있는 원자핵과 거기에 딸린 전자 하나가 전부다. 머

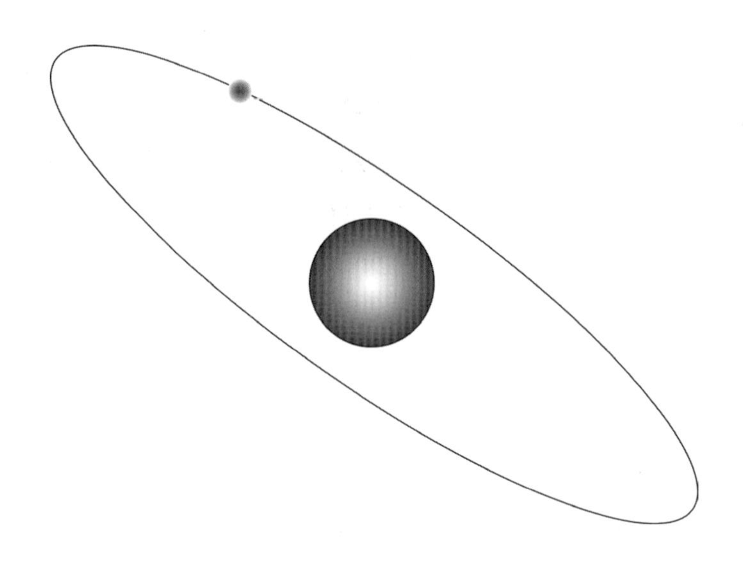

릿속에 그림을 떠올리면 전자가 양성자 주위를 맴도는 장면이 그려진다. 한 행성이 태양을 도는 것과 흡사하다. 이것을 러더퍼드의 원자 모형이라고 한다.

그런데 이 모형은 틀렸다. 지금부터 그 이유를 설명하겠다. 전자는 전하를 띠기 때문에 전기장 및 자기장과 상호작용한다. 그런 까닭에 전자는 흔들리면 전자기파를 내뿜는다. 태양이든 백열전구든 우리가 일상적으로 보는 빛 대부분이 여기서 생겨나는 것이다. 전자가 열을 받으면 몸을 흔들면서 빛을 발산하는 대신 에너지를 잃는다. 그림의 수소 원자로 돌아오면, 전자가 가지는 에너지는 양성자와의 거리에 따라 달라진다. 전자가 양성자에 근접할 때는 가진 에너지가 적고 여전히 양성자의 세력권 안에 있으면서도 양성자와 멀리 떨어지게 되면 전자는 더 많은 에너지를 보유한다. 그런데 전자는 양성자 주위를 맴도는 것 자체로 "흔들린다". 따라서 전자가 흔들리면서 빛을 내보내는 대신 에너지를 잃고 소용돌이 모양으로 양성자에 점점 가까워진다고 예상할 수 있다(비슷하게 태양 주위를 도는 행성에도 중력파 때문에 같은 현상이 일어날 수 있다. 하지만 중력은 동시 작용하는 다른 힘들에 비하면 워낙 약하기에 실질적으로는 아무 일도 일어나지 않는다).

그렇다면 이 과정은 언제 멈출까? 뉴턴역학은 전자가 양성자 바로 위에 올라앉을 때라고 말한다. 그게 사실이라면 원자핵을 맴도는 모든 전자는 나선을 그리며 빠른 속도로 핵을 향해 돌진할 것이다. 그러면 결국 우주의 모든 원자가 10억 분의 1초 안에 원자핵 크기로 쪼그라들고 말 터이다. 분자도, 화학도, 테이블도, 사람도, 행성도 모두 사라지는 것이다.

상상만 해도 소름 끼친다. 하지만 현실에서 이런 일은 일어나지 않는다.

그렇다면 수소 원자의 전자가 전자기파를 발산하면서 에너지를 잃을 때 실제로는 어떤 일이 벌어지는 걸까? 이때 전자가 방출하는 빛을 모아 보면 재미있는 사실 하나를 알 수 있다. 바로, 항상 특정 파장의 빛만 관찰된다는 것이다. 뉴턴역학의 설명대로라면 전자가 에너지를 잃을 때 온갖 종류의 파장이 다 보여야 한다. 그런데 실제로 방출되는 에너지의 파장은 고정된 몇 가지뿐이다.

이것은 뉴턴역학이 상상하는 전자의 궤도 모형이 틀렸음을 의미한다. 전자는 일정한 에너지값을 가지는 특정 궤도 위에만 머무는 게 틀림없다. 특정 파장의 빛만 관찰되는 것은 전자가 뱅글뱅글 돌면서 핵에 끌려 들어 가는 게 아니라 한 궤도에서 다른 궤도로 건너뛰기 때문이다. 그러면서 두 궤도 사이에 차이 나는 만큼만의 에너지를 빛으로 내보내는 것이다. 즉, 전자는 '양자 도약'이라는 걸 한다.

☼

그렇다. 전자가 에너지를 줄줄 흘리면서 원자핵 주위를 돈다는 뉴턴역학의 예측은 틀렸다. 실제로는 전자는 무슨 이유에선지 고정된 에너지값을 가진 특정 궤도에 머무르는 것 같다. 이것은 한때 물리학계에 군림하던 뉴턴식 세계관과 분명하게 배치되는 것이다. 하지만 테이블을 비롯해 원자로 이루어진 모든 물체가 늘 그 모습 그대로 있는 이유를 설명하기 위해 고정된 전자 궤도가 필요하다면 까짓것 그렇다고 치자. 본디 데이터는 언제나 사람들의 고정관념을 뒤집는 법이니까.

그렇다면 궁금해진다. 전자를 한 궤도에서 다른 궤도로 넘어가게 만드는 것은 무엇일까? 전자의 궤도 이동은 언제 일어날까? 전자는 점프할 때를 어떻게 아는 걸까? 전자의 상태를 보면 현재 전자가 위치하는 궤도 외의 다른 정보도 알 수 있을까?

이 물음들의 답을 찾기 위해 학계는 적잖은 산고를 겪었다. 물리학자들은 계의 '현재 상태'를 완벽하게 설명한다고 믿어왔던 기존 이론을 완전히 갈아엎어야 했다. 설상가상으로 직관적이라고 여겨지던 **측정**과 **관찰**은 더는 단순명료한 개념이 아니게 되었다.

오늘날 우리는 관측의 진가를 안다고 생각한다. 그런데 뉴턴역학 아래서는 측정과 관찰이 전혀 특별한 것이 못 된다. 뉴턴역학은 우리가 알고자 하는 계의 어떤 요소도 정확하게 측정할 수 있다고 말하기 때문이다. 그런데 양자역학은 그렇지가 않다. 양자역학 아래서는 어느 한 실험에서 측정할 수 있는 것에 한계가 있다. 가령 입자의 위치나 입자의 속도를 따로 측정할 수 있지만 둘을 동시에 측정하는 것은 불가능하다. 그리고 측정할 수 있더라도 물리적 환경에 따라 특정한 결과만 나올 수 있다. 예를 들어, 그냥 어느 한 전자의 위치를 측정한다고 치면 전자는 어디에나 있을 수 있다. 반면에 원자 안에 들어 있는 전자로 대상을 콕 집으면 전자의 에너지가 특정 값으로만 측정된다(바로 여기서 '양자'*라는 말이 비롯됐다. 옛날에는 이 분야 물리학자들에게 원자 안에서 전자가 어떤 동태를 보이는지가 초미의 관심사였던 까닭이다. 하지만 관측 가능한 물리량 중에는 연속된 값을 가지는 것도 있으므로 솔직히 양자역학이라는 명칭에는 어폐가 있다).

고전역학에 따르면 계의 현재 상태를 안다면 다음 순간의 어떤 측정값을 정확하게 예측할 수 있다. 이와 달리 양자역학에서는 계의 상태를 나올 수 있는 모든 측정값을 중첩한 것으로 본다. 이것을 계의 '파동함수'라 한다. 파동함수는 한마디로 관측을 통해 얻을 수 있는 모든 결과를 각각의 가능성에 따라 서로 다른 가중치를 부여하여 합한 것이다. 예를 들어 원자 안에 들어 있는 한 전자의 상태는 고정된 에너지값을 가진 모든 전자 궤도들을 포개놓은 것이 된다. 주어진 양자 상태를 대변하는 중첩의 결과는 전자가 거의 100%의 확률로 특정 에너지값을 가지는 어느 한 궤도에 위치하는 경우처럼 어느 한쪽으로 크게 치우치기도 하지만 원칙적으로는 나올 수 있는 모든 측정값이 양자 상태에 포함된다.

양자역학은 고전역학과 분명하게 다른 새로운 이론이다. 양자역학 아래서는 계의 현재 상태를 정확하게 알더라도 실험의 결과가 언제나 완

---

* 사전적으로 양자란 물리량이 연속값이 아니라 최소 단위량의 정수배인 비연속값을 가질 때 그 최소 단위량으로 정의된다.

벽하게 예측 가능하지는 않다. 양자역학은 특정 파동함수를 그리는 어느 양자계를 관측할 때 특정 결과가 나올 확률을 알려준다. 계에 관한 정보가 불완전한 탓에 완벽한 예측을 못 해내는 게 아니다. 그저 그것이 양자역학이 할 수 있는 최선인 것이다.

여기서 양자역학이 말하는 확률은 전통적 의미의 불확실성과 다르다. 포커 게임 이야기를 다시 떠올려보자. 카드를 받은 상대가 큰돈을 걸 때 당신은 내가 저 사람을 이길 수 있을지 결정해야 한다. 상대가 무슨 패를 가졌는지는 모르지만 가능성을 따져볼 수는 있다. 꽝일 수도 있고 원페어나 트리플일 수도 있고 더 좋은 것일 수도 있으리라. 지금까지의 카드 교환 패턴과 상대가 처음에 특정 카드를 받았을 가능성 등을 고려해 재빨리 베이즈 추론을 실행하면 다양한 선택지의 확률을 점쳐볼 수 있을 것이다. 양자 상태도 이와 비슷하다. 하지만 차이가 있다. 포커 게임의 경우 상대방의 패를 정확히는 모르지만 상대가 **뭔가 구체적인 것**을 가지고 있다는 사실은 확실하다. 반면 양자역학에서 양자 상태가 중첩되어 있다는 말은 "어느 것인지 확실하지는 않지만 그중에 어느 하나다"라는 뜻이 아니다. 그보다는 "그 모든 가능성이 각각 비중이 달리 부여된 채 서로 조합되어 있다"고 이해해야 한다. 만약 여러분이 **'양자 포커 게임'**을 한다면 상대방은 어느 한 시점에 여러 가지 패 조합 중 어느 것도 가지고 있을 수 있다. 그러다가 상대가 카드를 전부 뒤집어 당신에게 보여줄 때 비로소 하나의 특정 패가 나타나는 것이다.

머리가 터질 것 같다고? 괜찮다. 남들도 다 그럴 테니. 양자역학이 오늘날과 같이 자리를 잡는 데에는 상당히 오랜 시간이 걸렸다. 그럼에도 세상은 양자역학의 함의를 두고 여전히 시끌시끌하다.

❋

테이블 위에 당구공 하나가 놓여 있다. 보통 사람들은 그것을 '당구공의 위치'라고 부를 것이다. 하지만 양자역학에는 그런 건 없다. 위치를 확실히 정할 작정으로 당구공을 주시할 때는 공이 어느 한 지점에 놓여 있는 것을 **보게 된다**. 하지만 일부러 쳐다보지 않을 때는 당구공의 정해진 위치란 존재하지 않는다. 공의 위치는 모든 가능성을 중첩한 파동함수이기 때문이다. 말 그대로 테이블 위에서 홀로그램 같은 파도가 일렁인다고 상상하면 이해가 쉬울 것이다. 당구공은 이 파도의 마루가 가장 높은 지점에서 보일 확률이 가장 높다. 이때 조금 전 함수의 모양을 알고 있다면 공이 어느 한 지점에 위치할 확률을 가늠하는 게 더 수월해진다. 당구공처럼 덩치 크고 실질적인 물체는 흔히 특정한 한 지점에만 봉우리가 높게 치솟는 파동함수를 그린다. 이 '가장 유력한' 위치는 함수가 전개되어감에 따라 점점 강화되면서 뉴턴과 라플라스가 생각했던 것과 정확히 일치하는 고전역학을 따른다. 한편으로 우리가 테이블 위로 눈을 돌렸을 때 공이 다른 곳에 위치할 가능성도 여전히 존재하긴 하지만 말이다.

그런데 이 설명만으로는 뭔가 부족하다는 느낌이 든다. 맞다. 실제로 양자역학은 계의 상태가 전개되는 방식이 두 가지라고 말한다. 적어도 물리학과 학부의 신입생들에게는 그렇다고 가르친다.

첫 번째 유형의 전개는 우리가 계를 주시하지 않을 때 일어난다. 이 경우의 파동함수를 설명하는 방정식이 있다. 바로 슈뢰딩거 방정식인데, 훗날 고양이를 괴롭히는 사고실험(혹시나 해서 분명히 해두자면, 이 고양이는 진짜가 아니라 상상 속의 고양이다)으로 유명해진 오스트리아 물리학자 에르빈 슈뢰딩거의 이름을 딴 것이다. 방정식의 기본 형태는 이렇다.

$$i\hbar\partial t|\Psi\rangle = \hat{H}|\Psi\rangle.$$

참 폼나는 공식이다. 여기서 $|\Psi\rangle$는 양자 상태를 뜻한다. 방정식의 좌변이 "시간이 흐름에 따라 계의 상태가 어떻게 변하고 있는가?"라고 물으면 우변이 복잡한 셈을 거쳐 대답한다. 이 방정식은 '힘은 질량 곱하기 가속도와 같다'는 유명한 뉴턴역학 방정식에 비견되는데, 해석하면 힘이 시간에 따른 계의 변화를 결정한다 정도의 뜻이 된다.

우리가 계를 주시하지 않을 때 슈뢰딩거 방정식을 따른 계의 전개 양상은 전통 역학이 말하는 그것과 매우 닮았다. 매끄럽고 가변적이며 완벽하게 결정론적이다. 라플라스의 악마에게 이런 계의 과거와 미래를 예측하는 것은 식은 죽 먹기다. 하지만 이게 이야기의 전부라면 양자역학이 지금과 같은 말썽꾸러기가 되지는 않았을 것이다.

만약 우리가 계에서 눈을 떼지 않고 관찰한다면 양자 상태가 전혀 다른 방식으로 전개될 수 있다. 이 경우는, 학부생들을 가르칠 때 사용하는 표현을 쓰자면, 파동함수가 "무너지고" 우리는 특정 측정값을 얻는다.* 함수의 붕괴는 급작스럽고 양자 상태의 전개는 비결정론적이다. 즉, 계의 과거 상태를 알더라도 미래를 정확하게 예측할 수 없다는 소리다. 이때 우리가 얘기할 수 있는 것은 확률뿐이다.

* 슈뢰딩거의 고양이 사고실험을 예로 들면, 독가스가 나오는 상자에 고양이가 갇힌 상황에서 우리가 관찰하지 않을 때는 고양이가 죽은 동시에 살아 있을 수 있다. 하지만 우리가 상자 안을 관찰하는 순간 고양이의 생사는 둘 중 하나로 결정된다. 이때 파동함수가 무너진다고 말한다.

하지만 확률로 말해야 하긴 해도 양자역학의 예측력은 엄청나게 높다. 예를 들어, 우리는 원자가 광자를 방출하면서 튕겨 나가는 과정을 관찰하는 실험에서 전자기력의 강도를 측정한다. 그런 다음 이 측정치를 토대로 자기장에서 전자가 전진하는 속도를 측정하는 것 같은 다른 실험의 결과를 예측한다. 그러고서 마지막으로 예측치와 실측치를 비교한다. 그렇게 계산된 일치도는 깜짝 놀랄 정도로 높다.

실측치/예측치 = 1.000000002.

예측치와 실측치가 소수점까지 정확하게 똑같을 수는 없다. 실험의 오차와 근사계산 때문이다. 하지만 메시지는 분명하다. 양자역학은 이래도 흥 저래도 흥인 우유부단한 학문이 아니다. 양자역학은 무자비하게 정확하고 엄중하다.

21
양자역학을 해석하는 여러 가지 방법

양자역학을 논할 때 '관찰'이라는 단어가 자주 등장하는 것은 아무래도 신경 쓰이는 부분이 아닐 수 없다.

양자역학에서 '관찰자' 혹은 '관찰 행위'란 정확히 무엇일까? 현미경을 반드시 써야 한다는 걸까 아니면 현미경을 사용하는 주체가 정신을 집중한 사람이어야 한다는 뜻일까? 사람이 아니라 다람쥐이거나 현미경이 아니라 비디오카메라라면 안 되는 걸까? 눈을 부릅뜨고 주시하지 않고 그냥 흘긋 보기만 하면 뭐가 달라는가? 그렇게 주시할 때 파동함수가 무너지는 시점은 정확히 언제인가? (매 순간 팽팽하게 긴장하고 살 수 있는 사람은 없다. 그래서인지 대부분의 현대 물리학자들은 사람이 의식하고 안 하고는 양자역학과 아무 상관도 없다고 생각한다. 상관있다고 생각하는 특이한 물리학자도 있긴 있지만 극소수에 불과하므로 이것이 주류 견해가 될 가능성은 희박하다.)

우리는 이 수수께끼들을 한데 묶어 양자역학 측정의 문제라 부른다. 이것을 두고 토론이 이어진 지 벌써 수십 년째지만 아직 돌파구는 보이지 않고 있다.

그래도 진지하게 고려되는 아이디어는 좀 있다. 하나는 파동함수가 실험의 결과를 예측하는 데 중요한 역할을 하긴 하지만 물리적 현실을 실제로 반영하지는 못한다는 접근이다. 파동함수의 원칙은 계의 전개가 완벽하게 예측 가능하다는 것이므로, 그렇다면 아마도 세상을 더 근원적으로 기술하는 추가적 방법이 있을 것이다. 이 가능성은 때때로 '숨겨진 변수'라 불린다. 양자계의 상태를 가장 잘 기술하는 이론은 아직 발견되지 않았다는 의미에서다. 만약 그런 이론이 실재한다면 국지적이 아닌 보편적인 것이어야 한다. 그래서 계의 부분들이 서로 직접적인 관련성을 맺어야 한다.

한편, 기저 실재의 존재 자체를 부인하는 더 급진적인 접근도 있다. 이 **반실재론적** 접근법은 이론이 앞으로 실행될 실험들의 결과를 예측하는 기록 장치에 불과하다고 간주한다. 이 견해를 옹호하는 학자에게 이 지식이 현재 우주의 어떤 측면을 가리키는 것이냐고 물으면 그는 틀림없이 질문 자체가 말이 안 된다고 대답할 것이다. 이 견해 아래서는 양자역학으로 설명되는 기저의 실재 자체가 없기 때문이다. 그런 상황에서 우리가 논할 수 있는 것은 실험의 측정 결과뿐이다.

반실재론은 상당히 과격한 성격을 띤다. 그런데도 여러 선학이 여기에 찬동했던 것으로 보인다. 양자역학의 할아버지 격인 닐스 보어도 그중 한 명이다. 보어의 견해를 간략하게 기술하면 다음과 같이 요약된다. "양자의 세계란 없다. 물리학의 추상적 설명만 있을 뿐이다. 물리학의 과업이 자연의 실체를 밝히는 것이라는 생각은 잘못이다. 물리학의 관심사는 오로지 우리가 자연에 대해 무엇을 말할 수 있는가뿐이다."

반실재론의 가장 큰 문제는 아마도 논리에 일관성이 부족하다는 점일 것이다. 자연에 대한 우리의 이해가 불완전하다는 말과 자연의 실체 자체가 없다는 말은 완전히 다른 뜻이다. 그런 면에서 반실재론자들의 입에서 나오는 말들은 앞뒤가 맞지 않는 것투성이다. 대 물리학자 보어만 해도 우리가 '자연에 대해' 말할 수 있는 것을 운운했지만 이 말 속에는 우리가 '자연'이라고 부를 만한 무언가가 있다는 전제가 숨어 있지 않은가.

⁂

다행히도 우리에게는 더 따져볼 다른 가능성이 남아 있다. 그중에서 가장 간단한 것은 양자 파동함수가 기록 장치에 불과하거나 수많은 변수 중 하나일 뿐인 게 아니라 실재를 직접 반영한다는 접근이다. 뉴턴과 라플라스가 세상을 입자들의 위치와 속도로 바라봤던 것처럼 현대의 이론물리학에서는 양자역학적 세상을 더도 덜도 아니고 딱 파동함수로서 이해할 수 있다.

당연하지만, 이 직관적인 실재론은 측정의 문제 때문에 만만치가 않다. 모든 것이 파동함수라면 파동함수의 상태를 무너뜨리는 것은 무엇이며 관찰 행위가 왜 중요할까?

1950년대에 그 답안을 제시한 것은 젊은 물리학자 휴 에버렛Hugh Everett III이었다. 그는 양자의 존재론은 파동함수 단 하나뿐이며 오직 슈뢰딩거 방정식에 따라서만 전개된다고 여겼다. 그의 설명대로라면 파동함수의 붕괴도, 계와 관찰자 간의 구분도, 관찰 행위의 특별한 의미도 없었다. 에버렛은 양자역학이 라플라스의 결정론적 세계관과 완벽하게 어우러진다고 주장했다.

하지만 그게 사실이라면, 왜 우리 눈에는 여전히 파동함수가 무너지는 거로 보일까? 그 비밀은 얽힘entanglement이라는 양자역학의 특별한 성질에 있다.

고전역학에 따르면 세상은 각각 독자적인 상태를 가진 여러 조각으로 나뉜다. 그래서 고전역학이 설명하는 지구는 지구 나름대로 특정 위치에서 특정 속도로 태양 주위를 공전하고 화성은 화성 나름대로 고유의 위치와 속도를 가지고 공전한다. 반면, 양자역학이 들려주는 얘기는 완전히 딴판이다. 양자역학에 따르면 지구의 파동함수와 화성의 파동함수가 따로따로 있는 게 아니다. 파동함수는 우주 전체에 적용되는 단 하나만 존재한다. 그런 의미에서 우리는 이것을 '우주의 파동함수'라고 부른다.

파동함수는 말하자면 가령 입자의 위치와 같은 한 항목에 대해 나올 수 있는 모든 예상 측정값에 숫자를 매긴 것이다. 이때 숫자가 클수록 그 측정값의 실현 확률이 더 높다. 이 확률은 파동함숫값의 제곱에 비례한다. 이것이 독일 물리학자 막스 보른의 이름을 딴 그 유명한 보른의 규칙이다. 같은 원리로, 우주의 파동함수는 우주 공간에서 어떤 물체의 가능한 분포 선택지 각각에 숫자를 매긴다. '지구는 여기에 있고 화성은 저기에 있다'는 선택지에 한 값을, '지구는 저기에 있고 화성은 또 저 너머에 있다'는 선택지에 또 다른 값을 매기는 식이다.

이 과정에서 지구의 상태가 화성의 상태와 얽히는 상황이 발생할 수 있다. 행성 같은 거대한 물체는 드물어 쉽게 파악하기 어렵지만, 원소 입자처럼 아주 작은 물체의 경우는 얽힘 현상이 비일비재하다. 여기 앨리스와 밥이라는 두 입자가 있다고 치자. 하나는 시계 방향으로, 또 하나는 반시계 방향으로 회전하고 있다. 이때 우주의 파동함수는 앨리스가 시계 방향으로 그리고 밥이 반시계 방향으로 회전한다는 선택지에 50%의 확률을 할당하고 반대로 앨리스가 반시계 방향으로 그리고 밥이 시계 방향으로 회전한다는 선택지에 나머지 50%의 확률을 할당할 것이다. 실제로 입자의 회전을 측정하면 둘 중 어느 답이 나올지는 누구도 알 수 없다. 다만 한 입자의 측정 결과가 나온 뒤에는 나머지 입자의 회전 방향이 그 반대라는 사실이 분명해질 것이다. 두 입자는 얽혀 있기 때문이다.

에버렛은 우리가 양자역학을 액면 그대로 받아들여야 한다고 강조한다. 내가 관찰하려는 세상이 파동함수로 설명될 뿐만 아니라 관찰자인 나 자체도 파동함수를 따른다는 것을 말이다. 이것은 우리도 중첩의 결과라는 뜻이다. 에버렛의 설명에 따르면, 우리가 회전 방향이 시계 방향인지 아니면 반시계 방향인지를 확인하려고 한 입자를 관찰해도 파동함수가 어느 한 선택지 쪽으로 무너지지 않는다. 그보다는 입자 회전과 관찰자가 얽히고 두 선택지 시나리오가 중첩된 한 덩어리로 파동함수가 슬금슬금 발전한다고 한다. 그래서 함수의 한쪽은 '입자는 시계 방향으로 돌'고 측정을 통해 '시계 방향으로 도는 입자를 보았다'고 말하고 함수의 또 한쪽은 '입자는 반시계 방향으로 돌'고 '반시계 방향으로 도는 입자를 보았다'고 말하게 된다. 두 쪽 모두 진실이며, 각자 앞으로도 계속 존재하면서 슈뢰딩거 방정식에 따라 발전해나간다.

마침내, "세상은 진정 무엇인가?"라는 존재론의 요체의 답을 찾은 것 같다. 바로 양자 파동함수다. 적어도, 더 나은 이론이 나올 때까지는 그럴 것이다.

✻

에버렛은 새로운 변수를 추가하지도, 파동함수를 돌연 무너뜨리지도, 객관적 실재를 부정하지도 않고 매끄럽게 전개되는 파동함수로 양자역학을 설명한다. 다소 빈약해 보이는 에버렛의 이 접근을 오늘날 우리는 **다중세계 해석**Many-Worlds Interpretation이라 부른다. 우주의 파동함수에서 두 부분, 즉 입자가 시계 방향으로 도는 거로 관측되는 쪽과 입자가 반시계 방향으로 도는 거로 관측되는 쪽이 갈라지고 각자 독자적으로 발전한다. 일단 갈라지면 두 부분은 더 서로 소통하거나 간섭하지 않는다. 관찰자인 당신과 입자가 **결어긋남**decoherence* 때문에 이제부터는 우주의 나머지 부분하고만 얽히기 때문이다. 이제 파동함수의 두 부분은 완전히 분지分支되었으므로 차라리 서로 다른 세상이라고 말하는 게 낫다(물론 크게 보면 세상은 여전히 우주의 파동함수로 설명되는 자연계 하나뿐이다. 다만 우리가 '세상들'이라는 복수로 부르는 것은 이 가지들이 한 파동함수에서 갈라져 나와 독립적으로 발전하기 때문이다. 안타깝게도 인간의 언어는 아직 물리학의 이해를 충분히 받쳐주지 못한다).

에버렛의 다중세계 해석은 볼수록 매력적이다. 양자 상태와 방정식 하나가 필요한 전부이니 존재론적 관점에서 더없이 깔끔하다. 또한, 관찰자가 실제로 관측하기 전의 세상이 어땠는지는 알지 못하기에 예측할 때 확률적 요소가 어쩔 수 없이 들어가긴 해도, 다중세계 해석은 완벽하게 결정론적이다. 게다가 측정 과정을 번거롭게 설명할 필요도, 지각 있는 관찰자를 세워 측정을 시킬 필요도 없다. 모든 것은 그저 파동함수일 뿐이며 모든 파동함수는 똑같은 방식으로 전개된다.

물론, 그 결과로 엄청나게 많은 우주가 생기긴 하지만.

다중세계 해석은 반대하는 사람이 적지 않다. 그들은 수많은 우주가 존재한다는 아이디어를 좋아하지 않는다. 특히, 관측 불가능한 우주들은 이론상으로는 존재가 예측되지만 현실적으로 관측할 방법이 전혀 없으

* 중첩된 상태들의 결이 어긋나면서 서로 간섭이 불가능해지는 것. 이와 반대되는 개념은 중첩이 잘 된 결맞음coherence이다.

니 골칫거리다. 그러나 이런 식의 반대는 신중하지 못한 태도다. 현재 그나마 가장 믿을 만한 이론이 무언가의 실재를 예측한다면, 더 나은 이론이 나오기 전에는 그 시나리오에 높은 신뢰도를 부여해야 마땅하다. 그저 느낌상 다중우주가 마뜩잖을 때는 더 나은 양자역학적 해석을 찾기 위해 최선을 다할 일이다. 감이 좋지 않다며 투덜거리기만 할 게 아니라 말이다.

다중세계 해석과 친해지는 비결을 하나 알려주자면, 먼저 이 이론이 양자역학의 기본 형식에서 출발해 다중우주를 점차 거대하게 부풀려가는 게 아님을 알아야 한다. 모든 대체우주들은 **처음부터** 양자역학 안에 들어 있다. 적어도 이론적으로는 그렇다. 양자역학은 모든 사물을 다양한 측정 결과가 중첩된 결과로 본다. 자연히, 우주의 파동함수에는 우주 자체도 그런 중첩의 산물일 가능성이 내포되어 있다. 그런 까닭에 우리는 이것을 있는 그대로 다중세계라 부르며 논의를 이어간다. 반면에 양자역학의 다른 해석 버전들은 하나같이 **여분의 우주들을 제거하려고** 안간힘을 쓴다. 그 과정에서 동력학을 바꾸거나 새로운 물리변수를 추가하거나 실재 자체를 부정한다. 하지만 그래 봤자 이론의 해석력이나 예측력이 에버렛의 해석보다 좋아지지는 않는다. 단순한 기본 골격을 괜히 더 복잡하게만 만들 뿐이다.

물론, 다중세계 해석에도 약점은 있다. 다중세계 해석에 따르면 파동함수의 가지들이 여러 평행우주로 분지되는 것이 세상의 객관적인 기본 특질이 아니다. 다만 기저의 실재를 얘기하는 편리한 화법일 뿐이다. 여러 평행우주 사이의 경계선을 긋는 가장 좋은 방법이 뭔지, 왜 실재의 창발이 고전역학의 규칙을 대체로 잘 따르는 것처럼 보이는지는 아직 풀지 못한 숙제로 남아 있다. 하지만 현재 물리학자들이 열심히 고민하고 있으므로 언젠가 다중세계 해석 안에서 답이 찾아질 것으로 기대된다.

토의를 마무리하면서 우리가 기억해야 할 것이 두 가지 있다. 첫째, 인류는 양자역학의 기본을 아직 완전히 이해하지 못하지만, 지금까지는 결정론(미래는 현재를 뒤따른다)이나 실재론(객관적인 실제 세상이 존재한다), 물리론(세상은 순전히 물리적이다)을 무효화할 만한 양자역학적 증거는 없어 보인다는 점이다. 시계태엽 장치처럼 딱 떨어지는 뉴턴과 라플라스식 우주의 이 세 가지 특징 모두 양자역학 안에서도 충분히 성립할 수 있는 것 같다. 아직 확실히 장담은 못 하지만 말이다.

두 번째 교훈은 양자역학의 모든 해석에 공통되는 것인데, 세상을 주시하면서 이런저런 것을 보는 것과 주시하지 않고 세상을 설명하는 것은 확연히 다르다는 사실이다. 수 세기에 걸쳐 지식을 쌓아가면서 인류는 물리적 우주의 새 그림에 맞추기 위해 때때로 믿음의 행성을 전면 수정해야 했다. 그리고 양자역학은 그런 변화의 동력 중 하나였다. 양자역학이 주도한 변화는 어떤 면에서 궁극적 통일이라고 볼 수 있다. 오늘날 실재의 기본 요소는 '대양'과 '산맥' 같은 것이 아니다. '전자'나 '광자' 같은 것도 아니다. 실재의 가장 밑바탕에 있는 것은 오로지 양자 파동함수뿐이다. 그 밖의 모든 것은 세상을 설명하는 편리한 화법이고 말이다.

22
코어 이론

양자역학은 세상의 이치를 헤아리는 과학이다. 하지만 양자역학은 세상의 일부 측면만을 설명하는 이론 하나가 아니다. 살을 어떻게 붙이느냐에 따라 여러 이론으로 발전시킬 수 있는 뼈대가 바로 양자역학이다. 고전역학 안에 행성의 운동 이론, 전기학과 자기학 이론, 아인슈타인의 일반 상대성 이론이 들어 있는 것처럼, 양자역학도 수많은 물리학 모형을 식솔로 거느린다. 따라서 세상이 어떻게 돌아가는지를 진정으로 알고 싶다면 이렇게 물어야 옳다. 무엇의 양자역학 이론이냐고 말이다.

이런 질문을 받았을 때 대개 제일 먼저 튀어나오는 대답은 "입자와 힘"이다. 가령, 원자의 경우 양성자라는 입자와 중성자라는 입자가 원자핵을 이루고 그 주위를 전자라는 입자가 맴돈다. 양성자와 중성자는 핵력이라는 힘으로 단단하게 묶여 있다. 전자는 전자기력이라는 다른 종류의 힘 덕분에 밖으로 날아가지 않고 원자핵 주변에 머문다. 또, 세상의 모든 입자는 중력이라는 또 다른 힘 때문에 서로를 잡아당긴다. 얘기하다 보니 입자와 힘은 양자 이론이 설명하는 세상의 기본 구성물질이라 일컬어질 자격이 충분한 듯하다.

하지만 막판 뒤집기가 있었다. 인류는, 적어도 우리의 일상적 세상을 포괄하는 적용 영역에 관한 한, 통일의 수준을 한 차원 높인 더 나은 화법을 찾아냈다. 이 화법은 입자도 힘도 장field에서 비롯된다고 말한다. 장은 여러 가지 면에서 입자와 반대다. 입자는 공간 안의 한 장소에 고정되어 있지만, 장은 공간 전체에 넓게 펼쳐져 있으면서 지점마다 고유의 값을 가진다. 현대 물리학은 원자를 빚어내는 입자와 힘이 모두 장에서 나온다고 설명한다. 이 견해를 우리는 **양자장론**이라 부른다. 우리가 정신력만으로는 숟가락을 구부릴 수 없다고 확신하는 것도, 너와 나를 이루는 요소들을 모두 아는 것도 다 양자장론 덕분이다.

그렇다면 장은 무엇으로 만들어질까? 미안하지만 장은 무엇으로도 쪼개지지 않는다. 장은 자기 자신 외의 모든 것을 구성하는 기본 단위다. 어쨌든 현시점에는 그렇다. 더 깊은 층위의 요소가 존재할 가능성이 없진 않지만 아직 발견되지 않았다.

⁂

자연계의 힘들이 공간을 채우는 장에서 나온다는 것은 이미 오래전부터 정설로 받아들여지고 있다. 일찍이 라플라스는 뉴턴의 만유인력이 우주 공간에서 천체들이 서로를 밀고 당기게 만드는 중력장으로 설명된다고 설파했다. 뒤이어 제임스 맥스웰을 위시한 19세기의 물리학자들은 전자기력의 개념을 제시하며 전기장과 자기장을 멋지게 엮어냈다.

그렇다면 입자는 어떨까? 언뜻 입자와 장은 서로 완전히 정반대의 성격을 가진 듯 보인다. 입자는 특정 지점에 자리 잡고 존재하지만 장은 어디에나 펼쳐져 있다. 확실히, 공간을 채우고 있는 '전자장'에서 전자와 같은 입자가 나온다는 따위의 말은 들어볼 일이 없을 터이다.

그런데 지금부터 하려는 얘기가 정확히 그것이다. 바로 양자역학이 전하는 얘기다. 정반대되는 듯 보이는 두 얘기를 바로 양자역학이 연결해 준다.

양자역학의 가장 기본적인 특징은 무언가를 주시할 때 우리가 보는 것은 우리가 그것을 주시하지 않고 있으면서 그것을 기술하는 방식과는 다르다는 것이다. 원자핵을 돌고 있는 전자의 에너지를 측정하면 특정한 값 하나를 얻을 수 있다. 이 값은 나올 수 있었던 여러 선택지 중 하나일 터이다. 반면 전자를 관찰하지 않을 때는 전자의 상태가 모든 가능성이 중첩된 것이므로 전자는 어떤 에너지값도 가질 수 있다.

똑같은 원리가 장에도 통한다. 양자장론에 따르면 세상을 구성하는 기본 장이 몇 가지 있으며 우주의 파동함수는 그런 장들의 가능한 모든 분포를 중첩시킨 것이다. 이때 정밀한 측정 도구로 무장하고 장을 집중해 관찰하면 우리 눈에 개별 입자들이 보일 것이다. 전자기장을 관찰할 때는 광자라는 입자가 보이고, 중력장을 관찰할 때는 중력자라는 입자가 보이는 식이다. 실제로 인간이 개별 중력자를 관측해낸 적은 없다. 중력은 다른 장들과 거의 상호작용하지 않기 때문이다. 그래도 양자장론은 중력자의 존재를 확신한다. 만약 시공간 전체에 분포하는 어떤 장이 모든 지점에서 같은 고정값을 가진다면 우리는 아무것도 관측할 수 없을 것이다. 그러나 장이 진동하기 시작하면 그 진동이 입자의 형상으로 우리 눈에 보이게 된다.

양자장론에서는 장과 입자가 기본적으로 두 가지 부류로 나뉜다. 바로 보손boson과 페르미온fermion이다. 광자와 중력자 등의 보손은 차곡차곡 쌓여 전자기력이나 중력 같은 힘의 장을 만든다. 반면 페르미온은 자리를 차지하는 입자다. 전자, 양성자, 중성자 등의 페르미온은 한 입자당한 자리씩만 차지하면서 물질을 이룬다. 그렇게 페르미온들은 사람, 의자, 행성에 단단한 형태를 부여한다. 전자는 페르미온에 속하므로 두 개가 동시에 한 지점에 존재할 수 없다. 만약 그게 가능하다면 원자로 이루어진 모든 물체가 붕괴해 사람 눈에 보이지 않는 아주 작은 크기로 쪼그라들고 말 것이다.

⁂

사람과 지구 그리고 우리가 주위에서 보는 모든 평범한 것들은 기본적으로 세 가지 물질 입자와 세 가지 힘만으로 충분히 설명된다. 전자는 전자기력의 도움을 받아 원자핵 주변에 머무른다. 원자핵은 양성자와 중성자가 핵력으로 똘똘 뭉친 것이다. 그리고 이 모두는 중력의 영향을 받는다. 그런데 더 자세히 들여다보면 양성자와 중성자는 더 작은 입자 두 가지, 즉 업 쿼크up quark와 다운 쿼크down quark로 이루어져 있다. 쿼크들은 글루온gluon이라는 입자가 운반하는 강한 핵력으로 한데 뭉친다. 양성자와 중성자 사이의 핵력은 말하자면 이 강한 핵력이 넘쳐흐른 것이다. 강한 핵력이 있다면 약한 핵력도 있기 마련이다. 약한 핵력을 운반하는 입자는 W 보손과 Z 보손인데, 이 보손들은 입자들이 또 다른 페르미온, 즉 중성미자와 상호작용하는 것을 돕는다. 이들 네 가지 페르미온(전자, 중성미자, 업 쿼크, 다운 쿼크)은 총 세 세대로 분류되는 페르미온 일가의 한 세대만 소개한 것이다. 마지막으로 원자 너머로 시선을 돌리면 배경에 힉스장Higgs field이 있다. 힉스장은 구역에 존재하는 모든 입자가 질량을 갖게 한다.

장과 입자들의 기본 구성을 그림으로 그려봤다. 이 그림은 두 단원 전에 소개했던 수소 원자 그림을 조금 더 구체적으로 손본 것이다. 더 무거

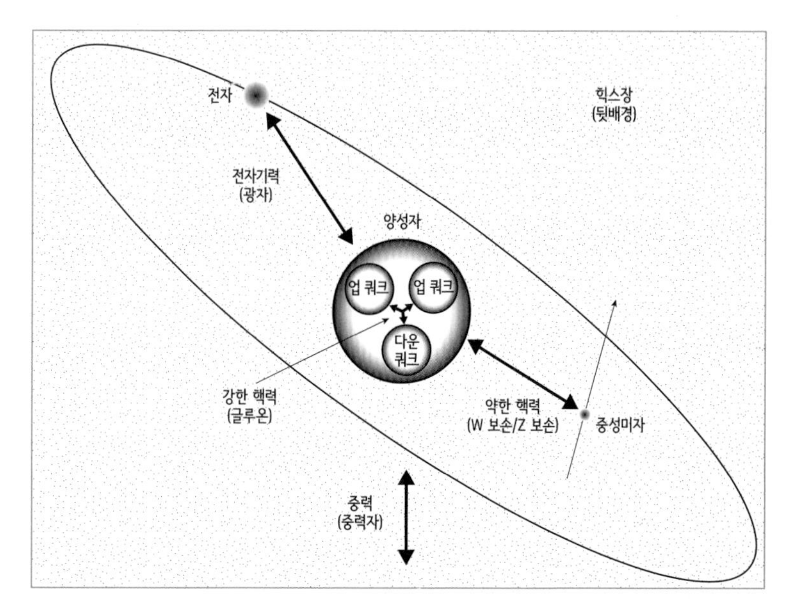

세상을 구성하는 장과 입자들

운 두 페르미온 세대는 눈 깜짝할 사이에 붕괴하므로 여기에 표시되어 있지 않다. 표시된 입자들은 사물과 생명을 구성할 정도로 오래 살아 있는 것들만이다. 모든 페르미온 세대의 구성이 궁금하다면 부록을 참고하기 바란다.

☀

전문가들은 입자와 힘을 크게 **입자물리학의 표준 모형**과 **일반 상대성 이론**이라는 두 대 이론으로 나누어 이해한다. 전자는 중력만 빼고 우리가 지금까지 논한 모든 주제를 다루는 이론이고 후자는 중력이 시공간의 굴곡이라는 아인슈타인의 이론이다. 중력의 경우는 모두가 인정하는 양자역학 이론이 아직 없는 실정이다. 그런 이론이 있다면 기본적으로 양자역학을 바탕으로 하면서 환경이 고전역학의 설정과 비슷해질 때는 일반 상대성 이론에도 부합해야 할 것이다. 가장 유력한 후보는 초끈 이론이지만, 빅뱅이나 블랙홀처럼 중력이 어마어마하게 강한 상황은 초끈 이론조차도 적절하게 설명하지 못하고 있다. 이 공백을 채우는 것은 우리 세대와 다음 세대 이론물리학자들이 풀어야 할 최대의 숙제다.

하지만 현재 우리는 블랙홀 안에 살고 있지 않으며 빅뱅은 이미 아득히 먼 과거의 일이다. 오늘날 이 세상을 지배하는 중력은 그때에 비하면 엄청나게 약하다. 이렇게 중력이 약한 상태가 지속하는 한은 양자장론으로도 중력이 하는 일을 아무 문제 없이 설명해낼 수 있다. 이것이 바로 우리가 중력자의 존재를 그토록 확신하는 이유다. 완성된 양자중력 이론이 아직 없더라도, 일반 상대성 이론과 양자장론이 유효한 한 중력자는 존재할 수밖에 없다.

지금까지 알아낸 바로, 양자중력 이론의 적용 영역은 우리의 모든 일상적 경험을 포괄한다. 따라서 표준 모형과 일반 상대성 이론을 별개로 볼 이유는 하나도 없다. 우리 눈앞에 있는 모든 물질의 물리학은 하나의 거대한 양자장론으로 훌륭하게 설명된다. 이 이론을 노벨상 수상자 프랭크 윌첵은 코어 이론이라 명명했다. 코어 이론은 쿼크, 전자, 중성미자를 비롯한 모든 페르미온 입자들과 전자기력, 중력, 핵력, 힉스장을 총체적으로 다루는 양자장론이다. 자세한 설명은 부록에 풀어놓았다. 코어 이론이 물리학자가 꿈꿔온 가장 이상적인 이론이라 단정할 일은 아니지만, 지구에서 수행된 어떤 실험이든 이보다 더 뛰어나게 물질세계를 해석해낸 이론은 또 없었다(적어도 내가 이 책을 집필하던 2015년 중반까지는 그랬다. 그 이후에 또 어떻게 될지는 모를 일이지만).

바로 앞 단원에서 나는 세상이 양자 파동함수라고 말했었다. 파동함수는 상태의 모든 가능성이 중첩된 것이다. 그렇다면 다음에 떠오를 궁금증은 당연히 "무엇의 양자 파동함수인가"일 테다. 정답은, 적어도 관심사가 오늘날 이 세상의 일상들인 한, "코어 이론의 페르미온과 보손장"이다.

☼

대부분의 경우는 우리의 일상을 설명하기 위해 코어 이론을 탈탈 털 필요는 없다. 페르미온 중 더 무거운 것들은 순식간에 소멸하니까. 또, 힉스장이 배경에 버티고는 있지만 힉스장이 진동하면 보인다는 힉스 보손을 인위적으로 유도하려면 제네바에 있는 100억 달러짜리 강입자충돌기를 빌려야 한다. 그나마도 10해(10^{21}) 분의 1초 만에 붕괴해버리고 말이다. 중성미자는 또 어떤가. 중성미자는 곳곳에 널려 있지만 약한 핵력은 이름대로 몹시 약해서 잘 감지되지 않는다. 지금도 태양이 미친 듯이 뿜어내는 중성미자가 1초에 100조 개꼴로 우리 몸을 관통하고 있지만 누구도 그 사실을 눈치채지 못한다.

그런 이유로, 인간이 경험하는 거의 모든 것은 손에 꼽을 정도로 몇 안 되는 기본 요소들만으로 설명될 수 있다. 주기율표에 나열된 원소들은 저마다 원자핵을 가지고 있다. 그 원자핵 주위는 전자들이 맴돈다. 그리고 효과 범위가 넓은 중력과 전자기력이 있다. 돌멩이와 물웅덩이와 파인애플과 아르마딜로에게 무슨 일이 일어나는지 알고 싶을 때 우리에게 필요한 것은 입자와 힘 몇 가지가 전부다. 아 그래, 또 중력이 있지. 하지만 중력은 아주 단순하다. 만물은 서로를 잡아당긴다. 이게 다다. 그럼에도 우리가 세상이 복잡하다고 느끼는 것은 전자가 원자핵 및 다른 전자들과 다채롭게 상호작용하기 때문이다(더불어 전자는 차곡차곡 쌓일 수 없다는 성질도 한몫 거든다).

물론 예외도 있다. 약한 핵력은 태양의 동력이 되는 핵융합에 중요한 역할을 한다. 따라서 태양 현상을 설명하는 데에는 약한 핵력이 없으면 안 된다. 또한, 우주선cosmic ray이 지구의 대기에 부딪히면 전자의 더 묵직한 친척인 뮤온muon이 생겨난다. 뮤온은 DNA의 돌연변이 속도를 변화시켜 생명의 진화에 기여한다. 이 두 예시를 비롯해 특별히 예의주시할 가치가 있는 다양한 현상들을 코어 이론은 유창하게 설명해낸다. 그래도 여전히, 살아 있는 것들은 전자와 원자핵이 중력과 전자기력으로 밀고 당겨 생기는 결과물이 대부분이다.

우리는 우리가 매일 보고 느끼는 물질과 현상들을 코어 이론이 올바르게 설명한다고 자신 있게 말해도 좋다. 지금으로부터 1000년 후의 미래에는 물리학이 훨씬 더 발전해 있을 테지만 우리 후손들은 실재의 특정 층위를 설명하는 데 변함없이 코어 이론을 사용할 것이다. 시적 자연주의의 관점에서 말하자면 코어 이론이 잘 정의된 적용 영역 안에서 실재를 훌륭하게 해설하는 하나의 화법인 셈이다. 우리는 이것을 형이상학적으로 확신할 수는 없다. 이것은 수학적으로 증명되는 성질의 것도 아니다. 과학은 본질적으로 그 무엇도 증명하지 못하기 때문이다. 하지만 타당한 베이즈 추론의 맥락에서 이것이 진실일 공산이 압도적으로 크다는 것은 분명하다. 우리의 일상적 현실의 기저에 있는 물리 법칙은 전부 드러났다.

23
나를 만드는 모든 것

양자장론이 가진 힘은 엄청나다. 이론물리학계에서 고질라와 헐크에 해당하는 두 이론이 만나 아기를 낳았다면 그 아기가 바로 양자장론일 것이다.

여기서 '힘이 세다'는 말은 건물이나 도시를 가루로 만든다는 뜻이 아니다(핵무기가 정말로 그런 위력을 지니긴 했지만, 여기서는 한 입자가 다른 입자로 바뀌는 핵반응 현상의 특별함을 제대로 전달할 방법이 달리 없어서 양자장론이 강력하다고 표현하는 것이다). 과학 이론이 강력하다는 말에는 **제한적**이라는 의미가 숨어 있다. 강력한 이론 아래서는 잡다한 예외가 없다는 점에서다. 이 단원에서 우리는 어떤 이론이 극소수의 가정만 가지고도 믿을 만하면서 통섭적인 결론을 도출한다는 의미로 '힘'이라는 단어를 사용할 것이다. 양자장론은 발에 치이는 건물들을 죄다 때려 부수면서 나아가지 않는다. 양자장론이 전진하면서 치워가는 것은 물리적 실재에서 일어날 수 있는 일들에 관한 우리의 틀린 추측들이다.

그런고로 우리는 감히 다음과 같이 주장하고자 한다.

우리 일상적 세상의 기본 물리 법칙은 모두 밝혀졌다.

대담한 주장은 강한 거부감을 불러오기 마련이다. 위의 주장은 거창하고 자기도취적이다. 게다가 어느 모로 보나 양자장론에 대한 인류의 이해는 아직 불완전해 보인다. 이 주장은 인류의 완벽한 지식이 거의 완성되었다며 섣부른 예측을 내놓았던 여러 사상가의 선례를 연상케 한다. 그런 예측들은 예외 없이 성급한 오판으로 판명 나지 않았던가.

그러나 이 주장의 요지는 우리가 모든 물리 법칙을 알아냈다는 게 아니다. 그보다는 몇몇 법칙만 있어도 일상적 현실을 기저 수준에서 설명하는 데에는 충분하더라는 뜻이다. 그렇지만 이 말도 경솔해 보이기는 마찬가지다. 일상적인 물리 현상이나 현대 양자장론의 영역을 넘어선 완전히 새로운 현상을 설명하기 위해 새로운 입자나 힘이 코어 이론에 추가될 여지가 분명 있을 것이다. 그렇지 않은가?

그런데 그렇지가 않다. 현대 물리학은 과학의 역사를 통틀어 어느 때와도 비교되지 않는 새로운 국면을 맞이하고 있다. 어떤 면에서 우리는 괄목할 성공을 이뤘지만 또 어떤 면에서는 앞으로 갈 길이 얼마나 먼지를 뼈저리게 느낀다. 양자장론이 강력하다는 말은 그런 의미다.

⁂

앞의 과감한 주장 뒤에 있는 논리는 단순하다.

1. 우리가 가진 모든 지식에 비추어볼 때 양자장론은 일상 세상의 기저에 깔린 물리학을 올바르게 설명하는 틀이다.
2. 양자장론의 규칙들은 우리가 사는 현실과 관련 있을 새로운

입자, 힘, 상호작용은 있을 수 없다고 말한다. 이미 모두 발견되었다.

그런데 혹시 양자장론이 유효하지 않은 영역도 있지 않을까? 당연하다. 우리는 베이즈의 성실한 후예이므로 아무리 극단적인 선택지라도 신뢰도를 0까지 후려쳐서는 안 된다는 것쯤은 기본으로 안다. 특히, 인간의 행동은 양자장론이 완벽하게 설명하지 못할 수 있다. 물리학 자체가 지금까지 계속 실패해왔기 때문이다. 물론, 물리적 주체의 행동을 좌우하는 어떤 신비한 기전이나 완전히 비물리학적 현상이 확실히 없다고는 말 못 한다. 과학이 아무리 발전한들 그런 특별한 가능성이 완전히 배제되지는 않는다. 다만, 우리는 우리 눈에 보이는 현상들을 물리학만으로도 충분히 설명할 수 있음을 증명할 수는 있다.

아인슈타인의 (일반 상대성 이론과 대비되는) 특수 상대성 이론은 시공간을 한데 녹이고 빛의 속도를 우주의 절대 한계로 상정한 이론이다. 이 점을 참고하고 아래의 세 아이디어 모두를 품는 이론 하나를 구상한다고 치자.

1. 양자역학
2. 특수 상대성 이론
3. 어떤 공간에서 충분히 분리된 구역들은 서로 독립적으로 행동한다.

노벨상 수상자 스티븐 와인버그는 이 요건들을 충족하는 모든 이론은 에너지가 적고 (상대적으로) 멀리, 이를테면 중간에 양성자 하나가 들어갈 정도만큼 멀리 떨어져 있을 때는 양자장론을 따르는 것처럼 **보일** 거라고 주장했다. 그렇다면 가장 원초적이고 궁극적인 자연의 층위에서 실제로는 어떤 일이 벌어지든, 인간이 탐지할 수 있는 영역 안에서는 세상이 양자장론만으로도 충분히 설명될 것이다.

따라서 우리를 둘러싼 낮은 에너지 상태의 일상적 세상을 오로지 물리학에만 의지해 설명하고자 한다면 우리는 양자장론의 틀 안에 머물러야 한다.

☼

먼저, 양자장론이 일상적 세상의 모든 면을 관장한다는 아이디어를 받아들이자. 그런 다음 왜 우리 세상과 관련된 미지의 입자가 더 존재할 수 없는지 생각해보자.

일단 우리 주변에서 알짱거리면서 우리가 이미 알고 있는 입자들의 동태에 어떤 식으로든 영향을 미치는 새로운 종류의 입자는 있을 수 없다는 것부터 확실히 못 박아야 할 것이다. 그러고 나서 할 일은 우리 눈에 보이는 입자들에 영향을 줄 **가상의** 입자나 새로운 힘 역시 없음을 우리 스스로 확신하는 것이다. 양자장론에서는 양자가 요동칠 때 나타났다가 순식간에 사라져 정체를 귀신같이 숨기면서 일반 입자들의 동태를 변화시키는 것을 가상의virtual 입자라 정의한다. 이 가상의 입자는 다음 단원에서 더 자세히 살펴볼 예정이니 이번 단원에서는 새로운 진짜 입자의 가능성에 집중하기로 한다.

우리의 일상적 세상을 주관하는 물리학에 새로운 입자나 새로운 힘의 자리는 없다고 우리가 확신하는 근거는 바로 **교차대칭성**crossing symmetry이라는 양자장론의 특별한 성질이다. 이 성질 덕분에 우리는 존재한다면 진즉에 발견되었을 테니 그런 입자는 없다고 과감하게 주장할 수 있다. 기본적으로 교차대칭성이란 가령 충돌 후 흩어지는 식으로 한 장이 다른 장과 상호작용할 때 적절한 조건에서 두 번째 장이 첫 번째 장의 입자를 생겨나게 한다는 것이다. 모든 작용에는 반작용이 따른다는 법칙의 양자장론 버전인 셈이다.

X라는 새로운 입자가 있다고 가정하자. 당신은 이 입자가 정신력으로 숟가락을 구부리는 것이든 정신력의 존재 자체든 일상적 세상에서 미묘하지만 중대한 실질적 결과를 유도한다고 의심하고 있다. 그게 사실이라면 X 입자는 쿼크나 전자와 같은 일반 입자들과 직접적으로든 간접적으로든 상호작용해야 할 것이다. 상호작용이 없다면 실재의 가시적 변화로 드러나는 것이 불가능할 테니 말이다.

양자장론을 따르는 입자 간의 상호작용은 파인만 다이어그램으로 쉽게 이해할 수 있다. 여기 X 입자가 있다. X 입자는 전자와 상호작용하는 과정에서 또 다른 새로운 입자 Y를 교환한다. 그림을 왼쪽에서 오른쪽 방향으로 읽으면 X 입자와 전자가 만나 Y 입자를 주고받은 뒤 다시 각자 갈 길을 가는 것을 확인할 수 있다.

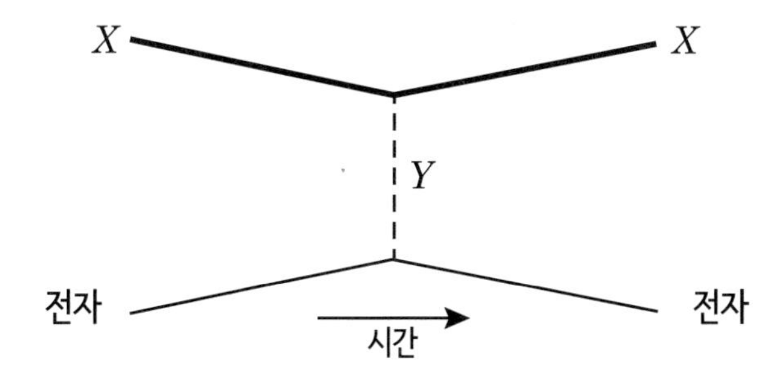

이 그림이 보여주는 것은 상호작용 과정만이 아니다. 사실 여기에는 숫자가 매겨진다. 숫자는 상호작용의 강도, 이 경우 X 입자가 전자와 반응할 가능성을 말해준다. 그런데 교차대칭성에 따르면 상호작용마다 똑같은 강도의 또 다른 상호작용이 동반된다고 한다. 그림을 시계 방향으로 90도 돌리고 한 줄을 입자에서 반입자antiparticles로 바꿔보자. 그러면 다음과 같은 다이어그램이 새롭게 그려진다.

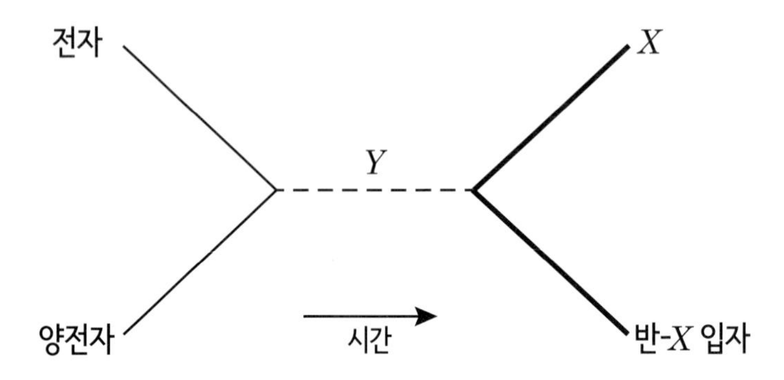

전자와 양전자(전자의 반입자)가 Y 입자로 소멸했다가 다시 X 입자와 반-X 입자로 붕괴하는 과정을 보여주는 다이어그램. 이 그림은 교차대칭성에 따라 앞의 그림을 변형한 것이다.

양자장론에 따르면 모든 입자는 반대 전하를 띠는 반입자를 가지고 있다. 전자의 반입자는 양전하를 띤 양전자다. 교차대칭성은 X 입자와 전자 간의 상호작용이 있다면, 전자와 양전자가 Y 입자로 소멸했다가 X 입자와 반-X 입자를 다시 탄생시키는 상호작용도 반드시 존재한다고 말한다.

이 이야기의 결말은 어떻게 났을까. 학계는 전자와 양전자를 실제로 충돌시켰다. 고난도의 실험을 위해 1989년부터 2000년까지 제네바 외곽에서 대형 전자-양전자충돌기라는 입자가속기(강입자충돌기의 전 모델)가 동원되었다. 물리학자들은 엄청난 양의 에너지를 투입해 전자와 양전자를 충돌시켰을 때 일어나는 일들을 꼼꼼하게 추적했다. 새로운 입자가 발견될지도 모른다는 기대에 부풀어서 말이다. 새로운 입자, 특히 예견되지 않은 입자의 발견만큼 입자물리학자를 흥분시키는 일은 없다. 하지만 그들의 소망은 이루어지지 않았다. 코어 이론이 정의한 기존의 입자들만 무더기로 쏟아져 나왔을 뿐이다.

✻

양성자와 반양성자 그리고 기타 다양한 입자와 반입자의 조합들도 충돌시켜봤지만 결과는 같았다. 결론은 분명했다. 현존하는 최고의 과학기술을 최대로 동원해 밝혀낼 수 있는 입자는 다 밝혀졌다. 교차대칭성에 근거할 때, 일상적 세상의 동태를 변화시킬 만큼 강력하게 일반 입자와 상호작용하는 미지의 입자가 있었다면 그러한 입자는 이미 오래전에 실험을 통해 드러났어야 했다. 하지만 그런 것은 없었다.

입자들은 앞으로도 더 발견될 것이다. 단지 그런 입자들이 모두 우리의 일상 현실과 관련 없을 뿐이다. 우리 현실과 관련된 입자가 더 발견되지 않고 있다는 사실은 새로운 미지의 입자가 가지고 있을 성질에 대해 많은 힌트를 제공한다. 그것이 바로 양자장론의 힘이다. 우리가 아직 찾지 못한 입자는 다음 보기 중 하나에 해당해야만 한다.

1. 일반 입자와 상호작용하는 힘이 너무 약해서 거의 없다고 봐야 할 정도이거나
2. 질량이 어마어마하게 큰 탓에 충돌하려면 현존하는 최고의 입

자가속기가 생산할 수 있는 것보다 훨씬 더 많은 에너지가 필요하거나

3. 수명이 엄청나게 짧아서 생겨나자마자 붕괴하여 다른 입자로 변한다.

만약 수명도, 일반 입자와 상호작용하는 힘도 일상적 현상들에 물리학적으로 영향을 주기에 충분한 미지의 입자가 남아 있다면, 지금쯤이면 입자충돌 실험에서 한 번이라도 나왔어야 옳다.

가령, 아직 발견되지 않았지만 실존한다고 짐작되는 입자로 암흑물질이라는 게 있다. 항성과 은하의 운동과 우주의 전체적 구조를 연구하는 천문학자들은 우주 공간의 대부분을 암흑물질이 채우고 있다고 확신한다. 암흑물질은 코어 이론의 범주를 벗어나는 새로운 입자다. 추측건대 암흑물질 입자는 수명이 엄청나게 길 것이다. 아니라면 오래전에 다 붕괴하여 흔적도 없이 사라졌어야 하기 때문이다. 그러나 암흑물질 입자는 일반 입자들과 강하게 상호작용하지 못한다. 만약 그랬다면 물리학자들이 반복해온 수많은 실험에서 이미 감지되었을 것이다. 따라서 암흑물질은 그 정체가 무엇이든 지구의 날씨를 좌우하지도 지구 생태계, 사람의 의식, 우리의 인생에 어떤 영향을 미치지도 못한다. 즉, 우리의 일상 현실과는 아무 관련이 없다.

✻

다만, 이 분석에는 거대한 틈이 하나 있다. 현재 우리는 중력자의 존재를 믿어 의심치 않지만 중력자가 실제로 감지된 적은 한 번도 없다는 점에서다. 중력자는 가볍고 안정적이지만 중력은 워낙 약한 힘이다. 그래

서 우리가 입자가속기로 중력자를 만들더라도 함께 생겨난 산더미 같은 다른 입자들에 파묻히고 말 것이다. 그런데도 중력은 우리의 일상생활에 구석구석 관여한다. 어째서일까.

이처럼 중력이 여전히 우리에게 중요한 것은 중력이 차곡차곡 누적되면서 영향력 범위가 넓은 원거리 힘이기 때문이다. 무슨 말인가 하면, 중력은 중력을 발생시키는 물질이 많을수록 세진다(또 다른 원거리 힘인 전자기력은 양전하와 음전하가 상쇄되므로 이런 성질을 띠지 않는다. 반면에 중력은 늘 더해지기만 한다). 그래서 입자충돌 실험에서 중력자가 감지되기는 요원하더라도 전 지구적으로 축적된 중력은 가시적인 위력을 발휘하는 것이다.

그런데, 중력과 같은 이유로 특별대우를 받는 또 다른 힘이 있을까? 너무 약해서 개별 입자를 관측하기는 어렵지만 뭉치면 세지는 그런 힘이? 그럴 가능성은 다분하다. 실제로 학계는 여러 해 전에 이 '다섯 번째 힘'을 찾기 위한 본격적인 작업에 들어갔다. 아직 이렇다 할 성과는 없지만 말이다.

새로운 힘을 찾는 연구는 양자장론의 두 가지 특징을 이정표 삼아 진행되고 있다. 첫째, 보통의 사물들은 세 가지 대표 입자, 즉 양성자, 중성자, 전자로만 이루어져 있다. 둘째, 우리는 개별 입자에서 나오는 힘을 우리 맘대로 켜거나 끄지 못한다. 입자와 연결된 장은 그냥 늘 그곳에 존재한다. 양전하와 음전하를 적절히 배열한 전자석처럼 소규모로는 없던 힘을 만들어내는 게 가능하다. 하지만 입자와 입자가 얽히고설켜 형성되는 장은 우리 맘대로 없앨 수도, 새로 창조할 수도 없다. 그런 까닭에 우리가 할 수 있는 것은 이들 세 가지 입자 사이에 오고 가는 힘을 그저 지켜보는 게 전부다. 물리학자들이 지금까지 해온 일도 그것이다. 물리학자들은 최고의 실험을 설계하고, 다양한 물체들을 접근시켰다가 떨어뜨리고, 그 과정에서 일어나는 변화를 관찰하면서 이미 밝혀진 자연계의 힘이 아닌 것의 흔적을 찾는다.

그렇게 2015년까지 쌓인 자료를 집약한 그래프가 있다. 힘의 강도와 힘의 영향력 범위라는 두 가지 값을 변수로 삼아 두 종류 입자 사이에서 작용할 수 있는 모든 힘을 수치화한 것이다(중력과 전자기력은 영향력 범위가 사실상 무한대인 원거리 힘이다. 반면에 강한 핵력과 약한 핵력의 경우는 원자 하나의 지름에도 못 미칠 정도로 효과 거리가 몹시 짧다). 계측이 가장 쉬운 힘은 크기가 크면서 효과 거리가 긴 것이다. 따라

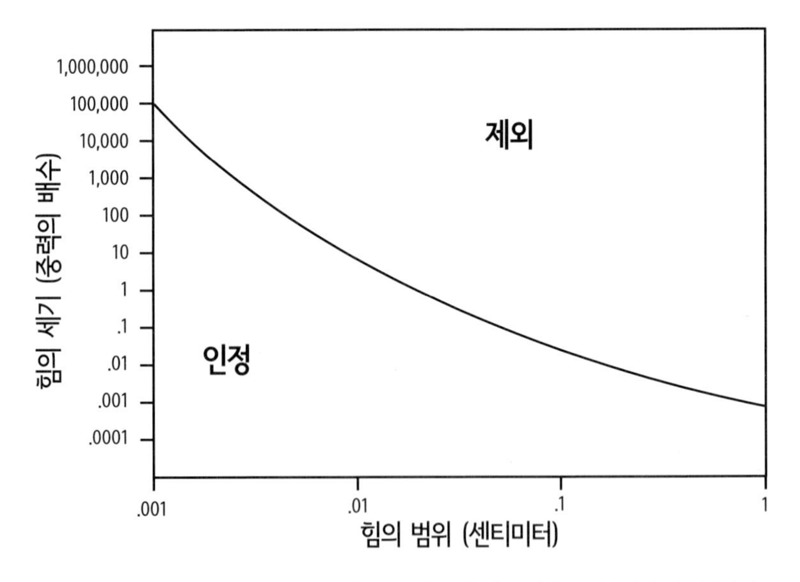

실험을 통해 밝혀진 일반 입자들에 영향을 줄 만한 새로운 힘의 조건. 지금까지의 수많은 측정 시도를 피해간 새로운 힘이 존재한다면 몹시 약하거나 초단거리에서만 효과를 발휘하는 것이어야 한다.

서 그런 힘들은 미지의 힘 후보에서 일찌감치 탈락하였다.

어떤 새로운 힘을 이용해서 숟가락을 구부리거나 토성에서 당신이 태어난 순간의 그 장소로 시공간 여행을 하고자 할 때 그 힘은 유효 범위가 0.1㎝보다 넓어야 한다. 그런데 그래프에 따르면 그런 힘의 세기는 틀림없이 중력보다 훨씬 약할 것이다. 그게 뭐 대수냐고 생각될지 모르지만 그렇지가 않다. 중력은 안 그래도 몹시 약한 힘이라는 점에서다. 예를 들어, 우리가 점프를 할 때는 별로 세다고 볼 수 없는 우리 몸 안의 전자기력이 지구 전체를 합한 중력을 이긴다. 즉, 힘이 중력만큼 약하다는 말은 그 힘의 세기가 전자기력의 10억 분의 1의 10억 분의 1의 10억 분의 1의 10억 분의 1 정도라는 소리다. 이보다 약한 힘은 우리의 일상 세상에서 거의 무시된다.

집에서 살고 차를 몰고 다니는 우리의 일상 세상은 입자와 힘과 이들이 상호작용해 나타내는 가시적 효과들로 꽉 차 있다. 이 사실을 아는 것은 인류의 엄청난 지적 성취라 할 만하다. 따라서 우리는 모두 자신을 자랑스럽게 여겨도 좋다.

24
일상적 세상의 유효 이론

입자니 양자장이니 하는 것들이 개인적·사회적 삶을 보살피고 가꿔나가는 일과 도대체 무슨 상관이냐 싶기도 하다. 이 모든 게 우리의 세상사와는 거의 무한한 거리만큼 먼 이야기처럼 들린다. 하지만 우리 인간은 입자와 장으로 만들어져 있다. 그리고 입자와 장은 물리 법칙을 철석같이 따른다. 그러므로 어떤 주제로든 인간에 관해 논할 때는 모든 담론이 우리를 이루는 조각들의 성질 및 동태와 부합해야 마땅하다. 각 조각이 전체 그림을 보여주지는 않더라도 말이다. 입자와 장이 인간에게 어떤 의미가 있는지 이해하기 위해서는 그것들이 무엇인지, 또 서로 어떻게 상호작용하는지를 아는 일이 반드시 선행되어야 한다.

양자역학과 상대성 이론이 내거는 조건들은 양자장론을 극도로 제한적이고 단단한 이론 틀로 굳힌다. 그런 완고함은 그동안 우리가 코어 이론을 얼마나 잘 갈고 닦았는지를 확인시키는 잣대가 된다. 우리는 우리 세상을 지배하는 장들과 힘들을 설명하기 위해 코어 이론을 세웠고 지금까지 참 잘해왔다. 우리의 국지적 세상에 관여하는 입자와 장들을 다 알아냈다고 단언해도 좋을 만큼 말이다. 만약 앞으로 새로운 입자나 힘이 발견된다면 그것은 우리 세상이 아닌 다른 곳, 즉 에너지 상태가 더 높고, 거리가 짧고, 더 극한의 조건을 가진 세상에서만 일어나는 현상일 것이다.

그런데 궁금하다. 우리 눈으로 직접 확인할 수 없다면 새로운 입자나 힘이 이미 밝혀진 입자들에 중대한 영향을 미치지 않는다는 걸 어떻게 아는가? 그 답은 **유효장론**effective field theory에 있다. 양자장론에서 '유효한'이라는 형용사는 '데이터가 잘 들어맞는'이라는 의미를 갖지 않는다. 양자장론에서 유효한 이론이란 더 근원적인 이론과 일치도가 높은 창발적 이론을 말한다. 그런 유효 이론은 명료하고 믿음직하며 예측불허의 변수가 거의 없다. 모두 양자장론의 위력 덕분이다.

어떤 물리적 계가 있다고 치자. 이 계의 어떤 것들은 우리가 관심을 기울일 만한 것이고 또 어떤 것들은 우리의 관심 밖이다. 이때 유효 이론은 이 계에서 우리가 관심을 기울이는 요소들만을 고려한다. 너무 미묘해서 눈에 띄지 않거나 변동이 심해 어차피 평균 내면 효과가 사라지는 것들은 유효 이론의 논의 대상에서 제외된다. 유효 이론은 더 포괄적인 미시적 설명으로부터 창발된 거시적 특징들을 기술하는 것이다.

유효 이론은 다양한 상황에서 매우 유용하게 쓰인다. 공기를 분자들의 집합보다는 기체로서 설명할 때, 사실 우리는 유효 이론을 활용하는 것이다. 각 분자의 운동은 우리의 관심사 밖이기 때문이다. 지구의 공전은 또 어떤가. 지구는 약 10^{50}개의 원자로 이루어져 있다. 그런 엄청난 수의 원자가 덩어리져 우주 공간을 유영하는 기전을 설명하기란 불가능한 일이다. 그 많은 원자 하나하나를 도대체 어떻게 추적하겠는가? 하지만 우리는 그럴 필요가 없다. 관심 대상인 천체 하나, 즉 지구의 질량 중심만 추적하면 되기 때문이다. 같은 이치로, 우리는 웬만큼 큰 물체의 움직임을 얘기할 때마다 거의 항상 그 물체의 질량 중심의 운동에 관한 유효 이론을 활용한다.

✲

유효 이론은 활동 무대가 넓지만 특히 양자장론 분야에서 진가를 발휘한다. 양자장의 '장'으로서의 성질에 주목했던 노벨상 수상자 케네스 윌슨의 통찰 덕분이다.

윌슨은 모든 물리학자가 너무나도 잘 알고 있는 한 가지 사실에 주목했다. 바로, 진동하는 모든 장에서는 진동을 여러 파장으로 쪼갤 수 있다는 사실이다. 빛은 프리즘을 통과하면 무지개 색깔로 분리된다. 진동하는 전자기장에서는 장파 진동이 발하는 적색광과 단파 진동이 발하는 청색광 사이에서 온갖 색채의 향연이 펼쳐진다. 양자역학적으로 단파 진동은 장파 진동보다 속도가 빨라 더 큰 에너지를 낸다. 입자가속기나 고에너지 우주선 옆에서 살다시피 하는 사람이라면 이 단파 진동에 더욱 신경 써야 한다. 하지만 우리들 대부분 관심사는 유도하기도 관측하기도 더 쉬운 저에너지 장파 진동이다.

즉, 양자장론은 양자장의 저에너지 장파 진동만을 추적한다. 윌슨이 말한 대로, 자동으로 유효 이론이 나올 수밖에 없는 구조다. 고에너지 단파 진동도 여전히 일어나긴 하지만 유효 양자장론의 맥락에서 단파 진동은 장파 진동의 동태를 변화시키는 변수 역할만 할 뿐이다. 유효장론은 세상의 저에너지 동태를 집중적으로 포착한다. 그리고 입자물리학의 기준에서 우리가 일상적으로 접하는 모든 것은 저에너지 상태에서 일어난다.

예를 들어볼까. 양성자와 중성자는 글루온의 도움을 받아 업 쿼크와 다운 쿼크가 단결해 형성된다. 이때 양성자와 중성자 안에서 쿼크와 글루온은 혈기왕성하게 윙윙거리면서 단파 진동을 일으킨다. 하지만 양성자와 중성자가 어떻게 상호작용하는지를 얘기할 때 우리는 쿼크와 글루온까지 들어갈 필요는 없다. 그렇게 깊게 들어가지 않아도 양성자와 중성자를 훌륭하게 설명하는 유효장론이 이미 있기 때문이다.

간단한 이 예는 유효 이론의 중요한 특징을 잘 보여주고 있다. 유효 이론과 포괄적인 미시적 이론은 지금 논하는 진짜 주제, 즉 그 이론이 설명하고자 하는 존재론 자체가 완전히 다르다고 볼 수 있다. 가령, 조금 전의 예시에서 쿼크는 미시적 이론이고 양성자와 중성자는 유효 이론이다. 이 둘은 창발의 관계에 있다. 앞서 우리는 유동체와 분자 집합은 하나의 물리적 계를 일컫는 말이지만 서로 다른 층위의 어휘임을 배웠는데, 이때 나온 것과 같은 의미의 창발이다.

유효장론을 단순하면서도 강력한 이론으로 만들어주는 특징이 두 가지 있다. 첫째, 한 유효 이론의 기원이 되는 미시적 이론은 하나가 아닐 수 있다. 양자물리학에서는 이를 다중 실현성이라고 부른다. 이 특징 덕분에 우리는 미시적 세부사항을 다 알지 못해도 거시적 현상을 자신 있게 진술할 수 있다. 둘째, 한 유효 이론이 있을 때 그 안에서 성립하는 동력학은 정해져 있다. 작은 에너지를 가지고 양자장이 할 수 있는 일 자체가 그리 많지 않다. 따라서 누군가 입자에 관한 어떤 이론을 제시할 때 질량이나 힘의 세기와 같은 몇 가지 파라미터만 측정하면 그 이론의 세부사항이 완성된다. 이는 태양계의 행성들과 같다. 목성은 뜨거운 기체로 이루어진 거대 행성이고 화성은 차디찬 바윗덩어리다. 하지만 둘 다 질량 중심이 뉴턴의 법칙을 충실히 따르면서 일정한 공전 궤도에 머문다. 그런 면에서 목성과 화성은 손톱의 때만큼도 다르지 않다.

이것이 우리가 해당 적용 영역에서 코어 이론이 마땅히 옳다고 그토록 자신하는 이유다. 물론 미시적 수준에서는 얘기가 완전히 달라질 것이다. 그곳에서는 양자장 이론 자체가 존재하지 않을 것이고 우리가 아는 시공간이라는 것도 없을 것이다. 그럼에도 창발된 세상에서는 양자장론이 유효한 이론으로서 여전히 우리의 일상을 이끌어갈 것이다. 사실 실재의 기본 요소들은 현대 물리학자들이 상상하는 것과 완전히 딴판일지 몰라도, 우리의 일상적 세상은 여전히 양자장론의 규칙을 충실히 따르는 듯 보인다.

☼

만물의 이론을 꿈꾸는 물리학자에게는 지금까지의 얘기가 절망적으로 느껴질지도 모르겠다. 하지만 뒤집어 생각하면 이것은 저에너지 상태인 모든 것, 특히 우리가 일상생활에서 마주치는 갖가지 것들의 이론을 세우기에는 매우 유리한 조건이라는 뜻이기도 하다.

물론 우리는 코어 이론이 최종 결론은 아님을 알고 있다. 코어 이론은 우주 질량의 대부분을 담당하는 암흑물질을 설명하지 못한다. 블랙홀과 빅뱅도 마찬가지다.

그런 이유로 우리는 현재의 코어 이론에 전에 없던 어떤 '신물리학'이 더해져서 천체물리학과 우주학까지 아우르는 수준으로 발전하는 미래를 꿈꿔본다. 그러면 우리는 12장에서 벤다이어그램으로 설명했던 것과 같은 이론들의 적용 영역을 모두 해석할 수 있게 될 것이다. 천체물리학에는 코어 이론 외에 다른 이론들도 필요하지만 우리의 일상적 경험은 코어 이론의 적용 영역 안에서 완벽하게 해석된다.

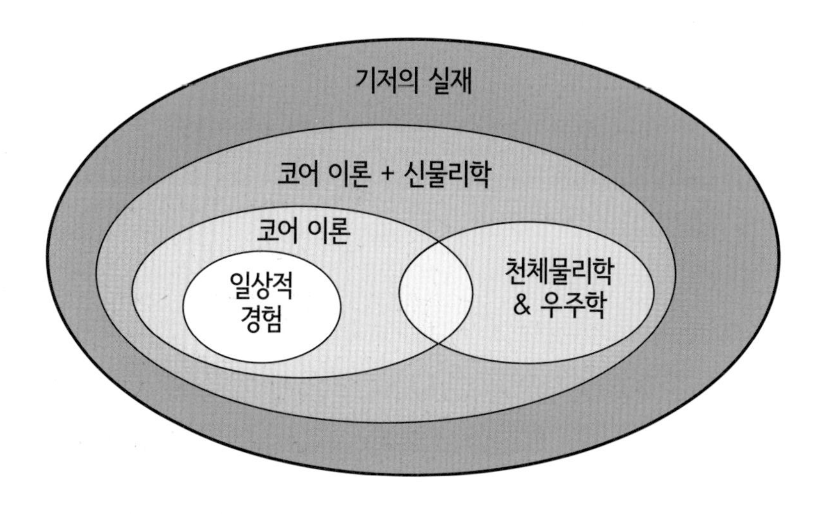

이 관계를 이해하기에 좋은 또 다른 방법은 어떤 현상이 어떤 또 다른 현상에 의존적인지를 살펴보는 것이다. 철학에서는 이것을 두 현상이 병발竝發한다고 말한다. 다음 그림을 보면, 만물의 바탕이 되는 기저 실재는 하나다. 여기서 천체물리학적 현상은 코어 이론과 신물리학 모두에 의존한다. 반면에 우리가 일상에서 목격하는 창발된 현상들은 암흑물질이나 신물리학에 의존하지 않는다. 일상적 현상들을 좌지우지하는 것은 오로지 코어 이론의 입자들에 의해 움직이는 기저 실재뿐이다. 이것이 바로 유효장론의 힘이다. 미시적 수준의 양자와 중력이 근원의 기저 실재에서 어떤 재간을 부리든 의자나 자동차나 중추신경계의 동태는 털끝만큼도 변화시키지 못한다. 의자와 자동차와 중추신경계는 코어 이론의 유효장론에 속하는 까닭이다.

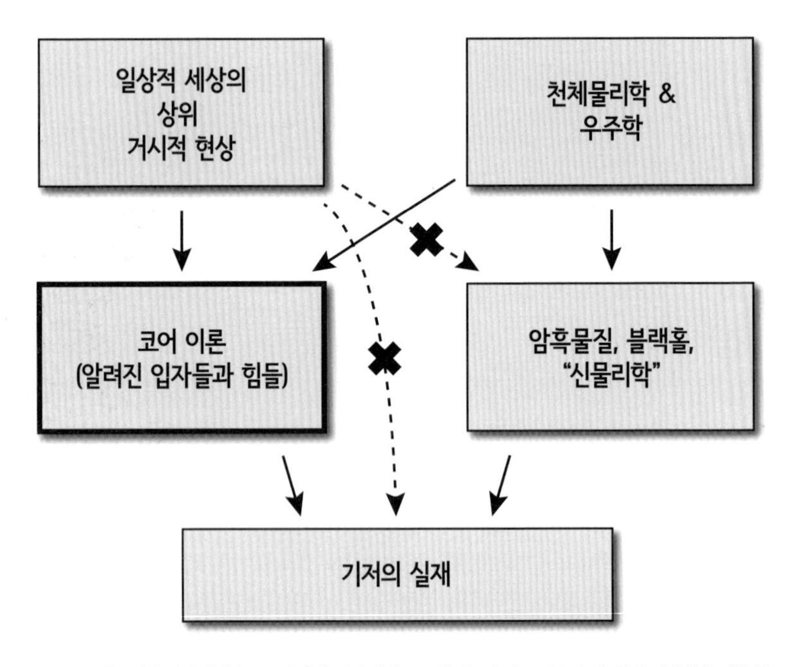

세상을 논하는 여러 가지 화법과 그들의 관계. 직선 화살표는 한 이론이 다른 이론에 의존함을 나타낸다. 예를 들어 천체물리학을 이해하려면 코어 이론이 필요한 동시에 암흑물질과 암흑 에너지도 언급해야 한다. 점선 화살표는 두 이론이 의존 관계일 수도 있었지만 실제로는 그렇지 않음을 나타낸다. 즉, 기저 실재의 일상적 측면들은 오로지 코어 이론을 통해서만 체현될 뿐 암흑물질과는 아무 관련이 없다.

이처럼 양자장론은 위력적이다. 그래서 우리는 일상적 세상의 기본 물리 법칙이 모두 밝혀졌다고 주장하면서 "이번엔 확실하다"고 단언할 수 있다. 과거 뉴턴과 라플라스는 고전역학의 전성기를 누리는 와중에도 언젠가는 고전역학보다 더 포괄적인 이론이 나와 전세를 뒤집을 것을 예감했을 것이다. 그리고 그 예감은 특수 상대성 이론, 일반 상대성 이론, 양자역학의 등장으로 현실이 되었다. 분명, 뉴턴역학은 해당 적용 영역 안에서는 여전히 잘 들어맞는 이론이다. 하지만 인류는 뉴턴역학만으로는 부족한 영역으로 넘어와 버렸고 더 나은 설명이 필요해졌다.

다만 그때가 현재와 다른 점은, 뉴턴과 라플라스 스스로 자신들의 이론이 특정 울타리 안에서만 정확하다고 인정했음에도 그 울타리의 범위가 어디까지 미치는지는 알지 못했다는 것이다. 예를 들어, 지구나 금성에는 뉴턴의 중력 이론이 잘 들어맞는다. 하지만 수성의 궤도가 끼어들면 뉴턴의 이론은 어긋나기 시작한다. 그러는 사이에 수성의 미묘한 세차운동을 강력한 증거 삼아 아인슈타인의 일반 상대성 이론이 등장한다. 이때 뉴턴의 이론이 정확히 어디까지 성립하는지는 뉴턴 자신도 자신 있게 말하지 못했다.

그런데 유효장론은 다르다. 우리는 유효장론의 경계가 어디인지 정확하게 안다. 유효장론은 에너지 수위가 실험을 통해 정해진 기준치보다 낮고 거리가 일정 하한보다는 먼 몇 가지 장 안에서 형통한 이론이다. 유효장론의 파라미터들을 특정 값에 고정한 실험을 구상할 때 우리는 실험을 시작하기도 전에 이 이론의 해당 적용 영역 안에서 어떤 결과가 나올지 높은 정확도로 예측해낼 수 있다.

양자장론의 이런 특별한 성질 덕분에 우리는 다소 건방진 주장을 할 수 있는 것이다.

❋

"우리 일상 세상의 기본 물리 법칙은 모두 밝혀졌다"는 주장에는 오해의 소지가 많다. 안 그래도 넘치는 자신감이 부풀려져 오만방자하게 비치기 쉽다. 그래서 자칫 기각될 우려도 있다. 그러나 분명히 말하지만, 이 주장은 우리가 물리학 전체를 다 안다는 뜻이 아니다.

그뿐만 아니다. 이 주장은 우리가 모든 일상적 현상의 이치를 다 안다는 것을 의미하지도 않는다. 정신이 똑바로 박힌 과학자라면 어느 누구도 생물학이든 신경과학이든 기상학이든 전기·전자학이든 우리가 모든 이론을 완성했다거나 완성에 거의 근접했다고 말하지 못할 것이다. 이 현상들이 코어 이론과 부합하는 주제이긴 하지만 이들 현상 자체는 창발된 것이기 때문이다. 12장에서 지적했듯, 우리는 종종 창발된 현상을 이해하려고 궁리하는 과정에서 새로운 지식을 발견한다. 그러한 지식은 각양각색의 조각들을 일정한 패턴으로 엮어 전체 행동을 단순하게 설명해준다. 때로는 역으로 기저의 이론에 부합해야 한다는 기본 요건만 가지고 많은 것을 알 수 있는 예도 있긴 하다. 가령 행성 운동에 관한 운동량 보존의 법칙은 지구가 아무렇게나 질주하는 게 아님을 말해준다. 또, 원거리 힘은 중력과 전자기력 두 가지뿐이라는 사실은 초능력으로 숟가락을 구부릴 수는 없다고 말한다. 하지만 일반적으로는 기저의 한 이론과 굵게 뭉치기 과정을 통해 파생된 창발적 이론 간에는 상당한 괴리가 존재한다.

그래도 코어 이론은 유효장론 덕분에 독보적 입지를 굳혔고 그 적용 영역도 거의 완벽하게 밝혀졌다. 그런 걸 보면 거시적 현상들을 기저의 물리 법칙으로 해석하는 것이 상당히 잘 맞고 편리한 (즉, 베이즈 추론의 신뢰도가 높은) 듯하다. 당연히 예외도 있을 것이다. 하지만 데이비드 흄이라면 이렇게 말할 것이다. 만약 당신이 한 사례만 가지고 코어 이론은 틀렸다고 주장하려면 당신이 가진 증거는 그동안 산더미처럼 쌓여온 반대 증거를 전부 이길 만큼 충분히 강력해야 한다고 말이다.

☀

과학은 아무것도 증명하지 못하며 예측불허투성이다. 하지만 이 점을 고려하고 넘어간다 쳐도, 우리의 일상적 세상의 기본 물리 법칙은 모두 밝혀졌다는 대담한 주장을 무작정 고수하기에는 (아주 작지만) 불안정한 구멍들이 아직 남아 있는 것도 사실이다. 이 사실을 인정하지 않는 것은 지식인으로서 정직하지 못한 태도일 것이다. 그런 고로 지금부터 하나씩 짚어볼까 한다.

우선 가장 또렷하게 보이는 구멍부터 살펴보면, 우리의 일상적 현실 영역을 설명하는 화법으로 양자장론이 완전히 틀렸을 수도 있다는 점이다. 한 입자가 양자장이 아닌 다른 경로로 다른 입자에 물리적으로 작용할 때처럼 말이다. 하지만 현재의 상식으로는 그럴 가망은 몹시 희박하다. 상대성 이론과 양자역학을 기본적으로 이해한다면 누구나 자연스럽게 양자장론도 받아들이게 된다. 물론 빅뱅이나 블랙홀처럼 중력이 엄청나게 센 곳에서는 양자장론이 무너지겠지만 다행히 지금 우리 세상에서 블랙홀이 생겨날 일은 없다. 다만, 과학적으로 신중한 자세를 유지하기 위해 가능성이 완전히 제로는 아님을 인정할 필요는 있다.

두 번째 구멍은, 첫 번째 것보다는 있음 직한데, 우리가 양자역학을 아직 숙달하지 못했을 수도 있다는 것이다. 우리가 양자역학의 기본 조각들(슈뢰딩거 방정식을 따르는 파동함수)을 다 손에 넣었지만, 이 조각들이 실재에 어떻게 반영되는지 해석하는 작업이 아직 완결되지 않았을지 모른다는 소리다. 하지만 이 구멍은 이제 거의 메워진 것 같다. 실제로 오늘날 우세한 양자역학의 어느 해석에도 이런 구멍은 없어 보인다. 현재 양자역학은 어느 모로나 유효장론의 일반 원칙들을 벗어나지 않는다.

하지만 양자역학의 세세한 부분까지는 아직 만장일치를 보지 못했기 때문에 현재 우세한 해석들이 전부 틀릴 가능성이 전혀 없다고는 말 못한다. 만약 그렇다면 진짜 옳은 양자역학 이론이 새로 나와서 파동함수는 무작위로 무너지는 게 아니라는 따위의 말을 할지 모른다. 어쩌면 워낙 미묘한 까닭에 지금까지의 모든 측정 실험을 교묘하게 피해온 미지의 변수가 있었을 수도 있다. 혹시 그런 변수가 발견된다면 생물학과 인간 의식에 대한 인류의 이해를 결정적으로 넓혀줄지도 모른다. 정말 그럴지도 모른다.

또 다른 구멍은 안 그래도 수수께끼투성이인 원시우주의 영역에서 신물리학이 탄생할 가능성이다. 오늘날의 양자 세상이 아니라 말이다. 말하자면 미래 예측보다는 과거사 추적인 셈이다. 추측건대 원시우주는 아주 단순하고 (볼츠만의 정의에 따른) 엔트로피가 작은 곳이었을 것이다. 그런 조건에서 조성될 수 있는 우주의 상태는 몇 가지 되지 않는다. 그런데 아주 특별하게 우리 세상을 오늘날에 이르게 한 아주 은밀한 변수가 원시우주의 상태 중 하나에 숨어 있지 않았을까? 그렇게 확신할 수 있는 근거는 조금도 없다. 하지만 그 가능성을 우리의 구멍 목록에 올릴 만은 하다.

마지막으로, 세상은 물리학만으로는 다 설명되지 않을 수도 있다는 점도 고려해야 한다. 우리 실재에 물리적 차원을 초월하는 무언가 더 있을지 모르는 것이다. 이 부분은 41장에서 더 자세히 다룰 예정이니 지금은 그렇다는 것만 알고 넘어가기로 한다.

현재 가장 유력하게 그려지는 미래의 그림은 이렇다. 코어 이론은 계속 해당 적용 영역에서 훌륭한 모형 역할을 한다. 그와 동시에 인류는 세상에 대한 이해를 전방위적으로 넓혀간다. 과거 우리는 핵과 그 주위를 도는 전자가 원자의 기본 구조라고 생각했다. 그러다 핵 안에는 양성자와 중성자가 들어 있다는 사실이 밝혀졌다. 그리고 또 얼마 뒤 우리는 양성자와 중성자가 쿼크와 글루온으로 이루어져 있음을 알게 되었다. 하지만 그 모든 과정 내내 우리가 핵의 존재를 의심한 적은 없었다. 쿼크와 글루온이 등장했을 때 양성자와 중성자의 존재도 그랬다. 그러니 수백, 수천 년이 흘러도 상황은 비슷할 것이다. 그때까지 과학이 얼마나 발전하든 코어 이론과 양자장론에 대한 우리의 신뢰는 조금도 변함이 없을 것이다. 그때쯤이면 소망하건대 인류가 가진 지식의 지평이 한층 넓어져 있겠지만 그래도 코어 이론은 여전히 굳건할 것이다. 유효 이론의 위력이란 그런 것이다.

25
우주는 왜 존재할까

나는 아주 어릴 때부터 우주를 사랑했다. 밤에 자려고 침대에 누우면 우주의 팽창과 빅뱅과 평행우주들이 머릿속을 맴돌았다. 그러다 보면 우주가 아예 생겨나지 않았다면 어땠을까 궁금해지곤 했다. 애초에 아무것도 없었다면? 생각이 여기까지 미치면 그날은 좀처럼 잠들 수가 없었다.

이것을 궁금해한 사람은 나뿐만이 아니다. 꽤 오래전부터 수많은 학자가 우주의 존재에는 어떤 설명이 있어야 한다고 생각했다. 미적분학의 창시자이자 충족이유의 원리와 최선의 원리 주창자로 이미 잘 알려진 라이프니츠는 〈사물의 궁극적 기원에 관하여〉라는 제목의 1697년 논문에서 어떤 것의 존재 자체가 놀라운 사실임을 알아야 한다고 주장했다. 아무것도 없는 무無보다 단순한 존재의 형태는 없기 때문이다. 무의 상태는 한 가지뿐이지만 존재의 상태는 셀 수도 없이 다양하다. 최근에는 영국 철학자 데릭 파핏 역시 여기에 동조하며 "어떤 것이든 존재한다는 것은 신기한 일"이라고 말하기도 했다.

하지만 묻는 사람이 많다고 해서 그것이 옳은 질문이라는 뜻은 아니다. 촌철살인의 지혜로 유명한 컬럼비아 대학교의 철학자 시드니 모르겐베서 교수의 자문자답이 그런 맹점을 잘 보여준다. "무의 상태를 깨뜨리고 무언가가 존재하는 이유는 뭘까?" 그는 언젠가 이렇게 묻고 바로 답까지 제시했다. "무의 상태였대도 사람들은 여전히 불평했을 것이기 때문"이라고.

대중의 걱정이 무엇인지 혹은 그것을 두고 현자들이 어떤 재담을 주고받는지는 차치하고, 현재 가장 널리 회자하는 두 가지 질문을 살펴보자. 아래의 두 질문은 비슷하게 들리지만 핵심은 완전히 다르다.

1. 우주가 그냥 존재하는 게 **가능할까?** 즉, 우주가 스스로 생겨나 존재한다는 합리적인 시나리오가 있을까? 아니면 우주의 존재를 이해하기 위해 우주 외의 무언가를 상상해야 하나?
2. 우주의 존재에 관한 **최상의 설명**은 뭘까? 우주의 존재를 정당화하기 위해 우주의 범위를 벗어나는 무언가가 필요하다면 그것은 뭘까? 아니면 어떤 보완요소도 더하지 않고 해설하는 게 더 단순하고 나을까?

아리스토텔레스는 우주의 존재는 신의 존재를 증명하는 증거라고 종종 말했다. 그의 주장에 따르면, 우주는 구체적이면서 조건부적이므로 얼마든지 지금과 다른 모습이 될 수 있었다. 그러니 우주를 설명하는 무언가가 있는 게 틀림없으며 그 무언가를 설명하는 다른 사유 그리고 또 그 사유의 사유가 있어야 했다. 그런데 이 무한후퇴*의 덫에 빠지지 않기 위해서는 필수 불가결한 어떤 존재를 소환해야 할 것이다. 그런 주체는 없을 수가 없어서 다른 설명은 필요하지 않은 존재여야 한다. 그리고 그

* 어떤 명제가 성립할 조건을 구하고 다시 그 조건을 뒷받침할 조건을 세우는 과정을 무한히 반복함

런 존재는 바로 신이다. 이것이 아리스토텔레스의 논리였다.

하지만 우주를 논할 때 필수조건을 들먹이는 것은 시적 자연주의의 방식이 아니다. 시적 자연주의자들은 모든 선택지를 테이블 위에 펼쳐놓고 각각에 신뢰도를 매기는 쪽을 선호한다. 어쩌면 궁극적인 하나의 해설이 존재할지도 모른다. 어쩌면 어떤 설명이 있고 또 그 설명의 설명이 연결되는 식으로 무한히 이어질 수도 있다. 그도 아니면 궁극적 설명이란 게 아예 존재하지 않을지도 모른다. 그런 가운데 점점 발전하는 현대 물리학과 우주학은 우리에게 분명한 메시지를 전달한다. 메시지의 내용은 우주는 외부의 도움 없이도 충분히 존재할 수 있다는 것이다. 우주는 왜 지금과 같은 모습으로 존재하게 되었을까? 다른 모습일 수도 있었을 텐데 말이다. 이 의문은 파헤쳐볼 만한 가치가 있다.

✻

빙빙 돌리지 말고 철저히 과학적 관점에서 시작해보자. 우주는 스스로 존재할까? 아니면 무언가의 힘을 빌려 태어났을까?

갈릴레이의 가르침에 따르면, 현대 물리학은 모든 물체는 외부의 동기나 운동자나 없이도 움직일 수 있고 그러려는 경향이 있다는 전제를 바탕으로 한다. 그런데 우주도 엇비슷하다. 따라서 "무엇이 우주를 존재하게 했을까?"나 "무엇이 우주를 돌아가게 하는가?"는 과학적인 질문이 아니다. 우리는 다음과 같이 물어야 한다. "우주의 존재가 만고불변의 자연법칙에 완전히 부합하는가 아니면 우주를 설명하기 위해 새로운 법칙을 추가로 찾아야 하는가?"

이렇게 힘들게 제대로 된 질문을 하고 나면 제대로 답하는 것은 훨씬 더 어렵다. 궁극의 자연법칙이 뭔지 사실은 우리도 모르기 때문이다. 그렇다면 우주의 존재 이유와 떼려야 뗄 수 없는 또 다른 문제부터 생각해보자. 바로, 우주의 존재 경위에 관한 것이다. 우주는 처음부터 존재했을까 아니면 어떤 특정한 순간에, 아마도 빅뱅을 통해 존재하기 시작했을까?

정답이 어느 쪽인지는 아무도 모른다. 라플라스였다면 우주는 처음부터 영원했다고 즉답할 것이다. 뉴턴의 고전역학을 믿고 신이 자연에 개입한다는 아이디어에 코웃음을 쳤던 그이니. 고전역학에 따르면 시간과 공간은 고정되어 있고 절대적이다. 우주 공간 안의 동체에 무슨 일이 벌어지는지는 중요하지 않다. 고전역학에서 시간은 무한한 과거에서 무한한 미래로 이어진다. 다른 이론을 고려하는 것은 각자의 자유지만 초판 그대로의 뉴턴 물리학에서는 우주의 시작이란 건 없다.

그런데 1915년이 되자 아인슈타인이 일반 상대성 이론을 들고나온다. 아인슈타인의 일반 상대성 이론은 시간과 공간을 시공간이라는 하나의 차원으로 묶는다. 시공간은 절대적이지 않다. 시공간은 역동적이어서 물질과 에너지에 반응해 늘어나고 꼬인다. 그리고 얼마 지나지 않아 들려온 소식에 따르면 우주가 팽창하고 있다고 한다. 이것은 시간을 거꾸로 되감으면 우주가 과거의 특이점 하나로 수렴함을 의미한다. 일반 상대성 이론식으로 말하면 이 특이점, 즉 빅뱅은 우주의 역사가 시작된 순간이다. 바로 이 순간부터 우주의 시곗바늘이 째깍대기 시작한 것이다.

그러다 1920년대에 들어서면 양자역학의 시대가 열린다. 양자역학에서 '우주의 상태'는 단순히 시공간과 물질의 특정 배치만을 의미하지 않는다. 그보다는 양자역학이 말하는 양자 상태란 상상할 수 있는 여러 가지 고전역학적 가능성을 모두 포개놓은 것과 같다. 이 신선한 인식은 게

임의 규칙을 완전히 뒤바꿨다. 고전역학의 일반 상대성 이론에 따르면 빅뱅은 시공간의 출발점이다. 반면, 양자역학의 일반 상대성 이론—아직 아무도 감도 못 잡고 있지만 그 내용이 무엇이든—에 따르면 우주에 시작이란 게 있는지 없는지 다시 확신할 수 없게 된다.

다만, 양자역학은 두 가지 가능성을 점친다. 하나는 우주가 영원하다는 것이고 다른 하나는 우주에 시작이 있다는 것이다. 이 두 가지 우주관 후보를 두고 슈뢰딩거 방정식이 내놓은 답도 두 가지이다.

우선, 시간이 기본 개념이고 우주는 시간이 흐르면서 점점 변해간다고 여기는 첫 번째 가능성부터 살펴보자. 이 경우 슈뢰딩거 방정식의 결론은 명확하다. 시간은 무한하다는 것이다. 만약 진화가 우주의 본성이라면 이 시나리오 안에서는 우주가 예전부터 쭉 진화하고 있었고 앞으로도 계속 그럴 것이다. 시작과 끝은 없다. 과거 언젠가 빅뱅과 흡사하게 보이는 순간이 있었을 수도 있지만 그것은 일시적 발작 같은 것이었을 터이다. 그 발작 전에도 우주는 건재했고 말이다.

두 번째 가능성은 시간이 우주의 기본 요소가 아니라 창발적 개념이라고 본다. 그렇다면 우주에는 시작이 있을 수 있게 된다. 이 경우, 슈뢰딩거 방정식은 우주가 진화하지 않으며 처음 등장한 그 날부터 한결같은 모습을 유지하고 있다고 설명한다.

혹자는 이것이 우리 현실과 동떨어진 순진한 수학적 탁상공론이라고 생각할지 모른다. 어쨌든 현실에서는 시간이 분명 존재하고 우리를 둘러싼 모든 곳에서 흐르고 있는 것 같으니까 말이다. 고전역학이 투사하는 세상에서는 그런 생각이 맞을 것이다. 시간은 흐르거나 흐르지 않거나 둘 중 하나다, 그런데 우리 세상에서는 시간이 흐르는 것처럼 보인다, 따라서 물리학적 개연성은 무한한 우주 쪽이 떨어진다는 식이다.

그런데 양자역학의 관점에서 보면 그렇지가 않다. 양자역학은 우주를 다양한 가능성이 중첩한 결과로 본다. 고전역학이 그리는 우주 모형을 여럿 뽑아놓고 차곡차곡 쌓아 올려 양자 우주를 만드는 것처럼 말이다. 평범한 우주의 모습을 여러 시점에 순간 포착한다고 상상해보자. 12시 정각의 우주, 12시 1분의 우주, 12시 2분의 우주 등등의 식이지만 시간 간격을 훨씬 더 짧게 잡아서 말이다. 그러고는 이 모습들을 한데 모아 겹쳐보자. 그러면 양자 우주가 만들어진다.

이 양자 우주는 시간이 흘러도 진화하지 않는다. 우주의 양자 상태는 영원히 고정불변한다. 그런데 양자 우주의 구석구석마다는 마치 진화하는 우주의 한 순간처럼 보인다. 중첩된 양자 우주의 구석구석은 한 곳에서 와서 다른 곳으로 가는 고전역학적 우주와 흡사한 모습을 보인다. 그곳에 사는 사람들은 우주의 시간이 흐르고 있다고 느낄 것이다. 지금 우리가 그렇게 생각하는 것처럼 말이다. 양자역학에서 시간이 창발적 개념이라는 말은 그런 뜻이다. 양자역학은 우주가 근본적으로는 영원하다고 말하면서도 창발적 층위에서는 시간 개념을 성립시킨다.

만약 지금까지의 얘기가 다 옳다면, 시간이 흐르기 시작한 첫 순간이 있었음을 인정하는 데에 아무 문제도 없게 된다. 애초에 '시간'이라는 개념 자체가 추정인 것이다.

이 모두는 내가 지어낸 얘기가 아니다. 양자우주학의 개척자인 스티븐 호킹과 제임스 하틀이 1980년대 초에 의기투합해 세상에 공개했던 시나리오를 요약정리했을 뿐이다. 두 사람은 시간을 기본으로 삼지 않는 우주의 양자 상태를 구축하고 빅뱅이 우리가 인식하는 시간의 시작점임을 보여주었다. 호킹은 이 논의를 정리해 《시간의 역사》를 출간했고 현대에 가장 유명한 과학자 대열에 합류했다.

✳

시간이 기본 개념이든 창발적 개념이든 우주에 시작이 있다는 말은 종종 우주를 존재시킨 무언가를 짐작하게 한다. 그리고 사람들은 그 무언가를 흔히 신이라 부른다. 이것이 바로 신의 존재에 대한 **우주학적 논쟁**이다. 이 논쟁의 역사는 멀리는 플라톤과 아리스토텔레스까지 거슬러 올라간다. 현대에는 신학자인 윌리엄 레인 크레이그가 특히 적극적인데, 그는 아래와 같은 삼단논법을 펼친다.

1. 존재하기 시작한 모든 것에는 원인이 있다.
2. 우주는 언제부턴가 존재하기 시작했다.
3. 따라서 우주에는 원인이 있다.

앞에서 살펴봤듯, 두 번째 전제는 참일 수도 거짓일 수도 있다. 현재의 과학지식으로는 어느 쪽으로도 단언할 수 없다. 하지만 첫 번째 전제는 명백한 거짓이다. '원인'은 우주의 근원적 이치를 사유할 때 사용하기에 적절한 어휘가 아니다. 우리는 우주의 존재에 원인이 있는지가 아니라 우주가 어느 순간부터 존재하기 시작했다는 것이 자연법칙과 부합하는지를 물어야 한다.

우리는 살면서 많은 일을 겪지만 그중에서 '돌연 등장한' 것은 찾아보기 어렵다. 그러니 우주도 돌연 등장하지는 않았을 거라고 믿어도, 아니 적어도 그런 추측에 높은 신뢰도를 매겨도 손가락질받을 일은 아니다.

하지만 이 생각에는 두 가지 중대한 오류가 숨어 있다.

첫째, 우주에 시작이 있었다는 말과 우주가 돌연 등장했다는 말은 엄연히 다르다. 후자는 시간이라는 개념의 그릇된 해석을 바탕에 깔고 있다. 무언가가 갑자기 존재하게 되었다는 것은 예전에는 그것이 존재하지 않다가 어떤 순간부터 존재하기 시작했다는 의미를 내포한다. 그런데 논의 대상이 우주일 경우, '예전'이란 건 없다. 우주가 존재하지 않던 시간의 한 지점이란 건 있을 수가 없다. 일단 우주가 생겨야 시간도 시작되기 때문이다. 그렇다면 여기서 궁금한 것은, 그보다 이전이란 존재하지 않는 시간의 출발점이란 게 있느냐 하는 것이다. 이 문제는 아직 우리의 직관이 따라잡지 못하는 미스터리로 남아 있다.

같은 얘기를 이렇게도 해볼 수 있다. 한 발짝 양보해서 우주의 시간에 첫 순간이 있었다고 치자. 하지만 설사 그렇더라도 우주가 '무無에서 나왔다'고 말하는 것은 잘못이다. 그런 표현은 이전에 '무'라는 상태가 있었고 이것이 우주로 변모했다는 그릇된 선입견을 심어준다. 그러나 그것은 사실이 아니다. '무'의 상태란 건 없으며 시간이 시작되기 전에 '변모하고 있는 무'도 있을 수 없다. 그저, 전에는 흘러본 적이 없는 시간의 첫 순간이 있을 뿐이다.

우주의 존재 이유를 논할 때 우리가 범하는 두 번째 오류는 어째서 그런지 설명도 없이 돌연 등장하는 건 없다는 주장만 반복하는 것이다. 우리는 아이스크림 한 통이 갑자기 짠 하고 눈앞에 나타날 수는 없다는 것을 안다. 그러면 정말 좋겠다고 생각하면서도 말이다. 왜 그럴까? 간단하다. 그것이 물리 법칙에 어긋나는 일이기 때문이다. 물리학에는 보존의 법칙이 있다. 운동량, 에너지, 전하와 같은 물리량이 시간이 지나도 일정하게 보존된다는 법칙이다. 에너지 보존의 법칙은 우리가 아이스크림이 뿅 나타나지 않는다고 자신 있게 말할 확실한 근거가 된다.

우주도 마찬가지다. 우주는 물질로 가득 차 있고 물질들은 먼저 어딘가에서 만들어졌어야 한다. 따라서 물질로 가득한 우주가 그냥 존재하기 시작했을 수는 없다는 설명이 논리적으로 타당하다. 즉, 물리학적으로 표현하면 우주는 에너지를 가지고 있고 에너지는 보존된다. 에너지가 갑자기 생성되지도 소멸하지도 않는다.

그런 맥락에서 우주에 시작이 있었을 수도 있지 않을까 하는 의심을 추측으로 격상시키는 결정적 이유가 있다. 그것은 바로, 에너지든 운동량이든 전하든 우주를 특징짓는 요소들의 보존량 총합이 정확히 제로라는 것이다.

가령, 우주 전체의 전하는 0이다. 양성자는 양전하를 띠고 전자는 똑같은 크기의 음전하를 띤다. 그런데 우주에는 양성자와 전자가 동수로 존재한다. 따라서 우주에 존재하는 모든 전하의 총합은 0이 된다. 한편 우주의 에너지 총합은 조금 다르게 접근해야 한다. 우주에는 양의 값을 갖는 에너지가 여럿 있다. 따라서 에너지 총합이 0이 되려면 음의 값을 갖는 에너지가 반드시 있어야 한다. 그런 에너지는 무엇일까?

정답은 '중력'이다. 우주 전체의 에너지를 한 번에 계산하는 일반 상대성 이론의 공식이 있다. 이 공식에 따르면 물질이 공간 전체에 고루 퍼져 있는 균일한 우주는 정확히 제로 에너지를 갖는다고 한다. 입자나 복사선과 같은 물질이 내는 에너지는 양의 에너지이고 중력장(즉, 시공간의 굴곡)이 내는 에너지는 음의 에너지다. 그리고 두 에너지는 정확하게 일대 일로 대응해 상쇄된다.

만약 우주에 에너지나 전하의 0이 아닌 보존량이 존재한다면 물리 법칙을 거스르지 않고는 태초의 순간은 있을 수 없다. 첫 순간부터 우주가 에너지나 전하를 갖고 있는 것은 명백한 규칙 위반이다. 그런데 최근까지 확인된 바로 우리 우주에는 그런 생득 자산이 없다고 한다. 따라서 우리 우주가 태초의 순간 그저 존재하기 시작했으리라는 생각을 가로막을 이론적 장애물은 없어 보인다.

✲

우주가 외부의 도움 없이 홀로 태어났을 수 있을까 하는 질문에 과학은 그렇다고 단호하게 답한다. 물론, 완성된 물리 법칙이 어떤 것일지 우리는 알지 못한다. 하지만 물리학이 외부의 도움을 지지하는 쪽으로 기울 조짐 역시 아직은 전혀 보이지 않고 있다.

다만, 이런 유의 질문에 과학이 제시하는 답을 마뜩잖아하는 사람도 있다. 그런 사람들은 이렇게 말한다. "그래, 알았어. 생성되거나 유지되는 데 타자의 개입이 필요 없는 자립적 우주가 있을 수도 있다는 건 인정해. 하지만 그렇다고 **우주가 실재하는 이유**가 설명되지는 않아. 그러니 나는 우주 바깥쪽도 살펴봐야겠어."

그들은 이와 같은 전술을 구사하면서 때때로 형이상학 원리의 지원사격을 받는다. 형이상학은 물리 법칙보다 근원적인 학문이기에 무시하기가 어렵다. 소크라테스 이전의 그리스 철학자 파르메니데스는 일찍이 "무에서는 아무것도 생기지 않는다(*ex nihilo, nihil fit*)"고 말했다. 당대에 누구보다도 현대 자연주의적 사고를 했던 고대 로마의 시인 루크레티우스 역시 비슷한 견해를 갖고 있었다. 이 철학 사조의 맥락에서는 우주가 자립적으로 생겨나 시간이 시작되었다는 물리학 이론의 성립 여부는 중요하지 않다. 그런 이론들은 모두 유구하게 이어진 형이상학 원리를 위반하는 것이기에 불완전할 수밖에 없기 때문이다.

이것은 아마도 우주의 역사를 통틀어 가장 지독한 선결문제 요구*의 예시일 것이다. 우리는 우주가 아무 원인 없이 그냥 존재할 수 있는지를 묻는다. 그러고는 그럴 수 없다고 답한다. 아무 원인 없이 그냥 존재하는 것은 없기 때문이란다. 그렇다면 그건 또 어떻게 아는가? 전에 그런 일을 본 적이 없기 때문이라는 것은 적절한 대답이 아니다. 우주 자체는 우리가 체험하는 우주 안의 다양한 사건들과 다르다. 또, 그런 일이 일어나는 걸 상상할 수 없기 때문이거나 그런 일이 가능한 우주의 모형을 세우는 게 불가능하기 때문도 아니다. 그런 상상도 그런 우주 모형의 구축도 이미 우리가 해봤던 일이다.

현직 철학자들이 직접 집필하고 편집하는 〈스탠퍼드 철학 백과사전〉이라는 온라인 데이터베이스가 있다. 사이트를 찾아서 검색창에 "왜 무 이상의 것이 존재하는가"라고 쳐보자. 그러면 제일 첫 줄에 뜨는 결과에서 "안 될 이유가 없으니까"라는 구절이 바로 보일 것이다. 훌륭한 대답이다. 우주에 시작이 있을 수 없거나 우주가 영원히 지속하지 못할 이유는 하나도 없다. 존속을 위해 외부의 힘을 빌리지 않아도 말이다. 이런 상황에서 우리가 할 일은, 지금까지 그래왔던 것처럼, 경쟁하는 여러 이론이 우리가 세상을 관측하고 모은 정보들을 얼마나 잘 설명하는지 살펴보는 것이다.

❋

다시 말해, 우리는 "우주가 그냥 존재할 수 있는가?"라는 첫 번째 질문

* 아직 증명되지 않은 것을 새로운 증명의 전제로 사용하는 것

을 마무리 짓고(답은 "그렇다"이다) 다음 질문으로 넘어가야 한다. 다음 질문은 더 어렵다. "우주의 존재에 관한 최상의 설명은 무엇인가?"

이 질문의 답은 "우리도 모른다"이다. 시간이 창발적 개념일 수도 있다는 것, 그리고 물리 법칙이 우주에 시작이 있다는 가설과 완벽하게 부합한다는 것. 이 두 가지 사실은 우주가 존재하게 된 경위를 설명해줄지는 몰라도 우주의 존재 이유에 대해서는 한마디도 하지 않는다. 우주가 하필 왜 이 물리 법칙들을 따르게 되었는지에 대한 질문에 돌아오는 것은 천근 같은 침묵뿐이다. 그럼에도 우리는 질문을 멈추지 않는다. 양자역학이 고전역학보다 잘 맞아 보이는 이유는 뭘까? 왜 공간은 삼차원이고 시간은 일차원일까? 우리가 발견한 입자와 힘들은 왜 하필 그런 구성을 가질까?

이 물음들을 앞에 두고 물리학을 큰 맥락으로 읽으면 답의 힌트 정도는 찾을 수 있을지 모른다. 가령, 현대의 중력 이론은 시공간의 차원 수가 우주의 부분마다 달라질 수 있다는 시나리오를 새롭게 제시한다. 그럼에도 우리 우주에서는 모종의 역동적인 기전을 통해 특별히 4라는 숫자가 선택된 것이고 말이다.*

물론 이것은 완전한 답이 되지 못한다. 그게 사실이라면 애초에 그런 역동적 기전이 왜 일어났을까? 때때로 물리학자들은 지금까지 발견된 물리 법칙들이 유일무이한 것이고 다른 물리 법칙은 있을 수 없는 게 아닐까 하는 꿈을 꾼다. 하지만 그것은 비현실적인 몽상이다. 우리가 믿는 것과 다른 물리 법칙을 따르는 우주를 상상하는 것은 그리 어렵지 않다.

---

* 아인슈타인은 점, 선, 면의 3차원에 시간 1차원을 더한 4차원의 세상이 우리가 경험하는 현실이라는 개념을 제안했다.

어떤 우주는 양자역학보다는 고전역학이 더 잘 통할 수 있다. 또 어떤 우주는 서양 장기판 같은 격자 모양이라서 뚝뚝 끊기며 흐르는 시간에 따라 깜빡거릴지도 모른다. 어떤 우주는 공간과 시간 중 한 항이 없어서 우주 지표의 총계를 내면 한 점으로 수렴할 수도 있다. 그도 아니면 어떤 우주에는 규칙성이 전혀 없어서 우리가 물리 법칙이라고 부를 만한 게 아예 없을 수도 있다.

'왜'냐는 질문에 최종적인 정답은 없을지도 모른다. 우주는 그냥 이렇게 생겨먹었고 그것이 가혹한 진실인 것이다. 만약 우리가 가장 근원적인 층위에서 우주의 이치를 깨우치게 된다면 밝혀낼 심연의 비밀은 더 남지 않으리라.

물론 유신론자들은 자신들이 생각하는 답이 더 낫다고 믿고 있다. 세상에는 신이 존재하며 우주가 하필 이런 모습으로 존재하는 것은 신이 그걸 원했기 때문이라고 말이다. 이에 자연주의자들은 그렇다면 신이 존재하는 이유는 뭐냐고 되물으며 그들의 설명에 설득력이 없다고 응수한다. 그러면 또 유신론자들은 반문의 답을, 아니 그들이 답으로 믿고 싶어 하는 해명을 내놓는다. 이 단원의 시작 부분에서도 살짝 언급했었는데, 우주는 조건부적이어서 아예 존재하지 않을 수도 있었고 다른 식일 수도 있었음에도 지금과 같은 모습으로 존재하게 된 데에는 분명 이유가 있다, 그런데 신은 존재의 다른 가능성이 있을 수 없는 **필수 불가결한** 존재다, 따라서 더 이상의 설명을 요구하지 않는다고 말이다.

그럴듯한 열변이다. 신이 필수 불가결한 존재라는 마지막 부분만 빼면 말이다. 세상에 필수 불가결한 존재 같은 것은 없다. 우리는 다양한 버전의 실재를 상상할 수 있다. 그중 몇몇은 신과 견줄 만한 막강한 존재가 있는 우주일 것이고 또 몇몇은 그런 존재가 없는 우주일 것이다. 어떤 경우라도 우리는 골치 아픈 논쟁을 빨리 끝내려고 선험적 원칙에 지나치게 의존해서는 안 된다.

우리는 양쪽 모두에 공정해야 한다. 일단, 통상적인 신의 정의와 우주가 어떤 규칙성을 띤다는 점, 특히 인류의 존속을 허하는 듯한 규칙성을 보인다는 점에 미루어보면 자연주의보다는 유신론의 우도를 더 높게 매길 만하다. 이 맥락에서는 자애로운 창조주가 냉철한 우주가 아닌 인류에게 우호적인 우주를 의도적으로 창조한 것처럼 느껴진다. 물리 법칙에 의해 지배되는 우주의 존재가 우리가 가진 유일한 정보였다면 아마도 우리는 진작에 유신론 쪽으로 완전히 넘어갔을 것이다.

그러나 우리에게는 다른 정보가 더 있다. 18장에서 살펴봤듯, 자연주의는 유신론과 잘 맞지 않고 나아가 정반대되는 우주의 여러 가지 특징을 콕콕 짚어내고 있다. 만약 유신론이 "신이 이런 우주를 원했기 때문에 지금 우리가 여기 있다"는 설교식 발언을 넘어서 물리적 세상의 특정 측면, 특히 우리가 아직 발견하지 못한 측면들까지 설명할 수 있었다면 지금보다 훨씬 더 큰 지지를 받았을 것이다. 유신론자들은 우리 우주의 어떤 특징이 신의 존재를 입증하는 증거라고 주장하고 싶었을 것이다. 아마도 그래서 신이 일부러 이런 모습의 우주를 창조했다고 단언할 수 있을 만큼 자신들이 신의 계획을 간파했다고 믿기 시작했을 것이다. 하지만 설혹 그게 진실이라 해도 그 이상의 것들이 궁금해지는 게 인지상정이다. 그렇다면 신은 우주에 은하를 몇 개나 만들고 싶어 했을까? 신은 어떤 재료로 암흑물질을 만들었을까?

어쩌면 우리는 이 질문들의 답을 자연주의에서든 유신론에서든 찾게 될 수도 있다. 아니면 우주는 원래 이렇다는 사실을 있는 그대로 받아들이고 살아가야 할 수도 있다. 하지만 우주가 우리에게 줄 수 없는 설명을 요구하는 것만은 해서는 안 된다.

26
육체와 영혼

다른 평행우주였다면 보헤미아의 왕녀 엘리자베스는 철학자 혹은 과학자로서 세계적인 명성을 날렸을 것이다. 하지만 우리 우주에서는 당대를 대표하는 남성 사상가들, 특히 데카르트와 주고받은 서신을 통해서만 그녀의 생각을 엿볼 수 있을 따름이다. 말년에 그녀는 깊은 신앙과 선행으로 큰 존경을 받으며 독일 작센 지방에서 지식인 모임을 이끄는 수장 역할을 했다. 하지만 타고나길 자유로운 사상과 호기심 충만한 지성의 소유자였던 그녀는 데카르트의 심신이원론mind-body dualism에 도전했다. 심신이원론은 정신 혹은 영혼이 육체와 완전히 별개라는 생각이다. 엘리자베스는 만약 정신과 육체가 정말로 별개라면 그동안 둘이 어떻게 소통해온 거냐고 물으며 데카르트를 끈질기게 괴롭혔다.

요즘 같으면 우리는 이렇게 대답할 것이다. 육체는 원자로 이루어져 있는데 그 원자를 구성하는 입자들이 코어 이론을 따른다고. 그렇다면, 정신이 육체와 별개일뿐더러 단순한 입자들의 집합 그 이상이라면 정신은 입자와 어떻게 상호작용하는 걸까? 그 과정에서 코어 이론의 공식들은 어디가 어떻게 틀리며, 우리는 그 부분들을 어떻게 고쳐야 할까?

✺

보헤미아 왕녀로 태어나 헤르퍼트 수녀원 수녀원장이 된 엘리자베스 판 팔란트. 1618~1680년.

17세기 초, 오늘날 독일 지역은 도시국가 연방인 신성 로마 제국이 지배하고 있었다. 라인강을 따라 분포한 팔츠 선제후국은 그중에서도 가장 강력한 영향력을 발휘한 연방 국가 중 하나였다. 엘리자베스 짐메른 판 팔란트는 바로 이곳에서 1618년에 태어났다. 영국 제임스 1세의 딸 엘리자베스 스튜어트와 팔츠 선제후인 프리드리히 5세 사이에서였다. 당시 유럽대륙 왕실 자손들의 생애가 대개 그러했듯 그녀의 어린 시절은 우여곡절이 많았다.

애칭과 달리 그녀는 보헤미아 밖에서 성장기 대부분을 보냈다. 그녀의 부모가 짧은 통치 기간 동안 국가 통치권자로서 대실패를 맛본 후 네덜란드로 도망쳤기 때문이었다. 엘리자베스는 하이델베르크의 조모에게 잠시 맡겨졌다가 아홉 살 때 가족과 함께 헤이그에 정착했다. 난리 통 속에서도 그녀는 다양한 교육을 받았고 철학, 천문학, 수학, 법학, 역사, 고전 언어를 섭렵했다. 형제자매들이 그녀를 그리스 사람이라고 부를 정도였다. 열두 살 때 부친이 사망한 뒤로는, 딸의 성실함과 학구열을 놀리곤 했던 무관심한 모친 밑에서 남은 10대를 보냈다. 예의범절보다는 정직을 더 중요한 덕목으로 생각했던 성격 덕분에 아마도 그녀의 성장기는 하루하루가 시한폭탄 같았을 것이다.

공주치고는 평탄하지도 부유하지도 않은 삶을 살았지만, 그녀는 학계와 정치계 인사들과 적극적으로 교류했다. 사회정의에도 관심이 많아서, 자신은 칼뱅주의자였음에도 종교적 신념이 충돌하는 윌리엄 펜*을 비롯한 퀘이커교 인사들을 지지했다. 기록에 따르면 그녀는 살면서 딱 한 번 청혼을 받았다. 구혼자는 폴란드의 늙은 왕 브와디스와프 4세였는데, 폴란드 의회는 엘리자베스가 가톨릭으로 개종하지 않으면 혼인을 진행할 수 없다고 고집했고 그녀가 이를 거부함에 따라 혼담은 무산되었다.

마침내 그녀는 1667년에 헤르퍼트 수녀원에 들어갔고 후일 수녀원장 자리까지 올랐다. 그녀는 자선활동을 벌이고, 양심적 행위 때문에 박해를 받는 이들에게 피난처를 제공하고, 교구를 돌보는 등 말년까지 활발히 활동했다. 엘리자베스는 중한 병에 걸려 1680년에 세상과 이별한다.

---

* 신대륙 개척자. 미국 펜실베이니아주가 그의 이름을 따 명명되었다.

죽음을 예감했는지 미리 인수인계를 마치고 여동생 루이즈에게 작별의 편지까지 써놓은 뒤였다.

☼

데카르트는 철학자이자 과학자로서 역사적으로 손에 꼽힐 만한 성공을 거둔 인물이다. 앞서 논의했듯, 데카르트는 치밀한 회의론으로 물리적 세상을 꿰뚫어 봤다. 그 과정에서 그는 회의론의 모든 관문을 통과하고 자신(그리고 신)의 존재를 자력으로 증명해내고자 했다. 하지만 여기서 우리의 관심사는 회의론이 아니다. 지금부터 할 얘기는 데카르트의 심신이원론에 관한 것이다.

데카르트는 자신의 존재를 스스로 정당화한 바로 그 책 《제1철학에 관한 성찰》에서 몸과 마음은 따로따로라는 이른바 심신이원론을 주장했다. 생각해보면 심신이원론은 완전히 미친 소리는 아니다. 생물과 무생물은 모두 물질로 이루어져 있다. 하지만 의식을 가진 생물에는 무생물에는 없는 중요한 뭔가가 분명 더 있는 것 같다. 그러니 딱 봐도 정신은 육체와 완전히 달라 보인다.

데카르트의 주장은 매우 단순했다. 그의 설명에 의하면 우리는 온갖 것들의 존재를 의심할 수 있다. 지금 당신이 앉아 있는 의자까지 포함해서 말이다. 그러니 육신의 존재를 의심하는 것 역시 조금도 이상하지 않다. 하지만 정신의 존재에는 의심의 여지가 없다. 우리는 생각을 한다. 그러므로 우리의 정신은 반드시 실존한다. 그런데 육체의 존재는 의심스러운데 정신의 존재는 확실하다면 둘은 서로 별개의 실체인 게 틀림없다.

데카르트는 이어서 설명한다. 육신은 물성을 가지고 운동 법칙에 순응하는 기계처럼 작동한다. 반면 정신은 완전히 다르다. 정신은 물질로 되어 있지 않을 뿐만 아니라 물질계에서 고정된 자리를 점유하지도 않는다. 정신은 테이블이나 의자 같은 것들과 분명하게 구분된다. 존재의 영역이 아예 다른 것이다. 우리는 이 시각을 **실체이원론**substance dualism이라 부른다. 정신과 육체가 한 개체를 구성하면서도 서로 다른 실체라는 면에서다.

그런데 정신과 육체는 상호작용한다. 정신은 육체에 속삭여 어떤 행동을 하도록 유도한다. 데카르트는 이 상호작용이 양방향으로 일어난다고 생각했다. 즉, 육체가 정신에 영향을 주기도 한다는 것이다. 가령, 엄지발가락이 찍혔을 때 바로 반응하는 것은 몸이지만 우리는 정신으로도 통증을 느낀다. 일견 반박할 구석이 없어 보임에도 데카르트의 주장은 당시에 별로 지지를 받지는 못했다. 어쨌거나 정신과 영혼이 쉴 새 없이 영향을 주고받으면서 공생한다는 것이 데카르트 이원론의 요지였다.

✺

엘리자베스는 《제1철학에 관한 성찰》을 1642년에 출판되자마자 읽었다. 책은 흥미로웠으나 엘리자베스의 견해는 전반적으로 비판적이었다. 그런데 당시 데카르트는 마침 네덜란드에 머물고 있었다. 여기에 왕녀라는 신분이 이점으로 작용해 그녀는 곧 이 책이 자신에게 안겨준 철학적 고민을 저자 본인에게 털어놓을 기회를 얻게 된다.

1631년에 남편 사망 후 쇠락해가는 가문의 가장이 된 엘리자베스 스튜어트는 사교 모임을 자주 열었다. 이 모임에는 정치, 과학, 예술, 경제 등 다양한 분야의 인사들이 참석했다. 데카르트가 초대를 받은 것은 당연했다. 그가 참석했던 모임에서 어린 엘리자베스는 대 철학자에게 직접 말을 걸 용기를 내지 못했다. 대신 그녀는 나중에 둘 다 아는 친구를 통해 자신이 그의 최근 저서를 읽고 깊은 인상을 받았다는 말을 전했다.

아무리 무일푼 망해가는 집안이라도 귀족을 내 편으로 두면 나쁠 것이 없었다. 그래서 데카르트는 다음번에 헤이그에 갔을 때 망명한 왕녀의 저택을 일부러 방문했다. 하필 엘리자베스가 부재중일 때였다. 하지만 며칠 뒤 데카르트는 그녀로부터 편지 한 통을 받았고, 1650년에 데카르트가 사망할 때까지 이어진 두 사람 사이의 우정이 그렇게 시작되었다.

엘리자베스의 편지는 왕족답게 세련되기 그지없는 예절과 모호함에 대한 지식인으로서의 반감이 교묘하게 혼합된 독특한 것이었다. 그녀는 정중한 안부인사 몇 마디를 건넨 뒤 본론으로 들어가 그녀가 느낀 실체 이원론의 맹점을 조목조목 따졌다. 그녀의 문장은 힘 있고 예리했다.

> 영혼이 유일한 생각하는 실체라고 전제할 때 한 사람의 영혼이 어떻게 몸의 정기를 좌지우지해서 육체를 자발적으로 움직이게 할 수 있는 거죠? 모든 움직임은 실체가 대상을 밀거나 다른 사물에게 밀리거나, 혹은 그 실체의 표면적 성질 혹은 모양 때문에 일어날 터입니다. 그렇다면 앞의 두 경우는 두 실체가 접촉해야 할 것이고 마지막 경우는 움직임을 일으키는 실체가 확장extension되어야 할 것입니다. 하지만 선생님께서 제시하신 영혼의 개념에 따르면 접촉은 완전히 배제됩니다. 또한 확장은 비물질 실체의 성질과 부합하지 않습니다. 이것이 제가 영혼을 더 구체적으로 정의해주십사고 선생님께 요청하는 이유입니다.

정곡을 찌르는 지적이 아닐 수 없다. 정신과 육체가 서로에게 영향을 준다는 것은 알겠다, 그렇다면 정확히 어떻게 그것이 가능하며 구체적으로 어떤 일이 일어나는가? 그녀는 바로 이것을 묻고 있었다.

'지금은 잘 모르지만 언젠가는 밝혀지겠지'라는 식으로 얼버무리는 것은 그녀에게 맞지 않았다. 사실, 엘리자베스는 세상이 물리적인 것들로만 이루어져 있다고 믿는 물리론자가 아니었다. 1643년에는 그런 사고방식이 드물었다. 게다가 그녀는 눈앞에 바로 보이는 세상 뒤에 영적 삶이 있다고 믿는 게 오히려 신실한 기독교인의 자연스러운 태도였다. 그럼에도 고지식하게 정직한 성격 탓에 그녀는 비물질적 실체인 정신이 어떻게 물질적인 육체를 밀어내는지를 정확하게 알고 싶었다. 무언가가 또 다른 무언가를 밀어내려면 두 실체는 같은 공간에 있어야 한다. 하지만 정신은 공간을 점유하지 않으므로 어디에도 위치하지 않는다. 그런 정신이 '나는 생각한다, 고로 존재한다'는 명언대로 사고를 한다? '사고'는 어떻게 몸이 펜을 집어 들어 종이에 글자를 적게 만드는 걸까? 확장되지도 접촉하지도 않는 비물질 실체가 평범한 물질 실체에 영향력을 발휘하는 게 어떻게 가능하단 말인가?

처음에 데카르트의 반응은 상당히 상투적이었다. 그는 젊은 왕녀의 비위를 대충 맞춰주면서도 가르치려고 들었다. 친분은 유지하고 싶었지만 그녀의 질문을 심각하게 받아들이지 않았기 때문이다. 그래서 그는 정신은 '무게' 같은 것이라고 대충 해명했다. 아래는 데카르트가 보낸 답장의 내용을 요약한 것이다.

• 우리는 영혼과 같은 비물질적 실체가 육체와 같은 물질적 실체

의 운동에 어떻게 영향을 미치는지 알고자 합니다.

- '무게'는 비물질적 성질입니다. 그럼에도 우리는 그것이 당연히 물질적 실체를 좌우하는 것처럼 말합니다. "상자가 너무 무거워서 들 수가 없어"라는 식으로 말입니다. 즉, 우리는 그것에 인과적 힘을 상정합니다.
- 물론, 정신이 이것과 완전히 똑같지는 않습니다. 정신은 완전히 별개의 실체이기 때문입니다. 그렇긴 하지만 정신이 육체에 영향을 미치는 방식은 무게가 물체에 영향을 미치는 방식과 같다고 말할 수 있습니다. 정신은 실체이고 무게는 성질이라는 차이가 있지만 말입니다.

헷갈린다고? 당연하다. 데카르트의 이야기는 원래 앞뒤가 맞지 않는 게 많다. 신기한 것은 그럼에도 그것이 거의 옳다는 것이다. 시적 자연주의의 관점에서는 정신이 '무게'처럼 어떤 물리적인 것의 행동을 설명하는 하나의 화법이 될 수 있다. 하지만 데카르트는 자연주의자가 아니었다. 따라서 그는 비물질적인 무언가가 물질적인 무언가에 어떻게 영향을 미치는지 설명해야 마땅했다. 그리고 실제로 그렇게 했다. 어찌어찌 내놓은 해명이 사람들을 만족시키지는 못했지만 말이다.

그래도 엘리자베스는 실망하지 않았다. 그 대신 그녀는 답장을 보내 데카르트가 더 고민하도록 계속 밀어붙였다. 편지에서 그녀는 무게가 뭔지는 알아들었지만 정신과 육체의 상호작용을 이해하는 데 무게의 개념이 어떻게 도움이 되는지는 잘 모르겠다고 솔직하게 말했다. 그러면서 정신이 어떻게 완전히 별개인 육체의 영향을 받느냐고 물었다. 예를 들어 수증기 같은 것이 인간의 사유 능력을 어떻게 변화시키냐는 것이었다.

그러나 데카르트는 시원스러운 답을 주는 법이 없었다. 그는 정신과 육체의 관계가 선장과 배처럼 전자가 후자를 밀어내는 것이 아니고 둘이 단단하게 얽혀 있다고 생각했다. 그리고 그런 얽힘은 송과선이라는 특정 부위에서 일어난다고 여겼다. 송과선은 척추동물의 뇌 안에 존재하는 작은 공간으로, 여기서 수면 리듬을 조절하는 호르몬인 멜라토닌이 분비된다. 그가 송과선에 주목한 데에는 특별한 이유가 있었다. 알려진 바로 송과선은 사람의 뇌에서 한 쌍으로 나뉘어 있지 않은 유일한 부위였기 때문이다. 정신은 한 번에 한 가지 생각만 할 수 있다고 덧붙이면서, 그는 송과선이 육체의 '동물적 정기'와 인간의 영혼 모두에 의해 움직일 수 있는 유일한 신체기관이어서 정신과 육체의 양방향 소통을 중재한다고 제시했다.

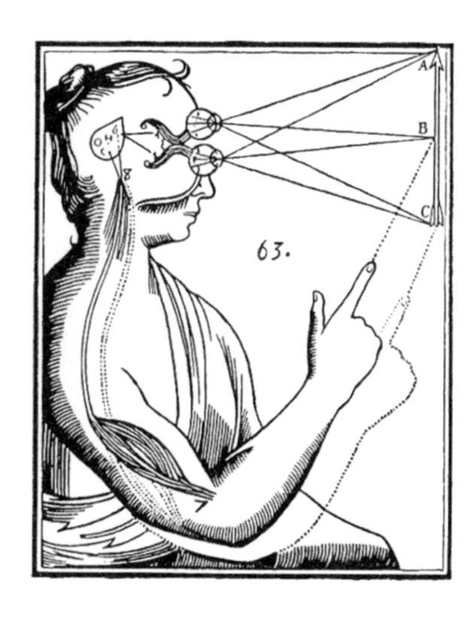

《인간론》에서 데카르트가 송과선의 역할을 설명하기 위해 수록한 삽화

하지만 송과선이 '영혼이 자리하는 곳'이라는 데카르트의 아이디어는 다른 모든 면에서는 데카르트의 이원론에 찬동한 사상가들에게조차도 외면당했다. 정신과 육체 간 소통의 비밀을 밝히려는 노력은 그 뒤로도 계속되었다. 가령, 니콜라 말브랑슈라는 프랑스의 철학자가 있다. 엘리자베스와 데카르트의 우정이 시작되기 몇 년 전에 태어난 말브랑슈는 신이 유일한 인과적 작용자이며 정신과 육체의 모든 상호작용은 신의 개입을 통해 일어난다고 주장했다. 이 대목에서 훗날 아이작 뉴턴이 한 말이 떠오른다. 그는 "빛이 정확히 어떤 기전으로 우리의 정신에 오색의 환영을 만들어내는지 알아내는 것은 쉬운 일이 아니다"라고 고백했었다.

✲

비물질적 정신이 물질적 육체와 어떻게 상호작용하는가의 이원론적 문제는 오늘날에도 미완의 숙제로 남아 있다. 심지어 답을 찾기가 갈수록 더 어려워지는 것 같다. 엘리자베스 판 팔란트는 데카르트의 가설에서 석연치 않은 부분을 지적하면서도 정신과 육체의 상호작용 자체가 불가능하다고는 보지 않았다. 그저 비물질이 어떻게 물질을 움직이는지를 이원론으로 해석하는 것의 어려움을 호소했을 뿐이다. 때때로 종교인들은 우주의 기원이나 의식의 본질과 같이 자연주의가 완벽하게 해석하지 못하는 부분을 예로 들며 자연주의의 완패를 주장한다. 하지만 현대 과학의 이해가 완전하지 못하다는 약점을 신이 존재한다는 증거로 오용한다는 점에서 그런 주장은 "틈새의 신"이라 놀림 받아 마땅하다. 이원론도 마찬가지다. 데카르트와 계승자들이 설명하지 못하는 정신과 육체 사이의 틈새는 분명 존재한다. 하지만 그렇다고 해서 이원론 자체가 부정당할 만한 것은 절대로 아니다. 우리는 이것을 "틈새의 자연주의"를 내세울 기회로 악용해서는 안 된다.

현재 이원론이 난국에 직면한 것은 사실이다. 데카르트가 살아 있다면 이 정도일 줄은 몰랐다고 말했을 법한 정도다. 현대 과학은 물질의 동태에 대해 17세기의 과학보다 훨씬 더 많은 것을 알고 있다. 코어 이론은 사람의 뇌와 몸을 이루는 원자와 힘들을 각종 물리 법칙과 공식들을 들어가며 놀라울 정도로 자세하게 설명한다. 그러면서 비물질이 끼어들 여지는 손톱만큼도 남기지 않는다. 반면에 비물질적 영역의 연구는 상대적으로 미진해서 우리가 영혼을 해설하는 화법은 비슷한 경지까지 발전하지 못했다. 영혼이 아직 밝혀지지 않은 미지의 기전을 통해 육신의 전자와 양성자와 중성자를 밀어낸다는 진술의 이면에는 현대 물리학이 어딘가 단단히 틀렸다는 의미가 숨어 있다. 그러지 않고서야 지금까지 철저한 통제와 계산하에 셀 수 없이 수행된 그 모든 실험에서 영혼의 흔적이 단 한 번도 감지되지 않았을 리가 없다. 이 진술이 만약 옳다면, 우리는 입자를 움직이는 영혼의 힘까지 고려해 코어 이론을 올바르게 고쳐야 한다. 하지만 어떻게? 이것은 만만한 문제가 아니다.

이런저런 이유로, 엘리자베스가 한 질문의 명확한 답은 아직 나오지 않고 있다. 그런 가운데 20세기 영국 철학자 길버트 라일은 이른바 '기계 속 유령'에 비유되는 심신이원론을 비판하고 나섰다. 라일은 정신과 육체를 완전 별개로 떨어뜨려 생각하는 것이 큰 실수라고 지적하며, 그런 사고방식으로는 정신이 어떻게 작용하는가뿐만 아니라 정신이란 근본적으로 무엇인가도 알 수 없다고 말했다. 아직도 우리는 살아 움직이는 생물이 어떻게 생각을 하고 감정을 느끼는지 정확히 알지 못한다. 다만 현재 우리가 가진 배경지식을 바탕으로 하면, 정신과 육체가 완전히 다른 실체임을 증명하는 것보다는 정신이 육체와 별개가 아니라고 보고 정신 작용의 기전을 밝히는 것이 훨씬 쉬운 숙제 같아 보이긴 한다.

그렇다면, 정신과 물질이 완전히 별개라는 데카르트의 직설적인 실체 이원론을 포기하고 더 온건한 입장을 택하는 방법도 있다. **속성이원론** property dualism이 그 예다. 속성이원론은 하나의 실체 아래 육체적 속성과 정신적 속성이 공존한다는 아이디어다. 이 가설에 왕녀 엘리자베스가 어떻게 반응했을지는 안 봐도 훤하다. 그녀라면 "그렇다면 정신적 속성이 육체적 속성에 어떻게 영향을 줍니까?"라고 물었을 게 틀림없다. 이 문제는 뒤에서 본격적으로 탐구할 것이다. 하지만 지금 언뜻 봐도 속성이원론으로의 노선 변경이 사안을 해결하는 게 아니라 오히려 퇴보시킴을 짐작하기란 어렵지 않다.

✵

엘리자베스는 심신이원론의 맹점을 끈질기게 물고 늘어진 것 외에도 데카르트의 후기 연구에 지대한 영향을 주었다. 말년에 그녀는 데카르트가 아래의 서신 발췌문과 같이 기술적 문제까지도 상의하는 친밀한 조력자가 된다.

> 제 이해가 얼마나 짧은지 선생님께서 아시게 되면 얼마나 실망하실지 걱정됩니다. 그럼에도 여쭙건대 수은의 성질이 잘 이해되지 않습니다. 매우 불안정하면서 동시에 매우 무거운 것은 선생님께서 말씀하신 무게의 정의와 모순되는 것 아닌지요?*

---

* 《철학의 원리》에서 데카르트는 어떤 물체가 가벼운 이유를 불안정에서 찾았다. 여기에 어긋나는 것이 수은이었는데, 그는 무겁고 불투명한 액체라는 수은의 성질이 무거우면서 동시에 불안정하기 때문이라고 설명하려고 했다.

더 중요한 점은 그녀가 데카르트에게 도덕철학과 윤리철학에도 관심을 더 가지라고 강권했다는 것이다. 그녀는 사람들의 일상적 현실과 '정념passion'(그녀의 진의는 '감정'이었을 것이다)을 더 살피라고도 조언했다. 그런 그녀의 영향력은 데카르트가 그녀에게 헌정한 저서《영혼의 정념론》의 제목에도 드러난다.

엘리자베스는 후기 종교개혁을 목격한 신실한 기독교인이었다. 당연히 현대식 자연주의자와는 거리가 멀었다. 그럼에도 지식인으로서 그런 태도를 갖췄다는 점에서 그녀가 비범한 인물임에는 아무도 이의를 제기하지 않을 것이다. 그녀는 심신이원론처럼 새로운 각도로 세상을 바라보는 것에 만족하지 않았다. 그녀는 계속 질문을 던졌다. 몸과 마음은 어떻게 상호작용할까? 어느 하나가 다른 하나를 어떻게 움직일까? 우리는 그것을 어떻게 알아내야 하는가? 질문하는 태도는 늘 백익무해하다. 실재의 본질을 어떤 시각으로 바라보는지에 상관없이 말이다.

27
죽음은 끝이다

코어 이론의 가장 큰 특징을 하나 꼽으라면 그것은 바로 **경직성**일 것이다. 우리는 뇌 속 뉴런*과 같은 특정 물리계를 원자와 이온의 배치를 들어가며 코어 이론으로 설명한다. 이때 코어 이론은 계의 진화 양상을 놀라운 정확도로 예측해낸다. 엄밀히 말하자면 미시적 수준의 양자역학에서 각 측정 수치들은 확실한 상태가 아니라 확률을 의미한다. 다만 이 확률은 코어 이론에 의해 완전히 고정된 값이다. 그래서 그런 확률값을 가지는 입자들을 그러모으면 계 전체의 동태를 상당히 정확하게 예측하는 것이 가능해진다(라플라스의 악마만큼 똑똑한 지적 존재가 있다고 칠 때 최소한 이론적으로는 그렇다). 양자역학의 세계에서는 채워지지 않은 빈칸이나 숨겨진 조각 따위는 없다. 양자역학의 공식들은 태양 주위를 공전하는 지구든, 중추신경계에 퍼져나가는 전기화학 신호든, 주어진 설정에서 물질과 에너지가 어떻게 변해가는지를 빈틈없이 예측해낸다.

이 경직성은 수많은 현대 버전의 왕녀 엘리자베스를 양산한다. 그들이 쏟아내는 질문은 예의를 갖춘 17세기의 그것보다 훨씬 더 신랄하다. 코

---

* 중추신경계 신경망의 기본 단위

어 이론이 정의하는 입자 말고 다른 실체는 없다는 물리론자이든, 인간 안에는 뭔가 중요한 비물리적 요소가 있다고 믿는 이원론자든, 입자가 **우리의 일부분**이라는 점을 부인하는 현대인은 한 명도 없다. 따라서 무언가가 더 있다고 주장하고 싶다면 그 무언가가 입자들과 어떻게 상호작용하는지부터 설명할 수 있어야 한다. 즉, 코어 이론의 어느 부분이 어떻게 불완전하며 어떻게 개선해야 하는지를 제시할 수 있어야 한다.

이 문제를 해결하기 위해 코어 이론만큼 치밀하고 체계적인 소위 '영혼 이론' 같은 것이 필요하다는 말은 아니다. 하지만 코어 이론이 어떻게 바뀔 수 있는지에 관한 입장이 구체적이고 정확해야 한다. 이른바 영혼 물질은 인간을 구성하는 장들, 즉 전자나 광자 같은 것들과 어떤 특정한 방식으로 상호작용해야 마땅하다. 그런 상호작용은 에너지와 운동량과 전하량의 보존 법칙을 따르는가? 입자들은 받은 만큼 그대로 영혼에 되돌려주는가 아니면 입자들과 영혼 사이에는 작용-반작용의 원칙이 무용지물인가? '진짜 영혼 물질' 말고 '가상의 영혼 물질'도 존재해서 영혼 물질의 양자 요동이 보통의 입자들이 갖는 특성에 계측 가능한 변화를 일으키는가? 아니면 영혼 물질이 입자를 직접 건드리지는 않고 측정 수치의 양자 확률에만 영향을 미치는가? 영혼은 양자 존재론에서 핵심적인 역할을 하는 일종의 '숨겨진 변수'일까?

만약 당신이 이원론에 찬성하면서 비물질적 영혼이 인류의 존재에 어떻게든 관여한다고 믿는 쪽이라면 이 물음 중 어느 하나도 무시해서는 안 된다. 지금 당장 결판을 내자고 영혼에 관한 완전한 수학 이론 따위를 요구하지는 않을 것이다. 하지만 우리는 지금까지 힘들게 구축한 양자장 이론에 영혼이 수학적으로 어떤 영향을 주는지를 생각해봐야 한다.

*

지구인들의 삶을 좌지우지하는 영혼이나 어떤 비물리적인 힘이 진짜로 있는지 없는지의 문제는 잠시 제쳐두자. 대신, 현재 인류의 지식수준에 비추어 볼 때, 코어 이론은 완벽하지는 않지만 우리 자신을 포함해 일상에서 우리가 목격하는 모든 것의 바탕이 된다는 점에 주목하자. 그렇다면 인류의 능력이 어디까지인지, 우주에서 인류의 위치는 어디쯤인지의 그림을 코어 이론으로 그려낸 결과는 뭘까?

코어 이론의 영향력이 어디까지 미치는지는 앞서 정신력으로는 숟가락을 구부릴 수 없음을 설명하면서 살펴봤었다. 그런데 어떻게 보면 정신력으로 숟가락을 구부리는 게 가능하다고 말할 수도 있다. 단, 아주 뻔한 일련의 과정을 거쳐서다. 뇌가 신호를 보내면 신호가 팔을 통과해 손으로 전달되고 명령에 따라 손이 숟가락을 집어 들어 구부리는 것이다.

이 주장의 논리는 명료하다. 뇌를 비롯한 사람의 몸은 몇 가지 힘(중력, 전자기력, 강한 핵력, 약한 핵력)을 통해 상호작용하는 몇 종류의 입자(전자, 업 쿼크, 다운 쿼크)로 이루어져 있다. 따라서 팔을 뻗어 손을 대지 않고 숟가락을 움직이려고 하더라도 그것은 전술한 네 가지 힘 중 하나를 통해 실행되어야 한다. 그런데 핵력은 그런 힘이 아닐 것이다. 핵력은 사정거리가 너무 짧기 때문이다. 그렇다고 중력도 아니다. 중력은 너무 약하다(코어 이론을 모르는 사람이라면 중력을 증폭시키거나 어떤 식으로든 조작하면 되지 않느냐고 물을지 모른다. 하지만 현실에서 그런 일은 불가능하다. 뇌와 같은 입자들의 집합은 에너지 총량을 토대로 예측할 수 있는 크기의 중력장만을 만들어낸다. 미안하지만 현실은 공상과학 영화와 완전히 딴판이다).

그렇다면 남은 것은 전자기력뿐이다. 중력과 달리 인체가 내뿜는 전자기력은 정말 숟가락을 구부릴 수 있을 만큼 강력하다. 실제로도 우리는 손을 써서 숟가락을 구부릴 때 전자기력을 이용한다. 따라서 숟가락을 구부리는 동작의 화학적 해설에는 반드시 전자와 이온(전자 수가 양성자 수보다 많거나 적어 전하를 띠는 원자)에 작용하는 전자기력 얘기가 등장하게 된다. 복잡한 생물학적 과정을 요약하면, 칼슘 이온이 아데노신삼인산염ATP이라는 분자에 저장되어 있던 에너지를 써서 미오신myosin이라는 단백질을 자극해 액틴actin이라는 또 다른 단백질을 잡아당기게 하면 근육 수축이 일어난다. 근육 수축은 마음먹은 대로 숟가락을 구부리는 과정의 핵심 단계다. 이 중차대한 작업을 전자와 이온과 전자기장이라는 소수정예 집단이 거뜬히 해낸다.

그러니 혹시 우리의 뇌가 이 전자기력으로 멀리 있는 물체를 손대지 않고 움직일 수도 있지 않을까? 하전된 입자가 뇌에 가득한 것은 사실이다. 문제는 뇌 안에는 양전하를 띤 양성자와 음전하를 띤 전자가 동수로 존재하기 때문에 전기장의 대부분은 상쇄되어 없어진다는 것이다. 혹자는 뇌 속의 입자들이 스스로 재배열해 염력을 발휘하기에 충분한 전기장이나 자기장을 만들 수 있지 않느냐고 물을지 모른다(하전된 입자들이 가만히 있을 때는 전기장만 생성되지만 하전 입자들이 운동하면 자기장이 추가로 조성된다). 라디오 송수신기가 실제로 그렇게 작동하는 것처럼 말이다. 송신기 안의 하전된 입자들이 운동하면서 전자기파를 발생시켜 보내면 이 신호를 받은 수신기 안의 입자들이 운동하기 시작하는 것이 라디오의 작동 기전이다.

뇌를 무슨 견인광선 발사기처럼 쓰는 것이 물리 법칙에 어긋나지는 않는다. 하지만 이 아이디어는 매우 상식적인 이유로 실현 가능성이 없다. 뇌는 고성능의 정교한 신체기관이니 강력한 전자기장을 발생시킨다고 해도 전혀 못 믿을 얘기는 아니지만, 전자기장 자체는 상대를 가리지 않는 무식한 도구에 불과하다. 게다가 숟가락은 복잡하고 민감한 물체가 아니라 그냥 금속 덩어리다. 뇌가 만들어낸 전자기장이 무슨 유도 미사일처럼 오직 숟가락만 바라보며 돌진할 이유는 하나도 없다. 또, 전자기장은 여러 가지 이유로 정체를 숨기기가 어렵다. 우선, 전자기장이 생성되면 그 세력권 안에 있는 근방의 모든 금속성 물체들이 이리저리 날아다닐 것이다. 게다가 전자기장은 일반적 장비들로 손쉽게 측정된다. 그럼에도 뇌가 쏘는 전자기장이 실제로 측정된 적은 없다. 지금까지 숟가락 구부리기 마술의 비법이 하나둘 밝혀지는 동안 단 한 번도 말이다.

점성술 역시 비슷하다. 행성 간 여행이 가능한 장은 중력장과 전자기장뿐이다. 그런데, 앞에서도 말했지만, 중력장은 가시적 효과를 내기에는 너무 약하다. 예를 들어 화성이 지구의 물체에 미치는 중력은 근처에서 있는 사람이 그 물체를 끌어당기는 인력과 엇비슷하다. 전자기장은 더 보잘것없다. 이웃 행성들이 보내는 전자기 신호는 지구상의 온갖 자연물과 인공물이 내뿜는 신호들에 죄다 묻혀버린다.

시험자와 피시험자 모두에게 특정 정보를 비공개로 함으로써 객관성을 높인 연구를 시행해 초심리학이나 점성술에 관한 가설을 조사해볼 수는 있다. 하지만 이것은 여러모로 헛짓거리다. 그런 가설들은 확립된 물리 법칙과 부합하지 않으므로 진실일 가능성이 매우 희박하기 때문이다.

☼

코어 이론이 우리의 일상적 현실을 기저에서 설명하는 물리학적 해석임을 인정할 때 우리는 훨씬 심오한 깨우침 하나를 덤으로 얻는다. 바로, 죽음 이후의 삶은 없다는 것이다. 우리는 모두 유한한 시간을 산다. 주어진 시간이 다 되면 그걸로 끝이다.

이 단호한 주장 뒤에 있는 논리는 염력과 점성술을 부정하는 주장보다도 한층 직설적이다. 만약 비물질적인 영혼 같은 것은 없고 코어 이론에 따른 입자들과 힘들이 생명체를 구성하는 전부라면, 한 사람을 규정하는 정보는 몸속 원자들의 배열 안에 고스란히 담겨 있게 된다. 다른 데로 옮기지도, 어떤 식으로든 외부에 저장할 수도 없는 정보다. 이 정보를 다른 곳으로 가져가 버리는 입자나 장 따위도 존재하지 않는다.

그런데 좀 이상하다. 모든 생물은 일종의 에너지나 힘을 발휘하는 것 같기 때문이다. 아무리 봐도 생물에는 몸뚱이가 죽으면 더는 존재하지 않게 되는 어떤 것이 분명히 존재하는 것 같은데 말이다. 자못 궁금해진다. 우리가 죽으면 생명에 연결되어 있던 에너지는 어떻게 되는 걸까?

이 의문은 생명을 물질이 아니라 **과정**으로 이해하면 해소된다. 양초를 예로 들어볼까. 초가 타고 있을 때 촛불에는 분명 에너지가 담겨 있다. 그런데 촛불을 꺼도 에너지는 어디론가 사라지는 것이 아니다. 에너지는 초를 이루는 원자와 분자에 여전히 내재해 있다. 다만, 초를 끄면 연소 반응이 멈추는 것뿐이다. 생명도 이와 같다. 생명은 어떤 물질이 아니라 꼬리에 꼬리를 무는 반응들의 모임이다. 이 전체 과정이 멈출 때 생명이 끝나는 것이다.

생명은 특정 방식으로 배열한 원자와 분자들 사이에서 특정 순서에 따라 일어나는 일련의 사건들을 가리키는 일종의 화법이다. 하지만 이것이 널리 인정받은 지는 얼마 되지 않는다. 가령, 19세기에는 한때 생기론vitalism이 유행했다. 생기론은 생명이 일종의 불꽃 혹은 에너지라고 말한다. 이 에너지를 프랑스의 철학자 앙리 베르그송은 *élan vital*, 즉 생명력이라 불렀다. 하지만 오늘날 이 가설은 그저 물질의 운동을 설명하는 여러 화법 중 하나로 간주한다. 19세기에는 신물질을 생명의 비밀로 지목하며 혜성같이 등장했다가 생기론과 같은 운명을 맞이한 유사 가설들이 많았다. 일례로 플로지스톤phlogiston은 한때 가연성 물질이 연소할 때 방출되는 특별한 원소로 주목을 받았다. 그러나 오늘날 우리는 연소가 그저 어떤 분자가 산소와 결합하면서 빠르게 일어나는 화학반응임을 잘 알고 있다. 비슷하게 칼로릭caloric이라는 것도 있다. 이 가상의 유동체는 체내에서 열을 발생시키는 실체로 온도가 높은 곳에서 낮은 곳으로 흐른다고 여겨졌다. 그러나 현대 과학의 설명에 따르면 열은 이런 유동체가 아니라 원자와 분자의 무작위적 운동 과정에서 생성되는 에너지의 지표다.

이렇듯, 인류가 한때 특별하다고 여겼던 많은 신물질이 평범한 물질 운동의 다양한 성질 중 하나에 불과한 것으로 차례차례 밝혀졌다. 생명이라고 다를 리 없다.

❋

임사체험이나 환생의 사례를 사후세계의 증거라 주장하는 사람들이 있다. 그들은 죽음이 임박한 사람이 보통 사람이라면 볼 수 없는 것들을 보고 어린아이가 현생에서는 알 리 없는 전생의 일들을 기억한다고 주장한다. 그런데 조금만 자세히 들여다보면 그런 주장의 대부분이 뻥튀기된 것임을 알 수 있다. 소년 케빈의 실화를 바탕으로 알렉스 말라키가 쓴 소설 《천국에서 돌아온 소년》이 대표적 예다. 저자 말라키는 소설이 베스트셀러에 등극하고 영화화까지 추진될 무렵 소년이 천국을 방문해 예수님을 만났다는 얘기가 허구임을 고백해 파문을 일으켰다.

이처럼 내세 경험담을 주장한 많은 사례 중에서 엄격한 과학적 검증을 통과한 경우는 한 건도 없다. 시도는 있었다. 죽음이 임박한 순간에 일어날 법한 유체이탈 현상의 증거를 찾으려는 연구가 지금까지 여러 건 수행되긴 했다. 그런 연구에서는 연구자가 환자나 의료진에 관한 구체적 정보 없이 병실을 방문하여 만약 환자가 자기 몸에서 빠져나와 둥둥 떠 있다면 보일 법한 위치에 특수 제작한 광학 자극장치를 숨겨두었다. 하지만 현재까지 유체이탈의 증거는 단 한 건도 보고된 바 없다.

이런 주장의 진위를 판단할 때는 훨씬 엄격하게 통제된 조건에서 입수한 과학지식과 대조하는 과정이 필요하다. 어느 쪽이 진실인지는 아직 모른다. 이미 확립된 물리 법칙이 단단히 틀렸고 육신이 스러진 후에도 의식은 남는 걸 수도 있다. 또 한편으론 사람들이 죽음의 고비에서 그저 환상을 보는 것이고 전생은 우발적이거나 고의적인 거짓말일 가능성도 있다. 이런 상황에서 우리가 할 일은 간단하다. 두 가설을 나란히 놓고 각각에 맞는 사전 신뢰도를 할당한 다음 성실히 신뢰도를 업데이트해가는 것이다.

✺

양자장론처럼 난해한 특정 이론에만 의지해 인간의 능력과 한계에 관한 결론을 단칼에 내리는 것은 다소 경솔해 보일지도 모른다. 하지만 양자장은 반박의 여지가 없는 우리 자신의 일부분이다. 문제는 그게 전부냐 다른 게 또 있느냐 하는 것인데, 만약 양자장이 인간을 이루는 전부라면 우리는 그 사실이 인간의 삶에 시사하는 바를 분명하게 끌어낼 수 있어야 한다. 그런데 그게 아니라 양자장 말고도 뭔가가 더 있다면 우리는 그 무언가를 이해하고 증거를 확보하기 위해 노력해야 할 일이다. 우리가 양자장론을 세울 때 따랐던 것만큼 정확하고 치밀하며 재현성 있는 방식으로 말이다.

우선 인간이 상호작용하는 양자장론들의 집합이라면, 이 사실이 함축하는 의미는 어마어마하다. 정신력만으로 숟가락을 구부릴 수 없다는 것이나 모든 생명은 죽으면 그걸로 끝이라는 것은 맛보기일 뿐이다. 인간이 물리적 우주의 한 조각이라는 것은 인류의 존재에 숭고한 대의 따위는 없음을 뜻한다. 적어도 인간의 영향력이 미치지 않는 우주 영역에서는 말이다. 양자장을 지배하는 물리 법칙은 무서울 정도로 비인간적이고 비목적론적이기 때문이다. 이때 '인간'이라는 개념은 궁극적으로 기저 실재의 특정 측면을 설명하는 하나의 화법이다. 그리고 좋은 화법이기도 하다. 그런 까닭에 우리는 이 개념에서 파생한 다양한 해설에 귀 기울여 볼 만도 하다. 모든 개개인에게는 삶의 목표가 있다거나 인간은 스스로 결정을 내릴 수 있는 존재라는 해설도 여기에 포함된다. 다만, 우리는 길을 벗어나는 순간을 경계해야 한다. 잘 나가다가 물리 법칙에 모순되는 상상을 하기 시작할 때가 바로 그런 순간이다.

그렇다면 우리의 실험에서 관찰되는 세상이 훨씬 큰 실재의 작은 일부분일 뿐이라면 어떨까? 이 경우는 나머지 실재가 어떤 식으로든 우리 눈에 보이는 세상에 작용해야만 한다. 그렇지 않다면 그것은 그다지 중요하지 않은 실재일 테니까. 그런데 우리 세상에 작용하는 더 큰 실재가 정말로 있다면 현재 우리가 믿고 있는 물리 법칙은 수정되어야 마땅하다. 하지만 우리에게는 그런 수정이 필요하다는 확실한 증거가 없을뿐더러 수정한다면 어떻게 고쳐야 할지 구체적인 대안도 없다.

이런 상황에서 자연주의자가 할 일은 양자장들로만 구성된 순수하게 물리적인 우주가 우리의 거시적 실재를 충분히 설명해냄을 증명하는 것이다. 그렇다면 묻지 않을 수 없다. 초월적 목적이 없는 세상에서 질서와 복잡성이 어떻게 생겨날 수 있을까? 그것도 엔트로피는 점점 증가한다는 열역학 제2법칙을 애써 거슬러가면서? 또, 순전히 물리적인 것 너머의 어떤 실체나 성질에 기대지 않고 인간의 의식과 내적 경험을 어떻게 해석해야 할까? 우리는 온전히 물리적인 세상에서 인간의 삶에 도덕성을 덧입히고 옳고 그름의 기준을 논리적으로 세울 수 있을까?

그것을 지금부터 알아보자.

4부

복잡도

28
커피잔 속의 우주

영국의 사제 윌리엄 페일리는 19세기에서 20세기로 넘어가는 문턱에 쓴 글에서 독자들을 상상 속 산책길에 초대한다. 당신은 그림 같은 영국 황야를 한가롭게 걷는다. 그런데 바위가 발에 걸리면서 몽상을 방해한다. 당신은 짜증이 난다. 그렇다고 이 돌덩이가 왜 여기 있을까 궁금해하지는 않는다. 원래 들판을 걷다 보면 발에 치이는 게 돌멩이니까.

이때 페일리는 조금 다른 상황으로 독자의 상상을 유도한다. 걷다가 땅바닥에 떨어져 있는 회중시계를 발견한 것이다. 이때 당신은 궁금하다. 어쩌다 시계가 여기 있게 되었을까? 어려운 질문은 아니다. 누군가 당신처럼 산책하다가 잃어버린 것이리라. 여기서 페일리가 하려는 말은 따로 있다. 시간은 태곳적부터 존재하는 것이니 여기에 시계가 있는 게 전혀 이상하지 않다고 생각할 사람은 한 명도 없을 것이다. 바위는 단순한 물질 덩어리다. 반면 시계는 목적을 가진 정교한 기계장치다. 그러니 이 시계를 만든 사람이 있음이 틀림없다. 시계는 시계공의 존재를 암시한다.

페일리는 자연계의 많은 것들도 마찬가지라고 설명을 잇는다. 그는 우리가 자연계의 다양한 생물들을 관찰하면서 보는 것들은 저마다 '설계의 결과물'이라고 말한다. 복잡하다는 점뿐만 아니라 뭔가 정해진 목적에 맞춰진 듯한 구조를 보면 틀림없다는 것이다. 그래서 그는 자연에도 시계공이 필요하다는 결론을 내린다. 그는 이 설계자가 바로 신이라고 봤다.

충분히 숙고할 가치가 있는 주장이다. 땅에 떨어져 있는 시계를 발견할 때 사람들은 그 시계를 만든 이의 존재를 추정한다. 그런데 우리 몸 안에도 시간을 알려주는 특별한 기전이 있다(인체에는 이름도 누가 이렇게 잘 지었는지 CLOCK이라는 단백질이 있다. 이 단백질은 24시간 주기로 되풀이되는 생체리듬을 조절한다). 이 점 말고도 여러 가지 면에서 인체는 시계보다 훨씬 복잡한 조직체다. 생물이 누군가에 의해 설계되었다고 여기는 것이 그렇게 큰 비약은 아닌 이유다.

그런데 비약이 성공하려면 타이밍이 중요하다. 설계자 가설은 페일리가 시계공 비유를 들고나오기 전에도 있었다. 데이비드 흄이 《자연종교에 관한 대화》에서 주장한 가설이 그것이다. 이 책에서 흄은 전통적 개념의 신과 설계자는 확연히 다르다며 더 현대적인 설명을 제시했다. 그럼에도 대중을 더 잘 설득해서 오늘날에도 자주 회자하는 것은 페일리의 설명 쪽이다.

임마누엘 칸트는 1784년에 "풀포기를 연구하는 뉴턴은 있을 수 없다"는 말을 했다. 물론 우리는 단순명료한 물리 법칙으로 행성과 진자의 운동을 설명하는 데 만족할 수도 있을 것이다. 하지만 세상에 넘쳐나는 온갖 동식물을 생각하면 기계적 패턴 너머를 볼 줄 알아야 한다. 즉, 생명체의 목적까지 함의하는 어떤 설명이 반드시 있어야 한다.

칸트 시대에 비하면 우리는 훨씬 많은 것을 알고 있다. 그 사이에 풀포기를 연구하는 뉴턴도 태어났다. 바로 찰스 다윈이다. 1859년에 다윈은 현대 진화론의 기틀이 된 《종의 기원》을 발표한다. 다윈 진화론이 중요한 이유는 화석 기록으로 생명의 역사를 증명했다는 것에만 있지 않다. 그는 어떤 목적이나 외력의 개입 없이도 진화가 일어날 수 있음을 제시해 보였다. 생물학자 프란시스코 아얄라의 표현대로 설계자 없는 설계가 가능해진 것이다.

현대 생물학은 생물이 복잡한 구조를 갖게 된 경위를 다윈의 해설을 기본 바탕으로 이해한다. 테오도시우스 도브잔스키가 말한 것처럼 "생물학에서 진화론을 빼놓고 설명할 수 있는 것은 하나도 없다." 하지만 진화는 더 큰 맥락에서 일어난다. 다윈은 생존과 번식과 무작위적 진화가 가능한 생명체를 출발점으로 삼았다. 그런 다음 이 무작위적 변화에 자연선택이 어떻게 작용하여 그 변화가 마치 누군가에 의해 설계된 것처럼 착각을 일으키게 되었는지를 보여주었다. 그렇다면 여기서 출발점이 된 생명체는 애초에 어디서 온 걸까?

✵

각종 동식물을 포함해 세상에 존재하는 복잡한 구조들은 어디서 어떻게 생겨났을까. 이것을 큰 그림 안에서 파악하는 것이 우리가 지금부터 여러 단원에 걸쳐 살펴볼 주제다. 우주는 여러 물리 법칙을 따르는 양자장들의 집합이다. 그런데 이 법칙들은 과거와 미래의 구분도 없고 궁극적 목적이 있다 해도 흐리멍덩하기만 하다. 이런 세상에서 인간 같은 조직적인 생명체가 도대체 어떻게 탄생했을까?

그 답은 딱 두 마디로 정리된다. 바로 엔트로피와 창발이다. 엔트로피는 시간의 화살을 쏜다. 한편 창발은 목적과 욕구를 가지고 진화하는 조직적 구조체를 설명할 화법을 제공한다. 먼저 엔트로피부터 살펴보자.

엔트로피와 복잡성은 언뜻 상충하는 것처럼 보일 것이다. 물리학에는 폐쇄계에서 시간이 흐를수록 엔트로피가 증가한다는 열역학 제2법칙이 있다. 루트비히 볼츠만의 해설에 따르면 여기서 엔트로피는 한 계에서 육안으로는 식별 불가능한 입자들의 미시적 배열이 얼마나 다양한가를 세는 지표다. 겉모습의 변화 없이 입자들이 배열하는 방법이 많다면 그 계는 엔트로피가 높다고 말한다. 반대로 배열 방법의 선택지가 몇 안 된다면 그 계는 엔트로피가 낮은 것이다. 그런데 과거 가설은 우리 우주가 엔트로피가 매우 낮은 상태에서 시작했다고 말한다. 여기서 출발할 때 열역학 제2법칙이 내리는 결론은 명확하다. 우주는 엔트로피가 낮았다가 점점 높아지는 방향으로 발전하고 있다. 엔트로피가 높은 우주의 선택지가 더 많다는 단순한 이유에서다.

엔트로피 증가와 복잡도 증가는 상충할 것 같지만 사실은 그렇지 않다. 그럼에도 그렇게 보이는 것은 우리가 사용하는 일상 용어의 어감이 기술 용어의 정의를 비틀기 때문이다. 흔히 우리는 엔트로피를 '무질서도' 혹은 '무작위도'와 동의어로 사용하면서 (예를 들어 우주와 같은) 폐쇄계에서 엔트로피는 언제나 증가한다고 말한다. 그런데 만약 점점 더 무질서해지고 무작위적으로 되는 게 물질들의 일반적인 성질이라면, 보이지 않는 손의 도움 없이 세상에서 고도로 조직화한 어떤 체계가 발달하는 것은 말이 되지 않는다.

이 지적에 사람들은 흔히 이렇게 해명한다. "열역학 제2법칙은 폐쇄계에서 엔트로피가 증가한다는 법칙이다. 폐쇄계는 외부 환경과 상호작용하지 않는다. 이와 달리 에너지와 정보를 외부와 교환하는 개방계에서는 엔트로피가 줄어들 수 있다. 예를 들어 와인병을 냉장고에 넣으면 온도가 내려가면서 와인병의 엔트로피가 감소한다. 방을 청소할 때 방 안의 엔트로피도 마찬가지다. 이때 냉장고는 뒤로 열을 방출하고 방을 치우는 사람은 땀을 뻘뻘 흘리며 에너지를 뿜어낸다. 따라서 계의 전체 엔트로피는 여전히 계속 증가한다. 그러므로 두 경우 모두 물리 법칙을 위반하지 않는다"고. 나무랄 데 없는 답변이다. 논의의 핵심은 짚지 못한다는 점을 빼면 말이다.

이 설명은 표면적인 답변은 될지 모른다. 맞다. 복잡한 구조체가 지구에 출현하는 것은 열역학 제2법칙을 조금도 거스르지 않는다. 그렇지 않다고 말하는 게 오히려 더 어리석다. 지구는 활짝 열린 개방계라서, 한시도 쉬지 않고 우주에 복사에너지를 뿜어내면서 총 엔트로피를 높여간다. 그러나 지구가 개방계라는 점은 어떻게 지구에 고등 구조체가 출현할 수 있는지는 설명하지만 왜 실제로 그런 일이 일어났는지는 설명하지 못한다. 가령, 냉장고는 안에 들어 있는 와인병의 엔트로피를 낮춘다. 하지만 와인병을 더 정교하고 복잡하게 변화시키는 게 아니라 온도만 낮춰서 그렇게 하는 것이다. 방의 경우에는 우리의 경험상 페일리의 지적처럼 방을 깨끗하게 만드는 외부의 지적 존재가 필요해 보인다. 방이 저절로 정리·정돈되지는 않을 터이니까. 한 발 양보해 방이 폐쇄계가 아니라고 치고 방과 외부 환경 사이의 상호작용을 허락하더라도 마찬가지다.

따라서 우리에게는 여전히 풀어야 할 숙제가 남는다. 우리는 물리 법칙이 어떻게 그리고 무슨 까닭으로 당신과 나처럼 복잡하고 적응력과 감응력이 뛰어나며 진화가 가능한 지적 생명체를 탄생시켰는지 알아내야 한다.

✳

우리가 단순하다고 혹은 복잡하다고 말할 때 그것은 무슨 의미일까? 그리고 그게 엔트로피와 무슨 관계가 있을까? 직관적으로 우리는 복잡함을 낮은 엔트로피와 잇고 단순함을 높은 엔트로피와 연결 짓는다. 엔트로피가 '무작위도'와 '무질서도'라면 손목시계나 아르마딜로가 보여주는 정교한 메커니즘과는 정반대편에 서는 게 맞아 보인다.

하지만 우리의 감은 보기 좋게 빗나간다. 크림커피를 생각해보자. 지금 우리는 아침잠을 깨기 위해서 커피를 타는 게 아니라 과학실험을 하는 것이므로 개인 취향은 무시하고 내가 말하는 순서를 따라주길 바란다. 먼저 커피를 유리컵에 붓고 여기에 크림을 천천히 붓는다. 그러고 나서 숟가락으로 커피와 크림을 저어준다(여기서 숟가락은 외력이지만 위대한 지적 존재는 아니다).

처음에는 계의 엔트로피가 낮다. 크림 층과 커피 층이 또렷하게 분리된 이 상태에서 겉모습을 변화시키지 않으면서 크림 분자들과 커피 분자들이 재배열하는 방법은 그리 많지 않다. 크림 분자들끼리 그리고 커피 분자들끼리 자리 바꾸기를 할 수는 있다. 하지만 크림 분자와 커피 분자가 자리를 바꾸기 시작하면 커피잔 속 풍경은 달라지기 시작한다. 그렇게 종국에는 모든 입자가 마구 뒤섞이고 전체적으로 고른 베이지색을 띠게 된 크림커피는 엔트로피가 높은 상태가 된다. 이때는 또다시 크림커피 여기 한 줌과 저기 한 줌의 위치를 바꿔치기한다고 해도 전체의 겉모습은 조금도 달라지지 않는다. 엔트로피는 커피를 섞는 모든 과정에서 상승세를 이어간다. 열역학 제2법칙이 예측하는 그대로다.

크림과 커피 섞기. 처음에는 엔트로피가 낮고 계가 단순하다. 마지막에는 엔트로피가 높고 계가 단순하다. 계가 복잡해지는 때는 엔트로피가 어중간한 중간 시점이다.

그런데 복잡도는 엔트로피가 증가함에 따라 비례해 감소하지 않는다. 처음에는 크림과 커피가 완전히 따로 논다. 엔트로피는 낮고 모양새는 단순하다. 위에 크림 층, 아래에 커피 층. 그게 전부다. 한편 마지막에는 모든 입자가 완전히 뒤섞인다. 이 역시 모양새는 단순하다. 말 그대로 "모든 게 뒤섞여 그놈이 그놈"이다. 오히려 계가 가장 복잡해 보이는 것은 엔트로피가 최저점과 최고점 사이에 있는 중간 상태다. 이때 커피잔 안에서는 마치 덩굴손이 자라나듯 크림액이 스멀스멀 커피액에 섞여 들어가면서 오묘한 그림을 그려낸다.

크림커피라는 계는 "엔트로피가 증가한 만큼 복잡도가 감소한다"는 순진한 규칙과 사뭇 다른 동태를 보인다. 열역학 법칙이 말한 대로 엔트로피가 증가하는 것은 맞다. 하지만 복잡도는 한창 상승세를 타다가 다시 하향곡선을 그린다.

적어도 겉보기에는 그렇다. 엔트로피와 달리 복잡도의 경우는 널리 인정되는 명확한 정의가 아직 존재하지 않는다. 여러 가지 이유가 있지만 무엇보다도 모든 상황에 적용 가능한 보편적 정의를 아직 찾지 못했기 때문이다. 계가 다르면 복잡도도 다른 방식으로 나타난다. 복잡도가 다양한 형태를 띠는 것은 오류가 아니라 원래 그런 것이다. 그래서 우리는 복잡도라는 일반적 개념보다는 문제풀이 알고리즘, 피드백에 반응하는 기계, 정지해 있는 이미지나 설계 등 주어진 대상 각각의 복잡도를 논한다.

그러니 일단은 "보는 만큼 안다"는 자세로 지켜보기로 하자.

✳

엔트로피가 커질 때 복잡도가 증가했다가 감소하는 것은 커피잔만이 아니다. 우주도 커피잔과 조금도 다르지 않다. 빅뱅이 일어난 지 얼마 안 된 원시우주는 엔트로피가 매우 낮고 몹시 단순했다. 이 시점의 우주는 빠르게 확장하는 농밀하고 균질한 열 덩어리일 뿐이었다. 우주 전체가 그런 모습이어서 이 지점과 저 지점의 차이란 게 없었다. 반면에 아주 먼 미래의 우주는 엔트로피가 매우 높을 것이다. 하지만 우주의 모습은 처음 못지않게 단순할 것이다. 영겁의 세월이 흐른 뒤 우주는 차갑게 식은 텅 빈 곳이 되어 또다시 모든 지점이 평탄해질 것이기 때문이다. 오늘날 우리가 매일같이 목격하는 물질들과 복사에너지들은 우주 팽창으로 지평선 너머로 사라지고, 있는지도 모르게 희석되어 버릴 것이다.

그렇다면 오늘날의 우주는 어떨까. 먼 과거와 먼 미래의 중간에 자리한 현재의 우주는 엔트로피가 어중간하면서 몹시 복잡한 모습을 하고 있다. 지난 수십억 년에 걸쳐 곳곳에서 밀도 있는 물질들의 소요가 일어

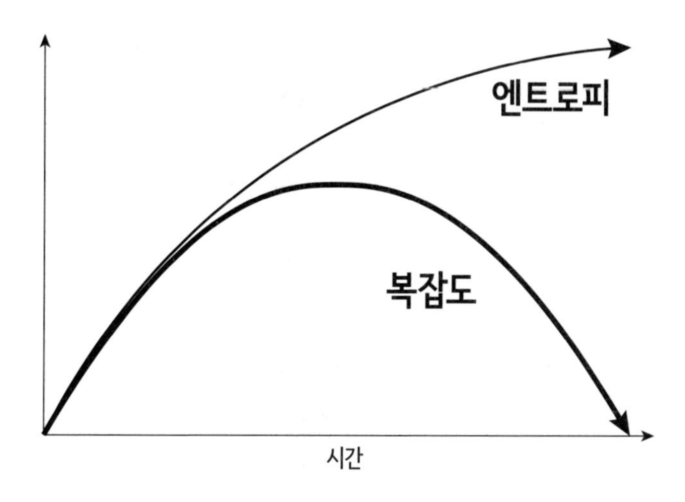

폐쇄계에서 엔트로피와 복잡도의 시간 경과에 따른 변화.

나 행성과 별과 은하가 생겨나면서 단조로웠던 풍경이 굴곡지고 울퉁불퉁해졌기 때문이다. 하지만 영원히 이렇지는 않을 것이다. 6장에서 살펴봤듯 종국에는 모든 별의 핵반응이 멈추고 전부 블랙홀에 먹혀버릴 것이다. 그리고 그런 블랙홀마저도 증발해 소멸할 것이다. 우주가 복잡성을 뽐내는 이 시절은 다 한때에 불과하다.

엔트로피가 커지는 동안 복잡도가 변하는 양상 면에서 우주가 고작 커피잔 따위와 다를 바 없다니, 좀 부아가 치민다. 혹시, 열역학 제2법칙과 대등하면서 복잡도의 진행 양상을 더 잘 설명해줄 어떤 자연법칙이 따로 있는 게 아닐까? 다만 이 법칙이 아직 발견되지 않았을 뿐이라면?

그렇게 물으면 내가 할 수 있는 대답은 "모른다"는 것이다. 그런지 아닌지 우리는 모르지만 어쩌면 그럴 수도 있을 것이다. 만약 그렇다면 그런 법칙은 간단하지 않을 게 틀림없다.

✻

이것은 내가 동료 연구자 스콧 애런슨, 바룬 모한, 로런 켈레트, 브렌트 워네스와 함께 진행한 연구의 주제이기도 하다. 모든 것은 북해를 항해하는 유람선 위에서 시작되었다. 시간의 성질을 다각적으로 토의하기 위한 학회가 크루즈 선상에서 열린 것이다. 학회는 말 그대로 국제적 행사였다. 노르웨이에서 출항해 덴마크에서 여정을 마쳤으니 말이다. 개회사를 맡은 나는 커피잔 예를 들며 폐쇄계에서 복잡도가 변해가는 양상에 관한 짧은 강연을 했다. 이때 청중석에 애런슨이 앉아 있었다.

애런슨은 문제들을 난이도에 따라 여러 범주로 세분하는 이른바 '계산 복잡도computational complexity'의 대가다. 내 강연에 강한 흥미를 느낀 그는 이 주제를 구체화해보자고 제안했다. 그러고는 당시 MIT 학부생이던 켈레트를 영입해 크림과 커피가 섞이는 과정을 자동 시뮬레이션하는 단순한 컴퓨터 코드를 만들게 했다. 우리는 이 연구 결과를 논문으로 써서 초안을 인터넷에 올렸다. 그런데 논문을 읽은 워네스가 우리에게 연락을 해왔다. 기본 아이디어는 괜찮은데 해설하려고 든 특정 예시가 부적절하다는 게 그의 지적이었다. 우리는 지적에 반박함으로써 과학자로서 그의 경력에 흠집을 내기보다는, 진보하고자 하는 과학 정신에 따라 그의 견해를 인정하고 그를 연구진에 합류시켰다. 여기에 애런슨이 코드 수정과 시뮬레이션 업데이트의 담당자로 또 다른 MIT 학부생 모한을 발탁했다. 그렇게 팀을 꾸린 우리는 모든 문제를 바로잡을 수 있었다. 때때로 과학은 이렇듯 마법처럼 전개된다.

✻

구체적으로 우리의 연구 주제는 우리가 커피잔의 **겉보기 복잡도**라고 부른 것이었다. 먼저 우리는 크림커피계를 알고리즘 복잡도 혹은 콜모고로프 복잡도*라는 개념과 연결했다. 모든 이미지는 데이터파일 안에 들어 있는 모든 비트를 쭉 나열한 끈이라 할 수 있다. 컴퓨터공학에서 이 비트 끈은 01001011011101과 같은 형식으로 표현된다. 이때 어떤 끈의 알고리즘 복잡도는 이 끈을 출력하는 가장 단순한 프로그램의 길이가 얼마나 짧은가를 뜻한다. 반복 시퀀스가 많아 패턴이 단순한 끈은 복잡도가 낮고 완전히 무작위적인 끈은 복잡도가 높다. 후자의 경우 프로그램으로 끈을 출력하는 방법은 코드 전부를 있는 그대로 복사하는 것뿐이다.

그런데 크림과 커피 이미지에서는 무작위적 잡음random noise이 복잡성이 아니라 '단순성'으로 간주된다. 그래서 우리는 굵게 뭉쳐진 창발적 수준에서 겉보기 복잡성을 정의했다. 즉, 우리는 입자 하나하나의 위치를 관찰하기보다는 공간 한구석의 평균 입자 수를 따졌다. 그러면 굵게 뭉쳐진 수준에서 크림과 커피의 분포를 설명하는 알고리즘 복잡도를 커피잔의 겉보기 복잡도라 볼 수 있다. 겉보기 복잡도는 "이미지가 얼마나 복잡해 보이는가"에 관한 주관적 인상을 지표화하기에 좋은 방법이다. 겉보기 복잡도가 높다는 것은 이미지가 흐릿하지만 특이한 구조가 많이 들어 있다는 것을 의미한다.

안타깝게도 이미지의 겉보기 복잡도를 직접 계산하는 방법은 존재하지 않는다. 대신 꽤 높은 정확도로 어림짐작할 수는 있다. 이미지를 파일 압축 알고리즘에 맞추는 것이다. 파일 압축 프로그램은 모든 컴퓨터에 깔려 있으므로 열어서 작동시키기만 하면 된다. 우리가 쓴 방법도 이것이다.

---

* 알고리즘 복잡도를 구소련 수학자의 이름을 따 콜모고로프 복잡도라고도 한다.

시뮬레이션을 돌리면 처음에는 이미지의 겉보기 복잡도가 낮다. 위에 크림 층, 아래에 커피 층 그 이상도 이하도 아니다. 겉보기 복잡도가 낮은 것은 시뮬레이션 말미에서도 마찬가지다. 이때는 어느 지점에든 크림 입자와 커피 입자가 같은 비율로 존재한다. 그림이 재미있어지는 것은 두 층이 섞이는 중간 과정이다. 우리는 시뮬레이션을 통해 복잡도가 늘 증가하기만 하는 게 아니라는 사실을 확인했다. 크림과 커피가 어떻게 상호작용하는가에 따라 복잡도는 증가할 수도 감소할 수도 있다.

다시 말해 만약 크림 분자와 커피 분자가 지척에서만 상호작용한다면 복잡도의 상승 폭은 크지 않다. 이때는 덩굴줄기가 사방팔방 얽히고설켜 가는 식보다는 크림과 커피가 전체적으로 심심하고 은근하게 섞여간다.

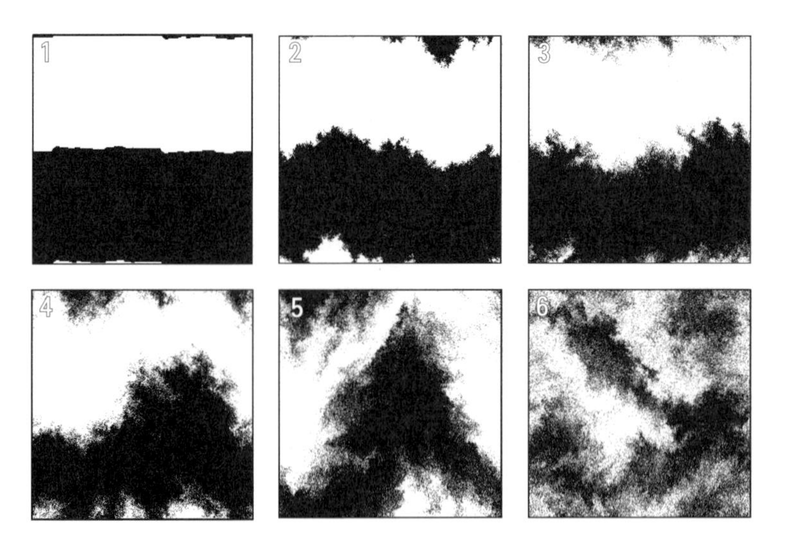

크림과 커피가 섞이는 과정을 컴퓨터 시뮬레이션한 결과. 단순했던 그림이 점점 복잡해지다가 다시 단순해진다. 마지막에는 흰색과 검은색이 완전히 뒤섞인다.

그런데 여기에 상호작용 범위를 넓혀주는 제3의 인자, 즉 커피를 저어주는 숟가락이 개입하면 얘기가 달라진다. 두 층의 경계가 단순히 뭉개지는 게 아니라 프랙탈*의 성질을 띠는 것이다. 이 경우 겉보기 복잡도는 엄청나게 높아진다. 이때 크림과 커피가 그리는 경계의 모양을 정확하게 기술하기 위해서는 많은 양의 정보가 필요하다.

프랙탈과 복잡도의 관련성은 미적인 것 이상이다. 프랙탈은 어떤 배율로 확대해도 부분이 전체와 똑같은 모습을 한 기하학적 도형이다. 프랙탈 패턴은 크림과 커피가 한창 섞이는 동안 나타났다가 크림커피가 완전한 평형에 도달하면 사라진다. 바로 이것이 복잡도의 특징이다. 부분들을 크게 확대해 가까이 들여다봐도 흥미로운 구조가 보이고, 전체적으로도 흥미로운 모습을 띤다.

복잡도는 물리학과 생물학 모두에서 종종 계층적으로 창발된다. 작은 조각들이 모여 큰 단위를 이루고 또 그런 단위들이 모여 더 큰 덩어리를 이루는 식이다. 작은 단위는 독자성을 유지하면서도 전체 안에서 활발하게 상호작용한다. 이런 식으로 단순한 기저 규칙들이 힘을 합해 복잡한 행동 패턴을 짜는 네트워크가 형성된다. 크림커피는 이 과정을 제대로 시뮬레이션하기에는 너무 단순한 계지만, 프랙탈 패턴을 띤다는 것 자체는 복잡도가 얼마나 또렷하고 자연스러운 성질인지를 상기시킨다.

이렇게 프랙탈이 한바탕 잔치를 벌이고 나면 겉보기 복잡도는 사라진다. 이때 크림과 커피는 완전히 하나가 된다. 충분히 오랜 시간이 지나 평형에 도달한 폐쇄계에서는 더는 흥미로운 움직임이 일어나지 않는다.

⁂

* 전체를 닮은 부분이 무한 반복되는 구조. 해안선과 눈송이 등이 프랙탈 구조의 대표적 예다.

즉, 엔트로피가 높아질 때 복잡도도 함께 증가한다는 자연법칙은 존재하지 않는다. 다만 계의 환경에 따라 이런 관계가 성립할 수는 있다. 컴퓨터 시뮬레이션 실험에 미루어보건대, 관건은 파급력이 훨씬 광범위한 어떤 효과가 있느냐 없느냐인 듯하다. 인접 입자들끼리의 상호작용만 있는 계는 복잡도의 변화가 별로 없다.

현실에서는 이웃 분자들끼리 치고받는 근거리 상호작용과 중력이나 전자기력과 같은 원거리의 광범위한 상호작용이 모두 일어난다. 우주가 팽창해 냉각되어가면서 복잡한 구조가 생겨날 때 우리가 관찰하게 되는 것들은 이런 경쟁하는 영향력들 사이에서 벌어지는 상호작용이다. 우주의 팽창이 우주 만물을 서로 멀어지게 할 때 인력은 두 물체를 가까워지게 한다. 그러면 또 자기장이 둘을 반대 방향으로 밀어낸다. 그 와중에 원자들은 서로 충돌하며 물질을 들쑤시고 냉각시킨다. 까만 점과 하얀 점 말고는 아무것도 없는 단순한 컴퓨터 시뮬레이션에서도 복잡한 구조가 생겨날 수 있다면 이처럼 다면적인 우주에서 복잡한 구조가 생겨난다는 것은 그리 놀라울 일이 아니다.

이렇게 복잡성의 출현은 엔트로피 증가와 충분히 양립할 수 있다. 그런데 그게 다가 아니다. 복잡성은 엔트로피에 의지한다. 과거 가설 따위는 존재하지 않고 처음부터 엔트로피가 높은 평형 상태였던 계를 상상해보자. 그런 계에서는 복잡성이 절대로 출현하지 않는다. 가물에 콩 나듯 무작위적 요동이 이는 것 말고는 계의 풍경은 처음부터 끝까지 무미건조하고 심심하다. 우주에서 복잡한 구조가 생성되는 것은 오로지 우주가 낮은 엔트로피 상태에서 높은 엔트로피 상태로 조금씩 진행할 때뿐이다. 점점 커지는 우주의 무질서가 복잡성의 출현과 존속을 가능하게 만든다.

비시적 계에서 입자물리학의 법칙들은 과거와 미래를 구분하지 못한다. 따라서 생과 사든, 생물의 진화이든, 복잡한 구조의 출현이든 무언가의 과거 방향 동태와 미래 방향 동태가 서로 다르다면 그것은 시간의 화살이 얽혀 있음을 의미한다. 이것은 열역학 제2법칙과 연결된다. 시간에 따른 엔트로피의 증가가 우주에 생명을 탄생시키는 것이다.

사람들은 시계나 인간 눈의 정교한 작동 원리에 경탄한다. 하지만 사람들이 이런 반응을 보이는 것이 계의 겉보기 복잡도 때문만은 아니다. 시계와 눈이 특별한 것은 무엇보다도 여러 조각이 조화롭게 협력해 더 큰 목표를 이뤄낸다는 데 있다. 단순한 자연법칙을 따르는 물질들끼리 어떻게 이런 환상적인 협업이 가능한 걸까? 그 답을 알아내기 위해 우리는 더 열심히 노력해야 한다. 다만 미루어 짐작하건대 이번에도 그 비밀은 엔트로피의 증가 경향과 시간의 화살에 있을 것이다.

☼

양자장과 입자에서 우리 인간으로 논의의 수위를 높여갈 때 우리를 걸고넘어지는 문제들은 점점 난해해져 간다. 그만큼 우리가 내놓을 수 있는 진술 역시 점점 더 모호해지기만 할 것이다. 그런 면에서 모든 분과를 통틀어 물리학만큼 단순한 과학은 또 없다. 그중에서도 단순명료하기로 으뜸은 가장 기저의 수위에서 실재의 기본 요소들을 연구하는 기초물리학이다. 그런데 여기서 단순하다는 말은 쉽다는 뜻이 아니다. 갈릴레이처럼 마찰력과 공기 저항을 무시함으로써 현상을 간단하게 보는 게 가능하다는 뜻이다. 중성미자나 힉스 보손을 몰라도 전자의 동태를 꽤 높은 정확도로 추정할 수 있는 것도 그런 이유에서다.

반면, 창발된 실재는 너무나 다양한 측면을 보여주는지라 호기심 충만한 과학자로서도 감당하기가 버거울 정도다. 화학, 생물학, 철학, 사회학 등등 일일이 따지기 시작하면 어느 하나 중요하지 않은 게 없다. 그렇게 우왕좌왕하느라 인류는 이 측면들을 완벽하게 해설하는, 말하자면 코어 이론 수준의 기본 이론을 아직 찾지 못했다. 사람들은 물리학 수업이 어렵다고 말한다. 하지만 그렇게 느껴지는 것은 물리학이 진짜로 어려워서가 아니다. 밝혀진 정보가 워낙 많기에 우리가 배워야 할 것도 많아서다. 그리고 정보가 많은 것은 물리학이 기본적으로 매우 단순한 과학이기 때문이다.

우리의 목표는 세상을 자연주의의 바탕 위에서 이해할 수 있는 타당한 스케치를 그려내는 것이다. 생명이 어떻게 싹텄는지, 인간의 의식이 어떻게 발동하는지 우리는 알지 못한다. 하지만 정답은 자연계 밖에 있지 않다고 말할 수는 있다. 물론 이런 우리의 믿음이 틀렸을지도 모른다. 하지만 괜찮다. 원래 믿음이라는 것은 검증되고 번복되는 것이니까 말이다.

인간의 삶을 확립된 물리학 지식과 부합하는 맥락에서만 이해해야 한다는 강박 관념은 생명의 정의와 작동 기전에 흥미로운 굴레를 씌운다. 우리는 우리를 구성하는 입자들과 힘들을 알기에 이 코어 이론을 바탕으로 모든 생명은 유한하다는 결론을 내린다. 그런데 코어 이론만큼 확실하지는 않지만 나름대로 믿을 만하다고 여겨지는 우주학 이론들 역시 더 넓은 의미에서 '생명'이 유한하다고 말한다. 우주학 이론들은 먼 훗날 우주가 반드시 열적 평형에 도달할 것이라고 예견한다. 그런 우주에서는 어떤 생명체도 살아남지 못할 것이다. 생명은 증가하는 엔트로피에 의지하는데 평형 상태에서는 더 생겨날 엔트로피가 없기 때문이다.

지금 우리는 소용돌이를 그리며 섞여가는 크림커피와 같다. 엔트로피가 가파른 오르막길을 오르는 동안 복잡도는 단순한 패턴에서 시작해 다시 단순한 패턴으로 끝나는 순간의 묘기를 부린다. 우리는 이 순간의 클라이맥스를 즐겨야 한다.

29
빛과 생명

전해지는 바로 화성 운하의 발견자는 이탈리아의 천문학자 조반니 스키아파렐리다. 지구의 이웃 행성들을 망원경으로 관측하던 그는 1887년에 화성 표면에 길고 곧은 열십자 모양의 지형이 있는 것을 알아챘다. 그는 지형을 학계에 보고하면서 카날리*canali*라고 명명했다. 이 발견은 사람들의 상상력을 자극했다. 미국 애리조나주의 천문대 건설을 감독한 천문학자 퍼시벌 로웰도 그런 이들 중 한 명이었다. 관측을 토대로 로웰은 시간이 흐르면서 물길들이 변해왔고 교차 지점에는 오아시스가 조성되었을 것으로 추측했다. 그의 생각은 물이 귀한 척박한 환경에서도 살아남을 만한 고등 문명이 이 붉은 행성에 존재할 거라는 데까지 미친다. 이 아이디어는 로웰이 잇따라 발표한 여러 권의 저서를 통해 세상에 널리 퍼졌다. 공상과학 소설의 거장 허버트 조지 웰스가 《우주전쟁》을 집필하는 데 도움을 받았을 정도였다.

그런데 이 얘기에는 두 가지 비화가 있다. 하나는 스키아파렐리는 화성에 운하가 있다는 주장을 한 적이 한 번도 없다는 것이다. 그도 화성 생명체에는 관심을 두고 있었지만 말이다. 사실 모든 것은 이탈리아어 *canali*가 영어 channel로 번역되면서 벌어진 해프닝이었다. 전자는 자연적 물길이라는 뜻이지만 후자는 인간이 인위적으로 건설한 운하라는 뜻이다. 나머지 비화는 스키아파렐리가 이 지형을 처음 발견한 것도 아니라는 것이다. 그가 본 것은 당시 과학기술이 우주 행성을 관측하기에는 미흡했던 탓에 생긴 착시현상의 결과였다.

오늘날 우리는 미국, 소련, 유럽, 인도 등 우주공학 강국들이 쏘아 올린 궤도선과 착륙선 덕분에 화성을 마치 코앞에서 보듯 들여다본다(내가 이 글을 쓰고 있는 시점 기준으로 화성은 로봇이 발자국을 남긴 유일한 행성이다). 화성에서 고대 도시나 지적 문명의 흔적은 아직 발견되지 않았지만 화성 생명에 관한 연구는 계속되고 있다. 로웰이 주장한 멸망한 문명이나 웰스의 소설에 나오는 3족 로봇까지는 아니더라도 태양계 어딘가에서 미생물 수준의 생명이 발견될 가능성은 충분히 있다. 화성이 아니더라도 후보지는 많다. 목성의 달 유로파일 수도 있고 (유로파에는 지구의 모든 대양을 합한 것보다도 많은 양의 물이 존재한다) 토성의 달 엔켈라두스와 타이탄일지도 모른다.

문제는 그런 생명이 우리 눈앞에 나타났을 때 우리가 알아볼 수 있느냐는 것이다. 생명은 정확히 무엇일까?

그것은 아무도 모른다. 생명의 통일된 정의를 세우려는 노력은 있었다. 하지만 우리는 생물이 무생물과 정확히 어떻게 다른가를 두고 아직 의견일치를 보지 못하고 있다. 그래서 외계 생명 탐사에 온 힘을 쏟고 있는 미국항공우주국NASA은 나름의 정의를 사용한다. 이 기준에 따르면 생물은 '진화가 가능한 자가유지 화학 시스템'이다.

혹자는 이 정의에서 '진화' 부분을 걸고넘어진다. 진화론은 지구상에 생물이 어떻게 등장했는지를 설명할 뿐 생물을 생물이게 하는 특징을 알려주지는 않는다는 점에서다. 상처 입은 다람쥐를 두고 사람들은 묻는다. "살아 있어?" 이때 누구도 "몰라. 녀석이 진화할 수 있는지 어디 한번 보자고"라는 식으로 대답하지는 않는다. 어떤 정의가 유효하려면 어려운 문제를 푸는 데 도움이 되어야 한다. 가령, 과학자들이 인공 생명체를 합성했다고 치자. 여기에 진화라는 기준을 갖다 대면 이 괴물은 깊이 생각할 필요 없이 무생물로 판정될 것이다. 이때는 이 정의가 별로 유용하지 않은 게 맞다. 하지만 지금은 이것이 정말로 괜한 트집에 불과하다. 이 단원의 주제인 진짜 생명에서는 진화가 논의의 중심을 관통하기 때문이다.

열심히 노력하면 언젠가는 찾아지겠지만 현시점에 생명의 올바른 정의는 존재하지 않는다. 다만, 지구상의 생물들은 여러 가지 공통 특징을 가진다. 특징은 하나하나가 전부 흥미롭고 어떤 것은 신비하기까지 하다. 생명은 유기적으로 연결된 계층적 방식으로 움직이고(겉으로가 아니라면 내부에서라도), 대사하며, 상호작용하고, 번식하고, 진화한다. 분명, 생명은 우리가 그리려는 세상의 큰 그림에서 대체 불가능한 중요한 일부분이다.

그런 생명을 이해하기 위해 나는 우리의 고향 행성 지구에서 생명이 어떻게 시작되었는지부터 차근차근 살펴보려 한다. 거기서 출발해 시야를 넓혀가면 생명이 어떻게 진화하고 상호작용하는지도 알게 될 것이다.

✺

생명에 관한 여러 정의 중 하나는 엉뚱하게도 양자역학의 대가 에르빈 슈뢰딩거가 내놨다. 《생명이란 무엇인가》에서 그는 물리학자의 시선에서 논제를 파헤쳤다. 그는 이것이 근본적으로 균형의 문제라고 여겼다. 한편에서 보면 생명은 끊임없이 변화하고 움직인다. 가젤을 추적하는 치타든 삼나무의 맥관을 느릿느릿 흐르는 수액이든 모든 생물 안에서는 언제나 일이 일어나고 있다. 그런데 또 한편으로 생물은 일정한 구조를 유지한다. 소소한 변화들 속에서도 기본 틀은 늘 보존된다. 슈뢰딩거는 궁금했다. 어떤 물리적 반응이 생물이 정지와 변화 사이에서 아슬아슬한 균형을 잡게 하는 걸까?

그런 사유의 결과로 슈뢰딩거는 NASA의 것과는 사뭇 다른 결론을 내렸다. 그는 이렇게 문답한다.

> 무언가가 살아 있다고 말하는 때는 언제일까? 그것은 외부 환경과 물질을 교환하면서 '어떤 활동'을 하고, 비슷한 환경에 처한 죽은 물체에 기대되는 것보다 그런 활동을 훨씬 오래 '지속'할 때다.

그는 NASA의 정의가 말하는 '자가유지'라는 성질에 큰 비중을 둔다. 흔히 사람들은 이 부분을 대수롭지 않게 넘긴다. 어차피 폭포나 바다나 윌리엄 페일리의 몽상을 방해했던 돌멩이를 비롯해 많은 무생물도 다 자가유지되지 않는가.

하지만 여기서 핵심은 생물은 '비슷한 환경에서 죽은 물체에 기대되는 것보다 훨씬 오래 지속한다'는 점이다. 좀 모호한 설명이긴 하다. 그러나 슈뢰딩거의 목적은 완벽한 정의를 단번에 세우는 게 아니었다. 그는 생명이란 무엇인가에 관한 우리의 인상을 말로 최대한 잘 표현하려고 했다. 바위는 오랜 시간 동안 형태를 유지하지만 상처를 스스로 치유하지는 않는다. 예를 들어, 산사태가 일어날 때 바위는 언덕을 굴러 내려가면서 움직인다. 하지만 일단 바닥에 닿으면 바위는 움직임을 멈추고 그 자리에 가만히 있을 뿐이다. 바위가 자리를 털고 일어나 매무시를 가다듬고 나서 언덕을 다시 기어 올라가는 일은 없다. 짐승이라면 그럴 텐데 말이다.

그런 맥락에서 생물은—실제와 다르게—열역학 제2법칙을 위반하는 듯 보인다. 엔트로피를 거슬러 조직적 구조를 갖추는 것뿐만 아니라 오랜 세월 동안 그 구조를 유지하기까지 하니 말이다.

앞에서 복잡도가 그랬던 것처럼 생물도 우리의 순진한 상식을 보기 좋게 거스른다. 진실은 이렇다. 복잡한 구조는 엔트로피 증가에도 불구하고가 아니라 엔트로피가 증가하는 **덕분**에 생성될 수 있다. 또한, 생명은 열역학 제2법칙에도 불구하고가 아니라 열역학 제2법칙 때문에 복잡한 구조를 유지한다. 어째서일까.

☀

태양은 생명 탄생에 유용한 자원을 빛 에너지의 형태로 지구에 공급한다. 그런데 우리가 태양에서 얻는 진짜 중요한 자원은 따로 있다. 바로 엔트로피가 매우 낮은 에너지, 즉 **자유 에너지**free energy다. 생물은 이 에너지를 이용하고 잘게 쪼개진 형태로 우주에 되돌려준다. 자유 에너지라는 용어는 좀 헷갈린다. 사실은 '쓸모 있는 에너지'라는 의미인데 '자유'라는 표현이 뭐든 자유롭게 할 수 있다는 어감을 주기 때문이다. 하지만 자유 에너지는 무한한 에너지가 아니다. 에너지의 총량은 늘 일정하다.

열역학 제2법칙은 폐쇄계에서는 엔트로피가 계속 증가하다가 정점을 찍고 나면 평형 상태가 지속한다고 설명한다. 폐쇄계에서 에너지의 총량은 고정되어 있다. 엔트로피가 낮은 형태에서 높은 형태로 변환될 뿐이다. 촛불을 생각해보자. 촛불이 발생시키는 빛과 열 입자를 전부 추적할 때 에너지 총량은 언제나 일정할 것이다. 하지만 초가 영원히 타지는 않는다. 촛불은 한동안 이글거리다가 언젠간 반드시 꺼진다. 그 과정에서 초 안에 갇혀 있던 낮은 엔트로피 상태의 에너지가 높은 엔트로피 상태의 에너지로 변환된다. 그 반대로의 복귀는 일어나지 않는다.

우리는 자유 에너지를 써서 물리학에서 말하는 일work이라는 것을 한다. 물체를 집어 들어 움직이게 한다면 우리는 그 물체에 일을 하는 것이다. 물리학에서 일이란 물체에 가해진 힘에 물체가 이동한 거리를 곱한 값으로 정의된다. 가령, 바위를 언덕 정상으로 끌어올릴 때는 일이 필요하다. 사실상 우리가 에너지로 할 수 있는 유용한 거의 모든 활동이 일종의 일이다. 로켓을 궤도에 올리는 것도, 미심쩍다는 표현으로 눈썹을 들어 올리는 것도 똑같이 말이다.

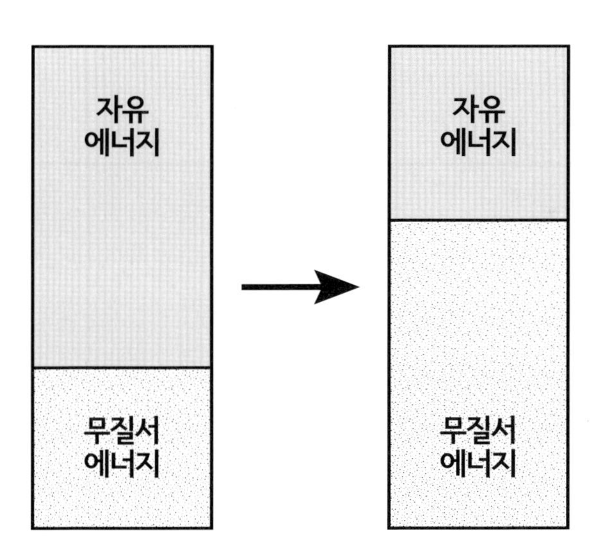

열역학 제2법칙을 해석하는 또 다른 방법. 시간이 흐름에 따라 자유 에너지(일에 쓸 수 있는 에너지)가 무질서 에너지(소비되어 더는 쓸모없는 에너지)로 변환된다.

자유 에너지는 앞으로 유용하게 쓰일 새 제품 같은 것이다. 반대로 엔트로피가 높아져 쓸모없어진 에너지는 무질서 에너지disordered energy라고 한다. 무질서 에너지의 크기는 계의 온도에 엔트로피를 곱한 값과 같다. 이 공식에 따르면 어떤 계에 열이 유입될 때도 무질서 에너지의 양이 증가한다. 이 맥락에서 열역학 제2법칙을 풀이하면 폐쇄계에서 시간이 흐르면서 자유 에너지가 무질서 에너지로 변환된다고도 말할 수 있다.

《생명이란 무엇인가》에서 슈뢰딩거가 제시한 요지는 생물이 주변 환경의 자유 에너지를 이용해 활동과 유지를 병행한다는 것이었다. 생명은 필요한 일을 하는 데 자유 에너지를 쓰고 무질서해진 에너지를 세상에 반납한다(슈뢰딩거는 이 책 초판에서 '자유 에너지'라는 말을 쓰지 말도록 장광설로 경고하고 있다. 이 개념이 사고를 더 어지럽게 만들 거라고 여겼기 때문이다. 나는 슈뢰딩거가 그의 독자들에게 그랬던 것보다 아주 조금 더 절실하게 여러분에게 당부하고 싶다).

✻

어떤 에너지가 자유 에너지인지 무질서 에너지인지는 전적으로 환경에 따라 달라진다. 뜨거운 기체로 꽉 찬 피스톤은 당겼다 밀기를 반복함으로써 어떤 일을 하는 데 쓰일 수 있다. 하지만 그것은 바깥 공기의 온도와 밀도가 피스톤 안과 다를 때에 한정된 얘기다. 만약 기온과 기압이 안팎에서 똑같다면 피스톤에 작용하는 총 힘은 제로가 되므로 우리는 이 피스톤으로 어떤 일도 할 수 없다.

태양과 지구의 관계도 이와 비슷하다. 지구로 들어오는 태양광선의 엔트로피는 지구 환경의 엔트로피보다 낮다. 그런 까닭에 태양광선에 들어 있는 에너지는 일에 쓸 수 있는 자유 에너지가 된다. 여기서 환경이란 태양광선이 지나오는 하늘 공간을 말한다. 밤에는 별빛이 수를 놓고 온도가 절대온도 0도보다 아주 살짝 높은 우주배경복사가 바탕색을 칠하는 그 하늘이다. 태양이 방출하는 광자 하나에는 배경복사에 존재하는 광자 하나가 가진 것의 1만 배나 되는 에너지가 들어 있다.

만약 태양이 없다면 어떨까. 태양 빛이 없는 지구의 하늘은 24시간 내내 밤하늘처럼 깜깜할 것이다. 그런 지구는 빠르게 평형에 도달해 하늘과 땅이 똑같이 차갑게 식는다. 당연히 자유 에너지는 존재할 수 없고 모든 생명이 멈춘다(엄밀히는 대부분 생명이라는 게 더 정확한 표현이다. 화학무기化學無機 독립영양미생물은 광물에서 자유 에너지를 뽑아내 쓸 수 있기 때문이다. 녀석들이 존재하는 한 지구는 태양이 없어져도 완전한 열평형에 도달하지 않는다).

이번에는 반대로 모든 지점에 태양 빛이 여과 없이 쏟아지는 지구를 상상해보자. 온 하늘에서 광자의 비가 내려 지구는 태양만큼 눈부시게 빛난다. 이 경우에도 지구는 빠르게 평형에 도달한다. 평형 상태의 온도가 태양 표면만큼 높다는 점만 다르다. 엄청난 양의 에너지가 지구에 도달할 것이다. 하지만 죄다 뜨겁기만 한 무질서 에너지라 쓸모가 없다. 생명이 존재할 수 없다는 점은 태양이 없을 때와 똑같다.

오늘날 지구에 생물이 존속할 수 있는 가장 큰 이유는 지구 환경이 평형에 이르려면 아직 멀었다는 데 있다. 평형까지는 앞으로 수십억 년을 더 기다려야 한다. 현재 태양은 서늘한 하늘의 한구석에 찍혀 있는 작은 온점과 같다. 그래서 우리가 광자의 형태로 얻는 태양 에너지는 모두 자유 에너지가 된다.

그리고 우리는 이 자유 에너지를 일을 하는 데 알차게 써먹는다. 자유 에너지를 담고 있는 광자는 전자기 스펙트럼의 가시광선 영역에 집중되어 있다. 우리는 가시광선 에너지를 받아 쓰고 에너지가 낮아져 적외선 영역으로 옮겨간 광자를 우주에 반납한다. 광자 전체의 엔트로피는 존재하는 광자의 총수에 거의 비례한다. 그런데 지구는 가시광선 광자 하나를 받을 때마다 적외선 광자 스무 개 정도를 우주로 내보낸다. 적외선 광자는 에너지 강도가 처음보다 20분의 1로 약해진 상태다. 즉, 지구는 받은 양만큼의 에너지를 우주에 돌려주면서 태양복사의 엔트로피만 스무 배 높이는 셈이다.

물론 엄밀히 따지면 지구의 에너지가 일정하지는 않다. 이 책의 주제에서는 벗어난 얘기지만, 산업혁명 이후 인류는 적외선이 통과하지 못하는 온갖 가스로 지구 대기를 오염시켜왔다. 오도 가도 못 하게 된 적외선 에너지는 우리의 고향 행성을 빠르게 덥히고 있다.

30
생물의 에너지 융통

모든 것을 설명하는 우주적 물리학은 생물계에서도 활약한다. 그것을 지켜보는 것은 흥미진진한 일이다.

지구 생태계의 기본 동력이 되는 배터리는 아데노신삼인산염, 줄여서 ATP라고 하는 분자다. 여기서 배터리라고 표현한 것은 나중에 쓸 수 있도록 자유 에너지를 저장해둔다는 뜻에서다. ATP가 압축된 용수철이라고 생각해보자. 손을 떼면 용수철은 바로 원래 길이로 복귀하면서 에너지를 방출한다. 이때 방출되는 자유 에너지는 다양한 일에 유용하게 쓰

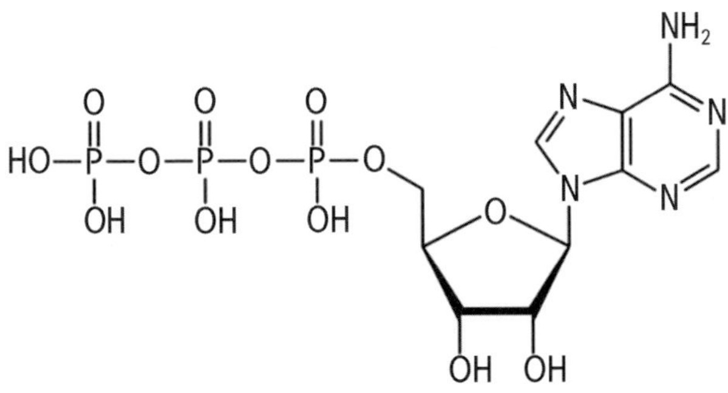

ATP의 분자구조. ATP는 수소(H), 산소(O), 인(P), 질소(N), 탄소(C)로 이루어져 있다. 탄소 원자는 기본 골격이므로 일일이 표기하지 않는 것이 규칙이지만 원자 기호가 없는 모든 꼭짓점에 탄소가 존재한다고 보면 된다.

인다. 실제로, 모든 생체는 ATP에 저장되어 있던 자유 에너지를 이용해서 근육을 수축시키고, 분자와 세포를 수송하고, DNA와 RNA와 단백질을 합성하고, 신경세포에 신호를 전달하고, 그 밖에 생명 유지에 필수적인 다양한 생화학적 기능을 수행한다. ATP는 슈뢰딩거가 생명의 정의를 내리면서 강조했던 두 가지 특징인 활동과 형태 유지를 가능케 하는 핵심 요소다.

보통 ATP는 근처에 물(H_2O)이 있을 때 에너지를 방출한다. 앞의 그림 왼쪽에서 인(P) 원자를 산소(O) 원자들이 둘러싼 부분구조를 인산기라 하는데, ATP가 물과 만나면 가장 바깥쪽 인산기 하나가 떨어져 나가 아데노신이인산염ADP이 된다. 분리된 인산기는 물 분자의 수소 이온과 결합한다. 그리고 남겨진 수산화 이온(OH)은 ADP와 결합한다.

이때 반응 산물의 총 에너지는 처음에 ATP 분자가 가지고 있던 것보다 적어진다. 반응을 통해 자유 에너지와 무질서 에너지 모두 방출되기 때문이다. 자유 에너지는 유용한 일에 쓰이고 무질서 에너지는 열원이 된다. 흥미로운 점은 ATP가 재활용되는 충전지라는 것이다. 생체는 태

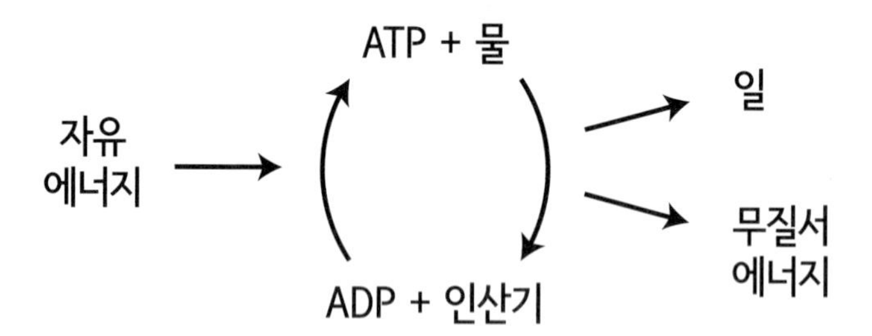

외부 에너지원(광합성, 당)에서 얻은 자유 에너지를 ATP에 저장한다. 생체는 나중에 필요할 때 이 에너지를 일을 하는 데 쓴다. 그 과정에서 필연적으로 무질서 에너지가 생성된다.

양광이나 당과 같은 외부 에너지를 이용해 인산기와 ADP를 다시 물 분자와 ATP로 변환시킨다. 그렇게 전체 과정을 반복할 준비를 한다.

생체 안에서 왕성하게 일어나는 모든 활동엔 상당량의 ATP가 필요하다. 보통 사람이 하루에 소비하는 ATP의 양은 그 사람의 체질량과 맞먹는다. 이두박근을 굽혀 바벨이나 유리잔을 들어 올릴 때, 근육섬유를 이루는 단백질들은 ATP 에너지의 힘을 빌려 서로를 타고 미끄러진다. 그 결과로 팔 근육이 수축한다. 이때 ATP를 구성하는 원자가 소비되지는 않는다. 그보다는 분자가 깨졌다가 다시 합체하기를 하루에 수백 번 반복한다.

☀

그렇다면 ADP가 ATP로 복귀하는 데 필요한 자유 에너지는 어디서 올까? 정답은 태양이다. 식물과 몇몇 미생물 안에 존재하는 엽록소라는 분자가 태양의 가시광선 광자를 흡수하면 광합성이 일어난다. 이때 전자 하나가 방출되는데, 에너지 충만한 전자는 전자전달계electron transport chain라는 일련의 분자들을 통해 세포막을 통과해 옮겨진다. 그 결과로 세포막의 한쪽에 전자가 양성자보다 많아지게 된다. 이 차이는 세포막에 전기적 경사를 만든다. 이때 전자가 더 많은 쪽은 음전하를 띠고 반대쪽은 양전하를 띠게 된다.

에너지를 융통하는 기전은 기본적으로 모든 생물이 같다. 세포막 한편에서 양성자들이 서로를 밀어내다 보면 그중 일부가 ATP 신타아제ATP synthase라는 ATP 합성효소를 통과해 반대쪽으로 넘어간다. 그 과정에서 양성자는 에너지를 덜어주면서 이 효소를 깨운다. 효소는 전해 받은 에너지를 이용해 화학삼투작용chemiosmosis을 통해 ADP를 ATP로 합성한다.

이때 필연적으로 에너지 일부가 무질서해지는데, 무질서해진 에너지는 저에너지 광자의 형태로 방출되어 주변 원자들을 덥힌다.

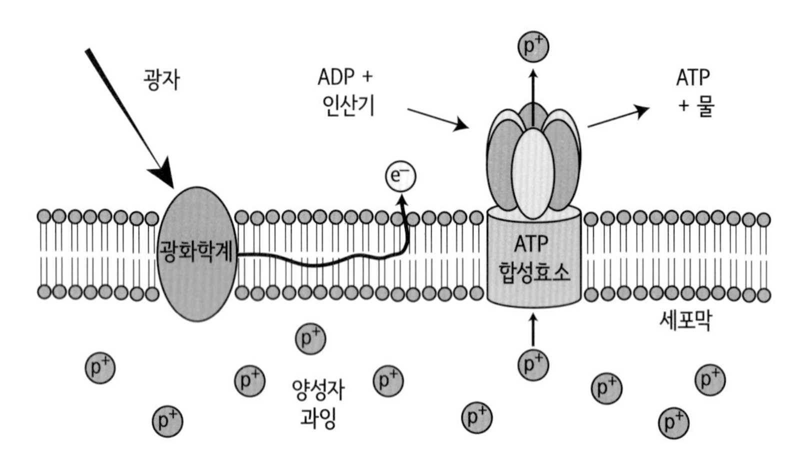

광합성이 태양의 자유 에너지를 ATP에 저장하는 과정. 광자가 세포막에 내장된 광화학계에 부딪히면 전자(e-)가 튕겨 나온다. 그러면 세포막의 반대편이 양성자(p+) 과잉 상태가 된다. 양성자들은 정전기 반발력 때문에 서로를 밀어내고 어쩌다 하나가 ATP 신타아제를 통해 반대편으로 넘어간다. ATP 신타아제는 지나가는 양성자가 건네준 에너지를 이용해 ADP를 ATP로 바꾼다. 이렇게 재충전된 ATP는 에너지를 필요한 곳에 배달할 수 있다.

다만, 사람은 광합성을 직접 하지는 않는다. 우리는 햇빛이 아니라 글루코스와 기타 당류에서 자유 에너지를 얻는다. 때로는 지방산도 에너지원이 된다. 이때 활약하는 것이 세포소기관 미토콘드리아다. 세포 안의 발전소에 비유되는 미토콘드리아는 당 분자에 저장된 자유 에너지를 사용해 ADP를 ATP로 변환시킨다. 그런데 우리가 음식으로 섭취하는 당과 지방산에 들어 있는 자유 에너지도 근본적으로는 광합성을 통해 태양에서 얻는 것이긴 하다.

이와 같은 에너지 융통 시스템은 지구 생태계의 모든 구성원에게 공통인 듯하다. ATP 신타아제가 양성자를 통과시키면서 가동하는 것을 일컫는 말이 있다. 비로 **양성자 구동력**proton-motive force이다. 양성자가 구동력이 되는 에너지 융통 기전은 1960년대에 영국의 두 생화학자 피터 미첼과 제니퍼 모이얼이 밝혀냈다. 특히 미첼은 재미있는 사람이었다. 과로로 건강이 악화하여 은퇴 압박을 받게 된 그는 아예 개인 연구실을 차린다. 그곳에서 그는 양성자 구동력이 화학삼투작용을 통한 ATP 합성을 주도한다는 개념을 세웠고 그 공로로 1978년에 노벨 화학상을 받았다.

✻

세포는 생명의 기본 단위다. 세포를 자세히 들여다보면 다양한 기능 장치인 세포 소기관들이 세포막이라는 울타리 안에서 점성 액체 속을 떠다닌다. 기술사회를 사는 현대인은 세포를 일종의 기계로 여긴다. 하지만 생물과 기계는 엄연히 다르다. 둘이 어떻게 다른지를 아는 것은 둘이 얼마나 비슷한지를 아는 것만큼이나 중요하다.

둘의 차이는 무엇보다도 목적성에 있다고 말할 수 있다. 처음부터 정해진 목적이 있는 기계는 딱 주어진 임무만 하고 그치는 경향이 있다. 애초에 그것만을 위해 설계되었기 때문이다. 하지만 설계란 것은 본래 고지식하고 취약하다. 바퀴가 펑크 난 자동차나 배터리가 다 닳은 휴대폰처럼 기계는 일이 조금이라도 틀어지면 작동을 멈춰버린다. 반면, 정해진 목적 없이 오랜 세월 동안 진화해온 생물은 더 유연하고 다재다능하며 자구 능력까지 갖추고 있다.

세포는 카오스를 견디기만 하는 것이 아니다. 세포는 혼돈 상황에서 스스로 단련한다. 미생물계의 생리를 고려하면 그럴 수밖에 없었을 것이다.

미생물계에 비하면 우리 인간의 세상은 평온하고 뻔하다. 날씨가 좋은 어느 하루, 공원에 나가 공을 던지면 공이 얼마나 멀리 날아갈지 우리는 던지기도 전에 대강 예측할 수 있다. 반면에 나노미터(10억 분의 1미터) 단위로 구동되는 세포의 세상은 무작위적 운동과 온갖 잡음으로 그득하다. 생물물리학자 피터 호프만의 표현대로 "분자 폭풍"이 몰아치는 세계다. 생체분자들이 1초에 수조 번꼴로 충돌하면서 일상적으로 뿜어내는 열기만으로도 세포 안에서는 인간 세계의 폭풍은 명함도 못 내밀 대혼란이 벌어진다. 인간 세계에서 이것은 보통 사람이 투구할 때 내는 완력의 1억 배 크기 에너지를 가진 공들이 사방팔방으로 날아다니는 무시무시한 상황과 같다.

얼핏 봐도 스포츠 경기를 열 만한 환경은 아닌 것 같다. 더군다나 세포 생태계 유지에 필요한 정교한 작업을 수행하기에는 너무 적대적인 환경이다. 그런데도 세포가 다양한 조직적 활동을 무사히 해내는 것은 어째서일까?

분자 폭풍 속에는 엄청난 양의 에너지가 들어 있다. 하지만 전부 근육 수축이나 영양소 수송과 같은 중요한 일을 하는 데는 전혀 도움이 안 되는 무질서 에너지다. 일반적으로 분자들은 서로 무작위적으로 부딪히고 이리저리 튕겨 나가는 유사평형 상태에 있다. 그런데 세포는 ATP에 담긴 저엔트로피 자유 에너지를 이용할 줄 안다. 세포는 이 에너지로 일만 하는 게 아니라 주변의 무질서 에너지 구역과 자신 사이의 경계를 긋는다.

완전히 무작위적으로 앞뒤로 왔다 갔다 하는 톱니바퀴가 있다고 치자. 즉, 톱니바퀴는 **브라운 운동**Brownian motion을 하고 있다. 브라운 운동은 19세기 초에 식물학자 로버트 브라운이 물속에서 먼지 입자가 예측 불가능한 방식으로 떠다니는 것을 발견하고 이름 붙인 물리 현상이다. 오늘날 이 현상은 원자들과 분자들의 지속적 충돌 때문이라고 이해되고 있다. 본론으로 돌아와서, 우리의 톱니바퀴는 내버려 두면 어느 한 방향으로만 돌아가지 않고 예측 불가능한 방식으로 전진과 후진을 반복한다.

그런데 톱니바퀴의 날이 고정되어 있지 않고 기울기를 밖에서 조절할 수 있다고 생각해보자. 우리는 톱니바퀴가 원하는 방향으로 돌 때는 날을 낮춰서 그쪽으로 더 돌기 쉽게 만들고 그 반대로 돌 때는 날을 더 세워서 그쪽으로 돌기 어렵게 만든다. 그러면 중구난방의 무작위적 브라운 운동이 방향성을 띤 이동이라는 유용한 일로 변한다. 물론 이때는 낮은 엔트로피를 가진 외부의 중재자가 개입한다는 조건이 붙는다.

브라운 운동을 하는 이 톱니바퀴는 살아 있는 세포 안에 들어 있는 다양한 분자 모터를 설명하는 단순한 모형이다. 다만 세포의 경우는 분자 모양을 특정 목적에 부합하도록 바꾸는 외부의 관찰자 대신 자유 에너지를 품은 ATP가 있다. ATP는 기회를 엿보다가 딱 적절한 시점에 세포 장치의 움직이는 부분에 결합해 에너지를 방출한다. 그래서 움직임이 한 방향으로만 일어나고 반대 방향으로는 일어나지 않게 한다. 나노미터 규모에서 일이 되게 하느냐 마느냐는 전적으로 카오스를 진압하느냐 못하느냐에 달린 것이다.

✺

이렇듯 생명이 자유 에너지를 활용해 온전한 구조를 유지한다는 슈뢰딩거의 아이디어는 생물계 전체에 구현되어 있다. 태양은 고에너지 가시광선 광자의 형태로 자유 에너지를 지구에 선물한다. 그러면 식물과 광합성이 가능한 단세포생물들이 자유 에너지를 포획해 ATP를 만든다.

이 ATP는 당과 같은 영양소에서 추출된 ATP와 함께 생산 당사자뿐만 아니라 먹이사슬 상위 동물들에게도 에너지원이 된다. 생물은 ATP에 저장된 자유 에너지를 이용해 내부 질서를 유지하고 몸을 움직이거나 생각을 하고 또 그 생각을 실천한다. 모두 생물을 무생물과 구분되게 하는 행위다. 최초 원료였던 태양 에너지는 이 모든 과정을 지나 무질서 에너지인 열로 바뀐다. 그런 뒤 최종적으로 저에너지 적외선 광자의 형태로 우주로 되돌아간다. 열역학 제2법칙이여, 영원할지어다!

근본적으로 이 이야기의 주인공들은 광자, 전자, 원자핵이다. 아마 코어 이론 덕분에 독자 여러분도 귀에 익을 것이다. 언뜻 우리의 일상생활은 물리학과 아무 상관 없는 것 같다. 하지만 우리가 어떻게 먹고 숨 쉬고 살아가는지 이해하려고 애쓰다 보면 이야기는 기저 세상의 기본 입자들과 힘들로 자꾸만 돌아오게 된다.

31
생명의 자기 조직화

17세기의 네덜란드 화학자 얀 밥티스타 판 헬몬트는 공기와 기체는 다르다는 사실을 일찌감치 인지한 과학자 중 한 사람이었다. 심지어 그는 '기체'라는 용어의 아이디어를 제공하기도 했다. 하지만 그의 이름을 후세에 각인시킨 것은 따로 있었다. 바로, 생명 창조 공식이다. 판 헬몬트의 설명에 따르면, 무생물 원료로 생쥐를 만드는 방법은 이렇다. 항아리 안에 흙이 묻은 셔츠와 밀알을 약간 넣는다. 이것을 뚜껑을 덮지 않은 채로 스무하루 정도 둔다. 그러면 밀알이 생쥐로 변한다. 만약 생쥐가 아니라 전갈을 원한다면 벽돌에 구멍을 내고 그 안에 바질잎을 넣은 뒤 벽돌 한 장을 맞대어 햇볕 아래 놔두면 된다.

정말 그렇게 간단했다면 얼마나 좋을까. 만약 판 헬몬트가 적절한 베이즈 추론을 거쳤다면 그는 더러운 옷가지에서 생쥐가 나온다는 것보다는 훨씬 더 타당한 다른 가설을 세울 수 있었을 것이다. 생명이란 상태가 아니라 과정임을 이해하게 된 뒤로, 인류는 생체 반응들이 얼마나 복잡다단하게 얽혀 있는지 깊이 생각하기 시작했다. 바로 앞 단원에서 우리는 생물이 자유 에너지를 형태 유지와 활동에 얼마나 영리하게 사용하는지를 배웠다. 그런데 생명이 애초에 어떻게 시작되었는지는 또 다른 얘기다. 이 주제에 관한 한 현재 우리에게는 답할 수 있는 것보다는 물을 것이 더 많다.

한때 자연발생설abiogenesis이 대세였던 시절에는 생명의 기원을 설명하는 것이 그렇게 어려운 일이 아니었다. 화학이나 분자생물학은 잘 몰랐던 찰스 다윈은 《종의 기원》에서 이 주제를 길게 다루지 않고, "작고 따뜻한 연못 같은 환경에서라면 단백질 합성이 일어날 가능성이 있다. 이것은 개체가 더 복잡한 구조로 발전해 가는 과정일 수도 있다."는 정도로만 간단히 언급했다. 그러다 1952년에 실시된 한 실험이 생명 기원 연구를 한 단계 도약시킨다. 스탠리 밀러와 해럴드 유리는 플라스크에 몇 가지 기체—수소(H_2), 물(H_2O), 암모니아(NH_3), 메탄(CH_4)—를 넣고 스파크를 일으켰다. 실험의 근거는 이 기체들이 원시지구 대기의 주 성분이라는 것이었다. 여기서 불꽃은 번개 효과를 모방하기 위한 장치였다. 상당히 간단한 설계의 이 실험을 고작 일주일 동안 반복한 결과, 두 사람은 처음에는 없었던 아미노산 몇 가지가 만들어졌음을 확인했다. 아미노산은 생명 유지에 필수적인 유기분자다.

오늘날의 기준으로 밀러와 유리의 실험은 원시지구의 상태를 완벽하게 재현했다고 말하기에는 허술하기 짝이 없다. 그럼에도 이 실험은 매우 중요한 사실 하나를 입증한다. 바로, 아미노산을 만드는 게 어려운 일이 아니라는 것이다. 물론, 어엿한 생명이 되려면 아미노산들을 조합해 단백질을 만드는 고난도 작업이 뒤따라야 한다. 물질을 여기저기 옮기고, 반응을 촉매하고, 세포 간 의사소통을 돕는 등 핵심적 생체 기능을 수행하는 주인공은 모두 단백질이다. 하지만 단백질 합성은 아미노산과 달리 만만치가 않다.

생명 탄생의 첫 단계인 아미노산 합성이 상대적으로 수월하다는 점은 희망을 품게 하지만 그다음 단계를 알아내기에는 현대 과학의 지혜가 아직 부족하다.

다만, 생명 기원의 연구는 생물학, 지질학, 화학, 대기과학, 행성과학, 정보이론, 물리학 등 다양한 과학분과를 단결시켰다. 각 분야가 머리를 맞댄 결과로 나온 여러 가설은 늘 서로 부합하는 것은 아니지만 저마다 가치를 갖는다. 그러므로 언젠가 우리는 생명 기원의 타당한 스케치를 그려내고 나아가 이 스케치 조각이 큰 그림에 어떻게 맞춰지는지를 알아낼 수 있을 것이다.

✺

모든 생물에 보편적인 가장 큰 특징 세 가지를 꼽으면 다음과 같다.

1. **구획화**compartmentalization. 생물의 기본 단위인 세포는 세포막을 통해 바깥세상과 내부 구조를 분리한다.
2. **대사**Metabolism. 생물은 자유 에너지를 이용해 형태를 유지하고 다양한 활동을 한다.
3. **복제**Replication. 생물은 더 많은 자기 자신을 만들어 구조에 관한 정보를 퍼뜨린다. 이 정보가 소소하게 달라질 때 다윈식 자연선택이 일어난다.

생물을 정의하는 특징은 이것 말고도 더 있다. 하지만 일단 이 세 가지만 알면 생명이 어떻게 시작되었는지 반은 이해했다고 볼 수 있다.

셋 중 첫 번째 특징인 구획화는 비교적 이해하기가 쉽다. 적절한 조건만 갖춰진다면 무기물질은 손쉽게 막을 형성하고 스스로 분화한다. 자연 발생한 이 구조물은 계가 평형 상태가 아닐 때 자유 에너지를 비축해 나중에 대사와 복제에 써먹을 수 있게 한다. 물론, 구체적 기전을 이해하기는 쉽지가 않다.

세포막과 다양한 구획의 출현은 **자기 조직화**self-organization라는 더 보편적인 현상의 한 예다. 자기 조직화란 많은 하위체제로 구성된 하나의 큰 체제가 배치나 행동 면에서 질서정연한 패턴을 갖춰가는 것을 말한다. 특이한 점은 여기서 하위체제들은 특별한 목적 없이 제각각 독자적으로 행동한다는 것이다. 자기 조직화라는 개념은 컴퓨터 네트워크, 은폐 수단인 동물의 무늬, 도시 확장, 교통 체증과 같이 세포와 아무 관련 없어 보이는 주제에도 널리 적용된다. 대표적인 예는 동물의 집단 이동이다. 새와 물고기는 흔히 무리를 지어 다닌다. 이때 각 개체는 바로 옆자리 친구의 행동에만 반응한다. 그런데도 무리 전체가 마치 잘 짜인 군무를 추는 것처럼 보인다.

사실, 자기 조직화는 곳곳에서 일어나고 있다. 세포막이라는 본론으로 들어가기 전에 개념을 익히기 위해 유명한 자기 조직화 실험 하나를 소개할까 한다. 언젠가 지구 밖 외계 생명체의 자기 조직적 성질과 기원을 알아내야 할 날이 올지도 모르니까 말이다.

1971년, 미국 경제학자 토머스 셸링은 단순한 분리 모형 하나를 제안했다. 그 모형 중 가장 자주 언급되는 것은 한 도시 안에서 인종에 따라 거주지가 어떻게 분리되고 분포하느냐에 관한 것이지만, 기본적으로 이 모형은 언어 공동체부터 남녀 초등학생의 자리 배치까지 다양한 주제에 적용될 수 있다. 모눈이 잘게 표시된 정사각형 격자가 있다고 치자. 모눈

대부분에는 X나 O가 적혀 있지만 군데군데 빈칸도 여럿 있다. 이때 X와 O는 서로를 좋아하지 않기 때문에 주위에 자신과 반대되는 기호가 많으면 불쾌해한다고 치자. 불쾌감이 한계에 이르면—가령 X 주위에 O가 너무 많으면—기호는 아무 데나 빈 곳으로 자리를 옮긴다. 모두가 만족할 때까지 이런 식의 자리이동이 반복해서 일어난다.

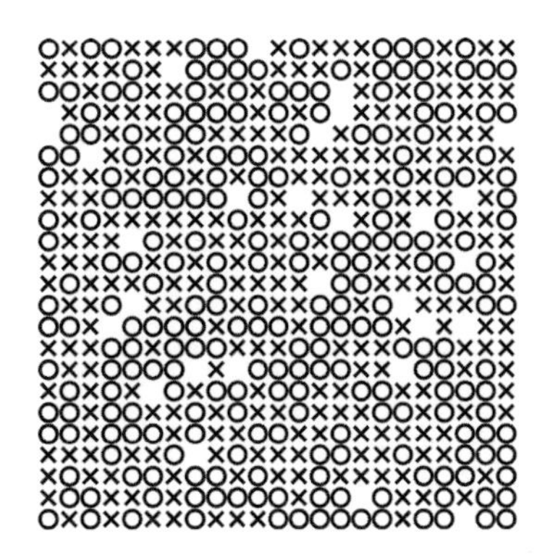
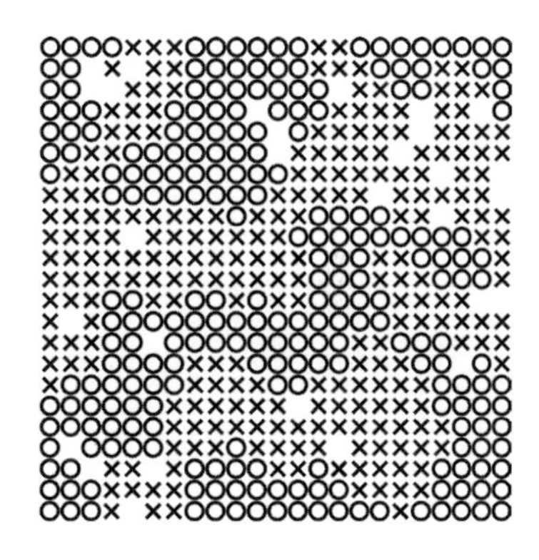

셸링의 자기분리 모형. 왼쪽이 처음 상태이고 오른쪽이 최종 상태이다.

두 기호가 서로를 극도로 혐오한다면 분리가 확연할 것임은 누구도 예측할 수 있는 사실이다. 반대 기호가 주변에 한둘만 있어도 견딜 수 없을 테니 말이다. 그런데 셸링은 선호도가 분명하지 않을 때도 대규모 분리 변동이 일어남을 증명했다. 위의 그림은 군데군데 빈칸이 있는 격자에서 X와 O가 동수인 기호 총 500개가 자연스럽게 벌인 분리 활동을 보여준다. 가령, 이웃에 반대 기호의 비중이 70% 이상일 때 자리 주인인 기호의 불쾌감이 한계를 넘는다고 치자. 참고로 70%는 인내심이 꽤 큰 편이다. 이 경우 O는 이웃의 여덟 칸 중 다섯 칸이 X일 때까지는 그럭저럭 참고 지낸다. 그러다 X 칸의 수가 여섯 이상이 되면 O는 불쾌해한다. 이 기준에 따르면 왼쪽 그림에서 기분이 언짢은 기호는 500개 중 17%에 불과하다.

하지만 그걸로도 변화가 일어나기에는 충분하다. 불쾌해진 기호들이 빈칸으로 자유롭게 자리를 옮기게 두자. 그러다 보면 언젠가 모두가 행복해지는 시점이 온다. 그 결과물이 바로 오른쪽 그림이다. 오른쪽 그림을 보면 두 기호가 동류끼리 훨씬 큰 무리를 지어 보다 뚜렷해진 경계선을 그리고 있다.

이 대규모 질서는 순전히 지엽적인 개인의 선택들이 만들어낸 것이다. 어떤 배후의 사악한 음모 따위는 없었다. 게다가 이 선택은 고등 지능이 필요하지도 않았다. 이것이 바로 외력의 개입도 없고 목표 지향적이지도 않은 순수한 자기 조직화다. 분자의 동태도 정확히 이와 같다. 기름과 물은 저절로 분리된다. 뒤에서 자세히 설명하겠지만 호불호가 매우 뚜렷하다는 지질 분자의 성질은 생물 세포막의 기원을 알려주는 강력한 힌트가 된다. 셸링은 게임 이론과 갈등 행동에 관한 연구를 인정받아 2005년에 로버트 아우만과 함께 노벨 경제학상을 받았다.

셸링의 이론의 특징 중 우리가 짚고 넘어가야 할 것은 이 모형이 계의 진화가 가역적이지 않다는 전제를 깔고 있다는 점이다. 그가 묘사하는 계의 동력학은 라플라스적이지 않다. 다시 말해, 정보가 보존되지 않는다. 그래서 셸링의 모형은 기저 수준의 실재를 정확히 반영하지 못한다. 하지만 평형과 먼 상태에 있는 계의 동력학을 굵게 창발된 수준에서 설명하기에는 이만큼 완벽한 모형이 또 없다. 불쾌해진 X와 O가 빈자리로 무작위적으로 이동하는 과정은 불가피하게 계의 엔트로피를 높인다.

이때 여러 가지 배열상태가 하나의 최종 배열로 귀결되는 탓에 정보 손실이 발생한다. 엔트로피가 증가하지만, 그것은 질서도와 복잡도가 높은 비영구적 구조의 형성을 통해서다.

✲

단순한 동적 계가 이렇게 훌륭하게 자기 조직화하는 걸 보면 조건이 맞을 때 세포막이 스스로 조직된다는 설명도 매우 믿음직해 보인다. 다만 차이는 세포막의 구성원이 반대 성별과 짝꿍 하기 싫어하는 아홉 살 꼬마들이 아니라는 것이다. 세포막은 지질로 이루어져 있다.

지질lipid은 물에 양면적 반응을 보이는 유기분자의 일종이다. 화학에서 **유기분자**는 생물에서 나왔든 무생물에서 나왔든 상관없이 단지 '탄소 원자를 뼈대로 하고 수소와 기타 원소들이 덧달린 모든 분자'를 가리킨다. 슈퍼마켓에서 흔히 보는 유기농과는 완전히 다른 의미다. 유기분자는 생물학을 논할 때 빼놓을 수 없는 소재다. 기본적으로 생화학은 다채로운 변용이 가능한 탄소 분자를 토대로 삼기 때문이다.

지질은 한쪽에 **친수성**(물에 끌리는) 머리와 반대쪽에 **소수성**(물에서 멀어지는) 꼬리로 된 구조를 하고 있다. 지질이 세포막을 형성하는 비밀은 바로 한쪽으로는 물을 당기고 또 한쪽으로는 물을 밀어내는 이 이중적 성질에 있다.

물에 일정량의 지질을 집어넣는다고 상상해보자. 지질의 친수성 머리는 지금 이 상황이 행복하다. 하지만 소수성 꼬리는 어찌할 바를 모르고 안절부절못한다. 사방이 끔찍한 물바다니 말이다. 여기서 행복하다는 것은 분자가 정말로 기쁜 감정을 느낀다는 뜻이 아니다. 격자의 X와 O처럼 불쾌한 분자는 상황이 만족스러워질 때까지 배치를 바꿔 간다는 뜻에서 그렇게 표현한 것이다. 지질의 경우, 분자의 머리는 물속에 있는 것에 만족하는 반면 꼬리는 물에 절대로 닿고 싶어 하지 않는다.

지질의 행복추구 욕구는 계가 자유 에너지를 최소화하는 방향으로 진화한다는 사실을 보여주기 위한 일종의 은유다. 창발적 어휘를 써서 말하자면, 엔트로피가 증가할 때 분자는 자유 에너지가 낮은 상태로 가고 "싶어" 한다. 여기에 시간의 화살을 고려하면 "목적"과 "욕구"라는 단어가 등장한다. 우리는 지금 순전히 물리 법칙만 따르는 분자를 얘기하고 있는데도 말이다.

절체절명의 상황에서 소수성 탄소 꼬리가 할 수 있는 최선은 동족끼리 뭉침으로써 위안을 얻는 것이다. 그 결과로 지질 분자들은 꼬리와 꼬리가 물을 피해 맞댄 모양새로 가지런히 줄을 서게 된다. 이런 배치가 만드는 형태는 몇 가지 없다. 가장 단순한 형태는 지질 분자들이 친수성 머리는 바깥쪽 물을 바라보고 소수성 꼬리는 중심을 향하는 작은 공 모양

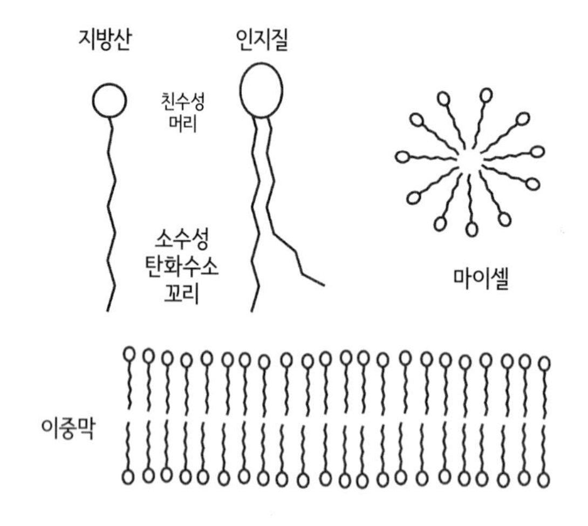

으로 모이는 것인데, 이것을 마이셀micelle이라고 한다.

아니면 **이중막**bilayer이라는 형태도 가능하다. 이중막이란 지질 분자들이 소수성 꼬리를 맞대고 친수성 머리는 바깥을 향하는 식으로 마주 보면서 두 줄로 길게 배열한 것이다. 그러면 머리는 물과 자유롭게 접촉하면서 꼬리는 완벽하게 격리된다.

수용액(물이 조금이라도 들어 있는 액체) 환경에서 지질은 스스로 자리를 잡아 두 가지 구조 중 하나를 형성한다. 둘 중 무엇인지는 환경에 달라진다. 지질의 종류, 용액의 성질, 용액이 산성(양성자를 내보내고 전자를 받아들임)인지 혹은 알칼리성(산성과 반대)인지에 따라 마이셀이 될 수도 이중막이 될 수도 있다.

생체 내에 존재하는 지질은 크게 두 가지로 구분할 수 있다. 하나는 단순한 **지방산**fatty acid이고 다른 하나는 더 복잡한 **인지질**phospholipid이다. 지방산은 생화학이 관련된 모든 곳에 존재한다. 미토콘드리아가 지방산을 원료로 ATP를 만드는 것이 하나의 예다. 한편 인지질은 지방산 두 개가 인산기(인, 탄소, 산소, 질소, 수소로 이루어진 작은 분자조각)를 연결고리 삼아 묶인 것이다.

현존하는 지구 생물 대부분은 인지질 이중막으로 이루어진 세포막을 가지고 있다. 인지질은 마이셀보다는 이중막을 형성하는 성향이 강하다. 인지질의 두 줄 꼬리가 너무 두꺼워서 마이셀 안에 들어가지 않기 때문이다. 이중막은 다시 이리저리 접혀서 마찬가지로 구체를 형성한다. 이것을 소포vesicle라 한다. 인지질 이중막의 소포 형성은 세포가 형태를 갖추는 기본 메커니즘이다.

✻

그런데 인지질을 생명의 출발점으로 잡기에는 문제가 하나 있다. 인지질에 의해 만들어진 이중막은 지나치게 완벽하다는 것이다. 인지질 이중막은 워낙 견고하고 촘촘해서 물과 일부 소형 분자만 통과할 수 있다. 그런 까닭에 세포막의 원시적 형태는 인지질이 아니라 지방산으로 만들어진 마이셀이었을 것으로 여겨진다. 일단 그렇게 틀만 잡아놓고 진화를 통해 개량해갔을 것이다.

지방산도 이중막을 이룰 수는 있다. 하지만 조건이 딱 맞을 때만 가능하다. 지방산은 강알칼리성 용액에서는 마이셀을 더 잘 만들고 강산성 용액에서는 그냥 뭉텅이져 거대한 기름방울이 된다. 지방산이 이중막을 형성하는 것은 오로지 산성이 어중간할 때뿐이다. 즉, 지방산은 매질의 산성도에 따라 상전이phase transition를 한다.

지방산 이중막은 종잇장과 같은 이차원 평면으로 곧게 펴지지 않는다. 대신에 신속하게 말려서 작은 구체를 형성한다. 구체는 주어진 환경에서 자유 에너지가 가장 낮은 형태이기 때문이다. 이것은 열역학 제2법칙이 모든 걸 한데 뒤섞어 곤죽으로 만드는 게 아니라 생물에게 유리한 조직화한 구조를 어떻게 유도하는지를 잘 보여주는 또 다른 사례다.

지방산은 단순한 분자다. 그러므로 생물 출현 이전의 지구에도 풍부하게 존재했을 것이다. 게다가 지방산이 만드는 막은 인지질 막보다 물질 투과가 더 쉽다. 이것은 원시생물들에게 이점으로 작용했을 것이다. 고등생물의 경우는 화학물질이 세포를 마음껏 드나드는 게 좋지 않다. 그래서 세포막에 ATP 신타아제와 같은 문을 달아 영양소와 에너지원만 골라 필요한 양만큼 통과시킨다. 하지만 이런 고급 기전이 발달하기 전 원시생물에게는 바깥세상과 완전히 격리되어 질식사할 정도까지는 아니면서 생명의 화학적 기원물질을 한 구획에 적당히 모아두는 것만으로 충분했을 것이다. 그 일을 하기에는 지방산이 안성맞춤이었고 말이다.

❋

시적 자연주의의 관점에서 자연발생적 구획화의 가장 흥미로운 특징 중 하나는 계의 창발적 설명에 매우 적합하다는 점이다. 구획과 막이 없었다면 이 세상은 온갖 물질과 에너지원과 반응들이 뒤죽박죽 섞인 난장판이 되었을 것이다. 하지만 종류가 다른 것들 사이의 경계가 지어짐으로써 우리는 개체(경계 안쪽)와 환경(경계 밖의 모든 것)을 구분해 논할 수 있다. 가장 기본적인 세포막이든 아니면 다세포생물의 피부나 외골격이든, 경계는 구조가 자유 에너지를 더 쉽게 이용하도록 돕는다. 더불어 경계 덕분에 우리는 세상을 여러모로 더욱 효율적으로 얘기할 수 있다.

영국의 신경과학자 칼 프리스턴은 생체막의 기능을 **마르코프 담요**Markov blanket라는 개념으로 이해할 수 있다고 제안했다. 마르코프 담요는 통계학자 유데아 펄이 머신러닝을 설명하는 과정에서 창안한 용어다. 수많은 노드(node-망의 교점)가 선으로 이어진 네트워크가 있다고 치자. 인터넷에 연결된 컴퓨터나 뇌의 뉴런망을 상상하면 이해가 쉽다. 여기서 노드가 정보를 송수신하고 처리할 수 있다고 할 때 이런 노드들의 연결 구조를 도식화한 그래프를 베이즈 네트워크Bayesian network라 한다. 이 네트워크에서 아무 노드나 하나 고르자. 그러면 이 노드에 직접 영향을 주는 노드들(부모)과 이 노드에 의해 직접 영향을 받는 노드들(자식) 그리고 자식 노드들에 영향을 주는 또 다른 노드들(배우자. 하나가 아닐 수 있음)로 주인공 노드의 마르코프 담요가 구성된다.

이 개념은 복잡하게 들리지만 아이디어는 간단하다. 네트워크의 한 부분에서 들고 나는 모든 것을 마르코프 담요가 포착한다는 것이다. 그리고 각 노드의 개별적 속사정이 어떻든 네트워크 전체가 가동하는 데는 마르코프 담요 전체를 통해 걸러진 정보가 중요하다.

프리스턴은 세포막을 일종의 마르코프 담요로 생각할 수 있다고 주장했다. 각 세포가 집안일을 분주하게 하는 동안 바깥 환경에서는 쉬지 않고 일들이 벌어진다. 그러면서도 세포 안과 밖은 세포막을 통해 활발히 소통한다. 이런 계는 세포 안팎에서 깨알같이 소란이 일어나는데도 세포막은 철옹성 같이 버티는 방향으로 진화한다.

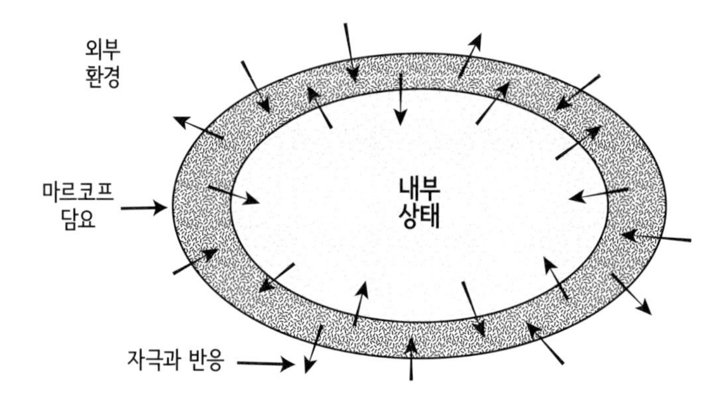

원래 이 이론은 세포가 아니라 뇌를 염두에 두고 뇌가 바깥세상과 어떻게 상호작용하는가를 설명할 목적으로 개발된 것이었다. 뇌는 늘 주변 환경을 주시하고 분석한다. 새로운 정보를 얻을 때마다 놀라지 않기 위해서다. 그 과정은 베이즈 추론과 완벽하게 일치한다. 뇌는 무의식적으로 다음 순간 일어날 일들의 모든 가능성을 따지고, 데이터를 토대로 각 가능성의 우도를 업데이트한다. 그런데 흥미롭게도 세포 역시 똑같은 수학적 논리를 따른다. 세포막이 늘 온전히 존재할 수 있는 것은 모두 일종의 베이즈 추론 덕분이다. 이를 두고 프리스턴은 말했다.

> (세포의) 내부 상태와 마르코프 담요는 베이즈 추론을 충실히 따르는 듯하다. 즉, 세포는 바깥세상의 모형을 세우는 동시에 세상에 작용함으로써 기능과 구조를 보존한다. 그 결과로 세포는 항상성homeostasis[안정한 내부 상태를 유지함]과 자기생성성autopoiesis[자기조절을 통해 구조를 유지함]을 띤다.

세포와 세포막의 기능을 어떤 식으로 생각해야 한다는 지침은 전에도 있었다. 그에 비하면 마르코프 담요 모형은 완전히 새로운 사고방식이다. 생소한 이론을 여기서 굳이 언급한 것은 그럴 만한 가치가 있어서다. 단순하고 사심 없는 자연법칙을 따르는 복잡한 구조들이 세상에 어떻게 출현했는가는 우리가 이미 숙지하고 있는 여러 개념들—베이즈 추론, 창발, 열역학 제2법칙 등—로 훌륭하게 설명된다. 이 점을 무엇보다도 잘 보여주는 것이 바로 마르코프 담요 모형인 것이다.

32
생명은 어떻게 생겨났을까

학회에 참석하기 위해 몬태나주 보즈먼에 가던 길이었다. 비행기는 만석이었고 나는 생명의 기원을 통계물리학과 연결해 해석한 논문을 읽고 있었다. 그런데 옆자리의 남자가 흘끗 보더니 알은체를 했다. "아, 저도 그 연구를 잘 압니다."

물리학을 업으로 삼다 보면 우주의 원리에 관한 각자의 이론을 막 들이미는 사람들을 곳곳에서 만나게 된다. 그런 이론은 대개 안타까울 정도로 가망이 없기 일쑤다. 그런데 생명 역시 그런 수다쟁이가 잘 꼬이는 주제다. 어차피 비행시간이 아직 많이 남았기도 해서 나는 그의 생각을 물어봤다.

"간단해요." 그가 고개를 끄덕이며 대답했다. "생명의 목적은 이산화탄소를 수소 처리하는 겁니다."

예상치 못했던 대답에 나는 정신이 번쩍 들었다. 알고 보니 옆자리 남자의 정체는 지구화학자 마이클 러셀이었다. 그가 일하는 NASA의 제트추진 연구소는 내 직장인 캘리포니아 공과대학에서도 그리 멀지 않았다. 이날 우리의 만남은 우연이 아니었다. 그도 나처럼 같은 학회에서 강연하기로 예정되어 있었던 것이다. 나중에 알게 된 사실이지만 러셀은 생명의 기원 연구에서 독보적인 인물이다. 그를 우상시하는 지지자가 있을 정도다. 그는 물리학에 친화적인 연구 방식으로 유명했다. 당연히 우리는 친구가 되었다.

생명의 기원 논쟁에서 그는 최초 핵심 단계가 대사 기능의 출현이라고 여기는 쪽이다. 이 견해의 지지자들은 원시지구의 환경에서 자유 에너지를 추출해 이용하는 복잡한 화학반응 네트워크가 구축된 것이 생명 탄생을 이끈 결정적인 사건이었을 것으로 추측한다. 그렇게 추출된 자유에너지가 복제의 동력으로 사용되었다는 게 그들의 설명이다. 그리고 이들의 반대편에는 복제가 먼저라고 주장하며 우위에 서 있는 무리가 있다. 그들은 에너지원은 차고 넘쳐서 문제가 되지 않았으므로, 정보를 보유하고 있다가 스스로 복제해 유전정보를 후대에 물려주는 분자—이들이 말하는 것은 아마도 RNA(리보핵산)일 것이다—의 합성이 생명 탄생을 향한 가장 중요한 도약이었다고 여긴다.

나는 여기서 시시비비를 가리자는 게 아니다. 대사와 복제 중 무엇이 먼저인가는 아직 모른다고 말할 수밖에 없는 어려운 논제다. 다만 자연발생 연구는 이론적으로도 실험적으로도 꾸준히 전진하고 있으니 희망은 있다. 대사와 복제가 어떤 순서로 출현했든, 둘 다 생명에 필수 불가결한 기능인 것은 틀림없다. 게다가 모든 재료가 어떻게 합을 맞춰 최종 레시피를 완성하는지를 이해해가는 과정 자체가 과학의 묘미이기도 하다.

⁂

생명이 어떻게 시작되었는지 이해하고자 할 때 우리는 현생 생물들의 공통 특징부터 살펴보게 된다. 앞서 살펴봤던 화학삼투작용의 양성자 구동력이 그런 특징 중 하나다. 세포막은 양성자나 당과 같은 영양분에서 에너지를 뽑아낸다. 그러고는 이 에너지를 사용해 전자를 세포 밖으로 내보냄으로써 세포 안을 양성자 과잉 상태로 만든다. 세포 안에서 양성자들이 서로를 밀어내면서 조성하는 힘은 ATP 합성과 같은 유용한 작업의 동력이 된다.

그렇다면 세포는 이렇게 하면 된다는 걸 어디서 배운 걸까? 세포의 이 에너지 조작 방식이 처음부터 당연하게 받아들여진 것은 아니었다. 1960년대에 미첼과 모이얼이 화학삼투작용을 밝혀냈을 때 두 사람은 생물학계의 따가운 회의적 시선을 견뎌야 했다. 화학삼투작용이 공식화된 것은 확실한 실험 증거가 추가로 나온 뒤의 일이다. 다만, 자연에서 이 에너지 조작 방식이 대단히 광범위하고 유용하게 쓰인다는 사실은 이 방식이 태곳적부터 활용되던 게 아닐까 하는 추론의 단서일지도 모르겠다.

바로 이 대목에서 이산화탄소의 수소처리가 등장한다. 비행기 안에서 러셀이 했던 대답은 원시지구에 풍부했던 두 기체인 이산화탄소(CO_2)와 수소(H_2)에 자유 에너지가 갇혀 있음을 전제하고 있다. 탄소가 산소 원자 두 개를 털어내고 그 자리에 수소를 들이면 메탄(CH_4)과 물(H_2O)이 만들어진다. 그러면 탄소가 잡아두는 자유 에너지의 양이 반응 전보다 줄어든다. 분자의 '욕구'가 일으킨 이 변환은 열역학 제2법칙을 충실히 따른다.

하지만 이 변환은 저절로 일어나지 않는다. 초나 장작에 불을 붙이면 연료분자에 산소가 결합하면서 자유 에너지가 방출된다. 하지만 초에 화염이 저절로 일지는 않는다. 연소 반응을 개시하는 불티가 반드시 있어야 한다.

이산화탄소의 경우는 불티 이상의 더 정교한 장치가 필요하다. 이산화탄소의 산소 자리를 수소로 교체하는 일련의 반응을 고안해 내는 것은 어렵지 않다. 문제는, 전체적으로는 이것이 에너지를 내는 반응이지만 첫 단계는 오히려 에너지를 쓰는 반응이라는 것이다. 반응이 저절로 시작되지 않는 것이 바로 그래서다. 이산화탄소에서 자유 에너지를 추출하는 것은 은행을 터는 것과 같다. 은행에는 돈이 많이 있지만 거기서 돈을 빼내는 데에는 엄청난 수고가 든다.

자연에 널린 자유 에너지를 효율적으로 활용할 수 있는 반응들의 조합 순서는 정확히 어떻게 될까? 그 답을 찾기 위해 러셀은 물론이고 윌리엄 마틴과 닉 레인을 비롯한 수많은 과학자가 연구에 매진해왔다. 그 과정에서 학계는 두 가지 비장의 기술을 찾아냈다. 바로 **촉매작용**catalysis과 **불평형**disequilibrium이다. 촉매작용이란 자기 자신은 반응하지 않지만 반응물의 모양이나 성질을 변화시키는 물질을 이용해 반응이 더 쉽게 일어나도록 만드는 것이다. 또, 불평형이란 인근 지점들과의 상태 불균형을 말하며 반응의 동력이 된다.

이 모든 조건을 완벽하게 갖춘 자연 지형이 있다. 바로 심해 열수공이다. 특히 **알칼리성** 열수공에는 양성자를 유인하는 알칼리성 화학물질이 많다. 알칼리성 열수공이 여러 가지 면에서 더 큰 기대를 모으기는 하지만 지구 생명 발원의 비밀을 간직한 후보지는 더 있다. 굽이진 이화산(진흙화산) 지형 역시 원시생물이 터전으로 삼았을 만한 또 다른 심해 지형이다.

선견지명이 있는 러셀은 일찍이 1988년에 생명 기원의 비밀이 바닷속 특정 지형에 숨겨져 있을 것으로 예측했다. 그의 설명에 따르면 그런 지형은 알칼리성이고 따뜻하며(너무 뜨겁지는 않은) 다공성이고(스펀지처럼 작은 구멍들이 숭숭 뚫린) 오래전부터 비교적 안정한 상태로 보존된 심해바닥 구멍이어야 했다. 러셀이 이렇게 추측한 데에는 두 가지 근거가 있었다. 하나는 다공성이 세포막이 생겨나기 전부터 구획화를 가능하게 한다는 것이고 다른 하나는 안쪽의 알칼리성 환경과 양성자가 풍부한 산성 바닷물 사이의 불평형이 일종의 양성자 구동력을 조성한다는 것이다.

2000년, 그레천 프뤼그린은 해양지질학자 데버라 켈리가 이끄는 대서양 탐사대의 일원으로 선상에서 임무를 수행하던 중 이상한 것을 발견했다. 심해저에서 로봇이 보내온 영상에 유령같이 허여멀건 기둥들이 잡힌 것이다. 연구팀은 더 가까이서 관찰하기 위해 잠수정을 급파했다. 조사 결과, 이 기둥들은 러셀이 예측했던 바로 그 해저 지형이었다. 그렇게 대서양 중앙해령에서 그리 멀지 않은 사우스캐롤라이나주 동쪽 32,000㎞ 지점에서 도시 열수공이 발견되었다. 잃어버린 도시라는 애칭으로 불리는 이 열수공은 최소 3만 년 이상 된 것으로 여겨진다. 이것은 첫 번째 발견 사례일 뿐 아마도 대양저에는 이런 지형이 매우 흔할 것이다. 대양저는 여전히 많은 비밀을 우리에게 감추고 있다.

이런 열수공에서는 생물의 대사 반응을 예견케 하는 화학반응이 왕성하게 일어난다. 비슷한 실험실 조건에서 반응을 재현했을 때 과학자들은 다양한 아미노산, 당류, 그리고 RNA 합성에 필요한 기타 물질들을 만들어낼 수 있었다. 대사 우선 가설의 맥락에서 해석하면, 불평형이 동력을 만들었고 그런 다음에 화학반응이 이 동력에 편승해 생명을 탄생시켰을 것이다.

1937년에 비타민 C 발견으로 노벨상을 받은 헝가리의 생리학자 알베르트 센트죄르지가 이런 말을 한 적이 있다. "생명은 휴식처를 찾아다니는 전자에 불과하다." 대사 우선 가설을 한마디로 요약하는 명언이다. 이에 따르면 자유 에너지가 화학물질 안에 갇혀 있고 생명은 그것을 끄집어내는 하나의 수단이다. 대사 우선 가설은 "여기 생명이 있다. 이 생명은 어디서 시작되었는가"라는 궁금증으로부터 그 기원을 역추적하는 데 머물지 않는다. 이 관점은 "여기 자유 에너지가 있다. 우리는 자유 에너지를 어떻게 해방하는가"라는 물음을 던진다. 그리고 그 물음에 해결책은 바로 생명이라고 답한다.

행성과학자들은 목성의 달 유로파나 토성의 달 엔켈라두스에도 열수공이 풍부할지 모른다고 기대하고 있다. 태양계의 비밀이 좀 더 밝혀지면 대사 우선 가설은 어느 쪽으로든 새로운 국면을 맞게 될 것이다.

⁂

조금 전까지 살펴본 대사 우선 가설은 당찬 소수 의견이다. 앞에서도 말했지만 현재 자연발생설을 연구하는 학자들 사이에서는 복제 우선 가설이 더 큰 지지를 받는다.

그럴 만도 하다. 대사란 기본적으로 연료를 태우는 것이다. 대사는 곳곳에서 일상적으로 일어난다. 초를 밝히고 자동차에 시동을 거는 것도 모두 대사에 속한다. 반면에 복제는 더 복잡하고 더 드물며 일어나기가 더 어렵다. 그러니 생명의 시작을 좌우하는 결정적인 요소가 있다면 그것은 생명은 스스로 번식한다는 사실이어야 할 터이다.

생각해보자. 불은 스스로 재생산하는 화학반응의 대표주자다. 작은 나뭇가지에 붙은 불은 삽시간에 대형 산불로 번진다. 하지만 불은 생물이 아니다. 무언가가 생물이려면 복제를 통해 후손에게 정보를 전달할 수 있어야 한다. 이 정보를 통해 자신이 어디서 왔는지 대대손손 알게 해야 한다.

그런 능력이 결정crystal에는 있다. 어떤 원소는 원자들이 규칙적인 패턴으로 자신을 조직하는데, 그렇게 생성된 분자를 우리는 결정이라 부른다. 결정은 구성 원자가 같더라도 조건에 따라 서로 다른 구조를 형성할 수 있다. 예를 들어 탄소 원자들이 정육면체 형태로 배열하면 다이아몬드가 되고 육각형 형태로 배열하면 흑연이 된다. 결정은 새 원자를 포섭해 덩치를 불릴 수 있고 간단하게 둘로 나눠질 수도 있다. 그렇게 만들어진 자식들은 모두 부모의 결정 구조를 그대로 물려받는다.

그런데 결정도 여전히 생물은 아니다. 결정의 기본 구조가 대물림되는 것은 맞다. 그러나 결정에서 구조의 변용, 즉 무작위적 변이는 계승되지 못한다. 물론 그냥 변화는 있을 수 있다. 불순물이 섞이거나 흠집이 나거나 할 때 말이다. 하지만 이런 일회성 변화에 관한 지식이 후대에 전해지지는 않는다. 우리에게 필요한 것은 복제 가능한 고정된 구조가 있다는 점에서는 결정과 흡사하지만 단순한 반복 이상의 정교한 패턴을 보이는 무언가다.

바로 그런 것을 1940년대에 요한 폰 노이만이 구상해냈다. 양자역학, 통계역학, 게임 이론의 발전을 주도한 헝가리계 미국인 천재 수학자 노이만은 전에 없던 가상의 체계 하나를 구축한다. 이 체계는 스스로 재생산하면서 무제한 진화하는 능력을 갖추고 있었다. 폰 노이만의 만능 생성기Universal Constructor라 이름 붙은 (순전히 수학적인) 이 전산 프로그램에서는 자기복제 기전이 진짜로 작동할 뿐만 아니라 프로그램의 구조가 부호화되어 테이프에 기록되었다. 폰 노이만의 것과 비슷한 자기복제 프로그램은 돌연변이와 진화의 가능성을 완전히 열어둔 컴퓨터 시뮬레이션 연구에 널리 사용되고 있다. 이것이 물리적으로 가능한 대형 기계장치는 아직 아무도 만들어내지 못하고 있지만, 논리는 물리 법칙에 조금도 어긋나지 않으므로 언젠가 등장할 가능성이 충분하다. 실제로 NASA를 비롯한 여러 단체가 이 가능성을 진지하게 조사하고 있다. 여기서 궁금해진다. 물리적 형태를 갖춘 폰 노이만의 만능 생성기가 나온다면 그것은 "살아 있는 것일까?"

⁂

정보가 대물림되어야 한다는 것은 에르빈 슈뢰딩거도 《생명이란 무엇인가》에서 분명하게 강조한 생물의 조건이다. 결정은 이런 능력은 없지만 그래도 근접하긴 했다. 이 점을 인식한 슈뢰딩거는 결정을 모델로 한 생명 본체의 조건을 제안했다. 즉, 생명의 본체는 단순 반복되는 원자의 집합에 머물지 않고 재생산할 수 있으면서 다량의 정보를 담고 있는 불규칙한 결정 형태여야 했다. 이 아이디어는 두 젊은 과학자의 뇌리에 깊게 박혔고 유전정보 전달 분자의 구조 연구에 박차를 가했다. 그렇게 해서 프랜시스 크릭과 제임스 왓슨은 DNA의 이중나선 구조를 세상에 선보이게 된다.

데옥시리보핵산, 즉 DNA는 모든 생물이 자신의 유전정보를 저장하는 곳이다(DNA가 아니라 RNA를 기반으로 하는 바이러스도 있지만 이것이 생물인지 아닌지에 대해서는 의견이 갈린다). 생물의 유전정보는 길게 반복되는 단 네 가지 알파벳으로 암호화되어 있다. 각 알파벳은 한 종류의 뉴클레오타이드nucleotide를 뜻하는데, A가 아데닌adenine, T가 티민

thymine, C가 시토신cytosine, G가 구아닌guanine이다. 말하자면 유전자가 정보를 기록해둘 때 사용하는 언어인 셈이다. 이 네 가지 알파벳 기호는 끝도 없이 나열해 긴 사슬을 이룬다. 모든 DNA 분자는 이 사슬 한 쌍으로 이뤄지는데, 사슬 두 가닥이 이중나선 형태로 서로를 휘감는다. 담긴 정보는 두 가닥 모두 같다. 하지만 한 사슬의 뉴클레오타이드는 상대 사슬의 짝꿍 뉴클레오타이드와 손을 맞잡는다. A의 짝꿍은 T이고, C의 짝꿍은 G다. 왓슨과 크릭은 자신들의 발견에 크게 흥분했지만 논문에는 절제된 어조로 이렇게만 적고 있다. "이 특별한 짝짓기 규칙이 유전물질 복사 메커니즘의 열쇠임이 분명하다."

이 의미가 분명하게 다가오지 않는 일부 독자를 위해 부연하자면,

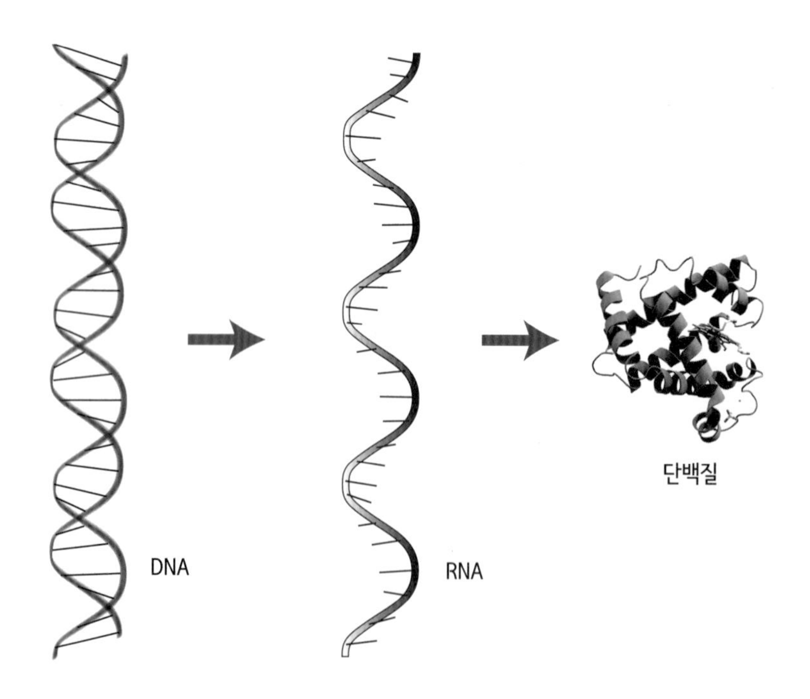

DNA의 두 겹 사슬은 지퍼가 풀리듯 분리될 수 있다. 그러면 두 가닥 각각이 형판形板 역할을 해서 주변에 떠돌던 뉴클레오타이드 분자들이 여기에 달라붙는다. 뉴클레오타이드는 정해진 짝꿍과만 결합하므로, 복제 과정에서 실수가 없다면 원본과 완전히 똑같은 이중나선 사본 두 개가 최종 결과물로 얻어진다.

DNA에 저장된 정보에는 세포 내에서 일어나는 모든 활동의 명령이 담겨 있다. DNA를 설계 도면이라 할 때 현장 인부에 해당하는 어떤 분자가 DNA에 접근해 도면을 숙지하고 자리로 돌아가 주어진 임무를 수행하는 식이다. 그런 일꾼 분자는 단백질이다. 하지만 세포생물학은 건설 현장보다 한층 관료적이어서 단백질은 DNA를 직접 면담할 수 없다. 그래서 둘의 중개인 역할을 하는 것이 바로 RNA다.

RNA는 DNA와 구조적으로 비슷하지만 몇 가지 차이점이 있다. 우선 RNA는 사슬 한 줄로 되어 있다. 또한, 사슬의 뼈대가 되는 뉴클레오타이드 네 가지 중 하나의 종류가 다른데, 티민 대신 우라실(U)uracil이 아데닌과 짝을 이룬다. RNA는 DNA보다 화학적으로 불안정하다. 하지만 뉴클레오타이드 순서 면에서 DNA와 완전히 일치하는 정보를 전달한다.

DNA의 두 줄 사슬이 분리되면 RNA는 DNA의 뉴클레오타이드 서열 속에 담긴 정보를 그대로 복사한다. **전령 RNA**messenger RNA라 불리는 이 RNA 분자는 **리보솜**ribosome이라는 복잡하게 생긴 세포소기관에 이 유전정보를 전달한다. 리보솜은 DNA보다 앞서 1950년대에 이미 발견되었다. 리보솜이 하는 일은 RNA로부터 받은 정보를 가지고 단백질을 합성하는 것이다. 복잡해 보여도 이런 다단계 절차에는 장점이 있다. 덜 안정한 전달자(RNA)를 시켜 외떨어진 제조소(리보솜)에서 유용한 분자(단백질)를 생산하게 함으로써 정보저장 시스템(DNA)을 안전하게 보호할 수 있다는 점에서다.

✵

구획화나 대사와 마찬가지로 복제에 관한 탐구는 "거기서 출발해 어떻게 오늘에 오게 되었는가?"라는 문제에 부딪힌다. 여기에 답하는 것은 정교하고 복잡다단한 현대 생물학을 무생물의 상태에서 갓 벗어난 벌거숭이와 연결 짓는 엄청난 작업이다. 주제가 구획화였을 때 우리는 인지질 이중막이 어떻게 구현되었는지를 알아내야 했고 지방산에서 답을 찾았다. 대사의 경우는 세포가 어떻게 양성자 구동력을 이용하게 되었는지를 설명해야 했고 알칼리성 열수공의 구멍들에서 힌트를 얻었다. 복제에 관한 같은 문제를 풀어야 하는 지금, 우리의 숙제는 DNA가 어떻게 탄생했는가를 알아내는 것이다. 그리고 그 답은 RNA가 가지고 있는 듯하다.

RNA와 DNA의 관계는 시를 읊는 것과 시를 쓰는 것의 관계와 같다. 똑같은 정보를 담고 있음에도 DNA는 RNA보다 훨씬 더 안정하고 믿음직하다. DNA는 어떻게 이런 분자가 세상에 존재할 수 있는지 지금도 신기할 정도로 정교하다. DNA가 복제될 때는 단백질이 모든 주요 실무를 담당한다. 그런데 단백질은 암호화되어 DNA에 저장된 정보로부터 만들어진다. 그렇다면 태초에 하나가 아직 없는 상황에서 다른 하나가 어떻게 생겨날 수 있었을까?

자연발생설을 연구하는 과학자들은 이 수수께끼가 일명 RNA 세계RNA world라는 시나리오로 풀린다고 말한다. 1960년대에 알렉산더 리치, 프랜시스 크릭, 레슬리 오르겔, 칼 우즈 등이 제안한 기본 아이디어는 이렇다. DNA는 훌륭한 정보 지장소이고 단백질은 훌륭한 일꾼이다. RNA는 두 가지 능력을 모두 갖추고 있지만 어느 하나도 잘하지는 못한다. 따라서 DNA나 단백질이 세상에 등장하기 전의 세상에서는 아마도 RNA가 유일한 유전물질이어서 원시적 생명 활동을 어설프게 해냈을 것이다. 그러다 서서히 진화가 진행되면서 작업 효율을 높이기 위해 DNA와 단백질에 역할이 분담된 것이다.

RNA의 주 업무가 DNA에서 정보를 뽑아내는 것이라는 사실은 상당히 오래전부터 알려져 있었다. 반면에 RNA가 효소로도 작용해 생화학 반응의 속도를 조절한다는 사실이 증명된 것은 더 나중의 일이었다. 일례로 1980년대에 **리보자임**ribozyme이라는 효소가 발견되었다. 리보자임은 다른 단백질뿐만 아니라 자기 자신의 합성도 가속하는 특별한 종류의 RNA다. 리보자임의 발음이 리보솜과 비슷해 헷갈릴지도 모르겠다. 그런데 밝혀진 바로 리보솜 복합체의 핵심 구성원이 실제로 리보자임이라고 한다. 리보솜 자체가 거의 리보자임인 셈이다(엄밀히 리보솜 RNA는 리보자임의 일종이며 리보자임의 범위가 더 넓다. 이런 애매한 전문용어들 때문에 상당수 젊은 과학도들이 생물학보다는 물리학과 천문학을 선호한다).

사실 RNA에는 여러 가지 종류가 있다. 각각은 세포에서 서로 다른 역할을 맡는다. 전령 RNA와 리보솜 RNA는 이미 아는 것이고, **운반 RNA**transfer RNA는 아미노산을 제자리에 갖다 놓아 단백질이 제대로 만들어지게 한다. 또, **조절 RNA**regulatory RNA는 유전자 발현 과정을 전반적으로 감독한다. 이처럼 자료가 많으니 RNA 세계 가설이 지지를 받는 것은 당연하다. 특히, 복제 우선 가설이 옳다고 주장하려면 유전정보를 담고 있으면서 다른 복잡한 메커니즘에 의존하지 않고 스스로 재생산하는 분자가 필요하다. 그런 맥락에서 RNA는 신의 한 수로 작용한다.

☼

RNA가 최초의 유전물질이었고 자기복제와 단백질 합성 능력까지 갖췄다는 아이디어는 매력적이다. 무엇보다도 이 RNA 세계 가설의 최대 강점은 근거가 되는 연구 자료가 엄청나게 많다는 것이다.

어떤 RNA는 효소이기도 하다는 점은 매우 중요하다. 효소인 RNA는 화학반응에서 촉매작용을 해 자가조립과 단백질 합성을 유도한다. RNA는 이 능력을 어디서 얻었을까? 뉴클레오타이드 사슬에 정보를 저장하는 것은 RNA의 명실상부한 대표 재능이다. 하지만 효소 작용은 완전히 별개의 문제다.

이 수수께끼는 1993년에 데이비드 바텔과 잭 쇼스택이 해결했다(쇼스택은 DNA가 분열해도 염색체가 온전하게 보호되는 기전을 밝힌 공로로 2009년에 노벨상을 공동 수상했다). 바텔과 쇼스택이 실시한 실험은 기본적으로 진화를 인위적으로 유도하는 것이었다. 두 사람은 특정 뉴클레오타이드 서열을 염두에 두지 않고 수조 개의 무작위 RNA 조각들을 준비했다. 그런 다음 효소 활성이 커서 자기 자신의 사본을 잘 만드는 분자만 골라냈다. 이 과정을 여러 번 반복해 자기복제 반응을 스스로 촉매하는 듯한 RNA를 선별했다. RNA는 복제할 때마다 무작위적 돌연변이를 일으켰고 때때로 촉매로서의 능력이 원본보다 나은 사본이 탄생했다. 이 과정을 열 번 반복했을 때 결과는 놀라웠다. RNA 분자들의 효소 활성이 처음보다 무려 300만 배나 높아진 것이다. 이 실험은 어떻게 무작위적 돌연변이가 평범한 화학물질을 생물학적으로 가치 있는 분자로 환골탈태시키는지를 보여주는 또렷한 증거였다.

비슷한 맥락에서 생물학자 트레이시 링컨과 제럴드 조이스의 2009년 실험도 주목할 만하다. 두 사람은 효소 기능을 겸비한 RNA, 즉 리보자임 분자 두 가지로만 이루어져 있어서 자가복제를 하면서 스스로 연명해가는 계를 만들었다. 두 리보자임은 주변 단백질이나 기타 세포 소기관의 도움을 조금도 받지 않고 한 시간마다 쌍둥이를 만들어냈다. 심지어는 때때로 돌연변이가 생겨 다윈식 진화도 일어났다. 그 결과로 계는 생존에 점점 더 유리한 구조로 발달해갔다. 이 계는 어딜 봐도 세포는 아니다. 하지만 화학이 생물학으로 넘어가는 전환점의 중요 단계임은 분명하다.

그러나 RNA가 생명의 발원에 중추적인 역할을 했음을 인정하더라도 우리가 모르는 부분이 여전히 많다. 구획화, 대사, 복제라는 삼박자가 딱 맞아떨어졌을 게 틀림없지만 정확히 어떻게 그리되었는지 우리는 모른다. 짐작으로는 RNA와 지방산 이중막이 공생 관계였을 수 있다. 원시 지구의 혼란스러운 환경에서 둘이 동맹을 맺고 서로의 번영을 도운 것이다. 세포막은 연약한 RNA를 무법천지 바깥세상으로부터 보호해주었을 것이다. 덕분에 RNA는 재생산 활동을 시작할 수 있을 만큼 수명이 길어졌을 것이다. 한편 RNA 분자는 다양한 생체분자를 끌어당기는 능력이 있으므로, 세포가 알아서 둘로 갈라질 때까지 세포막의 덩치를 키워주었을 것이다. 이렇게 원시적 형태의 세포분열이 일어났을 것이다.

복제와 구획화의 공생 관계와 비교하면 대사의 정착은 조금 더 까다롭지만, 쇼스택은 크게 문제 될 정도는 아니라고 말한다. 그는 RNA가 단순한 형태의 막에 폭 싸여서 웅덩이를 떠다니는 원시세포를 구상했다. 웅덩이에는 온도 경사가 있어서 대류가 일어나기 때문에 원시세포가 따뜻한 쪽과 차가운 쪽을 계속 왕복하게 된다. 원시세포가 차가운 쪽에 있을 때 RNA는 웅덩이를 부유하는 뉴클레오타이드를 그러모아 길이를 연장하고 RNA 두 가닥이 몸을 덥히려는 듯 서로를 끌어안는다. 그러다 원시세포가 따뜻한 쪽으로 이동하면 RNA 두 가닥은 떨어져 멀어지고 세포막은 지방산 분자를 덧붙여 몸집을 불린다. 그렇게 둘로 쪼개도 괜찮을 만큼 덩치가 커지면 각각 RNA 사슬 한 줄씩을 가진 원시세포 두 개가 새로 만들어진다. 두 딸세포는 다시 대류에 의해 차가운 쪽으로 떠밀려간다. 그렇게 원시생명의 사이클이 반복된다.

그런데 러셀을 비롯한 대사 우선주의자들은 일이 이렇게 수월했을 것으로 생각하지 않는다. 그들은 다공성 열수공에서처럼 환경의 자유 에너지를 이용하여 양성자 구동력을 조성할 수 있는 복잡한 화학반응 시스템을 구축하는 것이 관건이었을 거라고 지적한다. 일단 구축된 대사 시스템은 주변에 널린 에너지원을 자연스럽게 포획했을 것이다. 다시 말해, 대사 시스템이 열수공 바위로부터 떨어져 나와 지방산으로 둘러싸인 막 속으로 들어가 효소를 이용해 화학반응을 조절함으로써 존속해나갔고 이때 활용된 효소가 RNA가 되었을지도 모른다.

☼

두 시나리오 중 무엇이 진실인지 우리는 모른다. 둘 다 옳을 수도 있고 모두 틀렸을 수도 있다.

하지만 생명의 시작점을 찾아내는 날은 언젠가 꼭 올 것이다. 종교가 있든 없든 생명의 기원을 연구하는 어느 과학자도 "여기 이 단계는 비물리적인 생명력이나 초자연적 존재의 개입 없이는 설명이 불가하겠군요" 라고 말하지 않는다. 자연발생설은 우리가 이미 알고 있는 자연법칙의 테두리 안에서 풀어낼 수 있는 문제다. 다른 곳을 곁눈질할 필요는 조금도 없다.

이런 확신에는 근거가 있다. 역사적으로 비슷한 선례가 많은 것이다. 생명의 기원을 두고 과학이 아직 답하지 못한 문제가 많은 것은 사실이지만 답이 나와 종결된 질문도 적지 않다. 저마다 한때 과학만으로는 해결할 수 없다고 불치 판정을 받았던 것들이다(풀포기를 연구하는 뉴턴은 있을 수 없다는 칸트의 자신감 넘치는 선언을 기억하자). 생물종은 어떻게 진화할까? 유기분자는 어떻게 합성될까? 세포막은 어떻게 스스로 조직될까? 생체화학반응은 어떻게 자유 에너지 장벽을 극복할까? RNA 분자는 촉매 능력을 어떻게 얻게 되었을까? 인류는 이 모든 물음의 답을 찾아냈다. 게다가 승전보 행렬이 앞으로도 이어질 것이라는 시나리오에 대한 우리의 베이즈 신뢰도는 아주아주 높다.

하지만 기독교 근본주의를 비롯한 일부 세력은 여기에 찬동하지 않는다. 완전한 무생물에서 생물이 나온다는 말을 곧이곧대로 받아들이기 어려운 것은 사실이다. 판 헬몬트가 상상했던 식이든 아니든 우리 눈으로 직접 확인한 적도 없고 말이다. 게다가 현생 생물들은 모두 골치 아프게 복잡한 구조로 되어 있고 각 기관이 감탄이 나올 정도로 유기적으로 작동한다. 이런 생물이 "그냥 생겼다"는 말은 확실히 설득력이 떨어진다.

빅뱅 모델을 격렬하게 비판하기도 했던 영국 천체물리학자 프레드 호일은 이것을 정량적으로 증명하려고 시도했다. 그는 세포라는 생체 구조물의 원자 배열을 생각했다. 그런 다음 볼츠만이 썼던 것과 비슷한 전략으로 원자들이 배열하는 방법의 총 가짓수를 세포라는 제한이 있을 때의 (훨씬 적은) 가짓수와 비교했다. 소수小數들의 곱셈을 엄청나게 반복한 결과, 그는 생명이 저절로 생겨날 가능성이 $10^{40,000}$분의 1 정도라는 결론을 내렸다.

달변가였던 호일은 귀에 쏙 들어오는 비유 한 문장으로 요점을 정리했다.

> 고등생물이 이런 식으로 생겨날 확률은 쓰레기장을 휩쓴 토네이도가 부품을 모아 보잉 747기를 조립할 확률과 비슷하다.

주의할 점은 여기서 호일이 지적한 "이런 식"이 오늘날 자연발생설 연구자들이 지지하는 이론과 완전히 다르다는 것이다. 일정 수의 원자들이 재배열을 반복하다가 운 좋게 우연히 세포 엇비슷한 모양새를 띠게 되어 최초의 세포가 탄생했다고 생각하는 연구자는 한 명도 없다. 호일이 말한 "이런 식"은 본질적으로 볼츠만의 뇌 가설과 다르지 않다. 그가 하고자 했던 말은 순전히 무작위적인 요동이 복잡하고 질서정연한 무언가를 만들어낼 수는 없다는 것이었다.

실재는 그런 식이 아니다. 우주는 엔트로피가 엄청나게 낮은 빅뱅 덕분에 유별나게 엔트로피가 낮은 형태에서 시작될 수 있었다. 우주가 흔한 평형 상태를 배회하다 생긴 게 아니라 이 특별한 최초 상태에서 발전해나가기 시작했다는 사실은 우주 진화가 명백한 방향성을 띠고 있음을 강력하게 암시한다. 세포와 대사 기능의 출현은 현재 우주가 엔트로피가 증가하는 쪽으로 진행하고 있다는 증거가 된다. 평형 상태의 환경에서 일어난 희박한 우연의 결과물이 아니라 말이다. 크림이 커피에 섞여 들어가면서 생기는 소용돌이처럼, 지구 생물이 보여주는 놀라운 복잡도는 시간의 화살이 일으키는 자연스러운 현상이다.

인류의 생명 기원 탐사는 지금까지 꾸준히 약진해왔고 앞으로도 쭉 그럴 것이다. 화학, 물리학, 수학, 생물학 등 여러 과학분과가 총동원되겠지만, 마법이 끼어들 자리는 없다.

33
진화의 자동실행 기능

1988년, 리처드 렌스키는 기발한 계획 하나를 세웠다. 잘하면 진화생물학을 실험과학으로 승격시킬 만한 아이디어였다.

진화는 자연발생과 오늘날의 다채로운 지구 생태계 사이에 존재하는 억겁의 틈새를 잇는 연결고리다. 이론에 치중하긴 하지만 진화생물학이 어엿한 과학임에는 의심의 여지가 없다. 진화생물학자들은 진화에 관한 가설을 세우고, 각 가설을 지지하는 시나리오의 우도를 가늠하고, 자료를 모아 가설의 신뢰도를 업데이트해간다. 화학과 물리학이 진화생물학이나 천문학에 비해 유리한 점이 있다면 실험실에서 실험을 반복할 수 있다는 것이다. 반면 다윈의 진화론이 진짜 작동하는지 확인하거나 새 우주를 창조하는 실험을 한다는 것은 엄두조차 낼 수 없는 어마어마한 일이다.

하지만 완전히 불가능하지는 않다. 우주 창조는 여전히 우리 능력 밖이라고 치고, 적어도 진화는 그렇다. 렌스키가 시도한 것이 바로 이 진화 실험이었다.

렌스키가 개시했고 아직 진행형인 이 실험의 설계는 단순하다. 미생물이 자랄 환경인 액체배지를 담은 플라스크 열두 개를 준비한다. 배지는 여러 가지 화학물질을 특정 조합비로 섞은 것으로, 글루코스가 먹이로 들어 있나. 이제 플라스크에 이콜라이*E. coli*라는 박테리아 군집을 넣는다. 플라스크 안의 박테리아 세포 수는 수백만 개에서 하루 만에 수억 개로 불어난다. 하루 지난 플라스크에서 살아 있는 세포의 1%만 추출해 같은 배양배지가 들어 있는 새 플라스크로 옮긴다. 실험적 '화석'을 만들어 나중에 추가로 분석하기 위해 남겨두는 소량을 제외하고(사람과 달리 박테리아는 얼렸다가 한참 뒤에 해동해도 잘 살아난다), 추출 후 남은 박테리아들은 모두 폐기한다. 하루 만에 성장하는 이콜라이 군집의 크기는 대략 6.5세대에 해당한다. 여기에 그치는 것은 자원 부족 때문이지 모자란 시간 탓이 아니다(세포 하나가 분열하는 데는 한 시간도 안 걸린다). 2015년 하반기를 기준으로 박테리아는 6만 세대 넘는 후손을 생산했다. 박테리아 세상의 기준으로 진화의 주름이 새겨지기에 충분한 족보가 만들어진 셈이다.

이 특별한 실험 환경 안에서 박테리아의 환경 적응력은 나날이 진화한다. 현재 녀석들은 1세대 조상보다 두 배 큰 무리를 이루고 훨씬 더 빨리 번식한다. 글루코스 대사 효율도 크게 향상됐다. 반면에 영양학적 다양성이 더 높은 환경에서 번성하는 능력은 대체로 퇴보했다.

특히 인상적인 특징은 박테리아 군집에 양적인 변화뿐만 아니라 질적인 변화도 있다는 것이다. 배양배지의 성분 중 하나인 구연산은 탄소, 수소, 산소로 이루어진 산성 분자다. 이 물질을 이용하는 능력이 1세대 박테리아에는 없었다. 그런데 31,000번째 세대쯤에 플라스크 하나에서 박테리아 군집이 다른 플라스크들에 비해 상대적으로 큰 것이 발견됐다. 이 플라스크의 박테리아 개체 일부가 글루코스뿐만 아니라 구연산도 대사시키는 능력을 획득했던 것이다.

구연산은 글루코스만큼 좋은 에너지원이 아니다. 하지만 박테리아 처지에서 생각해보면 한정된 글루코스를 두고 모두가 달려드는 환경에서 이 특별한 재능은 상당히 쓸모 있을 게 틀림없다. 당장 필요하지 않아도, 누군가의 강요나 지시에 억지로 떠밀리지 않아도 생물은 진화를 통해 주어진 환경에서 더 슬기롭게 번영하는 방법을 체득하는 것이다.

☼

생명의 기원은 모든 상전이의 시발점이다. 여느 화학반응이 그렇듯 모든 생물은 자유 에너지를 무질서 에너지로 변환시키면서 삶을 이어간다. 그런 화학반응을 하는 수많은 것 가운데 생물이 유독 특별한 것은 지침서를 내장하고 있는 까닭이다. 폰 노이만의 만능 생성기 테이프처럼 생물의 DNA에는 생물을 생물이게 하는 복잡다단한 반응 네트워크를 통제하는 유전정보가 새겨져 있다. 그뿐만 아니다. 이 지침은 세대를 거듭하면서 개정된다. 자연선택도 그 덕분에 일어날 수 있었다.

우리는 RNA로부터 발전해 DNA가 나왔다고 짐작한다. 게다가 RNA는 적절한 조건에서 자기 자신의 합성 반응을 촉매하기까지 한다. 이런 최초의 능력자 RNA 분자는 짐작건대 어떤 결정적인 순간에 무작위적 동요가 일어남으로써 비로소 탄생하게 되었을 것이다. 볼츠만은 엔트로피는 대체로 증가한다고 가르치지만 엔트로피가 반대로 줄어들 가능성도 늘 있으니까. 움직임이 많은 계에서는 무작위적 동요가 드물다. 이 계에 존재하는 원자가 한둘이 아니므로 거시적으로는 무작위적 동요를 신경 쓰지 않아도 된다. 하지만 개별 분자 수준에서는 얘기가 달라진다. 드물게 나타나는 이런 동요가 분자에는 무시할 수 없는 영향을 끼친다. 자가복제 능력이 있는 RNA 분자가 최초 등장하게 된 것도 그런 일 내 행운의 결과였을 것이다.

우리는 종종 자연선택을 적자생존과 동의어로 여긴다. 하지만 다윈식 진화*가 본격화되기 전에도 자유 에너지를 둘러싼 경쟁은 있었다. 어떤 자유 에너지는 접근 문턱이 낮지만 어떤 자유 에너지는 렌스키의 플라스크 속 구연산처럼 더 꽁꽁 싸매인 분자에 갇혀 있어서 꺼내 쓰기가 힘들다. 기존의 단순한 반응 대신, RNA가 더 똑똑한 단백질을 만들고 이 단백질들이 더욱 정교한 반응 네트워크를 가동하는 게 바로 이때다. 유전정보가 먼저 시동을 걸면 산하의 각급 현장 요원들이 출격 태세를 갖춘다. 그리고 자연선택이 시작된다.

⁂

어떤 관점에서는 다윈의 진화론은 너무 술술 이해되는 까닭에 반드시 일어날 수밖에 없었던 일처럼 보인다. 다윈의 열렬한 지지자였던 토머스 헉슬리가 《종의 기원》을 읽고 "이 생각을 못 했다니 이렇게 멍청할 수가!"라며 자책한 것처럼 말이다. 하지만 자연선택은 매우 특정적이고 구체적인 과정이다. 따라서 절대로 불가피하거나 자명하지 않다. 자연선택은 단순히 '시간이 흐르면서 생물종이 천천히 변해가는 것'이나 '환경에 잘 적응한 생물이 더 잘 번식하는 것' 이상이다.

생물은 생식을 통해 자신의 유전정보를 다음 세대에게 물려준다. 대물림되는 유전정보는 매우 안정돼서 자식은 부모를 닮는다. 하지만 절대불변하는 것은 아니다. 유전정보에는 소소한 변이가 시시각각 생길 수 있다. 이 변이는 어떤 큰 목적을 이루려고 생기는 것이 아니며 생물이 어떤

---

* 자연선택에 기반을 둔 진화

행동을 취해 변이를 조작할 수도 없다(내가 운동을 아무리 열심히 해도 근육질 아기가 태어나지는 않는다). 자연선택은 자신을 빼닮은 후손을 낳는 생물의 유전정보에 무작위적 변이가 생기고 그 변이가 생물의 생식능력을 높이거나 낮출 때 일어난다. 만약 변이가 운 좋게 생물의 번식 효율을 향상하는 것이라면 이런 변이를 가진 개체가 살아남을 확률이 더 높아진다.

자연선택의 이 조건들이 당연하게 갖춰지는 것은 절대로 아니다. 그런 이유에서 생물학자들은 '진화'와 '자연선택'의 차이를 강조한다. 진화는 시간이 흐르면서 게놈genome(유전정보 전체)이 달라지는 것을 말하지만 자연선택은 생식 성공률에 따라 게놈 변화의 방향이 바뀌는 특정 사건을 말한다.

다윈 시대에는 특정 유전정보의 단위인 유전자는 물론이고 DNA나 RNA의 개념이 없었다. 그런 가운데 아우구스티누스 수도회의 수사인 그레고어 멘델이 기본적인 유전 규칙을 정립한다. 그 유명한 콩 교잡 실험을 통해서다. 1930년대와 1940년대에는 멘델의 유전 이론과 자연선택을 기반으로 한 다윈의 진화론을 종합한 **현대진화론**이 탄생했다. 과학이 발전하면서 이론이 점점 정교해지고 있지만, 이때 정립된 기본 개념은 아직도 건재하다.

⁂

당연히, 지구 생태계는 훨씬 더 복잡해서 자연선택으로 설명할 수 없는 것도 많다. 세상을 논하는 모든 화법이 그렇듯, 다윈의 진화론도 해당 적용 영역 안에서만 유효하다.

이 땅에 생명이 시작된 이래로 생태계를 굴러가게 하는 힘은 생물의 적응력만이 아니다. 다윈도 그 점을 알고 있었다. 자연선택은 진실이지만 분주한 세상에서 속출하는 많은 사건 중 하나일 뿐이다. 실제로, 어느 한 생물종의 게놈이 가진 많은 특징은 적응 기전을 통해서가 아니라 우연한 사고로 획득된 것이다. 이것을 **유전적 부동**genetic drift이라 한다. 어떨 때는 돌연변이가 일어나더라도 생물의 환경 적합도가 좋아지지도 나빠지지도 않는다. 그런데 또 어떨 때는 유성생식*의 본질인 무작위성이나 예측 불가능한 환경적 요인이 특정 특질을 가진 개체들만 살아남게 만든다. 적응과 유전적 부동 중 무엇이 더 중요한가는 학계에서도 아직 의견일치를 보지 못한 논제다. 하지만 둘 다 중요하다는 것은 누구도 부인하지 못한다.

렌스키의 진화 실험에서는 31,000번째 세대쯤에서 박테리아에 구연산 대사 능력을 부여하는 돌연변이가 일어났다. 이에 연구팀은 이 진화가 재현될 수 있는지 확인하기 위해 얼려두었던 이전 세대 시료를 녹여 재배양했다. 그 결과, 2만 번째 세대부터 박테리아 세포에서 변화의 조짐이 목격되었다. 2만 번째 세대부터 슬금슬금 일어난 돌연변이들은 새로운 대사 능력과 직접적인 관련은 없었다. 하지만 조만간 그것을 가능케 할 다음 돌연변이를 위한 준비작업이었다. 즉, 각각은 미약한 돌연변이들이 여러 번에 나눠 띄엄띄엄 일어나 누적됨으로써 하나의 특질이 구현되는 것이다.

이처럼 DNA를 통한 유전정보 전수는 진화의 중요한 기전이다. 그런데 특질의 발현은 선택압†에 의해서도 좌우된다. 그래서 DNA 유전정

---

* 암수 개체의 생식세포가 합체해 새로운 개체를 만드는 생식 방법

† 주어진 환경에서 생존에 유리한 형질을 가진 개체들이 더 잘 살아남게 되는 것. 이 압력에 의해 진화가 일어난다는 설명이 자연선택설이다.

보를 무슨 수학 공식처럼 간단하게 특질과 연결 지을 수는 없다. 사람의 키처럼 기본적인 특질조차 특정 뉴클레오타이드 한 가닥이 아니라 여러 인자의 복합작용으로 결정된다. 그 결과 어떤 하나의 특질에 작용하는 선택압은 (그 특질과 같은 DNA 배열에 속해 있는) 다른 특질에까지 영향을 미치게 된다. 생물학자 스티븐 제이 굴드와 리처드 르원틴은 "진화의 역사에는 스팬드럴*이 넘쳐난다"고 말했다. 다른 이유에서 생겨났지만 엉뚱한 용도로 사용되는 특질을 건축물 구조에 빗댄 탁월한 은유다. 이처럼 생태계에는 원래 의도에서 벗어난 진화의 부산물이 많다. 굴드와 르원틴은 사람 뇌의 여러 특질도 진화의 스팬드럴이라고 생각했다.

진화가 복잡한 이유는 또 있다. 유전은 부모에서 자식으로 흐르는 수직적 방향으로만 일어나는 게 아니다. 어떤 생물은 생식 이외의 수단을 통해 다른 개체에 자신의 유전자를 전달한다. 이것을 **수평적 유전자 이동** horizontal gene transfer이라고 한다. 수평적 유전자 이동은 박테리아들 사이에서 흔하지만 때때로 다세포생물에서도 일어난다. 또, 개체의 영양 상태나 배아가 발달하는 태중 환경에 의해 DNA의 화학구조가 변하는 **후생유전학적** 현상도 있다. 이런 변화들이 다음 세대에 얼마나 대물림되는지는 아직 아무도 확실히 모른다. 하지만 유전되기만 한다면 자연선택은 똑같이 일어날 것이다.

한마디로 세상은 아름다운 아수라장이다. 이 아수라장을 통제하는 것은 숨은 의중 따위는 없는 자연법칙과 완고한 시간의 화살뿐이다. 이런 세상의 정처 없음이 지구 생태계가 보여주는 경탄스러운 정교함의 원천

---

* spandrel. 건축에서 아치 양편으로 아치와 천장의 수평선 사이에 생기는 삼각형의 공백. 어쩌다 생긴 남는 공간이지만 건물 장식에 유용하게 활용된다.

일까? 다윈은 《종의 기원》에서 "(생명이 진화한다는) 이 개념에는 장엄함이 깃들어 있다"고 말했다. 하지만 과연 다윈의 단순명료한 진화론만으로도 자유 에너지를 두고 안쓰럽게 경쟁하는 유기분자들로부터 돌고래와 나비가 나오고 우림이 우거지는 게 가능한 걸까? 우리가 생물에게서 목격하는 놀라운 효율성과 기발함이 그저 무작위적 변이와 시간의 합작품일 뿐일까? (아마도 그럴 것이다.)

34
풍경에서 답을 찾다

살면서 우리는 주어진 선택지를 앞에 놓고 필요한 것 딱 하나를 고르는 단순한 문제로 쩔쩔매곤 한다. 그런데 컴퓨터공학도 똑같은 고민을 한다. 출장 세일즈맨을 생각해보자. 그에게는 방문해야 할 도시들과 각 도시의 거리가 적힌 목록이 있다. 그는 도시들을 딱 한 번씩만 방문하는 최단 경로를 찾아야 한다. 문제를 풀기 위해 그는 이렇게 할 것이다. 새 종이를 꺼내서 모든 도시를 한 번씩만 들르는 경로를 모두 적어 내려간다(엄청나게 긴 목록이 되겠지만 끝은 반드시 있다). 그는 이 목록에서 최단 경로를 찾았을까?

데이터 목록에서 원하는 특정 항목을 찾는 정해진 탐색 방식을 컴퓨터공학에서는 **검색 알고리즘**search algorithm이라고 한다. 물론, 목록을 앞에 펼쳐놓고 느긋하게 한 줄 한 줄 짚어가면서 "이건가? 아닌가?" 고민해도 나무랄 사람은 없다. 하지만 그러면 몹시 피곤할 것이다. 논리적인 질문일수록 답안 후보 목록은 어마어마하게 길어지니 말이다. 출장 세일즈맨 문제의 경우, 가능한 이동 경로의 수는 도시 수의 팩토리얼factorial로 늘어난다. 수식으로 표현하면 숫자 n의 팩토리얼은 $1 \times 2 \times 3 \times 4 \cdots (n-1) \times n$이다. 가령 도시가 스물일곱 개라면 조사할 이동 경로는 대략

10^{28}개라는 계산이 나온다. 초당 10억(10^9) 개의 속도로 검색한다고 가정할 경우, 우주 나이만큼의 시간이 흘러도 경로검색 작업은 끝나지 않을 것이다.

그래서 우리는 편법을 쓴다. 선택지가 감당 못 하게 많으니, 완벽하진 않지만 적당히 괜찮은 해결책만 찾아도 대체로 만족하는 것이다.

자연선택도 일종의 검색 알고리즘이라고 할 수 있다. 이때 진화가 풀어야 할 문제는 "이 환경에서 어떤 생물이 더 효율적으로 생존하고 번식할 것인가"다. 단, 엄밀히 말하면 여기서 검색 대상은 생물이 아니라 게놈 혹은 특정 유전자다. 사람 게놈에는 약 30억 개의 뉴클레오타이드가 들어 있다. 뉴클레오타이드 수백만 개로 된 박테리아에 비하면 엄청나게 많은 수다. 하지만 어디 가서 이걸로 뻐길 생각은 고이 접어두길 바란다. 개화 식물의 DNA에는 1000억 개 이상의 뉴클레오타이드 염기쌍이 존재하니까 말이다. 어떤 생물은 살아남아 번식하고, 어떤 생물은 세상에서 사라진다. 그렇다면 세대를 거듭해가면서 생물의 생존 확률을 가장 크게 높이는 DNA 서열을 어떻게 찾을 수 있을까?

연산 측면에서 이것은 쉽지 않은 문제다. 우리의 30억 뉴클레오타이드는 저마다 A, C, G, T라는 네 가지 가능성을 가지고 있다. 따라서 이만한 규모의 DNA가 보일 수 있는 배열의 총 가짓수는 4를 30억 번 곱한 값, 즉 $4^{3,000,000,000}$이 된다. 이것은 1 뒤에 0이 20억 개 이어지는 것과 맞먹는 숫자다. 이게 얼마나 큰 수인지는 짐작도 가지 않는다. 그런데 이 추정에는 다소 뻥튀기된 면이 있다. 몇몇 뉴클레오타이드 서열은 하는 일이 같고 아예 아무 일도 하지 않는 서열도 많기 때문이다. 그래서 뉴클레오타이드 말고 유전자 단위로 따지는 게 나을 수도 있다. 그러면 목록이 확 줄어든다(사람은 약 2만 5천 개의 유전자를 가지고 있다). 물론 각 유전자가 또 네 가지보다 훨씬 많은 조합 가능성을 내포하긴 하지만 말이다. 줄인다고 줄였지만 유전자 목록도 만만치는 않다. 게다가 유전자 기능들은 상호의존적이어서 연산의 불확실성을 높인다. 어떤 수를 써도 게놈의 모든 가능성을 샅샅이 조사해 '최고의' 생물을 뽑는 것은 불가능한 듯하다.

그런데 진화는 끝이 보이지 않는 선택지의 바다에서 높은 적합도의 게놈을 골라내는 기가 막힌 전략을 구사한다. 최근 컴퓨터공학자들은 (돌연변이는 일어나지 않고 유성생식을 통해 번식한다고 가정해) 단순화시킨 진화 모형이 **가중치 승법 업데이트**multiplicative weight update라는 최신 게임 이론 알고리즘과 수학적으로 일치함을 증명했다. 좋은 아이디어는 분야를 가리지 않고 나오는 법이다.

'검색 알고리즘'이라는 말에는 알고리즘이 누군가에 의해 쓰였다거나 진화에 정해진 목적이 있다는 의미는 들어 있지 않다. 진화에는 목적이 없다. 진화는 그냥 일어난다. 라플라스식 평정 상태에서 다음 일이 앞일에 뒤따를 뿐이다. 시적 자연주의의 관점에서 검색 알고리즘은 진화의 과정을 해설하는 하나의 유용한 화법이다. 검색 알고리즘은 적절한 환경에서 수학적 해석력을 가지며 믿을 만한 시각적 직관을 제공한다. 그러니 어감에 휘말려 진화에 설계자가 있다거나 미리 정해진 목표가 있다고 넘겨짚는 잘못은 범하지 말자. 그렇다고 또 진화의 설계자를 믿는다는 인상을 줄까 걱정되어 중요한 통찰을 제시하는 언어를 입에 담지 못하는 겁쟁이가 되어서도 안 된다.

✺

진화라는 검색 알고리즘을 시각화해서 좀 더 선명하게 보는 방법이 있다. 바로 적합도fitness라는 개념을 도입하는 것이다. 적합도는 특정 게놈을 가진 생물이 주어진 환경에서 얼마나 잘 번식할 것인지를 수치화한 지표다. 우리는 어떤 게놈이 특정 환경 조건에 있을 때의 적합도 값을 매긴다. 그러면 구릉과 골짜기가 불규칙적으로 반복되는 지형도와 흡사한 그래프를 그릴 수 있다. 여기서 유전자는 방향을 결정하고 적합도는 고도를 좌우한다(우리는 유전자를 한 번에 한두 개까지밖에 표시하지 못하기 때문에 보통은 그래프가 3차원에 그친다. 하지만 모든 유전자를 고려하면 사실 이것은 2만 5천 차원의 공간 그래프임을 유념하자). 적합도가 큰 높은 구릉은 생물의 생식 가능성을 높이는 (즉, 더 많은 자손을 남기게 하는) 게놈을 가리킨다. 반대로 적합도가 낮은 골짜기는 생식 가능성을 낮추는 게놈을 뜻한다.

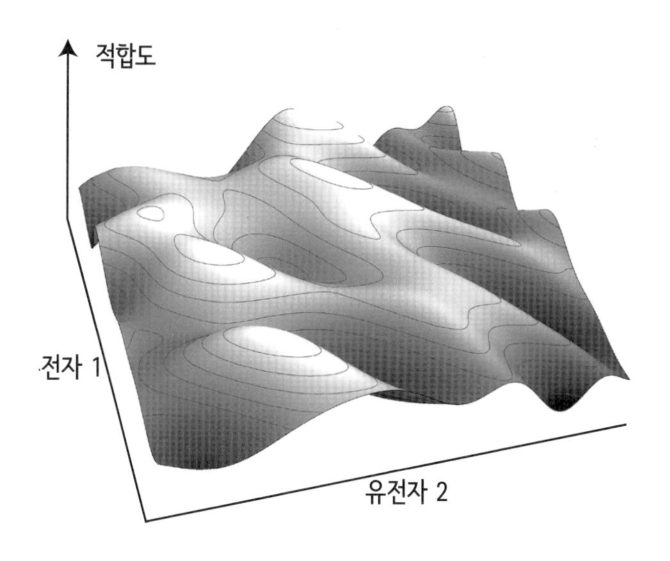

한마디로 진화는 생물 집단이 개체의 적합도를 더 높이는 유전자를 편애하면서 적합도 지형에서 점점 더 높은 곳으로 올라가려는 과정이라 볼 수 있다. 물론 일반적으로 설명하면 그렇다는 말이다. 더 구체적으로 들어가면 얘기는 더욱 복잡해진다. 생물종, 환경, 시점에 따라 적합도의 지형이 천차만별로 달라지기 때문이다. 그러니 일단은 환경이 고정되어 있다고 가정하고 하나의 생물 집단에 집중하자. 물론, 적합도 지형의 모양은 주어진 환경의 모든 성질에 민감하게 반응한다. 새로운 생물종이 출현했다가 멸종하고 물리적 환경이 끊임없이 변한다. 그에 따라 지형도는 꾸준히 달라진다. 하지만 그런 가운데서도 오랜 세월 비교적 안정하게 보존되는 부분이 있다. 우리가 진화를 시각적으로 분석하고자 할 때 고정된 환경을 가정할 수 있는 것이 바로 이 때문이다.

생물학자들은 물리학자들과 다른 시각으로 세상을 본다. 예를 들어, 물리학에도 지형의 개념이 있지만 용도가 다르다. 물리학에서 지형 혹은 풍경이란 주어진 온도와 압력 조건에서 계의 모습을 뜻한다. 그런데 물리학자의 머릿속에는 경사면을 구르는 공이 있다. 공은 굴러 내려가기 마련이므로 물리학의 지형도에서 명당은 함숫값(보통은 에너지)이 가장 작은 분지다. 반면 생물학자들은 몸이 날랜 산양이나 고지점령 놀이를 하는 아이들을 생각한다. 따라서 생물학의 지형도에서 명당은 적합도가 가장 큰 정상이다.

즉, 진화의 적합도 탐사 활동은 더 높은 봉우리를 향해 가는 쪽으로 진행된다. 지형도의 한 지점에 한 생물종 집단이 옹기종기 모여 있다고 치자. 무리 안에서는 새로운 개체가 태어나고 생식의 임무를 다한 후 죽는다. 자식 세대는 부모 세대와 약간 다른 게놈을 갖고 있다. 그래서 자식 세대의 자리는 늘 출생지와 달라진다. 하지만 새 터전은 부모 세대가 있던 곳과 멀지 않은 옆 동네다. 이때 더 저지대로 이사한 개체들은 생식능력이 떨어질 것이고 고지대로 옮겨간 녀석들은 생식능력이 뛰어날 것이다. 그렇게 세대가 이어질수록 이 생물종의 근거지는 점점 높아진다.

단, 이것은 어디까지나 이차원 그래프를 바탕으로 한 설명이다. 사실은 생물이 보유한 유전자의 수가 어마어마하기 때문에 한 집단이 구릉을 등반하는 데는 엄청나게 오랜 세월이 걸린다. 간혹 특출한 위인 한둘이 나오긴 해도, 생물종 전체는 산 정상은커녕 언덕배기조차 구경하지 못하고 사라지기에 십상이다. 또, 간혹 지형도에서 편평한 곳이 있는데, 여기서는 게놈의 차이가 적합도의 차이로 이어지지 않는다. 이런 상황에서는 유전적 부동을 통한 진화가 흔하게 일어난다. 더불어, 물리학이든 생물학이든 더 현실적인 그림을 그리려면 시간에 따른 변화까지 고려할 필요가 있다. 환경은 계속 달라지기 때문이다. 시간이 흐르는 환경에서 정상 하나를 찾아 영원히 뿌리를 박는 것 따위는 있을 수 없다. 오늘의 마루가 내일 협곡으로 돌변할지 모른다.

마지막으로 명심할 점은 진화의 검색 알고리즘이 언제나 최상의 결과를 보장하지는 않는다는 것이다. 대부분의 변이는 소소하므로 우리는 적합도 지형에서 갑자기 먼 거리를 훌쩍 도약해 넘어갈 일이 없다. 드물게 한 봉우리에서 다른 봉우리로 훅 뛰어넘는 돌연변이가 일어나기도 하지만 그런 도약이 가능해지려면 애초에 두 봉우리가 지척에 있었어야 한다. 출장 세일즈맨의 문제와 마찬가지로, 적당히 괜찮은 방법을 찾는 것이 가장 현실적인 해결책인 것이다.

✻

그럼에도 진화의 검색 전략은 상당히 효율적이어서 진짜 사람 컴퓨터 프로그래머들도 여기서 아이디어를 얻어 프로그램을 짠다. 이 기법을 **유전 알고리즘**genetic algorithm이라 부른다. 원리는 게놈 진화와 비슷하다. 우리는 컴퓨터 언어의 한정된 틀 안에서 특정 길이를 갖는 가능한 모든 알고리즘의 집합을 상상할 수 있다. 그 경우의 수는 엄청날 텐데, 우리는 어떤 문제를 가장 잘 푸는 전략 하나를 그중에서 찾아야 한다. 유전 알고리즘은 자연선택과 흡사하게 작동한다. 다만 차이점은 적합도 지형의 역할을 프로그래머가 지정한다는 것이다. 생물학의 '지시된 진화directed evolution'와 같은 개념인 셈이다. 지시된 진화는 적합도 지형이 구체적인 목적 없이 자연에 의해 고정되는 자연선택과 구분하기 위해 만들어진 생물학 용어다.

무작위로 선별한 전략 여러 개를 가지고 시작해볼까. 각 전략이 하나의 문제를 풀게 두자. 그중에서 문제를 가장 잘 푼 몇 개를 골라낸다. 그러고는 그것들을 '변이시킨'다. 때로는 또 다른 성공적인 알고리즘과 뒤섞기도 한다. 성적이 나쁜 전략은 과감히 버리고 같은 과정을 반복하자. 그러면 전략 무리는 적합도 지형에서 점점 더 높은 곳으로 올라갈 것이다. 이때 구릉의 높이는 각 전략이 문제를 얼마나 잘 해결하느냐를 말해준다(이 실험은 말하자면 바텔과 쇼스택이 실시한 효소 RNA 실험의 가상세계 버전이다).

유전 알고리즘은 전략가로서 진화의 특징을 잘 보여준다. 대표적 사례가 멜라니 미첼이 고안한 알고리즘이다. 미첼은 로비라는 가상의 로봇을 내세운다. 로비는 가로세로 열 칸짜리 정방형 격자로 된 단순한 세상에 살고 있다. 격자 곳곳에는 어젯밤에 열린 파티의 잔해인 빈 맥주캔이 널려 있다. 오늘 로비는 바쁘므로 최대한 효율적으로 집 안 청소를 하려고 한다. 우리의 임무는 로비에게 동작 하나하나를 일일이 지시해 캔을 전부 치우게 하는 매우 구체적인 전략을 짜는 것이다.

로비는 한 칸씩 이동해 캔을 주울 것이다. 관건은 최단 경로로 이동하게 하는 것이다. 하지만 어젯밤 파티 시중을 드느라 무리해서인지 로비에게는 두 가지 심각한 결점이 있다. 하나는 시야가 매우 제한적이라는 것이다. 로비는 지금 서 있는 자리와 그 칸에서 동서남북으로 사면을 맞댄 네 칸만 볼 수 있다. 대각선이나 저 너머 칸들은 로비의 가시 범위 밖이다.

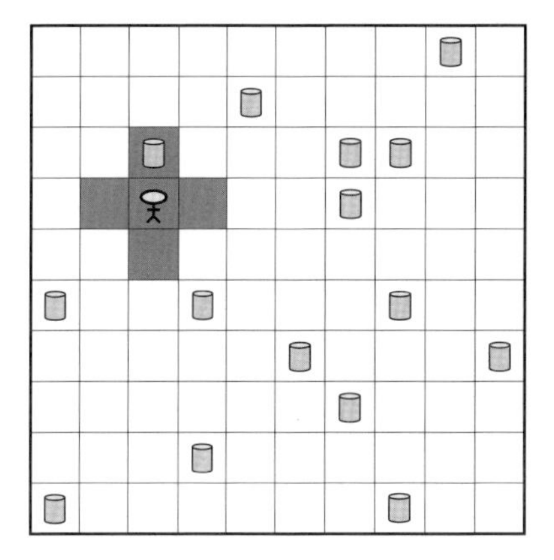

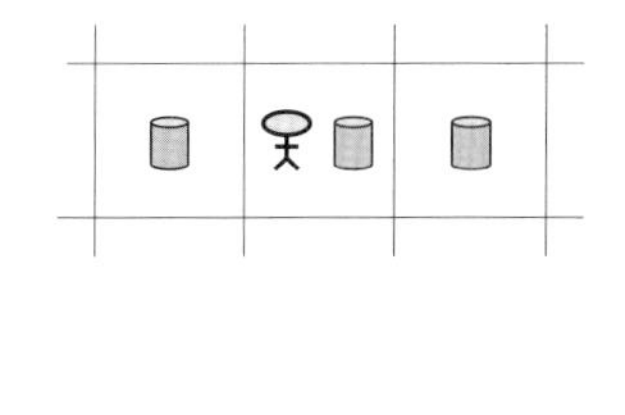

좌측의 정방형 격자는 로비의 세상이다. 어느 칸은 깨끗하고 어느 칸에는 빈 맥주캔이 떨어져 있다. 음영은 로비의 시야 범위를 뜻한다. 우측은 로비가 캔이 버려진 칸에 있는데 바로 옆 칸에도 캔이 있는 상황을 나타낸다.

그렇다면 다음에 생각할 것은 로비가 격자를 논리적으로 읽어가면서 일정 패턴에 따라 이동해 시야에 들어오는 캔을 주워 담게 해야 한다는 것이다. 여기서 로비의 두 번째 결점이 발목을 잡는다. 오늘 로비는 기억력이 꽝이라는 것. 녀석은 조금 전에 어느 칸에 있었는지, 거기서 캔을 주웠었는지, 심지어는 1초 전에 뭘 하고 있었는지도 기억하지 못한다. 녀석이 할 수 있는 일은 현재 상황에 비추어 다음에 필요한 일이 무엇인지를 유추하는 것뿐이다. “지금 동쪽으로 한 칸, 다음에 남쪽으로 한 칸” 처럼 한 번에 두 가지를 지시하는 명령은 실행하지 못한다.

이 두 가지 제한 조건을 고려하면서 로비가 할 수 있는 행동을 일일이 열거해내는 것은 어렵지 않다. 일단 로비가 상황을 알고 있는 칸은 모두 다섯 개다. 자신이 서 있는 곳 하나와 동서남북으로 하나씩이다. 각 칸은 세 가지 상태 중 하나일 것이다. 즉, 비었거나, 캔이 있거나, 벽에 막혔을 것이다(마지막 경우는 로비가 더 나아갈 수가 없다). 로비의 다음 ‘상태’는 그가 알고 있는 다섯 칸의 모든 가능성, 즉 $3^5 = 243$가지 상태의 목록으로 표시된다. 한 상태에서 로비가 할 수 있는 행동은 모두 일곱 가지다. 캔을 주울 수도 있고(캔이 있다면), 동서남북 중 한 방향으로 이동할 수도 있고, 무작위 방향으로 이동할 수도 있고, 제자리에서 아무것도 안 할 수도 있다.

로비는 243가지 상태 각각마다 이 일곱 가지 행동 중 하나를 실행하게 된다. 따라서 로비가 취할 수 있는 전략의 총수는 7^{243}혹은 대략 10^{205}이 된다. 사람 게놈에 비하면 새 발의 피지만 1등을 가리겠다고 하나하나 뜯어보기에는 여전히 어마어마한 숫자다.

이때 우리는 재치를 발휘해 효율이 높을 거라고 예상되는 전략을 미리 **설계**할 수 있다. 미첼이 선택한 방법이 정확히 그것이다. 그녀는 최선은 아니더라도 꽤 훌륭하게 작동할 기본 전략을 짰다. 구체적인 내용은 이렇다. 로비가 캔이 있는 칸에 서 있으면 캔을 줍는다. 현재 칸에 캔이 없으면 인접한 네 칸에 캔이 떨어져 있는지 본다. 그중 한 칸에 캔이 떨어져 있나면 그곳으로 이동한다. 캔이 없으면 아무 칸으로나 무작위로 이동한다. 캔이 있는 칸이 여럿이면 지정된 방향으로 이동한다. 이것을 '벤치마크 전략'이라 부르자. 벤치마크 전략은 설계자의 바람대로 나쁘지 않은 성과를 냈다. 시뮬레이션을 반복해서 돌렸을 때 이 전략이 받은 점수는 100점 만점에 평균 69점이었다.

아니면 자연을 본받아 지시된 진화를 모방해 전략을 진화시키는 방법도 있다. 로비가 지시받을 전략은 DNA 이중나선에서 유전정보가 담긴 특정 유전자와 같다. 우선은 무작위로 선택한 여러 전략을 돌려 성적이 가장 우수한 것들을 고름으로써 인위적으로 진화시킨다. 그런 다음 살아남은 전략들을 복제한다. 그렇게 만들어진 사본을 가지고 이 상태에서는 이렇게 행동하라는 지시들을 무작위로 고쳐 '변이시킨'다. 나아가 전략을 조각내 다른 전략에서 나온 조각들과 짜깁기함으로써 유성생식까지 흉내 낸다. 그러면 전체 과정이 진짜 진화와 엇비슷해진다. 지시된 진화는 설계된 전략보다 더 나은 전략을 찾아냈을까?

답은 '그렇다'이다. 진화는 설계보다 훨씬 나은 답들을 수월하게 찾아냈다. 컴퓨터는 시뮬레이션 250세대 만에 벤치마크 전략과 대등한 기록을 나타냈고 1000세대가 지나자 100점 만점에 무려 97점을 받았다.

유전 알고리즘이 충분히 진화한 뒤 우리는 과정을 역추적해 어떤 일이 벌어졌으며 효율성을 높인 요인이 무엇인지 분석할 수 있다. 현실에서 이 역설계reverse-engineering는 까다로운 도전과제다. 많은 컴퓨터 프로그램들이 사람 프로그래머가 제대로 이해하지 못하는 유전학적 알고리즘에 따라 구동된다. 인간의 발명품이 인간의 통제를 벗어나다니 좀 소름 끼친다. 그래도 로비는 우리가 조금만 수고하면 우리 손바닥 안에 있으니 다행이다.

유전 알고리즘에 따라 로비가 선택할 최선의 전략은 여러 가지 면에서 벤치마크 전략보다 낫다. 지금 로비가 캔이 있는 칸에 있고 동쪽과 서쪽으로 인접한 두 칸에도 캔이 떨어져 있다고 치자. 이때 벤치마크 전략은, 당연히 캔을 주우라고 명령한다. 그런데 그다음에 문제가 발생한다. 이제 로비는 동쪽이나 서쪽으로 한 칸 더 왔을 텐데 그러면 조금 전에 반대쪽에 있던 캔을 잊어버릴 것이기 때문이다. 그런데 유전 알고리즘은, 작동 기전이라고는 무작위적 변이와 선택뿐임에도, 이 문제를 해결하는 더 나은 전략을 짠다. 모두 캔이 떨어져 있는 세 칸 중 가운데 칸에서 있을 때 로비는 지금 서 있는 칸의 캔을 줍지 않는다. 그 대신, 캔을 줍지는 않고 동쪽이나 서쪽으로 한 칸씩 옮겨가면서 주변 상황을 관망한다. 그러다 마침내 다음 칸에 캔이 보이지 않게 되면 그때야 제자리의 캔을 집어 든다. 그렇게 왔던 길을 되돌아오면서 캔을 수거한다. 이 방식은 처음부터 딱 정해져서 하달된 벤치마크 전략보다 훨씬 더 효율적이다.

하지만 진화가 언제나 설계보다 나은 것은 아니다. 전지전능한 설계자가 존재한다면 항상 가장 좋은 전략을 찾아줄 테니까 말이다. 내가 말하고자 하는 요점은 자연선택이 꽤 괜찮은 검색 전략이라는 것이다. 자연선택의 목표물은 최고의 해결책이 아니다. 눈에 띄게 더 나은 것을 찾으면 그걸로 만족이다.

✺

진화의 검색 알고리즘이 복잡한 고차원 적합도 지형에서 봉우리를 찾는 일을 매우 잘하긴 하지만 그럼에도 발견되지 않는 지점이 있다. 어떤 생물종이 지금 고만고만한 언덕들이 올망졸망 모인 구릉지에 있는데 눈에 띄게 높은 봉우리 하나가 너른 평면 저 너머에 홀로 우뚝 솟아 있는 지형을 상상해보자. 이 생물종은 소소한 변이와 자연선택을 겪으면서 주변 지형을 탐색하고 더 높은 고지를 찾아다닐 것이다. 하지만 소소한 게놈 변이만 지속하는 한은 집단 안의 어느 개체도 구릉지를 벗어나지 못할 것이다. 누구도 저 산을 정복하겠다고 광활한 황야를 횡단하는 위험을 감수하지 않을 테니 말이다. 진화는 게놈이 분포한 세계 전체를 두루 살펴 더 나은 것을 찾는 방식이 아니다. 다만 무작위적 변이와 각 변이의 현재 유익성 평가(즉, 생식)를 통해 국지적으로 진행될 뿐이다.

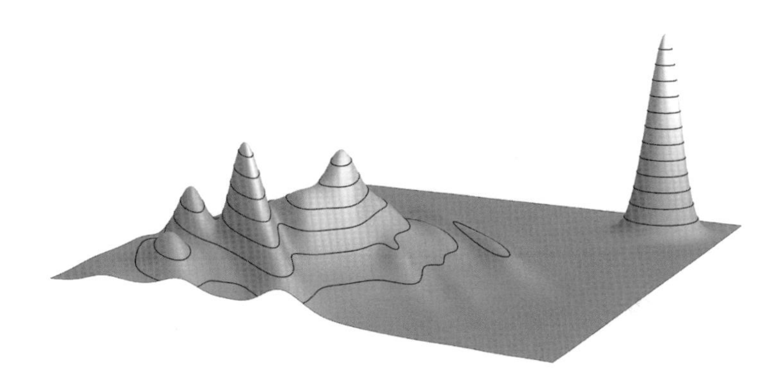

가장 큰 봉우리가 외떨어져 있는 적합도 지형. 자연선택 전략으로는 찾아내기가 어렵다.

어떤 문제의 독보적인 해결책이 긴 선택지 목록에서 외떨어져 있을 때 그것을 놓치는 것은 진화만이 아니다. 효율적인 검색 전략들은 대부분 미련하게 모든 가능성을 하나하나 훑어 내려가기보다는 선택지 목록의 구조적 특징을 검색에 이용한다. 가령 적합도 지형에서 인접 지점들끼리는 적합도 값이 비슷하다는 점을 고려해 검색 효율을 높인다. 그런데 이 과정에서 자연선택이 종의 진화에 관한 올바른 이론이라는 우리의 확신이 실증적 도전에 직면하게 된다. 만약 어떤 생물의 게놈이 높은 적합도 값을 갖는 게 확실한데 진화의 검색 전략은 그 지점을 찾아내지 못한다면, 다윈의 진화론에 대한 우리의 신뢰도는 감소할 것이다.

특정 게놈이 주어졌을 때 그것이 적합도 지형에서 외떨어진 봉우리인지를 우리는 어떻게 알 수 있을까? 외톨이 봉우리는 거의 모든 경우에 반드시 존재한다. 시간이 흐르면 수가 줄어들긴 하지만 말이다. 이차원 그래프에서는 그런 봉우리의 존재가 필연적이다. 반면에 사람의 유전자 2만 5천 개를 모두 고려할 때처럼 다차원 공간에서는 봉우리 간 이동이 훨씬 쉬워진다.

게놈이 다윈식 진화를 통해 완성되지 않았음을 입증하기 위한 노력도 있다. 자연선택에 반대하고 지적설계론을 지지하는 생화학자 마이클 비히가 대표적인 인물이다. 비히는 어떤 유기체들의 출현은 고전적 다윈주의 진화론에 들어맞지 않는다는 걸 입증하고자 했다. 이 과정에서 그는 '환원 불가능한 복잡성'이라는 개념을 소개했는데, 그의 정의에 따르면 환원 불가능한 복잡계는 수많은 부분의 상호작용으로 작동되며 각 부분 하나하나가 계의 구동에 없어서는 안 되는 필수적인 요소다. 이 아이디어의 핵심은 계를 이루는 부분들이 워낙 복잡하게 얽혀 있어서 차차 발전했을 리가 없고 모두 동시에 생겨났다는 것이다. 진화와는 완전히 다른 시각이다.

이 시각의 문제점은 환원 불가능한 복잡성을 계측하기가 쉽지 않다는 것이다. 개념을 설명하기 위해 비히는 쥐덫의 예시를 든다. 스프링이 레

버를 작동시키는 흔한 유형이다. 비히의 해설에 따르면, 부품이 하나라도 빠진 덫은 무용지물이다. 따라서 쓸모를 높이는 기능이 조금씩 더해진 게 아니라 처음부터 그 모양 그대로 설계되었어야 한다.

당연히 곧 반론이 나왔다. 적어도 두 사람(존 맥도널드와 알렉스 피델리부스) 이상이 쥐덫의 진화 경로를 제안하고 나섰다. 두 사람은 몹시 단순한 형태에서 시작해 점점 복잡해지는 설계 흐름도를 만들었는데, 단계마다 미세한 변화가 있어서 이전 단계보다 나아지고 마지막에는 오늘날 우리가 알고 있는 그 쥐덫의 생김새가 완성된다. 여기에 요하힘 다그가 시판제품의 변천사를 조사해 실제로 쥐덫이 처음부터 그런 모양이었던 게 아니고 (물론 설계를 통해서지만) 점점 개량된 것임을 증명하며 결정

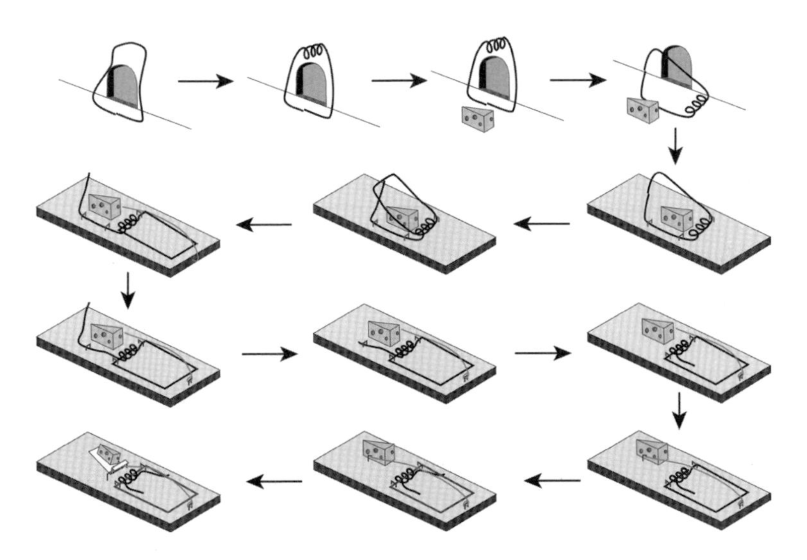

존 맥도널드가 구상한 쥐덫의 진화 과정. 최초의 형태는 무언가 걸리면 넘어지는 철선으로만 되어 있다. 여기서 스프링 추가, 미끼 추가, 방향 변화, 바닥 추가, 넓어진 해머, 인계철선 추가, 인계철선의 고정쇠 추가, 짧아진 스프링, 더 짧아진 스프링, 인계철선을 받칠 보조 고리 추가, 스프링과 해머 분리를 거쳐 정교한 덫이 완성된다.

타를 날렸다. 다그의 표현대로 "쥐덫 개체군은 진화의 전제조건(변이, 수평 이동, 선택)을 모두 갖추고 있었"던 것이다.

☼

환원 불가능한 복잡성은 진화에 대한 많은 이의 깊은 우려를 보여주는 방증이다. 그들은 지구 생물권에서 우리가 목격하는 생물들이 우연한 변이와 선택만으로 설명하기에는 너무나 정교하다는 점을 마음에 걸려한다.

윌리엄 페일리의 그 유명한 시계공 비유가 나온 것도 그런 맥락이다. 페일리는 다윈 이전 시대의 사람이었지만 다윈식 진화를 옹호하며 신의 역할을 부정할 후손들을 미리부터 설득하기 위해 부단히 애썼다고나 할까. 그런 목적으로 그가 즐겨 쓴 일화가 눈 얘기다. '눈'이라는 단어는 그의 저서 《자연신학》에 200번도 넘게 등장한다. 눈은 많은 부분이 조화롭게 작동해야만 제대로 기능하는 신체기관이다. 그럼에도 늘 맡은 임무를 훌륭하게 수행한다. 게다가 다른 신체 부위들 모두 본능적으로 눈을 보호하려고 한다. 페일리는 이 모두가 눈이 "전지전능한 창조자의 필연성"을 암시하는 증거라고 확신했다.

눈은 자연선택을 통해 설명될 수 있을 뿐만 아니라 수십 차례의 진화기를 겪은 것으로 보인다. 눈이 진화했음 직한 경로를 추적하는 것은 어렵지 않다. 광자 흡수는 살아 있는 모든 생물이 하는 가장 기본적인 활동이다. 이 기능을 집중적으로 실행하기 위해 빛에 유독 민감한 부분, 즉 안점眼點이 생겼다. 안점은 단세포동물에도 발견되는 원시적인 신체기관이다. 그런데 생물이 빛을 감지할 때 빛의 방향까지 알 수 있다면 더 유리할 것이다. 이것을 가능하게 하는 간단한 방법은 안점을 오목한 곡면에 배치하는 것이다. 편형동물의 눈처럼 말이다. 이 곡면은 점점 더 움푹하게 들어가 함몰 공간이 구체에 가까운 형태로 변했다. 그래서 텅 빈 구체가 핀홀카메라*와 비슷한 원시적 형태의 수정체 역할을 하게 되었다. 오늘날 남아 있는 몇몇 연체동물이 실제로 이렇게 생긴 눈을 갖고 있다. 구형의 빈 곳은 곧 투명한 액체로 채워졌다. 이를 통해 안구를 보호하면서 초점 조절의 정확도를 높일 수 있었다. 하지만 이 단계들이 한 시기에 연달아 일어나지는 않았을 것이다. 생명체 안에서 다른 목적으로 생긴 어떤 기능이 좋아 보이면 그 기전을 차용해 서서히 발전해 갔을 것이다.

정리하면 이렇다. 눈은 복잡도와 적합도 단계가 점점 높아지는 방향으로 발전해 간다. 그리고 그런 발전 과정은 우리 주위의 각종 현생 동식물로부터 목격된다. 이로 미루어보건대 눈은 놀라운 기관이지만 완벽하진 않다. 따라서 특출한 설계자의 발명품이라기보다는 진화의 산물이라는 설명이 옳을 것이다. 시각 정보를 인간의 뇌에 전달하는 신경섬유는 무슨 이유에선지 망막 앞에 있다. 망막 뒤에 있는 게 더 효율적일 텐데 말이다. 그런 면에서 디자인상으로는 문어의 눈이 더 진보한 형태다. 사람과 달리 시신경이 망막 뒤로 물러난 문어의 시야에는 사각지대가 없다. 아무래도 지구 생물들의 몸뚱이는 진화의 역사에서 일어난 사건·사고들의 기록인 것 같다.

---

* 렌즈가 발명되기 전 어둠상자에 구멍을 뚫은 형태의 사진기

35
창발한 목적

문제를 하나 내겠다. 답은 하나 이상일 수 있다. 기린의 목은 어쩌다 그렇게 길어졌을까?

1. 나무 꼭대기의 잎을 따먹으려고 고개를 위로 쭉 뻗다 보니 후대로 갈수록 목이 점점 길어졌다.

2. 긴 목이 잎을 먹는 데 유리하다. 그런데 DNA에 무작위적 돌연변이가 일어나 일부 개체가 다른 개체들보다 긴 목을 갖게 되었다. 그런 개체들은 더 높은 곳에 달린 신선한 나뭇잎에 닿을 수 있으므로 동포들보다 더 많은 영양분을 섭취할 수 있었다. 이 이점이 후손들에게 전해 내려갔고 집단에 속한 모두가 목이 점점 길어졌다.

3. 긴 목이 섹시하다. 기린 사회에서는 수컷이 머리를 휘적휘적 흔들어 암컷에게 구애한다. 따라서 돌연변이로 긴 목을 갖게 된 수컷은 짝짓기에 유리했다. 이 이점이 후손들에게 전해 내

려갔고 집단 전체적으로 목이 점점 길어졌다.

4. 물리 법칙과 우주의 최초 상태와 우주에서 우리가 서 있는 위치라는 삼박자가 딱딱 맞아떨어졌다. 그래서 빅뱅이 있은 지 137억 년 뒤 오늘날 목이 긴 기린 형상의 원자 집단이 형성되었다.

1번 보기와 2번 보기는 다윈의 자연선택설을 설명할 때 자주 언급되는 것이다. 1번 보기는 틀렸다. 한 개체가 살면서 연습과 학습을 통해 새로 익히는 행동은 유전정보가 아니다. 따라서 후손에게 상속되지 않는다(유전자 자체에는 변화가 없지만 환경의 영향을 받아 달라진 유전자 발현 방식이 유전된 걸지도 모른다). 2번 보기는 다윈주의의 표준적인 해설이다. 조상 기린들이 더 높이 닿기를 원했던 게 아니다. 그저 그럴 수 있는 키가 큰 개체들이 더 잘 살아남아 후손을 남기기에 유리했을 뿐이다.

3번 보기는 일명 '자웅선택sexual selection'이라 불린다. 자웅선택은 경험적으로 더 나은 결과를 얻기 위해 선택압이 특별한 방향으로 작동한다는 다윈주의 설명에 완벽하게 부합한다. 학계 일부는 기린의 목이 높은 곳의 나뭇잎을 따먹으려고 길어졌다는 전통적인 해석보다 자웅선택이 더 그럴싸한 설명이라고 보고 있다. 이렇듯 여러 가지 해석이 공존한다는 사실은 진화의 과정을 정확하게 이해하는 것이 얼마나 어려운가를 말해준다. 단순한 특질 하나도 그 발현을 설명하는 데 하나 이상의 해석이 가능한 것이다.

이 논의는 아직 진행형이다. 예를 들어, 자웅선택이 옳다면 수컷과 암컷의 목 길이가 다르게 진화했어야 할 것인데 자료에 의하면 암수의 차이는 없어 보인다. 그래서 2번 보기가 더 다수의 지지를 얻고 있다. 새 데이터가 입수될 때마다 각 가설의 신뢰도가 계속 갱신되긴 할 테지만 말이다.

그렇다면 마지막 4번은 어떨까? 이 보기는 진화와 관련된 어떤 단어도 언급을 피하고 있다. 그래서 진술 자체에는 거짓이 없음에도 가까이 와 닿지 않는다. 시적 자연주의의 관점에서는 자연선택설이 생물계의 창발적 요소들을 설명하는 훌륭한 화법이다. 진화와 적응을 반드시 언급해야만 생물계에서 벌어지는 일들을 정확하게 기술할 수 있는 것은 아니지만 그렇게 하면 중요하고 유용한 지식을 더욱 수월하게 얻을 수 있다.

그런 면에서 진화론은 기저 실재로부터 창발하는 거시적 현상들의 보물창고다. 우리의 우주는 특별한 출발점에서 시작되었고 튼실한 시간의 화살에 올라타 있다. 이런 특별한 세상이 그려내는 창발된 실재를 논하면서 우리는 '목적'이나 '적응' 같은 단어들을 사용한다. 기저 수준의 실재에서는 이 단어들과 정확히 똑같은 의미로 바꿔쓸 수 있는 개념이 없음에도 말이다.

✻

진화에 회의적인 사람들은 먼지처럼 떠도는 물질들에서 완전히 새로운 무언가가 어떻게 나올 수 있냐며 의문스러워한다. '목적'이란 개념이 바로 그런 예다. 우리는, 너무나 자연스럽게, 기린의 목이 길어진 "목적"은 나무 꼭대기의 신선한 잎을 따먹는 것이라고 말한다. '정보'도 마찬가지다. 우리는 DNA에 유전"정보"가 담겨 있고, 시신경이 눈에서 뇌로 시각"정보"를 전달한다고 말한다. 그리고 이런 예의 정점에는 '의식'이 있다. 이 개념들은 물리 법칙의 순수한 라플라스식 해석을 과감하게 이탈한 것처럼 보인다. 진화의 본질은 순수하게 물리적이다. 그런데도 이렇게 완전히 새로운 개념들이 어떻게 나올 수 있었을까?

누구나 한 번쯤 해볼 만한 질문이다. 진화에는 계획도, 지도자도 없다. 유전정보가 후손에게 대물림되고 안 되고는 미래를 향한 어떤 목적이 아니라 오로지 그때 그 순간의 주변 상황과 우연한 행운에 따라 결정된다. 그럼에도 본질적으로 목적이 없는 과정인 진화에서 목적이 창발해 나왔다. 과연 어떻게?

그런데 이것이 질문거리가 되는 게 이상해 보이기도 한다. 최소한, 아가미나 눈처럼 일상적인 것들의 답을 자연선택이 제공한다는 사실을 인정하는 사람들에게는 그렇다. 아가미와 눈은 나름의 의미에서 '완전히 새로운' 것이다. "지시되지 않은 진화의 과정에서 새로운 것이 자연적으로 생겨나는 것은 불가능하다"며 반박하려고 해도 근거로 들 보편적 법칙 따위는 없다. 암흑천지 우주에서도 별과 은하 같은 것들이 생겨났지 않았나. 그러니 '목적'이나 '정보'라고 안 될 이유가 무엇인가.

시적 자연주의에서는 어느 한 이론에서 다른 이론이 파생될 때 '완전히 새로운' 개념이 출현하는 것이 별로 신기한 일이 아니다. 시간이 흐르고 엔트로피가 증가함에 따라 우주의 물질들은 자리 배치를 바꿔가고 이를 통해 새로운 상위 화법의 창발도 얼마든지 가능하다. 시적 자연주의에서 '목적'과 같은 신개념의 출현을 앞두고 우리는 딱 한 가지만 따지면 된다. 바로, 해당 적용 영역 안의 실재를 효과적으로 설명하는 이론을 개발하는 데 '목적'이 유용한 개념인가 하는 것이다. 해결해야 할 흥미롭고도 도전적인 기술적 과제들이 많을 것이지만 신개념의 창발 자체를 가로막는 장애물은 존재하지 않는다.

⁂

캔을 주우러 다니면서 자신만의 한 뼘 우주를 청소하는 로봇 로비를 생각해보자. 거듭된 변이와 선택을 거쳐 최선의 전략이 인공적으로 완성되어 감에 따라 로비는 요령을 터득했다. 좌우 모두 캔이 있을 때 녀석은 지금 자리의 캔을 줍지 않는다. 그 대신 캔이 없는 다음 칸이 보일 때까지 한 방향으로—편의상 서쪽이라고 하자—계속 이동한다. 그렇게 서쪽의 끝을 확인하면 그제야 몸을 돌려 왔던 길을 되짚으면서 캔을 줍는다.

로비는 왜 이렇게 행동할까? 우리는 간단히 이렇게 대답할 수 있다. "유전 알고리즘의 선별 작업에서 살아남은 전략을 실행하기 때문"이라고. 이 응답 방식은 앞의 기린 예시에서 4번 보기에 대응한다. 틀린 답은 아니지만 무미건조하다. 그렇다면 이런 대답은 어떨까. "로비는 반대쪽 칸에도 캔이 있다는 걸 기억하고 싶어 한다. 그래서 지금은 캔을 그대로 둔다. 나중에 돌아오는 길에 치우면 된다는 걸 아니까."

이건 타당한 화법인가? 엄밀히 로봇 로비는 무언가를 **원할** 수 없다. 심지어 진짜 로봇도 아니다. 컴퓨터 메모리에 심어진 1과 0들의 나열일 뿐이다. 심리학에서는 인간의 생각이나 감정을 사물에 이입하는 것을 '의인화의 오류'라고 한다(나도 종종 "내 컴퓨터는 가끔 재부팅 해주지 않으면 투덜거린다"고 말한다). **실제로는** 그렇지 않은데 로비에게 욕구가 있는 것처럼 의인화해 말하는 것은 악의 없는 말재간에 불과할 터이다. 그렇지 않은가?

다시 거꾸로 생각해보자. 사람에게 욕구가 있다는 것과 동등하게 진지한 의미에서 로비에게 욕구가 없다고 말한다면 어떨까. 그러면 우리는 '욕구'라 불리는 어떤 것이 이 우주의 어떤 구성원(즉, 사람)에게는 있어도 되고 또 어떤 구성원(즉, 가상 로봇)에게는 그렇지 않다는 것을 암묵적으로 단정하는 것 아닐까. 아니, 애초에 '욕구'라는 게 대체 뭘까?

무언가가 어떤 것을 원한다는 표현은 올바른 상황에서 쓰면 매우 유용해지는 화법이다. 복잡한 행동을 간단하면서 효율적으로 설명하기 때문이다. 나무를 타는 원숭이를 볼 때 우리는 원숭이의 동작 하나하나를 묘사해가며 상황을 중계할 수도 있고 원숭이와 그 주변 환경을 구성하는 모든 원자의 위치와 속도를 매 순간 나열할 수도 있다. 하지만 "원숭이가 나무 꼭대기에 달린 바나나를 따고 싶어 한다"고 말하면 한 방에 해결된다. 얼마나 간편한가. 원자들의 위치와 속도 데이터를 다 합친 것보다도 많은 정보가 이 한 문장에 다 들어 있다.

어떤 존재는 무언가를 '원할' 능력이 있고 또 어떤 존재는 그렇지 않다고 못 박는 철학적 정의 같은 것은 없다. 다만 누군가가 무언가를 원한다고 말하는 게 편리한 상황과 그렇지 않은 상황이 있을 뿐이다. 그런 상황은 우주 물질이 지시되지 않은 진화를 겪으며 발전하는 과정에서 자연스럽게 생겨난다. 이때 '욕구'는 그 주체만큼이나 분명하게 실재한다.

로비의 사례에서는 로봇의 행동을 꼭 욕구나 목적의 맥락에서 이해할 필요가 없다. 로비가 캔을 줍는 전략을 있는 그대로 설명하면 된다. '욕구'의 존재론적 상태 측면에서 로비와 사람이 다르다면 그것은 정도의 차이일 뿐이다. 가령 로비보다 훨씬 정교하게 프로그래밍된 다른 로봇이 똑같은 임무를 수행한다고 치자. 우리는 프로그램의 내용을 거의 또는 전혀 해독하지 못해도 로봇을 관찰할 수는 있다. 이때 로봇의 행동을 이해하는 가장 좋은 방법은 "저 로봇은 캔을 줍고 싶어 한다"고 말하는 것이다.

자연주의 아래서는 사람과 로봇이 크게 다르지 않다. 우리는 모두 그저 시간의 화살이 작동하는 환경에서 무신경한 물리 법칙의 지배를 받는 물질들이 복잡하게 뭉친 덩어리일 뿐이다. 욕구와 목적과 바람은 그 흐름 속에서 자연스럽게 싹튼다.

☼

'정보'도 비슷하게 설명될 수 있다. 정보는 나중에 의식을 다룰 때 또 등장하므로 지금 예습해두면 좋을 것이다. 우주가 물리 법칙을 기계적으로 따르는 물질들로만 이루어져 있다면 어떻게 그런 것에 정보가 담길 수 있을까? 어떤 원자의 배열이 어떻게 또 다른 배열의 설계도가 될까?

'정보' 같은 단어들은 우주에서 일어나는 여러 가지 일들을 설명하는 데 유용하다. 하지만 필수 어휘는 아니다. 우리는 기린 예시의 4번 보기처럼 시시각각 달라지는 우주의 양자 상태를 쭉 읊어도 된다. 하지만 '정보'가 특정 물리적 실재를 효율적으로 해설하면서 우리의 시야를 확 터주는 유용한 화법임은 분명한 사실이다.

보이니치 문서를 생각해보자. 15세기 초 이탈리아에서 작성되었을 것으로 추정되는 이 신묘한 고문서에는 각종 천체와 생물의 도해가 가득하다. 실려 있는 식물 그림들은 실제로 어떤 품종을 모델로 그려진 것인지 알 수 없다. 이 필사본의 가장 특별한 점은 완전히 해독 불가하다는 것이다. 내용은 고사하고 문자 자체가 전에 본 적 없는 외계어 같다. 단어와 기호의 패턴을 통계적으로 분석한 결과 이것이 분명 언어임은 확인되었지만 해독에 성공한 전문가는 지금까지 한 명도 없다. 아마도 암호가 너무 튼튼하거나 완전히 잊힌 사어死語이거나 대성공한 사기극이거나 셋 중 하나일 것이다.

여기서 질문. 보이니치 문서는 정보를 담고 있을까?

이때 보통 사람들은 기원에 따라 다를 거라고 답한다. 만약 이 유물이 흡사 언어처럼 보이는 기호들을 대충 골라 짜깁기한 허섭스레기라면 그 안에 정보 따위는 없을 것이다. 한편 아주 잘 짜였지만 언젠가는 풀릴 암호문이라면 이 책에는 엄청난 양의 정보가—설령 정보의 실체는 아직 베일에 가려 있더라도—들어 있을 것이다.

그런데 만약 절대로 깨지지 않는 암호라면? 처음에는 저자가 매우 구체적인 목적을 가지고 집필했지만, 너무 꼭꼭 숨기는 바람에 아무도 알

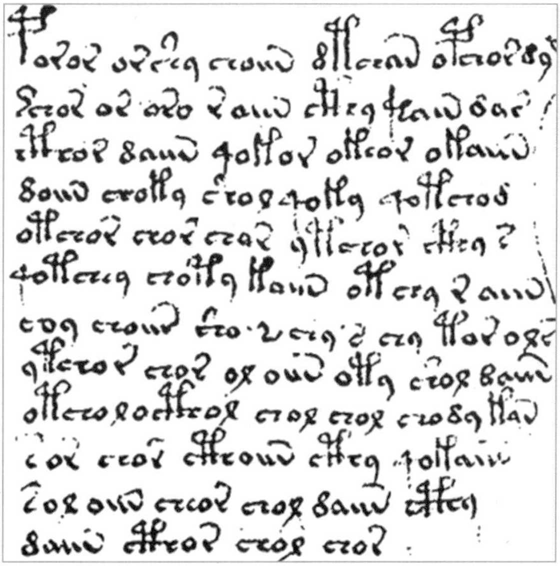

보이니치 문서의 발췌 부분

아볼 수 없게 되었다면? 그래도 여전히 보이니치 문서는 정보를 담고 있는 걸까? 또 이런 시나리오는 어떤가? 문서를 캡슐에 넣어 우주로 쏴 보냈는데 끔찍한 소행성 충돌로 지구가 산산조각이 난다면? 캄캄한 진공을 영원히 홀로 부유하게 된 문서에 정보가 들어 있다고 말할 수 있을까?

우리는 '정보'라는 단어를 상황에 따라 종종 양립 불가능한 여러 가지 의미로 사용한다. 4장에서 우리는 기초물리학을 설명하면서 정보 보존의 법칙을 얘기했다. 여기서 어떤 물리계의 상태에 관한 정확하고 종합적인 기술을 우리는 '미시적 정보'라 부를 수 있다. 미시적 정보는 새로 생겨나지도 파괴되지도 않는다. 하지만 우리가 더 자주 거론하는 정보는 더 상위의 거시적 개념이다. 거시적 정보는 생성되고 변모하고 소멸한다. 책이 불타면, 우주 차원에서는 아닐지언정, 적어도 인간 입장에서는 그 안에 들어 있던 정보를 잃는 것이다.

책에 담긴 거시적 정보는 환경에 상대적이다. 즉, 책에 적힌 단어들은 우리가 독서를 통해 흡수하는 특정 사상과 밀접하게 연관된다. '기린'이라는 단어를 읽을 때 우리의 머릿속에는 주로 아프리카에 서식하는 목이 유달리 긴 발굽동물이 선명하게 그려진다. DNA도 마찬가지다. 우리는 DNA라는 단어를 읽고 세포에서 합성될 어떤 단백질을 생각한다. 한 대상(책 혹은 DNA)이 또 다른 대상(기린의 이미지나 단백질 분자)과 자연스럽게 연결되는 걸 보면 정보는 확실히 존재하는 것 같다. 이런 연관성이 없다면—책을 읽는 사람도, DNA를 읽어 단백질 생산을 지시하는 RNA도 지금 이 순간 그리고 앞으로도 영원히 없을 것이라면—정보를 논하는 의미가 없을 것이다.

그런 맥락에서 물질과 생명의 지시되지 않은 진화 과정에서 정보를 품은 실체가 생겨나는 것은 조금도 놀랍지 않다. 이런 실체가 출현하는 궁극적 이유는 분명하다. 우주가 엔트로피가 매우 낮은 상태에서 시작했기 때문이다. 다시 말해, 우주의 첫 순간은 아주 특별했다. 엔트로피가 몹시 낮았다는 원시우주의 거시적 특징만 알면 우주의 미시적 상태에 관한 엄청난 양의 정보를 뽑아낼 수 있다(엔트로피가 높은 평형 상태에서는 가능한 미시적 상태의 선택지가 거의 무한하다. 그래서 유용한 정보를 얻을 수 없다). 우주는 매우 개성적인 시작점에서 출발해 보편적인 모습으로 진화해간다. 그 과정에서 우주의 부분들 사이에 연관성이 자연스럽게 발달한다. 그래서 한 부분이 다른 부분에 관한 정보를 담고 있다고 말할 수 있게 된다. 그런고로 정보는 창발된 거시적 수준에서 세상을 논하는 유용한 화법이다.

✻

1990년대 후반, 전미생물교사협회NABT가 채택한 진화 교육에 관한 선언문을 두고 논란이 불거졌다. 선언문 일부의 내용은 이랬다.

> 지구 생물의 다양성은 자연선택과 우연과 각종 천재지변과 환경 변화의 영향으로 유전자에 생긴 변화들이 자율적이고 비인격적이며 예측 불가능한 방식으로 후손에게 전달되는 자연적 과정인 진화가 낳은 결과이다.

여기서 불씨가 된 표현은 "자율적"이고 "비인격적"이라는 부분이었다. 적지 않은 이가 이 두 단어가 과학의 경계를 넘어서서 종교의 영역을 침해한다고 여긴 것이다. 저명한 신학자 앨빈 플란팅가와 휴스턴 스미스는 협회에 항의 서한을 보내 선언문이 과학자를 향한 국민의 존경을 갉아먹고 미국 사회에서 과학의 입지를 약화하는 역효과를 불러올 거라고 경고했다. 두 사람이 이렇게 세게 나갈 수 있었던 것은 과학과 종교가 맞붙으면 대중은 거의 언제나 종교 편에 선다는 확신 덕분이었다. 그들은 두 단어를 빼고 선언문을 수정할 것을 협회 이사회에 촉구했다. 몇 차례 논의 끝에 결국 협회는 요구를 받아들였고, 새로 인쇄되는 모든 책자에는 문제의 두 단어가 빠진 수정본이 실리게 되었다.

혹자는 이게 정치적으로 현명한 처사였다고 두둔하겠지만 솔직히 수정되기 전 버전은 완벽하게 적절한 정의다. 진화론은 자율적이고 비인격적인 자연 현상에 관한 이론이다. 진화론이 틀리거나 불완전할 가능성이 없지는 않다. 우리 눈에는 진화가 자율성을 가진 것처럼 보이지만 사실은 보이지 않는 힘이 미묘하게 작용하는 걸지도 모른다. 하지만 이것은 살을 더 붙여 전통적 과학 기법으로 검증해볼 만한 또 하나의 쟁점일 뿐, 자율적 진화 이론을 무효로 하지는 못한다. 게다가 지금까지 지구 생태계의 역사를 훌륭하게 설명해온 진화론에 따르면 지구상의 그 무엇도 누군가의 지시를 받거나 인격을 띠지 않는 듯하다. 자연선택은 복잡도를 높이거나, 궁극적으로 의식을 출현시키거나, 혹은 창조주의 영광을 찬미하고자 특정 목적지를 향해 달려가지 않는다.

그래서 종교와 과학 모두를 믿는 온건파 인사들은 다윈론의 실증적 성공을 인정하면서 유신론적 진화론이라는 것을 제안했다. 유신론적 진화론은 세상이 신의 섭리를 따르는 동시에 자연선택이 어느 정도 작용한다는 입장이다. 미국 국립보건원NIH의 수장 프랜시스 콜린스와 미국 초·중등학교에서 창조론을 가르치는 것을 앞장서서 반대하는 세포

생물학자 케네스 밀러 등 세계적 명성의 생물학자 다수가 이 견해를 지지한다.

진화와 신의 존재를 양립시키는 가장 좋은 절충안은 양자역학의 확률적 성질을 이용하는 것이다. 고전역학의 논리에 따르면 세상은 처음부터 끝까지 완벽하게 결정론적이어서 물리 법칙을 거스르지 않고는 신이 생명의 진화에 간섭할 여지가 없다. 하지만 양자역학은 오로지 확률만을 말한다. 이때 신은 양자역학이 제시한 여러 보기 중 하나를 골라 실현하면 되므로 물리 법칙을 거스를까 우려하지 않아도 된다. 주어진 선택지 중 하나를 톡 건드려 등 떠밀기만 하면 되는 것이다. 앉은뱅이를 일으켜 걷게 한다든지, 물을 포도주로 바꾼다든지, 홍해를 가르는 등 신이 행한 다양한 기적을 설명하는 데 양자역학이 도움이 될 거라고 플란팅가가 제안한 것도 그런 맥락에서다.

그렇다. 양자역학은 이 모든 기적적 사건의 가능성을 허락한다. 하지만 그 가능성은 매우 낮다. 매우, 몹시, 엄청나게 낮다. 우주에 존재하는 모든 항성계의 행성마다 과학자가 살고 있고 그들이 현재 추정되는 우주 나이의 몇 곱절 세월 동안 실험을 반복한다고 가정하더라도 물이 포도주로 변하는 기적이 목격될 확률은 제로에 가까울 것이다. 다만 가능은 하다.

"가능할 수도 있어"라고 말해주는 것만으로는 유신론적 진화론자들의 성에 차지 않는다. 크게 두 가지 가능한 논리적 시나리오가 있다. 첫 번째는 양자 상태에서 일어나는 선택들은 각각 별 어려움 없이 실현되기 쉬운 것들이고 신이 그런 후보 중의 하나를 고른다는 것이다. 이 경우는 신이 할 일이 별로 없다. 신의 개입이 있든 없든 기다리면 언젠가 인류도 자연스럽게 출현할 일이었다. 앞면이 나오게 해달라고 기도하고 동전을 던졌는데 진짜로 앞면이 나오면 기분이 좋다. 하지만 눈물 콧물 다 쏟아가며 신께 감사 기도를 하고 호들갑 떨 일은 아닐 것이다. 같은 말을 베이즈 추론의 맥락에서 다시 하면 이렇게 된다. 신이 개입함으로써 우도가 높아져 얻는 득은 초자연적 힘이 진화의 방향을 바꿈으로써 복잡도는 높아지고 정확도는 떨어져 생기는 실을 만회하기에 턱없이 부족하다.

두 번째 시나리오는 인류 탄생을 이끈 진화의 사건들이 완전히 불가능하지는 않더라도 홍해가 저절로 갈라지는 것만큼이나 극도로 일어나기 어려운 일들이었다는 것이다. 이 경우는 양자역학의 불확정성을 끌어들이는 것으로도 해명이 불가하다. 결국 물리 법칙을 거스를 수밖에 없다. 관찰 가능한 우주 어디서도 실현 가능성이 거의 없어서 기대도 안 하던 어떤 사건이 목격된다면 그것은 우리가 틀린 이론에 판돈을 걸었다는 방증일 것이다. 동전을 100번 던졌는데 모두 앞면만 나오는 것이 완전히 불가능한 일은 아니다. 하지만 게임이 조작되었을 가능성이 매우 크다고 보는 게 훨씬 자연스럽다.

양자역학의 불확정성은 신이 진화에 관여한다는 스토리를 끼워 넣으려는 사람들에게 약간의 틈도 허락하지 않는다. 신이 은밀하게 입김을 발휘해 양자 수준에서 어떤 일을 실현하게 한다면 그것은 개입 자체로 고전역학적으로 행성의 운동량을 변화시키는 것이나 다름없이 큰 사건이다. 다시 말해, 신은 세상에 개입하거나 개입하지 않거나 둘 중 하나다.

유신론적 진화론의 치명적인 약점은 신이 개입한다는 증거가 없다는 것이다. 유신론적 진화론자들은 신의 중재가 진화에 반드시 필요함을 확실하게 못 박는 근거를 대지 못하고 있다. 대신 양자역학을 방패 삼아 그게 가능할 수도 있다며 볼멘소리만 한다. 가능하다는 것은 맞다. 신이 존재한다면 말이다. 신은 물리 법칙이 얽맬 수 없는 전능한 존재다. 하지만 유신론적 진화론자들은 양자역학을 에덴동산에서 아담이 치부를 가리는 데 썼던 나뭇잎처럼 사용하고 있다. 그들이 이렇게 할 수 있는 것은 양자역학이 신이 세상에 개입할 여지를 조금이라도 허락해서가 아니라 그들의 상상을 관대히 허락해 주기 때문이다. 신이 아무도 눈치채지 못하게 지문 하나 남기지 않고 은밀히 세상에 작용하고 있을 거라는 유신론적 진화론의 상상 말이다.

신이 왜 이렇게 자신의 존재를 철저하게 감추려고 애쓰는지는 알 수 없다. 다만 지나치게 신중한 신의 행보는 유신론을 우리가 10장에서 거론했던 달을 조종하는 천사 가설 수준으로 위축시킨다. 유신론적 진화론은 신이 은밀하게 개입하는 진화와 순전히 물리적인 진화가 애초에 구분될 수 없도록 정밀하게 디자인되었기에 우리는 어떤 과학적 실험으로도 이 이론을 반증하지 못한다. 그렇다고 유신론적 진화론이 우리에게 어떤 통찰을 주는 것도 아니다. 기껏해야 이 세상에 신의 영향력은 없다는 시나리오에 우리의 신뢰도를 높여줄 뿐이다.

36
우리는 중요할까

생명의 진화는 놀라운 사건이지만 그만큼 아슬아슬해 보인다. 그렇지 않은가? 상황이 조금만 달랐어도 이 땅에 생명은 출현할 수 없었다.

그렇게 따지면 생명의 존재 그 자체가 자연주의를 반박하는 증거인 것도 같다. 그래서 모든 조건—전자의 질량부터 원시우주의 팽창 속도까지—이 생명의 존재를 지지하는 쪽으로 미세조정되어 있다는 주장이 나온다. 숫자가 한 끗만 달랐어도 우리는 여기서 태평하게 담소를 나누고 있을 수 없었다는 것이다. 이 주장은 유신론과 완벽하게 부합한다. 신은 인간의 존재를 원하지만 자연주의는 인간을 존재시키는 데 무관심하니 말이다. 베이즈 추론의 언어로 다시 설명하면, 우주에 생명이 출현할 우도가 유신론 아래서는 꽤 높지만 자연주의 아래서는 상당히 낮다. 그렇다면 인간의 존재가 신을 입증하는 강력한 증거라는 결론이 나온다.

그러나 미세조정 주장은 코페르니쿠스 이후 과학이 발견한 모든 것을 뒤엎으며 대중을 오도한다. 이 논리가 옳다면 우리는 우주의 중심이다. 인간이 우주 존재의 이유이며 전자의 질량도 인간의 존재를 위해 결정된 것이 된다. 우연한 사건이나 물리 법칙 때문이 아니라 말이다. 누군가 코어 이론의 양자장들을 생각하거나 우주에 존재하는 수백억 은하들을 떠올리면서 "난 세상이 왜 이렇게 됐는지 알아. 이래야만 내가 존재할 수 있기 때문이지"라고 말하는 모습을 상상하니 소름이 돋는다.

그럼에도 미세조정 가설이 신의 존재를 지지하는 가장 큰 지원군인 것은 분명하다. 이 가설은 소파에 가만히 앉아서 우주의 이런저런 면면을 어떻게 설명할까 고민하다 나온 선험적 사유의 그럴싸한 결과물이 아니다. 미세조정 가설은 과학이 세상을 탐구해온 방식을 나름대로 답습한다. 미세조정은 자연주의와 유신론이라는 두 이론을 택한다. 그런 다음 각각의 편에 서서 예측 및 실험을 하고 세상 밖으로 나와 실제로 관측한 자료와 비교해 어떤 예측이 실현되었는지 조사한다. 우리가 접할 수 있는 유신론 가운데 가장 그럴싸한 주장이다.

그렇다고 해서 미세조정 가설이 탄탄한 주장이라는 말은 아니다. 그것은 통계학에서 '오래된 증거'라 불리는 것에 심하게 의존하고 있다. 즉, 그들은 유신론과 자연주의의 예측들을 처음 주창한 건 자기네가 아니며 그들은 단지 세상 밖으로 나가 그 예측들을 검정했을 뿐이라고 한다. 또 한편으로 미세조정 가설은 선택 편향에 기댄다. 즉, 인간이 존재하는 가능 세계에서만 이런 논의가 가능하다고 한다. 그런 까닭에 인간의 존재로부터 뭔가 새로운 것을 알아낼 수는 없다.

그래도 미세조정 가설을 무시할 수만은 없다. 유신론과 자연주의 각각이 예측하는 세상의 모습을 우리가 정확하게 이해해야만 실제로 관측되는 정보들이 두 견해에 대한 우리의 신뢰도를 어떻게 변화시키는지 제대로 비교할 수 있기 때문이다. 현재 판단으로는 생명의 존재가 유신론에 실어주는 힘은 미미할 것으로 보인다. 반면 자연주의에는 우주에 존재하는 생명의 신호들이 엄청난 견인력이 될 것이다.

☀

미세조정 가설을 고려해 유신론과 자연주의 사이에서 신뢰도를 저울질할 때 가장 중요한 단계는 각 이론 아래서 실험을 할 때 어떤 결괏값이 계측될 확률을 결정하는 것이다. 설명만큼 간단한 일은 아니다. 유신론과 자연주의 모두 여러 가지 버전이 존재하기 때문이다. 그래서 우리는 최선을 다하되, 우도 추정에는 언제나 일정 범위의 편차가 존재하며 주관적 요소가 개입되어 최종 판단을 한 쪽으로 기울일 수 있음을 고려하는 수밖에 없다.

만약 자연주의가 옳다면, 우주가 생물의 번성에 우호적인 곳이 될 확률은 얼마나 될까? 일반적인 미세조정 가설에 따르면 그 확률은 매우 낮다. 우리 우주를 정의하는 숫자 값들이 조금만 달라져도 세상은 불모지가 되기 때문이다.

이런 민감한 숫자의 예를 하나 들면 공간 자체의 에너지, 즉 진공 에너지가 있다. 흔히 우주 상수라고 한다. 일반 상대성 이론에 따르면 텅 빈 우주 공간은 용적 1㎤당 일정량의 내인적 에너지를 갖는다. 그동안 관측된 자료에 의하면 이 에너지는 1㎤당 1억 분의 1에르그$_{erg}$가량으로 매우 작다(1에르그는 그렇게 큰 에너지가 아니다. 100와트짜리 전구 하나가 1초에 10억 에르그를 소비한다). 하지만 분명히 0보다는 크다. 그런데 이론적으로 더 자연스러운 진공 에너지의 값은 이보다 훨씬 컸을 수도 있었다고 한다. 어림잡아 계산해 1㎤당 10^{112}에르그 정도로 말이다. 이것은 실제 관측치보다 무려 10^{120}배나 큰 값이다.

만약 진공 에너지값이 정말로 이랬다면 여러분은 지금 이 책을 읽고 있지 못한다. 아니, 언어도 인간 자체도 존재할 수 없었다. 진공 에너지는 물질들을 밀어내 우주의 팽창을 가속한다. 엄청나게 큰 값의 진공 에너지는 원자까지 갈가리 찢어놓을 것이다. 이런 환경에서는 당연히 생명 같은 것이 생겨날 수 없다. 하지만 실재의 진공 에너지값은 아주 작다. 생명에 친화적으로 말이다.

생명 탄생을 응원하는 듯 수치를 나타내는 것은 진공 에너지만이 아니다. 별을 빛나게 하는 (그럼으로써 궁극적으로 지구에 자유 에너지를 공급하는) 중성자도 비슷한 경우다. 별은 핵융합 반응을 통해 명맥을 이어간다. 간단히 설명하면 핵융합이란 양성자 두 개가 충돌할 때 하나가 중성자로 변하면서 중수소 핵이 만들어지는 것을 말한다. 이때 만약 중성자가 약간만 더 무거웠다면 핵융합 반응은 일어나지 못했을 것이다. 반대로 중성자가 지금보다 조금이라도 가벼웠다면 원시우주의 모든 수소 원자가 헬륨으로 변해버리고 헬륨을 주성분으로 하는 별들은 수명이 훨씬 짧아졌을 것이다. 진공 에너지와 마찬가지로 중성자의 질량 역시 생명의 존재를 바라는 쪽으로 미세조정된 것처럼 보인다.

생각하면 할수록 그런 것 같다. 그런데 두 가지 문제가 자꾸 마음에 걸린다.

첫째, 다양한 물리량 값이 틀림이 없는지 아닌지 판단하는 믿을 만한 방법이 우리에게는 없다. 실제 진공 에너지는 단순추정치보다 훨씬 작다는 사실이 어떤 단서가 될지도 모른다. 하지만 이 단순추정치 자체가 인식을 왜곡하는 걸 수도 있다. 인류가 궁극의 물리 법칙을 다 파악하지 못한 상황에서 나온 개념이기 때문이다. 예컨대 어떤 우주 공간의 최대 엔트로피는 진공 에너지가 낮을 때 높아진다. 어쩌면 우주의 최대 엔트로피값이 낮은 것보다는 높은 것을 선호하는 물리적 원리가 존재할지도 모른다. 만약 그렇다면 그 원리는 아주 작은 값의 진공 에너지를 선호할 테고, 여기에 따라 우리가 그런 값을 관찰했을 것이다. 우리는 물리적인 수치를 조정하는 메커니즘(만약 그런 게 있다면)을 이해하기 전까지는, 특정 수치가 부자연스러울 정도로 지나치게 크거나 작다고 해서 초조해할 필요가 없다. 이 수치들은 생명의 존재와는 상관없는 보통의 물리적인 과정 때문에 나타났을 수 있다.

둘째, 우리는 숫자들이 지금과 확연히 달랐다 하더라도 생명의 출현이 가능했을지 아는 바가 별로 없다. 이렇게 생각해보자. 우리가 코어 이론과 우주학의 기본 숫자들 말고는 우주에 대해 아무것도 모른다고 할 때 우리는 과연 생명의 탄생을 예측할 수 있을까? 아마도 아닐 것이다. 코어 이론에서 출발해 원소 주기율표와 같은 걸음마 단계까지 가는 것만도 쉬운 일이 아니다. 그러니 유기화학이나 생물학은 말해 뭣하랴. 진공 에너지의 경우는 답이 쉽다. 진공 에너지가 지금보다 훨씬 컸다면 우리는 여기에 있을 수 없었다. 하지만 물리학과 우주학을 규정짓는 숫자들 대부분은, 지금과 달랐다면 세상이 어떤 모습이었을지 가늠하기 어렵다. 우주가 현재와 사뭇 달랐을 거라는 점은 분명하다. 하지만 생물에게 우호적이었을지 아닐지는 오리무중이다. 참고로 천문학자 프레드 애덤스가 최근 발표한 분석 결과에 따르면, 중성자의 질량이 지금과 크게 달랐다면 별이 여전히 빛을 내긴 하지만 우리 우주와는 다른 기전을 통해서일 거라고 한다.

생명은 피드백과 자유 에너지에서 추진력을 얻어 복잡다단하게 일어나는 화학반응들의 집합체다. 지구상의 생물은 탄소 중심 화학의 놀라운 유연성을 십분 활용해 오늘날과 같은 특정 형태를 취하게 되었다. 그런데 생물에 준하게 복잡하면서 다른 형태를 띠는 어떤 생체 시스템이 있을 수도 있을까? 천문학자 프레드 호일이 《검은 구름》이라는 공상과학 소설을 썼다는 사실을 아는 이는 많지 않다. 빅뱅과 생명의 기원을 논리적으로 의심하기를 즐겼던 그는 소설에서 지능을 갖추고 살아 움직이는 거대한 성간물질 구름에 포위당하는 지구를 묘사했다. 글 쓰는 재주를 가진 또 다른 과학자 로버트 포워드는 《용의 알》이라는 소설을 썼다. 소설은 중성자별에 사는 미생물 얘기를 다룬다. 포워드의 상상대로 우주 최후의 별이 스러진 뒤인 지금으로부터 1자(10^{24}) 년 후 암흑천지 은하는 블랙홀들이 남기고 간 미광 속을 투명한 존재들이 둥둥 떠다니는 스산한 곳으로 변모할지 모른다. 마치 백만 년 동안 무심히 이어지는 심장 박동처럼. 두 가지 미래 모두 완전히 딴 세상 얘기로만 들린다. 하지만 우리는 알고 있다. 엔트로피가 증가해가면서 복잡한 행동이 자연스럽게 발달하는 물리계가 이미 여럿 존재한다. 그러므로 예상치 못한 곳에서 생명이 출현하는 것이 절대로 상상할 수 없는 일만은 아니다.

☼

생각할 문제는 또 있다. 우리는 하나가 아닌 다중우주에 살고 있을지도 모른다는 것이다. 다중우주에서는 미세조정되었다고 추측되는 물리학의 숫자들이—중성자의 질량처럼 딱 고정된 상수도 포함해—구역에 따라 다른 값을 가질 수 있다. 만약 그렇다면 우리가 다중우주 안에서도 특히 생명 친화적인 구역에 살고 있다는 사실은 당연한 것이 된다. 우리가 달리 어디서 살 수 있겠는가?

이 아이디어를 **인류 원리**anthropic principle라 한다. 그런데 이 두 단어를 입에 올리는 것만으로도 찬성하는 쪽과 반대하는 쪽은 매서운 대립각을 세운다. 안타까운 일이다. 사실 이 아이디어의 기본 개념은 아주 단순하고 명백하기 때문이다. 만약 우리가 구역마다 환경이 크게 다른 세상에 살고 있다면 우리가 이 세상에서 무엇을 관찰하느냐에 선택 편향이 개입될 수밖에 없다. 우리의 시야는 우리를 존재하도록 허락하는 구역을 벗어나지 못한다. 가령, 태양계에는 여러 행성이 있고 그중 다수는 지구보다 훨씬 크다. 그럼에도 우리가 사는 곳이 하필 지구라는 점이 이상하다거나 지구가 특별히 미세조정되었다고 생각하는 사람은 없다. 그저 생명이 번성하기에 가장 적합한 환경을 갖춘 행성이 지구였을 뿐이다. 이것이 인류 원리의 핵심이다.

여기서 진지하게 숙고해야 할 딱 한 가지는 우리가 다중우주에 살고 있다고 생각하는 것 자체가 타당한가다. 이때 용어가 좀 헷갈릴 수 있다. 자연주의는 세상이 자연계 하나뿐이라고 여긴다. 하지만 이 '하나의 세상'은 다중우주 전체를 포함한다. 그런 맥락에서 우리가 여기서 다루는 세상은 **우주론적 다중우주**cosmological multiverse라 할 수 있다. 다시 말해, 우주 공간에는 너무 멀어서 우리가 관측할 수 없는 구역이 많이 있고 그곳의 환경은 저마다 천차만별이라는 뜻이다. 이 구역들은 여전히 유일한 자연계 일부분이지만 일반적으로 우리는 '다른 우주'라고 부른다.

빅뱅 이후 많은 세월이 흘렀고 빛은 일정한 고속(1년에 1광년)으로 나아가기 때문에 우주에는 단순히 너무 멀어져서 보이지 않게 된 구역들이 있다. 이렇게 인류의 시선을 벗어난 구역에는 코어 이론 급으로 포괄적이지만 우리의 것과 완전히 다른 어떤 물리 법칙이 충분히 존재할 수 있다. 그런 곳에서는 입자도, 힘도, 파라미터도, 심지어는 차원 수도 우리의 것과 다르다. 게다가 저마다 독자적인 물리 법칙을 따르는 구역이 한둘이 아닐 수도 있다. 이것이 우주론적 다중우주다(양자역학의 다중세계는 이것과 완전히 별개의 개념이다. 다중세계는 같은 물리 법칙을 따르는 파동함수의 분지들을 말한다).

일각에서는 이런 사유 방식을 맘에 들지 않아 한다. 우주론적 다중우주는 인류의 관측 범위를 벗어나 있고 앞으로도 그럴 현상들에 의존하기 때문이다. 하지만 우리가 넘볼 수 없더라도 다른 구역들은 그 존재 자체로 우리가 우리 우주를 이해하는 방식에 영향을 미친다. 만약 우주가 하나뿐이라면 올바른 질문은 "진공 에너지가 왜 특정 값을 가질까"가 될 것이다. 반면 서로 다른 진공 에너지값을 갖는 여러 우주가 있다면 우리는 "어떻게 우리는 다중우주 안에서 진공 에너지가 이 값인 구역에 살고 있을까?"라고 물어야 한다. 이 둘은 별개의 사안이지만 각각 과학적으로 완벽하게 타당한 질문이다. 우리의 세상이 다중우주인지 아닌지는 평범하기 그지없는 과학 기법으로 풀어야 할 평범하기 그지없는 과학적 논제다. 따라서 우리는 데이터를 가장 잘 설명하는 물리학 모형을 찾으면 된다.

물론, 다중우주를 가정하는 것이 아무 이유 없이 혹은 오로지 미세조정 문제를 해결할 심산으로 멀쩡한 우주를 쪼개는 거라는 비난도 있다. 다중우주가 고도로 정교하고 다소 억지스러운 모형이라는 것은 인정한다. 이런 모형은 데이터가 아무리 잘 들어맞아도 사전 신뢰도를 할당할 때 감산점을 받을 수밖에 없다. 언제나 복잡한 모형보다는 단순한 모형이 나으니까 말이다.

그런데 현대 우주학에서 다중우주 모형은 이론이 아니다. 그보다는 저마다 각자의 목적을 가지고 탄생한 여러 이론이 끌어낸 예측에 가깝다. 다중우주는 멋있어 보여서 창안된 아이디어가 아니다. 인류가 우리의 좁은 시야 안에서 관측되는 우주를 이해하려고 노력하다 보니 필연적으로 나온 사유의 산물이다.

다중우주를 특히 자주 언급하게 만드는 두 이론이 있다. 끈 이론과 우주 인플레이션 이론이다. 끈 이론은 현재 중력과 양자역학을 연결할 열쇠로 가장 촉망받는 후보다. 끈 이론은 우주 공간의 차원이 현재 관측되는 것보다 많다고 예견한다. 그렇다면 다중우주고 뭐고 집어치우고 지금까지 살던 대로 사는 게 속 편하겠다고 생각될 수도 있다. 하지만 염려할 것 없다. 잉여 차원들이 아주 작은 기하학 도형으로 압축되는 탓에 현대 과학의 온갖 수단을 다 동원해도 안 보이는 것일 수도 있으니 말이다. 압축은 잉여 차원들의 형태에 따라 여러 가지 방식으로 일어날 수 있다. 잉여 차원의 수를 정확하게는 모르지만 학계는 잉여 차원들이 쪼그라드는 방법이 10^{500}가지쯤 될 거라고 어림잡는다.

각 압축 방법은 저마다의 유효 이론으로 이어지고 그에 따라 관측되는 물리 법칙도 달라진다. 그런 까닭에 끈 이론에 따르면 해당 구역에서 잉여 차원이 압축되는 방식에 따라 진공 에너지나 입자의 질량과 같은

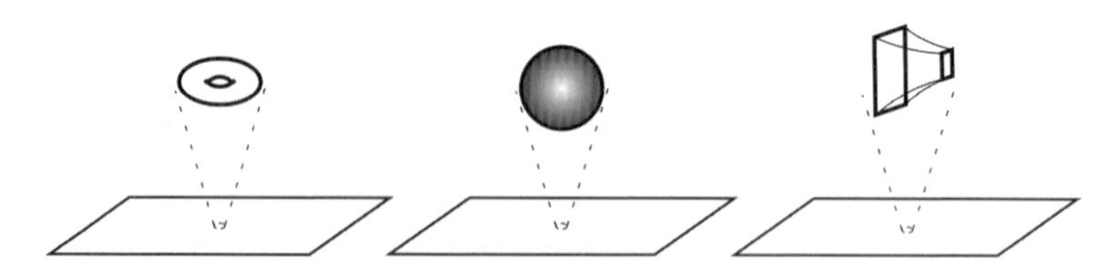

잉여 차원이 압축되어 우리 시야에서 사라지는 방법. 각각의 시나리오마다 해당 구역에서 관측될 물리학 숫자들이 달라진다.

자연 상수가 결정된다. 즉, 잉여 차원이 다르게 압축되는 곳에서는 숫자가 완전히 다른 값으로 고정된다.

끈 이론은 이런 식으로 다중우주의 존재를 허용한다. 하지만 다중우주가 실제로 존재하게 되려면 일단 우주 인플레이션부터 일어나야 한다. 1980년에 물리학자 앨런 구스가 제안한 우주 인플레이션은 탄생 직후 우주가 초고밀도 진공 에너지를 동력 삼아 급팽창했다는 이론이다. 우주 인플레이션을 가정하면 우리 우주의 여러 가지 특징을 설명하는 것이 훨씬 수월해진다. 우주 인플레이션 이론은 시공간이 전체적으로는 평평하고 매끈하면서 미세한 요철이 군데군데 있다고 본다. 이 요철들은 중력의 힘을 매개로 별과 은하로 자라난다. 인플레이션이 실제로 일어났다는 직접적인 증거는 현재 없다. 하지만 우주 인플레이션 이론은 많은 우주학자가 우주를 현재에 이르게 한 기본 기전으로 채택할 정도로 자연스럽고 유용한 아이디어다.

양자역학의 불확실성을 고려하면서 인플레이션 이론을 받아들이면 뜻밖의 놀라운 결론에 이르게 된다. 바로, 우주의 어느 구역은 팽창을 멈추어 풍경의 변화가 더는 없는 반면 또 다른 구역은 계속 팽창하고 있다는 것이다. 우주 팽창은 우주 공간의 덩치를 점점 더 키운다. 이때 몇몇 구역은 언젠가 팽창이 완전히 정지할 것이다. 그날이 오면 그곳의 차원 압축은 다른 구역들과 완전히 다른 양상을 띨 것이다. 우주 인플레이션은 무한한 수의 구역을 창조할 수 있다. 그런 구역 각각은 독자적인 물리 법칙의 지배를 받는다. 각각이 별개의 우주와 다름없는 것이다.

이렇듯, 우주 인플레이션 이론과 끈 이론이 있으면 다중우주의 존재를 설명할 수 있다. 궁극의 물리 이론까지도 필요 없고 두 이론만으로 충분하다. 두 이론 모두 각자의 목적을 가지고 탄생한 단순하고 견고한 이론이며, 사유 과정에서 다중우주의 개념을 자연스럽게 내놓는다. 두 이론 모두 현재는 직접적 증거가 없는 추정에 머물지만 매우 타당하고 전도유망하다. 앞으로 과학이 기술적으로도 이론적으로도 더 발달하면 확실한 결판을 낼 수 있을 것이다.

다만, 이런 식으로 다중우주가 인정된다면 미세조정과 생명의 존재에 관한 우리의 의혹이 전부 사라질 것이 분명하다. 그렇게 되면 어느 생명친화적인 우주에 인간이 존재할 수 있다고 말한들 지금 우리가 지구에 살고 있는 것과 마찬가지로 별반 특별하지도 새롭지도 않을 것이다. 우주에는 여러 구역이 있고 지구는 우리가 살기에 적합한 곳 중 하나일 뿐이다.

이 다중우주 시나리오를 우리는 얼마나 믿어야 할까? 이것은 현재 인류의 지식수준으로는 답할 수 없는 문제다. 어떤 물리학자는 거의 확실하다고 장담하고 또 어떤 물리학자는 가능성이 사실상 제로라며 고개를 젓는다. 아니면 둘 다 틀렸고 확률이 반반일 수도 있다. 현시점에 중요한 것은 자연주의 안에서 생명의 존재를 강력하게 옹호하는 단순명료한 기전이 존재한다는 사실이다. 생명이 우리 우주를 규정짓는 물리학 파라미터의 숫자에 극도로 민감할지라도 말이다.

✺

그렇다면 우리 우주가 유신론에 따라 구동되고 있을 우도는 얼마나 될까? 이번에도 용어부터 짚고 넘어가자. 여기서 유신론이라는 말에는 좀 더 포괄적인 의미가 있다. 유신론의 해석은 사람마다 다르므로 관측요소들의 우도가 매번 다르게 추정된다. 이것은 어쩔 수 없는 문제라서 우리는 이 논제의 본질적 불확실성에 주의하면서 앞으로 나아가는 수밖에 없다.

유신론은 생명의 존재를 강력하게 지지한다. 적어도, 유신론자치고 신이 인간의 존재에 완전히 무관심하다고 여기는 사람은 없다. 하지만 그런 상황을 상상할 수는 있다. 신이 우주를 창조했지만 우리가 생명이라고 부르는 것들을 특별대우하지는 않는 냉철한 불간섭주의자라고 말이다. 여러모로 살펴볼 때 생명의 존재 가능성은 유신론 아래에서 높다는 것이 훨씬 논리적인 결론이다. 아니, 더 정확히 표현하면 생명은 자연주의보다 유신론 아래서 더 존재함 직하다.

하지만 주목할 것은 그 뒷얘기다. 우리가 내린 생물의 정의에 부합하는 복잡한 화학반응이 일어나는 우주에서 우리는 물리학 파라미터를 관측한다. 그런데 그렇게 관측된 '특징적 숫자들'과 '생명' 사이에는 분명한 차이가 있다. 신이 생명을 어여삐 여기신 것은 맞더라도 숫자들은 아닌 것 같다는 생각이 드는 대목이다. 신의 관심을 한 몸에 받은 생명에 비하면 숫자는 찬밥 신세였던 것 같다.

물리학 파라미터들은 우리 우주에서 어떤 현상이 물리 법칙에 따라 어떻게 일어나는지를 결정한다. 그런데 유신론은 생명이 물리 법칙의 실현 그 이상이라고 말한다. 유신론자들은 대부분 비물리론자다. 그런 까닭에 그들은 생물이 모든 물리적 행동의 총합을 넘어서는 존재라고 믿는다. 생명을 생명이게 하는 가장 중요한 요소는 영혼 혹은 생명력이라는 것이다. 이 관점에서는 육신이 안 중요한 것은 아니지만 '생명'의 요체는 아니다.

만약 그게 사실이라면, 우리는 왜 물리적 우주의 미세조정에 연연하는 걸까? 물리적 세상이 저 좋은 대로 굴러갔더라도 신은 또 다른 조합으로 재료를 골라 생명을 창조할 수 있었을 텐데 말이다. 즉, 물리적 우주가 생명의 복잡한 화학반응 네트워크에 부합해야 하며 그래서 자유 에너지를 공급하면서 생명을 영속시켜야 한다는 요건은 자연주의가 진실이라는 전제 아래서만 유효하다. 그러므로 우리 우주가 지금과 같은 물리적 형태를 갖추었다는 사실은 유신론이 아니라 오히려 자연주의에 더 높은 신뢰도를 줄 근거가 된다.

성실한 유신론자라면 신이 굳이 영혼을 자가유지되는 복잡한 화학반응에 한시적으로나마 묶어둔 이유를 어떻게든 설명하려고 할 것이다. 그런데 만약 우리 우주가 지금과 같은 식으로 생명이 물질에 매이지 않는 곳이었다 할지라도 그 이유를 정당화하는 해설이 또 여기저기서 나왔을 것이다. 이런 우유부단함은 정립이 덜 된 이론의 어쩔 수 없는 문제점이다.

✻

미세조정이 신의 존재의 증거라는 주장을 지지하기 힘든 이유는 또 있다. 자연법칙과 우주의 형상이 들려주는 이야기는 생명의 존재 가능 여부만의 문제가 아니라는 것이다. 우리 우주의 어떤 한두 가지 특징이 유신론으로도 설명 가능하다는 점을 들어 신이 생명의 존재를 원했기 때문이라고 주장하고 싶은가? 그렇다면 유신론이 우주의 다른 특징들은 어떻게 해석하는지를 추가로 따져봐야 한다. 그런데 미안하지만 이 부분에서는 유신론의 성적이 형편없다.

유신론 아래서 우주가 어떤 모습이어야 할지 예측하는 것은 두 가지 이유에서 쉽지 않다. 우선, 신의 개념이 통일되어 있지 않은 데다가 하나같이 신이 무슨 의도로 자연 상수를 그렇게 정했는지 정확히 설명하지 못한다. 또한, 인류가 이미 보유한 사전지식이 유신론적 우주에 관한 객관적 예측을 거스른다. 그동안 우주를 직접 보고 들어 알아낸 정보가 이미 많기 때문이다. 이것은 언어로 된 모든 이론의 본질적 한계이기도 하다. 이미 나와 있는 데이터에 끼워 맞추기 위해 은연중에 사고의 자유를 제한하는 까닭이다.

그럼에도 한번 도전해보자. 설계 단계에서 생명(혹은 인간)의 존재가 최우선 고려사항이었다면 우주가 마땅히 가질 것으로 예상되는 특징이 몇 가지 있다. 그중에서 가장 중요한 것을 꼽으면 다음 세 가지로 정리된다.

- **미세조정의 정도.** 우주의 특징 중 일부가 미세조정된 것이 오로지 생명을 존재하게 하기 위해서였다면, 조정의 수준이 생명의 존재를 허락하는 딱 그 정도에 머물러야 마땅하다. 진공 에너지가 바로 이렇다. 진공 에너지는 더 크게 조정될 수도 있었건만 간신히 관측될 수준으로 적당한 값을 가진다. 다만, 다른 숫자들—예를 들어, 원시우주의 엔트로피—은 생명의 존재에 필요한 것보다 훨씬 과하게 미세조정된 듯 보인다. 생명이 탄생하려면 시간의 화살이 작동해야 하므로 엔트로피가 낮은 일종의 준비 단계가 있어야 하는 것은 맞다. 하지만 우리 원시우주는 엔트로피가 생명 탄생에 필요한 수준 이상으로 지나치게 낮았다. 순수한 인류 원리의 관점에서 보면 신이 엔트로피를 그렇게 낮게 설정할 아무런 이유가 없다. 따라서 엔트로피

가 고도로 미세조정된 값에서 출발하게 된 어떤 물리학적 이유가 있을 거라고밖에 생각할 수 없다. 그렇게 인정하고 나면 미세조정된 다른 특징들에도 비슷한 물리학적 설명이 가능해질지 모른다.

- **뒤죽박죽 물리학.** 물리 법칙이 생명의 탄생을 돕기 위해 만들어졌다면 물리 법칙의 모든 특징이 저마다 생명의 조형에 중대한 역할을 했어야 마땅하다. 그러나 실제로 우리 눈 앞에 펼쳐진 물리적 세상은 뒤죽박죽이다. 모든 생물은 가장 가벼운 페르미온, 즉 전자와 업 쿼크와 다운 쿼크로 이루어져 있다. 간혹 중성미자도 관련된 듯 보인다. 하지만 이보다 무거운 입자 부류들은 생명에 별다른 기여를 하지 않는다. 가령, 신은 왜 꼭대기 쿼크top quark와 바닥 쿼크bottom quark를 만들고 무거운 질량을 할당했을까? 이것을 자연주의로 해석하면 얘기가 이렇게 풀린다. 세상에는 다양한 종류의 입자가 존재하며 그 중 일부는 생명에 중요하고 나머지는 그렇지 않다. 그리고 실제로 우리 눈에 관측되는 세상의 모습이 바로 이렇다.

- **생명의 구심성.** 신이 우주를 설계할 때 생명의 출현에 최우선 순위를 두었다면 오늘날 생명은 왜 이다지도 하찮게 느껴지는 걸까? 우리가 사는 태양계는 은하수 은하 안의 1000억 항성계 중 하나다. 그런데 우주에는 이런 은하가 1000억 개가 넘는다. 아무리 봐도 생명을 위해 마련된 무대치고는 세상이 지

> 나치게 넓은 것 같다. 우리 태양계와 이웃 행성 몇 개가 우주의 전부였다 해도 지구 생태계는 지금과 크게 다르지 않았을 텐데 말이다. 어쩌면 관용을 베풀어 우리 은하의 나머지 구역들 정도는 우리 편에 끼워줄 수도 있을 것이다. 하지만 최신 천체망원경으로 감지되지 않을 정도로 멀리 있는 수십억 외계 은하는 우리의 존재에 손톱만큼도 보태준 게 없다. 물리학과 생물학만 따지면, 우주는 소수의 입자로도 쉽게 만들어질 수 있었다. 입자들은 덩어리져 항성 몇 개가 되었을 것이고 인간이 살기에 충분히 쾌적한 환경을 갖추었을 것이다. 심지어 유신론은 애초에 다른 항성과 은하 대부분이 있지도 않았다고 말하지 않는가. 유신론이 진실이라면 저 수많은 항성과 은하들 대부분이 존재하지 않았어야 옳다.

만약 생명 탄생이 창조주에게 제일 과업이었다면 우리가 지구에 출현한 것은 우주적으로 엄청난 사건이었을 것이다. 이를 두고 혹자는 "신은 의중을 헤아릴 수 없는 분이어서 우리는 그가 설계한 우주가 어떤 것인지 짐작도 못 한다"고 말한다. 말이 안 되는 것은 아니지만 설득력이 떨어지는 발언이다. 우리는 창조주가 설계했을 우주가 복잡한 화학반응 네트워크, 즉 생명의 출현을 허하는 물리 법칙을 따르는 곳이라는 사실을 알고 있다. 바로 이것이 미세조정 주장의 핵심이다. 그런데 이건 알면서 나머지는 모른다고 발뺌하는 것은 말이 안 된다. 세상을 설명한다고 자처하는 이론이라면 위험을 무릅쓰고 과감하게 세부적 예측을 내놔야 한다. 그래야만 그만큼의 인정을 받을 수 있다.

그런 면에서 신이 왜 이런 우주를 원했는지 어떻게든 설명하려고 노력하는 것이 모르쇠 하는 것보다는 백 배 나은 태도다. 신은 도대체 왜 별이며 은하며 죄다 쓸데없이 남아돌도록 사치스럽게 우주를 창조했을까? 유신론적 이론들은 신 입장에서는 은하를 하나보다는 여럿 만드는 게 더 간단하고 쉬웠을 거라고 물리학까지 들먹이면서 설명한다. 신이 우주 팽창과 다중우주를 좋아했을 거라면서 말이다.

그런데 여기에는 몇 가지 허점이 있다. 첫째, 이 설명은 사실이 아니다. 어떤 물리 법칙도 지금보다 작고 조밀한 우주는 절대로 있을 수 없다고는 말하지 않는다. 둘째, 신이 조금만 더 애쓰면 되는데 굳이 쉬운 방법을 택한 이유를 대야 한다. 셋째, 이 관점을 따라가면 이르게 될 결말이 뻔하다. 신이 지금과 같은 우주를 원한 이유를 설명하려다 보면 신의 영향력을 점점 줄이게 될 것이고 결국 순수한 물리학으로 수렴하게 될 것이다. 그런데 물리학만으로도 오늘날의 우주가 쉽게 만들어진다면 애초에 신이 등장할 이유가 없지 않은가?

우리가 이미 가지고 있는 배경정보에 이론이 어느 정도 휩쓸리는 것은 어쩔 수 없다. 그런 가운데 최대한 중립적인 시각을 유지하려고 노력할 뿐이다. 그렇다면 유신론이 예측하는 세상의 모습은 어떤 것인가의 논제를 두고는 어떻게 해야 할까? 방법은 현대 천문학의 실측 자료를 보기 전에 오로지 유신론의 예측만 살펴보는 것이다. 그렇게 예측된 유신론의 세상은 현대 천문학의 모든 관측 결과를 빗나간다. 고대의 우주학은 6장에서 살펴봤던 히브리 세계관과 매우 닮았다. 이 세계관에 따르면 지구와 인류는 우주에서 특별한 지위를 차지한다. 선조들은 신이 창조한 우주가 수천억 개 이상의 별과 은하가 뿔뿔이 흩어진 광활한 허허벌판이라고는 감히 상상조차 하지 않았다. 그나마 조르다노 브루노가 현대의 우주관에 가장 가까운 무한한 우주를 예측했지만 발칙한 상상의 대가는 형장의 잿더미로 사라지는 것이었다.

5부

생각하다

37
의식의 부상

4억 년쯤 전, 맹랑한 물고기 한 마리가 육지로 기어 나왔다. 녀석은 바다로 돌아가지 않고 마른 땅에 터를 잡기로 한다. 이 녀석이 진화한 후손들은 **틱타알릭 로제**Tiktaalik roseae라는 새로운 동물종이 되었다. 2004년에 캐나다 북극에서 최초 발견된 화석 주인공의 얘기다. 수생동물에서 육상동물로의 발전은 진화에서 중대한 도약에 해당하는데, 틱타알릭은 이 두

육지로 기어오르는 **틱타알릭 로제**의 복원도. 그림: 지나 데레츠키, 제공: 미국 국립과학재단

이정표적 단계를 잇는 잃어버린 고리로 여겨진다.

그렇다면 자연스레 궁금해진다. 녀석들은 무슨 작정으로 물 밖으로 나왔을까?

정확한 이유는 모르겠다. 다만 짐작 가는 바는 있다. 돌발행동에 불을 지폈을 만한 중요한 특징을 하나 꼽자면 새로운 환경에서는 더 멀리 볼 수 있었다는 것이다. 수영이나 잠수를 해보면 알겠지만 물속에서는 가시거리가 짧다. 어떤 매질에서 지나가는 빛 대부분이 흡수되는 거리를 감쇠 길이라고 하는데, 투명한 물에서는 감쇠 길이가 수십 미터지만 대기 중에서는 사실상 무한하다(우리는 맨눈으로 밤하늘의 달을 감상하고 저 멀리 지평선에 걸린 물체도 보지 않는가).

무엇을 보는가는 사고에 엄청난 영향을 미친다. 당신이 물고기라면 수십 미터 전방을 주시하면서 1초에 1~2m를 헤엄칠 것이다. 즉, 당신은 몇 초마다 새로운 시각적 환경에 진입한다. 새로운 사물이 시야에 등장할 때 당신은 이것이 친구인지, 적인지, 아니면 먹이인지 빨리 판단하고 어떻게 반응할지 결정해야 한다. 하지만 그러기에는 시간이 너무나 촉박하다.

이런 상황에서는 신속한 사고를 독려하는 진화압이 엄청나게 강하다. 시야에 무언가가 잡히는 즉시 반응해야 한다. 그래서 물고기인 당신의 뇌는 이 일에 최적화되도록 발달한다. 물속에서는 느긋한 공상은 사치이고 몸놀림이 빠른 자만이 살아남는다.

그러던 어느 날 당신은 땅으로 마실을 나온다. 깨끗한 공기 속에서 갑자기 지평선이 확 넓어지고 당신은 수 킬로미터 너머를 본다. 이동 거리보다 훨씬 먼 곳까지 볼 수 있게 된 것이다. 처음에는 눈에 띄는 게 별로 없을 것이다. 육상에 올라온 동물은 당신이 최초일 테니 말이다. 하지만 곧 각양각색의 먹을거리가 보이고 바위와 나무 같은 장애물이 눈에 들어온다. 화산 폭발도 쏠쏠한 구경거리다. 당신이 눈치채지 못하는 사이에 다른 보행 생명체들이 신세계에 합류한다. 몇몇은 당신의 친구가 되고 몇몇은 맛난 먹이가 되며 몇몇은 피해야 할 대상이 된다.

이제는 선택압이 종전과 확연히 다른 방향으로 작용한다. 물속에서는 단순하지만 순발력 있는 사고가 생존에 적합했지만 땅 위에서는 새로운 전략이 필요하다. 저 멀리서 무언가가 다가오는 게 보일 때 여러 가지 가능성과 각각의 장단점을 따져 어떻게 대응할지 결정할 시간이 충분해졌기 때문이다. 심지어 당신은 창의력을 발휘해 몇 수 앞을 미리 보는 계획까지 세운다.

땅 위에서 살기 위해 무엇보다도 필요한 것은 상상력이다.

✺

생명공학자 맬컴 매키버는 오늘날 우리가 의식consciousness이라 부르는 것의 탄생을 이끈 결정적 사건이 물고기의 상륙이라고 해석한다. 의식은 뇌의 특정 부위도 단순한 뇌 기능도 아니다. 여러 가지 과정이 복잡하게 얽힌 다차원적 상호작용이다. 의식은 생명을 깨어 있게 하고 감각 신호를 인지하고 그에 반응하게 만든다. 더불어, 상상력과 내적 경험과 자유의지를 선사한다. 인류는 신경과학과 심리학 연구를 통해 의식이란 무엇이며 어떻게 작동하는지에 관해 많은 것을 알아냈지만 아직도 많은 부분이 미스터리로 남아 있다.

의식은 각자가 짊어져야 할 무거운 짐이기도 하다. 우리는 의식이 있기에 자신과 과거를 돌이켜 반성하고, 미래를 꿈꾸며, 우주를 감상하면서 삶의 보람을 느낀다. 하지만 우리가 소외감에 절망하고 불안해하는 것 역시 의식 때문이다. 미국의 문화인류학자 어니스트 베커는 덴마크 철학자 쇠렌 키르케고르에게 보내는 평론에서 이 절망감을 다음과 같이 기술하고 있다.

> 자의식 있는 동물이라고? 다 헛소리다. 의식이 있다는 것은 자신이 죽은 목숨임을 아는 것이다. 무에서 나온 것이 이름으로 불리고 자의식과 내면의 감정을 갖고 삶과 자기표현을 열렬히 동경하지만 이 모두가 곧 사라질 운명이라니. 소름 끼친다.

그럼에도 내면의 삶을 풍요롭게 만들고 우주에서 자신의 위치를 반추하는 자아 인식의 능력은 신비하기 그지없다. 그만큼 의식의 존재 사실에는 특별한 설명이 필요해 보인다. 의식은 단순히 물리 법칙에 순종하는 특정 원자 집합의 동태를 설명하는 하나의 화법에 불과할까? 아니면 의식이 데카르트가 찬동했을 법한 완전히 새로운 종류의 물질로 되어 있거나 평범한 물질을 뛰어넘는 어떤 특별한 성질을 가진 걸까?

세상이 순수하게 물리적이라는 자연주의적 관념을 의심하게 하는 실재의 요소가 있다면 그것은 의식의 존재일 것이다. 특히 회의론자들을 설득하기란 보통 어려운 일이 아니다. 가장 낙관적인 신경과학자조차도 의식을 설명하는 완전하고 구체적인 이론은 아직 없다고 생각하기 때문이다. 현재 우리는 언젠가 완전한 이해에 이른다면 그것이 물리적 실재와 동떨어진 게 아니라 코어 이론의 기조와 완벽하게 어우러지는 식일 거라고만 예상한다.

이런 예측은 어떻게 나왔을까? 어느 정도는 베이즈 추론을 통해서다. 하나로 통일된 물리적 세상이라는 아이디어는 여러 방면에서 크게 인정되고 있고, 생명의 의식을 물리적 세상 안에서 설명할 수 있다고 기대할 만한 논리적 근거는 차고 넘친다. 이게 부족하다면 반대 가설들이 잘 맞지 않는다는 걸 입증하는 보다 공격적인 사례를 제시할 수도 있다. 의식이 물리적 세상의 자연스러운 일부임을 입증해 보이기가 쉽지 않다 쳐도, 의식이 완전히 다른 무언가라고 상상하는 것은 훨씬 더 어려운 일이다. 의식의 작동 기전을 정확히 설명하는 것은 지금 당장 중요한 문제가 아니다. 우리의 선결 과제는 온전히 객관적 물리 법칙의 지배를 받는 세상에서 의식이 원활하게 작동함을 증명하는 것이다.

이 단원과 다음 단원에서 나는 의식을 특별하게 만드는 특징들을 짚어보려 한다. 그런 다음에는 의식에는 물리 법칙과 평범한 물질에 관한 화법 이상의 무언가가 있다는 주장들을 여러 단원에 걸쳐 살펴볼 것이다. 미리 귀띔하면 이 주장들은 하나같이 설득력이 떨어진다. 그렇기에 우리는 인간은 물론이고 인간의 생각과 감정 모두가 자연계의 명실상부한 구성요소임을 더욱더 확신하게 될 것이다.

✺

가끔 자아를 생각할 때 우리는 머릿속에 작은 사람이 들어앉아 있어서 모든 결정과 명령을 내린다는 느낌을 지울 수 없다. 데카르트처럼 비물질적인 영혼이 육신과 상호작용한다는 식으로 멀리 가지는 않더라도, 뇌에서 자아 인식을 담당하는 부분에 내 축소판이 상주하면서 사령관 노릇을 한다니 상상만으로도 짜릿하다. 철학자 대니얼 데닛은 이런 정신의 관제실에 '데카르트의 극장'이라는 이름을 붙였다. 그는 이곳에서 한

난쟁이가 모든 감각 정보를 모으고 기억을 처리하며 신체 곳곳에 필요한 지시를 내린다고 묘사한다.

의식이 꼭 이런 식이라는 소리는 아니다. 인간의 정신은 상의하달식의 독재 체제가 아니다. 그보다는 모든 구성원과 이러저러한 파벌들이 쉬지 않고 티격태격하는 평등한 국회에 가깝다. 의식의 수면 아래는 훨씬 소란하고 분주하다.

픽사의 유쾌 발랄한 애니메이션 〈인사이드 아웃〉을 보면 주인공 소녀의 사고가 다섯 가지 감정 캐릭터, 즉 기쁨, 슬픔, 까칠, 버럭, 소심의 협동작용으로 이루어진다. 다섯 캐릭터는 주어진 상황 하나를 놓고 각각 해결책을 제시하고 그중에서 가장 적합한 하나가 채택된다. 이때 찬물 끼얹기 전문가인 신경과학자들은 재빨리 지적할 것이다. 정신은 그런 식으로 작동하는 게 아니라고 말이다. 하지만 난쟁이 독재 체제보다는 이게 실제에 더 가까운 모습이다. 의식이 최종 결정을 내리기 전에 여러 "목소리"를 듣는다는 점에서다.

이 인사이드 아웃 모형을 실제에 더 가깝게 만들려면 두 가지를 수정하면 된다. 첫째, 사고 과정에 관여하는 여러 모듈을 감정과 직결시키지 않는다(캐릭터에 매력적 인격도, 오색찬란한 인간 형상도 부여하지 않는다). 여기서 모듈은 다양한 종류의 무의식 회로를 가리킨다. 다시 말해, 의식이 또렷하게 형성되기에 앞서 생물의 진화 과정에서 자연스럽게 생겨난 일종의 정신 기능이 모듈이다. 둘째, 진행자를 세운다. 인간의 정신에 독재자는 없지만 국회의장 같은 것은 있다. 여러 모듈이 보내오는 정보를 취합해 의식에 틈새가 생기지 않게 하는 중요한 자리다.

심리학자이면서 의사결정 이론 연구로 노벨 경제학상을 받은 대니얼 카너먼은 인간의 사고 회로를 둘로 나눈다. 각각을 **시스템 1**과 **시스템 2**라 한나(사실 이 용어를 처음 고안한 인물은 따로 있다. 바로 키스 스타노비치와 리처드 웨스트다). 시스템 1은 의식의 수면 아래서 벌어지는 모든 모듈 작용으로 구성된다. 시스템 1은 반사적이고 빠르며 직관적이다. 그래서 상황을 어림짐작해 무의식적으로 반응하게 한다. 경험에 미루어 임시변통하는 것이다. 아침마다 습관적으로 커피를 내리거나 멍한 상태로 출근길을 운전해 가는 것이 이 사고 회로 덕분이라고 보면 된다. 반면 시스템 2는 꼼꼼하고 느리며 이성적이다. 시스템 2는 집중이 필요하다. 가령, 어려운 수학 문제를 풀 때 사고 회로를 지배하는 것은 시스템 2다.

하루를 돌아보면 뇌가 하는 일들의 대부분은 시스템 1이 담당한다. 그럼에도 인간은 저도 모르게 시스템 2를 더 크게 신뢰한다. 이 점을 인지한 카너먼은 시스템 2를 "스스로는 주인공이라고 생각하면서 상황이 어떻게 돌아가는지 아는 게 거의 없는 조연"에 비유했다. 혹은 신경과학자 데이비드 이글먼의 표현대로 시스템 2는 "증기선이라는 거대 기계장치의 수고로움은 쥐뿔도 모르면서 대서양 횡단 성공이 다 제 덕인 줄 아는 밀항자"에 더 가까운지도 모른다.

시스템 1과 시스템 2를 나누는 것은 **이중정보처리 이론**dual process theory의 한 예다. 일찍이 플라톤 역시 대담집 《파이드로스》에서 이와 비슷한 아이디어를 내놓은 바 있다. 이 책의 화자 소크라테스는 두 마리 말(시스템 1)이 끄는 마차를 영혼이라는 마부(시스템 2)가 몬다고 설명한다. 두 마리 말 중 한 마리는 성실하지만 나머지 한 마리는 말썽꾸러기다. 엄밀히 영혼은 정신과는 다른 것이지만 전체적인 아이디어는 비슷하다. 그런데 심리학자 조너선 하잇은 플라톤이 마부를 지나치게 신임한다면서 코끼리 위에 올라탄 왜소한 기수가 의식의 더 적절한 비유라고 주장했다. 기수, 즉 인간의 의식은 코끼리를 어느 정도 통제하지만 코끼리는 여전히 상당한 재량권을 가지고 있다.

⁂

의식은 한마디로 내면의 정신적 경험이다. 사전을 찾아보면 의식은 '깨어 있는 상태에서 자기 자신이나 사물과 생각을 인식하는 작용'이라 정의되어 있다. 여기서 핵심은 '인식한다'는 것이다. 나는 존재하고 내가 앉아 있는 의자도 존재한다. 그러나 나는 나의 존재를 아는 반면 의자는 자신의 존재를 알지 못한다. 이렇듯 사고의 방향이 자기 자신을 향하는 것, 즉 재귀성再歸性은 의식을 특별한 것으로 만든다. 재귀성은 인간 의식이 자극과 반응 사이의 당위적 고리를 끊고 충분한 시간을 들여 숙고하게 한다. 매키버는 이 능력을 가장 중요한 퍼즐 조각으로 꼽는다. 그러면서 물고기가 물 밖으로 기어 나온 순간부터 진화의 선택압이 이쪽으로 쏠리기 시작했다고 지적한다.

여러 가지 미래 시나리오를 두고 저울질할 줄 아는 정신의 사령부가 진화압에 의해 발전했다는 것은 매우 타당한 추정이다. 심리학자 브루스 브리지먼은 생물이 임시변통식이 아니라 계획에 따라 행동할 수 있도록 계획수행 메커니즘을 실행하는 것을 의식의 역할이라 규정한다. 사실 의식이 가진 재주는 이것만이 아니다. 우리는 사전 계획 없이도 본인이 사랑에 빠졌거나 음악 감상을 즐긴다는 것을 인지할 줄 안다. 물론 가상의 미래를 체계적으로 그리는 것이 의식의 중요한 능력임은 틀림없다.

계획을 세운다는 것은 언뜻 간단해 보이지만 사실 엄청난 고난도의 작업이다. 계획을 짜려면 일단 미래를 현재와 구분하는 시간관념이 있어야 한다. 또, 나 자신과 세상의 행동을 이해하고 설명할 수 있어야 한다. 앞으로의 행동과 그 행동이 불러올 결과를 타당하게 예측하는 능력도 필요하다. 마지막으로 여러 시나리오를 놓고 이 과정을 동시다발적으로 실행해 가장 나은 것을 고를 수 있어야 한다.

우리는 너무나 당연시하지만 사전에 계획을 세우는 것은 인간 정신의 실로 엄청난 재능인 것이다.

❋

인간의 의식이 인식하는 '현재'는 우리가 살아 숨 쉬는 이 순간과 정확하게 일치하지는 않는다. 흔히 우리는 의식을 사고와 행동을 인도하는 단일한 정수essence라고 여기지만 실은 뇌 여기저기서 보내온 신호들과 온갖 감각 정보가 짜깁기된 것이다. 그런데 이 짜깁기 작업에는 시간이 걸린다. 발은 코보다 멀리 있으므로 신경 자극이 뇌에 더 늦게 도달한다. 그럼에도 우리는 한 손으로는 코를, 다른 한 손으로는 발을 동시에 만졌다고 믿어 의심치 않는다. 뇌가 기다렸다가 정보가 다 모이고 나서야 이게 우리의 의식이 인지한 현재라고 펼쳐 보여주기 때문이다. 보통 우리가 '현재'라고 생각하는 것들은 정확히는 100분의 1초쯤 전에 일어난 일이다.

시간지각chronesthesia이라는 심리학 용어가 있다. 정신의 시간여행이라는 뜻으로 캐나다 심리학자 엔들 툴빙이 창안한 것이다. 툴빙은 인간의 기억을 **의미 기억**semantic memory과 **일화 기억**episodic memory이라는 두 부류로 나눴다. 의미 기억은 객관적 지식(가령, 게티즈버그가 미국 남북전쟁의 격전지였음)을 기억하는 것을 말하고, 일화 기억은 개인의 경험(가령, 고등학교 때 게티즈버그로 견학을 하러 갔음)을 기억하는 것을 말한다. 툴빙의 설명에 따르면, 정신의 시간여행은 일화 기억과 관련 있으며 미래를 상상하는 것이 과거를 회상하는 것과 비슷한 정신 활동이라고 한다.

그런데 신경과학 분야의 최근 연구들이 이 아이디어에 힘을 실어주고 있다. 일례로, 기능적 자기공명영상fMRI과 양전자 방출 단층촬영PET 기술을 이용하면 정신 활동을 수행할 때 뇌의 어느 부위가 활성화되는지 정확하게 짚어낼 수 있다. 흥미롭게도, 과거의 특정 경험을 기억하라는 과제를 주었을 때와 미래에 특정 상황을 겪는다고 상상하라는 과제를 주었을 때 뇌에서 활성화되는 부분이 비슷하다고 한다. 일화 기억과 상상이 정말로 같은 신경 기전을 공유하는 것이다.

밝혀진 바로, 과거 경험의 기억은 매 순간의 모든 소리와 영상을 비디오나 사진에 그대로 새기는 식으로 생성되지 않는다. 저장되는 것은 대본에 더 가깝다. 우리가 과거 사건의 기억을 불러올 때 뇌는 대본을 펼쳐 시각·청각·후각 효과를 덧붙여가며 일종의 연기를 한다. 뇌에는 대본을 저장하는 구역이 있고 무대 설치와 장식을 담당하는 구역이 또 따로 있다. 그런 까닭에 선명하고 사실적인 기억이 때때로 완전한 거짓일 수도 있다. 뇌는 올바른 대본만큼이나 잘못된 대본으로도 흡입력 강한 쇼를 펼칠 수 있기 때문이다. 이 특징은 미래를 상상하는 인간의 시간지각력이 자연선택을 통해 발달했다는 추정에도 힘을 실어준다. 진화는 언제나 있는 재료를 활용해 일어나니 상상력 또한 과거를 기억하는 기존 능력에서 파생되었을 것이다.

정신의 시간여행은 의식의 중요한 요소이지만 전부는 아니다. 심리학계에서 모르는 사람이 없는 기억상실증 환자 켄트 코크런의 사례를 보면 확실히 그렇다. 논문에 K.C라는 이니셜로 등장하는 코크런은 서른

살 창창한 나이에 심각한 교통사고를 당했다. 목숨은 건졌지만 중앙 측두엽이 심각하게 손상되었고 해마를 포함해 뇌 일부분을 잘라내야 했다. 수술 후, 코크런은 의미 기억력은 그대로였지만 일화 기억력을 완전히 잃었다. 영화 〈메멘토〉의 주인공처럼 그의 뇌는 새로운 기억을 전혀 형성하지 못했다. 코크런은 자신이 특정 모델의 차를 소유했다는 사실은 기억하면서도 차를 운전했던 자신은 기억하지 못했다. 기본적 정신 능력은 온전했다. 대화하는 데에도 아무 문제가 없었다. 다만 과거에 봤거나 했던 것을 전혀 떠올리지 못할 뿐이었다.

K.C에게 의식이 있었다는 데에는 의문의 여지가 없다. 그는 깨어 있었고 정상적으로 보고 들었으며 자신이 누구인지 잘 알고 있었다. 하지만 일화 기억과 상상이 연결되어 있기에 일화 기억력을 잃은 그는 자신의 미래를 꿈꿀 수 없었다. 내일 혹은 이따가 저녁에 무슨 일이 있을 것 같냐고 물으면 그의 대답은 늘 "잘 모르겠다"였다. 그의 인격은 사고로 인해 180도 달라졌다. 어떤 면에서 완전히 다른 사람이 된 것이다.

연구에 의하면 타인의 정신 상태를 헤아릴 수 있게 될 즈음인 네 살 정도까지는 일화 기억이 발달하지 않는다고 한다. 이보다 어린아이들은 새로운 지식을 배워도 그것을 특정 사건과 연계시키지 못한다. 그래서 방금 배운 것에 관해 물어보면 아이들은 그것을 원래부터 알고 있었다고 우기곤 한다. 툴빙은 일화 기억과 더불어 상상과 정신의 시간여행이 인간만의 고유한 능력이라고 주장했다. 흥미로운 가설이다. 그런데 최신 연구에 의하면 그렇지 않을 수도 있다고 한다. 예를 들어, 먹이를 찾는 데 여러 차례 실패했던 실험용 쥐는 먹이가 치워진 뒤에도 먹이를 얻을 방법을 계속 고민한다. 어떤 면에서 계획 구상이라고 해석할 만한 행동이다. 이때 활성화되는 뇌 부위는 해마인데, 해마는 사람의 일화 기억을 관장하는 곳이다. 오늘날 인간의 미래 상상력은 놀랍도록 치밀하고 구체적이다. 하지만 오랜 세월에 거쳐 점진적으로 진화해왔을 여지가 충분히 있다.

⁂

의식의 발달 경위에 관해 우리는 모르는 게 많지만 주어진 가설을 의심의 눈초리로 찬찬히 뜯어볼 수는 있다. 물고기의 상륙은 매키버의 말마따나 역사적 사건이었을까 아니면 허풍쟁이의 상상에 불과할까?

가설 앞에서 우리는 회의론자가 되어야 한다. 그것이 마땅한 과학적 태도니까 말이다. 수생동물 중에는 금붕어를 크게 능가하는 지능을 자랑하는 것이 있다. 고래와 돌고래가 대표적이다. 하지만 사실 이 두 포유동물은 물로 역이주한 육상동물의 후손이다. 그러므로 고래와 돌고래의 높은 지능은 매키버의 가설을 뒷받침하는 증거지, 반증이 아니다. 똑똑하기로는 문어 역시 둘째가라면 서럽다. 문어는 무척추동물을 통틀어 가장 큰 뇌를 가지고 있다. 뉴런의 수는 여전히 인간이 가진 것의 1000분의 1에 불과하지만 말이다. 퍼즐 맞추기까지는 무리겠지만 병뚜껑을 열어 그 안의 먹이를 꺼내는 것과 같은 단순한 과제는 문어에게 일도 아니다.

매키버는 문어가 물속에 살고 있긴 하지만 감각기능이 극대화된 동물이라고 지적한다. 문어는 엄청나게 큰 눈을 가지고 있고 미동도 없이 복잡한 일을 수행할 수 있다. 문어는 위험천만한 동물이다. 바닷속에서 인간은 이 포식자에게 무방비 상태의 고깃덩어리일 뿐이다. 반대로 자신이 위험한 상황에서는 문어는 독창적인 방어 전략들을 구사한다. 문어는 피부색을 바꿔 모습을 감추고 먹물을 뿜어 도망갈 기회를 만든다. 높은 지능은 이런 방어 체계의 일부분이다. 문어는 바위와 산호 틈에 숨어 잠을 자고 때로는 조개껍데기 따위로 몸을 덮어 은폐하기까지 한다. 문어의 뇌를 이렇게 키운 진화압은 육상동물을 탄생시킨 것과는 완전히 다른 성격의 것이었다.

어류의 상륙이 중차대한 사건이었든 아니든, 동물이 시를 쓰고 수학 문제를 풀 줄 알게 된 직접적 계기는 확실히 아니었다. 그 사이에는 4억 년이라는 세월이 있었다. 분명 의식은 이 기나긴 시간 동안 단계적으로 발전해 오늘날에 이르렀을 것이다. 침팬지는 높은 곳의 바나나를 따려고 도구를 만드는 등 계획을 짜고 실행한다. 이것은 상상력이 가미된 사고다. 하지만 이게 의식의 전부는 확실히 아니다.

현생인류가 보여주는 고도의 정신 작용이 가능해지기까지는 의식의 진화사에서 결정적인 순간이 여러 차례 있었을 것이다. 쥐덫의 진화 모형이 경고하듯 우리는 최종 결과물의 정교함에 매혹되어 인간의 사고에는 미숙한 과거가 있었을 리 없다고 단정해서는 안 된다.

38
뇌의 옹알이

동서양을 막론하고 의학 드라마엔 예외 없이 등장하는 장면이 있다. 환자는 거대한 기계에 머리만 넣고 누워 있다. 뇌 속을 들여다보는 검사를 하는 것인데, 보통은 MRI다. MRI는 혈류를 추적해 뇌의 활동을 아름다운 추상화로 그려낸다. 하지만 나를 검사한 기계는 자기뇌파검사, 일명 MEG라는 것이었다. 무시무시하게 생긴 이 기계는 두개골 주위에서 생성되는 자기장을 측정함으로써 이 인간의 뇌가 정상적으로 사고하는지를 판정한다.

나는 이 시험을 통과했다. 당연한 결과지만 그래도 과학적으로 인정을 받으니 기분은 좋다.

검사를 주관한 사람은 뉴욕 대학교의 신경과학자 데이비드 포펠이었다. 활성화된 위치를 감지해 아름다운 사진을 찍어내지만 시간 분해능time resolution이 낮은 fMRI와 달리 MEG는 뇌 활동이 일어나는 시점을 포착하는 능력이 뛰어나다. 감도가 1000분의 1초, 즉 밀리초millisecond 단위까지 내려갈 정도다.

이 순간 포착 능력은 중요하다. 우리의 뇌는 워낙 복잡하게 층층이 얽히고설켜 있는 까닭에 어떤 일을 실행할 때 시차가 발생하기 때문이다.

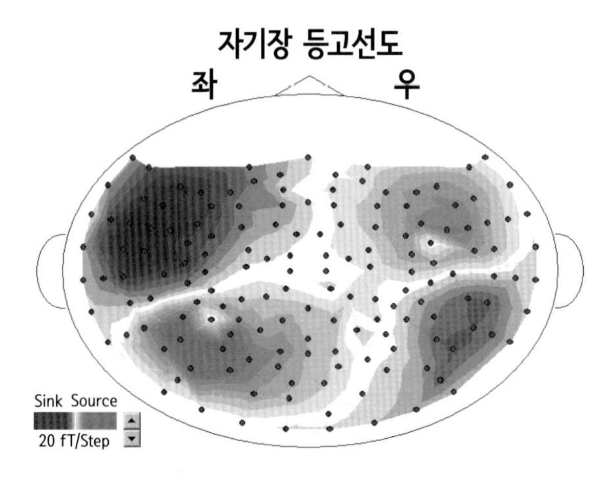

신호음을 듣는 순간을 포착한 뇌 주변의 자기장 지도
제공: 데이비드 포펠 연구실, 뉴욕 대학교

개별 뉴런의 발화는 1밀리초 안에도 여러 차례 일어나지만 화학 신호가 뇌가 감지할 수 있을 정도로 축적되려면 수십 밀리초가 걸린다. 그렇게 마침내 뇌가 벌떡 일어나 "이봐! 무슨 일이 일어나고 있어!"라고 외치는 때가 바로 의식적 인지가 일어나는 순간이다.

뇌의 사고 회로에서 어려운 임무들은 모두 뉴런이 담당한다. 뉴런을 둘러싸 보호하는 **아교세포**glial cell가 뉴런의 일을 돕는다는 견해도 있지만, 확인된 바로 정보가 담긴 신호를 전달하는 것은 온전히 뉴런의 몫이다. 일반적으로 뉴런은 한쪽 끝에는 **수상돌기**dendrite, 반대쪽 끝에는 **액손**axon이라는 부속기가 달린 구조로 되어 있다. 수상돌기는 다수지만 액손은 보통 뉴런당 한 개뿐이다. 수상돌기는 외부에서 들어온 신호를 받아들이고 액손은 신호를 외부로 내보낸다. 뉴런 몸통의 길이는 0.1㎜에 못 미치지만 액손의 길이는 짧게는 1㎜부터 길게는 1m에도 이른다. 시작점이 되는 뉴런은 스스로 발화해 전기화학 신호를 액손에 내려보낸다. 액손은 뉴런들이 만나는 접선지에서 다른 뉴런들에 신호를 넘겨준다. 이 접선지를 **시냅스**synapse라고 한다. 대부분의 경우 시냅스는 수상돌기 하나와 액손 하나로 이루어져 있지만 뇌는 특별한 기관이라 다양한 시냅스 유형이 존재한다.

그렇게 뉴런들은 액손에서 뿜어져 나온 이온 분자들을 수상돌기로 받으며 대화를 나눈다. 그런데 움직이는 이온들은 자기장을 발생시킨다. 즉, 뇌가 생각이라는 작업을 한다는 것은 하전된 입자가 뉴런들 사이를 분주히 오가면서 두개골 언저리에 희미한 자기장이 피어난다는 것을 뜻한다. MEG는 이 자기장을 감지해 뉴런이 발화한 순간을 정확하게 짚어낸다.

포펠 연구팀은 이 기술을 이용해 뇌의 지각 및 인지 기능과 언어 활동을 연구한다. MEG 기계에 들어앉아 있는 내게 측정기사는 의미 없이 삑삑대는 여러 가지 소리를 들려주었다. 그러고는 내 뇌가 청각 신호를 의식적으로 감지하는 데 얼마나 오래 걸리는지를 측정했다. 인간의 의식이 복잡한 대뇌피질 네트워크를 거쳐 소리를 인식하는 데는 보통 수십 밀리초가 걸린다.

개인적으로 가장 인상 깊었던 점은 이 기계가 **생각하는 나를 감지한다는** 어쩌면 당연한 사실이었다. 우리가 생각이라고 부르는 활동은 머릿속 몇몇 이온의 동태와 직결되어 있다. 장대한 우주의 섭리와 비교할 때 인간의 하잘것없음에 저절로 겸허해지는 부분이다. 데카르트와 왕녀 엘리자베스가 이것을 봤다면 무슨 말을 했을까?

오늘날 생각이 뇌의 작용과 어떤 식으로든 연결되어 있음을 부인하는 사람은 아무도 없다. 다만 생각의 성질을 두고는 의견이 갈린다. 누군가는 생각이 MEG 측정 결과처럼 그저 뇌에서 일어나는 물리적 현상을 한 단어로 표현하는 화법일 뿐이라고 말한다. 반면 또 누군가는 생각에는 물리적인 것 이상의 무언가가 더 있다고 주장한다. 이 대목에서 전자의 설득력이 큰 이유를 이해하기 위해 뇌의 작동 기전을 알아보고 가는 게 좋을 것 같다.

✺

한마디로 뇌는 교차 연결된 뉴런들의 네트워크라 표현할 수 있다. 28장에서 우리는 단위 구조는 온전히 보존되면서 작은 조각이 모여 점점 큰 덩어리를 이루는 식으로 복잡한 구조가 발달하는 과정을 얘기했었다. 뇌는 그런 프랙탈의 훌륭한 예다.

전통적 견해로는, 정보를 담고 있는 것은 뉴런 자체가 아니라 뉴런들이 연결된 방식이라고 한다. 모든 뉴런은 어떤 뉴런에는 연결되어 있고 어떤 뉴런에는 연결되어 있지 않다. 이것을 학계에서는 뇌 신경 네트워크의 지도라 정의하고 **커넥톰**connectome이라 부른다.

쉽게 설명하면 커넥톰이란 연결 구조를 함께 표시한 모든 뉴런의 목록이다. 커넥톰의 복잡성은 어마어마하다. 사람의 뇌에는 대략 850억 개의 뉴런이 존재하는데, 각 뉴런이 또 1000개 이상의 다른 뉴런들에 연결된다. 즉, 커넥톰을 얘기할 때 우리는 100조 개 이상의 연결고리를 다루는 것이다. 진짜 사람의 뇌를 들여다보고 연결고리를 하나하나 짚어 보는 것은 사실상 불가능한 일이다. 하지만 학계에서는 그러려는 시도가 끊임없이 이어지고 있다. 인간의 커넥톰을 완전히 규명하기 위해서는 100만 곱하기 100만 기가바이트에 달하는 어마어마한 양의 정보가 필요하다는 게 현재의 추정이다.

모든 뉴런은 다른 뉴런을 통해 혹은 외부에서 직접 신호를 받는다. 신호를 받은 뉴런은 발화할지 말지를 결정한다. 발화는 하거나 안 하거나라는 단순한 양자택일의 문제지만, 그러기 위해 뉴런이 처리하는 신호의 양은 어마어마하다. 뉴런은 신호를 받을 때마다 40밀리초 동안 그 신호를 '경청'하며 이것을 다음 주자에게 전송하는 데는 1밀리초가 걸린다. 이것은 엄청난 정보량이다. 2000여 개의 시냅스가 있고 시냅스마다 신호 40개가 들어온다고 치면 한 뉴런이 발화 여부를 결정하기 전에 받는 정보는 $40 \times 2000 = 8$만 비트, 혹은 $2^{100,000}$개의 메시지에 육박하는 셈이다. 이것은 "들어오는 신호가 일정 수량 이상이면 발화하겠어"라는 식의 간단한 문제가 아니다. 어떤 신호는 발화를 독려하지만 어떤 신호는 발화를 방해하고 신호들은 복잡다단하게 서로에게 영향을 주는 까닭이다.

게다가 인간의 커넥톰이 완전히 밝혀지더라도 인간의 뇌가 어떻게 사

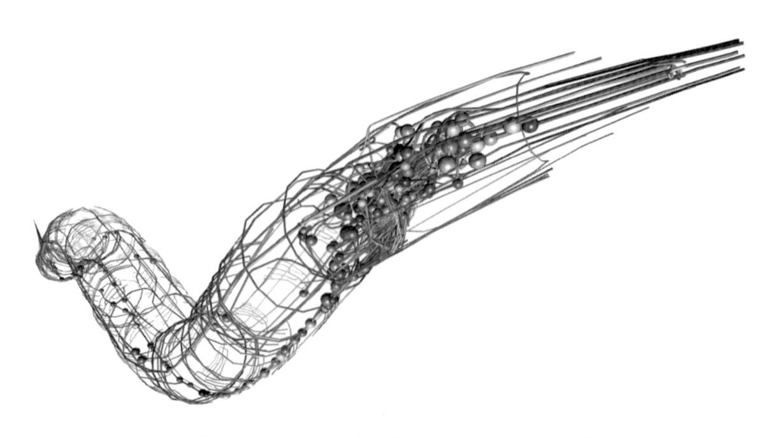

편형동물 **예쁜꼬마선충**의 커넥톰을 컴퓨터로 시뮬레이션한 모형. OpenWorm 프로젝트.
제공: 크리스 그로브, 캘리포니아 공과대학

고하는지 바로 알 수 있는 것은 아니다. 모든 뉴런이 똑같지는 않으므로, 우리는 뉴런의 연결 구조 말고도 알아내야 할 것이 많다. 학계는 다세포 동물 하나의 커넥톰을 완전히 밝혀냈다. 편형동물인 예쁜꼬마선충(*C. elegans*)은 정확히 959개의 세포를 가지고 있는데, 그중 302개가 뉴런이다. 현재 우리는 이 뉴런들이 어떻게 이어져 있는지는 설명할 수 있다(약 7000개의 연결고리가 존재한다). 그러나 이 벌레가 무슨 생각을 하는지는 모른다. 고속도로 지도가 길은 보여주지만 교통상황은 알려주지 못하는 것과 같다. 당분간은 언젠가 녀석의 머릿속을 읽을 날이 올 거라고 소망할 뿐이다.

사람이 살면서 변해가면 커넥톰도 함께 달라진다. 어떤 신호가 반복해 발화하면 특정 시냅스가 더 쉽게 활성화하게 되고 뉴런의 연결이 단단해진다. 그러면 어떤 시냅스는 성장하는 반면 어떤 시냅스는 쪼그라든다. 이런 식으로 기억이 생성된다. 2000년에 신경정신의학자 에릭 캔들에게 노벨 의학상을 안겨준 연구가 바로 이 기전을 조사한 바다달팽이 연구였다. 바다달팽이는 기억력이 좋지 않다. 하지만 캔들은 단순한 특정 자극을 반복해서 주어 이 연체동물을 훈련했다. 그렇게 달팽이는 새로운 기억을 갖게 되었다. 그런데 달팽이의 뇌를 조사하니 단백질 합성이 달라져 뉴런의 모양이 변해 있었다. 캔들은 단기 기억은 시냅스 강화와 관련 있고 장기 기억을 위해서는 완전히 새로운 시냅스가 생성되어야 한다는 결론을 내렸다.

더 최근에는 실험용 쥐가 새로운 과제를 습득하는 동안 뉴런이 자라나고 연결되는 과정을 직접 관찰하는 연구가 수행되었다. 그런데 놀랍게도(혹은 관점에 따라 심란하게도) 특정 시냅스를 약화하면 기억을 삭제

할 수 있었고 심지어 전극으로 신경세포를 직접 자극함으로써 가짜 기억을 심을 수도 있었다. 기억은 뇌에 물리적으로 존재하는 실체였던 것이다.

커넥톰은 세계지도와 같다. 지도만 보고 국제 정세를 다 이해할 수는 없다. 하지만 전체 그림을 파악하려면 지도 안에 담긴 정보가 필요하다. 지도가 절대로 길을 잃지 않게 해주는 것은 아니지만, 좋은 지도는 언제나 올바른 방향을 찾게 한다.

*

뇌는 수많은 뉴런이 아무렇게나 뭉쳐진 덩어리가 아니다. 뇌의 커넥톰은 **계층적** 네트워크다. 뉴런들이 소단위로 연결되어 있고 또 그 소단위들끼리 이어지는 식으로 확장되어 전체 뇌를 이룬다. 정보 수집을 담당하는 여러 모듈이 빈틈없이 조립되어 의식적 자아를 형성하면 그런 의식의 옹알이가 뇌의 작용으로 표출된다. 부분들은 각자 맡은 임무를 수행하되, 이 모두가 하나 될 때에만 지각이 작동하는 온전한 인간이 되는 것이다.

이것을 뒷받침하는 증거는 많다. 의식을 잃었을 때, 즉 수면이나 마취 상태를 분석한 연구가 그중 하나다. 일례로 한 연구에서는 피시험자의 뇌 일부분에 약한 자기 자극을 주었다. 그런 다음 신호가 뇌 전체에 퍼져나가는 과정을 관측했다. 그 결과, 피시험자가 깨어 있을 때는 뇌 전체에서 반응이 유도되었다. 반면 의식이 없는 피시험자의 뇌에서는 자극이 시작된 부위에 반응이 국한되었다. 이 관찰 결과는 학문적인 것 이상의 의미를 담고 있다. 의료계는 마취 상태의 환자나 뇌 손상을 입은 환자가 정말로 의식이 없는지 아니면 단지 몸을 움직이거나 바깥세상과 소통하는 것만 못 할 뿐인지를 두고 오랫동안 고민해왔기 때문이다.

커넥톰이 계층적 네트워크라는 말은 뇌가 최대 연결(모든 뉴런이 나머지 뉴런들 전부와 교류함)과 최소 연결(각 뉴런이 바로 옆 뉴런과만 교류함) 사이의 중간 지점에 있음을 뜻한다. 그런 면에서 커넥톰은 수학자들이 말하는 **작은 세상 네트워크**와 다르지 않다. 이 용어는 심리학자 스탠리 밀그럼의 유명한 6촌 실험에서 비롯됐는데, 실험에 따르면 네브래스카주 오마하 주민 중 무작위로 고른 한 명이 평균 여섯 단계만 건너면 매사추세츠주 보스턴에 사는 특정 인물과 친인척 사이로 연결된다. 이 원칙을 네트워크 이론에 대입하면 우리는 네트워크가 마디들 대부분이 서로 직접 연결되어 있지는 않지만 몇 다리만 건너면 서로에게 닿는 작은 세상의 성질을 갖는다고 말할 수 있다.

그런데 이 성질이 커넥톰에서도 또렷하게 관찰된다. 뉴런은 바로 옆 뉴런과 연결되지만 넓은 의미에서 멀리 있는 뉴런에도 가닿는다. 작은 세상 네트워크는 인터넷, 전력망, 사람의 교우관계 등 다양한 영역에서 형성되는 것으로 보인다. 이것은 우연이 아니다. 이런 종류의 조직은 특정 업무의 효율을 극대함으로써 국지적으로 업무를 신속하게 마무리하고 그 결과가 시스템 전체에 빠르게 퍼져나가게 한다. 또한, 작은 세상 네트워크는 재해에도 강하다. 연결 일부가 손상되어도 전체 시스템의 성능에는 털끝만큼도 영향이 가지 않는다. 뇌 안에서 소소하게 옥신각신하는 모듈들에는 최적의 시스템인 셈이다.

작은 세상 네트워크는 어떤 면에서 "한 구조가 모든 크기로 존재하는 것"이라고 말할 수 있다. 뇌의 작은 세상 네트워크는 뉴런 뭉텅이들이 교차 연결된 거대한 덩어리가 아니다. 850억 뉴런이 소그룹으로 모이고 소그룹이 중그룹으로, 중그룹이 다시 대그룹으로 증폭되는 체계적인 구조체다. 일부 전문가는 이런 시스템이 커넥톰의 공간 배치를 결정할 뿐만 아니라 들고 나는 신호의 빈도도 좌우한다고 제안한다. 즉, 계층 구조에 따라 작은 신호는 상대적으로 자주 발생하고 중간 신호는 가끔, 그리고 아주 큰 신호는 매우 드물게 발생한다고 한다.

물리학자들은 계가 이런 양상을 보이는 것은 계층적 행동이 임계점에 이르렀을 때라고 말한다. 상전이 연구에서 이 현상이 보편적으로 관찰되는 것이 그 증거다. 물이 끓는 것처럼 상이 막 달라지려고 할 때 계는 임계 상태에 이른다. 그런데 끓기 시작하는 물에서는 다수의 작은 기포와 그보다 적은 수의 큰 기포가 보글거린다. 임계 상태는 한마디로 질서와 완전한 카오스 사이의 절묘한 절충지대라고 볼 수 있다. 신경생리학자 단테 치알보가 말했듯, “임계 상태가 아닌 뇌는 매 순간 똑같은 일만 반복하거나 극한의 무질서 상태여서 주변 상황이 어떻든 완전히 무작위적으로 행동하거나 둘 중 하나다. 바보의 뇌가 딱 이럴 것이다.”

즉, 인간의 뇌는 시간과 공간 모두의 측면에서 복잡성을 최대한 활용할 수 있도록 정확히 임계 수준까지 조직된 복잡계다. 인간의 뇌가 그동안 보여준 능력들을 고려하면 새삼스러운 사실도 아니다.

✺

현대 과학은 뉴런 하나하나를 뜯어보고 모든 연결 관계를 지도에 표시해가면서 뇌를 정밀하게 연구하는 수준까지 발전했다. 그럼에도 우리는 아직 뇌가 정신의 요체라고 확신하지 못한다. 앞서 나는 왕녀 엘리자베스가 비물리적인 영혼이 송과선을 통해 육신과 교류한다는 데카르트의 주장에 반대했다는 얘기를 했었다. 두 사람의 담론이 시작된 것은 무려 400년 전의 일이다. 하지만 우리가 뇌에서 벌어지는 일들을 인간 정신의 요체와 직결시킬 수 있게 되기 전에는 이 담론의 결판은 나지 않을 것이다. 심리학과 신경과학이 최근에 괄목할 성과를 내고 있으니 일단은 기대해보자.

기억이 뇌에 물리적으로 새겨진다는 것은 이제 엄연한 과학적 사실이다. 그렇다면 감각 인지도 비슷할 것이라는 예측이 마땅히 가능하다. 더욱이 자기장이 뇌를 맴돈다는 것을 내 눈으로 확인하고 나니 그럴 거라는 확신이 강하게 든다. 최근 연구에 의하면 뇌의 활동을 관찰하는 것만으로 피시험자의 시선에 비치는 영상을 꽤 사실적으로 추출할 수 있다고 한다. 피시험자가 사진이나 동영상을 볼 때 뇌의 어느 부분이 활성화되는지 fMRI로 기록하면, 피시험자가 보고 있는 피사체를 확인할 필요 없이 fMRI 데이터로부터 바로 영상을 재구축하여 일종의 (피시험자가 보고 있던 것의) 형판을 만들 수 있다. 이것은 피시험자의 시선에 잡힌 것을 대강 재현하는 것이니 독심술에 비유할 수는 없을 것이다. 독심술 수준으로 머릿속 상상까지 재현하는 것은 아직 불가능하다. 언젠가는 가능해지겠지만 말이다.

이 모든 연구 자료 중 비물질적 영혼이 따로 있다는 심신이원론의 편을 들어주는 것은 하나도 없다. 사람이 생각하고 세상을 감지할 때 뇌에서 무슨 일이 일어난다는 것은 심신이원론자들도 인정하는 사실이다. 하지만 그들은 그게 전부가 아니라고 말한다. 그들에게는 경험하고 느끼는 인간의 영혼은 완전히 별개의 무언가다. 그렇게 치면 뇌는 라디오 수신기와 같을 것이다. 라디오가 개조되거나 고장 나면 나오는 소리가 달라진다. 하지만 신호 자체는 라디오가 내는 것이 아니니 변화가 없을 것이다.

그런데 이 비유는 틀렸다. 고장 난 라디오는 신호를 제대로 수신하지 못해 채널이 잘 안 잡히긴 해도 헤비메탈이 돌연 고전음악으로 들리지는 않는다. 그러나 뇌는 손상되면 인격을 근본적으로 변화시킬 수 있다.

카그라스Capgras 증후군이 그 증거다. 이 병은 측두엽 피질과 변연계를 잇는 부분이 손상되어 생긴다. 측두엽 피질은 사람들을 구분하는 영역이고 변연계는 느낌과 감정을 관장하는 영역이다. 카그라스 증후군 환자는 누가 누구인지 알아는 보지만 사람들과의 감정적 유대를 더는 느끼지 못한다(감정은 살아 있으면서 사람을 알아보지 못하는 안면실인증과 정반대의 상황이다).

이런 환자의 생활이 어떨지 예상하기란 어렵지 않다. 가령, 일명 D 여사라는 한 환자는 일흔네 살에 카그라스 증후군이 발병했다. 그녀는 남편을 볼 때마다 이 노인이 누구인지를 증명하는 모든 사실 기억을 떠올리면서 그가 자신의 남편이라는 사실은 인지했다. 하지만 그녀는 이젠 그에게 손톱만큼의 애정도 느끼지 못했다. 그저 무관심할 뿐이었다. 그래도 그녀는 그를 좋아해야 한다는 사실을 논리적으로 알았다. 그래서 그녀의 뇌는 꾀를 낸다. 이 남자가 진짜 남편이 아니라 남편과 똑같이 생긴 사기꾼이라고 생각하기 시작한 것이다.

D 여사는 평범한 축에 든다. 뇌를 다쳐 감정이나 인격이 극적으로 변하는 사례는 생각보다 흔하다. 아쉽게도 이 사례들을 토대로 우리는 정신이 뇌의 물리적 활동을 설명하는 화법에 지나지 않는다는 것까지만 추측할 뿐, 그 이상을 증명하지는 못한다. 하지만 데카르트식 심신이원론에 대한 신뢰도를 조금이나마 낮추는 것은 확실하다.

이제 우리는 두 갈래 갈림길에 서 있다. 한 갈래는 사람도 세상도 순수하게 물리적이라는 물리론에 이르는 길이고 다른 하나는 새롭게 재편된 심신이원론으로 이끄는 길이다. 이 중차대한 시점에 우리는 결단을 내려야 한다. 그러기 위해서는 깨어서 사고하는 인간이 되는 것이 어떤 의미인지를 더 열심히 고민할 필요가 있다.

39
생각할 자격

로버트 A. 하인라인의 소설 《달은 무자비한 밤의 여왕》에서 지구의 식민지가 된 달의 주민들은 독립 혁명을 일으킨다. 혁명의 중심에는 중앙컴퓨터 마이크가 있다. 달에 건설된 도시들의 자동화 기능 대부분을 통제하는 마이크는 그저 기특한 기계 덩어리가 아니었다. 마이크는 처음부터 그렇게 설계되지는 않았음에도 자아를 인식하게 된다. 소설의 화자는 이 사건을 다음과 같이 무덤덤하게 표현한다.

> 인간의 뇌에는 약 10의 10승 개의 뉴런이 있다. 3년이 지나자 마이크는 이 수의 1.5배나 되는 뉴리스터를 갖게 되었다.
>
> 그렇게 그가 깨어났다.

이야기의 화자 마누엘 오켈리 데이비스는 컴퓨터 기술자다. 그는 마이크의 자아의식이 어떻게 생겨났는지 별로 궁금해하지 않는다. 이겨야 하는 싸움이 있고, 마이크의 각성은 사고하는 기계가 충분히 크고 복잡해지면 자연스럽게 일어나는 일이었을 뿐이다.

현실에서는 아마도 상황이 더 복잡할 것이다. 사람의 뇌에는 수많은 뉴런이 존재한다. 뉴런들은 무작위로 이어져 있는 게 아니다. 커넥톰이라는 구조가 있고 이 구조는 자연선택을 통해 점진적으로 발진해 간다. 컴퓨터 하드웨어와 소프트웨어에도 구조가 있지만, 순전히 우연한 경위로 자아를 생겨나게 할 수준의 것은 아니다.

그런데 만약 그런 일이 일어난다면? 컴퓨터가 영혼 없이 숫자만 뱉어내는 게 아니라 정말로 생각이라는 걸 한다면 그 사실을 우리는 어떻게 알 수 있을까? (둘 사이에 실질적인 차이가 있을까?)

☼

영국의 컴퓨터공학자 앨런 튜링은 일찍이 1950년부터 이 문제를 다루고 있다. 그는 오늘날 **튜링 테스트**로 더 유명한 모방 게임을 제안했다. 이 연구에 관한 그의 논문은 "기계가 생각할 수 있을까?"라는 자신감이 묻어나는 직설화법으로 시작된다. 그러다 이런 질문은 정의에 따라 해석이 달라지기에 십상이라는 사실을 의식한 듯 바로 신중한 태도로 돌아선다. 그러고는 보통의 과학 저술들이 그러듯 기술적 어조로 다시 묻는다. "기계가 사람과 대화하면서 자기가 기계가 아닌 사람이라고 믿게 할 정도로 자연스럽게 대화할 수 있을까?" (정통 철학자라면 이 물음에서도 단어의 정의definition를 두고 토론에 열을 올릴 것이다.) 이 게임에서 튜링은 컴퓨터가 사람과 차이 없이 대화를 나눌 때 생각하는 능력이 있다고 간주하고 테스트 통과의 기준으로 삼았다.

오늘날 튜링 테스트는 백과사전에 오를 정도로 보편화했다. 우리는 이런저런 컴퓨터 프로그램이 테스트를 통과했다는 소식을 자주 듣는다. 알아서 이메일을 보내고, 자동차를 운전하고, 우리에게 말을 거는 온갖 기계들에 둘러싸여 사는 현대인에게는 자연스러운 일상이다. 그러나 진실은 진정한 튜링 테스트를 통과한 컴퓨터는 아직 하나도 없다는 것이다. 언론에 보도되는 이벤트들에서는 으레 사람 대화 상대가 컴퓨터를 도발하지 못하도록 제한을 둔다. 튜링이 구상했던 진정한 튜링 테스트가 아니다. 언젠가는 튜링의 기준에 부합하게 진짜 사람처럼 생각하는 기계가 반드시 나오겠지만 그날이 오늘내일은 아니다.

게다가 튜링 테스트를 훌륭한 성적으로 통과하는 기계를 인류가 마침내 만들게 되더라도 우리는 여전히 기계가 사람과 정확히 똑같은 식으로 생각하는가를 두고 토론하게 될 것이다. 이 지난한 논제의 핵심은 기계에 의식이 있는가, 즉 '진정으로 이해하는가'다. 아무리 똑똑해도 컴퓨터는 자신이 무슨 소리를 하는지 진정으로 이해하면서 그런 말을 하는 걸까? 대화 주제가 미학이나 감정일 때 반도체 조각에 새겨진 소프트웨어 따위가 인간이 말하는 감동과 비애를 인간과 똑같이 느낄 수 있을까?

튜링은 이 질문이 쟁점이 될 것을 예상했다. 그래서 **의식이 하는 주장**argument from consciousness이라는 이름까지 붙이고 중요하게 다뤘다. 예리하게도 3인칭 시각(타인이 보는 나의 행동)과 1인칭 시각(내가 보고 생각하는 나 자신)을 구분했던 것이다. 튜링에게 의식이 하는 주장은 철저히 유아론唯我論적인 문제였다. 사람에게 의식이 있는지 없는지는 본인이 아니고서는 확신할 수 없다, 그러니 타인의 입장에서 사람들에게 의식이 있는지 판별할 근거는 행동을 관찰하는 것뿐이다. 이것이 튜링의 논리였다. 튜링이 평범하게 보이지만 내면의 경험, 즉 **콸리아**qualia*가 없는 사람을 **철학적 좀비**라 부른 것도 그런 맥락에서였다.

그는 겉으로 드러나지 않는 내적 경험을 고집하면서 회피하지 말고

---

* 개인의식의 주관적 경험을 뜻하는 철학 용어

세상에서 벌어지는 일들을 관찰함으로써 객관적으로 답할 수 있는 문제에 집중해야 발전할 수 있다고 여겼다. 그러면서 누구라도 조금만 신중하게 숙고하면 자신과 같은 결론에 닿을 거라는 희망을 버리지 않았다. "의식이 하는 주장을 지지하는 사람들은 유아론적 입장을 버리고 이쪽으로 돌아설 것이다."

하지만 겉만 보고 내면의 사고와 의식을 판정할 수는 없다고 주장하면서도 다른 사람들에게도 의식이 있음을 충분히 인정할 수 있다. 그런 사람들은 이렇게 말할 것이다. "내게 의식이 있는 것은 내가 확실히 알아. 다른 사람들도 기본적으로 나와 같으니 아마 그들에게도 의식이 있겠지. 그렇지만 컴퓨터는 나와 달라. 그러니 컴퓨터에는 좀 더 회의적이어도 괜찮아." 개인적으로 나는 이게 올바른 태도라고 생각하지 않지만 논리적으로 틀린 말은 아니다. 그렇다면 확인해야 할 것은 컴퓨터가 정말로 우리와 **다른가**일 것이다. 우리 뇌에서 일어나는 사고 과정이 컴퓨터 안에서 벌어지는 일들과 정말로 질적으로 다를까? 하인라인의 소설 주인공은 그렇게 생각하지 않는 것 같다. 회로의 주성분이 단백질인지 백금인지는 중요하지 않다고 말하는 걸 보면.

✺

미국 철학자 존 설이 만든 **중국어 방**이라는 사고실험이 있다. 설이 실험을 설계한 의도는 튜링 테스트가 '사고'와 '이해'의 진의를 제대로 구별해내지 못함을 지적하는 데 있었다. 중국어로 된 서류 더미가 천장까지 쌓인 방 안에 한 사람이 갇혀 있다. 영어는 읽고 말할 수 있지만 중국어는 하나도 모르는 사람이다. 벽에는 구멍이 하나 나 있어서 서류를 주고받을 수 있다. 중국어로 된 종이 한 장이 구멍으로 들어오면 그는 목록

형식의 지침서를 참고해 서류 더미에서 올바른 답이 적힌 종이를 찾는다. 그런 다음 그것을 구멍을 통해 내보낸다.

방 안의 사람은 알 도리가 없지만 방에 들어오는 종이와 처음부터 방에 있었던 서류 더미에는 정상적인 머리를 가진 사람이 할 법한 질문과 답이 완벽한 중국어로 적혀 있다. 따라서 방 밖에서 답안지를 받는 중국어 능통자는 자신이 방 안의 또 다른 중국어 능통자와 필담을 나눈다고 굳게 믿을 것이다.

하지만 여러분도 아시다시피 방 안의 사람은 중국어를 한 글자도 이해하지 못한다. 영어밖에 할 줄 모르면서 종이의 산에 파묻혀 지침서에 의존하는 사람만이 있을 뿐이다. 중국어 방은 (중국어로 된) 튜링 테스트를 통과하겠지만 진정한 이해는 이루어지지 않는다. 사실 이것은 설이 컴퓨터가 사람의 사고 능력을 따라잡지 못할 거라는 생각에 인공지능을 겨냥해 시작한 연구였다. 그의 표현을 빌리면 튜링 테스트를 통과한 컴퓨터는 중국어 방 안에 있는 사람과 같다. 적절한 기호의 조합을 출력함으로써 입력된 정보를 이해했다는 인상을 풍길 수는 있어도 진짜 이해하지는 못하는 것이다.

설의 사고실험이 공개되자 여기저기서 평론이 쏟아졌다. 대부분은 이 연구를 논박하는 것이었다. 그중 가장 간단한 것 하나를 소개하자면, 물론 방 안의 사람은 중국어를 모르지만 '일꾼과 지침서'가 결합한 시스템이 중국어를 이해한다고 봐야 한다는 반론이 있다. 하지만 의식이 하는 주장을 미리 내놨던 튜링처럼 설 역시 이런 지적을 한발 앞서 예측하고 논문 초판에 일찌감치 언급한다. 그의 말투는 담담했다.

> 이 주장은 중국어를 전혀 모르는 사람도 안내문 몇 장만 있으면 중국어를 이해하는 셈이라고 말하는 것과 같다. 이데올로기에 휘말린 게 아닌 한 어느 누가 이 논리를 타당하다고 생각할지 알 수 없는 노릇이다.

중국어 방은 사고실험들이 으레 그러듯 특수한 상황에서 시작한다. 구멍으로는 종잇장이 오가고 인간의 대화를 그대로 받아쓴 듯한 지침서가 있다. 그런데 만약 지침서가 질문 하나에 답안 하나라는 식이라면 중국어 방은 최저 지능 수준의 인간과 맞붙어도 튜링 테스트를 통과하지 못할 것이다. 가령 "어떻게 지내?", "왜 그런 말을 했어?", "더 자세히 말해줄래?"라는 질문을 생각해보자. 진짜 사람들 사이의 대화는 문장들의 단순한 릴레이로 진행되지 않는다. 진짜 대화에는 문맥과 배경 경험이 있다. 따라서 중국어 방에서 지속적 대화가 가능하게 하려면 종잇장 말고도 기억을 저장할 방법과 저장된 기억들을 통합하는 정보처리시스템이 갖춰져 있어야 한다. 그런 방을 설정하는 게 불가능하지는 않다. 하지만 답안지 더미와 지침서만 있으면 되는 중국어 방보다는 훨씬 복잡한 계가 될 것이다.

설의 해석대로라면 방 설정의 어디까지가 계에 포함되는지는 중요하지 않다. 어떤 식이어도 중국어 대화를 진정으로 이해한다고 보기엔 미흡할 것이기 때문이다. 중국어 방 실험은 이 계가 어떻게 해도 진정한 이해에 도달할 수 없다는 확실한 증거는 되지 못한다. 다만 '이해'라는 것이 입력과 출력의 물리적 관계를 초월하는 개념임은 보여준다. 진정으로 '이해한다'는 것은 계에서 벌어지는 일들이 '특정' 당면과제에 관한 것임을 아는 것이다. 시적 자연주의의 관점에서 이 '개체 중심성'은 정보의 형이상학적 본질이 아니다. 그보다는 물리적 세상의 부분들이 어떻게 서로 얽혀 있는지를 설명하는 하나의 편리한 화법이다.

중국어 방은 기계는 사고할 수 없다는 답을 주지 않고 그 대신 더 많은 질문을 우리에게 던진다. 이 사고실험은 스스로 사고하는 가상의 기계를 내세우고 "당신은 이게 뭔가를 진짜로 이해한다고 생각하지는 않을 거야. 그렇지?"라며 도발한다. 이때 가장 현명한 대답은 "그러면 안 되나?"다.

만약 세상이 순전히 물리적이라면 '이해'라는 용어는 한 계에 존재하는 정보(가령 물질의 배열 상태)와 바깥 환경 사이의 특정 관계를 가리키는 화법일 것이다. 중국어 방 실험은 우리가 이렇게 생각해서는 안 된다고 말하지 않는다. 그러면 안 된다는 확실한 증거가 있는 게 아니라면 말이다.

그렇다고 '이해'를 정확하게 정의 내리는 것이 어렵지 않다는 소리는 아니다. 양자역학 교재에는 양자장론에 관한 정보가 가득하지만 책 자체가 이 이론을 '이해'하는 것은 아니다. 책은 우리의 질문에 답하지도 공학 계산을 해주지도 못한다. 이해는 단순히 정보의 존재를 넘어서서 더욱 역동적이고 과정 지향적인 개념이다. 따라서 이해라는 개념을 정의하는 것은 매우 어렵지만 할 만한 가치가 있는 과업이다. 다만, 튜링이 주장한 것처럼, (이것이 어렵고 민감한 과제이긴 하나) 순전히 실험·조작적 수준에서 수행해선 안 될 성질의 것이라는 근거는 어디에도 없다. 우리는 눈앞에 보이는 동태만 관찰해도 된다. 처음부터 당사자가 아니면 볼 수 없다고 딱지를 붙여 꼭꼭 숨겨 놓은 (가령 '이해'나 '의식' 같은) 속성을 억지로 소환하는 대신 사물이 어떻게 행동하는지를 살피는 것이다.

사실 처음에 설이 사고실험의 표적으로 삼았던 것은 의식의 문제(인지하고 경험한다는 것이 무얼 의미하는지)가 아니었다. 그는 인식과 지향성(생각하고 이해한다는 것이 무얼 의미하는지)을 다루려고 했다. 하지만 이 두 가지가 밀접하게 연결되어 있다는 점을 인식한 그는 중국어 방이 컴퓨터는 의식을 가질 수 없다는 증거라는 해석을 내놓는다. 이 확장된 해석이 시사하는 바는 분명하다. 당신이 보기에 방 안의 시스템이 진실로 '이해'하지 못한다면 이 시스템은 인지하지도 경험을 하지도 못하는 것이다.

✹

중국어 방 사고실험은 의식이 순수하게 물리적이라는 주장이 얼마나 엄청난 것인지를 실감하게 한다. 그러므로 의식이 정확히 무엇인지는 아직 모르더라도 의식의 존재에 관한 기준은 명확해야 한다. 중국어 방의 경우는 언뜻 서류 더미와 지침서가 의식의 존재 기준인 것처럼 보인다. 하지만 사실 이 두 가지는 컴퓨터 안에 들어 있는 정보와 정보처리 기능을 가리키는 다채로운 화법에 지나지 않는다. '의식'이 바탕의 물리적 사건을 설명하는 화법일 뿐이라고 여길 때 우리는 어떤 불편한 상황을 감내해야 할까?

의식이 있다고 대부분 사람이 인정하는 대표적인 계는 사람이다. 엄밀하게는 뇌만이겠지만 너그럽게 사람 전체라고 치자. 인간은 수조 개의 세포로 빚어진 살아 있는 조각과 같다. 만약 인간의 모든 요소가 물리적이라면 세포들이 꿈틀대며 때로는 저희끼리, 때로는 바깥세상과 상호작용한 결과물이 의식이라고 볼 수 있을 것이다. 그렇다면 세포가 세포임은 중요하지 않다. 중요한 것은 세포들이 어떻게 상호작용하는가, 그 역동적 패턴이 공간에 어떻게 새겨지고 시간이 흐름에 따라 어떻게 변해가는가다. 말하자면, 의식 버전의 다중 실현성인 셈이다(24장 참고). 의식의 다중 실현성은 의식적 사고를 체현시키는 재료가 한 가지가 아니라는 점에서 기질 비의존성이라고도 불린다.

그런데 만약 이게 사실이라면, 어떤 것도 의식을 가질 수 있다는 말이 된다.

뇌에서 뉴런 하나를 콕 집어서 연구해 완벽하게 규명했다고 치자. 우리는 이 뉴런이 신호를 감지하면 어떻게 반응하고 어떤 신호를 새로 송출하는지 정확히 알고 있다. 그런데 다른 부분은 건드리지 말고 뇌에서 이 뉴런만 걷어내는 대신 이 뉴런의 입·출력 기능을 완전히 똑같이 모방하는 기계부품, 즉 뉴리스터를 심는다고 하자. 하인라인의 인공지능 컴퓨터 마이크처럼 말이다. 하지만 이 사람은 뉴리스터 하나가 생겼다는 것 말고는 생물학적으로 예전과 아무런 차이도 없다. 그는 여전히 의식 있는 존재인가?

이 질문에 대부분 사람은 그렇다고 답할 터이다. 뉴런 하나가 기능 면에서 동등한 뉴리스터로 교체되었다고 해서 사람 자체가 달라지지는 않는다고 여기는 것이다. 그렇다면 뉴런 두 개를 교체했다면 어떨까? 수억 개는? 그렇더라도 이론적으로 겉으로 보이는 행동에는 변화가 없을 것이다. 적어도, 세상이 전적으로 물리적이고 뉴런과는 소통하지만 뉴리스터에는 반응하지 않는 비물질적 영혼이 간섭하지 않는다면 말이다. 모든 뉴런이 기능적으로 완벽한 인공 뉴리스터로 대체된 사람은 튜링 테스트를 통과할 게 분명하다. 그렇다면 묻겠다. 그는 의식 있는 존재일까?

이런 자동사고장치에 진정한 의식이 있는지 없는지 현재 우리는 증명할 수 없다. 뉴런을 하나씩 뉴리스터로 교체하는 과정에서 정확히 언제인지는 몰라도 어느 순간 상전이가 일어나는 것이 논리적으로는 충분히 가능하다. 하지만 그런 상전이가 반드시 일어난다고 여길 만한 증거는 없다. 다만 튜링의 기준에 따르면, 뉴런과 뉴리스터가 섞여 있으면서 평범한 사람의 뇌와 정확히 똑같이 기능하는 중앙처리 시스템을 갖춘 사이보그가 있을 때 우리는 이 사이보그에게 의식과 그에 수반되는 모든 인간적 특징이 존재한다고 인정해야 할 것이다.

존 설이 중국어 방 사고실험을 만들기 전에 철학자 네드 블록은 중국인 전체를 대상으로 삼는 뇌 시뮬레이션을 제안한 적이 있다(하고많은 나라 중에 왜 하필 항상 중국인지는 모르겠다). 사람 뇌에는 중국 인구, 아니 전 세계 인구보다도 많은 수의 뉴런이 존재하지만 이 숫자 차이는 사고실험을 진행하는 데 큰 걸림돌이 되지 않으니 그냥 넘어가기로 한다. 모든 구성원이 인간 커넥톰의 전기화학 신호망만큼이나 활발하게 메시지를 교환하는 인간 집단이 있다고 치자. 이 집단에 의식이 있다고 말할 수 있을까? 하나의 집합으로서 이 집단은 내면의 경험을 하거나 이해를 할까?

궁금한 건 또 있다. 인간 커넥톰을 한순간만 분석하는 게 아니라 평생 추적 관찰한다고 상상해보자. 우리는 이미 갖가지 비현실적인 사고실험을 해봤으니 이 정도는 식은 죽 먹기다. 시냅스마다 신호가 지나가는 모든 순간을 죽을 때까지 기록한다고 치자. 이 정보를 하드드라이브에 저장하거나 무식하게 종이에 적는다. 이렇게 만들어진 이 인간 정신 활동의 기록에는 의식이 있을까? 시간에 따른 발전 과정 전체가 필요한 걸까 아니면 뇌의 물리적 발전 과정 중 한순간의 탁본만으로도 의식의 정수를 포착할 수 있을까?

☼

이 예시는 설정이 비현실적이긴 해도 요점을 정확하게 짚어준다. 그렇다, 재료가 (뉴리스터처럼) 완전히 다른 것이라고 해도 뇌의 작용이 완벽하게 재구성된다면 의식이 있다고 인정해야 마땅할 것이다. 반면 전체 과정의 한순간을 본뜬 탁본은 의식이 있다고 말할 수 없다.

의식을 시적 자연주의의 관점에서 얘기할 때는 우주의 기본 구성요소까지 들먹일 필요는 없다. 의식 탐구는 찾으려는 대상을 이미 정확히 아는 상태에서 그것이 거기에 있는지 없는지 확인하려는 바이러스 검사 같은 게 아니다. '의식'과 '이해'는 엔트로피나 열처럼 우리가 세상을 설명하는 데 편리하다고 생각해서 창안한 개념이다. 우리는 과연 의식이 현존하는 데이터에 완벽하게 들어맞으면서 우리에게 더 깊은 통찰을 제공하는 유용한 화법인가 여부를 따져서 의식의 진정한 정의를 내려야 한다.

그런 면에서 의식은 어느 정도 다중 실현성을 띤다. 테세우스의 배처럼 인간의 몸은 모든 원자와 세포가 똑같은 새 복제품으로 수시로 교체되며 유지 보수된다. 인간 육신의 어느 부분도 영구적이지 않다. 그러나 원자들이 구성하는 패턴과 집합적 행동은 내가 나임을 규정한다. 개개 원자의 특징이 아니라 말이다. 의식도 이와 똑같다.

단, 의식을 정의하고자 할 때 주의할 점이 있다. 바로, 시간이 흐름에 따라 계의 동태가 어떻게 변해가는가를 반드시 고려해야 한다는 것이다. 생각하는 능력은 의식의 필수 불가결한 요소다. 그런데 이 사고 능력은 시간이 흐름에 따라 발전한다. 또한, 의식이 있는 모든 것은 바깥세상을 헤아리고 그에 적절하게 대응할 줄도 안다. 그런 이유로 아무리 복잡해도, 아무리 특별한 것의 표상이어도 정물화처럼 가만히 있는 게는 의식이 있다고 볼 수 없다. 박제된 뇌는 이 두 기준을 충족하지 않는다.

이런 상상을 해보자. 당신이 인간의 내적 정신 상태에 기대지 않고 인간 행동에 관한 유효한 이론을 개발하려는 중이라고 치자. 이를테면, 옛 시절 고전 행동주의자들이 했던 역할을 하고 있다고 가정하자. 그러면 당신 눈에 인간은 자극을 감지하고 그에 따라 대응할 뿐, 겉으로 관찰되지 않는 내적 갈등 따위는 없다.

하지만 설득력 있는 이론을 만들려면 당신은 결국엔 내면의 정신 상태를 소환하게 되고야 말 것이다. 이유는 분명하다. "컨디션이 어떠세요?"라고 누군가가 묻는 감각 입력값이 들어왔다. 이 청각 자극이 유도하는 반응은 아마도 "솔직히 말하면 지금 좀 우울해요." 따위의 대답일 것이다. 이러한 행동(반응)을 가장 쉽게 설명하는 방법은 '우울한' 정신 상태가 실재하며 우리의 연구대상이 그때 진짜로 그런 상태에 있었음을 인정하는 것이다.

내면의 정신 상태가 필요한 이유는 또 있다. 인간의 행동은 정신적 요소가 없어 보일 때조차도 몹시 복잡한 양상을 띤다. 당구공 두 개로 당구를 칠 때 우리는 각도, 스핀, 속도 등 최소한의 정보로도 공의 다음 행동을 예측할 수 있다. 하지만 두 사람 혹은 두 가지 상황에 놓인 한 사람은 당구공이 아니다. 사람은 같은 자극에도 때에 따라 다양한 반응을 보일 수 있다. 따라서 인간의 복잡한 행동을 설명하는 가장 좋은 방법은 내면의 변수를 상정하는 것이다. 머릿속에서 무슨 일이 일어나고 있음을 인정하고 그 부분까지 고려할 때 비로소 우리는 인간의 행동을 보다 정확하게 예측할 수 있다(친한 지인이 당신에게 평소와 다르게 행동한다면 너무 걱정하지 마라. 당신 탓이 아닐 수도 있으니).

의식이라는 개념은 너무도 중요하다. 이 개념에 영 익숙하지 않다면 친해지도록 노력이라도 해야 할 정도다. 인간에게 의식이 있다는 것, 즉 인간은 외부적 자극과 더불어 내면적 상태도 경험한다는 것은 간과해선 안 되는 중요한 사실이다. 의식은 인간이 어떤 존재이며 또 어떻게 행동하는지를 논하기 위한 절대적 준거다. 내면적 의식과 외적 활동, 이 둘은 떼어놓고 생각할 수 없는 성질의 것이다.

대니얼 데닛은 **지향적 입장**intentional stance이라는 개념을 들며 이 점을 분명하게 못 박았다. 특정 대상이 '마치as if' 어떤 태도나 의도를 가지고 있다고 가정하고 얘기하는 것이 유용한 상황이 많이 있다. 그래서 우리는 그런 화법을 종종 쓴다. 그러면서 온갖 것에 지향성을 부여한다. 지향성은 대상의 행동을 어떤 이론으로 설명하고자 할 때 해석력을 높이는 요소이기 때문이다. 이때 우리의 화법은 '마치 어떠어떠하다'일 수밖에 없다. 물리적 세상의 서로 다른 부분들을 연결해주는 형이상학적으로 독특한 개체 중심성(혹은 지향성)은 존재하지 않고 오로지 물질들 사이의 관계만이 존재하기 때문이다. 35장에서 '목적'의 창발을 논했던 것과 같은 맥락에서, 의도나 태도 그리고 의식의 상태도 바라볼 수 있겠다. 즉 높은 수준의 창발적 이론 안에서 하위의 같은 물리적 기저 실재를 설명하는 데 필수적인 역할을 하는 개념으로 보는 것이다.

튜링이 모방 게임을 통해 증명해 보이려 했던 것은 자극에 계가 어떻게 반응하는가를 보고 사고 능력을 판가름할 수 있다는 가설이었다. 키

보드로 질문을 입력하는 것과 같은 자극을 주었을 때 계가 보이는 반응에 주목하여 계의 사고 능력을 판단하고자 한 것이다. 한 인간의 일생을 기록한 동영상과 오디오 파일에는 의식이 있다고 볼 수는 없다. 그 사람이 살아온 모든 순간이 빠짐없이 담겨 있다고 하더라도 말이다. 왜냐하면 기록은 그 사람의 미래 행동을 끌어내지 못하기 때문이다. 이 기록은 우리의 질문에 대답할 수도, 우리와 상호작용할 수도 없다.

지금까지 수많은 컴퓨터 프로그램이 보급판 버전의 튜링 테스트에 도전했다. 그중 다수는 본질적으로 고성능 챗봇과 다름없었다. 예상했던 질문을 받으면 미리 프로그램된 문장을 단순히 뱉어내는 식이다. 이런 챗봇을 물 먹이는 것은 어렵지 않다. 인간과 다르게 녀석은 바깥세상에 대한 문맥을 파악하는 능력이 없을 뿐만 아니라 과거에 나눴던 대화를 기억하지도 못하니까. 기억을 다음 대화의 재료로 써먹는 것은 꿈도 못 꿀 일이다. 문맥 있는 인간의 대화가 가능해지려면 모든 지난날을 통합적으로 구현하는 동시에 미래를 상상하는 정신 능력이 필요하다. 더불어 미래와 과거, 나 자신과 주변 환경, 현실과 공상을 구분할 줄도 알아야 한다. 튜링이 언급했듯, 인간 수준의 상호작용을 꾸준히 지속할 수 있는 프로그램만이 진짜로 사고한다고 인정받을 수 있다.

✺

로봇공학자 신시아 브레질은 MIT에서 이른바 사회적 로봇과 관련해 다양한 실험을 진행한다. 그중 여럿에 레오나르도라는 이름의 로봇 인형이 주인공으로 등장한다. 로봇의 몸체를 디자인한 스탠 윈스턴 스튜디오는 할리우드 블록버스터 〈터미네이터〉와 〈쥬라기 공원〉을 탄생시킨 특수효과팀이기도 하다. 레오나르도는 스티븐 스필버그의 〈그렘린〉에 나오는 기즈모와 매우 닮았는데, 60개가 넘는 초소형 모터 덕분에 정교한 동작과 표정을 지을 수 있다.

표정은 매우 유용한 대화의 기술이다. 뒷받침하는 연구 결과도 있다. 확실히 뇌는 몸 안에 들어 있을 때 일을 더 잘한다.

레오나르도는 연구팀원들의 표정을 읽고 자신도 표정을 지어 보임으로써 그들과 상호작용한다. 마음 이론*도 탑재되어 있어서, 지식을 직접 습득(비디오카메라 눈을 통해 코앞에서 벌어지는 일을 관찰함)할 뿐만 아니라 타인의 지식도 흡수(사람들이 하는 행동을 관찰함)할 줄 안다. 레오나르도는 미리 프로그램된 대로만 행동하지 않는다. 사람들과의 상호작용을 통해 상대방의 동작과 반응을 흉내 내면서 새로운 행동을 익힌다. 레오나르도가 어떻게 프로그램되어 있는지 자세히 모르더라도 녀석의 표정만 보면 기쁜지, 슬픈지, 무서운지, 혼란스러운지 대번에 알 수 있다.

한번은 레오나르도를 이용해 가짜 믿음을 가려내는 실험이 시행되었다. 실험의 목적은 피시험자가 진실이 아닌 것을 진실이라고 믿을 수 있음을 로봇이 이해하는지 확인하는 것이었다(인간은 네 살 즈음부터 이 능력이 생긴다고 한다. 그보다 어린 아이들은 모두가 똑같은 믿음을 갖고 있다고 착각한다). 실험은 이렇게 진행되었다. 레오나르도 앞에는 상자 두 개가 놓여 있다. 어떤 사람이 방에 들어와 빅버드† 인형을 상자 하나에 넣고 나간다. 그러면 다음 사람이 들어와 인형을 다른 상자로 옮긴다. 이 사람이 방을 나가면 다시 첫 번째 사람이 들어온다. 레오나르도는

---

* 자신과 타인의 마음 상태를 이해하는 선천적 능력. 발달심리학에서 주로 사용되는 개념이다.
† 세서미 스트리트에 나오는 커다란 노란 새

똑똑해서, 인형이 옮겨졌지만 첫 번째 사람은 인형이 아직 처음 상자에 있다고 '믿는다'는 것을 알고 있다.

이때 시험자가 묻는다. "레오, 내가 빅버드가 어느 상자에 있다고 생각하게?" 이것은 초인지metacognition에 관한 물음이다. 생각을 생각하는 것이다. 레오나르도는 모형으로 구축해둔 시험자의 믿음에 맞게 정확하게 첫 번째 상자를 가리켰다. 그런데 그러는 동시에 진짜 빅버드가 들어 있는 두 번째 상자를 흘끗 쳐다봤다. 이 행동은 프로그램된 것이 아니었다. 인간과의 상호작용을 통해 로봇 스스로 습득한 새로운 능력이었다.

지상으로 올라온 물고기든, 시험자와 대면하는 로봇이든, 아니면 다른 사람들과 교류하는 한 사람이든 나를 둘러싼 세상의 모형을 익혀두면 여러모로 유용하다. 혼자 사는 세상이 아니므로 세상 모형에는 타자의 모형도 마땅히 포함된다. 나와 타자를 구분하는 것 그리고 그들과 여러 층위에서 교류하는 것. 이 두 가지는 버거운 세상에서 살아갈 때 큰 힘이 되는 생존 기술이다.

40
어려운 문제

지구 생태계는 극적인 상전이를 여러 차례 겪었다. 자기복제 능력의 획득, 세포핵의 분리, 다세포생물의 발생, 수생동물의 지상 상륙, 언어의 발명…. 이 모두는 기존의 한계를 뛰어넘는 새로운 능력이 생겼기에 가능한 일이었다. 그중에서도 가장 주목할 만한 상전이 사건은 단연코 의식의 출현이다. 의식은 물질이 스스로 조직하고 행동하는 세상의 신호탄이었다. 의식이 있기에 원자들은 스스로 조직화해 자가유지가 가능한 고기능 유기체로 거듭났다. 그리고 유기체는 자아를 인식하고 우주에서 자신의 위치를 고민하기 시작했다.

그런데 의식에 무언가가 더 있다면 얘기는 달라진다. "물리학과 화학이 모든 것을 설명한다면 자연의 질서가 훨씬 단순했을 텐데 의식이 존재하는 것을 보면 그렇지 않은 것 같다"는 철학자 토머스 네이글의 말처럼 말이다(특히 네이글은 완벽한 이론이라면 '다른 무언가가 된다는 건 어떤 느낌일지'도 설명할 수 있어야 한다고 강조했다. 그래서 그는 박쥐가 되는 것이 어떤 느낌인지 우리는 모른다는 점을 예로 들며 자연과학의 한계를 지적했다). 이 관점이 옳다면 우리는 의식적 경험을 코어 이론의 양자장론만으로 설명하려 해서는 안 될 것이다. 의식은 물리적 세상을 넘어서는 것일 테니 말이다.

이런 생각이 드는 것은 어찌 보면 자연스럽다. 그래, 우주가 순수하게 자연법칙만 따른다는 것은 인정할 수 있다. 생명이 자연 발생한 뒤 수십억 년에 걸쳐 자연선택을 통해 진화한 화학반응들의 네트워크라는 설명도 넘어가 주겠다. 하지만 분명 나는 중력과 전자기력으로 덩어리진 원자 뭉텅이 이상의 존재다. 나는 지각하고, 느낀다. 나에게는 특별한 무언가가 있다. 개인적 경험을 통해 고유하게 빚어지는 풍성한 내면의 삶이 있다. 내면의 삶은 생각하는 능력이 없는 물질의 운동으로는 설명할 수 없고 내가 몇 개의 원자로 되어 있는지와도 상관없다. 이른바 심신 문제 mind-body problem다. 정신세계를 어찌 물리학으로만 설명하겠는가?

생명과 우주의 기원 논제와 마찬가지로, 우리는 의식을 다 이해하지 못한다. 인간이 어떻게 생각하고 느끼는가, 인간이 자아를 어떻게 인지하는가에 관한 탐구는 이제 막 걸음마를 시작했을 뿐이다. 신경과학자이자 철학자인 패트리샤 처치랜드는 천문학에 빗대어 말했다. "우리는 뉴턴 이전, 케플러 이전 시대의 사람들이다. 목성에 위성이 있다는 것을 이제 막 어렴풋이 짐작한 것이다."

그러나 자연주의가 세상의 다른 모든 면면은 훌륭하게 설명해낸다는 것은 분명한 사실이다. 더불어 현재 우리가 가진 의식에 관한 미천한 지식은 자연주의적 세계관을 부정하지 않는다. 그러니 심신 문제 때문에 물리 법칙을 수정하거나 보강할 일은 없을 것이다. 적어도 지금은.

✻

생명과 마찬가지로, 의식은 단일한 개념이 아니라 서로 연관된 특질과 현상들의 집합체다. 인간은 스스로가 바깥세상과 구별된 개체임을 인지

한다. 인간은 다른 미래를 상상할 줄 알고 추상적 사고와 상징적 사고가 가능하다. 인간에게는 오감과 감정이 있다. 인간은 기억을 불러오고 이야기를 지어내고 때때로 거짓말도 한다. 이 모든 요소가 실시간으로 공조하여 인간의 의식을 깨어 있게 한다. 그중 몇몇 특성은 머지않아 물리학만으로도 설명할 수 있게 될 전망이다.

빨간색을 생각해보자. 색깔은 색맹이 아닌 한 누구나 보편타당하면서 객관적으로 인지하는 유용한 개념이다. 빨간 신호에서는 멈추라는 규칙을 헷갈리는 사람은 아무도 없다. 하지만 생각해볼 점이 하나 있다. 말하자면 **현상적 의식***의 문제인데, 우리가 빨간색인 무언가를 볼 때 당신과 내가 보는 것이 같을까? 빨간색을 경험한다는 것은 어떤 것인가?

철학에는 인간의 주관적 경험을 가리키는 **콸리아**(콸레quale의 복수형)라는 용어가 있다. 가령, '빨간색'은 빛의 파장 때문에 객관적으로 결정되는 하나의 색깔이다. 하지만 '빨간색의 빨강을 경험하는 것'은 의식의 작용인 콸리아다.

호주의 철학자 데이비드 차머스는 이 차이를 **쉬운 문제**와 **어려운 문제**라 명명해 구분한다. 쉬운 문제의 예시는 많다. 깨어 있는 것과 잠들어 있는 것의 차이를 어떻게 설명해야 하는가, 인간은 어떻게 정보를 감지하고 저장하고 통합하는가, 인간은 어떻게 과거를 돌이켜보고 미래를 예측하는가 등이 쉬운 문제에 해당한다. 한편 어려운 문제는 경험의 주관적 특질인 콸리아를 다룬다. 더는 축소할 수 없는 1인칭의 시점에서 의식의 측면들을 바라보는 것이다. 그런 까닭에 어려운 문제의 맥락에서는 인간의 행동과 반응이 바깥에서 어떻게 보이는가가 아니라 당사자가 개인적

---

* 겪어서 알게 되는 것

으로 어떻게 느끼는가가 중요하다. 즉, 쉬운 문제는 기능에 주목하는 반면 어려운 문제는 경험에 주목한다.

세상을 순수하게 물리적으로만 이해하는 것이 힘든 이유는 쉬운 문제보다는 어려운 문제 때문이다. 쉬운 문제는 이름처럼 쉽지는 않더라도 과학의 정도를 충실히 따른다. 물고기를 바라볼 때 광자가 어떻게 망막을 건드려 우리 뇌에 물고기라는 개념을 새기는지를 우리는 완벽하게는 설명하지 못해도 모든 게 신경과학 안에서 해명되리라는 것은 의심할 여지가 없다. 그러나 어려운 문제는 완전히 다르다. 온전히 주관적인 내면의 경험을 뇌를 여기저기 찔러보는 것만으로 이해할 수 있을 리가 없지 않은가. 코어 이론에 부응해 생겨난 양자장들의 집합이 '내면의 경험'을 한다고 어떻게 말할 수 있는가.

이 주제를 연구하는 많은 전문가가 피터 핸킨스의 표현대로 쉬운 문제는 어렵고 어려운 문제는 푸는 게 불가능하다고 여긴다. 그런데 또 혹자는 어려운 문제가 꽤 쉬울 뿐만 아니라 아예 고민거리가 아니라고 말한다. 개념들이 헷갈릴 뿐이라는 것이다. 양측이 토론장에서 맞붙는 장면을 상상하니 벌써 등줄기가 서늘하다. 당신이 엄청나게 중요하다고 생각하는 것이 사실 아무 문제도 아니라는 말을 듣는 것보다 더 속상한 일이 또 어디 있을까.

그런데 바로 그것이 시적 자연주의가 하려는 일이다. 시적 자연주의에 따르면 퀄리아나 내면의 주관적 경험과 같은 의식의 특질들은 우리가 인간이라 부르는 원자 집합의 행동을 설명하는 매우 유용한 화법이다. 의식은 허상이 아니며, 우리가 현재 이해하고 있는 물리 법칙과 결별을 요구하지도 않는다.

☼

어려운 문제가 얼마나 어려운지를 증명하려는 시도로 다양한 사고실험이 개발되었다. 그중에서 '색채학자 메리'라는 유명한 사고실험이 있다. 지식 논증이라고도 불리는 이 사고실험은 1980년대에 호주의 철학자 프랭크 잭슨이 고안했는데, 목표는 세상에는 물리적 사실 이상의 것이 존재함을 증명하는 것이었다. 의식의 성질을 설명하기 위해 사람을 요상한 방에 가두는 철학 실험들에 인기 순위를 매기면 잭슨의 '색채학자 메리'는 설의 '중국어 방'과 더불어 상위권을 떠나지 않는다.

영민한 과학자인 메리는 태어나서 지금까지 무채색의 방을 나와 본 적이 없다. 방 안은 온통 흑백 세상이고 기껏해야 회색 그림자가 드리울 뿐이다. 메리의 피부는 흰색으로 칠해져 있고 서랍에는 검은색 옷만 가득하다. 이런 환경에서 메리가 색채학자가 되었다니 신기할 따름이다. 이곳에서 메리는 원하는 어떤 연구 장비도 구할 수 있고 필요한 논문과 서적을 마음껏 읽을 수 있다. 방에 들어오면 모든 것이 회색 톤으로 변하긴 하지만.

마침내 메리는 이론적으로는 색채에 관해 모르는 게 없는 최고 전문가가 되었다. 그녀는 빛의 물리학에 빠삭하고 눈이 뇌에 신호를 보내는 신경학적 원리에 통달했다. 예술사와 색채 이론에 관해 안 읽어본 책이 없고 완벽하게 빨간 토마토를 기르는 농업 기술까지 터득했다. 다만 빨간색을 직접 본 적이 없을 뿐이다.

이때 잭슨은 묻는다. 메리가 방을 나가 색깔을 직접 보면 무슨 일이 일어날까? 새로운 지식을 배우게 될까? 잭슨은 그렇다고 주장했다.

> 메리가 흑백의 방을 떠나거나 컬러텔레비전을 새로 들이면 어떻게 될까? 새로운 지식을 얻게 될까? 당연하다. 그녀는 세상과 시각 경험에 관해 새로운 것을 배우게 될 것이다. 그러나 그와 동시에 자신의 기존 지식이 불완전한 것이었음을 깨닫게 될 것이다. 메리는 이론적으로는 모든 것을 알고 있는데 이론 말고도 얻을 것이 더 있었던 셈이다. 그러므로 물리론은 틀렸다.

이론적으로는 색채에 통달한 메리지만 그녀는 빨간색을 경험하는 것이 어떤 것인지는 모르고 있었다. 그러므로 세상에는 물리적인 것 이상의 무언가가 있는 게 틀림없다고 잭슨은 결론 내리고 있다. 그의 주장은 메리의 새로운 경험을 물리학의 용어로 어떻게 설명할지 잘 모르겠다는 데서 그치지 않는다. 그는 물리적 설명 자체가 가능하지 않다고 주장했다.

중국어 방의 경우처럼 메리가 처한 곤경은, 일리는 있지만 매우 비현실적으로 설정된 방의 환경에서 비롯된다. 현실 속에서는 거의 있을 법하지 않은 설정이다. 무엇보다도, "색채에 관한 모든 물리적 사실"이란 엄청난 양의 정보일 터이다. 여기에는 색채에 관한 물리적 사실도 포함될 것이다. 예를 들어 내가 지난주에 양파를 썰다가 손가락을 베였는데 붉은 피가 흘렀다. 메리는 내가 지난주에 양파를 썰다 손가락을 베인 사실도 알고 있을까? 그녀는 우주에 존재하는 모든 가시광선 광자의 위치와 운동량을 다 알까? 우주의 과거와 미래는 어떤가? '색채에 관한 모든 물리적 사실'이라는 말은 '전지전능하고 자비로운 존재'만큼이나 모호하기만 하고 어떤 또렷한 개념과도 연결되지 않는다.

☀

하지만 이 모호함이 색채학자 메리를 세상이 순전히 물리적이지만은 않다는 증거로 들고자 할 때 최대의 걸림돌은 아니다. 진짜 문제는 '지식'과 '경험'의 정의가 분명하지 않다는 데 있다.

메리의 고충을 시적 자연주의의 관점에서 헤아려볼까. 양자 파동함수처럼 깊은 수준에서 세상을 설명하는 근원적 요소가 있다. 반면에 '방'이나 '빨간색'과 같은 나머지 개념들은 기저 실재의 특정 측면을 해당 적용 영역 안에서 대략 묘사하는 어휘일 뿐이다. 우리가 '사람'이라는 개념을 창안해 기저 실재 위에 덧씌우는 것도 같은 맥락이다. 우리는 정확한 정의라 보기는 어려워도 실용적이고 편하다는 이유로 이런 개념들을 사용한다.

그런데 이 '사람'들은 또 '나이'나 '키'와 같은 다양한 특징을 갖고 있다. '지식'도 그런 특징 중 하나다. 우리는 어떤 것에 관한 질문에 제대로 답할 수 있거나 그것을 바탕으로 효과적으로 행동할 수 있을 때 그 사람이 그것에 관한 지식을 갖고 있다고 말한다. 믿을 만한 지인이 이렇게 말한다. "린다가 자동차 타이어를 교체하는 방법을 알아." 그러면 우리는 이 '린다'라는 사람에게 타이어에 관해 묻거나 펑크 난 타이어를 갈 때 도움을 요청해도 된다는 신뢰도를 높게 매길 것이다. 참고로 어떤 사람이 지식을 가지고 있다는 말을 신경과학적으로 해석하면 그 사람의 뇌에서 뉴런들이 특정 시냅스 네트워크를 구축했다는 뜻이다.

그런데 들리는 얘기로 '메리'라는 사람이 색채 이론에 관해 모르는 게 없다고 한다. 그런 그녀가 바깥세상으로 나와 색깔을 처음 경험할 때 새로운 '지식'을 얻게 될까?

그것은 어디까지를 지식으로 인정하느냐에 달려 있을 것이다. 메리가 색채에 관한 물리적 사실을 전부 알고 있다면 그녀의 뇌에는 색채에 관한 질문에 올바른 답을 내놓을 수 있는 시냅스 네트워크가 이미 존재할 터이다. 그런데 그녀가 빨간색을 직접 보면 시각을 담당하는 대뇌피질 부분에서 특정 뉴런이 발화하고 연쇄반응이 일어나 '빨간색을 본 기억'을 새기는 또 다른 시냅스 네트워크가 새로 만들어질 것이다. 방에 콕 박혀 있는 메리에게는 일어나지 않은 일이다. 빨간색을 한 번도 직접 보지 못한 그녀의 뇌에서는 시각 경험을 기억에 새기는 뉴런들이 발화한 적이 없다.

그렇다면 메리가 세상으로 나가 뉴런들이 마침내 발화할 때 그녀는 새로운 것을 배우게 될까? 이제 그녀에게는 전에 없던 기억이 생겼다. 그래서 메리는 전에는 못 했던 것, 즉 빨간색 사물을 시각으로 인지하는 것을 비로소 할 수 있다. 지식은 물음에 답하고 행동을 하는 능력과 연관되어 있다. 그러므로 어떤 면에서는 메리가 새로운 것을 배웠다고 볼 수 있을 것이다.

이 논리를 우주에 물리적 요소 말고도 무언가가 더 있다는 증거라고 말할 수 있을까? 그건 아니다. 지금 우리는 두 종류의 시냅스 네트워크를 논하고 있다. 하나는 흑백의 방에서 논문을 읽고 실험을 해서 구축된 것이고 다른 하나는 적색 파장의 광자가 뇌 시각중추를 자극해 생겨난 것이다. 하지만 이것은 이해를 돕기 위한 인위적 구분에 불과하다. 이것은 인간의 지식이 생성되는 여러 가지 방법의 하나일 뿐, 언제나 이런 식인 것은 아니다. 즉, 지식 습득 방식이 달라졌을 뿐 바깥세상에서 메리가 새로운 지식 자체를 얻은 것은 아니라는 소리다. 따라서 지금까지 인류가 잘 가꿔온 자연계 모형에 애먼 새 개념을 섣불리 더해서는 안 된다.

따지고 보면 메리는 흑백의 방 안에서도 충분히 빨간색을 경험할 수 있었다. 자신의 뇌에 단자를 연결해 시각중추에 전기화학 자극을 줌으로써 "빨간색을 직접 보는 것"과 똑같은 경험을 심으면 되었을 것이다(메리는 천재 과학자라 했으니 당연히 그럴 능력 있었을 터이다). 물론 메리가 빨간색을 학습하는 과정에서 이런 실험까지는 하지 않는다고 제한할 수도 있겠지만 이것은 너무 우리 입장만 생각한 무리한 요구다. 그런 결정은 현실의 구조를 깊이 통찰한 뒤 내려야만 한다.

메리의 방은 "내 빨간색이 당신의 빨간색과 같은가?"라는 오래된 수수께끼와 닿아 있다. 파장을 말하는 게 아니고 빨간색의 경험이 같은지를 묻는 것이다. 엄격하게 따지면 대답은 "같지 않다"다. 내가 경험하는 빨간색은 내 뇌를 관통하는 특정 전기화학 신호를 가리키는 화법이고 다른 사람이 경험하는 빨간색은 그의 뇌가 보이는 전기화학적 반응을 가리키는 화법이니까 말이다. 그러므로 내 빨간색은 다른 사람의 빨간색과 똑같을 수가 없다. "내 연필과 당신의 연필은 똑같아 보이지만 이것은 내 것이니 당신의 것과 다르다"는 논리와 마찬가지다. 단, 나의 빨간색 경험이 다른 사람의 경험과 비슷한 것은 사실이다. 인간의 뇌는 다 비슷비슷하기 때문이다. 색채학자 메리 사고실험은 코어 이론을 우주의 기본 이론 자리에서 끌어 내릴 정도는 아니지만 한 번쯤 생각해볼 만한 가치가 충분한 논제다.

흥미롭게도 프랭크 잭슨은 나중에 이 사고실험의 결론을 스스로 번복했다. "나는 한때 반대편에 섰었지만 결국 항복했다"는 선언처럼 이제 그는 의식이 순전히 물리적 과정을 통해 발원한다는 철학계의 다수 의견에 동의하는 쪽이다. 메리의 방은 인간의 직관은 의식적 경험이 물리학만으로 설명되지 않는다고 느낀다는 것을 보여준다. 하지만 잭슨은 이 사고실험이 확실한 결론을 내리기에 충분한 증거가 되지는 않는다는 점을 인정한다. 직관은 종종 우리의 눈을 흐린다. 과학은 이 점을 시시때때로 우리에게 상기시킨다. 직관이 왜 이런 일탈을 즐기는지는 언젠가 정식으로 연구해볼 만한 주제다.

41
좀비와 의식

데이비드 차머스는 현실이 물리적이지 않은 다른 재료로도 이루어져 있다는 입장이다. '어려운 문제'라는 용어의 주창자답게 그는 어려운 문제가 조명하는 내면의 경험, 즉 의식이 무엇인가를 설명하기 위해서는 이 재료가 꼭 필요하다고 주장한다. 주장을 뒷받침하는 도구로 그 역시 사고실험을 애용한다. 바로 철학적 좀비 실험이다.

온 관절을 덜컹거리며 뇌를 먹는 영화 속 좀비와 달리 철학적 좀비는 외모도 행동도 보통 사람과 다를 바가 없다. 겉만 보면 좀비인지 사람인지 구분할 수 없을 정도다. 유일한 차이는 철학적 좀비에게는 정신세계가 없다는 것이다. 우리는 박쥐가 되는 것 혹은 타인이 되는 것이 어떤 것일지 상상해볼 수 있다. 그런데 이 사고실험의 정의대로라면 '좀비가 되는 것이 어떤 것일지' 따위를 논하는 건 의미가 없다. 좀비는 경험이라는 걸 하지 않기 때문이다.

철학적 좀비 사고실험은 우리가 자연주의자이지만 엄격한 물리론자는 아닐 때만 할 수 있다. 세상은 자연계 하나뿐이라고 믿으면서도 세상에는 물리적인 것 이상의 요소가 있음을 인정하는 것이다. 자연주의의 맥락에서는 영혼과 같은 비물질적 실체는 세상에 존재하지 않는다. 다만 하나의 물질적 실체 안에 우리에게 친숙한 물리적 속성과 함께 정신적 속성이 공존한다. 정신적 속성을 물리적 속성과 대등한 별개의 범주로 보는 것이다. 이것을 **속성이원론**이라 한다. 물질적 실체와 정신적 실체가 따로라는 데카르트의 **실체이원론**과 구분하기 위해 이렇게 부른다.

속성이원론은 원자의 집합이 있고 거기에 존재하는 모든 것이 원자들의 물리적 성질을 가리키지만 그게 이야기 전부는 아니라고 말한다. 한 계는 다양한 정신 상태를 나타낼 수 있다. 만약 원자들이 모여 이룬 실체가 바위라면 바위의 정신 상태는 원시적이고 티도 나지 않아 별 의미가 없을 것이다. 하지만 바위가 아니라 사람이라면 정신 상태의 선택지는 무한하게 펼쳐진다. 따라서 의식을 이해하기 위해서는 정신적 속성을 진지하게 숙고할 필요가 있다.

만약 실체에 작용하는 방식이 정신적 속성이나 물리적 속성이나 다를 바 없다면 어떨까? 정신이 질량이나 전하와 똑같은 방식으로 입자들의 동태에 관여한다면? 그럴 때 정신적 속성은 또 하나의 물리적 속성에 지나지 않을 것이다. 전자와 광자의 행동을 좌우하는 또 다른 속성이 있다고 상정하는 것이 잘못이라는 소리는 아니다. 하지만 이것을 코어 이론에 막 끼워 넣어서는 안 된다. 이는 코어 이론이 틀렸다는 선언과 다름없기 때문이다. 양자장이 정신적 속성의 영향을 받는다면 그것을 실험적으로 측정하는 방법이, 적어도 이론적으로라도, 있어야 마땅하다. 어그러진 에너지 보존의 법칙을 다시 끼워 맞추는 문제와 코어 이론이 수정되면서 여기저기서 따라올 동요를 수습하는 것은 제쳐두고라도 말이다. 따라서 멀쩡하게 제 할 일 잘 하고 있는 현재의 물리학을 전면 재정비해야 한다는 이 주장에 대한 신뢰도는 매우 낮을 수밖에 없다.

아니면 정신적 속성이 원래 물리계와 잘 엮이지 않는다고 가정하면 어떨까? 코어 이론은 양자장의 물리적 동태를 빈틈없이 해설한다. 반면 인간은 코어 이론만으로는 완벽하게 설명되지 않는다. 완벽한 이론이라면 인간의 정신적 속성도 시원하게 규정해 내야 마땅할 터인데 말이다.

좀비의 입자 구성은 사람 몸의 구성과 완전히 똑같다. 따르는 물리 법칙도 같고 행동거지도 차이가 전혀 없다. 좀비에게 없는 것은 딱 하나, 내면의 경험을 쌓는 데 필요한 정신적 속성이다. 머릿속에 직접 들어가 볼 수 있는 것도 아니고 대화를 나눠 탐색하는 게 최선인 한 우리는 모두 서로에게 좀비 후보다. 나는 내 친구들이 좀비가 아니라고 확신하지 못하며 분명 친구들도 나를 의심하고 있을 것이다.

☼

철학적 좀비에 관한 최대의 논제는 간단하다. 바로, 그런 게 존재할 수 있는가다. 만약 그렇다면 의식을 온전히 물리학으로만 설명할 수 있다는 주장은 완전히 힘을 잃을 것이다. 사람 형상을 한 완전히 똑같은 두 원자 집합이 있는데 하나는 의식이 있고 나머지 하나는 그렇지 않다고 치자. 그러면 의식은 온전히 물리적일 수가 없고 무언가 다른 게 더 있어야 한다. 그것이 반드시 육신에서 자유로운 영혼일 필요는 없지만 적어도 물리적 형상에 깃든 정신적 요소 정도는 되어야 할 것이다.

우리가 좀비의 존재 가능성을 논할 때 꼭 **물질적 실체**를 갖춰야 한다는 뜻은 아니다. 인간과 똑같은 피와 살로 된 좀비를 당장 눈앞에 대령할 필요는 없다. 입자와 기본 힘이 우리 세상의 것과 거의 같지만 바탕의 존재론은 다른 세상을 상상할 수 있다면 그것으로 충분하다. 말하자면 우리 현실에서 정신적 속성만 쏙 빠진 세상이다.

차머스는 현실에서든 상상의 세계에서든 좀비를 상상하거나 논리적으로 가정하는 것이 가능한 한 의식은 순수하게 물리적일 수 없다고 주장한다. 물질의 동태와 의식이 필연의 관계가 아니라는 뜻이기 때문이다. 의식적 경험이 있든 없든 물질은 똑같이 행동할 테니 말이다.

그러면서 차머스는 좀비를 상상하는 것이 가능하다고 덧붙인다. 어쩌면 당신도 같은 생각일 것이다. 그렇다면 우리는 세상이 물리적 우주 그 이상이라고 결론 내려야 할까?

⁂

무언가가 상상할 수 있는 대상인지를 판단하는 것은 보기보다 어려운 일이다. 겉모습도 행동도 인간과 완전히 똑같지만 마음이 죽어서 내적 경험을 하지 못하는 누군가의 이미지를 떠올려보자. 이 반쪽 인간의 행동은 정말로 보통 사람과 조금도 다르지 않을까?

좀비가 모서리에 발가락을 찧었다. 좀비는 고통스러운 듯 비명을 지른다. 좀비는 인간이 하는 행동을 똑같이 하는 까닭이다(안 그렇다면 우리는 멀찍이서 잠깐만 행동거지를 지켜봐도 좀비인지 사람인지 금방 구분할 수 있을 터이다). 인간이 발가락을 찧으면 특정 전기화학 신호가 커넥톰을 따라 흐르는데 좀비의 커넥톰에도 정확히 똑같은 현상이 일어난다. 왜 우냐고 물으면 좀비는 "찧힌 발가락이 너무 아파서"라고 대답할 것이다. 인간이 이렇게 말하면 우리는 그것이 당연히 진실이라고 여긴다. 하지만 좀비가 그런 말을 한다면 녀석은 거짓말을 하는 것이다. 좀비는 정신 상태란 게 없으니 '통증을 경험'할 수 없기 때문이다. 좀비는 왜 거짓말을 할까?

말이 나온 김에, 당신은 자신이 좀비가 아니라고 정말 확신하는가? 아마 그럴 것이다. 당신은 경험을 통해 얻은 생각과 느낌의 기억에 직접 접속할 수 있으니까 말이다. 당신은 이 경험의 기억을 일기에 적고 이것을 가사 삼아 노래를 지어 부른다. 하지만 이런 행동은 당신의 좀비 버전도 할 수 있는 것들이다. 당신을 쏙 빼닮은 좀비는 그러면서 자신에게도 내면의 경험이 있다고 박박 우길 것이다. 당신이 나는 좀비가 아니라고 믿는 만큼 좀비도 똑같이 말할 것이다.

⁂

그런데 잠깐. 결정적인 문제가 있다. 바로 정신적 속성은 뒷짐 지고 구경만 하지는 않는다는 것이다. 정신적 속성은 오히려 인간의 행동에 적극적으로 관여한다. 평소에도 정신이 육체를 조종하는 것 같은 순간이 종종 있다. 기분이 좋을 때 미소가 절로 나오는 것처럼 말이다. 그런 면에서 정신적 속성이 물리적 속성과 별개이고 무심하기 그지없다는 속성이원론은 뜯어볼수록 설득력을 잃는다.

시적 자연주의 시각으로는 철학적 좀비를 상상하는 것 자체가 불가능하다. 의식은 물리계의 행동을 설명하는 하나의 화법 그 이상도 이하도 아니기 때문이다. "빨간색의 빨강을 경험한다"는 말은 우리가 기저 물리계의 창발된 현상을 거시적으로 일컬을 때 이 특정 물리계와 밀접하게 연결 지어 사용하는 임의적 어휘다. 그렇다고 이것이 실제가 아니라는 뜻은 아니다. 빨간색의 경험은 액체와 의자와 대학교와 헌법이 현실인 것만큼이나 분명한 현실이다. 해당 적용 영역 안에서 자연계의 특정 부분을 아주 잘 설명한다는 면에서다.

개념의 논리적 존재 가능성이 어느 존재론을 진실의 잣대로 삼느냐에 좌우된다니 석연찮은 기분이 들지도 모르겠다. 하지만 인간과 흡사하지만 의식이 없는 존재가 있을 수 있느냐 없느냐는 어느 쪽으로든 속단할 문제가 아니다. 우리는 의식이란 무엇인가부터 확실히 짚고 넘어가야 한다.

1774년, 영국의 성직자 조지프 프리스틀리는 원소로서의 산소를 세계 최초로 발견했다. 그런 그에게 산소 없는 물을 상상할 수 있냐고 물으면 그는 그게 뭐 대수냐고 대답했을 것이다. 그럴 만도 하다. 그때는 물 분자가 산소 원자 한 개와 수소 원자 두 개로 되어 있다는 사실이 밝혀지기 전이었기 때문이다(물 분해 실험이 처음으로 성공한 것은 1800년의 일이다). 하지만 과학은 비약적으로 발전했고 오늘날 산소 없는 물은 해가 서쪽에서 뜨는 것과 같은 일이 되었다. 다른 물리 법칙이 지배하는 다른 세상에서는 분자식이 H_2O가 아니지만 물과 똑같은 물성을 가진 물질이 있을 수도 있다. 그런 물질은 물처럼 실온에서 액체로 존재하고 가시광선 아래서 투명할 터이다. 그러나 그것은 우리가 아는 그 물이 아니다. 마찬가지로, 의식적 경험이 물질의 물리적 동태와 정말 별개라면 우리는 좀비를 상상하는 데 아무 어려움도 없어야 한다. 반대로 의식이 물리적 동태를 해설하는 다양한 표현 중 하나라면 좀비는 상상 자체가 불가능하다.

✻

시적 자연주의는 내면의 경험, 즉 콸리아가 별개의 실체가 아니라 우리가 평범한 물리적 실체들을 얘기할 때 애용하는 일화들이라고 말한다. 하지만 보통 사람들이 이것을 바로 이해하기는 쉽지 않다.

속성이원론자와 시적 자연주의자가 만났다고 치자. 양측 모두 최대한 정중하겠지만 둘 사이에는 긴장감이 팽팽할 것이다. 속성이원론자(M이라 부르기로 한다)는 정신적 속성이 별개의 현실이라는 입장이다. 반면 시적 자연주의자(P라 부르기로 한다)는 정신적 속성이 물리적 상태의 화법에 불과하다고 본다. 그렇다면 토론은 이런 식으로 진행될 것이다.

M: 어떤 감각을 느낄 때 내 뇌에서 특정 변화가 반드시 따라온다는 것, 즉 신경과 의식이 연결되어 있다는 것은 인정해. 하지만 내 주관적 경험과 뇌에서 일어나는 그런 변화가 같은 것이라는 건 인정할 수 없어. 주관적 경험은 뇌 신경 반응 그 이상이야. 나는 경험을 한다는 것이 어떤 것인지 느낌만으로도 알 수 있는걸.

P: 내 말은 느낀다는 건 뇌 화학 신호의 작용을 가리키는 하나의 창발적 화법이라는 거야. 가령 같은 걸 뉴런과 시냅스로 설명할 수도 있고 인물과 경험으로 설명할 수도 있는 거지. 이런 화법들을 연결하는 지도가 있어. 뉴런이 이렇게 활성화되면 사람이 이렇게 느낀다는 식으로. 그게 다야.

M: 아니, 절대로 그렇지 않아! 만약 그게 다라면 내가 의식적 경험이라는 걸 어떻게 하겠어. 원자는 경험을 못 해. 기능적 설명은 되겠지. 그래서 내 행동을 정확하게 해설할 테고 말이야. 하지만 그런 설명은 행동의 주관적 측면까지 다루지는 못해.

P: 어째서? 나는 주관적 측면을 배제하는 게 아니야. 내 말은 내

적 경험에 관한 이 모든 담론이 고등 원자 집합체의 복합적 행동을 효율적으로 설명하는 하나의 수단이라는 거야. 네 말대로 개개 원자는 경험이란 걸 하지 못하지. 하지만 거시적으로 원자들이 모인 집합체는 충분히 그럴 수 있어. (의식이라는) 추가 요소의 도움을 받지 않고도 말이야.

M: 아니, 그렇지 않아. 감정 없는 원자가 아무리 많이 모여도 경험이라는 걸 할 수 없어.

P: 아니, 할 수 있어.

M: 아냐, 못 해.

P: 아냐, 해.

이다음 장면은 더 설명 안 해도 상상이 될 것이다.

그래도 시적 자연주의를 좀 더 알고 싶어 하는 유연한 속성이원론자를 위해 한마디만 부연해볼까. 시적 자연주의자가 "빨간색을 경험한다"고 말할 때 그것은 이런 뜻이다.

우주의 한구석에 우주와 상호작용하면서 특정 방식으로 진화해가는 원자의 집합이 있다. 나는 이것을 '나'라 부른다. 이런 '나'에게는 여러 가지 속성이 있는데, 몇몇은 순수하게 물리적이고

> 몇몇은 보다 내밀하고 정신적이다. 때때로 내 뇌의 뉴런과 시냅스에서는 어떤 반응이 일어난다. 내가 "빨간색을 경험한다"고 말하는 상황도 그런 경우다. 이 표현은 상당히 편리하다. 우주의 다른 특징들과 일관된 방식으로 이어지기 때문이다. 예를 들어, 내가 빨간색을 경험하고 있음을 아는 사람은 적색 파장의 광자가 내 망막에 침투했다는 것과 그 광자를 발광하거나 반사하는 물체가 근처 어딘가에 존재한다는 사실을 유추해낼 것이다. 내게 질문을 더 해 색조와 같은 추가 정보를 얻는다면 짐작되는 파장 범위를 좁힐 수도 있다. 그뿐만 아니다. 이 경험은 나의 다른 정신 상태를 반영할 수도 있다. "빨간색을 보면 처량해져"라는 식이다. 이런 연결 관계들은 거의 영구불변하는 까닭에 나는 '빨간색을 본다'는 개념을 세상을 얘기하기에 유용한 화법으로 인정하고 애용한다. 따라서 '빨간색의 경험'은 실재한다.

이쯤 구구절절 설명했으면 더는 고전 시라도 해독하는 양 딴소리 하는 사람은 없으리라 믿는다. 자세히 들여다보면 시와 흡사한 면이 숨어 있긴 하지만.

✵

의식과 관련해 추가로 알아두면 좋을 관점이 두 가지 더 있다. 둘 다 시적 자연주의와 비슷하지만 중요한 부분에서 차이가 있다.

하나는 퀄리아니 내면의 경험이니 하는 것들이 실존하지 않는 환상이라는 주장이다. 이 관점에 따르면 우리가 존재한다고 믿는 내적 경험은 사실 과학이 탄생하기 이전의 먼 옛날에 맹활약했다가 지금은 거의 사라진 인간 직관력의 잔재에 불과하다. 오늘날은 과학의 시대이므로 개념을 현실에 맞게 재정비해야 한다고 이 관점은 주장한다.

두 번째 관점은 엄격한 환원주의로서, 주관적 경험을 뇌에서 일어나는 물리적 반응으로 본다. 주관적 경험이 존재하긴 하되 항상 특정 신경반응 형태로 표출된다는 것이다. 그중에서도 철학자 힐러리 퍼트넘이 든 예시가 유명하다. 퍼트넘은—이 주장을 지지하기 위해서가 아니라 논박하기 위해—'통증'의 정체가 'C 섬유의 발화'라고 가정했다(C 섬유는 통증 신호를 전달하는 신경계 구성요소다).

이 두 관점과 나란히 놓고 볼 때, 시적 자연주의는 의식적 경험은 존재한다고 주저 없이 말한다. 다만 의식이 소속된 곳이 기저 실재가 아니라 창발된 유효 이론이라는 게 결정적인 차이점이다. 사람들의 행동을 설명하기에는 그들의 정신 상태를 비중 있게 참고하는 것만큼 효과적인 방법이 또 없다. 따라서 시적 자연주의의 기준에서 의식은 분명 실재한다.

우리는 세상을 논할 때 다양한 화법을 구사한다. 때로는 주관적 경험을 묘사하는 인간의 어휘를 사용하고, 때로는 신경섬유의 발화 같은 세포생물학 용어를 쓴다. 또 어떨 때는 페르미온이나 보손과 같은 입자물리학까지 동원한다. 이 화법들은 서로 이어져 있다. 가령, 보다 근원적 이론상의 한 상태(입자, 세포)는 보다 창발적 이론상의 특정 상태(사람, 경험)에 1대 1로 연결된다. 하지만 반대 방향으로는 1대 1의 연결 관계가 항상 성립하는 것은 아니다. 특정 상태, 이를테면 '통증을 느끼는 나'에 대응하는 원자 배열의 경우의 수가 한둘이 아니기 때문이다.

'서로 다른 이론들의 개념을 연결하는 지도가 있다'는 말과 '창발적 이론의 개념이 근원적 이론의 특정 상태와 대응한다'는 말 사이에는 미묘하지만 엄청난 차이가 숨어 있다. 이 차이를 분명히 구별하는 것은 매우 중요하다. 후자를 받아들여 버리면 문제가 엄청나게 꼬이기 때문이다. 후자가 옳다면 통증의 정체는 늘 C 섬유의 발화여야 할 것이다. 이때 퍼트넘은 물을 것이다. C 섬유가 없으면 통증도 없는 거냐고, 그렇다면 인공지능이나 외계인 혹은 생체구성이 인간과 다른 지구 생물은 통증을 느낄 수 없는 거냐고 말이다.

물론 아니다. 아마 당신도 어렴풋이 그렇게 생각하고 있을 것이다. '통증을 느끼는 인간'에 대응하는 특정 원자 배열이 있는 건 사실이다. 하지만 '통증을 느끼는 츄바카'*에 대응하는 특정 원자 배열이 또 따로 있을 수도 있다(이론적으로는 컴퓨터도 통증을 느낄 수 있다). 시적 자연주의가 시적인 것은 세상사를 다양한 화법으로 풀어내기 때문이다. 화법들은 저마다 현실을 작게든 크게든 반영하며 각자의 영역에서 상당히 유용하다.

우리는 주관적 경험을 극구 부인할 이유도, 뇌 신경반응과 어떻게든 짝지으려고 할 필요도 없다. 주관적 경험은 뇌에서 일어나는 일들을 설명하는 하나의 화법 안에서 중심이 되는 개념이다. 이것을 인정하면 모든 게 달라진다.

* 〈스타워즈〉에서 한 솔로의 동료이자 친구인 외계인

42
광자에도 의식이 있을까

궁금한 게 있다. 의식이 물질의 물리적 속성을 초월한 무언가라면, 생명이 출현하기 전 수십억 년의 세월 동안 의식은 우주에서 뭘 하고 있었던 걸까?

시적 자연주의는 이번에도 답을 내놓는 데 거침이 없다. 시적 자연주의에 따르면 의식의 출현은 일종의 상전이다. 물이 끓는 것처럼 말이다. 물은 충분히 뜨거워지면 기체가 된다. 하지만 물이 아직 액체 상태일 때는 아무리 눈을 씻고 봐도 기체의 성질을 찾을 수 없다. 따라서 더 정확한 설명은 상황이 달라진 탓에 계가 새로운 성질을 획득했다는 것이다.

그럼에도 의식이 물리적 실체를 초월하는 독립된 속성이라고 계속 믿고 싶다면 당신은 먼저 이 질문에 답해야 한다. 우주 역사의 대부분을 차지하는 까마득한 시간 동안 의식은 도대체 어디서 뭘 하고 있었을까? 가장 간단한 대답은 의식이 뇌나 생명체가 생겨나기 훨씬 전부터 늘 거기에 있었다고 말하는 것이다. 그렇다면 과거 원시우주에서 그리고 지금은 태양핵에서 좌충우돌하며 날뛰는 원자들도, 차갑게 식은 광막한 우주 공간에서 부유하는 입자들도 이미 정신적 속성을 갖추고 있다는 소리가 된다. 모든 원자와 입자가 어느 정도든 늘 깨어 있었던 것이다.

의식이 우주 전반에 스며 있어서 만물에 마음이 있다는 철학을 **범심론** 汎心論이라 한다. 범심론의 역사는 탈레스와 플라톤이 활약했던 고대 그리스까지 올라가며 불교 전통에서도 흔적을 찾아볼 수 있다. 현대에 들어서는 데이비드 차머스를 비롯한 철학자들과 줄리오 토노니와 크리스토프 코흐 등의 신경과학자들이 범심론을 심도 있게 연구했다. 범심론이 현대에 시사하는 바는 차머스가 잘 설명하고 있다.

> 심지어 광자에도 일종의 의식이 있다. 광자가 지적 활동이나 사유를 한다는 말이 아니다. 광자가 "으으, 늘 빛의 속도로 마구 떠도는 내 처지라니. 꽃향기라도 맡으면서 숨 돌릴 틈이라도 있으면 좋으련만"이라고 생각하며 괴로워하지는 않는다. 절대로. 하지만 광자에 어쩌면 어설픈 주관적 느낌이 있었을 수는 있다. 의식의 원시적 전조 같은 것 말이다.

그렇다면 의식, 아니면 적어도 원시의식이 물질 입자를 규정하는 기본 성질 중 하나라고 유추해볼까? '스핀'이나 '전하'와 비슷한 속성을 가진 것으로 말이다.

⁂

이 발상은 어떤 의미를 함축하고 있으며 광자의 물리학과 얼마나 잘 부합할까? 그것을 지금부터 살펴보자.

뇌와 비교하면 광자와 같은 기본 입자는 엄청나게 단순해서 연구하기도 쉽고 이해하기도 수월하다. 입자는 종류에 따라 고유의 자유도를 갖는다. 자유도란 한마디로 그 입자가 보일 수 있는 상태의 모든 경우의 수다. 예를 들어 전자의 자유도는 2다. 전자는 전하와 스핀이라는 성질로 규정되는데, 전하는 한 가지 값(-1)으로 고정되어 있고 스핀은 시계 방향과 반시계 방향의 두 가지 가능성이 있다. 1 곱하기 2는 2니, 전자의 자유도 값은 2가 된다. 한편 업 쿼크의 자유도는 6이다. 전하가 한 가지 값으로 고정되어 있고 스핀이 두 가지라는 점은 전자와 똑같지만 업 쿼크에는 '색깔'이라는 성질이 더 있다. 그리고 이 색깔은 세 가지 중 하나일 수 있다. 그래서 1 곱하기 2 곱하기 3은 6이라는 계산이 나온다. 광자의 경우, 전하는 0으로 고정되어 있고 스핀은 두 가지가 가능하다. 그래서 광자의 자유도는 전자와 똑같이 2다.

최대한 단순하게 정신적 속성도 이런 성질로 해석이 가능하다고 치면 기본 입자들의 자유도를 전부 새로 매길 수 있겠다. 그러면 광자는 시계 방향이냐 반시계 방향이냐는 스핀의 선택지와 더불어 정신 상태 면에서 두 가지 선택지를 추가로 갖게 된다(일단 그렇다고 치자). 너무 낭만적이어서 와 닿지는 않지만 이 두 정신 상태를 각각 '기쁨'과 '슬픔'이라 부르기로 한다.

지나치게 문학적으로 표현된 이 범심론은 절대로 진실일 수 없다. 그 이유를 지금부터 설명하려고 한다. 입자의 자유도 값은 코어 이론의 기본 중의 기본이다. 23장에서 우리는 파인만 다이어그램을 살펴봤다. 이 도표는 두 입자가 다른 종류의 입자를 교환하며 상호작용하는 과정을 보여준다. 각 도표마다는 전자 두 개가 충돌하면서 광자를 주고받을 때처럼 각 상호작용이 최종 결과에 얼마나 기여하는지가 숫자로 환산된다. 이 숫자들은 실험을 거쳐 매우 높은 정확도를 기록하며 검증되었다. 다시 말해, 코어 이론은 테스트를 멋지게 통과했다.

이때 입자들의 상호작용을 계산하는 데 필요한 핵심 요소가 바로 각 입자의 자유도다. 그런데 만약 광자에 우리가 모르는 자유도가 숨어 있었다면 모든 광자 실험의 결과가 우리의 예측을 빗나갔을 것이고 가설은 데이터에 의해 반박되었을 것이다. 하지만 그런 일은 일어나지 않았다. 그러므로 광자에는 '기쁨'도 '슬픔'도 혹은 물리학 변수인 '자유도'에 따라 작용하는 미지의 정신적 속성도 없는 게 분명하다.

다만 복병이 있다. 범심론을 옹호하되 정신적 속성에 실질적인 물리력은 없다고 주장하는 것이다. 그러면 정신적 속성을 평범한 물리적 속성들 사이에 끼워 넣으면서도 실험 데이터의 심판을 피해갈 수 있게 된다.

마치 좀비 토론으로 되돌아가는 것 같다. 새로운 정신적 속성을 상정하고 이게 관찰 가능한 물리적 효과는 전혀 나타내지 않는다고 할 때, **"원시의식을 가진 광자"**를 모조리 정신적 속성이 없는 **"좀비 광자"**로 바꾼다면 세상은 어떤 모습일까? 겉만 보면, 그러니까 물리학적 물질 운동으로만 보면, 연인들이 대화를 나누거나 편지로 소통하거나 아니면 비언어적 애정표현을 하는 모양새는 좀비 광자의 세상이나 의식 있는 광자의 세상이나 조금도 차이가 없을 것이다.

이때 베이즈의 성실한 후예는 좀비 광자의 세상이 우리가 사는 세상이라는 결론을 내릴 것이다. 입자에 의식이라는 성질을 더할 때 얻을 게 별로 없기 때문이다. 광자의 의식이라는 추가 요소는 새로운 성찰을 제공하지도 예지력을 주지도 않는다. 따라서 유용한 화법이 아니다. 이미 완전한 이론을 형이상학적으로 더 복잡하게만 만들 뿐이다.

의식은 본질적으로 종합적인 현상이다. 복잡계와 또 그 안에 들어 있는 다양한 소우주들의 동태를 설명하는 화법이라는 점에서다. 하지만 무언가가 지금 이 순간 완숙해 보인다고 해서 그것이 처음부터 거기에 있었다는 의미는 아니다. 은하도 행성도 생명체도 우주가 진화하고 엔트로피와 복잡도가 커지는 과정에서 생겨났다. 의식이라고 다르지 않을 것이다.

❋

입자가 원시의식을 갖고 있든 그렇지 않든, 의식에 관한 미스터리를 양자역학의 또 다른 유명한 미스터리와 엮으려는 시도가 오래전부터 있었다. 이것은 차머스가 농담 삼아 말한 소위 "미스터리 최소화의 법칙"에 부합하는 면이 없지 않다. 의식도 헷갈리고 양자역학도 헷갈리므로, 둘이 어떻게든 관련 있을지 모른다고 보는 것이다.

비밀 많기로 양자역학은 둘째가라면 서럽다. 그중에서도 현재 최대 미스터리는 관찰자가 양자계를 계측하는 순간 무슨 일이 벌어지는가일 것이다. 이 물음에 에버렛의 다중세계 해석은 아무 일도 일어나지 않는다고 답한다. 이 해석에 따르면 모든 것이 정해진 공식을 충실히 따라 순조롭게 변해간다. 다만 거시적 관찰자와 광활한 우주 사이에서 일어난 상호작용 때문에 "양자 중첩 상태의 단일 우주"라고 표현하던 것을 "별개의 두 우주"라 바꿔 부를 뿐이다. 한마디로 계를 논하는 화법이 달라졌을 뿐, 실질적인 변화는 없다. 관찰자에게 의식이 있고 없고는 중요하지 않다. 관찰자가 벌레든, 비디오카메라든, 돌멩이든 관측은 곳곳에서 수시로 일어난다.

물론 모두가 그렇게 생각하는 것은 아니다. 좀 오래된 양자역학 교재를 보면 파동함수 붕괴에 관한 내용이 나온다. 파동함수가 붕괴하기 전의 입자는 시계 방향 회전과 반시계 방향 회전이라는 두 가지 후보 상태가 중첩된 덩어리일 것이다. 하지만 붕괴 후의 입자에는 한 가지 선택지만 남는다. 그렇다면 과연 무엇이 이런 붕괴를 일으키는 걸까? 혹자는 그것이 의식 있는 관찰자와 무관하지 않다는 의견을 제시한다. 이 의견은 예상보다 꾸준한 지지를 얻고 있다.

그러나 전반적으로 살펴보면 의식이 양자역학의 이해에 중요한 역할을 한다는 아이디어는 과거의 추종 세력을 거의 다 잃었다. 오늘날 양자역학은 눈부신 발전을 이뤘다. 매우 구체적이면서도 정량적인 이론이 여럿 있어서 우리는 관측 과정에서 일어나는 일들을 의식을 끌어들이지 않고도 얼마든지 타당하게 설명할 수 있다. 이 이론 중 정확히 무엇이 진실인지는 모른다. 하지만 최종 정답이 아직 결정되지 않았어도 믿음직한 대안이 많기에 우리는 비물리적 영역에 한눈팔 새가 없다.

그럼에도 굳이 그런 샛길만 찾아다니는 특이한 사람이 꼭 있다. 그들은 유행과 소문에 민감하고 그렇게 모든 정보를 토대로 자신만의 결론을 내린다. '양자 의식quantum consciousness'*도 바로 그런 예다. 양자역학에 따르면 비확정적인 중첩 상태는 관찰자의 관측 과정에서 하나의 확실한 결과로 발전한다. 그런데 이 말을 살짝 꼬면 의식적 관찰이 현실을 만든다는 주장이 되어버린다.

이것은 인간이 우주의 중심이라는 코페르니쿠스 이전 세계관으로 회귀하려는 명백히 시대착오적인 생각이다. 심정은 이해한다. 내 몸뚱이가 냉철한 물리 법칙에 순종하는 원자들의 덩어리에 불과하다고 생각하면 이 광막한 우주에서 한없이 작아지고 소외되는 느낌이 들 수 있다. 이때 축 처진 당신을 다독이며 그들은 말한다. 당신은 우주를 지켜보는 것만

* 양자 마음이라고도 한다.

으로도 매 순간 당신만의 세상을 실현하고 있는 것이라고. 그러면서 이제는 명실상부한 양자역학의 대표 특징으로 자리 잡은 '양자 얽힘'을 가끔 운운하면서 우주 만물과의 유대감을 선물한다. 이 소극의 피날레는 더 기가 막힐 게 뻔하다. 결국 그들은 실체적 세상은 다 헛것이고 관념론이 양자역학의 전부라면서 모든 것이 마음의 투영이라는 얼토당토않은 소리를 할 것이다.

이 장광설 어디에도 현대 물리학이 진실이라고 인정할 만한 부분은 없다. 양자역학은 아직 미완성 학문이지만 그 안에서 탄생한 다양한 가설들과 이론들은 수학 공식으로 정리 가능한 객관적 물리 법칙을 충실히 따른다. 무엇보다도, 계가 관측되는 순간 파동함수가 정말로 무너진다고 해석하더라도 관찰자의 행동은 관측 결과에 손톱의 때만큼도 영향을 주지 못한다고 한다. 관측 결과를 좌우하는 것은 오로지 보른의 양자 확률 규칙뿐이다. 각 결과가 관측될 확률이 파동함숫값의 제곱에 비례한다는 규칙이다. 은밀하고 인간적인 요소는 없다. 오로지 물리학만이 있을 뿐이다.

⁂

흡사해 보이지만, 지적할 부분이 한두 군데가 아닌 '양자 의식' 개념과는 달리, 최소한 물리학적으로 합리적이긴 한 아이디어가 하나 더 있다. 바로, 뇌의 활동에 양자 반응이 실질적으로 중요한 역할을 한다는 아이디어다.* 뇌는 양자장의 진동이 만들어낸 입자들의 집합체이며 양자역학의 규칙들을 따른다. 물론 대부분의 신경과학 분과는 뇌의 주요 활동들은 고전 물리학만으로도 충분히 설명된다는 가정을 출발점으로 하고 있

* 이것을 양자 인지quantum cognition라 한다.

다. 우리는 파동함수나 양자 얽힘을 몰랐을 때도 달에 로켓을 쏘아 보내지 않았는가. 양자역학 없이 뇌를 이해하는 것도 충분히 가능한 일일 터이다.

뇌는 서늘한 온도 조건에서 철저하게 통제되는 실험실이 아니라 따뜻하고 축축한 신체 장기다. 뇌 속 입자들은 쉬지 않고 찧고 까불며 파동함수를 지속해서 붕괴시킨다(아니면 나처럼 과감한 에버렛 학파의 주장대로 '분지'시키거나). 뇌에서는 입자가 중첩 상태를 유지해 다른 입자와 얽히거나 할 시간이 없다. 뇌 안에서 양자 결맞음을 유지한다는 것은 허리케인 속에서 카드로 집을 짓는 것과 같다.

그런데 최신 생물학 연구에 의하면 생물이 고전역학의 범위를 넘어서는 양자 효과를 때때로 이용하는 것으로 여겨진다. 가령, 광합성은 양자 중첩 상태에 있는 입자들이 에너지를 운반함으로써 일어나는 반응이다. 인류가 이론을 정립하기 한참 전부터 지구 생태계는 양자역학을 실전에서 써먹어 온 셈이다. 그러므로 우리는 사유에만 근거해 양자 효과가 뇌와 무관하다며 성급하게 마침표를 찍어서는 안 된다. 우리는 베이즈 추론 절차에 따라 가설을 세우고 데이터를 수집하고 그것을 토대로 실증적으로 가설을 검정해가야 한다.

주목할 만한 연구가 또 있다. 물리학자 매슈 피셔는 뇌에서 서로 얽힌 상태로 꽤 오래 있을 수 있는 양자적 물질 하나를 찾아냈다. 바로 일부 ATP 분자에 들어 있는 원소 인의 원자핵이다. 피셔는 이 원자가 관여하는 화학반응의 속도는 원자핵이 근처의 다른 인 원자핵과 양자 얽힘 상태에 있는가 여부에 따라 달라진다고 설명한다. 그런 고로 양자역학이 뇌의 활동에 실질적으로 관여할 거라는 것이다. 어쩌면 뇌를 양자 컴퓨터라고까지 말할 수 있을지도 모른다. 뭐, 거기까지는 못 가더라도 피셔의 발견이 큰 잠재력을 가진 신선한 아이디어임은 틀림없다. 무릇 논의 주제가 뇌처럼 정교하고 복잡한 계일 때는 신중한 태도로 기다리고 관망할 일이다.

하지만 뇌에서 일어나는 양자 효과라고 하면 대부분 사람은 연산 기능 같은 뻔한 레퍼토리 이상의 것을 기대한다. 대중이 원하는 것은 완전히 새로운 물리학이 나와서 의식의 신비를 멋지게 밝혀주는 것이다.

그쪽으로 대표주자를 꼽으면 로저 펜로즈가 있다. 아인슈타인의 일반 상대성 이론을 대중화하는 데 크게 기여한 물리학자이자 수학자인 그는 어려운 과학을 쉽게 풀어 마치 동화 구연하듯 툭툭 던지는 재주를 지녔다. 그런 그는 컴퓨터는 할 수 없는 일을 사람의 뇌가 한다고 말한다. 하지만 우리는 물리 법칙에 따라 일어날 수 있는 일은 무엇이든 컴퓨터로 시뮬레이션할 수 있다. 그러므로 펜로즈가 말하길 뇌만이 해낼 수 있다는 그 일은, 특히 파동함수의 붕괴와 관련해, 완전히 새로운 물리학적 현상이 아니면 안 될 것이다.

펜로즈의 주장은 나름대로 정교하고 기발하다. 하지만 물리학이나 신경과학이나 의식을 연구하는 학자들 대부분을 설득하는 데는 실패한 듯하다. 이 주장의 바탕에는 오스트리아 논리학자 쿠르트 괴델이 제안한 불완전성 정리Incompleteness Theorem가 깔려 있다. 지나친 단순화의 위험을 무릅쓰고 이 정리의 요지를 간략하게 설명하면, 모순 없는 수학적 공리계에는 참이지만 증명할 수 없는 명제가 반드시 존재한다는 것이다(여기서 괴델의 책략은 매우 강력한 공리계 안에서 "이 명제는 증명할 수 없다"는 표현이 가능하도록 방법을 고안해 내는 것이다. 명제를 증명할 수 있다면 그 표현은 거짓이 되고 공리계에 모순이 있다는 의미가 된다. 반대로 명제를 증명할 수 없으면 바로 그 이유로 그것은 참이 된다). 그렇다면 적절한 공리 규칙에 따라 작동하는 컴퓨터로선 그런 명제를 증명해낼 도리가 없을 것이다.

반면에, 펜로즈의 해설에 따르면, 사람 수학자는 이런 명제의 진실을 아무 문제 없이 포착해낸다. 그러므로 사람의 뇌에는 수학적 공리계를 능가하는 능력이 있는 게 틀림없다는 것이다. 현대의 물리 법칙은 사람 뇌에 그런 능력이 있다고 인정하지 않는데 말이다.

24장에서 논의했던 대로 만약 일상적 현실을 지배하는 물리 법칙이 완전히 밝혀졌다는 다소 용감한 주장에 무언가가 도망갈 구멍을 찾으려 한다면, 가장 유력한 도피처는 아마도 양자 관측을 바라보는 새로운 시각일 것이다. 펜로즈는 그런 시각을 양자중력과 미세소관이라는 뇌세포 구조물까지 언급하면서 매우 구체적으로 내놓는다. 전체적으로 요약하면 컴퓨터는 갖지 못하는 통찰력을 사람만 얻게 만드는 특정 방식으로 뇌 속 구조의 파동함수가 무너진다는 것이 그의 주장이다.

펜로즈에게 반대하는 의견은 많다. 솔직히 몇몇은 그걸 즐기는 것도 같다. 그중에서 특히 설득력 있는 반론은 "'인간의 인지력이 수학적 공리계처럼 작동하지 않는다'에서 '인간의 뇌가 물리 법칙을 따르지 않는다'로 넘어가는 것이 지나친 비약"이라는 지적이다. '사유'라는 말은 우리가 초거시적 층위에서 창발된 현상을 일컬을 때 사용하는 화법이다. 이 창발의 뿌리를 되짚어 내려가면 매우 뻣뻣하고 논리적인 기본 개념에 닿지만 창발된 '사유' 자체는 기본 개념의 뻣뻣한 성질을 전혀 보이지 않는다. 솔직히 우리 중에 뻣뻣한 논리는 고사하고 자릿수가 좀 되는 숫자 곱

셈이나 제대로 할 수 있는 사람이 몇이나 되는가. 인간의 사유는 느슨하다. 우리는 실수를 저지르고 감에 의존한다. 어떤 공리계가 이를 수 없는 결론에 우리 인간은 닿을 수 있다고 해서 그것이 특별한 일은 아니란 소리다.

괴델의 불완전성 정리에서 우리가 주목해야 할 부분은 증명할 수 없는 참인 **명제**가 아니다. 그보다는 그런 명제가 **무모순적** 공리계 어디서나 존재한다는 점이다. 그렇다면 특정 공리들의 집합이 모순 없는 공리계를 이룬다고 어떻게 자신 있게 말할 수 있는가? 달리 말하면, 우리는 괴델이 제시한 자기 모순적 문장에 담긴 진실을 우리가 제대로 인식했다고 어떻게 확신할 수 있을까?

스콧 애런슨이 지적한 것처럼, 우리는 어떤 계가 모순 없이 완벽하다고 **믿는다**고 말하는 것이 더 정확한 표현이다. 괴델이 증명할 수 없다고 하긴 했지만 말이다. 만약 컴퓨터로 하여금 모순 없는 계를 가정하게 한다면 컴퓨터가 "이 명제는 증명할 수 없다" 따위의 명제를 증명하는 데 아무 문제도 없을 것이다. (명제가 증명되면 계에 모순이 있다는 뜻이라는 게 그 증거다!) 애런슨의 이러한 지적은 앨런 튜링의 말과도 일맥상통한다. "지성을 갖춘 기계는 종종 오류를 저지를 수밖에 없다. 이 사실을 뒷받침하는 정리theorems도 있다." 실수할 줄도 알아야 한다는 점에서 인간은 일단 확실히 합격이다.

완벽하게 논리적인 컴퓨터 프로그램이 증명하지 못하는 진실을 인간의 마음은 알아챈다고 치자. 베이즈 추론은 이 사실이 현대 양자역학에 보완이 필요하다는 증거가 되기에는 충분하지 않다고 판정한다. 설사 제안대로 양자역학을 보완하더라도 양자역학 자체의 미스터리는 하나도 해결되지 않는다. 인간의 뇌에 통찰력이라는 감투만 덧씌울 뿐이다. 게다가 궁극적으로 인간의 뇌가 증명할 수 없는 명제의 진실을 볼 수 있고 없고는 내면의 경험을 논하는 '어려운 문제'를 풀고 못 풀고와는 아무 관련이 없다. 만약 당신이 '어려운 문제'를 어렵다고 느낀다면 양자역학은 풀이에 도움이 되지 않을 것이다. 반대로 답을 알 것도 같다면 인간의 뇌를 이해하겠다고 물리학 법칙을 바꿀 필요까지는 없는 것이다.

43
화법의 우선순위

인간이 자연계 일부라는 걸 알게 되면 큰 상실감에 빠질 수 있다. 내 행동의 이유와 의미가 내가 믿어왔던 대로가 아니었다는 생각 때문이다. 사명감과 목표 의식을 가진 인간이 아니라면 나는 뭔가. 눈먼 입자들로 가득한 포댓자루인가. 당신과 나를 묶어주는 것이 사랑이 아니라 정녕 물리 법칙에 불과하단 말인가. 철학자 제리 포도르는 비슷한 맥락의 우려를 표한 적이 있다.

> 나는 만지고 싶으니까 손을 뻗고 가려우니까 몸을 긁고 믿으니까 그렇게 말한다. 그런데 그게 아니라면… 이 중 어느 것도 문자 그대로 진실이 아니라면 내가 믿어 온 모든 게 사실상 거짓이 될 것이다. 그것은 세상의 종말이나 마찬가지다.

걱정 붙들어 매시라! 세상은 그렇게 끝장나지 않으니까.

우리가 사는 현실은 다양한 방식으로 저마다 그럴싸하게 기술된다. 이론, 모형, 어휘, 이야기 등등. 부르는 이름만큼이나 재료는 차고 넘친다. 우리는 인간을 소망과 성향과 내면의 정신을 가진 개체로 기술할 수도 있고 생화학 신호를 주고받으며 상호작용하는 세포들의 집합으로 설명할 수도 있다. 나아가 코어 이론을 따르는 기본 입자들의 덩어리로 묘사하는 방법도 있다. 관건은 여러 가지 화법이 어떻게 어우러지는가다. 특히, 무엇이 더 우선이고 더 중할까? '인과'가 끼어들 틈이 없는 입자물리학 층위의 설명이 가능하다고 해서 가려우니까 긁는다는 화법이 반드시 무효가 되는 걸까?

이 물음에 가장 시적 자연주의자다운 대답은 모든 화법은 현실의 해설로서 나름대로 자격이 충분하다는 것이다. 세상을 기술하는 모형을 평가할 때 우리는 내부적으로 모순이 없는가, 정의가 구체적인가, 데이터가 잘 맞는가를 따진다. 만약 서로 다른 이론들의 적용 영역이 겹친다면 이론들끼리 양립 가능한 게 좋다. 안 그러면 데이터가 어느 한 이론에만 들어맞을 테니 말이다. 이론 안에서 쓰이는 개념들의 성격은 이론마다 확연히 다를 수 있다. 어떤 이론은 인간의 행동을 미분방정식을 따르는 입자와 힘으로 설명하고 또 어떤 이론은 인간을 결정권을 가진 주체로 보는 식이다. 사용되는 개념이 다른 것은 괜찮다. 이론이 내놓는 예측들이 공통 적용 영역 안에서 충돌하지만 않으면 말이다. 즉, 한 이론의 성공이 반드시 다른 이론의 실패를 의미하지는 않는다. 이론이 실패하는 것은 이론에 내부적으로 모순이 있거나 이론이 실제 관측된 현상을 잘 설명하지 못할 때뿐이다.

따라서 인간의 사유와 행동을 신경 신호나 입자 운동으로 해설하는 이론은 만지고 싶으니까 손을 뻗는다는 설명을 어떤 식으로도 부정하지 않는다. 욕구와 목적은 실재한다. 이 어휘가 속한 이론이 내놓는 예측이 다른 화법을 구사하는 이론의 예측과 어우러지기만 한다면 말이다.

앞서 포도르가 문자 그대로 진실이라고 표현한 것은 "자연을 기술하는 모든 설명의 필수 요소" 혹은 "가장 정확하면서 가장 포괄적인 설명"이라는 뜻에서였을 것이다. 다시 말해, 그는 성공적 화법이라면 '욕구'와 '믿음'을 기본 개념으로 반드시 포함해야만 한다는 주장을 하는 셈이다. 그러나 이것은 말 그대로 사실이 아니다. 인간을 물리적으로 설명하는 화법과 생물학적으로 설명하는 화법은 각자 나름대로 완벽하게 적절하다. '욕구'나 '믿음' 같은 개념을 들먹이지 않아도 말이다.

한 철학자가 뱉은 말의 토씨에 연연하지는 말자. 공기의 구성이 원자와 분자임이 발견된 뒤 공기가 열역학적 특성이나 유체로서의 성질을 잃은 것은 아니지 않은가. 공기를 설명하는 두 가지 화법은 여전히 건재하다. 마찬가지다. 인간이 물리 법칙을 따른다고 해서 인간의 사유와 목적이 사라지는 것은 아니다.

⁂

그럼에도 이 문제가 복잡해 보이는 데에는 분명한 이유가 있다. 양립 가능한 여러 화법이 우리 세상이라는 하나의 주제를 해설할 때 서로 다른 화법에 속하는 개념들이 뒤범벅되어 화법들의 경계가 모호해지는 것이다.

세상을 해설하는 방법에는 코어 이론의 양자장과 기본 힘들로 설명하는 방법도 있고, 전기화학 신호로 소통하는 세포들로 설명하는 방법도 있고, 욕구와 정신을 가진 인간이라는 주체를 들어 설명하는 방법도 있다. 그러나 우리는 서로 다른 화법의 어휘를 뒤섞어 사용하는 우를 자주 범한다. 한 정신 상태에 대응하는 뇌의 물리적 상태가 여럿이라는 말을 들었을 때 당신은 투덜대며 따질지 모른다. 내가 팔을 긁는 것이 가려워서가 아니라 정말 시냅스 활성화 때문만이냐고. 그런데 질문이 틀렸다. 몸 안에서 일어나는 일은 중추신경계 전기화학 신호의 관점에서 설명할 수도, 인간의 정신 상태와 그 상태가 유도한 행동으로 설명할 수도 있다. 하지만 둘을 섞어서는 안 된다. 한 문장을 한 화법의 어휘로 시작했다가 다른 화법의 어휘로 끝내서는 안 된다는 소리다.

물리 영역의 인과적 폐쇄성*은 실체이원론과 속성이원론을 반박하는 유명한 주장 중 하나다. 현대 물리학, 특히 코어 이론은 적어도 우리가 주시하는 영역 안에서 완전하고 빈틈없다. 어떤 계의 현재 양자 상태를 알고 있을 때 우리는 코어 이론의 공식들로 다음에 일어날 일을 알아낼 수 있다(이 공식은 부록을 참고하라). 양자역학에는 모호함도, 신비로운 비밀 변수도, 같은 자료를 놓고 해석이 달라질 가능성도 없다. "가려움을 느끼는" 상태의 정확하고 완전한 양자 정보가 존재하고 나에게 라플라스의 악마에 필적하는 수학적 능력만 있다면 나는 이 인간의 양자 상태가 "팔을 긁는 행위"로 발전할 것임을 경탄할 만한 정확도로 예측해낼 수 있다. 그 밖의 정보는 필요하지도 않고 있어서도 안 된다.

✳

13장에서 우리는 부분들의 합으로 환원되지 않는 계를 설명하면서 '강한 창발'을 얘기했었다. 이와 관련한 개념으로 **하향적 인과관계**downward causation라는 것이 있다. 하향적 인과관계란 부분들의 동태가 전체의 상태에 기인하는 것이다.

유의해야 할 것이, 시적 자연주의에서는 하향적 인과관계를 심각하게 잘못된 접근으로 본다. 상향적 인과관계도 마찬가지다. 시적 자연주의에

---

* causal closure of the physical, 모든 물리적 현상은 물리적 원인만을 가진다는 형이상학 이론

의하면 '인과' 자체도 기본 개념으로부터 창발된 개념이다. 따라서 인과 관계는 이 개념이 효험을 발휘하는 각 이론 안에서만 성립한다고 봐야 옳다. 한 이론의 동태를 완전히 다른 이론의 동태를 좌우하는 **원인**으로 생각하는 것은 스스로 혼돈의 구덩이로 뛰어드는 지름길이다.

물론, 굵게 뭉쳐진 거시적 층위의 이론이 기저 이론의 특징도 **보여주는** 경우는 있다. 이때는 적용 영역 범위가 겹치는 이론들끼리 **맥락이 잘 통하기** 마련이다. 심지어 우리는, 신중하기만 하다면, 기저 이론의 특징이 창발된 이론의 특징을 **설명한다**고까지 말할 수 있을지 모른다. 하지만 한 이론의 특징이 다른 이론의 특징 **때문에 생겨났다**고 말할 수는 없다. 우리는 양자장과 힘들이 받쳐주지 않기 때문에 우리가 정신력만으로 공간이동을 하거나 숟가락을 구부릴 수 없음을 속으로는 알고 있다. 하지만 우리는 오로지 거시적 층위의 어휘만을 사용해도 상황을 충분히 설명할 수 있다. 인간에게는 염력이 없다고 말이다. 미시적 해설이 이해를 도울 수는 있지만 인간의 행동을 논함에 필수 요소는 아니다.

같은 원리로, 인간의 특징이 입자의 미시적 특징을 좌우한다는 식의 하향적 인과관계는 잘못된 것이다. 그런 잘못된 하향적 인과관계의 대표적인 예가 눈송이다. 눈송이는 물 분자가 다른 분자들과 만나 결정 구조를 형성한 것인데, 씨가 되는 응결핵의 형태에 따라 다양한 결정 구조가 만들어진다. 그래서 눈송이의 거시적 형태가 하향적 인과로 작용해 각 물 분자의 정확한 위치를 결정한다는 주장이 나온다. 하지만 이것은 다른 층위의 어휘를 마구잡이로 섞는 나쁜 예다.

물 분자는 입자물리학이 정한 규칙을 정확하게 따르면서 저희끼리 혹은 공기 중의 다른 분자와 상호작용한다. 이 규칙은 구체적이고 명확하다. 그래서 우리는 상대 분자가 무엇인지만 알면 이 규칙을 토대로 다음 순간 무슨 일이 일어날지를 정확하게 예견할 수 있다. 이때 주인공 물 분자가 큰 결정 일부분일 수도 있는데 우리가 그 사실을 안다고 해도 물 분자의 동태를 이해하는 데 보탬은 전혀 되지 않는다. 분자가 자리한 환경이 중요하지 않다는 소리가 아니다. 하지만 환경은 환경 자체의 구조로 충분히 설명할 수 있다. 물 분자는 자신이 눈송이 일부분임을 자각하지 못한다. 그럴 필요도 없고 말이다.

실재의 우주에서 하향적 인과관계의 실례를 찾기는 힘들다. 그래도 이론적으로 가능은 하다. 전자와 원자가 입자 수가 적을 때는 코어 이론을 따르다가 (인간과 같은) 입자 수가 많은 환경에서는 다른 규칙을 따른다고 상상해보자. 이때 올바른 해설은 "큰 구조가 그 안의 작은 구조를 결정한다"가 아니다. 그보다는 "입자들을 지배한다고 여겨졌던 규칙이 실은 틀렸다"여야 한다. 즉, 코어 이론의 적용 영역이 우리가 생각했던 것보다 좁을 수도 있다는 소리다. 이 추론이 참이라는 증거는 아직 없다. 만약 그런 증거가 나온다면 오늘날 우리가 크게 신뢰하는 유효장론을 잔인하게 거스르는 것일 터이다. 방심은 금물이다. 세상에 불가능은 없으니.

인간과 다양한 인간 활동을 논하는 화법이 아무리 발전해도 코어 이론 수준으로 정밀하고 날카로워질 것 같지는 않다. 게다가, 힘이 달릴 때 일맥상통하는 다른 화법에서 어휘를 빌려 쓰는 것은 무해할 뿐만 아니라 때로 유용하기까지 하다. "병이 병균 때문에 생긴다"고 표현하는 것이 그런 예다. 볼츠만이 기체의 엔트로피를 분자 배열의 가짓수와 연결지은 것처럼 서로 다른 층위의 어휘들을 연결 짓는 것은 선용되기만 한다면 우리에게 큰 가치와 깊은 통찰을 제공할 수 있다. 물론 그보다 앞서 어떤 이론이 좋은 이론이 되기 위한 기본 전제조건은 주어진 현상을 저 스스로 조리 있게 설명해낼 수 있어야 한다는 것이다. 다른 층위의 이론들에 기대지 말고 말이다.

마음 상태는 특정 물리적 상태를 해설하는 화법이다. 따라서 마음 상태가 어떤 물리적 효과를 일으켰다고 말하는 것은 거시적 층위에서 어떤 물리적 상황이 거시적 층위의 어떤 물리적 현상을 불러왔다고 말하는 것만큼이나 자연스럽기 그지없다. 우리는 가려우니까 긁는다고 얼마든지 말해도 괜찮다. 다만 그 안에 우리가 더 들려줄 수 있는 얘기가 많이 들어 있을 뿐이다.

44
선택할 자유

정신이 행동을 어떻게 끌어내는지 알고 나니 궁금해지는 게 또 있다. 그렇다면 정신의 책임자는 누구인가? 나, 그러니까 창발한 내 자아가 결정을 내리는 걸까? 아니면 나는 단순히 물리 법칙을 충실히 따르는 원자들의 꼭두각시일 뿐일까? 무엇보다도, 내게는 자유의지가 있을까?

어떤 의미에서는 그렇고 어떤 의미에서는 그렇지 않다. 어느 쪽이 옳은지는 각자의 판단에 맡긴다(당신에게 선택할 능력이 있다면 말이다).

자유의지를 부인하는 일반적 주장은 매우 직설적이며 다음과 같이 전개된다. 모든 인간은 원자로 되어 있다. 원자는 우리가 물리 법칙이라고 부르는 일정한 패턴을 따른다. 이 물리 법칙은 외부 요소의 힘을 빌리지 않고도 계의 발전 양상을 완벽하게 설명해낸다. 만약 시간이 흘러도 정보가 사라지지 않고 보존된다면, 우주의 미래는 우리가 아직 알지 못할 뿐 이미 다 정해져 있을 것이다. 양자역학은 우리에게 어떤 확신도 주지 않으면서 미래를 확률의 개념으로 보여주지만, 이 확률은 우주의 현재 상태에 의해 완전히 고정된 값이다. 만약 양자 버전의 라플라스의 악마가 존재한다면, 그는 각 우주 미래 시나리오의 확률이 어떤 값으로 확실하게 고정되어 있으며 인간의 자유의지가 그것을 바꾸지 못함을 자신 있게 천명할 것이다. 인간의 선택이 끼어들 틈은 없다. 따라서 자유의지도 없다. 우리는 그저 자연의 규칙에 순응하는 물질적 실체일 뿐이다.

이 주장의 어느 부분이 우리가 체감하는 현실과 어긋나는지 찾는 것은 어렵지 않다. 인간을 원자 집합이나 양자 파동함수로 본다면 자유의지라는 개념이 들어갈 자리는 없다. 하지만 이 사실이 더 거시적 층위에서 이 개념의 쓰임새가 어떨지를 결정하지는 않는다. 실제로 인간을 사람이라는 개체로 기술할 때는 자유의지라는 개념이 꽤 유용하게 쓰인다. 가장 완강한 자유의지 반대론자조차도 매일같이 선택에 대해 말한다. 책임을 덜 요량으로 "물론 선택이라는 개념이 실제로는 존재하지 않지만 말이야"라고 말끝마다 토를 달면서.

그러나 선택의 개념은 분명 존재한다. 선택 없이는 인간을 논하기 어려울 정도다. 당신이 대학 진학을 앞둔 고등학생이라고 상상해보자. 당신은 몇 군데에서 합격 통지를 받았다. 각 학교의 홈페이지에 들어가 보고 직접 가서 캠퍼스를 구경하고 재학생 및 교직원들과 얘기를 나눈다. 그런 다음 한 곳을 골라 승낙 의사를 전하고 나머지 학교에는 거절하는 메일을 보낸다. 지금까지 당신은 뭘 한 걸까? 이 모든 과정을 인간 세상의 층위에서 가장 효율적으로 해설하는 어휘는 무엇일까? 그것은 바로 "선택을 했다"일 것이다. 그리고 여기에는 그런 선택을 한 이유가 부연으로 따라올 테고 말이다. 만약 당신이 단순한 로봇이거나 난수 생성기였다면 더 적절한 다른 어휘가 있었을 것이다. 하지만, 우리가 물리 법칙을 얼마나 잘 이해하고 있는지와 상관없이, 인간을 논할 때 선택이라는 어휘를 부정하는 것만큼 부자연스럽고 비생산적인 처사는 또 없다. 이 입장을 **양립가능론**compatibilism이라 한다. 양립가능론이란 선택과 의지라는 거시적 어휘와 결정론적인 (아니면 적어도 비인격적인) 과학적 화법이 양립할 수 있다는 철학이다. 뿌리가 17세기의 존 로크로 거슬러 올라가는 양립가능론은 오늘날에도 철학 분야에서 자유의지를 논할 때 널리 인용된다.

양립가능론의 관점에서 볼 때 자유의지 반대론자들은 양립 불가능한 어휘를 부주의하게 섞어 쓰는 실수를 저지르고 있다. 아침에 샤워를 마치고 옷장 앞에 서서 검은색 셔츠를 입을까 파란색 셔츠를 입을까 고민한다. 이것은 당신이 내려야 하는 결정이다. 이 상황에서 "내 몸을 구성하는 원자들이 결정론에 따라 움직이는 대로 따라가겠어"라고 말할 수는 없다. 원자들이 해야 할 일을 하긴 할 것이다. 하지만 그 일이 무엇인지 당신은 모른다. 지금 당신이 내려야 하는 결정과도 아무 상관 없다. 애초에 인간과 인간의 선택이라는 층위에서 질문을 던져놓고 원자와 물리 법칙이라는 층위에서 답을 하려고 해서는 안 된다. 자기 층위 안에서는 모든 어휘가 더할 나위 없이 적법하지만 어휘들을 아무렇게나 섞으면 난센스가 되어버린다.

⁂

'바다'나 '온도'는 코어 이론의 기본 구성요소가 아니지만 진짜가 아니라고 여기는 사람은 한 명도 없다. 그런데 왠지 자유의지는 똑같이 생각되지 않는다. 자유의지, 즉 선택의 능력은 미시적 부분들의 단순합을 넘어서는 완전히 다른 무언가다. 이처럼 자연을 기술하는 바탕 화법에 없는 어휘가 인간 층위에서는 가치가 생기는 까닭은 무엇일까?

그것은 시간의 화살 때문이다. 8장에서 우리는 특정한 인식론적 접근, 즉 기억이 어떻게 미래에는 불가능하고 과거에만 가능한지를 살펴봤었다. 기억이 과거에만 존재할 수 있는 것은 빅뱅 직후의 우주는 엔트로피가 극히 낮았다는 과거 가설이 명확한 경계선을 긋기 때문이다. 이 결정적 정보 한 조각 덕분에 우리는 과거에 한정해 특별한 결단을 내릴 수 있다. 이러한 시간의 비대칭성은 오로지 거시적 규모의 우주 물질 분포 수준에서만 표출된다. 코어 이론에는 그런 게 없다.

현재 상태의 특징은 과거나 미래의 사건에 관한 우리의 지식에 지대한 영향력을 미친다. 현재 상태의 특징이 과거의 사건을 암시할 경우 (다른 조건은 모두 동등하다고 치고 과거 가설 하나만 더 고려할 때) 우리는 이 특징을 기억이라 칭한다. 한편 현재 상태의 특징이 앞으로 일어날 무언가를 암시할 경우 이 특징은 미래 사건의 원인이 된다. 사람 뇌의 상태는 사람의 행동과 밀접하게 관련되어 있다. 그런 사람 뇌의 현재 상태가 달라질 때 우주의 과거 상태는 미동도 하지 않는다. 반면에 미래는 뇌의 현재 상태에 따라 크게 달라질 수 있다. 이것이 바로 우리가 인간 층위에서 과거와 미래를 대하는 개념이 극명하게 다른 이유다. 인간은 과거를 기억하고, 인간의 선택은 미래를 바꾼다.

하지만 라플라스의 악마는 그런 불균형을 괘념치 않는다. 놈은 세상을 통째로 하나의 명명백백한 역사로 본다. 하지만 우리는 라플라스의 악마가 아니다. 당신도 나도 우주의 상태를 정확히 알지 못할뿐더러 완벽한 연산능력을 갖추고 있지도 않다. 이때 '선택'과 '인과'라는 어휘를 유용하게 만드는 것은 이렇듯 부인할 수 없는 우리 지식의 불완전성이다.

자유의지의 유명한 정의 중 하나는 '다르게 행동할 수 있는 능력'이다. 혹자는 비인격적 자연법칙이 지배하는 세상에서 그런 게 어딨느냐고 주장할지 모른다. 세상을 구성하는 기본 입자들의 양자 상태를 물리 법칙에 대입하면 미래의 모습이 정확하게 산출되어 나오니까 말이다. 하지만 솔직히 우리는 완벽한 양자 상태를 알지 못한다. 우리가 가진 정보는 불완전하며 우리가 아는 것은 우리 몸이 대충 이렇게 생겼고 우리 정신이 대충 이렇게 작동한다는 것까지다. 이런 상황에서 우리가 '다르게 행동하는' 것은 충분히 상상해봄 직한 일 아닐까.

✲

이 대목에서 자유의지 반대론자들은 그건 자유의지도 뭣도 아니라며 발끈할 것이다. 나더러 순수하게 물리적인 우주라는 삭막한 현실을 직시하기가 겁나서 자유의지의 의미를 완전히 변질시킨 거라면서 말이다.

아니, 나는 순수하게 물리적인 우주에 불만이 조금도 없다. 하지만 의미 있는 모든 층위에서 세상을 가장 정확하고 유용하게 해설하는 화법을 찾는 것이 중요한 일임은 분명하다.

솔직히 자유의지에 관한 일부 주장이 시적 자연주의자로서도 기꺼이 응원하기에는 도를 넘는다는 것은 인정한다. 자유의지론적 자유libertarian freedom가 대표적인 경우다. 이것은 최소 정부의 자유경쟁 시장을 이상으로 삼는 정치사상인 자유지상주의libertarianism와는 완전히 무관하다. 자유의지론은 인간 주체가 우주에 불확정성을 부여하는 요소이며 인간은 물리 법칙의 지배를 받지 않고 자신의 미래를 스스로 구축할 수 있다고 보는 입장이다. 자유의지론은 미래에 관한 모든 것을 알고 있다는 라플라스의 악마 같은 존재의 가능성 자체를 부인한다.

현재 우리가 자유의지론을 받아들일 이유는 없다. 이 주장을 직접 뒷받침하는 증거는 하나도 없는 데다가 이 주장은 현존하는 모든 자연법칙을 위반한다. 자유의지론적 자유가 실재하려면 인간은 오로지 사유만으로도 물리 법칙을 극복할 수 있어야 할 터이다.

시적 자연주의는 세상을 크게 두 가지 화법, 즉 물리학 층위의 화법과 인간 층위의 화법으로 기술할 수 있다고 말한다. 이 두 가지 화법은 성격도 확연히 다르고 구성 개념도 완전히 다르다. 그럼에도 두 화법이 세상에서 일어나는 현상에 관해 내놓는 예측들은 멋지게 양립한다. 자유의지론자라면 인간에 관해 올바른 방법으로 기술하다 보면 결국 그 잘난 물리학 법칙과는 양립 불가능한 예측을 내놓을 수밖에 없다고 생각할 것이다. 하지만 그렇지 않다. 세상에 관해 우리가 알고 있는 지식은 그 나름대로 잘 활용하면서도 동시에 인간이 '선택'을 하며 살아간다는 사실을 얼마든지 인정할 수 있다.

생리학자 벤저민 리벳은 1980년대에 유명한 실험 하나를 실시했다. 피시험자에게 원하는 때 손을 움직이게 하고 그들의 뇌 활동을 측정하는 것이었다. 이때 피시험자들 역시 시계를 보면서 자신이 결정을 내렸다고 생각하는 정확한 순간을 분초까지 기록했다. 그런데 놀랍게도 피시험자들이 자신이 결정을 내렸다고 의식하기 전에 이미 뇌 활동에 전조 징후가 있었다. 매정하게 표현하면 인간이 자각하기 전에 벌써 뇌의 한 부분이 결정을 내려놓은 셈이었다.

리벳의 실험은 큰 화제가 된 만큼 후기가 시끄럽다. 혹자는 결정을 내리는 과정에서 인간 의식이 늘 한 박자씩 늦으니 이 실험이 자유의지가 없다는 증거라고 주장한다. 그러는 한편으론 기술적 한계가 있었기 때문에 리벳이 측정한 신호가 정말 결정 과정을 가리키는 것인지 확신할 수 없으며, 피시험자가 결정을 내린 시각을 제대로 기록했는지 믿을 수 없다는 지적도 있다.

만약 이미 당신이 세상은 기본적으로 물리적이라는 입장을 굳혔다면 리벳의 실험은 자유의지에 관한 당신의 생각에 아무 영향도 주지 않을 것이다. 당신은 새삼스럽게 자유의지론을 지지하지도, 양립가능론을 재고하지도 않을 것이다. 인간의 뇌는 수많은 기능 소단위로 이루어진 복잡한 기관이다. 각 소단위는 평소에는 꼭꼭 숨어 있다가 가끔만 의식의 수면 위로 고개를 빼꼼 내밀고 다시 사라진다. 우리는 생각보다 자주 무의식적으로 결정을 내린다. 운전해서 귀가하거나 자면서 자세를 바꾸는 것이 그런 경우다. 그 밖의 모든 결정은 의식적 결정이다. 이 책을 쓸지, 이 책에서 하향적 인과관계를 다룰지 말지 같은 것들 말이다. 뇌가 다양한 활동을 정확히 어떻게 수행하는지 궁금한 게 한둘이 아니지만 그 어떤 뇌과학 연구도 우리가 코어 이론의 규칙을 통해 상호작용하는 기본 입자들의 집합이라는 기본적 진실을 바꾸지는 못한다. 그 진실 위에서 우리는 스스로 결정을 내릴 줄 아는 인간이라고 소개해도 얼마든지 괜찮다.

☼

자연법칙의 통섭적 성질을 인정하고 자유의지론적 자유를 부정하는 사람에게는 양립가능론과 양립불가능론 사이의 논쟁이 다소 시시하게 들릴 수 있다. 입자들은 물리 법칙을 따르고 거시적 층위의 인간은 선택을 한다. 이 사실에는 우리 모두 기본적으로 이견이 없다. 그렇다면 이것을 "자유의지"라고 부를지 말지는 그렇게 중요한 문제가 아닐지 모른다.

이 논제가 단순히 학문적인 것 이상이 되는 지점은 바로 우리가 '책임'의 문제에 맞닥뜨릴 때다. 어느 나라든 사법체계와 사회제도는 기본적으로 각 구성원이 자신의 행동에 대부분 책임을 진다는 전제를 바탕으로 지탱된다. 하지만 자유의지를 극단적으로 부정할 경우, '책임'의 개념은 '선택'만큼이나 논란거리가 된다. 개인이 자신의 행동을 선택할 수 없다면 우리는 어떻게 남을 칭찬하거나 비난할 수 있을까? 나아가 그런 상황에서 상벌이 무슨 소용이란 말인가?

시적 자연주의자와 양립가능론자는 이 지적에 꼭 답하지 않아도 된다. 두 입장은 자유의지의 실재를 인정하므로 책임 소재를 가리는 게 가능하기 때문이다. 물론 판단이 늘 쉬운 것은 아니다.

우리는 인간의 선택 능력이 현실을 실체화한다고 여긴다. 그렇게 생각하는 것이 우리가 인지하는 인간 세상을 가장 잘 설명하기 때문이다. 그런데 간혹 인간의 선택 능력이 부재하거나 퇴화한 듯 보이는 상황이 있다. 간질 때문에 뇌수술을 받은 뒤에 뇌종양에 걸린 미국 텍사스의 한 환자가 그런 예다. 종양 발병 후 그는 클뤼버-부시 증후군의 증세를 보이기 시작했다. 클뤼버-부시 증후군은 원래 사람에게는 드문 원숭이 병인데, 대표 증상으로 식욕이 폭발하는 과식증과 강박적 자위를 유발하는 성욕과다증이 있다.

급기야 환자는 아동 포르노에 손대기 시작했고 결국 체포되었다. 재판에서 신경외과 의사 오린 드빈스키는 피고가 자신의 행동을 제어할 수 없다고, 즉 자유의지를 잃었다고 진술했다. 의사가 보기에 포르노를 보는 피고의 강박적 행동은 본인의 의지와 아무 상관 없이 전적으로 수술 부작용 탓이었다. 그러나 법원은 의사의 견해에 동조하지 않았고 피고는 감형을 받긴 했지만 어쨌든 유죄로 선고되었다. 원고 측 변론 중에는 그가 직장에서는 포르노를 안 보고 잘 참았으므로 자제력이 아예 없지는 않았다는 진술이 있었다.

여기서 중요한 것은 이 환자가 통제력을 얼마나 상실했느냐가 아니라 그런 상실이 가능하다는 사실 자체다. 이 사례가 우리에게 주는 메시지는 개인의 책임이라는 개념이 학문으로나 논할 추상적 주제가 아니라 지극히 현실적인 사안이라는 것이다.

만약 우리가 자유의지를 믿는 것이 '인간 행동은 선택할 줄 아는 주체를 통해 가장 잘 설명된다'는 아이디어에 입각한 것이라면 해석력과 예측력이 더 뛰어난 새 이론이 나올 때 이 믿음은 낡은 것으로 전락할 우려가 있다. 신경과학이 자유의지의 도움 없이도 인간 행동을 더 잘 예측하게 될수록 선택할 줄 아는 주체로서 인간을 보는 이론의 입지는 점점 좁아질 것이고 그 자리를 대신해 숙명이 우리 현실 세계의 일부가 될지도 모른다.

하지만 그런 일이 쉬이 일어날 것 같지는 않다. 대부분 사람은 기본 이상의 자유의지와 자율성을 갖고 있다. 미래의 어떤 행동이 현실적으로 실행 가능한지 불가능한지 예측하는 복잡한 인지기능은 말할 것도 없다. 그런 가운데 회색 지대도 분명 존재한다. 뇌종양이나 뇌 손상까지 갈 필요도 없이 약물중독만도 자유의지가 힘을 잃는 분명한 사례다. 개인의 책임은 아직 기본 틀도 잡히지 않은 주제여서 연구자들이 지금까지 닦아온 길보다 앞으로 갈 길이 훨씬 더 멀다. 하지만 분명한 것은 우리는 먼저 뇌의 작용에 관한 최대한의 지식을 주춧돌로 깔고 그 위에 책임이라는 개념을 정립해야 한다는 것이다. 그러고 나서 수집되는 데이터에 따라 후보 가설들을 성실하게 업데이트해가야 한다.

6부

마음 쓰다

45
30억 심장박동

세계인을 우주의 신비로 인도했던 칼 세이건이 1996년 타계했다. 2003년에 열린 한 행사에서 그의 아내 앤 드루얀은 남편에 관한 질문을 받았다. 그녀의 답변이 너무나 인상 깊어 전문을 싣는다.

남편은 종교가 없는 유명인이었기 때문에 그가 세상을 떠났을 때—그리고 지금도 종종— 많은 사람이 제게 물었어요. 만약에 그가 말년에 개종해서 사후세계를 믿었다면 어땠을 것 같냐고요. 그를 다시 만나게 될 것 같냐는 질문도 자주 받았죠.

칼은 현실을 외면하는 일 없이 당당하게 죽음과 마주했어요. 우리가 다시는 함께할 수 없다는 사실은 분명 비극이었죠. 하지만 우리는 헛된 기대를 하지 않았어요. 다행인 점은 우리가 함께한 근 20년의 짧다면 짧은 세월 동안 삶이 얼마나 소중한지 매 순간 감사하며 살았다는 거예요. 우리는 이 영원한 작별 너머에 특별한 뭔가가 더 있는 척하면서 죽음의 의미를 간과하지 않았어요.

우리가 살아 숨 쉬면서 함께한 모든 순간이 기적이었답니다. 불가해하고 초자연적인 의미의 기적 말고요. 우리는 우리가 얼마나 행운아인지 잘 알고 있었어요. …칼이 《코스모스》에서 너무나 아름답게 표현했던 것처럼, 공간의 광막함과 시간의 영겁에서 우리가 서로를 찾아냈고 20년을 부부로 살았다는 게 얼마나 큰 축복인지. 지금도 저를 지탱하고 살게 하는 힘이에요.…

제게는 그가 살아생전에 우리가 어떻게 서로를 사랑했고 어떻게 가정을 꾸렸는지가 언젠가 그를 다시 만나는 일보다 훨씬 더 중요해요. 저는 그를 다시 만날 수 있을 것으로 생각하지 않아요. 하지만 저는 이미 그를 만났고, 우리는 서로를 찾아냈어요. 이 광활한 우주에서 말이에요. 그거야말로 정말 멋진 일이죠.

죽음 뒤에도 인간의 존재가 이어지는지보다 중요한 문제가 또 몇이나 있을까. 나는 자연주의의 편이다. 자연주의가 진실이기를 바라서가 아니다. 자연주의가 세상을 가장 잘 설명한다고 생각하기 때문이다. 자연주의의 성격은 여러 가지 면에서 창의적이고 희망적이다. 하지만 사후세계를 인정하지 않는다는 점은 여기에 포함되지 않는다. 만약 사는 게 별다른 평지풍파 없이 즐거운 편이라면 어떤 식으로든 삶을 이어가는 것도 괜찮을 것이다. 영원히는 아니더라도 몇만 년쯤은 재미나게 지내볼 수도 있을 것 같다. 유감스럽게도 현실에선 불가능하지만 말이다.

주어진 수명을 뛰어넘어 장생을 열망하는 마음은 인간의 근원적인 욕구에서 비롯된다. 인간은 자신이 특별한 존재이길 소망하고 그 증거를 기대하는 것이다. '이유'라는 개념은 인간 층위의 세상에서는 상당히 쓸모가 많지만 우주의 기원이나 물리 법칙의 설명을 설명하는 데에는 별 소용이 없다. 그렇다면 인간의 삶에는 어떨까? 우리가 하필 여기에 있고 인간사가 이렇게 펼쳐지는 데에 어떤 '이유'가 있을까?

우리 삶이 유한하다는 사실을 받아들이는 데에는 상당한 용기가 필요하다. 그런데 우리 존재에 별 목적이 없다는 점까지 인정하려면 더욱 큰 용기를 내야 한다. 드루얀의 술회에서 내 마음에 가장 큰 울림을 준 말은 남편을 다시 만날 수 있을 것으로 생각하지 않는다던 부분이 아니라 처음에 두 사람이 서로를 찾아냈던 게 엄청난 우연이라는 부분이었다.

고작 백 년을 넘기지 못하는 인간의 수명은 우리가 독보적인 존재가 아니라 자연 일부분임을 끊임없이 상기시킨다. 물리학자 제프리 웨스트는 다양한 복잡계에 적용 가능한 **축적비 법칙**scaling law을 만들었다. 축적비 법칙은 계의 한 특징이 변할 때 그에 따라 또 한 특징이 달라지는 패턴을 설명하는 공식이다. 가령 포유류의 예상 수명은 평균 체질량의 네 제곱근에 비례한다. 그래서 몸이 16배 무거운 포유류는 가벼운 포유류보다 평균적으로 2배 오래 산다. 그런데 한편으로 포유류의 심장이 한 번 뛰는 데 걸리는 시간 역시 체질량의 네 제곱근에 비례한다. 그러므로 두 인자를 연결하면 일반적으로 평생 심장이 뛰는 횟수는 포유류에 속한 어느 종이든 약 15억 회로 같다는 계산이 나온다.

사람의 경우 평균 심장박동수는 1분에 60~100회다. 그런데 현대인은 의학과 식품공학의 발전에 힘입어 축적비 법칙의 예측보다 2배 정도 오래 살 것으로 전망된다. 30억 심장박동 분량의 삶인 것이다.

30억이면 그렇게 큰 숫자는 아니다. 이 시간 동안 당신은 무얼 하며 살 것인가?

⁂

우리의 일상적 세상을 기저에서 설명하는 코어 이론에는 '의미'나 '도덕'이나 '목적' 같은 개념이 끼어들 자리가 없다. 하지만 그렇다고 이것이 진짜가 아닌 것은 아니다. '욕조'나 '소설'이나 '농구 규칙'과 똑같다. 창발된 거시적 층위의 세상은 욕조나 소설이나 농구 규칙을 언급하지 않고는 효율적으로 설명이 안 된다. 의미도 도덕도 목적도 이와 마찬가지다. 이 개념들은 우주에 내장된 기본 골조는 아니지만 인간 수준에서 세상을 해설하기 위해 창발된 화법이다.

차이가 있다면 의미 추구는 과학이 아니라는 것이다. 과학을 할 때 우리는 세상을 효율적이면서 정확하게 설명하려고 한다. 반면 좋은 삶을 살아가는 것은 그런 것이 아니다. 바람직한 삶을 살기 위해 사람들은 세상을 평가한다. 발생 가능한 일들의 선택지를 늘어놓고 "이건 추구해볼 만하겠어"라거나 "우린 반드시 이래야만 해"라며 거기서 또 추린다. 과학은 귓등으로도 듣지 않는 판단들이다.

이런 가치의 원천은 바깥세상에 있지 않고 우리 안에 있다. 우리는 세상 일부지만 어느 화법으로 설명하느냐에 따라 사유하는 주체이기도 하다. 사유하는 주체로서 우리는 선택을 한다. 그리고 그런 선택 중에는 당연히 나는 어떤 인생을 살고 싶은가도 포함된다.

사실 우리는 이런 식의 사고방식에 익숙하지 않다. '의미'라는 건 물리적 요소와 아무 상관도 없는 완전히 다른 성격의 것이라는 게 세상의 통념이니까 말이다. 지금까지 의미는 신이 하사하는 것 혹은 생명의 영적 영역에 머물거나 우주의 목적론에 내재하거나 뭐라 형언할 수 없는 초현실적인 것이었다. 그러나 시적 자연주의는 이 모든 해설을 거부하고 우리에게 요구한다. 이 '의미'를 인류가 우주를 설명하고자 새롭게 창안한 다른 개념들처럼 바라보라고.

✲

릭 워렌이 쓴 기독교 최고의 베스트셀러 《목적이 이끄는 삶》은 짧은 한 문장으로 시작한다. “당신의 삶은 당신을 위한 것이 아니다.” 따뜻한 위로와 조언을 얻고자 책을 펼쳐 들었던 사람이라면 실망할 수도 있을 비수 같은 말이다. 하지만 이것은 저자의 노림수였다. 고된 일상에 지친 사람들의 심리를 정확하게 겨냥해 자기 자신이 아니라 하나님을 위해 살아야 한다고 설득하는 것이다.

충동적으로 워렌의 주장을 받아들일 필요는 없다. 나 이외의 무언가를 위해 헌신하는 방법은 많다. 전통 종교에 귀의하지 않더라도 영적 삶을 추구할 수 있다. 문화나 고국 혹은 가족을 위해 헌신할 수도 있고 과학적 근거가 있는 어떤 객관적 의미에 충성할 수도 있다. 이런 대안들은 지켜야 하는 규준의 수준이 높다는 점에서 엄청난 각오를 요구한다. 규준이 존재한다는 사실 자체가 최소한의 위안이 되긴 하지만 말이다.

그러나 시적 자연주의 아래서 우리는 창의적이고 개인적인 삶을 살라는 명령으로부터 절대로 도망칠 수 없다. 시적 자연주의는 말한다. 본인의 인생은 **오로지 본인을 위한** 것이라고, 인생의 의미와 목적은 모두 본인에게 달려 있다고. 듣기만 해도 피곤하고 살짝 겁까지 난다. 그런데 생각해보라. 사람들은 대의를 위해 자신을 바치고 싶다고 말하지만 그 결정도 실은 스스로 내린 것 아닌가.

자연주의가 점차 지지를 얻으면서 인류의 우주관은 상전벽해를 이뤘다. 현재 우리는 허공에 떠 있는 코요테다. 그리고 지금 막 아래를 내려다보기 시작했다. 이 순간 우리에게 필요한 것은 둘 중 하나다. 발을 디딜 새 땅을 찾거나 하늘을 나는 법을 배우거나.

⁂

우리가 각자의 삶에 의미를 입힐 때 마땅히 들 법한 두 가지 걱정이 있다.

하나는 다 눈속임이 아닐까 하는 것이다. 세상은 물리 법칙을 따르는 기본 입자들의 활동으로 돌아간다. 그리고 우리는 이런 물리적인 세상의 일부다. 그런데 물리적 세상에서 물리적인 내가 성취에 이를 수 있다고 말한다면 그것은 자신을 속이는 것 아닐까? 말로는 내가 가족과 친구들을 이렇게 사랑하고, 작품 활동에 이렇게 공을 들이고, 더 나은 세상을 만들기 위해 이렇게 노력하고 있으니 내 삶은 풍성하고 보람차다고 백 번 천 번 위로할 수 있겠지. 그런데 진정으로 보람찬 삶일까? 그런 가치는 객관적으로 계량할 수 없고 그게 가능하더라도 인간 수명 백 년 가지고는 턱없이 부족한데 어떻게 누군가의 삶이 진실로 중요하다고 말할 수 있을까?

하지만 이건 괜한 투정이다. 이렇게 상상해보자. 당신은 누군가를 진실하게 열렬히 사랑한다. 동시에 당신은 그 사랑이 고차원적인 정신력의 현현이라고 믿는다. 그러는 한편 당신은 베이즈의 충실한 후예이기도 하다. 그래서 증거만 탄탄하다면 기꺼이 신뢰도를 업데이트할 준비가 되어 있다. 그런데 시간이 지나면서 정신력에 기울어져 있던 당신의 믿음의 행성을 자연주의 쪽으로 옮기는 새로운 정보가 점점 더 쌓여간다. 어느 순간 당신은 한때 사랑의 원천이라고 여겼던 것들이 죄다 사라졌음을 깨닫는다. 그렇다면 당신은 사랑 자체를 잃은 것일까? 이제는 사랑이란 건 없다고 생각하는 게 옳을까?

아니다. 당신의 사랑은 여느 때처럼 순수하고 진실한 모습으로 여전히 그 자리에 존재한다. 당신의 감정을 설명하는 존재론적 어휘가 바뀌었을 뿐, 당신은 여전히 사랑하고 있다. 물 분자가 수소와 산소로 된 화합물임을 알게 되었다고 해서 물의 촉촉한 성질이 사라지는 건 아니지 않은가.

목적과 의미와 옳고 그름도 똑같다. 어느 날 갑자기 마음이 동해서 불우이웃을 돕기로 하더라도 그것이 신의 계시를 받아서인지 개인적으로 결심이 서서인지는 중요하지 않다. 어느 쪽이어도 당신의 가치는 더할 나위 없는 진짜니까 말이다.

⁂

개인의 삶에 의미를 부여할 때 흔히 드는 두 번째 걱정은 어디서 출발할지 잘 모르겠다는 것이다. 신도 우주도 나와 아무 상관이 없다면 어차피 모든 게 제멋대로일 수밖에 없는 것 아닐까?

하지만 분명 출발점은 있다. 바로 우리가 누구인가 하는 것이다. 우리는 동기를 가지고 살아 움직이면서 사유하는 생명체다. 기본적으로, 생물학 수준에서 볼 때, 우리는 우리를 이루고 있는 원자들로 정의되지 않는다. 그보다는 아마도 세상 속을 왕성하게 휘젓고 다니면서 남기는 역동적인 자취들로 정의될 것이다. 하지만 무엇보다도 중요한 특징은 생명이 열역학 제2법칙에 의해 지배되는 평형 속에서 탄생한다는 것이다. 그런 까닭에 살아 있기 위해 우리는 쉬지 않고 움직이고, 정보를 처리하고, 환경과 소통해야 한다.

층위를 인간 수준으로 올리면 삶의 이 역동적 성질은 **욕구**로 표출된다. 인간은 언제나 무언가를 원한다. 설사 그것이 오히려 욕망의 사슬에서 벗어나는 것일지라도 말이다. 욕망의 사슬에서 벗어나는 것 따위는 지속 가능한 목표가 될 수는 없다. 인간은 살아 있음을 유지하기 위해 먹고, 마시고, 숨 쉬고, 배설하면서 엔트로피를 높이는 활동을 쉬지 않고 이어가야 한다.

욕구라는 말은 종종 안 좋은 의미로 쓰인다. 하지만 대부분은 누명이다. 호기심도 어떻게 보면 일종의 욕구이며 이타심이나 예술적 영감 역시 마찬가지다. 욕구는 **보살핌**의 또 다른 얼굴이다. 나 자신과 타인과 세상만사에 마음을 쓰는 행위인 것이다.

인간은 옆에서 무슨 일이 벌어지든지 세월아 네월아 하는 돌덩이와는 다르다. 정도와 표현 방식의 차이는 있겠지만 모든 사람은 관심을 두고 마음을 쓴다. 그런 마음 씀씀이는 타인의 행복을 위하는 모범적인 것일 수도 있고 온전히 자신의 이익만을 위하는 이기적인 것일 수도 있다. 어느 쪽이든 모든 개개인은 각자 무엇에 마음을 쓰는가로 규정된다. 열정, 취향, 애욕, 소망 등등 표현도 다양하다.

몸이 건강하고 생활에 여유가 있을 때 우리는 무엇을 할까? 그럴 때 우리는 논다. 따신 등과 부른 배라는 생존의 기본 욕구가 충족되면 인간은 바로 게임과 수수께끼를 만들고 우열을 겨룬다. 심심풀이 오락처럼 보이지만 숨은 본질은 가볍지 않다. 이 오락 활동은 도전과 성취와 과시를 즐기는 인간의 본성을 잘 보여준다.

진화의 맥락에서는 이치에 맞는 말이다. 자신의 신변에 안중이 없는 생물은 자기 자신과 가족과 동지들을 보살피는 녀석들에 비하면 생존 경쟁에서 크게 뒤처질 테니 말이다. 생물은 애초부터 세상을 신경 쓰도록, 그래서 세상을 더 좋은 곳으로 만들도록 생겨먹은 셈이다.

하지만 진화적 유산이 이야기 전부는 아니다. 의식의 창발이 들려주는 이야기의 후반부는 이렇다. 우리에게는 의식이 있기에 우리가 무엇을 신경 쓰고 그것에 반응해 어떻게 행동하는지는 학습과 소통과 자기반성을 통해 달라질 수 있다. 즉, 동물적 본성과 일차원적인 욕구가 우리가 가진 전부는 아니다. 그것은 무언가 더 중요한 것을 발전시키기 위한 출발점일 뿐이다.

인간은 이미 완전히 백지가 아닌 상태로 태어나 살아가면서 자신을 더 풍성하고 입체적으로 가꿔간다. 인간은 거대한 가마솥과 같다. 가마솥 안에는 취향, 욕구, 감상, 열망, 호감, 느낌, 태도, 소질, 가치, 헌신과 같은 감정이 뒤얽혀 소용돌이친다. 우리는 욕망의 노예가 아니다. 우리는 자기반성을 하고 해로운 욕망은 억누르려고 노력한다. 그것까지 포함해서 모든 면면이 우리 자신을 만든다. 인간이 자신의 삶에 목적과 의미를 부여할 수 있는 것은 우리 안에 이런 모습들이 있기 때문이다.

세상과 세상에서 일어나는 일들은 중요하다. 왜냐고? 내게 중요한 일이니까. 그리고 당신에게도.

✳

의미 추구라는 대장정의 출발점이 되는 개인의 욕망과 마음은 처음에는 단순하고 개인적일지 모른다. 하지만 우리는 이것을 주춧돌 삼아 나 자신을 뛰어넘어 더 넓은 세상으로 뻗어가는 가치를 창조한다. 시작은 나의 선택이며 이 선택은 지평선을 확장해 더 큰 무언가의 의미로 나를 이끈다.

할리우드 고전 영화 〈멋진 인생〉은 교훈적 성격이 진하게 묻어나는 작품이다. 어느 크리스마스이브, 자살하려던 주인공 조지 베일리는 수호천사의 개입으로 목숨을 건진다. 하지만 작가 크리스 존슨이 지적했듯 베일리의 마음을 돌린 것은 천사의 설교가 아니었다. 그는 자신이 베드포

드 폴스 마을 사람들을 실질적으로 어떻게 도왔는지 알게 된 후 다시 살기로 결심한다. 구원의 키는 여기 지구에서 살아 숨 쉬는 살과 피로 된 진짜 사람들의 인생에 있었던 것이다. 결국, '의미'가 진정한 의미를 가질 수 있는 유일한 장소는 현실 세계뿐이다.

의미를 구축하는 것은 기본적으로 개인적이고 주관적인 일이다. 게다가 창의력과 어마어마한 책임감을 요구하는 일이다. 칼 세이건이 표현한 그대로, "우리는 운명을 스스로 손에 쥔 별star stuff이다."

생의 유한함은 잔인함으로 다가온다. 우리는 언젠가 마지막 말을 남기고 마지막 책장을 넘기고 마지막 사랑에 빠질 것이다. 하지만 그 모든 순간에 우리가 누구이고 어떻게 행동할지는 개개인의 선택에 달려 있다. 힘든 것은 사실이다. 하지만 기회는 무궁무진하다.

46
그런 것과 그래야 하는 것

시적 자연주의의 선조 격이라고 앞서 소개했던 18세기 스코틀랜드의 철학자 데이비드 흄은 계몽철학의 중심에 선 인물로도 유명하다. 소년티를 겨우 벗었을 스물세 살 무렵에 흄은 그에게 전 지구적 명성을 안겨줄 《인성론》을 집필하기 시작했다. 하지만 훗날 역사의 평가가 그랬다는 것이고 당시에는 베스트셀러 작가 꿈나무의 성에 차지 않는 작품이어서 본인은 이 책이 "언론이 낳은 사산아"라며 한탄했다고 한다.

비록 독자 대중이 모두 동의하지 않을지라도 그가 평생 의욕적으로 저술 활동을 했다는 점만큼은 인정받아 마땅하다. 흄은 동료 철학자 대부분에게서 그가 발견한 공통된 경향 한 가지를 신랄하게 비판했다. 흄이 보기에 그들은 하나같이 무엇무엇이 진실이라는 얘기만 잔뜩 늘어놓다가 막판에 대뜸 무엇이 진실이어야 한다고 주장하는 경향이 있었다.

> 누누이 지적하지만, 지금까지 접해본 모든 도덕론이 다 그런 식이다. 화자는 신의 존재를 지지하는 것이든 인간사를 관측하는 것이든 일단 평범하게 논리를 전개해간다. 그러다, 아니나 다를까, 이다/아니다의 사실 명제가 나올 자리에 돌연 해야 한다/하지 말

데이비드 흄. 그림: 앨런 램지

아야 한다의 당위 명제가 등장한다. 이 전환은 알아차리기 어려울 정도로 은밀하게, 특히 마지막 결론 부분에서 일어난다. **해야 한다/하지 말아야 한다**는 새로운 관계나 확언을 표현하는 것이므로 관측과 설명이 필요하다. 더불어, 성격이 완전히 다른 (당위) 명제가 어떻게 (사실 명제로부터) 새롭게 추론되는지 그 이유도 제시해야 한다.

성격이 다른 명제를 섞으면 논증이 찰져지긴 하니 흄의 비판이 좀 과하다 싶은 것도 사실이다. 하지만 그의 지적은 명확했다. 당위와 사실은 분명 별개다. 전자는 무엇이 어때야 하고 어떠면 안 되는지를 논하는 판단의 문제인 반면 후자는 그저 현상을 있는 그대로 기술하는 것이다. 그러므로 마술을 부리고 그것을 철학이라 부를 요량이라면 적어도 그런 트릭이 어떻게 성립 가능한지 관객을 이해시킬 해명은 준비했어야 한다. 현대 철학은 이 문제에 관해 단언한다. "사실에서 당위가 나올 수 없다."

그런 와중에 자연주의에 충실하자니 문제가 생긴다. 사실에서 당위가 나올 수 없다는데 내가 가진 것은 사실뿐이니 말이다. 자연계 밖에는 당위의 기준으로 삼을 만한 어떤 건더기도 없다. 그래서 어떻게든 자연계 자체에서 지침을 뽑아내고픈 유혹이 걷잡을 수 없이 밀려온다.

그러나 그것은 가능하지 않은 일이다. 자연계는 가치판단을 하지 않으며 그런 고로 우리더러 이래라 저래라고 지시하지 않는 까닭이다. 자연계는 어떤 일이 일어나야 하고 어떤 일은 일어나면 안 되는지를 알지도 못하고 관심도 없다. 그럼에도 인간은 자연계 일부이면서도 자기 자신을 재단하고 평한다. 그렇게 내려지는 판단은 다 제각각이다. 하지만 그런들 어떠랴.

☼

어째서 사실에서 당위가 나올 수 없는지를 이해하려면 어떤 명제에서 성격이 완전히 다른 새로운 명제를 끌어내는 상황을 생각해보면 된다. 방법은 많지만 가장 간단한 것은 연역 추론의 기술인 **삼단논법**이다. 삼단논법은 다음과 같이 진행된다.

1. 소크라테스는 생물이다.
2. 모든 생물은 물리 법칙을 따른다.
3. 따라서 소크라테스는 물리 법칙을 따른다.

위는 예시고 삼단논법의 기본 틀은 아래와 같이 표현된다.

1. *X*는 참이다.
2. *X*가 참이라면 *Y*도 반드시 참이다.
3. 따라서 *Y*는 참이다.

여기서 잠깐. 이해를 돕기 위해 쉬운 예로 삼단논법을 들었을 뿐, 논리 전개 방법은 더 다양함을 유념하자.

삼단논법에서 처음 두 문장은 전제가 되고 마지막 문장은 결론이 된다. 만약 두 전제로부터 결론까지 맥락이 논리적으로 매끄럽게 이어진다면 이것은 **타당한**valid 논증이라고 말할 수 있다. 그런데 여기에 더불어 참인 전제로부터 결론이 도출된다면 이때는 **좋은**sound 논증이 된다. 타당한 논증보다는 좋은 논증이 되기가 훨씬 더 어렵다.

이런 삼단논법을 생각해보자. '파인애플은 파충류다. 모든 파충류는 치즈를 먹는다. 따라서 파인애플은 치즈를 먹는다.' 어느 논리학자도 이것이 완전히 타당한 논증임을 부인하지 않을 것이다. 하지만 그리 좋은 논증은 아니다. 어떤 논증이 타당한 데다 심지어 흥미롭기까지 할 수는 있어도 항상 진실을 말해주지는 않는다.

만약 삼단논법으로 사실에서 당위를 끌어내고자 한다면 어떨까? 그러면 아래와 같은 모양새가 될 것이다.

1. 나는 마지막 피자 조각을 먹고 싶다.
2. 빨리 움직이지 않으면 다른 사람이 마지막 피자 조각을 가져

갈 것이다.

3. 따라서 나는 빨리 움직여야 한다.

언뜻 아무 문제도 없어 보인다. 하지만 이 삼단논법은 논리적으로 타당하지가 않다. 두 전제는 모두 사실 명제다. 하나는 마지막 피자 조각을 먹고 싶다는 내 마음을, 다른 하나는 빨리 움직이지 않으면 기회를 놓칠 것이라는 확률을 말하고 있다. 그것이 진실이든 아니든 두 명제 모두 세상의 사실 요소에 주목한다. 그런데 결론은 누가 봐도 분명한 당위 명제다. 문장과 단어의 모든 논리적 맥락을 따져볼 때 무언가 빠져 있는 게 확실하다. 엄밀히 따지면 1번 전제와 2번 전제가 함의하는 것은 3번의 결론이 아니다. 논리적으로는 결론이 "그러므로, 만약 내가 빨리 움직이지 않으면 나는 원하는 것을 얻지 못할 것이다"로 맺어졌어야 마땅하다.

따라서 위의 결론이 타당성을 가지려면 우리는 중간에 다음과 같은 전제 하나를 추가해야 한다.

2a. 원하는 것을 얻으려면 그렇게 될 수 있도록 (원하는 바에 맞게) 행동해야 한다.

이제야 비로소 완벽하게 타당한 논증이 되었다. 더불어 이제는 당위가 사실에서 나오지도 않는다. 추가된 전제에 당위 진술이 들어 있기 때문이다. 이제는 사실 전제 둘과 당위 전제 하나로부터 당위 결론이 도출되는, 아주 자연스럽고 평범한 논증이다.

이처럼 사실에서 당위를 끌어내고자 할 때 우리는 그것이 논리적으로 불가능하다는 문제에 부딪힌다. 누군가 사실에서 당위를 끌어냈다고 한다면 그것은 짝수 두 개를 더해 홀수가 나왔다고 주장하는 것과 같다. 굳이 검산하지 않아도 실수가 있음을 단박에 알 수 있는 상황인 것이다.

✺

그럼에도 이런 실수는 예나 지금이나 수두룩하다. 흄이 비평 글을 쓰기 전에도 후에도 많은 이가 자신이 이 수수께끼를 풀었다며 호기롭게 나섰다. 그것도 대부분 알 만한 지식인들이. 하지만 진정한 해결사는 한 명도 없었다.

물리학자 리처드 파인만이 즐겨 얘기한 일화가 있다. 한 화가가 자신이 빨간색과 흰색 물감만으로 노란색을 만들 수 있다며 큰소리를 뻥뻥 쳤다. 파인만은 색채의 물리학을 모르지 않았기에 화가의 말을 믿지 않았다. 그런 그 앞에서 화가가 물감을 가져와 섞기 시작했다. 하지만 결과물은 분홍색인 게 당연했다. 이때 파인만은 화가가 노란색을 좀 섞어서 색감을 살려야겠다고 중얼거리는 걸 듣고 말았다. 화가의 비결은 노란색으로 노란색을 내는 것이었던 셈이다.

화가가 부린 꾀는 논리적으로 불가능함에도 수백 년 동안 끊임없이 시도된 '사실에서 당위를 끌어내는' 과제와 본질적으로 다르지 않다. 패턴은 똑같다. 논쟁의 여지가 없는 사실 명제 여럿을 쭉 열거한다. 그러다 어느 순간 누구도 감히 부인할 수 없을 정도로 명징해 보이는 당위 명제를 슬쩍 끼워 넣는다. 그런데, 미안하지만, 부정할 수 없는 당위 명제는 세상에 없다. 무엇보다도 중요한 점은 설사 그런 게 있더라도 그것이 여전히 당위 명제라는 것이다.

예를 보면서 이해해볼까. 중국어 방으로 유명한 존 설이 만든 이 예문은 앞에서 살펴봤던 것과 같은 종류의 연역 논증이다.

1. 존스는 "스미스, 네게 5달러를 주겠다고 약속할게"라고 말했다.
2. 존스는 스미스에게 5달러를 주겠다고 약속했다.
3. 존스는 스미스에게 5달러를 주는 것을 의무로 삼겠다고 맹세했다.
4. 존스는 스미스에게 5달러를 줄 의무가 있다.
5. 존스는 스미스에게 5달러를 줘야 한다.

이번에도 어김없이 사실이 쭉 이어지다가 갑자기 당위가 튀어나옴을 알 수 있다. 도대체 어디서 속임수가 일어난 걸까?

답은 쉽다. 피자 예에서 2a번 전제가 들어갔듯 이번에 설은 4번 전제와 5번 결론 사이에 다음과 같은 당위 전제 하나를 감춰놓고 있다.

4a. 다른 조건이 다 같을 때, 사람은 자신의 의무를 반드시 실천해야 한다.

설은 이런 전제의 필요성을 바로 본인의 논문에서 인정하고 있다. 하지만 그는 이것을 전제로 치지는 않는다. 문장 안에 사용된 단어의 정의 때문에 자동으로 참이 되는, 이른바 '동어 반복'이라는 이유에서다. 그래서 설은 "존스가 무엇무엇을 약속했다"가 그 자체로 "(다른 조건이 다 같을 때) 존스는 무엇무엇을 해야 한다"와 같은 뜻이라고 주장한다.

하지만 그렇지 않다. 얼렁뚱땅 넘어가는 게 눈에 보인다. 1번에서 3번까지 전제에서 "스스로 의무를 지운다"는 것은 존스가 그런 말을 뱉었다는 특정 사실을 가리킨다. 그런데 4번 전제와 5번 결론으로 오면 설은 "의무"를 반드시 실천해야 하는 도덕 명령으로 여기기를 은근하게 요구한다. 한 단어를 두 가지 의미로 사용함으로써 독자가 눈치채지 못하는 사이에 사실 명제를 당위 결론으로 끝맺는 것이다.

오래전부터 셀 수 없이 반복된 사실에서 당위를 끌어내려는 시도를 잘 보여주는 예시다. 따라서 한 번쯤 시간을 두고 숙고해볼 만하겠다. 논증을 완성하기 위해서는 사실 전제 목록의 마지막에 작은 당위 전제 하나가 들어가야 하는 것은 어쩔 수 없는 일인 듯하다. 화가가 노란색으로 그림을 살려낸 것처럼 말이다.

⁂

사실에서 당위를 끌어낸다는 문제의 이 본질적 결함이 화두가 된 것은 한두 번이 아니었다. 자신이 해결책을 찾았다고 주장한 이가 워낙 많아서 유명한 사람만 대도 입이 아플 정도다. 그런데 그들은 기초적인 실수만 저지른 게 아니다. 다들 내심 '그래, 사실에서 당위가 도출되려면 숨겨진 전제가 있을 수밖에 없어. 그게 뭐 그렇게 나쁜 건 아니잖아?'라고 생각하고 있었다.

그 생각이 맞을 수도 있었을 것이다. 숨겨진 당위 전제가 늘 절대적으로 참은 아니라는 문제만 없다면. 실상은 그들의 안일한 속마음과는 정반대여서 이 전제는 더 격한 논쟁에 불을 지폈다. 사실에서 당위를 끌어내는 것을 단순 실수가 아니라 철학적 중죄로 여겨야 하는 이유가 바로 여기에 있다. 숨겨진 전제가 받아 마땅한 것은 동정과 묵인이 아니라 심층 심문이다.

혹자는 설이 숨긴 전제 4a가 꽤 수긍할 만하다고 생각할지 모른다. 하지만 심호흡을 한 번 크게 하고 나시 생각해보라. 세상에는 실행해서는 안 되는 의무도 있다. 강압으로 한 맹세나 다른 도덕규율에 크게 어긋나는 의무 같은 것 말이다. 이때 설이라면 '다른 조건이 다 같을 때'라는 구절을 이유로 들며 그런 상황은 고려하지 않는다고 말할 것이다. 그렇다면 이 구절이 의미하는 바는 정확하게 무엇일까? 설은 이렇게 설명한다.

> 이 전제에서 '다른 조건이 다 같을 때'라는 표현은 대강 이렇게 해석할 수 있다. (4번 전제에서) 의무를 헛된 것으로 만들거나 (5번 결론에서) 주체가 약속을 지켜서는 안 되게 하는 어떤 이유가 있는 게 아닌 한, 의무는 유효하며 해당 주체는 약속을 지켜야 한다.

그렇다면 인간은 그러지 말아야 할 이유가 있는 게 아닌 한 의무를 반드시 실천해야 한다는 소리가 된다. 하지만 이 논리는 도덕 추론의 디딤돌로 삼기에는 좀 부실해 보인다.

도덕 추론을 시작할 때 우리는 가정을 숨기거나 무시해서는 안 된다. 그런 가정을 더 드러내고 샅샅이 조사하고 자세히 평가할 때 비로소 더 나은 사람이 되고자 하는 우리의 노력이 진정으로 빛을 발하게 된다.

✵

사실에서 당위를 끌어내는 문제는 현대로 와서 도덕이 과학으로 환원되거나 과학에 의해 흡수될 수 있다는 새로운 형태로 변조되었다.

1. 조건 *X*는 세상을 더 나은 곳으로 만들 것이다.

2. 과학은 조건 X를 실현하는 방법을 우리에게 알려준다.

3. 따라서 우리는 과학이 알려주는 대로 해야 한다.

이 논증에서 숨겨진 가정은 이것이다.

2a. 우리는 세상을 더 나은 곳으로 만들어야 한다.

"더 나은"이라는 구절을 어떻게 정의하느냐에 따라 이 전제 역시 '동어 반복'이라는 견해가 있을 수도 있다. 하지만 가정을 문장 전체에 숨겼든 아니면 단어 속 의미에 묻어놨든 이 논증이 주장하는 바가 "무언가를 해야 한다"임에는 변함이 없다. 하지만 그런 주장은 사실 명제만을 기반으로는 똑바로 설 수가 없다. 무엇이 "더 나은지"는 대체 누가 결정한단 말인가?

이 논법을 지지하는 이들은 주장한다. 우리가 하는 모든 일이 타당한 가정을 세우는 것인데 과학은 늘 타당한 가정을 만들므로 그 둘 사이에는 사실상 아무 차이도 없다고. 하지만 이것은 과학의 본질을 놓치는 그릇된 태도다. 다음의 세 명제를 생각해보자.

- 우주는 팽창하고 있다.
- 사람과 침팬지는 조상이 같다.
- 우리는 사람들이 더 행복하게 장수하는 세상을 만들기 위해 노력해야 한다.

이 명제들은 다 어느 정도씩은 참이다. 하지만 과학적이라고 말할 수 있는 것은 처음의 두 명제만이다. 왜냐하면 **참인지 거짓인지를 판별할 수 있기** 때문이다. 이 둘은 정의나 가정에 의해 당연하게 참이 되는 명제가 아니다. 어떤 대체 세상에서는 우주가 수축할 가능성이 충분히 있고 어떤 평행우주에서는 사람과 침팬지가 서로 다른 조상으로부터 진화했을 수 있다. 우리는 밖으로 나가 세상을 관측하고 경험론과 귀추법과 베이즈 추론을 동원해 신뢰도를 업데이트한 후 이런 명제가 참인지 거짓인지를 결정한다.

그런데 세 번째 명제는 어떤가. 우리는 사람들이 행복하게 오래 살도록 노력해야 하는지 아닌지를 결정하기 위해 실험을 하거나 하지 않는다. 우리는 명제 자체를 가정하거나 또 다른 관련 가정들로부터 이 명제를 도출해낸다. 바로 이런 추가 요소가 과학 추론과 도덕 추론을 구분하는 경계선이 된다. 물론 과학에도 가정은 필요하다. 과학에는 인간의 감각 정보 처리 능력이 믿을 만하다는 것처럼 과학자가 탄탄한 믿음의 행성을 건설하는 데 중요한 인식론의 기본 수칙이 있다. 하지만 과학을 보좌하는 가정이 도덕에는 똑같이 작용하지 않는다.

☼

이성과 합리성이라는 도구로는 당위 명제의 문제를 해결할 수 없다는 말을 하려는 것이 아니다. 오히려 **도구적 합리성**instrumental rationality이라는 어엿한 논리 사상이 따로 있다. 이 사상은 "특정 목표를 이루고자 할 때 그것을 어떻게 실행할 것인가"에 집중하는데, 관건은 추구할 목표를 뭐로 정하느냐다.

코미디 영화 〈엑설런트 어드벤쳐〉에서 알렉스 윈터와 키아누 리브스가 연기한 빌과 테드가 여기에 썩 괜찮은 답을 하나 제안한다. 바로 "서로에게 훌륭한 사람이 되자"다.

그런데 도덕성의 기본 수칙이 걸린 주제에 있어서 우리는 영화 속 두 얼간이보다도 멍청하게 굴기 쉽다. 도덕적 선善은 한눈에 그냥 아는 것이고 진짜 중요한 것은 그것을 어떻게 성취하는가라고 둘러대면서 도덕성의 근거에 대한 우려를 모르는 척하고 싶어지기 때문이다.

하지만 우리에게는 빌과 테드보다 명석하게 처신해야 하는 분명한 이유가 있다. 행복, 쾌락, 정의 등등 어떤 이름으로 포장되든 서로에게 훌륭한 사람인 것이 어떤 것이어야 하는지 인류는 아직 의견일치를 보지 못했다. 사람과 사람 사이에서 도덕의 기준과 의미가 일치하지 않는 것은 개인의 실수 탓이 아니며 현실적으로 불가피한 일이다. 그리고 우리는 이 문제의 해결 방법을 반드시 찾아야 한다.

대부분 사람은 "누구나 강아지를 죽이는 것은 옳지 않다고 생각해"라고 말한다. 문제는 실제로 강아지를 죽이는 사람도 있다는 것이다. 그러므로 이 말의 더 정확한 표현은 "합리적인 사람이라면 누구라도 강아지를 죽이는 것은 옳지 않다는 데 동의해"다. 여기서 우리는 '합리적인'의 뜻을 정의하고 넘어갈 필요가 있다. 아직 별 진전을 보이지는 못하고 있지만.

매우 객관적이고 과학적이어서 아무도 토를 달지 못할 정도로 확고한 도덕성의 기준이 없다는 점은 사실 좀 걱정되는 부분이다. 다윈주의나 우주 팽창을 부인하는 것은 거의 확실한 근거로 틀린 태도다. 그러나 히틀러든 탈레반이든 저학년을 괴롭히는 일진이든 나와 도덕적 견해가 다른 이들을 이와 똑같은 의미로 틀렸다고 질타할 수는 없다. 우리는 그들의 행동이 옳지 않음을 보이려고 실험을 해서 데이터를 뽑아내거나 삼단논법을 짜거나 촌철살인의 보고서를 기고할 수 없다. 설사 그렇게 한들 그들이 뭣 때문에 악행을 멈추겠는가?

세상은 그냥 이 모양이다. 다만 그런 가운데 우리는 도덕의 객관적 토대를 닦으려는 우리의 열망이 오히려 인지 편향을 낳음을 주지해야 한다. 그러면서 이쪽에 특히 더욱 엄중한 잣대를 사용함으로써 이 굴절 효과를 상쇄시키려 노력해야 할 것이다.

47
규칙이 우선인가 결과가 우선인가

아브라함은 독자 이삭을 모리아산으로 데려가 산 제물로 바치라는 신의 명령을 듣는다. 이튿날 아침, 아브라함 부자는 하인 둘과 당나귀를 이끌고 사흘간의 고행을 시작한다. 명령받은 장소에 도착한 아브라함은 제단을 쌓고 나무 기둥을 올린다. 기둥에 아들을 묶은 그는 시퍼렇게 날이 선 칼을 꺼내 든다. 하지만 마지막 순간, 아비는 흔들린다. 그는 차마 아들에게 손을 댈 수가 없다. 이삭은 아비의 눈에서 절망을 읽는다. 어린 아들은 살아서 아버지와 산에서 내려와 어머니 사라의 품으로 돌아간다. 하지만 소년은 이미 신앙을 완전히 잃은 뒤다.

이것은 우리가 평소에 들어온 창세기의 아브라함과 이삭 이야기와 사뭇 다르다. 《공포와 전율》에서 쇠렌 키르케고르가 각색한 네 가지 버전의 외전 중 하나인 까닭이다. 원래 성경에서는 마지막 순간에 신이 개입해 숫양을 내리면서 아들 대신 바치라고 말한다. 키르케고르는 원전을 비틀어 버전마다 독특한 잔혹함을 보여준다. 한 버전에서 아브라함은 아비가 괴물이라고 생각하도록 아들을 속임으로써 아들의 신앙을 지키고, 한 버전에서는 숫양을 발견한 아브라함이 신의 명령을 거역하고 아들 대신 양을 바치며, 또 다른 버전에서는 아브라함이 아들을 해하려는 마음을 먹었다는 것 자체가 죄라며 신에게 용서를 구한다. 그리고 마지막 버선이 조금 전에 말한 아브라함의 배신과 이삭의 변절 얘기다.

아브라함과 이삭의 일화는 유명한 이야기인 만큼 평론도 많다. 정통 성경의 주해는 신앙의 힘에 대한 교훈을 일깨운다. 신이 가장 잔인한 요구를 함으로써 아브라함의 충성을 시험하고자 했다는 식이다. 이에 대해 마틴 루터는 신에게 순종하는 것이 더 근본적인 의무이므로 이삭을 희생시키려 한 아브라함의 결심이 옳았다는 입장을 견지했다. 반면 칸트는 이 비속살인을 정당화하는 명분은 존재하지 않는다고 전제하고 아브라함은 그 명령이 실은 신에게서 나온 것이 아님을 깨달았어야 한다고 주장했다. 확대에 확대를 거듭하는 해석 때문에 절대 도덕이 전달하는 명징한 메시지가 희석되는 것을 걱정한 키르케고르가 애초에 이 외전 시리즈를 통해 강조하려 했던 것은 두 가지였다. 바로, 아브라함의 딜레마에 단순한 해답은 없다는 것과 진실한 신앙의 요구가 인간을 짓누르는 무게다.

더 넓게 보면, 이 이야기는 대립하는 도덕적 의무의 문제를 조명한다. 잘못이라는 예감이 뼛속부터 드는 어떤 것(아들을 죽이는 것)이 믿어 의심치 않는 기본 규칙(신의 말씀에 순종하는 것)과 상충할 때 우리는 어떻게 해야 할까? 옳고 그름의 경계가 흐릿할 때 최종 판단 기준으로 삼아야 할 원칙은 무엇일까?

⁂

현대의 도덕 논증에서 신의 음성은 과거에 그랬던 것만큼 큰 위엄을 발하지 못한다. 하지만 문제의 본질은 그때나 지금이나 달라진 게 없다. 과학기술이 지배하는 이 속세에서 아브라함의 후손들이 안고 있는 그런 딜레마 중 하나를 우리는 **폭주열차의 문제**trolley problem라 부른다.

폭주열차 사고실험은 상충하는 도덕 정서 사이의 갈등을 본격 해부하기 위해 1960년대에 철학자 필리파 풋이 고안했다. 철로에 인질 다섯 명이 묶여 있다. 그 철로 위를 브레이크가 고장 난 열차 한 대가 달려온다. 그대로 두면 인질들은 죽고 말 것이다. 물론 행동을 취하는 대안도 있다. 스위치를 내려 선로를 바꾸는 것이다. 하지만 그쪽 선로에는 재수 없게도 또 다른 인질 한 명이 매여 있는 상황이다. 그러니 행동을 하면 또 이쪽 인질이 목숨을 잃을 것이다(이 가상의 세상은 철도 안전관리가 참 형편없다). 이제 당신은 어떻게 해야 할까?

신의 명령으로 귀한 독자를 죽이는 수준의 비극은 아니지만 이번에도 딜레마는 뚜렷하다. 일단 이것은 다섯 명이 죽느냐 아니면 한 명이 죽느냐의 문제다. 다른 조건이 다 같다면, 한 사람만 죽는 게 더 낫다고까지 말하기는 뭣해도 적어도 덜 나빠 보인다. 그런데 또 어떤 면에서는 이것은 능동적으로 행동을 해서 열차 진행을 바꾸느냐 아니면 가만히 있느냐의 문제이기도 하다. 만약 열차가 그대로 치고 들어와 다섯 명을 죽이면 그것은 끔찍한 사고이긴 해도 내 잘못은 아니다. 반면에 내가 내 의지로 스위치를 내려 선로를 바꾸면 한 생명의 희생이 꼼짝없이 내 책임이 된다.

바로 이 대목에서 빌과 테드의 "서로에게 훌륭한 사람이 되자"는 기조는 윤리 체계의 버팀목으로 말뚝을 박는 데 실패한다. 늘 폭주열차의 문제만큼 확연하지는 않지만 도덕적 딜레마는 곳곳에 만연하다. 소득의 얼마만큼을 내 여가에 쓰고 얼마만큼을 불우이웃을 돕는 데 떼어 놓아야 할까? 결혼과 낙태와 성 정체성을 지배하는 최선의 규범은 무엇일까?

개인의 자유와 사회 안전 사이의 균형을 어떻게 조율해야 할까?

아브라함의 사례처럼 신과 같은 절대적 도덕 기준에 순종하는 것은 몹시 고된 일이다. 하지만 신이나 그런 비슷한 기준이 없을 때라도 나름의 고충은 있다. 딜레마는 여전히 넘쳐나고 우리는 이 딜레마를 처리할 방안을 찾아내야 한다. 사실에서 당위를 끌어낼 수 없고 우주는 도덕적 판단을 내리지 않으므로 자연만으로는 해결하는 데 힘이 달린다.

그럼에도 우리는 계속 살아가야 한다. 우리는 우주에 널린 자유 에너지를 양분 삼아 끈기 있는 패턴으로 결속한 채 무심하고 비인격적인 자연법칙에 따라 진동하는 양자장들의 집합이다. 동시에 우리는 선택을 하고 나 자신과 타인을 신경 쓰고 돌보는 인간이기도 하다. 그런 우리가 살아갈 바른길을 정할 제일 나은 방법은 무엇일까?

⁂

이때 철학자들은 '윤리학'과 '메타윤리학'을 구분하는 것이 편리하다고 말한다. 윤리학은 무엇이 옳고 그른지, 나 자신과 타인의 행동을 어떤 도덕 잣대로 판단해야 하는지를 다룬다. 가령 "강아지를 죽이는 것은 옳지 않다"는 진술은 윤리학에 속한다. 한편 메타윤리학은 한 걸음 뒤로 물러나 무언가가 옳거나 그르다고 말하는 것이 어떤 의미인지, 우리는 왜 저 잣대가 아니라 이 잣대를 사용해야 하는지를 묻는다. "윤리 체계의 본질은 의식 있는 생명체의 안녕을 도모하는 것이어야 한다"는 것이 메타윤리학의 기본적 주장이다. 이 진술의 맥락을 따르더라도 "강아지를 죽이는 것은 옳지 않다"는 결론이 충분히 나올 수 있다.

시적 자연주의는 윤리학에 관해서는 몇 마디 응원 말고는 말을 아낀다. 반면에 메타윤리학에 관해서는 할 말이 꽤 있는 모양이다. 시적 자연주의는 우리의 윤리 체계는 저 바깥세상에서 가져온 게 아니라 우리 인간이 구축한 것이며 따라서 그것에 맞게 평가되어야 한다고 설명한다. 이런 평가를 위해 우리는 먼저 인간이 구축한 윤리 체계에 어떤 것이 있는지부터 살펴볼 필요가 있다.

여러 가지가 있지만 출발점으로 삼기 좋은 것은 **결과주의**consequentialism와 **의무론**deontology이다. 두 사상이 우여곡절 속에 정착되기까지 거쳐온 수천 년의 역사를 과감히 생략하고 간단히 설명하면, 결과주의는 행동의 도덕적 가치가 그 행동이 불러온 결과에 따라 결정된다는 입장이고 의무론은 결과와 상관없이 행동은 그 자체로 도덕적으로 옳거나 그르다는 입장이다. 가령, '최대 다수의 최대 행복'이라는 공리주의의 이상은 대표적인 결과주의적 사고방식이다. 한편 '남에게 대접받고자 하는 대로 남을 대접하라'는 황금률은 의무론의 전형이다. 의무론은 오로지 규칙만을 논한다(참고로 의무론이라는 영어단어는 의무를 뜻하는 그리스어 *deon*에서 비롯되었고 존재론을 의미하는 영어단어 ontology는 존재를 뜻하는 그리스어 *on*에서 파생했다. 두 현대 영어는 생긴 건 비슷해도 서로 아무 관련이 없다).

빌과 테드는 의무론자였다. 만약 두 사람이 결과주의자였다면 그들의 신조는 "더 훌륭한 세상을 만들자" 정도로 달라졌을 것이다.

결과주의와 의무론 모두 처음에는 나름대로 완벽하게 타당해 보인다. '최대 다수의 최대 행복'은 '남에게 대접받고자 하는 대로 남을 대접하라'는 격언만큼이나 멋진 생각 같다. 하지만 폭주열차의 문제는 이 둘이 격돌할 수 있음을 보여준다. 다섯을 구하기 위해 하나를 희생하는 게 합리적이라는 것은 결과주의적 사고다. 그런데 막상 스위치를 내리기가 망설

여지는 것은 의무론적 본능 때문이다. 다수를 구하는 일일지라도 열차를 우회시켜 무고한 사람을 죽게 만드는 게 왠지 그냥 옳지 않다고 느껴지는 것이다. 보통 사람들은 결과주의와 의무론이라는 이 두 가지 도덕적 감상을 모두 갖고 있다.

갈등하는 이 두 가지 감상이 어떻게 작동하는지 뇌 안으로 추적해 들어가면 서로 다른 부분에 닿는다. 우리의 마음은 어림짐작과 직감과 본능적 반응을 가동하는 시스템 1과 인지와 고급 사고를 담당하는 시스템 2로 나뉘어 있다. 말하자면 의무론적 감이 발동한 것은 시스템 1이 우세하기 때문이고 결과주의적 사고를 하는 것은 시스템 2가 활성화되었기 때문이다. 심리학자 조슈아 그린의 표현대로 우리에게는 "빠른 생각과 느린 생각"이 있듯 "빠른 도덕과 느린 도덕"도 있다. 폭주열차의 문제에서 시스템 2는 우리에게 스위치를 내리기를 권하고 시스템 1은 이 제안에 질겁한다.

✻

철학자들은 폭주열차 문제의 응용 버전을 여럿 만들어냈다. 그중에서 유명한 것 하나가 주디스 자비스 톰슨이 개발한 일명 육교 문제다. 만약 당신이 성실한 결과주의자라면 스위치를 내리는 쪽으로 마음을 정할 것이다. 그런데 육교 문제에서는 누를 스위치가 없다. 대신에 열차를 멈추는 유일한 대안은 육교에서 덩치가 큰 한 사람을 밀어 선로로 떨어뜨리는 것이다(모든 사고실험이 그렇듯 당신이 예측하는 미래가 확실하게 실현된다고 가정하자. 또, 이번에는 무섭게 질주하는 열차를 멈추기에는 당신의 몸집이 너무 왜소해서 자기희생은 별 의미가 없다는 가정을 추가하기로 한다).

전과 마찬가지로 딜레마는 한 명이 죽느냐 다섯 명이 죽느냐다. 그렇다면 결과주의자 입장에서는 육교 시나리오가 원본 시나리오와 다를 것이 전혀 없다. 반면에 의무론자에게는 그렇지 않다. 원본에서 당신은 사람을 능동적으로 죽이지 않았다. 다섯을 살리려다 일어난 안타까운 파급 효과였을 뿐이다. 그런데 육교에서는 누군가에게 죽음을 강요해야 한다. 이 대목에서 우리의 심경은 복잡해지지 않을 수 없다. 스위치를 내리는 것과 사람을 떠미는 것은 차원이 다른 사안이니 말이다.

그린은 지원자를 모집해 다양한 도덕적 딜레마 상황을 질문하면서 그들의 두뇌 반응을 MRI로 측정했다. 결과는 예상대로였다. 인격적인 상황(예를 들어 사람을 육교에서 미는 것)을 상상할 때는 피시험자의 뇌에서 감정과 사회적 추론을 담당하는 부위의 활동량이 늘었다. 반면에 비인격적인 상황(예를 들어 스위치를 내리는 것)을 상상하는 차례에서는 인지와 고급 추론을 수행하는 부위의 활동이 활발해졌다. 직면한 상황의 성격에 따라 뇌 안에서 다른 하부구조가 작동하는 것이다. 그런데 주제가 도덕성일 때는 사람의 뇌에서 의무론을 따르는 부분과 결과주의를 따르는 부분 모두 활성화된다고 한다.

사람을 검사 기계에 집어넣고 철학적 질문 몇 개를 던진다고 실제 상황에서 그가 어떻게 처신할지 정확히 알아낼 수는 없는 노릇이다. 현실에는 변수가 너무 많다. 아무리 거구라도 달리는 열차를 멈출 수 있을지 우리는 장담하지 못한다. 또, 스트레스가 극에 달할 때 사람들의 반응은 언제나 예측불허다. 하지만 괜찮다. 지금 우리의 목적은 사람들의 행동을 이해하는 게 아니니까. 우리가 알고자 하는 것은 자신의 행동이 어때야 한다고 사람들이 생각하는지를 더 정확하게 파악하는 것이다.

결과주의와 의무론 말고도 고려해볼 윤리 체계는 또 있다. 뿌리가 플라톤과 아리스토텔레스까지 올라가는 덕德 윤리론이라는 것도 있다. 의무론이 행동에 그리고 결과주의가 현상에 집중한다면 덕 윤리론은 나는 누구인가에 주목한다. 덕 윤리론의 관점에서는 열차 방향을 돌려 얼마나 많은 목숨을 구하느냐 혹은 당신의 행동이 선의에서 비롯되었냐 따위는 중요하지 않다. 중요한 것은 어떤 덕목을 근거로 결정을 내렸는가다. 용기와 책임감과 지혜가 핵심인 것이다. 다시 빌과 테드가 덕 윤리론자가 된다면 이번에 그들의 신조는 간단하게 "훌륭한 사람이 되자"로 끝날 것이다.

덕은 추구해 마땅한 가치 같아 보인다. 결과주의나 의무론처럼 표면상으로는 멋이 철철 흘러넘친다. 하지만 안타깝게도 하나같이 매력적인 이 사상들은 결정적인 순간에 제각각 다른 조언을 내놓아 우리를 헷갈리게 만든다. 우리는 지침으로 삼을 윤리 체계를 어떻게 결정해야 할까?

✻

질문이 어렵다고? 맞다. 이 질문은 질문을 받는 사람이 여러 윤리 체계 후보를 나란히 놓고 비교 평가할 규범적 입장을 어느 정도는 갖추고 있음을 전제하고 있다. 그렇다면 이것부터 생각해보자. 윤리 체계를 선택하는 것 자체가 어떻게 가능할까?

다양한 화법이 세상의 진실을 각자의 방식으로 포착한다. 하지만 모든 어휘가 진실을 말하는 것은 아니다. 어떤 어휘는 확실하게 틀렸다. 다만 우리의 목표는 세상을 유용한 방식으로 기술하는 것이다. 이때 '유용하다'는 표현은 언제나 이미 규정된 목적에 따라 상대적으로 해석된다. 목적이 과학 이론이라면 유용하다는 것은 최소한의 정보로 정확한 예측을 뽑아내거나 계의 동태에 어떤 통찰을 제공하는 것일 터이다.

그런데 목적이 도덕이 되면 우리의 화법에는 평가적 성격이 추가된다. 우리는 저 사람 혹은 그의 행동이 악한가 선한가, 옳은가 그른가, 칭찬받을 만한가 비난받아야 하는가를 결정해야 한다. 과학 이론을 고를 때 더없는 힘이 되었던 유용함의 기준이 도덕 원칙을 세워야 하는 지금 이 순간에는 기대만큼 맥을 추지 못한다. 도덕 추론의 핵심은 미래를 예측하거나 인간의 행동을 꿰뚫는 게 아니다.

다행히도, 세상에는 '데이터가 잘 들어맞는다'는 것 말고 다른 의미의 유용함도 존재한다. 그렇게 우리는 각자 살면서 익혀 온 도덕관념들을 밑천 삼아 메타윤리학의 게임에 참가한다. 우리에게는 욕망이 있고 감정이 있고 아끼고 마음 쓰는 것들이 있다. 세상의 많은 것이 내 마음을 끌어당기고 어떤 것은 보자마자 거부감이 든다. 나의 윤리적 입장이 어때야 할지 심사숙고를 시작하기 한참 전부터 태생적인 도덕성의 촉수가 이미 작동하고 있었기 때문이다.

영장류 전문가인 프란스 드발은 공감력과 공정성과 협동정신의 기원을 영장류에서 찾는 연구를 진행한다. 그가 동료 연구자 세라 브로스넌과 함께한 유명한 실험이 하나 있다. 드발과 브로스넌은 우리 두 개를 마주 보게 놓고 각각에 원숭이 한 마리씩을 들여보냈다. 두 녀석이 단순한 과제에 성공할 때마다 오이 조각을 상으로 주었고 녀석들은 기분이 좋아져서 과제에 재차 성공해내며 오이를 계속 받아먹었다. 그러다 중간부터는 한 녀석에게만 포도를 주기 시작했다. 오이보다 포도가 훨씬 달콤하니 여러모로 더 나은 보상이었다. 그러자 포도를 얻지 못한 녀석은 전에는 오이에 만족했음에도 불만을 품고 과제 수행을 거부하기 시작했다.

새로운 규칙의 불공정성에 분노한 것이다. 참고로 침팬지를 이용한 브로스넌의 최근 연구에 따르면 보상으로 포도를 받은 쪽도 실험자의 편애 행동이 자신의 공정심을 모욕하는 처사라고 인식해 언짢아했다고 한다. 도덕적 책무는 인간 특징 중 가장 진보된 측면이라고 여겨왔음에도 실은 이렇게 깊은 진화적 뿌리를 갖고 있다.

윤리 이론이 우리의 도덕적 의무를 잘 설명하는지를 살펴보는 것은 도덕철학을 연구하는 기본 전략 중 하나다. 우리는 우리가 스스로 선포한 도덕에 충실하고, 우리 행동의 근거가 모순 없이 일관되게 해야 하며, 타인의 가치를 충분히 존중해야 한다. 과학 이론을 검증하듯 데이터를 대입해보는 게 아니라 여러 윤리 이론들이 우리가 이미 가지고 있는 도덕 정서와 얼마나 잘 어우러지는지를 보고 그중에서 하나를 고른다. 이런 도덕의 틀은, 시적 자연주의적으로 말하자면, 그것이 우리의 도덕적 의무들을 잘 반영하면서 논리적으로 타당하게 체계화하는 한 해당 범위 안에서 유용하다.

이 시각의 장점은 엄청나게 실용적이라는 것이다. 실제로도 사람들은 도덕에 관해 진지하게 고민한다고 할 때 이렇게 한다. 인간에게는 옳고 그름의 감이 이미 있지만 우리는 그것을 체계화하려고도 애쓴다. 우리는 대화를 통해 타인의 생각을 배우려 하고 그것을 사회 규범을 세우는 데 반영하려고 노력한다.

그런데 좀 무섭기도 하다. 그렇다면 시시비비가 객관적 근거 하나 없이 그저 주관적 견해에 기댄 개인감정과 기호의 문제라는 소리인가? 객관적으로 참인 도덕적 사실이 바깥세상에는 한 조각도 없다는 뜻 아니냐는 말이다.

부인하지 않겠다. 하지만 도덕은 밖에서 건져오는 게 아니라 우리가 내면에서 구축하는 것임을 인정한다고 해서 도덕의 존재가 무효가 되지는 않는다. 지옥의 문은 아직 열리지 않았다.

☀

도덕 기준이 바깥에서 오는 게 아니라 사람들의 주관적 판단과 믿음에 의해 만들어지는 것이라는 발상을 **도덕 구성주의**moral constructivism라고 한다(여기서 "사람들"이라는 부분이 거슬린다면 "의식 있는 생명체" 정도로 얼마든지 고쳐도 좋다. 동물이나 외계인이나 인공지능을 차별할 의도는 전혀 없다). 구성주의는 상대주의와는 입장이 약간 다르다. 도덕 상대주의moral relativism는 특정 문화나 개개인이 도덕의 기준이 되므로 타자가 옳고 그름을 판정할 수 없다고 본다. 그래서 도덕 상대주의는 일체의 외부 비평을 허락하지 않는 까닭에 종종 지나치게 과묵하다는 비웃음을 산다.

반면에 도덕 구성주의는 도덕이 개인과 사회에 의해 빚어짐을 인정하면서도 그렇게 만들어진 믿음들을 묶어 그것을 옳음의 잣대로 삼아 다른 것들의 시시비비도 가릴 수 있다고 말한다. 그래서 도덕 구성주의자들은 타인의 잘못을 지적하는 데 아무 거리낌이 없다. 이때 도덕은 만들어지는 것이지만 임의적이지 않다. 윤리 체계는 인류의 발명품이지만 우리는 생산적 대화를 통해 윤리 체계를 지속해서 개선해나간다. 그동안 우리가 다른 많은 문명의 산물을 같은 식으로 발전시켜 왔듯이 말이다.

철학자 샤론 스트리트는 칸트식 구성주의와 흄식 구성주의를 구분하고 있다. 두 위인이 사상 면에서 이렇게 확연한 대비를 보인 것은 아마도 성격 차이 때문일 것이다. 칸트는 모든 것을 정확하고 확실하게 하려는 총체적 노력의 일환으로 자신의 개인 일과까지 엄격하게 관리했다. 그가 산책하는 모습을 보고 동네 사람들이 시간을 알았다는 일화는 너무나 유명하다. 칸트의 사전에는 철학을 함에 대충이란 없었다. 그는 둘째가 라면 서러운 엄격한 의무론자였고 정언 명령定言命令, 즉 그 자체로 선善이어서 무조건적 수행이 요구되는 행동을 도덕철학의 근간으로 삼았다. 칸트의 원칙대로라면 잠재적 희생자를 쫓는 살인자가 내 집 현관 초인종을 누를 때 우리는 아무도 들어오지 않았다고 거짓말을 해서는 안 될지도 모른다. 거짓말은 무조건 잘못이기 때문이다. 칸트가 거짓말은 무조건 나쁘다고 진심으로 생각했는지를 두고는 학자들 사이에서도 논쟁이 벌어지지만 그가 꼬장꼬장한 의무론자였던 것만은 분명하다.

이와 달리 흄은 회의론, 경험론, 불확실성과 훨씬 더 친했다. 그래서 그는 절대적이고 객관적인 도덕 원칙을 거부하는 대신 "이성은 정념의 노예이며 또 그래야 한다"고 설파했다. 풀이하면 이성은 우리가 원하는 것을 얻도록 도와주지만 우리가 원하는 것을 정의하는 것은 정념이라는 뜻이다. 흄은 자연철학 사조를 늘 의심의 눈초리로 보았다. 실제와는 달리 현실을 깔끔하고 정확히 맞아떨어지는 것처럼 보이게 한다는 이유였다.

그렇다면 두 대가의 구성주의는 어떻게 다를까? 칸트식 구성주의는 도덕이 인간에 의해 구축되지만 이성적인 인간이라면 결과로 세워지는 도덕 기준이 늘 같다고 믿는다. 반면에 흄식 구성주의는 도덕이 인간에 의해 구축되며 사람마다 도덕 기준의 모양새가 조금씩 다를 수 있다고 본다.

옳은 쪽은 흄이었다. 세상에 옳고 그름의 객관적 기준은 없다. 신도 자연도 순수이성도 절대 기준은 되지 못한다. 우리 모두는 따로, 또 같이 부대끼며 이 세상을 살아간다. 유전과 가정교육을 통해 부여받은 갖가지 재능과 성향과 본능이라는 굴레이자 축복을 안은 채로. 이 모두는 우리가 도덕을 구축하는 재료가 된다. 무엇이 옳고 옳지 않은가를 판단하는 것은 인간 행동의 정수다. 따라서 우리는 현실을 똑바로 마주할 필요가 있다. 도덕은 오직 우리가 존재를 허하는 만큼만 존재하며 나의 판단과 타인의 판단이 늘 일치하지는 않는다.

48
도덕을 구축한다는 것

자, 그렇다면 인간 동지들, 우리가 세우는 도덕은 어떤 것이어야 할까?

이 질문의 대답은 사람마다 조금씩 다를 것이다. 그렇더라도 우리는 각자의 도덕 정서를 적극적으로 표현하고 확장해 어떤 체계의 수준으로 끌어올리려는 노력을 멈추지 말아야 한다.

결과주의 계통에서 가장 널리 알려진 윤리 이론은 아마도 **공리주의**utilitarianism일 것이다. 공리주의는 인간의 존재에 정량화 가능한 측면이 있고 그것을 '효용'이라고 부를 수 있다고 상정한다. 효용이 크면 좋고 효용이 작으면 나쁘며 가장 좋은 것은 효용이 극대화될 때다. 이때 관건은 효용을 어떻게 정의하느냐다. 효용이 곧 '행복' 혹은 '기쁨'이라는 대답은 단순명쾌하지만 좀 피상적이고 자기중심적이라는 느낌이 든다. 아니면 효용이 '안녕'과 '기호 만족'이라고 말할 수도 있겠다. 어쨌든 요지는 총 효용을 하나의 숫자로 정량화할 수 있는 무언가가 있고 그 숫자를 최대한 키우는 게 권장된다는 것이다.

그런데 공리주의에는 몇 가지 문제가 있다. 효용을 정량화한다는 아이디어는 매력적이지만 막상 실행하려고 하면 허점이 속속 드러난다. 이 사람의 안녕이 저 사람의 0.64배라는 건 무슨 뜻일까? 집단의 안녕은 어떻게 계산해야 할까? 가령, 효용이 23인 한 사람이 효용이 각각 18인 두 사람보다 나을까 아니면 나쁠까? 데릭 파핏이 지적한 것처럼, 적당히 만족하는 개인의 존재 자체에 양의 값인 효용이 있다고 간주하면 적당히 만족하는 다수의 효용이 매우 행복한 소수의 효용보다 크다는 결론이 나오기 쉽다. 그런데 각 개인은 좀 덜 행복할지언정 머릿수를 늘려 총 효용을 키울 수 있다는 발상은 우리의 도덕적 직관과 어긋나는 듯하다.

철학자 로버트 노직이 지적한 공리주의의 두 번째 문제는 일명 "효용 괴물"이라는 것이다. 효용 괴물은 쾌락의 감도와 용량이 상상을 초월할 정도로 큰 가상의 존재다. 충실한 공리주의자라면 나머지야 불행하든 말든 오로지 효용 괴물을 계속 행복하게 해주는 것이 최고로 도덕적인 행동이라고 판단할 것이다. 괴물은 행복을 누리는 데 탁월한 재능을 지녔기 때문이다. 비슷한 맥락으로, 과학기술이 지금보다 훨씬 발전한 미래를 상상해보라. 그런 미래에는 사람을 묶어놓고 뇌에 자극을 주어 행복, 기호 만족, 풍요 등등 인간이 소망하는 갖가지 효용 지표들의 체감 수치를 최대로 끌어올리는 기계가 있을 것이다. 그렇다면 우리는 모든 인간이 센서에 붙잡혀 옴짝달싹 못 하는 이런 미래를 추구해야 할까?

마지막으로, 공리주의는 나와 내 사람들의 효용과 타인들의 효용 혹은 역사 속 다른 시점의 효용을 구분하지 못한다. 선진국 국민 대다수는 공리주의가 세상에서 질병과 가난을 타파한다는 명분으로 자신들의 부 상당 부분을 포기하기를 강요한다고 생각한다. 명분 자체는 갸륵하지만 공리주의가 지나치게 닦달하는 작업반장의 모습으로 비치는 것 역시 분명한 사실이다.

공리주의가 언제나 우리의 도덕 정서를 잘 체현해내는 것은 아니다.

결과적으로는 세계 총 행복을 높임에도 왠지 그냥 잘못이라는 느낌이 드는 일이 있다. 거리를 다니다가 불행한 외톨이만 골라 살해하는 것이 그런 예다. 반대로 세계 총 행복은 다소 감소해도 칭찬받아 마땅한 일도 존재한다. 공리주의는 그런 사례들을 많이 알고 있고 각각이 덜 모순적으로 보이도록 조정하는 방법도 잘 안다. 그러나 기본 쟁점은 여전히 해결되지 않은 채다. 모든 행동에 '효용'이라는 하나의 가치를 부여하고 그것만 높이려는 전략은 실효적 성공을 거두기 어렵다.

한편 의무론적 접근 역시 나름의 문제가 있다. 심리학자들은 도덕 추론, 특히 의무론적 추론이 우리를 새로운 도덕적 결론으로 이끌어주기보다는 직관을 통해 얻게 되는 선택지들을 합리화하는 기능을 한다고 설명한다. 이와 관련하여 탈리아 휘틀리와 조너선 하잇이 흥미로운 실험을 했다. 두 사람은 피시험자가 "자주"나 "가다"와 같은 평범한 단어에 강한 반감을 느끼도록 최면을 걸었다. 그런 다음 윤리적으로 어떤 껄끄러움도 없는 짧은 얘기를 들려주었다. 그런데 피시험자들은 최면으로 심어진 두 단어가 나오는 부분마다 불쾌감을 표했을 뿐만 아니라 등장인물의 그런 행동이 도덕적으로 잘못이라고 평했다. 구체적인 이유는 대지 못하면서도 해당 인물의 행동이 잘못된 게 확실하다고 느낀 것이다.

보편타당한 윤리 체계와 개개인의 도덕 정서가 충돌하는 것은 얼마든지 괜찮다. 윤리 체계가 포착하는 더 초월적인 진실을 우리의 도덕 정서가 어설프게 어림짐작해서 그런 거라면 말이다. 이 경우 개인의 도덕 정서가 좀 밀지면 그만이다. 하지만 만약 우리가 도덕철학의 목적을 객관적 진실을 세우는 게 아니라 개개인의 도덕 정서를 합리화하고 체계화하는 것이라고 여긴다면 그 철학은 심각한 후유증을 불러올 것이다. 도덕은 그렇게 단순하지 않다.

☼

의무론과 결과주의 그리고 같은 맥락에서 덕 윤리론과 기타 여타 도덕 이론들 모두 인간의 도덕적 본능에 관한 실질적인 무언가를 얘기한다. 우리는 선하게 행동하고, 세상을 더 나은 곳으로 만들고, 더 나은 사람이 되고자 한다. 우리는 스스로 이치에 맞고 모순 없는 사람이 되고도 싶다. 하지만 속에서 아우성치는 본능의 목소리를 모두 인정하면서 그런 사람이 되기는 쉽지 않다. 이때 보통은 여러 도덕철학 중에 하나만 골라 두루두루 잣대로 활용한다. 그런 이유로 우리는 종종 출발했던 전제와 잘 맞지 않는 결론에 가닿곤 한다.

그런데 대다수에게 최선인 도덕률은 어느 한 도덕철학에만 근거한 게 아니라 여러 철학의 조각들을 취사선택해 재조립한 것일지도 모른다. 예를 들어, 행동의 가치가 결과에 따라 매겨지는 한편 어느 정도는 행동 자체에 의해서도 결정되는 소위 '말랑말랑한 결과주의'를 생각해볼 수도 있다. 혹은 멀리 떨어진 사람보다 내 주변의 지인을 돕는 것을 더 가치 있게 생각하는 사람을 상상해보자. 우리는 이런 생각을 잘못된 것이라 단정해서는 안 된다. 이것 역시 복합적이고 다면적인 도덕적 사고의 부분일 수 있다. 기본적 도덕 성향을 모순 없이 지속적으로 실현해 가는 가장 적법한 방법일 수 있다.

혹은 누군가는 공리주의든 정언 명령이든 자기 입맛에 맞는 몇몇 절대 규칙에 기초하여 도덕적으로 완벽한 인간이 되고자 할 수도 있다. 이 규칙을 찰떡같이 따르는 그의 행동이 내면의 확신과 완벽하게 부합한다면 말이다. 물론 그것도 괜찮다. 모든 도덕 체계는 각자가 구축한 목적을 실현하게끔 되어 있으니.

아브라함은 신으로부터 끔찍한 명령을 받았다. 이 일로 그의 인간성은 다시 없을 시험대에 올랐다. 하지만 그의 판단으로 자신이 해야 할 일은 분명했다. 신이 내게 무언가를 하라고 말씀하셨다면 그 말씀을 따를 뿐이다. 그런데 시적 자연주의는 이렇지 않다. 시적 자연주의는 도덕의 객관성을 확신시키면서 우리에게 위안을 주지 않는다. 폭주열차 문제에 정해진 정답은 없다. 스위치를 내릴지 말지는 당신이 어떤 사람인가에 달려 있다.

⁂

그리고 바로 그것이 문제다. 수학에는 정리가 있고 과학은 실험으로 증거를 발견하는 것처럼 도덕적 딜레마에도 객관적인 해답이 있으면 참 좋겠다. 마음은 우리가 진실이기를 바라는 쪽으로 기운다는 사실을 솔직히 인정하는 성실한 베이즈 추론가로서 우리는, 그런 바람 때문이라도 더더욱, 자연에서 객관적 도덕성을 발견할 수 있다는 기대에 회의적인 태도를 견지해야 마땅하다. 그러나 우리는 사람이기에 오히려 그런 기대에 너무나 쉽게 설득당한다.

걱정되는 상황은 사람들이 각자 원하는 것을 기준으로 자신의 도덕 규칙을 구축했는데 그것이 실은 선하지 않을 때다. 이 지적은 오래전부터, 보통은 이교도나 무신론자를 겨냥해서 있어 왔다. 교회의 아버지라 불리는 2세기 신학자 테르툴리아누스는 그리스 철학자 에피쿠로스와 같은 원자론자는 좋은 사람일 수가 없다고 주장했다. 에피쿠로스에게는 죽으면 삶이 끝나므로 고통이 순간이지만 지옥을 믿는 기독교도에게는 고통이 영원한 것이 된다. 영원한 보상이나 영원한 형벌에 대한 약속이 없다면 어느 누가 좋은 사람이 되려고 노력하겠는가?

> 어떤 징벌도 고작 죽음까지라고 생각해보라. 이 전제하에서 에피쿠로스는 모든 고통과 아픔을 경박한 것으로 만들고 있다. 작으면 작은 대로 비루하고, 크면 큰 대로 충분히 오래 가지 않으니 말이다. 무결한 삶을 살고자 고군분투하는 것은 우리, 만물을 꿰뚫어 보시는 신의 심판 아래서 잘한 것에 상을 기대하고 잘못한 것에 영원한 벌을 각오하는, 오로지 우리뿐인 게 분명하다.

이 우려를 현대적으로 각색하면 이렇게 된다. 도덕이 인간에 의해 세워지는 것임을 인정한다면 혹자는 최악의 본능에 굴복하게 될 것이고 그러면 홀로코스트처럼 명백하게 죄악인 것을 비난할 근거가 없어지는 것 아니냐고. 객관적인 지침이 없다면 누군가가 좋은 아이디어라며 내놓은 것이 진짜 좋은지 아니면 그의 판단이 틀린 건지 어떻게 알겠는가?

이 지적에 구성주의자들은 도덕 규칙이 인간의 창조물이지만 분명히 진짜라고 확언한다. 예를 들어 농구 규칙은 사람이 만든 것이지만 생겨난 순간부터 지금까지 계속 실존하고 있다. 심지어 마니아들은 어느 규칙이 "옳은가"를 두고 주먹다짐까지 한다. 제임스 네이스미스가 이 스포츠를 처음 고안했을 때는 공을 과일바구니에 던져 넣는 식이었다. 그래서 슛이 성공할 때마다 공을 직접 꺼내와야 하는 번거로움이 있었다. 오늘날처럼 박진감이 생긴 것은 바구니가 고리로 교체되면서다. 이 변화는 스포츠 경기로서의 목적을 더 잘 달성하게 했다는 점에서 농구를 "더 나아지게" 만들었다. 농구 규칙은 처음부터 완전체로 객관적으로 정의된 채 누군가에 의해 발견되기를 기다리며 우주를 떠돌던 게 아니었다. 그렇다고 주먹구구식으로 대충 생겨나지도 않았다. 도덕도 이와 같다. 우리는 도덕을 창안하지만 그것은 합리적인 목적을 위해서다.

진짜 문제는 각자 옳다고 판단하는 도덕 정서와 도덕적 의무가 사람마다 너무나 달라 심한 불협화음을 낼 때 발생한다. 어떤 이가 농구 말고 하키를 하고 싶다면 어떨까? 이때는 같은 종목을 뛰고 싶어 하는 친구들을 모으면 그만이다. 하지만 도덕은 다르다. 도덕의 울타리를 벗어나 살 수 있는 지구인은 없으니까 말이다.

칸트의 기운을 빌려 내부적 무모순성이라는 조건 하나만 걸고 소망해 볼 수는 있을 것이다. 본능적 감상에는 사소한 개인차가 있을지언정 모든 이성적 인간은 결국 같은 도덕 기준을 세우게 된다고. 하지만 큰 기대는 하지 않는 게 좋다. 한편 이와 대척점의 예로 샤론 스트리트는 가상의 존재인 '내부적으로 모순 없는 칼리굴라*'를 제안한다. 이 괴물은 타인의 고통을 보고 쾌락을 느낀다. 비논리적이거나 제멋대로인 것은 아니지만 괴물의 태도는 기본적으로 용납할 수 없는 성질의 것이다. 우리는 놈이 그러는 이유를 놈의 입장에서 헤아리려고 노력하지 않는다. 그저 제 본능에 따른 놈의 행동이 사람들을 해칠 때 우리는 평소처럼 대응할 것이다. 즉, 그러지 못하도록 막을 것이다. 저항하는 범죄자를 체포해 유치장에 가두듯이.

까놓고 말하면 구성주의를 향한 걱정에는 다소 과장된 면이 있다. 대부분의 경우 사람들은 그저 자신이 악한 쪽보다는 착한 쪽이기만을 바란다. 게다가 객관적 사실들로 도덕 원칙을 세운다고 해서 실질적으로

---

* 고대 로마의 제3대 황제. 폭정으로 유명했고 결국 살해되었다.

어떤 이점이 있다는 보장도 없다. 가능하다면, 꽤 이성적이지만 도덕 기준이 우리와 다른 사람 혹은 사람들과 차나 한잔하면서 그들의 실수를 함께 짚어보고 싶은 심정이다. 구성주의자에게 권장되는 방안도 기본적으로는 이것이다. 대화로 공통의 도덕 신념에 호소해 양측 모두 이해하는 해결 방법을 도출하고자 노력하는 것이다. 도덕의 진보는 대다수 구성원이 적지 않은 도덕 감성을 공유할 때만 가능하다. 그렇지 않다면 아무리 머리를 맞댄들 어떤 수도 나오지 않는다.

그런데 만약 고민의 내용이 비도덕적 행동을 막고자 개입하는 것을 어떻게 정당화할 것인가라면 그것은 구성주의자에게 걱정 축에도 못 든다. 이성적으로 무언가 단단히 잘못이라는 판단이 들면 그것을 막기 위해 움직이지 말아야 할 이유는 없다. 판단의 근거가 외부의 기준인지 개인의 확신인지는 상관없다. 우리 현실에서도 이런 일은 일상다반사고 말이다.

어떻게 좋은 사람이 될지를 고민하는 것은 수학 문제를 풀거나 화석을 발견하는 것과는 차원이 다른 일이다. 그보다는 친구들과 외식을 하는 것과 비슷하다. 우리는 각자 원하는 것이 따로 있지만 대화를 통해 다른 친구들의 희망사항도 알아간다. 그러면서 성격과 취향이 다른 친구들이 어떻게 하면 잘 어울려 지낼지 함께 고민하고 노력한다. 친구 중에는 채식주의자도 있고 고기 마니아도 있을 터지만 선의善意로 뭉친 모임인 한 모두가 행복하지 못할 이유는 없다.

❋

언젠가 대규모 학회에 패널로 참석한 적이 있었다. 비즈니스, 과학, 정치, 예술 등 갖가지 분야의 인사들이 참가한 행사였고 패널에게 주어진 임무는 현대의 도덕성을 토의하는 것이었다. 그런데 알고 보니 내가 초청을 받은 것은 윤리학 전문가여서가 아니었다. 참가자 대부분이 종교 신자인 이 모임에서 무신론자 대표가 한 명 필요했는데 내 직업이 딱 맞았던 것이다. 차례가 되었을 때 내가 받은 질문은 딱 하나였다. "선생님의 무신론을 가장 잘 반박하는 주장이 무엇이라고 생각하십니까?" 긍정적이고 건설적인 대답이 나올 수밖에 없는 질문만 오갔던 지금까지와는 사뭇 달라진 분위기에 나는 마음이 불편했다. 아무래도 이 사람들은 자연주의가 흥미로운 사상이긴 해도 가치를 논할 때 끼워줄 자리는 없다고 생각하는 것 같았다.

우리가 사는 지금 21세기는 철학자와 과학자의 대다수가 자연주의자인 시대다. 그럼에도 대중은, 최소한 미국의 대중은 도덕과 의미에 관한 한 종교를 온실 속 화초처럼 다루고 있다. 인간이 품은 가치들이 존재론의 발전 속도를 따라가지 못하고 있는 것이다.

하루빨리 없애야 할 격차다. 인간으로 어떻게 살아야 하는가라는 논제에서 우리는 마른 땅에 발을 디딘 최초의 물고기와 같다. 모험과 기회가 가득하고 모든 게 생소한 신세계와 마주한다. 과학기술은 좋은 쪽으로든 나쁜 쪽으로든 세상을 떡 주무르듯 주무를 수 있는 엄청난 힘을 인간 손에 쥐여주었다. 하지만 모든 면에서 봤을 때 우리의 변화는 이제 막 시작되었을 뿐이다. 우리는 사람과 기계를 연결하는 인터페이스부터 새로운 행성 탐사까지 우리 선조들은 상상조차 못 했던 갖가지 도덕적 논제에 부딪히게 될 것이다. 그 조짐으로 이미 기계공학자들은 자율주행 기술이 폭주열차의 딜레마를 해결할 열쇠라는 사실을 깨닫고 있다.

시적 자연주의는 우리더러 어떻게 행동하라 마라 잔소리하지 않는다.

하지만 우리의 도덕이 객관적으로 최선이라는 잘못된 확신에 안주해서는 안 된다고 단호하게 경고한다. 현대인의 삶은 예측 불가능하게 변모하고 있다. 우리는 맑은 정신으로 정확하게 판단하고 깨끗한 눈으로 세상 돌아가는 모습을 또렷하게 지켜봐야 한다. 우리에게 필요한 것은 편하게 엉덩이를 비빌 언덕이 아니다. 우리는 인간이 뭘 하든 관심 없는 우주와 사이좋게 지내야 한다. 그러면서 우리에게 무심한 우주지만 우리가 아끼고 신경 쓴다는 데 자부심을 느끼며 사는 게 우리의 할 일이다.

49
세상이 우리에게 전하는 열 가지 당부

십계명의 카리스마는 몹시 강렬하다. 십계명이란 한마디로 인간 본성에 깊이 새겨진 두 가지 충동을 포착해 인간의 행동 규칙을 열 가지로 정리한 것이다.

여러 가지 버전 중 히브리 성서의 것이 가장 유명한데, 성서에 의하면 신이 이스라엘 민족에게 내리는 열 가지 규범을 시나이산 정상에서 모세가 대표로 전달받았다고 한다. 십계명은 출애굽기와 신명기 두 곳에서 언급된다. 어느 쪽도 번호가 매겨져 있지는 않으며 표현이 살짝 다르다. 그런 까닭에 어느 게 진짜 십계명인지를 두고 의견이 갈린다. 그것이 아니라도 유대교, 그리스정교, 천주교, 여러 개신교 학파들은 저마다 내용이 조금씩 다른 십계명을 암송한다. 예를 들어, 루터교의 십계명은 우상숭배를 금지하지 않으며 이웃의 아내와 종복을 이웃의 재물과 따로 본다. 아무튼 중요한 점은 어느 버전이든 계명이 늘 열 개라는 것이다.

정통 종교의 울타리에서 벗어나는 철학 사상들이 십계명을 모방해 독자적인 열 가지 계명 목록을 만든 것은 어찌 보면 당연했다. 심지어는 무신론자를 위한 계명, 세속주의자를 위한 계명도 있다. 기독교 주일학교와 맞서기 위해 영국에서 시작된 단체인 사회주의 일요일학교Socialist Sunday Schools는 사회주의자를 위한 계명을 제안했다(그중 한 구절은 이렇다. “땅의 모든 선한 것은 노동에서 나온다. 노동하지 않고 이득을 취하는 것은 노동자의 빵을 도둑질하는 것과 같다”).

그런 가운데 시적 자연주의를 위한 것도 하나 만들고 싶은 충동이 강하게 든다. 하지만 우리는 그런 유혹을 뿌리쳐야 한다. “물고기를 주면 하루를 먹이는 것이지만 물고기 잡는 법을 가르치면 평생을 먹이는 것이다”라는 격언도 있지 않은가. 인생을 어떻게 주체적으로 살 것인가라는 주제에 관해 시적 자연주의는 우리에게 생선을 구워주기는커녕 낚시법조차 가르쳐주지 않는다. 시적 자연주의는 그저 우리에게 세상에 물고기라는 게 존재한다는 걸 알게 하고, 원한다면 물고기를 잡는 어떤 방법들이 있는지 조사하는 걸 도와주겠다고 넌지시 제안할 뿐이다. 어떤 전략으로 물고기를 낚을지, 그렇게 잡은 물고기로 뭘 할지도 모두 우리의 판단에 맡긴다.

그렇다면 시적 자연주의에는 “십계명”보다는 “열 가지 고려사항” 정도로 순화된 표현이 훨씬 잘 어울릴 것 같다. 우리가 진실이라고 생각하며, 우리 삶을 각자의 방식으로 가꿔가는 데 참고하면 좋을 법한 도움말 열 가지다. 세상에 귀를 기울이면 세상은 우리에게 영감을 준다.

⁂

1. 삶은 영원하지 않다.

줄리언 반스의 소설 《10½장으로 쓴 세계 역사》에서는 평범한 노동자였던 한 영국 남자가 사후에 완전히 새로운 세상에서 깨어난다. 그곳에서 그는 원하는 건 무엇이든 가질 수 있다. 그러는 데 필요한 건 딱 한 가지, 상상력이다. 그는 매일 밤을 매력적인 여자들과 함께 보내고, 산해진

미를 먹고 또 먹고, 유명인사나 정치인과 허물없이 지내고, 골프장에 나갈 때마다 홀인원을 넣는다.

그러나 이 멋진 생활도 얼마 못 가 지루해진다. 천국의 직원에게 넋두리하던 중 그는 원하면 이 생활을 끝내고 완전히 죽을 수 있다는 사실을 알게 된다. 천국의 사람들이 진짜로 죽을 권리를 선택하느냐는 질문에 직원은 대답한다.

"모두가 조만간 그런 선택을 하지요."

인류는 육신이 스러진 뒤에도 삶이 계속될지도 모른다는 희망을 늘 품어 왔다. 하지만 누구도 제대로 된 조사는 하지 않은 모양이다. 모든 이야기가 죽음을 비롯한 변화가 싫다고 피할 수 있는 선택사항이 아니라는 점을 하나같이 놓치고 있으니. 변화는 삶의 본질이다. 진심으로 영생을 원하는 사람은 아무도 없다. 영원은 누구에게든 너무 긴 시간이다.

삶에는 끝이 있고 그래서 삶은 특별하다. 삶의 한가운데서 우리가 보고 듣고 만지는 모든 것은 진짜다. 삶은 시나리오를 짜고 사전점검하기 위한 리허설이 아니다. 예행연습 없이 바로 들어가는, 단 한 번뿐인 본공연이며 우리는 이 공연의 제작자 겸 주인공이다.

2. 욕구는 삶에 내장되어 있다.

인간에게 완벽한 고요가 가능할까? 눈을 감고, 움직임을 최소화한 채 마음을 가라앉혀보자. 하지만 비교적 더 침착하고 차분한 사람은 있어도 진정한 고요에 이를 수 있는 이는 아무도 없다. 인간의 폐는 숨을 넣었다 빼기를 계속 반복하고 심장은 한순간도 쉬지 않고 펌프질을 한다. 수십억 ATP 분자는 체내에서 합성되어 맨눈으로 보이지도 않는 다양한 신진대사 반응에 불을 지핀다. 이승에서 완벽한 고요는 존재할 수 없다(약간의 시적 자유를 허락하더라도 마찬가지다).

그렇다면 컴퓨터의 경우는 어떨까. 데이터 처리용량이 큰 컴퓨터의 전원을 켜고 지켜보라. 컴퓨터가 저 스스로 무슨 일을 하는가? 아니, 아무것도 하지 않는다. 그냥 멍하니 대기할 뿐이다. 컴퓨터가 일을 하려면 사람이 프로그램해 임무를 주고 실행을 명령해야만 한다. 방치된 컴퓨터는 숫자를 깨부술 능력은 있지만 그럴 자유의지는 없다. 컴퓨터는 저지를 당해도 성말라하지 않고 공격을 받아도 방어하지 않으며 무시당해도 화를 내지 않는다.

살아 있다는 것은 움직이고 변화한다는 것이다. 이런 삶의 특징은 인간에게 욕구라는 형태로 발현된다. 원시인이었던 시절부터 인간은 늘 무언가를 원했다. 우리는 맛있는 음식을 먹고 싶고 예술가들이 명작을 완성하도록 돕고 싶다. 이런 욕구는 우리의 자아를 형성하고 자신과 주변을 돌보게 한다. 하지만 욕구가 우리를 옥죄지는 않는다. 우리는 자아를 인식하고 자기반성을 할 줄 아는 존재다. 그러면서도 내가 무엇을 더 좋아하고 보살필 건지 조율하는 능력도 지녔다. 그러므로 우리는, 우리가 그러기로 선택한다면, 세상을 더 좋은 곳으로 만드는 데 모든 욕구와 애정을 쏟아부을 수 있다.

3. 사람들에게 중요한 것이 중요하다.

우주는 험악한 곳이다. 물론 가장 작은 단위인 원자에 비하면 사람은 10^{28}배나 덩치가 크다. 하지만 우주 전체의 규모와 비교하면 인간은 명함도 못 내밀 정도로 조그맣다. 현대 과학기술로 관측 가능한 우주만 따져도 지름만큼의 거리를 사람들이 손에 손잡고 잇는다면 10^{26}명 넘게 늘어서야 할 정도다. 먼 훗날 인류가 더 존재하지 않게 될 때도 우주는 여전히 이 자리에 이렇게 있을 것이다. 바탕 중의 바탕이 되는 자연법칙에 순응하는 나른한 몸짓으로.

우주는 인간을 개의치 않지만 우리는 우주를 신경 쓴다. 그래서 우리는 특별하다. 비물질적인 영혼을 소유했거나 장대한 우주적 사명을 띤 존재라서가 아니다. 지구에서 수십억 년에 걸쳐 일어난 진화는 세상을 사유할 줄 아는 생명체를 탄생시켰다. 그 생명체는 마음속에 세상의 큰 그림을 그리는 한편 구석구석을 꼼꼼하게 살핀다.

우리는 세상과 세상이 보여주는 물리 현상과 인간 동족을 비롯한 모든 생명체에 관심이 많다. 관심을 두고 돌보는 인간의 이 타고난 자질은 어떤 우주적 의미에서든 무언가를 "중요하게 만드는" 유일무이한 동력이다.

우리는 무언가가 중요한지 아닌지 자문하고 그것이 다른 어떤 사람 혹은 사람들에게도 중요한지 아닌지를 따져 답을 고른다. 우리는 세상을 살피고 거기에 가치를 부여한다. 그것만으로도 우리는 자신을 자랑스러워할 자격이 충분하다.

4. 우리는 언제나 더 잘할 수 있다.

인류의 이해는 실수를 통해 발전한다. 세상을 추측하고, 가설을 실측 데이터와 대조하며, 심심찮게 우리가 틀렸다는 사실을 깨우치고 가설을 더 낫게 가다듬는다. 실수는 인간적인 것이다. 그러니 그걸로 뭘 어쩔 건 없다.

다만, 부족한 점을 인정하고 더 잘하려고 최선을 다하면 우리는 우리의 불완전성을 미덕으로 변화시킬 수 있다. 수학의 증거는 그 자체로 논리적으로 완벽하지만, 과학의 발견은 흔히 수차례의 시행착오 끝에 내려지는 결론이다. 이와 달리 아끼고 돌보고 사랑하고 바르게 행동하는 것에 관한 한 완벽은 절대로 있을 수 없다. 성패를 가르는 객관적 기준 자체가 존재하지 않기 때문이다.

그럼에도 우리는 계속 발전하려고 노력한다. 우리는 어제보다 오늘 세상을 더 잘 이해하고 그 안에서 더 잘 살아간다. 도덕의 객관적 기준이 없는데도 도덕적 발전이 있다고 말하는 것은 어불성설로 들릴지 모르겠다. 하지만 인류의 역사는 바로 그렇게 발전해왔다. 도덕의 발전은 윤리학이라는 학문의 새로운 발견이 이루어져서가 아니라 인간이 이성과 타당성에 비추어 부끄러울 만한 행동은 처음부터 솔직하게 선을 긋고 자신에게 더욱 엄격했기에 가능했다. 더 나은 사람이 되는 것은 어려운 일이다. 하지만 자신도 모르게 가지고 있을 편견을 샅샅이 살피고 새로운 아이디어에 마음을 엶으로써 우리는 발전할 수 있다.

5. 경청하는 자세는 그 이상의 값어치를 한다.

사람은 누구나 실수를 한다는 사실을 인정하면 다른 이의 얘기에 귀를 기울일 줄 알게 된다. 인간은 본디 편견의 동물이니 조금씩 휘청이는 것은 흠이 아니다. 목적과 도덕은 저 바깥세상에 있는 게 아니어서, 지금까지 인류는 인간 동지들로부터 배운 것들로 나름의 의미를 창조해왔다.

선조들의 지혜도 바로 그렇게 탄생했다. 인류는 수천 년 전부터 어떻게 해야 좋은 사람이 될 수 있을까를 두고 치열하게 고민해왔다. 대부분은 종교나 철학의 틀 안에서였다. 하지만 이제 우리에게 더 산뜻하고 명료한 존재론이 있다고 해서 전설적인 선대 사상가들의 유산을 통째로 골방으로 치워버릴 이유는 없다. 반대로 더는 시대와 맞지 않는 옛날 윤리규범을 고집할 일도 아니다. 위대한 문학과 예술이 그렇듯 선현의 가르침은 우리를 강제로 구속하지 않으면서도 여전히 우리에게 영감을 준다.

인간의 의식은 내면의 자아라는 개념을 세운다. 이것을 시발점으로 우리는 타인의 자아를 인식하고, 공감하고 사랑하는 능력을 키운다. 타인의 얘기를 듣는 것뿐만 아니라 타인의 처지에서 생각하고 타인의 관심사를 헤아리는 것은 도덕 발전의 강력한 추진력이 된다. "무언가를 중요하게 만드는" 마법이 사람 안에서 나오는 것임을 알고 나면 타인을 이해하는 것이 그 어느 때보다도 중요해진다.

6. 원래 그냥 그런 것은 없다.

진화는 참으로 기발하고 독창적인 기전이다. 인간이 감히 따라잡을 엄두를 내지 못할 정도다. 하지만 진화에는 설계자가 없기에 뒤따르는 후유증이 있다. 바로, 우리의 자아가 단순하지도 절대적이지도 않다는 것이다. 인간의 머릿속에 난쟁이가 들어앉아서 엄정한 규칙에 따라 이런저런 명령을 내린다는 것은 다 상상에 불과하다. 나는 상충하는 여러 본성의 불협화음으로 완성된 교향곡이고 다른 사람들도 마찬가지다.

우리가 자연의 구성원일진대 "그냥 그런 게 자연적인 것"이라며 슬쩍 넘어가고 싶은 마음이 굴뚝같은 것은 사실이다. 하지만 자연의 일부이므로 자연적일 수밖에 없다니 비겁한 태도다. 오히려 자연은 우리에게 일정 지침이나 규칙을 지킬 것을 요구하지도, 모범 사례를 제시하지도 않는다. 자연은 아수라장이다. 우리는 자연으로부터 영감을 받고 때때로 위협도 받지만, 기본적으로 자연은 그냥 거기 있을 뿐이다.

보살핌과 도덕성이라는 인간의 자질이 어디서 비롯됐는지 그 단서를 찾고자 동물의 행동을 분석하는 연구가 끊이지 않지만 해석이 쉽지는 않다. 침팬지 집단은 부계 중심인 반면 보노보 집단은 모계 중심이다. 코끼리는 전사한 동료를 애도하며 쥐나 개미를 비롯한 여러 동물종이 위기에 처한 친구를 구조할 줄 안다고 한다. 생물학자 로버트 사폴스키와 리사 셰어는 인근 관광객 숙소에서 나오는 음식쓰레기를 먹고 사는 케냐 개코원숭이 무리를 오랫동안 관찰했다. 서열이 높은 소수의 수컷이 지배하는 이 집단에서 암컷들과 낮은 서열의 수컷들은 굶주리기 일쑤였다. 그러던 어느 날 쓰레기통에서 발견한 상한 고기를 먹고 서열이 높은 수컷 대부분이 사망하는 사건이 발생했다. 그런데 그 이후 집단의 "성격"이 180도 달라진다. 모든 구성원이 더 온순해지고 서로 몸단장을 돕는 데 많은 시간을 보내며 전체적으로 관계가 더 평등해진 것이다. 이런 변화는 연구가 진행된 10년 넘게 지속하였다.

이 연구가 주는 교훈은 우리가 개코원숭이로부터 뭔가를 배워야 한다는 게 아니다(물론, 원숭이 사회가 발전한다면 우리에게도 희망이 있다는 뜻이긴 하다). 인간은 단순하고 고지식한 동물이 아니다. 우리에게는 성향과 욕구가 있다. 성향과 욕구는 타고나는 부분도 있지만 개인으로 또 사회 구성원으로 살아가면서 충분히 변할 수 있는 인간 특질이다.

7. 세상은 다양한 가치로 이루어져 있다.

만약 우리의 삶에 의미와 목적이 있어야 한다면 우리는 그것을 창조해야 할 것이다. 그런데 인간은 다 제각각이므로 저마다 다른 의미와 목적이 창조될 것이다. 이는 억지로라도 없애야 할 걸림돌이 아니라 있는 그대로 인정해야 마땅한 특징이다.

의미 있는 삶을 위한 조건에 관한 글을 쓴 저자들은 대부분 (1) 이런 주제를 깊이 통찰하는 것과 (2) 그렇게 생각한 것을 글로 옮기는 것을 즐긴 사람들이었다. 그런 이유로 상상력, 다양성, 열정, 예술적 표현 등등 특정 덕목이 삶에서 더 중요한 것처럼 부각되는 현실이다. 물론 모두 박수받아 마땅한 미덕이다. 하지만 성공한 삶은 신뢰, 성실성, 명예, 자족감으로도 규정될 수 있다. 혹자는 타인을 돕는 데에서 보람을 찾고 혹자는 자신의 일상에 충실하는 데 온 힘을 쏟는다. 어떤 삶이 바른 삶인가의 기준은 사람마다 다를 수 있다.

시적 자연주의는 사람들에게 이러저러하게 살아야 한다고 훈수를 두는 것을 좋게 보지 않는다. 대신 목적과 의미의 다원성을 인정해야 한다고 여긴다. 그럼으로써 세상을 갖가지 미덕과 옹골진 삶으로 풍성하게 만든다.

이것은 시련이자 기회다. 추론이나 발견을 통해 딱 하나로 결정될 수 있는 객관적으로 최고의 삶 따위는 존재하지 않는다. 편하지는 않겠지만 우리에게는 다양한 방식으로 각자의 삶을 빚어갈 기회가 있으며 각각이 나름대로 진실하고 선하다.

8. 우주의 운명은 우리 손안에 있다.

우리는 자연의 힘에 의해 이리저리 부딪히고 튕겨 나가면서 상호작용하는 원자와 입자들의 집합이다. 동시에 우리는 주변에 널린 자유 에너지를 소모하면서 전하를 띤 화학물질을 사통팔달 이동시키는 세포들의 집합이기도 하다. 한편으론 우리는 생각하고 느끼고 돌보는 존재여서 자신의 행동을 심사숙고하고 어떻게 처신할지 결정할 줄 안다.

우리를 나머지 세상과 차별화하는 비장의 카드는 바로 이 마지막 요소다. 인간을 구성하는 물질과 우주를 구성하는 물질은 기본적으로 같다. 하지만 인간의 경우 우리가 우리 자신을 얘기하는 새로운 화법에 딱 적절하게 들어맞는 특별한 양식으로 물질들이 조합되어 있다. 우리는 늘 대안들을 고심하고 선택하는 능력이 있다. 이것은 물리 법칙에 아랑곳하지 않는 초능력이나 신비한 힘 따위와는 다르다. 그것은 '인간'이라는 복잡계에서만 발견되는 특별한 능력이자 우리는 누구인가를 설명하는 하나의 화법이다. 그리고 능력에는 책임이 뒤따른다.

인간의 사유 능력은 우리 인간을 우리를 둘러싼 세상보다 훨씬 중요한 존재로 만들었다. 우리는 우주의 열적 죽음을 막지는 못하겠지만 우리 육체를 바꾸거나 지구를 개조하거나 은하 곳곳에 새 보금자리를 건설할 수는 있을 것이다. 현명한 선택을 해서 더 좋은 세상을 만드는 것은 모두 우리 손에 달렸다.

9. 우리는 행복 이상의 것을 이룰 수 있다.

우리는 행복추구가 그 어느 때보다도 중시되는 시대를 살고 있다. 책도 TV도 인터넷도 이 애매하지만 포기할 수 없는 가치를 쟁취하고 보존할 온갖 비결을 끊임없이 쏟아낸다. 행복해지기만 한다면 더 바랄 게 없겠다고, 모두가 입을 모은다.

그런데 정말 그럴까? 완벽한 행복감을 주지만 단순한 생존 이외의 것에는 일말의 흥미도 느끼지 않게 하는 마법의 약이 있다고 상상해보자. 사람들의 눈에 이 묘약을 먹은 사람의 삶은 쳇바퀴 돌듯 하루하루가 똑같은 지루한 것으로만 비칠 것이다. 하지만 정작 당사자는 내면에서 시시각각 펼쳐지는 환상의 모험과 항상 해피엔딩으로 끝나는 로맨스에 취해 행복에 겹다. 당신이라면 이 약을 삼킬 것인가?

소크라테스, 예수, 간디, 넬슨 만델라를 생각해보자. 아니면 미켈란젤로, 베토벤, 버지니아 울프도 좋다. 이들이 어떤 인물인지 설명하고자 할 때 머릿속에 가장 먼저 떠오르는 단어가 "행복"인가? 그럴 수도 있다. 또, 가끔은 분명 그렇다. 그러나 전반적으로 이들의 인생은 행복과는 거리가 멀었다.

행복을 강조하면서 흔히 우리는 생명이 활동과 변화로 정의되는 과정임을 잊는 실수를 저지른다. 그래서 엉뚱하게 하나의 완벽한 상태를 찾으려고만 한다. 하지만 그런 상태는 존재하지 않는다. 삶의 정수는 상태가 아니라 변화하는 과정인 까닭이다. 학자들은 삶의 의미를 공시적共時的 의미와 통시적通時的 의미의 두 가지로 구분한다. 공시적 의미는 어느 한 순간의 상태에 좌우된다. 내리쬐는 햇살 속에서 행복하다고 느낄 때가 여기에 해당한다. 반면 통시적 의미의 삶은 현재 당신이 밟고 있는 여정에 달려 있다. 예를 들어 대학생은 학위 취득에 하루씩 가까워져 가면서 행복하다고 생각한다. 만약 우리가 존재론에 관해 배운 것에서 영감을 얻을 수 있다면 그것은 우리가 공시적 의미보다도 통시적 의미에 더 큰 비중을 할애한다는 증거일 것이다. 삶의 정수는 변화다. 그런 면에서 우리는 삶 속에서 의미를 찾는 방법을 변화시키는 것을 목표로 삼을 수 있다.

하루의 마무리 혹은 인생의 끝에서 지나온 시간의 대부분 동안 행복했는지 아닌지는 그다지 중요하지 않다. 우리에게는 그것보다 더 멋진 들려줄 만한 얘기가 훨씬 많으니까.

10. 현실에 길이 있다.

1998년에 심리학자 셸리 타일러와 조너선 브라운은 진실이 아니지만 사람들을 행복하게 만드는 믿음을 일컬어 "긍정적 환상"이라 부르기 시작했다. 가령, 평균적인 사람은 자신이 평균보다 낫다고 생각한다. 또, 우리는 과거의 경험으로 미루어 타당하게 예측되는 것보다 훨씬 더 낙관적인 미래를 기대한다. 말하자면 긍정적 환상은 인지 편향에 필연적으로 딸려오는 부록인 셈이다.

긍정적 환상의 효력은 상당하다. 몇몇 특정 환상은 분명 우리에게 큰 행복감을 선사한다. 과잉 자존감이 생존에 유리한 이유를 진화론과 심리학의 관점에서 설명할 수 있을 정도다. 고의적 거짓말로 사람들 비위를 맞추는 컴퓨터 프로그램이 있다고 치자. 사람들은 이걸 반길까?

긍정적 환상은 우리를 행복하게 해주지만 거짓임을 알고도 그것을 추구하는 이는 거의 없다. 사람들은 자신이 평균 이상이라고 믿을 때 '그러면 기분이 좋아지니까 앞으로 내가 평균보다 낫다고 여기겠어'라는 생각에 그러는 게 아니다. 자신이 진짜로 평균보다 낫다고 생각하기 때문에 그러는 것이다.

결론을 말하면, 바로잡는 것—자기 자신과 타인에게 솔직하고 눈과 귀를 활짝 열어 세상을 똑바로 마주하는 것—이 그냥 저절로 되지는 않는다. 여기에는 상당한 노력이 든다. 진실이기를 바라는 어떤 믿음이 나를 행복하게 한다면 바로 이때가 의문을 품어야 할 시점이다. 환상은 유쾌하다. 하지만 진실이 주는 보상은 훨씬 더 크다.

우리에게는 행복 너머 더 높은 곳에 닿고자 하는 열망이 있다. 그리하여 우리는 우주의 목적과 섭리를 열심히 연구하고, 함께 살아가며 삶의 의미와 목적을 찾을 방법을 치열하게 고민한다. 달착지근한 위로를 주는 환상에 안주할 만큼 인간은 유약하지 않다.

50
실존치료

어릴 때 우리 가족은 교회를 열심히 다녔다. 아마도 주일을 지켜야 한다고 강조한 할머니의 영향이었을 것이다. 할머니의 양친은 영국 태생이어서 할머니는 영국 성공회를 믿었다. 우리 가족이 다닌 교회는 뉴저지주 트렌튼시에 있는 트리니티 성공회 교회였는데, 어린 소년의 시선에 교회 건물의 성스러운 분위기가 압도적이었다. 고딕 양식으로 좁고 높게 난 스테인드글라스 창이 무척 아름다웠다.

나는 교회에 가는 것을 좋아했다. 가장 큰 이유는 예배가 끝나고 근처 식당에 들러 먹는 팬케이크 때문이었다. 팬케이크에는 딸기 시럽이 곁들여 나왔는데 이게 신의 한 수였다. 하지만 나는 찬송가 부르는 것과 나무로 된 기다란 신도석과 일요일 아침마다 단정한 옷을 골라 입는 의례도 좋았다. 특히 성경 속 신비스러운 얘기들과 교리가 내 마음을 사로잡았다. 그래서 일요일마다 교회학교에 가서 성경을 읽고 내용을 이해하려고 무지 애썼다. 가장 흥미롭게 읽은 부분은 예언을 모은 요한계시록이었다. 다른 사람들은 요한계시록을 좋아하지 않고 심지어 꺼린다는 사실을 알았을 때 나는 혼란스러웠다. 당시 나는 요한계시록이 제일 근사하다고 생각했기 때문이다. 천사와 악마와 봉인과 나팔이 나오는데, 어떻게 멋지지 않을 수 있단 말인가?

우리의 주간 행사는 할머니가 돌아가신, 내가 열 살이던 때 중단되었다. 많은 미국인이 그러듯 나는 여전히 마음 한구석에 신앙의 온기를 간직하고 있다. 내가 자연주의에 정착한 것은 어떤 극적인 계기가 있어서가 아니다. 그냥 살면서 점차 그런 사람이 되어갔다. 매우 느리고 은근한 상전이였던 셈이다.

하지만 딱 두 번, 변곡점이라 할 만한 사건이 있었다. 첫 번째 사건은 내가 꽤 어렸을 때였다. 우리는 교회에 있었는데 자원봉사자 두 명이 최근에 있었던 예배 순서의 변화에 대해 잡담을 했다. 그들은 새로운 순서에 만족하는 것 같았다. 중간에 앉아서 다리를 쉴 틈도 없이 계속 서 있거나 무릎을 꿇고 있어야 하는 시간이 전보다 줄었기 때문이었다. 내게는 그들의 대화가 몹시 불경하다고 느껴졌다. 어떻게 예배 순서를 사람 맘대로 바꿀 수 있지? 다 주님이 정해놓으신 것 아닌가? 저 사람들 말은 인간 주제에 뭐든 내키는 대로 막 바꿔도 괜찮다는 건가? 소년의 순수한 신앙에 의심의 씨앗이 툭 떨어진 순간이었다.

고등학교를 졸업한 나는 필라델피아에서 멀지 않은 천주교 계열의 빌라노바 대학교에 들어갔다. 전공은 천문학이었다. 이즈음 나는 신앙의 울타리에서 완전히 발을 빼지는 않았더라도 우주에 대해 배울 만큼 배운 까닭에 나름 자연주의자가 되어 있었다. 빌라노바 대학교는 세 학기씩 들어야 하는 철학과 신학을 포함해 필수 이수 교과목이 많았다. 나는 철학은 꽤 좋아했고 신학도 그럭저럭 재미있게 들었다. 어쩌면 교수님 때문이었는지도 모른다. 모두 명석하시고 개인의 신념과 상관없이 다양한 사상에 관해 토론하는 것을 진심으로 기꺼워하는 분들이셨다.

두 번째 격변의 계기는 에머슨, 레이크 앤드 팔머*의 '디 온리 웨이The Only Way'라는 제목의 노래였다(당시 빌라노바 대학교 천문학과 학생들은 모두 프로그레시브 록에 미쳐 있었다). 앨범 〈타쿠스Tarkus〉에 수록된 이 곡은 키스 에머슨이 연주하는 심오한 파이프오르간 음률에 가사를 실어 대놓고 무신론적인 메시지를 전달하고 있었다. "말할 필요 없어 / 너도 들었지 / 두려워하지마 / 인간을 만든 것은 인간" 이 곡의 가사는 시로서는 썩 괜찮은 작품이 아니다. 철학적 논쟁으로서도 그다지 논리적이지 않다. 하지만 이 사차원적인 노래는 내게 태어나서 처음으로 신을 믿지 않아도 괜찮겠다는 생각이 들게 했다. 신을 믿지 않는 것이 수치스러운 일도, 숨길 일도 아니라고 말이다. 천주교 계열의 상아탑에서 아직 소년티를 벗지 못한 순진한 청년에게 이것은 일생일대의 결단이었다.

☀

무신론자 중 다수는 종교적으로 지나치게 강압적인 가정환경에서 자라 결국 등을 돌리게 된 경우다. 그러나 나는 아니다. 우리 교회는 더 너그러울 수 없을 정도였다. 적어도 무릎 꿇는 시간을 줄여 예배 순서를 바꾼 뒤부터는. 성공회는 규율이 전반적으로 느슨했고 빌라노바 대학교 역시 신학 학점 이수를 의무화한 것 말고는 학생들에게 종교적인 무언가를 강요하지 않았다.

나는 언제나 세상이 궁금하고 과학에 끌렸다. 우리는 '경외와 경탄'을 자주 입에 올리지만 두 단어의 뜻은 분명하게 다르다. "경외감에 젖어 내가 아무것도 아닌 것처럼 느껴져"라는 예문에서 짐작되듯 '경외'는 존경의 의미를 내포한다. 반면에 '경탄'에는 호기심이라는 의미가 강해서

* 줄여서 ELP라고도 하는 영국 출신 프로그레시브 록 그룹

"경탄에 젖어 이걸 꼭 밝혀내고 싶어져"와 같이 말할 수 있다. 나는 우주와 우주의 장대함, 복잡성, 깊이, 정확성에 경외감을 느낀다. 하지만 경탄의 감상이 개인적으로 더 강하다. 즉, 내 경우는 매일 경탄이 경외를 압도한다.

세상은 미스터리로 가득하고 미스터리에는 사람을 유혹하고 흥분시키는 마력이 있다. 그러나 우주는 원래 불가해하다는 선입견에 안주해 미스터리를 있는 그대로 받아들이는 것은 그릇된 태도다. 그것은 추리소설 전집을 사놓고 죄다 앞부분 절반만 읽는 것과 같다. 미스터리의 매력은 그것을 밝혀내기까지 흥미진진한 여정을 약속한다는 데서 나온다. 누구도 절대로 알 수 없다는 점이 아니라 말이다.

나는 왕녀 엘리자베스가 그랬던 것처럼 언제나 세상의 다양한 측면이 서로 잘 들어맞으면서 맥락이 이어져야 한다고 생각해왔다. 모든 경험으로 미루어볼 때 우주는 우리가 열심히 노력한다면 충분히 이해 가능한 대상이다. 우주가 어떻게 작동하는지 우리는 아직 많은 부분을 모르지만 지금까지 알아낸 것도 적다고는 볼 수 없다. 미스터리는 넘쳐난다. 하지만 어느 것 하나 풀지 못할 것을 염려할 (혹은 바랄) 이유는 없다.

그런 생각이 꼬리에 꼬리를 물어서 나는 마침내 신앙을 포기하고 활기찬 자연주의자가 되었다. 그러나 나는 견해가 다른 사람들을 적대시하는 실수를 범하지 않으려고 노력한다. 유신론자인지 자연주의자인지는 중요한 게 아니다. 그보다 우리는 선의를 가지고 우주에 관심을 쏟으면서 우주를 이해하려는 사람과 우주를 미리 재단한 포장 상자에 욱여넣거나 생각 없이 당연하게 받아들이는 사람을 구분할 줄 알아야 한다. 우주는 엄청나게 크고 인간은 티끌보다도 작다. 그런 가운데 우주를 이해한다는 사명은 서로 다른 신념을 가진 다양한 사람들을 단결시킨다. 우리는 바짝 긴장하고 우주의 미스터리를 마주해야 한다. 우리가 진심으로 이해하고자 한다면 우리는 모두 같은 편이다.

✺

세상의 성질을 해설하는 다양한 시각이 있다. 그중 하나는 이것이다. 우주는 기적이다. 신의 사랑으로 창조된 우주는 수십억 년의 역사를 자랑하면서 수많은 별로 장려壯麗하게 빛난다. 그런 우주는 여기 지구에 인간을, 의식을 가지고 신의 사랑에 감사하며 보답할 줄 아는 영혼과 육체의 합일체를 출현케 했다. 유한한 육신의 삶은 보다 큰 계획의 일부여서 육신의 죽음 이후에도 삶은 이어진다.

감동적인 얘기다. 사람들이 이 얘기를 지지하고 과학이 말하는 세상의 성질을 이 얘기에 어떻게든 끼워 맞추려고 애쓰는 게 이해될 것도 같다.

그런데 이런 해설도 가능하다. 우주는 기적이 아니다. 우주는 그냥 우주다. 목적도 후원자도 없이 자연이 불가침의 규칙적 패턴을 띠는. 수십억 년의 세월 동안 우주는 낮은 엔트로피 상태에서 지금과 같은 복잡다단한 모습으로 스스로 진화해왔고 앞으로도 무미건조한 평형 상태를 향해 그렇게 천천히 흘러갈 것이다. 이런 세상에서 기적은 우리 인간이다. 물리 법칙을 깨지 않는 유기 조직체라니. 이렇게 복잡하고 기민하며 창의력과 배려심 있는 생명체가 자연법칙에 완벽하게 순응하여 탄생할 수 있었다는 것은 놀라운 기적이 아닐 수 없으리라. 인간의 삶은 유한하고 예측 불가하며 또 그래서 소중하다. 인류의 출현은 세상에 의미와 무게를 부여했다.

이것도 꽤 멋진 얘기다. 세상은 제 갈 길 가기도 바빠서 우리의 바람을 모두 채워주지는 않지만 우리가 자연에 관해 배운 과학지식과 아주 잘 부합한다. 세상은 우리가 지향하는 모습으로 삶을 빚어갈 책임과 기회를 인류에게 허락했다.

☼

시적 자연주의는 세상을 심층적으로 이해하는 철학이지만, 무효한 가설은 과감하게 버릴 배짱을 요구한다. 무신론자가 되었음을 공표한 직후의 나는 의욕이 넘쳐서 종국에는 과학이 모든 문제를 해결할 거라고 내심 믿었었다. 우리가 왜 여기에 있고 어떻게 행동해야 하는지와 같은 철학적 성찰까지 포함해서 말이다. 그런데 고민을 하면 할수록 나는 한 발 물러서게 되었다. 과학은 세상을 기술하는 학문이지만 과학지식을 가지고 우리가 뭘 할 건지는 별개의 문제임을 깨달은 것이다.

현실을 마주하기 위해서는 때때로 실존치료가 필요한 듯한 느낌도 받는다. 우리는 목적 없는 우주를 표류하면서 죽음의 불가피성에 좌절하고 그것이 의미하는 바를 생각한다. 하지만 우리의 사상적 표류는 우리 스스로 선택한 것이다. 인류는 안락한 성장기를 뒤로하고 자립이 강제되는 성년기에 접어들고 있다. 어른이 되는 것은 두렵고 피곤한 일이다. 하지만 이겨냈을 때의 보상은 꿀보다 달콤하다.

프랑스의 실존주의 소설가 알베르 카뮈는 《시지프 신화》에서 그가 생각하는 삶의 태도를 이야기 형식으로 풀어냈다. 제목에 나오는 이름은 그리스 신화의 등장인물로, 시지프는 제우스의 저주로 바위를 산꼭대기로 밀어 올리면 다시 굴러떨어져 같은 과정을 영원히 반복해야 하는 형벌을 받았다. 이 이야기가 목적 없는 우주에서의 삶의 은유라는 것은 명확하다. 다만, 카뮈는 통상적으로 알려진 이 신화의 교훈을 완전히 뒤집어 시지프를 삶의 목적을 스스로 창조한 영웅으로 추켜세운다.

> 나는 시지프를 산기슭에 남겨둔다! 인간이라면 누구나 짊어져야 할 짐이 자꾸 생긴다. 그러나 시지프는 신들을 부정하고 바위를 들어 올리는 숭고한 충절을 가르친다. 그는 다 괜찮다고도 말한다. 주인이 없어진 우주가 그의 눈에는 메마르지도 공허하지도 않은 듯하다. 이 바위를 구성하는 원자 하나하나, 어둠이 내려앉은 산을 이루는 광물 부스러기 하나하나가 세상을 만드는 것이다. 산꼭대기를 오르는 노력 자체만으로도 한 인간의 가슴을 채우기에 족하다. 그러니 시지프는 행복하다고 상상하는 것이 마땅하다.

시지프가 정말로 행복했는지는 잘 모르겠다. 하지만 그는 자신의 과업에서 의미를 발견했을 것 같다는 생각이 든다. 아마도 바위를 밀어 올리는 일에 남다른 자긍심마저 가졌을지도 모르겠다. 인간은 삶이 부여한 것을 기꺼이 짊어지고 살아가는 존재이니.

이 논평의 앞부분에서 카뮈는 우주가 "이해 불가능하다"고 기술하고 있다. 그러나 사실은 정반대다. 우주의 가장 큰 특징은 감사하게도 알고자 하면 충분히 알 수 있다는 것이다. 현실의 이런 면 덕분에 시지프의 고행은 궁극적으로 가치 있는 것이 된다.

⁂

돌아가신 할머니와 예배 후 먹던 팬케이크를 추억하면서 글을 쓰자니 돌연 허기를 느낀다. 나는 바닥을 보이는 내 육체의 곳간에 자유 에너지를 급히 재충전해야 했다. 남아 있는 팬케이크도 없고 딸기 시럽은 더더욱 없어서 나는 할머니의 특제 '새 둥지' 레시피를 따라 새로 만들기로 했다. 아마도 세상에서 가장 간단한 조리법인데, 샷 글라스(할머니 집에 가면 늘 손 닿는 곳에 하나씩 있었다)로 한가운데에 구멍을 낸 빵을 프라이팬에 올리고 달걀노른자만 구멍 안에 쏙 떨어뜨린다. 여기에 소금, 후추, 버터를 더하면 끝이다.

음, 맛있어! 미식가인 나에게 팬케이크는 절대로 고급 음식이라고 볼 수 없다. 하지만 이게 지금 딱 내가 원하던 것이었다. 따스했던 기억, 기본 욕구를 충족시키는 소박한 맛과 냄새, 직접 요리하는 일차원적 즐거움. 이런 게 삶 아닐까. 쫄깃하게 만져지는 일상의 작은 한 조각.

나는 할머니가 보고 싶지만, 할머니가 어딘가에 살아계실 거라고 상상까지 하지는 않는다. 내 기억 속에서 할머니는 여전히 생생하다. 이 기억도 언젠가 사라지겠지만. 변화와 과정은 삶의 필연적인 일부분이다. 싫어도 인정할 수밖에 없는 부분일 뿐만 아니라 삶의 정수여서 희망적 미래를 기대하게 하는 힘이 된다. 나는 내 과거 기억과 미래에 대한 소망과 현재의 삶이 소중하다. 내게는 저 하늘의 모든 은하를 다 합한 것보다 더 사랑하는 아내가 있고 내 직업인 세상의 성질을 헤아리는 일은 늘 즐겁다.

사람들은 저마다 다른 인생을 산다. 누군가는 평생 모르고 지낼 고난이 누군가에게는 일상이 되기도 한다. 하지만 우리는 같은 우주와 같은 자연법칙을 공유하고 있다. 우리는 모두 우리가 세상에 머무는 찰나의 시간 동안 나 자신과 나를 둘러싼 것들에서 의미와 가치를 부지런히 발견해야 한다. 이것은 모든 인류 공통의 기본과제다.

시간이 뜀박질한다. 30억 심장박동으로.

부록: 나와 너를 해설하는 방정식

우리네 일상적 세상은 코어 이론을 바탕으로 돌아간다. 코어 이론이란 한마디로 물질 입자(페르미온fermion)와 힘 입자(보손boson)의 역학과 상호작용을 설명하는 양자장론이다. 기본적으로 입자물리학의 표준 모형과 아인슈타인의 일반 상대성 이론이 코어 이론의 오른팔과 왼팔 역할을 하며 여기서 일반 상대성 이론은 중력장이 강할 때 코어 이론이 잘 적용되지 않는다는 단점을 보완한다. 책 본문만 생각하면 코어 이론을 자세히 알 필요는 없지만, 이 부록에서 여러 양자장과 각각의 상호작용을 간략하게 살펴보고자 한다. 주제가 주제이다 보니 외계어 같은 기호들과 생전 처음 보는 전문용어와 읽어도 이해는 되지 않는 설명이 불가피하게 나올 것이다. 이런 부분은 추가 점수를 주려고 끼워 넣은 보너스 문제 혹은 책을 완독하고 여기까지 온 당신의 지적 능력을 인정해 덤으로 얹어주는 선물이라고 여기면 된다.

우리가 하고 있는 논의의 절정은 코어 이론의 모든 것을 파인만 경로 적분으로 표현한 한 개의 공식일 것이다. 양자장이 현재 상태에서 출발해 다음에 다른 배치 상태로 변할 확률이 얼마나 되는지 가늠하기 위해 우리가 알아야 할 양자역학의 모든 것이 이 한 줄 공식 안에 다 담겨 있다. 이것만 이해한다면 우리는 코어 이론의 동태에 관해 알고 싶은 것은 무엇이든 다 알아낼 수 있다. 참으로 매일 입는 티셔츠에 새겨둘 만한 공식 아닌가?

양자장은 크게 두 가지로 나뉜다. 바로 페르미온과 보손이다. 페르미온은 자리를 차지하는 물질 입자로서, 우리가 두 발을 디디고 선 땅이나 엉덩이를 대고 앉아 있는 의자가 딱딱하고 일정한 형태를 유지하는 이유를 설명한다. 한편 보손은 힘을 운반하는 입자로, 차곡차곡 쌓여 중력이나 전자기력과 같은 가시적 역장을 형성할 수 있다. 지금까지 밝혀진 양자장론의 전체 입자 목록은 다음과 같다:

페르미온:

1. 전자, 뮤온, 타우 (전하 -1)
2. 전자 중성미자, 뮤온 중성미자, 타우 중성미자 (전하 0)
3. 업 쿼크, 맵시 쿼크, 꼭대기 쿼크 (전하 +⅔)
4. 다운 쿼크, 기묘 쿼크, 바닥 쿼크 (전하 -⅓)

보손:

5. 중력자 (중력, 시공간의 굴곡)
6. 광자 (전자기력)
7. 8가지 글루온 (강한 핵력)
8. W 보손과 Z 보손 (약한 핵력)
9. 힉스 보손

양자장론에서 한 장이나 그 장에 얽힌 입자의 성질을 규정하는 데에는 많은 정보가 필요하지 않다. 각 입자는 질량과 스핀값을 가진다. 입자를 회전하는 작은 팽이로 생각하면 이해하기가 쉬운데, 사실 소립자는 양자장의 진동이고 정해진 크기가 있는 실체는 아니며 스핀값은 축을 중심으로 몸통이 진짜로 돌아가는 회전수를 말하는 게 아니라 그저 입자의 고유 성질이다. 얽힌 장의 종류가 같다면 모든 입자는 늘 같은 스핀값을 가진다. 가령, 모든 전자의 스핀값은 -½이고 모든 중력자의 스핀값은 -2다.

입자들이 서로 어떻게 상호작용하는가는 입자가 가진 전하에 달려 있다. 흔히 우리는 전하를 전기전하의 줄임말로 사용하지만, 사실은 다른 힘들도 각각 연관된 전하가 따로 있다. 중력은 중력전하, 핵력은 핵력전하 이런 식이다. 입자의 전하값을 보면 입자가 장과 상호작용하는 양상을 알 수 있다. 진기전하값이 -1인 전자는 전자기력을 운반하는 광자와 직접적으로 상호작용한다. 한편 전기전하값이 0인 중성미자는 광자와 직접적으로 상호작용하지 않는다(중성미자가 전자와 상호작용하고 다시 전자가 광자와 만나는 식으로 간접적 상호작용은 가능하다). 광자는 전하값이 0이므로 저희끼리 상호작용하지 않는다.

중력전하는 그냥 정지 질량에 빛의 속도의 제곱을 곱한 입자의 에너지 값과 같다. 모든 입자는 저마다 중력전하값을 가진다. 그래서 아인슈타인은 중력이 모든 곳에 존재한다고 말했다. 현재까지 밝혀진 모든 페르미온은 약력전하를 갖고 있어서 W 보손 및 Z 보손과 상호작용한다. 페르미온 중 절반은 강한 핵력을 운반하는 글루온과 상호작용하는데 그런 페르미온들을 **쿼크**quark라 명명하여 분류하고, 나머지 페르미온들은 **렙톤**lepton이라 구분해 부른다. 쿼크에는 전기전하값이 +⅔인 업 계열 쿼크 세 가지와 전기전하값이 -⅓인 다운 계열 쿼크 세 가지가 있다. 강력strong force은 워낙 세서 쿼크와 글루온이 양성자나 중성자와 같은 입자 밖으로 나오지 못해 우리가 직접적으로 관찰할 수 없다. 렙톤 중 전자 그리고 전자의 더 묵직한 두 친척 뮤온과 타우는 하전되어 있고 세 가지 각각의 중성미자, 즉 전자 중성미자, 뮤온 중성미자, 타우 중성미자는 전기전하가 0이다.

그리고 마지막으로 힉스장과 이 장에 얽힌 입자 힉스 보손이 있다. 1960년대에 존재가 점쳐진 힉스 보손은 2012년에 스위스 제네바에서 대형강입자충돌기 실험을 통해 마침내 발견되었다. 힉스 입자는 보손이지만 힉스장에 관한 한 일반적으로 '힘'을 언급하지 않는다. 그러면 안 되는 건 아니지만 힉스 보손의 질량이 너무 큰 까닭에 연관된 힘이 매우 약하고 단거리에서만 작용하기 때문이다. 그럼에도 힉스장이 특별한 것은 진공에서도 0이 아닌 값을 갖는다는 점이다. 우리 몸을 구성하는 것들을 포함해 세상의 모든 입자는 힉스장에 푹 잠겨 유영하면서 힉스장의 영향을 받고 있다. 무엇보다도 힉스장은 W 보손과 Z 보손은 물론이고 쿼크와 하전된 렙톤에도 질량을 부여한다. 힉스 보손의 발견은 코어 이론의 화룡점정이었던 셈이다.

✺

이쯤에서 여러분이 무슨 생각을 할지 알 것 같다. 아마도 "네네, 다 멋지고 신기한 얘기네요. 하지만 내가 원하는 건 **공식**이라고요"라고 말하고 싶을 것이다.

그래서 여기 방정식 나간다.

$$W = \int_{k<\Lambda} \overbrace{[Dg][DA][D\psi][D\Phi] \exp\left\{ i \int}^{\text{양자역학}} \overbrace{d^4x\,\sqrt{-g}}^{\text{시공간}} \left[\overbrace{\frac{m_p^2}{2} R}^{\text{중력}} \right.\right.$$

$$\left.\left. \underbrace{-\frac{1}{4} F^a_{\mu\nu} F^{a\mu\nu}}_{\text{기타 힘들}} + \underbrace{i\bar{\psi}^i \gamma^\mu D_\mu \psi^i + \left(\bar{\psi}^i_L V_{ij} \Phi \psi^j_R + \text{h.c.}\right)}_{\text{물질}} \underbrace{- |D_\mu \Phi|^2 - V(\Phi)}_{\text{힉스}} \right] \right\}$$

한 줄 방정식으로 표현한 코어 이론의 정수. 이 방정식은 한 양자장이 특정 배치에서 다른 배치로 변할 때 벌어지는 양자 진폭을 장이 택할 수 있는 모든 경로의 총합으로 표현한 것이다.

솔직히 앞서 논했던 양자역학의 기전과 완벽하게 일치시키려면 슈뢰딩거 방정식까지 설명해야 한다.

슈뢰딩거 방정식은 한 양자계의 파동함수가 시간이 흐르면서 전개되는 양상을 알려주는 공식이다. 하지만 정보를 풀어내는 방식에는 여러 가지가 있기 마련이고 이 부록에서는 그중 특히 절제되어 있어서 더 고급스러운 버전을 소개하고자 했다(안타깝게도 비전문가의 눈에는 차이가 보이지 않겠지만).

리처드 파인만이 고안한 이 버전의 공식을 이른바 **양자역학의 경로 적분 공식**이라 한다. 파동함수의 경우는 계가 취할 수 있는 모든 짜임새를 중첩시켜 보여준다. 반면 코어 이론에서 한 배치는 각 장이 공간의 모든 지점에서 특정 값을 갖는 어떤 상태다. 다르게 쓰였을 뿐 슈뢰딩거 방정식과 다를 바 없는 파인만의 경로 적분 공식은 과거 시점에는 이전의 파동함수에 따라 다르게 배치되어 있었던 계가 파동함수 내에서 특정 배치로 귀결될 확률이 얼마나 되는지를 알려준다. 아니면 현재 시점의 파동함수에서 출발해 거꾸로 과거를 역추적해 들어갈 수도 있다. 파인만의 공식은 슈뢰딩거 방정식과 마찬가지로 라플라스의 관점에서 완벽하게 가역적이다. 양자역학이 가역성을 잃는 것은 우리가 작정하고 세상을 관측하기 시작할 때뿐이다.

좌변의 *W*를 우리는 장이 한 배치에서 다른 배치로 가는 '진폭'이라 부른다. 이 공식으로 출발점과 도착점 사이에 장이 택할 수 있는 모든 경로를 적분해 계산한다. 미적분학을 배운 적이 있다면 기억할 텐데, 적분은 무한소의 영역들을 다 더해서 그래프 면적을 계산할 때처럼 무한소의 숫자들을 무한개 합산하는 방법이다. 위의 공식에서 적분으로 합하는 것은 출발점과 도착점 사이에서 장의 배치가 보일 수 있는 각 모습의 기여도이며, 이것을 간단히 '경로'라 부르기로 한다.

✳

그런데 우리는 경로의 정확히 무엇을 적분하는, 즉 합하는 걸까? 계가 택할 수 있는 각 경로는 **작용**action이라는 수치화 가능한 물리량을 가진다. 통용되는 기호는 알파벳 대문자 *S*다. 만약 계가 무질서하게 마구 날뛴다면 이 계의 작용은 매우 클 것이다. 반대로 계가 평온하다면 작용값은 훨씬 작아진다. 경로와 더불어 작용이라는 개념은 고전역학에서부터 중요한 쓰임새를 갖는다. 계가 택할 수 있는 모든 경로 후보를 통틀어 계가 실제로 따라갈(즉, 고전역학의 운동 법칙에 순응하는) 경로는 작용값이 **가장 작은** 것이라는 점에서다. 즉, 고전역학의 모든 이론은 계의 작용과 그 작용을 최소화하는 운동으로 정의될 수 있다.

작용의 개념은 양자역학까지 연장된다. 하지만 이번에는 그렇게 단순하지가 않다. 계마다 오직 하나의 경로만 인정하는 고전역학과 달리 파인만은 양자계가 택할 수 있는 모든 경로를 고려하라고 말한다. 그런 각 후보 경로마다는 **위상계수**phase factor라는 특정 값을 매길 수 있다. 기호로는 exp{*iS*}로 표시한다. 기호를 보면 짐작되듯이 위상계수는 -1의 제곱근인 허수 *i*에 해당 경로의 작용값 *S*를 곱한 값을 오일러의 수 *e*(자연상수라고도 하며 그 값은 약 2.7181이다)의 지수로 올려 계산한다.

위상계수 exp{*iS*}는 실수와 허수가 섞인 복소수다. 그 실수 부분과 허수 부분이 각각 양수가 될 때도 있고 음수가 될 때도 있다. 모든 경로의 기여도를 합산할 때는 상당한 양수와 또 그만큼의 음수가 왔다 갔다 하면서 전부 혹은 대부분이 상쇄되어 마지막에는 아주 작은 숫자만 남는다. 단, 매우 흡사한 작용값을 가지는 비슷비슷한 경로들을 합할 때는 예외다. 이 경우는 위상계수 값이 다 비슷해서 경로들을 더할 때 숫자가 상쇄되는 게 아니라 축적된다. 작용값이 최소치에 가까울 때, 다시 말해 고전역학의 경로를 따를 때 바로 이런 일이 일어난다. 말하자면 계의 전개 양상이 고전역학과 거의 일치할 때 양자 확률이 가장 크다는 얘기다. 우리의 일상적 세상이 대부분 고전역학 모형으로 아주 잘 설명되는 것이 바로 그래서다. 양자 전환의 확률에 가장 크게 기여하는 것은 고전적 동태인 것이다.

☼

그렇다면 이번에는 방정식을 해체해 뜯어볼까.

먼저 "양자역학"이라고 표기된 부분을 보자. 모든 장이 적분(기호 $\int$)으로 묶이고 이어서 "exp *i*"가 나오는 곳까지다. 우리가 적분하려는 장은 $[Dg][DA][D\psi][D\Phi]$라는 기호로 표시된다. 영문자 *D*는 그저 '여기 적분으로 합산할 무한소의 양들이 있다'라는 뜻이고 나머지 기호는 각 양자장을 의미한다. 즉, *g*는 중력장, *A*는 나머지 보손 역장들(전자기력, 강한 핵력, 약한 핵력)을 총칭한 것, ψ(그리스 문자, '프사이'라 읽음)는 모든 페르미온을 총칭한 것, Φ(그리스 문자, '파이'라 읽음)는 힉스 보손이다. "exp"는 '*e*의 몇 승'이라는 뜻이며 *i*는 -1의 제곱근이고 *i* 뒷부분은 모두 작용 *S*를 의미한다. 정리하면 이 양자역학 부분은 '모든 장이 택할 수 있는 모든 경로를 *e*의 *i* 곱하기 *S* 승으로 정량화하여 적분하라'는 공식의 큰 지침과 다름없다.

솔직히 진짜 재미있는 부분은 작용 *S*다. 입자물리학자들은 양자장의 조합을 이리저리 바꿀 때 이 부분이 어떻게 달라지는지 연구하는 재미에 푹 빠져서 몇 년을 시간 가는 줄 모르고 보낸다. 하지만 코어 이론 초심자에게는 여기 제시한 공식으로 시작하는 것을 권한다.

작용은 출발점 배치와 도착점 배치 사이에 있는 모든 시간과 공간에서 장의 상태를 적분한 값이다. 기호 $\int d^4x$가 바로 그런 뜻인데, x는 모든 시공간 차원에서의 좌표를 가리키고 숫자 4는 시공간이 사차원임을 의미한다. 그런데 "시공간"이라고 표시된 이 부분에 시공간과 관련 없는 것 같은 인자가 하나 더 들어 있다. 바로 $-g$다. 알파벳 g를 보고 감 잡았는지 모르겠지만 이 항은 중력과 관계있다. 시공간은 휘어 있으므로 (우리가 적분하려는 구간에서) 시공간의 부피가 시공간이 휜 모양에 따라 달라질 수 있음을 반영하는 보정 기능을 하는 것이다.

다음 중괄호 [ ] 안에 들어 있는 양자장 항들은 내인적 성질과 상호작용 모두의 측면에서 각각 작용 S에 대한 기여도가 다르다. 그래서 "중력", "기타 힘들", "물질", "힉스"의 네 항으로 세분한다.

먼저 "중력" 항은 몹시 단순하다. 마치 아인슈타인의 일반 상대성 이론의 순결한 기품을 그대로 보여주는 듯하다. 기호 R은 어느 한 시점에 특정 유형의 시공간 굴곡이 얼마나 존재하는지를 알려주는 **곡률 스칼라**curvature scalar를 뜻한다. 이 앞에 붙은 $m_p^2/2$는 상수로, m_p는 플랑크 질량이다. 중력의 세기를 의미하는 뉴턴의 중력상수 G를 표현하는 또 다른 방법이며 m_p^2는 $1/(8\pi G)$와 같다. 하지만 이 공식에서 우리는 빛의 속도와 플랑크 상수 모두 1로 간주하는 이른바 "자연 단위"를 사용한다. 곡률 스칼라 R은 중력장을 이용해 계산할 수 있으며 일반 상대성의 작용은 시공간 구역에서 R의 적분에 정비례한다. 이 적분값이 최소가 될 때 아인슈타인의 중력장 공식이 나온다.

다음에 나오는 항은 "기타 힘들"인데, 아래 첨자와 위 첨자가 줄줄이 딸린 F가 두 번 등장한다. F는 **장 강도 텐서**field strength tensor를 가리키는 기호이며 전자기력과 강한 핵력 및 약한 핵력이 이 항에 포함된다. 쉽게 설명하면, R이 시공간 자체의 기하학이 얼마나 뒤틀려 있는지를 보여주듯 F는 시공간에서 장이 얼마나 뒤틀리고 진동하는지를 보여주는 지표다. 전자기력의 경우는 F가 전기장과 자기장 모두를 포괄한다.

공식의 어느 항이든 아래 첨자와 위 첨자들은 논의 대상 장이 무엇인지(즉, 광자인지, 글루온인지, W 보손인지, Z 보손인지)에 따라 소소하게 달라지며 "전기장의 x축 방향"처럼 장의 어느 부분을 고려하느냐에 따라서도 달라질 수 있다. 이 항의 F와 같이 같은 기호가 두 번 나오는 경우는 '모든 가능성의 총계를 내라'는 뜻이다. 상당히 복잡한 작업 명령이 단순한 기호 몇 개에 꾹꾹 눌러 담긴 셈이다. 그런 이유로 이 하나의 항에 여러 역장의 기여도가 전부 반영되어 있다고 말한다.

☼

다음 "물질" 항으로 넘어가면 생김새부터 범상치가 않다. 물질 장은 페르미온이며 기호 ψ로 표기한다. 모든 종류의 페르미온이 이 기호 하나에 다 들어 있다. 우선 앞부분에서는 ψ가 두 차례, 처음에는 그리스 문자 감마(γ)와 함께 다음에는 알파벳 D와 함께 등장한다. γ는 영국 물리학자 폴 디랙Paul Dirac이 도입한 디랙 행렬을 가리키는데, 페르미온이 일반적으로 입자와 반입자 모두를 가진다는 사실을 포함해 페르미온의 동태를 설명하는 데 중추적인 역할을 하는 변수다. 한편 D는 장의 도함수값, 즉 변화 속도를 뜻한다. 그러니까 대상이 보손에서 페르미온으로 바뀌었을 뿐 D가 맨 앞항들에서 그랬던 것과 똑같이 여기서도 시공간 내 장의 변화 크기를 말해주는 셈이다. 다만 이번에는 숨은 요소가 하나 더 있다. 바로 커플링coupling이다(모든 게 기호로 압축되는 수식의 마법이 여기서도 발휘된다). 풀이하면 페르미온과 보손 간의 상호작용인데, 이는 페르미온의 하전 정도에 따라 달라진다. 예를 들어, 전자는 광자와 상호작용하며 그 양상이 작용 S의 이 항에 반영된다.

뒤이어 나오는 소괄호 안에는 또 다른 종류의 커플링이 등장한다. 이번 커플링의 주인공은 페르미온과 힉스장 Φ이다. 코어 이론의 다른 작용들과 달리 힉스장과 페르미온의 상호작용은 골치 아플 정도로 복잡하다. 그래도 할 수 없다. 두 차례 나오는 ψ와 한 차례 나오는 Φ를 보면 페르미온과 힉스장이 어떻게 상호작용하는지를 대충 가늠할 수 있다. 다만 두 가지 요소가 해석을 복잡하게 만든다. 첫 번째는 혼합 행렬이라고 하는 기호 V_{ij}다. 이 기호를 여기 집어넣은 데에는 다 목적이 있다. 가령 꼭대기 쿼크가 다운 쿼크, 기묘 쿼크, 바닥 쿼크의 정확히 어떤 특정 조합으로 붕괴되는지와 같이, 서로 다른 종류의 페르미온들이 섞일 수 있다는 사실을 잊지 않게 하려는 것이다.

두 번째로 고려할 요소는 같은 페르미온 장인데 아래 첨자 L이 붙는 것과 R이 붙는 것이 있다는 점이다. L과 R은 각각 '왼손잡이left-handed' 장과 '오른손잡이right-handed' 장을 뜻한다. 왼손으로 주먹을 쥐고 엄지만 세워 회전하는 입자의 운동 방향으로 향해보자. 이때 나머지 손가락들이 감긴 모양이 입자의 스핀 방향과 일치한다면 입자가 왼손잡이라고 이해하면 된다. 만약 일치하지 않으면 입자는 오른손잡이다. 이런 첨자들은 코어 이론이 좌향과 우향을, 적어도 아원자 수준에서는, 다르게 취급함을 분명하게 보여준다. 이것은 다소 뜻밖일지 몰라도 필수불가결한 조치다. 본디 자연은 왼손잡이 입자와 오른손잡이 입자를 차별대우하는 까닭이다. **반전성 깨짐**parity violation이라는 이 성질이 처음 발견되었을 때는 학계 전체가 시끌벅적했었다. 하지만 지금은 양자장들이 상호작용할 때 곧잘 일어나는 현상 정도로만 여겨진다.

"물질" 항에서 마지막으로 나오는 "h.c."는 **에르미트 켤레**hermitian conjugate의 머리글자다. 특별한 뜻은 아니고, 앞항에서 복잡한 숫자가 나오는데 작용 S는 실수여야 하므로 허수 부분을 빼서 실수만 남기겠다는 얘기를 이렇게 간결하게 하는 것이다.

기다리고 기다리던 작용 S의 마지막 구성요소는 온전히 힉스장 Φ만을 다룬다. 이 부분은 꽤 단출한 편이다. 앞부분은 장의 변화량을 보여주는 동역학 항이고 뒷부분은 보이는 변화가 있든 없든 장에 갇혀 있는 에너지의 양을 보여주는 위치 에너지 항이다. 힉스장을 특별하게 만드는 것은 바로 이 뒷부분이다. 가능한 한 적은 에너지만 보유하면서 평화롭게 지내고 싶어 하는 것은 힉스장이나 다른 양자장들이나 똑같다. 힉스장이 다른 양자장들과 다른 점은 최저 에너지 상태에서도 에너지값이 0이 아니어서 장이 사라지지 않는다는 것이다. 힉스장의 위치 에너지는 장의 에너지값이 0일 때 0이 아닐 때보다 오히려 높다. 그래서 힉스장은 빈 공간에서도 존재하게 되고 그 안을 돌아다니는 모든 입자에 영향을 미친다.

⁂

여기까지가 한 줄로 표현한 코어 이론의 기본 해설이다. 계가 (파동함수 안에서 중첩된) 한 형상에서 다른 형상으로 변하면서 생기는 양자 진폭을 모든 양자장을 고려해 계산하는 방정식 하나를 통해 코어 이론을 속성으로 배워봤다.

하지만 우리는 코어 이론과 이 방정식이 이야기의 끝이 아님을 안다. 우주에는 암흑물질이라는 게 존재한다. 그런데 암흑물질은 지금까지 알려진 어떤 양자장으로도 설명하기 힘들다. 또, 중성미자는 질량을 가지고 있으므로 우리는 방정식에 중성미자의 자리를 만들었지만, 이 항이 진짜로 중성미자의 질량과 관련 있는지 아직 실험을 통해 증명하지는 못했다. 더불어, 방정식에 반영된 것 말고도 질량과 에너지가 더 큰 다른 입자와 장이 존재할 거라는 게 학계의 대세 견해다. 다만 그런 입자와 장들은 (암흑물질처럼) 우리 세상과 몹시 미약하게만 상호작용하거나 순식간에 분해되어 버려서 감지하기가 거의 불가능할 것이다.

한편 코어 이론은 완벽하지도 않다. 양자중력의 문제가 그 예다. 중력장이 아주 약할 때는 앞서 살펴본 방정식이 잘 들어맞는다. 하지만 빅뱅 직후나 블랙홀 내부처럼 중력이 어마어마하게 센 환경에서 이 방정식은 무용지물이 된다.

뭐, 괜찮다. 그런 한계도 공식에 반영해 놨으니까 말이다. 지금 처음 언급하는데, 등호 바로 다음에 나오는 적분 기호를 보면 아래 첨자로 $k < \Lambda$가 붙어 있는 것을 알 수 있다. 여기서 k는 특정 형식으로 진동하는 장의 **파동수**wave number를 그리고 Λ는 **자외선 한계치**ultra-violet cutoff를 뜻한다. 24장에서 살펴본 케네스 윌슨의 통찰대로 우리는 모든 장을 각 파장의 진동을 모두 합한 결과로 생각할 수 있다. 파수는 진동 형식의 이름표 같은 것이어서 k 값이 클수록 파장은 짧고 에너지는 크다는 뜻이 된다. 즉, $k < \Lambda$라는 아래 첨자는 '너무 격하게 진동하지 않는 장만 적분하라'는 숨겨진 첨언과도 같다. 에너지가 적고 약하지만 입자가 적당히 웅웅대고 통통거리는, 다시 말해 우리를 둘러싼 일상적 세상을 찰떡같이 설명하는 장은 모두 고려하라는 의미인 것이다.

한마디로 정리하면, 코어 이론은 유효 장이론이다. 내용이 매우 구체적이면서 응용 범위도 Λ를 크게 밑도는 에너지값으로 상호작용하는 입자들까지로 명확하게 정해져 있다. 게다가 우리는 과거사에는 이 이론의 적중률이 그다지 높지 않음을 떳떳하게 인정한다. 가령, 코어 이론은 태양과 지구 사이의 인력은 잘 설명하지만 빅뱅 당시 우주에 무슨 일이 있었는가라는 물음에는 답하지 못한다.

☀

코어 이론은 지금도 하루가 다르게 발전 중인 데다 이 책의 내용 상당 부분은 물리학도들도 대학원에나 가야 배우는 난이도의 것이다. 그럴진대 이 몇 페이지 되지 않는 기본 설명으로 개념조차 생소할 대중에게 완벽한 이해를 바라는 것은 어불성설일 것이다.

그러나 우리 일상의 밑바닥에 침착된 코어 이론이 얼마나 정확하고 엄격하며 명징한지를 직접 확인하는 것은 그 자체로 큰 의미가 있는 일이다. 코어 이론에 대강대강이란 없다. 물리학자들이 눈치채지 못하는 사이에 중요한 새로운 요소가 끼어드는 일은 불가능하다.

과학은 계속 발전하고 있고 우리는 우주에 관해 점점 더 많은 지식을 습득할 것이다. 그러다 보면 언젠가 양자장론조차 들먹일 필요가 없는 보다 심층적인 기저의 이론이 새롭게 짜일지도 모른다. 그러나 설령 그런 날이 온다고 해도 코어 이론은 지금까지 그랬듯 여전히 그 적용 영역 안에서 자연을 정확하게 기술해낼 것이다. 인류가 이런 이론을 한 번이라도 성공적으로 정립했다는 사실은 역사를 통틀어 인간 지성의 손꼽히는 업적이라 할 만하다.

참고문헌

아래는 본문에서 나온 인용문이나 다루어진 특정 주제에 대해 참고할 만한 문헌들이다. 내 판단으로 연관성이 명확하지 않은 경우는 바로 앞에 나오는 단어나 구절을 보고 문헌을 선정했다. 목차는 단원 순서에 따랐지만 참고문헌이 없는 단원도 있다.

3. 스스로 돌아가는 세상

History of momentum: Freely, J. (2010). *Aladdin's Lamp: How Greek Science Came to Europe through the Islamic World*. Vintage Books.

5. 왜

Just World Fallacy: Lerner, M. J., and C. H. Simmons. (1966). "Observer's Reaction to the 'Innocent Victim': Compassion or Rejection?" *Journal of Personality and Social Psychology* 4 (2): 203.

8. 기억과 원인

Russell quote: Russell, B. (1913). "On the Notion of Cause." *Proceedings of the Aristotelian Society* 13: 1–26.

14. 믿음의 행성

Dorothy Martin: Tavris, C., and E. Aronson. (2006). *Mistakes Were Made (But*

Not by Me): Why We Justify Foolish Beliefs, Bad Decisions, and Hurtful Acts. Houghton Mifflin Harcourt.

15. 불확실성을 인정하기

Catechism of the Catholic Church: "Catechism of the Catholic Church—The Transmission of Divine Revelation." Accessed December 10, 2015. http:// www.vatican.va/archive/ccc_css/ archive/ catechism/ p1s1c2a2.htm.

16. 관찰하지 않고도 세상을 알 수 있을까

National Academy of Sciences on methodological naturalism: National Academy of Sciences. (1998). *Teaching about Evolution and the Nature of Science*. National Academy Press.

Huxley, A. (1957). *The Doors of Perception*. Chatto & Windus.

Carhart-Harris and Nutt: Halberstadt, A., and M. Geyer. (2012). "Do Psychedelics Expand the Mind by Reducing Brain Activity?" *Scientific American*. Accessed December 10, 2015. http:// www.scientificamerican.com/ article/ do-psychedelics-expand-mind-reducing-brain-activity/.

17. 나는 누구인가

National Catholic Bioethics Center: "Resources." FAQ. Accessed December 10, 2015. http:// www.ncbcenter.org/ page.aspx? pid= 1287.

18. 신을 귀추하다

Nietzsche, F. (1882). *The Gay Science*. Walter Kaufmann, trans. with commentary. (Vintage Books, March 1974).

19. 우리는 얼마나 아는가

Newcomb, S. (1888). *Sidereal Messenger* 7, 65.

Michelson, A. A. (1894). Speech delivered at the dedication of the Ryerson Physics Lab, University of Chicago. Quoted in *Annual Register* 1896, 159.

Born, M. (1928). Remarks to visitors to Göttigen University. Quoted by S. W. Hawking. (1988). *A Brief History of Time*. Bantam Books.

Hawking, S. W. (1980). "Is the End in Sight for Theoretical Physics? An Inaugural Lecture." Cambridge University Press.

Hume, D. (1748). *An Enquiry Concerning Human Understanding*. Reprinted by Oxford University Press, 1999.

21. 양자역학을 해석하는 여러 가지 방법

Petersen, A. (1963). "The Philosophy of Niels Bohr." *Bulletin of the Atomic Scientists* 19, no. 7 (September 1963).

22. 코어 이론

Wilczek, F. (2015). *A Beautiful Question: Finding Nature's Deep Design*. Penguin Press.

23. 나를 만드는 모든 것

Limits on new forces: Long, J. C., et al. (2003). "Upper Limits to Submillimeter-Range Forces from Extra Space-Time Dimensions." *Nature* 421: 922.

25. 우주는 왜 존재할까

Leibniz, G. (1697). "On the Ultimate Origination of Things." Reprinted in *Philosophical Essays* (1989). R. Ariew, trans. D. Garber, ed. Hackett Classics.

Parfit, D. (1998). "Why Anything? Why This?" *London Review of Books* 20, 24.

26. 육체와 영혼

Princess Elisabeth's correspondence with Descartes: Nye, A. (1999). *The Princess and the Philosopher*. Rowman & Littlefield.

27. 죽음은 끝이다

Studies testing out-of-body experiences: Lichfield, G. "The Science of Near-Death Experiences." *The Atlantic*. March 10, 2015. Accessed December 16, 2015. http:// www.theatlantic.com/ magazine/ archive/ 2015/ 04/the-science-of-near-death-experiences/386231/.

28. 커피잔 속의 우주

Aaronson, S., et al. (2014). "Quantifying the Rise and Fall of Complexity in Closed Systems: The Coffee Automaton."

29. 빛과 생명

NASA definition of life: Joyce, G. F. (1995). *The RNA World: Life Before DNA and Protein*. Cambridge University Press.

Schrödinger, E. (1944). *What Is Life?* Cambridge University Press.

30. 생물의 에너지 융통

Hoffman, P. (2012). *Life's Ratchet: How Molecular Machines Extract Order from Chaos*. Basic Books.

31. 생명의 자기 조직화

Schelling, T. C. (1969). "Models of Segregation." *American Economic Review* 59 (2): 488.

Friston, K. (2013). "Life As We Know It." *Journal of the Royal Society Interface*

10: 20130475.

32. 생명은 어떻게 생겨났을까

Watson, J. D., and H.F.C. Crick. (1953). "A Structure for Deoxyribose Nucleic Acid." *Nature* 171: 737.

Bartel, D. P., and J. W. Szostak. (1993). "Isolation of New Ribozymes from a Large Pool of Random Sequences." *Science* 261 (5127): 1411.

Lincoln, T. A., and G. F. Joyce. "Self-Sustained Replication of an RNA Enzyme." *Science* 323 (5918): 1229.

Hoyle, F. (1981). "Hoyle on Evolution." *Nature* 294 (5837): 105.

33. 진화의 자동실행 기능

Lenski's experiment: Barrick, J. E., et al. (2009). "Genome Evolution and Adaptation in a Long-Term Experiment with Escherichia Coli." *Nature* 461 (7268): 1243.

34. 풍경에서 답을 찾다

Evolution as a search strategy: Chastain, E., et al. (2014). "Algorithms, Games, and Evolution." *Proceedings of the National Academy of Sciences* 111 (29): 10620.

Robby the Robot: Mitchell, M. (2009). *Complexity: A Guided Tour*. Oxford University Press.

Reducibly complex mousetraps: McDonald, J. A. (n.d.). "A Reducibly Complex Mousetrap." Accessed December 10, 2015. http:// udel.edu/~mcdonald/ mousetrap.html.

Fidelibus, A. "Mousetrap Evolution through Natural Selection." Accessed December 10, 2015. http:// www.fidelibus.com/ mousetrap/.

Dagg, J. L. (2011). "Exploring Mouse Trap History." *Evolution: Education and Outreach* 4: 397.

35. 창발한 목적

NABT statement and Smith/ Plantinga letter: "Science and Religion, Methodology and Humanism | NCSE." Accessed December 10, 2015. http:// ncse.com/ religion/science-religion-methodology-humanism.

Plantinga, A. (2011). *Where the Conflict Really Lies: Science, Religion, and Naturalism*. Oxford University Press.

36. 우리는 중요할까

Adams, F. C. (2008). "Stars in Other Universes: Stellar Structure with Different Fundamental Constants." *Journal of Cosmology and Astroparticle Physics* 8: 010.

37. 의식의 부상

MacIver, M. A. (2009). "Neuropathology: From Morphological Computation to Planning." In *The Cambridge Handbook of Situated Cognition*. P. Robbins and M. Aydede, eds. Cambridge University Press.

Becker, E. (1975). *The Denial of Death*. The Free Press.

Kahneman, D. (2011). *Thinking, Fast and Slow*. Farrar, Straus and Giroux.

Eagleman, D. (2011). *Incognito: The Secret Lives of the Brain*. Pantheon.

C. elegans: *Wikipedia*. Accessed December 10, 2015. https:// commons.wikimedia.org/wiki/ File:Adult_ Caenorhabditis_ elegans.jpg.

Bridgeman quote: "On the Evolution of Consciousness and Language: Target Article on Consciousness." *Psycoloquy* 3(15). Accessed December 10, 2015. http:// www.cogsci.ecs.soton.ac.uk/cgi/psyc/newpsy? 3.15.

Imagining and remembering: Schacter, D. L., D. R. Addis, and R. L. Buckner. (2007). "Remembering the Past to Imagine the Future: The Prospective Brain." *Nature Reviews Neuroscience* 8: 657.

Tulving, E. (2005). "Episodic Memory and Autonoesis: Uniquely Human?" In *The Missing Link in Cognition: Origins of Self-Reflective Consciousness*. H. S. Terrace and J. Metcalfe, eds. Oxford University Press.

38. 뇌의 옹알이

Mouse memories: de Lavilleon, G., et al. (2015). "Explicit Memory Creation during Sleep Demonstrates a Causal Role of Place Cells in Navigation." *Nature Neuroscience* 18: 493.

Anesthetized patients: Casali, A. G., et al. (2013). "A Theoretically Based Index of Consciousness Independent of Sensory Processing and Behavior." *Science Translational Medicine* 198RA105.

Quote from Dante Chialvo: Ouellette, J. (2014). "A Fundamental Theory to Model the Mind." *Quanta Magazine*. Accessed December 10, 2015. https://www.quantamagazine.org/ 20140403-a-fundamental-theory-to-model-the-mind/.

fMRI image reconstruction: Nishimoto, S., et al. (2011). "Reconstructing Visual Experiences from Brain Activity Evoked by Natural Movies." *Current Biology* 21: 1641.

Capgras delusion: Passer, K. M., and J. K. Warnock. (1991). "Pimozide in the Treatment of Capgras' Syndrome. A Case Report." *Psychosomatics* 32 (4): 446–48.

39. 생각할 자격

Heinlein, R. A. (1966). *The Moon Is a Harsh Mistress*. G. P. Putnam's Sons.

Turing, A. (1950). "Computing Machinery and Intelligence." *Mind* LIX (236): 433–60.

Searle, J. (1980). "Minds, Brains, and Programs." *Behavioral and Brain Sciences* 3 (3): 417–57.

Cole. D. (2004). "The Chinese Room Argument." *Stanford Encyclopedia of Philosophy*. Stanford University. Accessed December 10, 2015. http:// plato.stanford.edu/entries/chinese-room/.

Removing one neuron: Chalmers, D. (n.d.). "A Computational Foundation for the Study of Cognition." Accessed December 10, 2015. http:// consc.net/papers/ computation.html.

Dennett, D. C. (1987). *The Intentional Stance*. MIT Press.

Rats: "Rats Dream Path to a Brighter Future." *ScienceDaily*. Accessed December 10, 2015. http:// www.sciencedaily.com/ releases/ 2015/ 06/ 150626083433.htm.

Leonardo in Breazeal's lab: "Leonardo—Social Cognition." Personal Robots Group. Accessed December 10, 2015. http:// robotic.media.mit.edu/ portfolio/leonardo- social-cognition/.

40. 어려운 문제

Nagel, T. (2012). *Mind and Cosmos: Why the Materialist Neo-Darwinian Conception of Nature Is Almost Certainly False*. Oxford University Press.

Churchland, P. Quoted in Ouellette, J. (2014). *Me, Myself, and Why: Searching for the Science of Self*. Penguin Books, 256.

Hankins, P. (2015). *The Shadow of Consciousness*.

Jackson, F. (1982). "Epiphenomenal Qualia." *Philosophical Quarterly* 32: 127–36.

Jackson, F. (2003). "Mind and Illusion." In *Minds and Persons*, Anthony O'Hear, ed. Cambridge University Press, 251–71.

41. 좀비와 의식

Chalmers, D. (1996). *The Conscious Mind*. Oxford University Press.

Putnam, H. (1975). *Mind, Language, and Reality: Philosophical Papers* (Vol. 2). Chapter 42. "Are Photons Conscious?" Cambridge University Press.

Chalmers, D. "How Do You Explain Consciousness?" Filmed March 2014. TED Talk 18:37. Posted July 2014. https:// www.ted.com/ talks/ david_ chalmers_ how_ do_ you_ explain_ consciousness.

Fisher, M.P.A. (2015). "Quantum Cognition: The Possibility of Processing with Nuclear Spins in the Brain." *Annals of Physics* 362: 593–602.

Penrose, R. (1989). *The Emperor's New Mind: Concerning Computers, Minds, and the Laws of Physics*. Oxford University Press.

Aaronson, S. (2013). *Quantum Computing Since Democritus*. Cambridge University Press.

43. 화법의 우선순위

Fodor, J. (1990). "Making Mind Matter More." In *A Theory of Content and Other Essays*. Bradford Book/ MIT Press.

44. 선택할 자유

Libet, B. (1985). "Unconscious Cerebral Initiative and the Role of Conscious Will in Voluntary Action." *The Behavioral and Brain Sciences* 8: 529.

Tumor patient: "Brain Damage, Pedophilia, and the Law—Neuroskeptic." *Neuroskeptic*. November 23, 2009. Accessed December 10, 2015. http:// blogs.discovermagazine.com/ neuroskeptic/ 2009/ 11/ 23/brain-damage-pedophilia-and-the-law/.

45. 30억 심장박동

Druyan, A. (2003). *Skeptical Inquirer* 27: 6.

West, G. B., W. H. Woodruff, and J. H. Brown. (2002). "Allometric Scaling of Metabolic Rate from Molecules and Mitochondria to Cells and Mammals." *Proceedings of the National Academy of Sciences* 99 (suppl 1): 2473.

46. 그런 것과 그래야 하는 것

Hume, D. (2012). *A Treatise of Human Nature*. Courier Corporation.

Feynman, R. P. (1985). *Surely You're Joking, Mr. Feynman! Adventures of a Curious Character*. W. W. Norton & Company.

Searle, J. (1964). "How to Derive 'Ought' from 'Is.'" *The Philosophical Review* 73: 43.

47. 규칙이 우선인가 결과가 우선인가

Kierkegaard, S. (2013). *Kierkegaard's Writings, VI: Fear and Trembling/Repetition* (Vol. 6). Princeton University Press.

Greene, J. D., et al. (2001). "An fMRI Investigation of Emotional Engagement in Moral Judgment." *Science* 293 (5537): 2105.

Brosnan, S. F., and F.B.M. de Waal. (2003). "Monkeys Reject Unequal Pay." *Nature* 425: 297.

Brosnan, S. F., et al. (2010). "Mechanisms Underlying Responses to Inequitable Outcomes in Chimpanzees, *Pan troglodytes*." *Animal Behavior* 79: 1229.

Street, S. (2010). "What Is Constructivism in Ethics and Metaethics?" *Philosophy Compass* 5 (5): 363.

48. 도덕을 구축한다는 것

Wheatley, T., and J. Haidt. (2005). "Hypnotically Induced Disgust Makes Moral Judgments More Severe." *Psychological Science* 16: 780.

Tertullian: "Ante-Nicene Fathers/ Volume III/ Apologetic/ Apology/ Chapter XLV."—Wikisource, the Free Online Library. Accessed December 10, 2015. http://en.wikisource.org/wiki/Ante-Nicene_Fathers/Volume_ III/Apologetic/Apology/Chapter_XLV.

49. 세상이 우리에게 전하는 열 가지 당부

Barnes, J. (2012). *A History of the World in 10 1/2 Chapters*. Vintage Canada.

Sapolsky, R. M., and L. J. Share. (2004). "A Pacific Culture among Wild Baboons: Its Emergence and Transmission." *PLOS Biology* 2: 0534.

Taylor, S. E., and J. D. Brown. (1988). "Illusion and Well-Being: A Social Psychological Perspective on Mental Health." *Psychological Bulletin* 103 (2): 193.

50. 실존치료

Camus, A. (1955). *The Myth of Sisyphus, and Other Essays*. Vintage.

더 읽을거리

1부 코스모스

Adams, F., and G. Laughlin. (1999). *The Five Ages of the Universe: Inside the Physics of Eternity*. Free Press.

Albert, D. Z. (2003). *Time and Chance*. Harvard University Press.

Carroll, S. (2010). *From Eternity to Here: The Quest for the Ultimate Theory of Time*. Dutton.

Feynman, R. P. (1967). *The Character of Physical Law*. MIT Press.

Greene, B. (2004). *The Fabric of the Cosmos: Space, Time, and the Texture of Reality*. A. A. Knopf.

Guth, A. (1997). *The Inflationary Universe: The Quest for a New Theory of Cosmic Origins*. Addison-Wesley Pub.

Hawking, S. W., and L. Mlodinow. (2010). *The Grand Design*. Bantam.

Pearl, J. (2009). *Causality: Models, Reasoning, and Inference*. Cambridge University Press.

Penrose, R. (2005). *The Road to Reality: A Complete Guide to the Laws of the Universe*. A. A. Knopf.

Weinberg, S. (2015). *To Explain the World: The Discovery of Modern Science*. Harper-Collins.

2부 이해하다

Ariely, D. (2008). *Predictably Irrational: The Hidden Forces That Shape Our Decisions*. HarperCollins.

Dennett, D. C. (2014) *Intuition Pumps and Other Tools for Thinking*. W. W. Norton.

Gillett, C., and B. Lower, eds. (2001). *Physicalism and Its Discontents*. Cambridge University Press.

Kaplan, E. (2014). *Does Santa Exist? A Philosophical Investigation*. Dutton.

Rosenberg, A. (2011). *The Atheist's Guide to Reality: Enjoying Life without Illusions*. W. W. Norton.

Sagan, C. (1995). *The Demon-Haunted World: Science as a Candle in the Dark*. Random House.

Silver, N. (2012). *The Signal and the Noise: Why So Many Predictions Fail—But Some Don't*. Penguin Press.

Tavris, C., and E. Aronson. (2006). *Mistakes Were Made (But Not by Me): Why We Justify Foolish Beliefs, Bad Decisions, and Hurtful Acts*. Houghton Mifflin Harcourt.

3부 존재의 정수

Aaronson, S. (2013). *Quantum Computing Since Democritus*. Cambridge University Press.

Carroll, S. (2012). *The Particle at the End of the Universe: How the Hunt for the Higgs Boson Leads Us to the Edge of a New World*. Dutton.

Deutsch, D. (1997). *The Fabric of Reality: The Science of Parallel Universes and Its Implications*. Viking.

Gefter, A. (2014). *Trespassing on Einstein's Lawn: A Father, a Daughter, the Meaning of Nothing, and the Beginning of Everything*. Bantam.

Holt, J. (2012). *Why Does the World Exist? An Existential Detective Story*. Liv-

eright.
Musser, G. (2015). *Spooky Action at a Distance: The Phenomenon That Reimagines Space and Time—and What It Means for Black Holes, the Big Bang, and Theories of Everything. Scientific American* / Farrar, Straus and Giroux.
Randall, L. (2011). *Knocking on Heaven's Door: How Physics and Scientific Thinking Illuminate the Universe and the Modern World*. Ecco.
Wallace, D. (2014). *The Emergent Multiverse: Quantum Theory according to the Everett Interpretation*. Oxford University Press.
Wilczek, F. (2015). *A Beautiful Question: Finding Nature's Deep Design*. Penguin Press.

4부 복잡도

Bak, P. (1996). *How Nature Works: The Science of Self-Organized Criticality*. Copernicus.
Cohen, E. (2012). *Cells to Civilizations: The Principles of Change That Shape Life*. Princeton University Press.
Coyne, J. (2009). *Why Evolution Is True*. Viking.
Dawkins, R. (1986). *The Blind Watchmaker: Why the Evidence of Evolution Reveals a Universe without Design*. W. W. Norton.
Dennett, D. C. (1995). *Darwin's Dangerous Idea: Evolution and the Meanings of Life*. Simon & Schuster.
Hidalgo, C. (2015). *Why Information Grows: The Evolution of Order, from Atoms to Economies*. Basic Books.
Hoffman, P. (2012). *Life's Ratchet: How Molecular Machines Extract Order from Chaos*. Basic Books.
Krugman, P. (1996). *The Self-Organizing Economy*. Wiley-Blackwell.
Lane, N. (2015). *The Vital Question: Energy, Evolution, and the Origins of Com-*

plex Life. W. W. Norton.
Mitchell, M. (2009). *Complexity: A Guided Tour*. Oxford University Press.
Pross, A. (2012). *What Is Life? How Chemistry Becomes Biology*. Oxford University Press.
Rutherford, A. (2013). *Creation: How Science Is Reinventing Life Itself*. Current.
Shubin, N. (2008). *Your Inner Fish: A Journey into the 3.5-Billion-Year History of the Human Body*. Pantheon.

5부 생각하다

Alter, T., and R. J. Howell. (2009). *A Dialogue on Consciousness*. Oxford University Press.
Chalmers, D. J. (1996). *The Conscious Mind: In Search of a Fundamental Theory*. Oxford University Press.
Churchland, P. S. (2013). *Touching a Nerve: The Self as Brain*. W. W. Norton.
Damasio, A. (2010). *Self Comes to Mind: Constructing the Conscious Brain*. Pantheon.
Dennett, D. C. (1991). *Consciousness Explained*. Little, Brown & Co.
Eagleman, D. (2011). *Incognito: The Secret Lives of the Brain*. Pantheon.
Flanagan, O. (2003). *The Problem of the Soul: Two Visions of Mind and How to Reconcile Them*. Basic Books.
Gazzaniga, M. S. (2011). *Who's In Charge? Free Will and the Science of the Brain*. Ecco.
Hankins, P. (2015). *The Shadow of Consciousness*.
Kahneman, D. (2011). *Thinking, Fast and Slow*. Farrar, Straus and Giroux.
Tononi, G. (2012). *Phi: A Voyage from the Brain to the Soul*. Pantheon.

6부 마음 쓰다

de Waal, F. (2013). *The Bonobo and the Atheist: In Search of Humanism among the Primates*. W. W. Norton.

Epstein, G. M. (2009). *Good without God: What a Billion Nonreligious People Do Believe*. William Morrow.

Flanagan, O. (2007). *The Really Hard Problem: Meaning in a Material World*. MIT Press.

Gottschall, J. (2012). *The Storytelling Animal: How Stories Make Us Human*. Houghton Mifflin Harcourt.

Greene, J. (2013). *Moral Tribes: Emotion, Reason, and the Gap between Us and Them*. Penguin Press.

Johnson, C. (2014). *A Better Life: 100 Atheists Speak Out on Joy & Meaning in a World without God*. Cosmic Teapot.

Kitcher, P. (2011). *The Ethical Project*. Harvard University Press.

Lehman, J., and Y. Shemmer. (2012). *Constructivism in Practical Philosophy*. Oxford University Press.

May, T. (2015). *A Significant Life: Human Meaning in a Silent Universe*. University of Chicago Press.

Ruti, M. (2014). *The Call of Character: Living a Life Worth Living*. Columbia University Press.

Wilson, E. O. (2014). *The Meaning of Human Existence*. Liveright.

감사의 글

이 책을 통해 나누려는 이야기가 워낙 묵직했기에 가능한 많은 이의 고견을 구해야 했습니다. 정말 운 좋게도 많은 분이 대화를 통해서든 이메일을 통해서든 원고 정독 후 지적과 제안을 통해서든 귀한 시간을 쪼개어 지혜를 나눠주셨습니다. 스콧 애런슨, 데이비드 앨버트, 딘 부오노마노, 데이비드 찰머스, 클리퍼드 청, 퍼트리샤 처치랜드, 톰 클라크, 사이먼 데데오, 존 드 랜시, 대니얼 데닛, 오언 플래너건, 리베카 골드스타인, 조슈아 그린, 베로니크 그린우드, 케빈 핸드, 에릭 카플란, 필립 키처, 에릭 존슨, 리처드 렌스키, 배리 로어, 맬컴 매키버, 팀 모들린과 비쉰야 모들린, 크리스티나 오초아, 타린 오닐, 로리 폴, 스티븐 핑커, 데이비드 포펠, 알렉스 로젠버그, 마이클 러셀, 마리 루티, 칩 세벤스, 월터 시놋-암스트롱, 존 스크렌트니, 샤론 스트리트, 마이아 살라비츠, 잭 쇼스택, 캐럴 태브리스, 존 팀머, 잭 위너스미스, 에드 용, 칼 짐머에게 진심으로 감사드립니다. 이분들 모두에게 큰 빚을 졌습니다.

편집자 스티븐 모로도 고생이 많았습니다. 이 책이 지금까지 그와 함께 일군 세 번째 프로젝트라는 사실이 자랑스럽습니다. 그와 내 담당자 카팅카 맷슨은 책이 멋지게 완성되는 데 중요한 역할을 했습니다. 집필 과정 내내 응원해준 닉 프리츠커와 수전 프리츠커 역시 특별한 감사를 전합니다. 한편으로 제가 이 책을 쓰느라 공동연구 프로젝트에 신경 쓰지 못했는데도 저의 제자들과 동료들은 너그러이 참고 이해해 주었습니다. 고맙습니다. 연구비를 후원한 존 사이먼 구겐하임 재단과 고든 & 베티 무어 재단 그리고 칼텍의 든든한 지원군 월터 버크 이론물리학 연구소에 심심한 감사를 표합니다.

최고의 파트너이자 글쓰기 선생님이자 평생 버팀목인 제니퍼 클레트에게는 마음을 말로 다 표현할 수 없습니다. 내 심장박동을 그녀와 공유할 수 있어서 더할 나위 없이 기쁩니다.

옮긴이의 말

바야흐로 과학의 전성시대다. 과학의 주가가 이렇게 치솟은 데에는 본업이 과학자인 이야기꾼들의 공이 컸다.

칼 세이건을 필두로 20세기의 많은 과학자가 과학과 그 너머 세상의 이야기를 대중에게 쉽고 재미있게 들려주었다. 과학 대중화의 중요성을 일찌감치 간파한 현자들이었다. 그 영양분을 받아먹고 자란 아이들은 과학적 지식과 철학적 사고를 두루 갖춘 멀티플레이어가 되었고, 오늘날 더 넓은 영역에서 참신한 통찰을 제시한다.

그런 신세대 주자 중 한 명인 션 캐럴은 이 책에서 시적 자연주의라는 새로운 시각을 처음으로 소개한다. 자연주의가 참과 거짓만 가리는 철학이라면 시적 자연주의는 여기에 더해 옳고 그름까지 고민해보자고 우리에게 종용한다. 과학과 철학이 별개라는 고정관념이 있는 대다수 대중에게 저자의 프로파간다는 생소하게 느껴질 수 있다. 하지만 시적 자연주의는 백과사전 최신 개정판과 같다. 저자는 인류 과학사와 철학사의 어느 부분도 놓치지 않으면서 베이즈 추론이라는 과학적 태도를 견지한다. 그렇게 통합성과 체계성이라는 두 마리 토끼를 다 잡는다.

그래서였을 것이다. 저자는 우리에게 들려주고 싶은 얘기가 참 많은 것 같았다. 번역을 위해 원서를 처음 검토할 때 나는 쏟아져 들어오는 정보에 머리가 과열되어 터질 것 같았다. 하지만 작업 말미에 비로소 알 수 있었다. 아, 저자가 이 말을 하고 싶었구나, 다 맥락이 있었구나 하는 것을.

과학은 무서운 속도로 발전하고 있다. 하지만 미래를 어두운 모습으로 그려낸 공상과학 소설이나 영화와 달리 폭주하지도 경로를 이탈하지도 않고 대체로 착실하게 정주행하는 중이다. 이 책의 저자와 같은 과학계의 지식인들이 최전방에 서서 자성의 고삐를 늦추지 않는 까닭이다. 과학기술의 편리에 취해 있는 나 같은 일반인이 보기에는 저렇게까지 자신을 괴롭힐 필요가 있을까 안타까울 정도다. 그러니 과학 저술가들이 과학을 평하고 그 평에 또 평을 하며 계속 얘기하는 것을 지식을 자랑하거나 독자를 괴롭히려 한다며 귀찮아해서는 안 된다. 오히려 우리가 그들에게 감사해야 할 일이다. 귀를 기울여 들으면 세상 너머 세상이 보일 테니 말이다.

과학은 앞으로도 과학자들의 말과 손을 빌려 행간의 숨은 얘기를 들려줄 것이다. 그렇게 우리 눈 앞에 펼쳐진 세상의 큰 그림이 과연 어떤 모습일지 뜨겁게 뛰는 30억 심장박동으로 기대해본다.

2018년

최가영

찾아보기

ㅂ

ㅇ